朝倉化学大系 ⑫

生物無機化学

山内 脩・鈴木晋一郎・櫻井 武［著］

朝倉書店

編集顧問
佐野博敏　前 東京都立大学総長
　　　　　大妻女子大学名誉学長

編集幹事
富永　健　東京大学名誉教授

編集委員
徂徠道夫　大阪大学名誉教授
山本　学　北里大学名誉教授
松本和子　前 早稲田大学教授
中村栄一　東京大学教授
山内　薫　東京大学教授

(a)　　　　　　　　　　　　　　　(b)

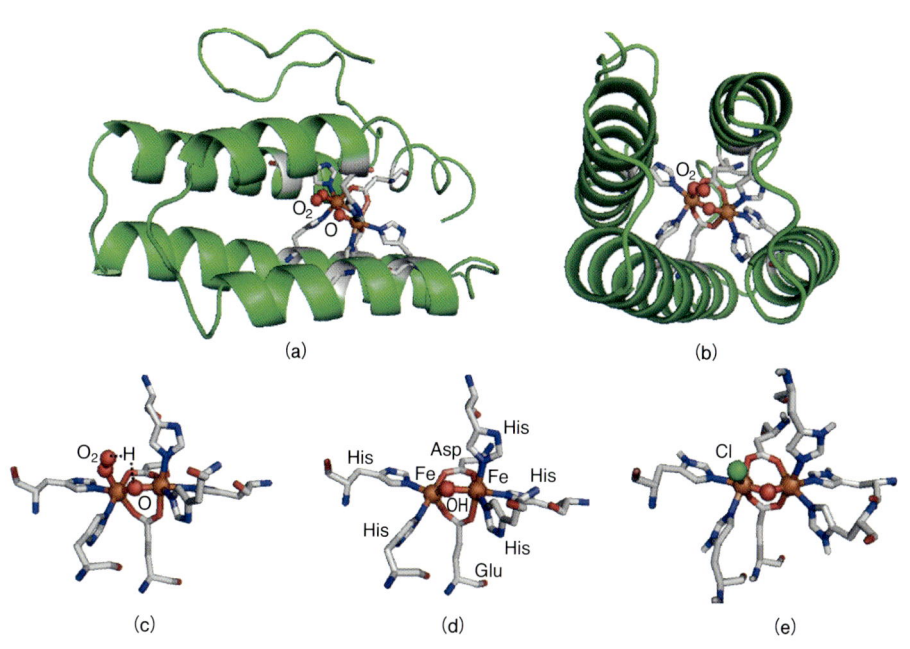

(c)　　　　　　(d)　　　　　　(e)

図 2.13　TdHr のタンパク質構造（a, b）と複核 Fe 部位の構造（c, d, e）［p.187］

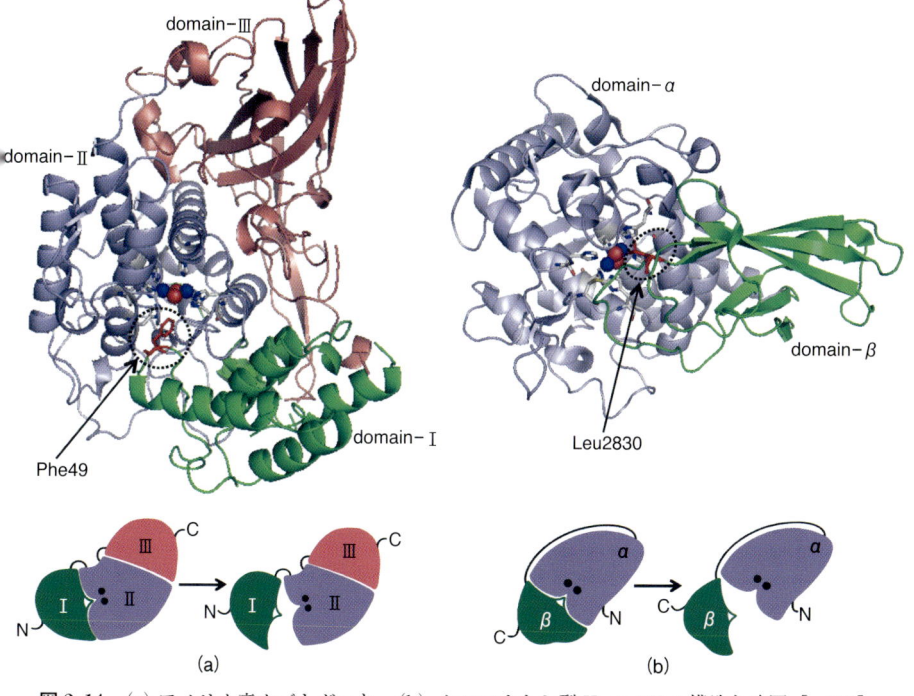

(a)　　　　　　　　　　　　　　　(b)

図 2.14　(a) アメリカ産カブトガニと，(b) タコのオキシ型 Hc の FU の構造と略図［p.189］

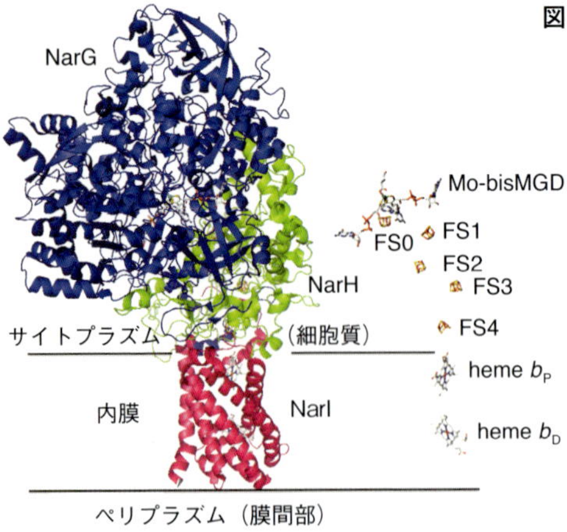

図 2.22 大腸菌 NAR の単量体の分子構造と金属活性中心 [p.202]

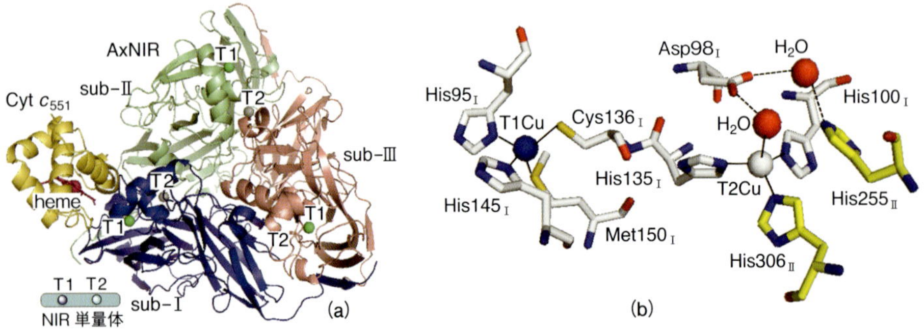

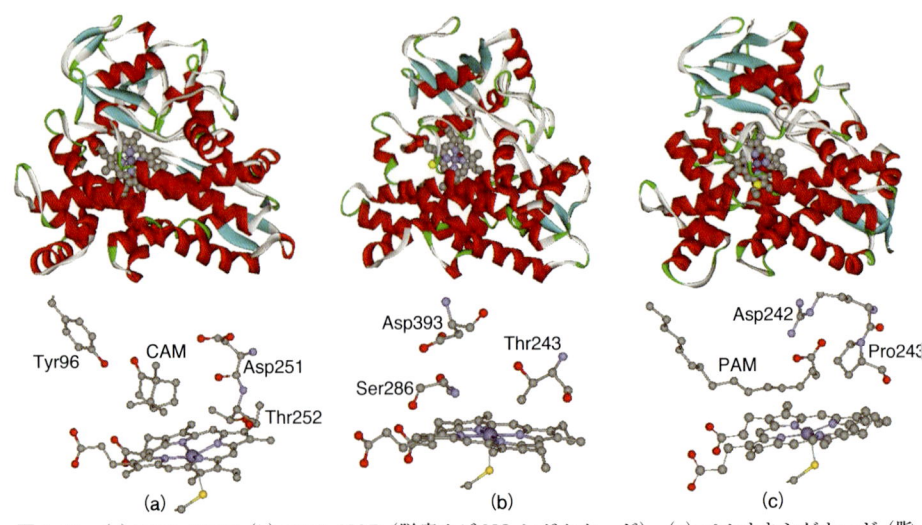

図 2.24 ホモ 3 量体 AxNIR と Cyt c_{551} の過渡的電子移動複合体構造 (a) およびサブユニット I (sub-I) 中のタイプ 1 Cu (T1) とタイプ 2 Cu (T2) の活性中心構造 (b) [p.205]

図 2.37 (a) P450-CAM, (b) P450-NOR (脱窒カビ NO レダクターゼ), (c) ペルオキシゲナーゼ (脂肪酸水酸化酵素) [p.226]

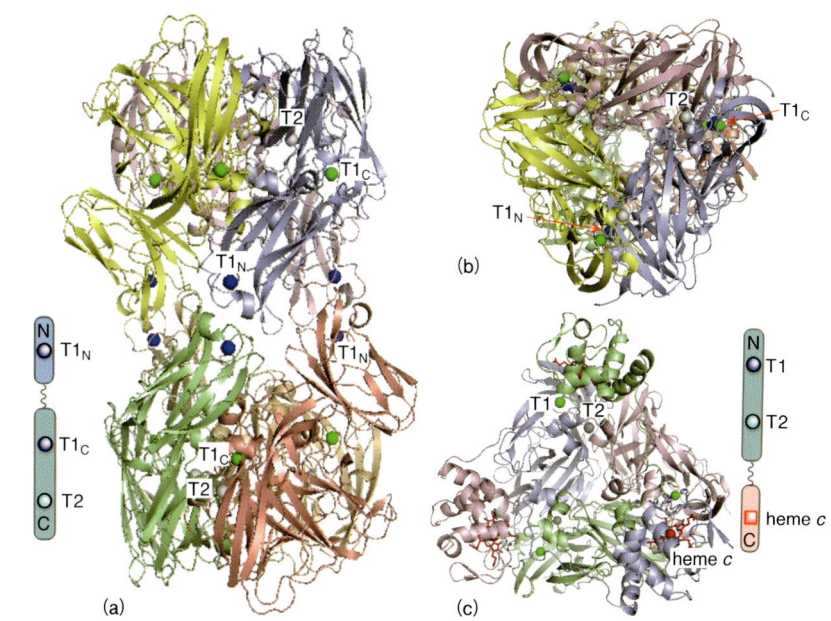

図 2.25 C1 資化性脱窒菌からの N 末端ブルー銅ドメイン融合 NIR（a, b）と海洋性好冷菌からの C 末端シトクロム c ドメイン融合 NIR（c）の結晶構造［p.206］

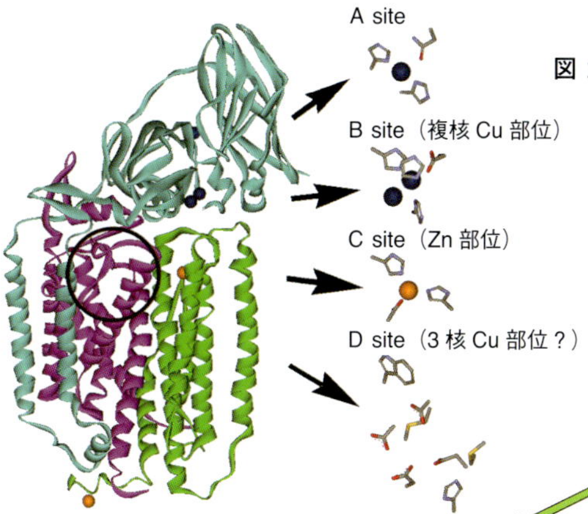

図 2.66 pMMO の全体構造と結晶構造で確認されている Cu 部位（A および B 部位）と推測されている 3 核 Cu 部位の構造［p.248］

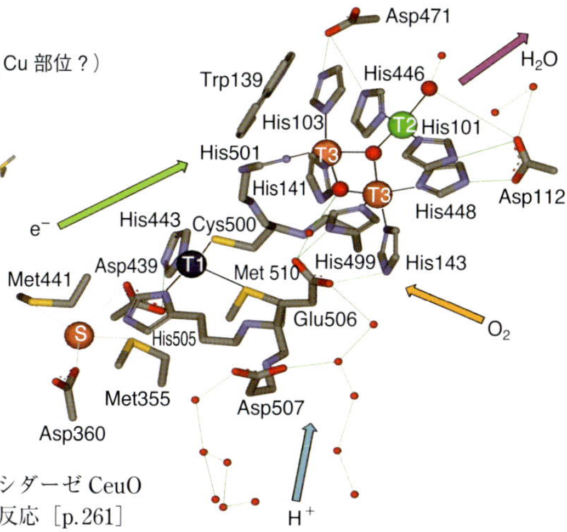

図 2.72 マルチ銅オキシダーゼ CeuO の活性部位と反応［p.261］

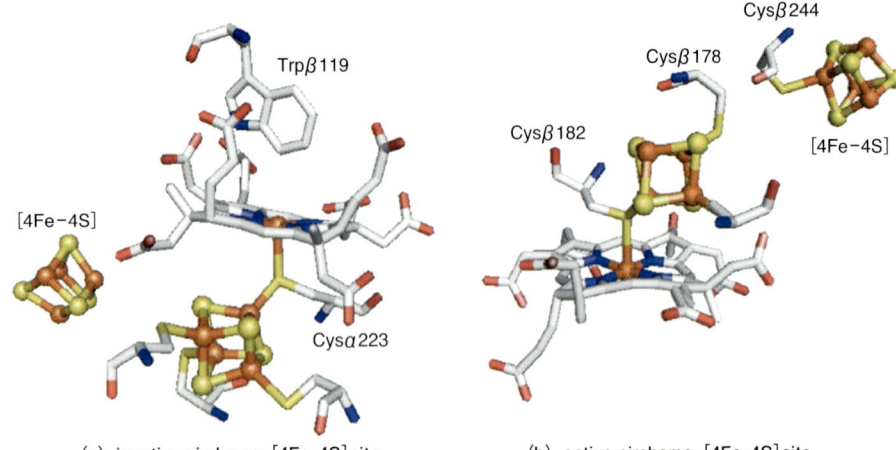

(a) inactive siroheme-[4Fe-4S] site　　　(b) active siroheme-[4Fe-4S] site

図 2.84　dSIR の α, β サブユニットにおける不活性部位（a）と活性部位（b）［p.278］

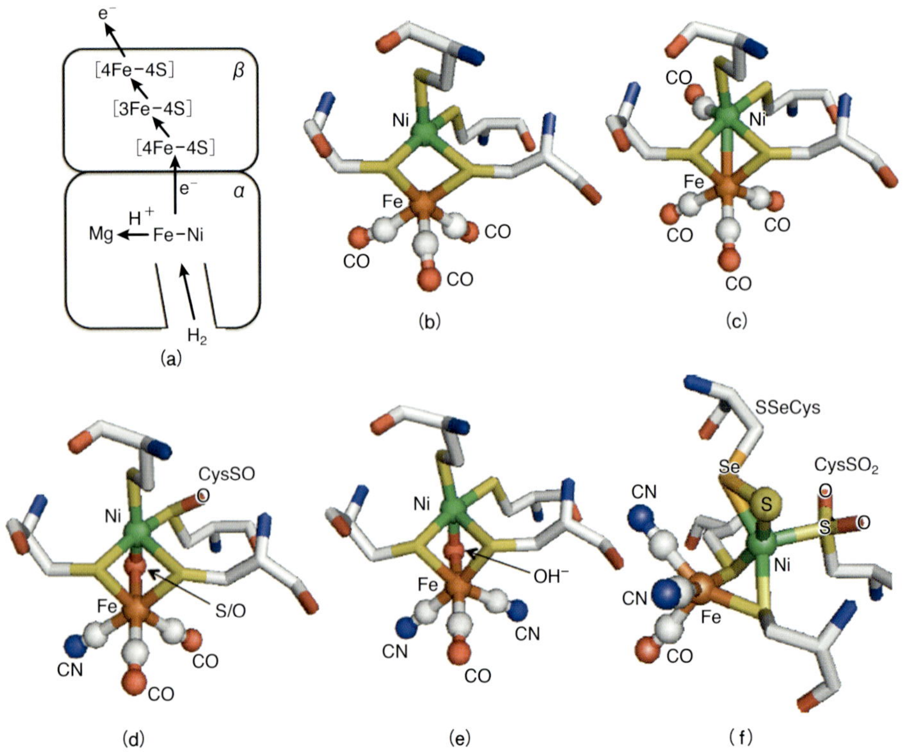

図 2.88　(a) DvM の全体分子構造模式図と，(b) DvM の Ni-C 型，(c) DvM の Ni-CO 型，(d) DvM の Ni-B 型，(e) Df の Ni-B 型，(f) DvH の NiFeSe の活性部位構造の比較［p.284］

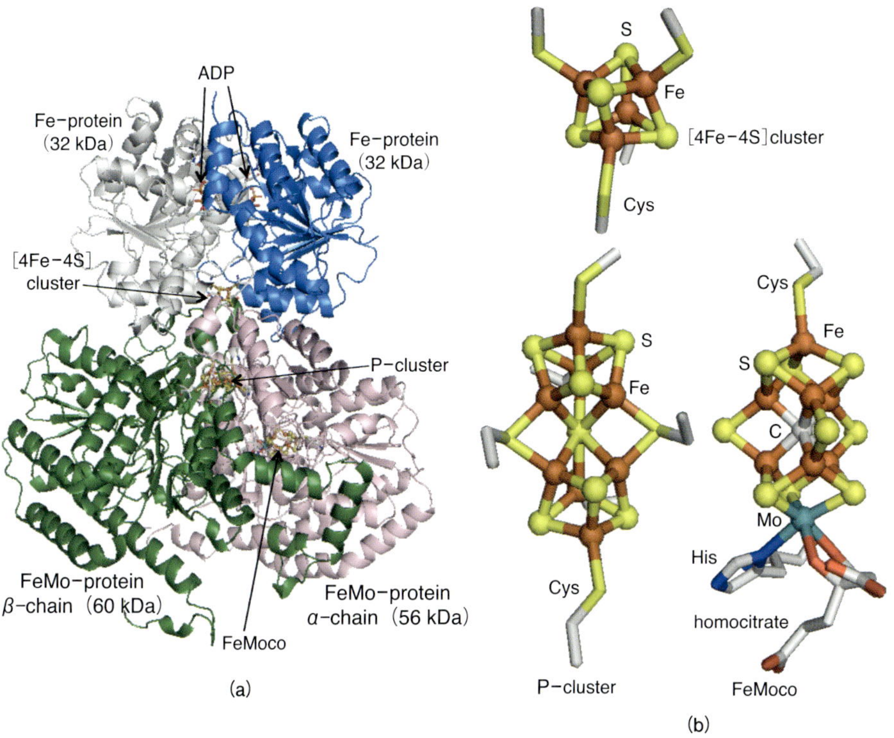

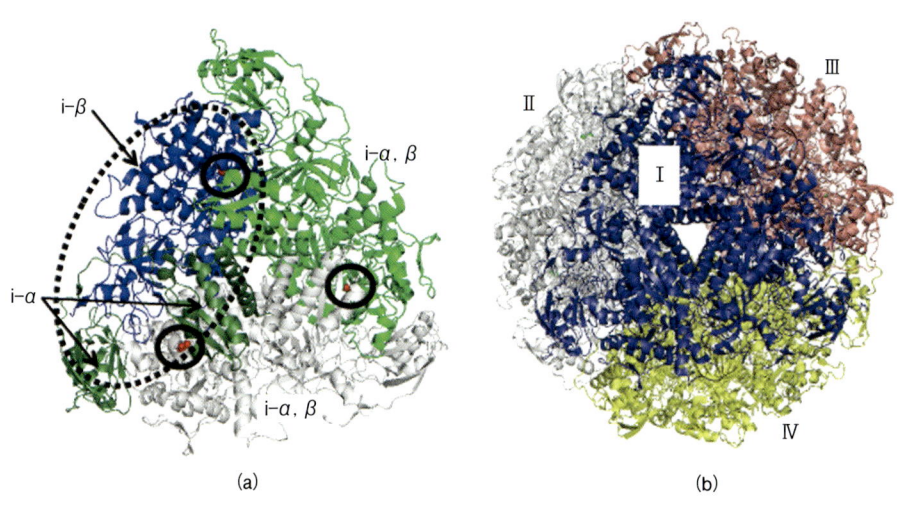

図 2.91 Av ニトロゲナーゼの分子構造と 3 つのクラスター［p.287］

図 2.100 ピロリ菌ウレアーゼのタンパク質構造［p.300］

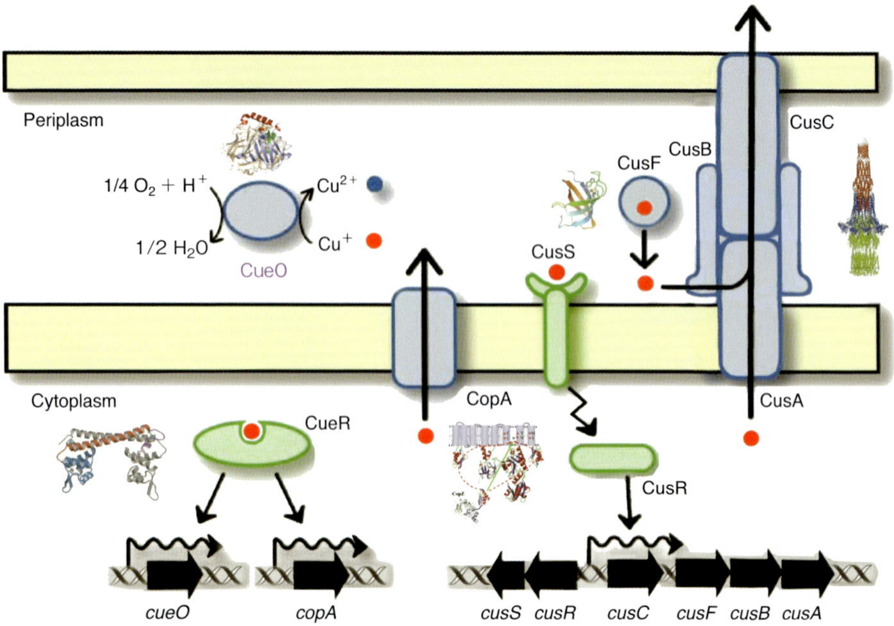

図3.17 CueR と CusR で制御される大腸菌の2つの Cu 排出系 [p.320]

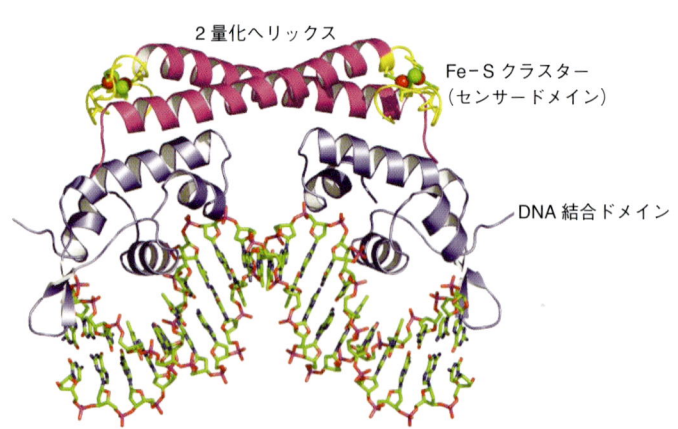

図3.19 酸化状態の(活性化した)SoxR-DNA複合体の結晶構造 [p.325]

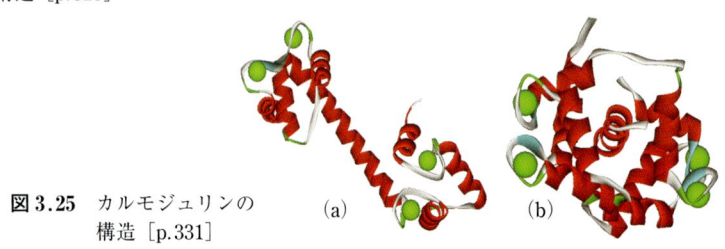

図3.25 カルモジュリンの構造 [p.331]

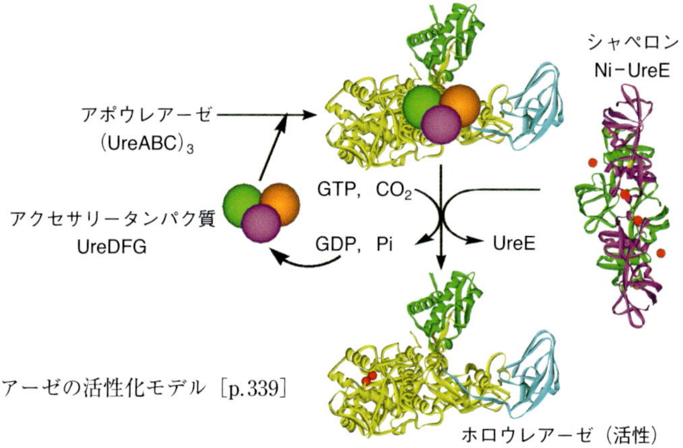

図 3.29 ウレアーゼの活性化モデル［p.339］

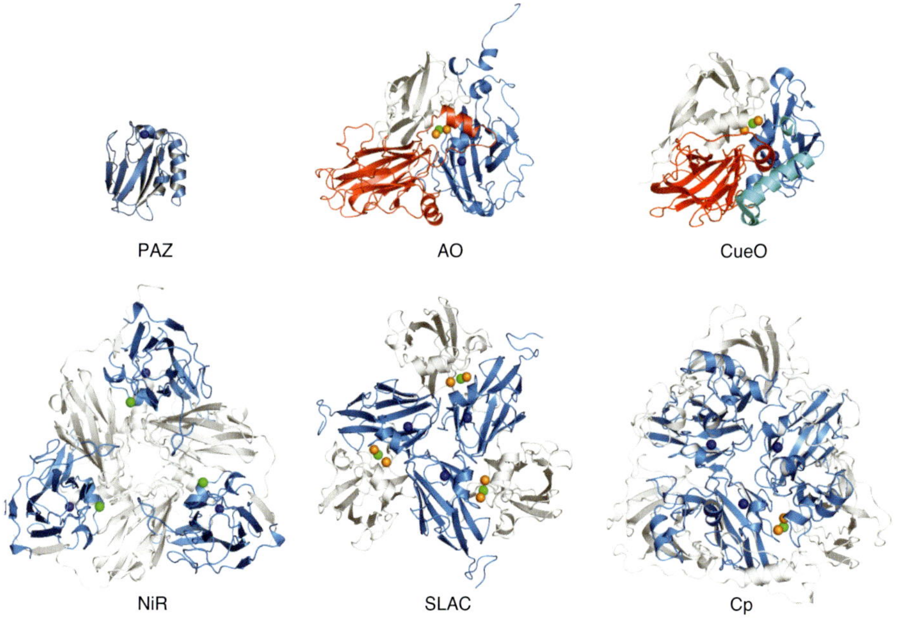

アポウレアーゼ
（UreABC)$_3$

アクセサリータンパク質
UreDFG

GTP, CO$_2$
GDP, Pi

シャペロン
Ni-UreE

UreE

ホロウレアーゼ（活性）

PAZ   AO   CueO

NiR   SLAC   Cp

図 3.33 ブルー銅タンパク質（シュードアズリン PAZ），3ドメイン型マルチ銅オキシダーゼ（AO, CueO），NIR，2ドメイン型マルチ銅オキシダーゼ（SLAC），6-ドメイン型マルチ銅オキシダーゼ（Cp）の立体構造［p.344］

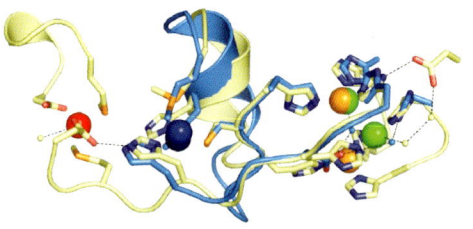

図 3.34 マルチ銅オキシダーゼ CueO（黄色）と NIR（青色）の活性部位の重ね合わせ［p.345］

図 4.1 地球上の窒素サイクルの概略 [p.367]

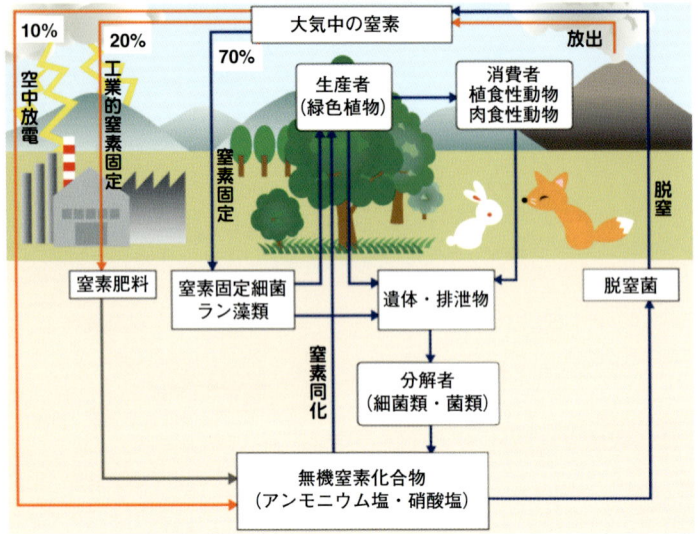

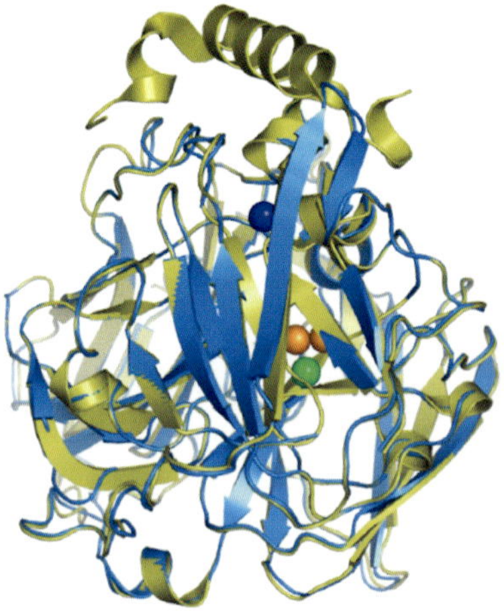

図 4.6 マルチ銅オキシダーゼ CueO のドメイン削除による機能改変 [p.374]

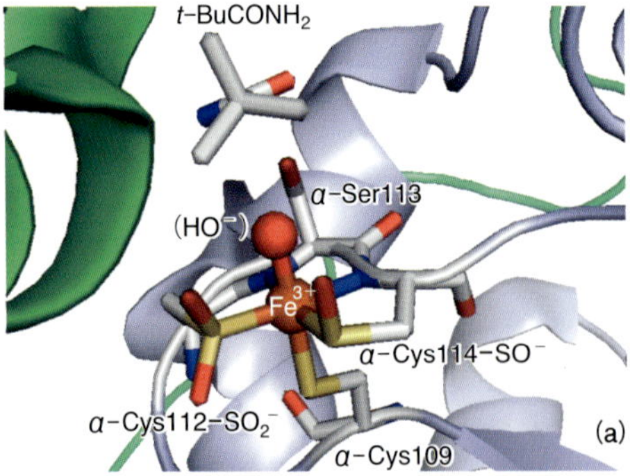

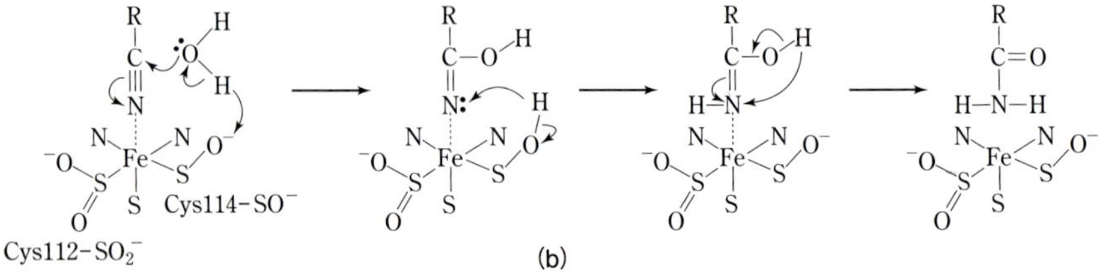

図 4.5 (a) Fe(Ⅲ)-NHase の活性部位の構造と，(b) 推定されるニトリル加水反応機構 [p.372]

はじめに

　光合成は太陽エネルギーから化学エネルギーへの変換の第一段階であり，種々の金属錯体が関与している．このことは金属元素が光合成生物のエネルギー生産を支え，人類をはじめ地球上の生命に不可欠であることを端的に示している．生命現象は精緻に組み合わされた化学反応であり，その解明は化学なくしてあり得ない．歴史的に，生命に関係する物質を扱う化学とそうでない化学という意味で有機化学，無機化学の分類がなされた．しかし，生命現象における金属イオンの役割への関心が高まった結果，1970年代に入り生体系に存在する様々な金属錯体の構造と機能を中心に研究する学問に対して，生物無機化学（bioinorganic chemistry または biological inorganic chemistry）という名称が付けられた．以来，生物無機化学は生物有機金属化学（bioorganometallic chemistry）と呼ばれる分野も含めて日進月歩の勢いで発展し，今日に至っている．生体系に存在する金属酵素をはじめとする錯体が無機-有機複合体であることを考えれば，境界領域の学問としての生物無機化学の発展は自然の流れであるといえよう．

　古くから多くの酵素が取り出され，それらの反応性について生化学的研究がなされてきたが，金属酵素における金属部位構造と反応メカニズムはいわばブラックボックスであった．生物無機化学の研究はまさにこの問題を中心に展開されてきた．現在では，DNA情報や遺伝子工学の活用，各種分析法の進歩により，生体系物質を構造の明確な分子として取り扱う研究が展開され，細胞での金属イオンの輸送，恒常性保持などの現象も詳細に解明される時代となっている．とりわけ最近のタンパク質X線結晶構造解析の急速な進展によって，金属の配位構造と周辺の分子環境が明らかになり，金属タンパク質の構造と機能に関するより深い理解が可能になってきた．また，疾病と金属イオンとの関係などに関する情報も蓄積されつつある．しかし，一方では未解決の現象が多く残されており，研究者の挑戦を待ち受けている．

　本書では，大学院レベルを想定して，金属イオンが関与する生体系と生体内現象を中心に取り上げ，主として化学の立場から著者らの考えも含めて最新の情報を提供し，解説を行うように努めた．

　第1章は，関連する基礎的事項について生体系との関連を織り交ぜつつ概観し，生

はじめに

物無機化学への導入を意図したものである．アミノ酸側鎖基の配位への関与，金属タンパク質の配位構造と性質，補因子，弱い相互作用などについてやや詳しく解説した．錯体化学，生化学は生物無機化学の重要な基礎であり，物理化学的方法論も極めて重要であるが，それぞれの詳細については専門書を参照していただくこととし，本書では生体系の記述に必要な事項に簡単に触れるにとどめた．

第2章，第3章では，金属タンパク質の構造と機能，金属イオンの輸送と貯蔵，疾病と金属イオンなどについて生物学的側面を示しつつ解説を行ったが，可能な限り化学的に説明するように心がけたつもりである．いずれもここ20年余りの間にいかに解明が進んだかを示すものとなっている．タンパク質構造が次々と明らかにされていることから，金属イオンの配位構造だけでなく，1つの反応系として理解を深め，化学的発想を得ていただくことが大切と考え，活性中心相互の関係やそれらを取り巻く分子環境について述べたところも多い．その他の細部にわたる記述については主旨を汲み取って下さればよいと思う．

第4章は，生物無機化学の応用や今後の可能性について簡単に記したが，自然科学の内包する「意外性」から考えても単純に何かが期待されるということは妥当ではなかろう．しかし，これからの地球，人類が直面する環境，医療，エネルギーなどの諸問題の解決に生物無機化学が新たな貢献をすることを心から期待したい．

生体系モデル錯体の研究は錯体化学者の関心が高く，かつ最も強い分野であり，活発な研究が行われている．モデル錯体に関する優れた成書や総説も多いことから，化学モデルについては必要に応じて記述する程度とし，金属タンパク質などに関する最近の研究成果を紹介し，生命現象における金属イオンの役割に関して理解を深めていただくことを主眼として本書を執筆した．金属タンパク質などの生体物質の構造・機能の解明と応用研究が，今後も生物無機化学および関連化学に大きな可能性を与えるであろうことを感じ取って下されば，まことに幸いである．執筆の途上，生物無機化学の急速な進歩と対象とする領域の広さから，各研究分野を俯瞰し，最新の情報を的確にとらえて記述することの困難さを痛感した．このため著者らの浅学による思い違いや記述の濃淡，取り上げるべきであった話題など，不備な点が少なからずあることを危惧する．これらに関しては，今後読者諸賢からのご指摘を仰ぎ，しかるべく改めたいと考えている．

かつて著者らは大阪大学教養部化学教室中原昭次教授のもとで研究生活を共にし，教えを受けた．生命現象における金属イオンの役割の解明を目指し，わが国の生物無機化学の発展を願って，信念を持って錯体化学から金属タンパク質研究への道を先導されたパイオニア，中原先生に感謝と共に本書を捧げたいと思う．

はじめに

　本書執筆に際しては，多くの方々からお力添えをいただきました．編集委員の松本和子博士には全編を通読していただきました．山内はご助言と文献検索，作図をして下さった茨城大学理学部島崎優一准教授，名古屋工業大学大学院工学研究科舩橋靖博准教授，関西大学化学生命工学部矢島辰雄准教授の皆さんに，鈴木は有益なご助言を下さった大阪大学理学研究科野尻正樹博士とデータを作成して下さった森　紗織さん（同研究科修士課程修了）に，櫻井はタンパク質立体構造図作成をして下さった金沢大学理工学域片岡邦重教授に，それぞれ大変お世話になりました．ここに記して心から御礼申し上げます．末筆ながら，出版にあたり朝倉書店編集部の方々に一方ならぬお世話になりましたことに対して，深く感謝申し上げます．

2012年4月

山　内　脩
鈴　木　晋一郎
櫻　井　武

本書をお読みいただく前に

「化学」は物質を分子レベルで研究する学問である．今世紀初頭にヒトゲノム解析が完了し，さらに種々の生物の全ゲノム解析が行われつつあり，多くのタンパク質に関する詳細な情報が得られるようになった．また，高輝度放射光とその周辺技術の進歩によりタンパク質のX線結晶構造解析が多数行われ，複雑なタンパク質でも分子レベルで見られるようになった結果，タンパク質が構造の明らかな分子として化学者の研究対象に加わったのである．このような現状から，本書はタンパク質を中心にできるだけ化学の立場から解説することを主眼とした．本書で取り上げた話題は必ずしも網羅的ではなく，著者らの主観に基づいた偏りがあるかもしれないが，重要な金属タンパク質に関しては詳しく解説を行うように努めた．

生物無機化学は無機・錯体化学，生化学，分子生物学などを主な背景としている．さらに，各種分光学的方法，X線結晶構造解析法などの手法が高度に発達していることを考えると，物理化学的分析法の知識も求められる．しかし，基礎となる諸点について詳しく解説することは著者らの能力を超えており，紙面の制限もあるため，これらについては必要な事項を概説するにとどめた．錯体化学，各種分光学などにはそれぞれ優れた成書が多くあるので，ぜひ参考にされたい．本書にはタンパク質構造が多く示されており，溶液平衡や錯体の情報も必要であるので，次にこれらに関するデータベースについて少し説明し，参考となる書物もあげておきたい．

情 報 検 索

(1) タンパク質構造データの **PDB code** について

これまでに世界中で結晶構造解析が行われたタンパク質のデータを集めているところは何カ所かある．本書に登場しているタンパク質で，PDB code XXXX のコード番号の記述があるものは，構造バイオインフォマティクス研究共同体（Research Collaboratory for Structural Bioinformatics：RCSB）や蛋白質構造データバンク（Protein Data Bank：PDB）にその構造が保管されているものである．なお，構造データはX線結晶構造解析によるものだけでなく，NMRによる溶液のデータなども含まれている．それらのバンクには，RCSBには http://www.pdb.org/pdb/home/home.do のアドレスで，日本のPDBには http://www.pdbj.org/index_j.html で容易にアクセスできる

ので，本書をお読みになる際に，可能であれば，タンパク質の構造座標データをダウンロードし，それを適当なソフトで画像化して参考にされることをお勧めしたい．大きなタンパク質分子を回転して，タンパク質が機能するときには，この残基とこの残基が触媒機能に重要かもしれない，この残基を換えると活性が変わるかもしれない，などと考えるのも楽しいものである．なお，共同体にアクセスしてからは，コード番号がわかっていれば，それを表紙画面に入力すればよいが，わからないときには，タンパク質の名前や，それを研究している研究者の名前で検索することもできる．必要なタンパク質の画面には，タンパク質の source を始め，結晶データ，分解能など構造解析の情報，そのタンパク質が掲載されている出典論文（これは大変便利であるが，中には Not Available もある）などが書かれている．もちろん，そのタンパク質の構造データをダウンロードするためのアイコン（Download Files）もあるので，簡単にデータが入手できる．

　ダウンロードしたデータを画像にするソフトの1つに PyMOL（http://www.pymol.org/）がある．本書のタンパク質構造や活性中心構造には，それを使って書かれているものが多いので，ここに感謝の意を表したい（DeLano, W. L. (2002) The PyMOL Molecular Graphics System, DeLano Scientific, San Carlos, CA）．以前は実行可能な PyMOL ソフトが無料でダウンロードできたが，最近の編集済みのソフトは有料サポートになっている．しかし，Windows 用のバイナリの入手先の紹介とインストール方法を解説しているサイト（Biokids Wiki）が公開されているので参考にされたい．

http://biokids.org/install_pymol.html
　その他，PDB ファイルを画像化する無料ソフトとして以下のものがある．
Chimera: http://www.cgl.ucsf.edu/chimera/
RasMol: http://rasmol.org/
Swiss Pdb Viewer: http://spdbv.vital-it.ch/
Jmol: http://jmol.sourceforge.net/

(2) 安定度定数について
　アミノ酸，ペプチド，ヌクレオチドなど生体関連物質の錯体の安定度定数は種々の書物，データベースにまとめられている．本文中に示した文献も含めていくつかをあげておく．

1) Martell, A. E., and Smith, R. M. (1974) *"Critical Stability Constants,"* Vol. 1; (1982) Vol. 5, Plenum Press, New York.
2) Burger, K., Ed. (1990) *"Biocoordination Chemistry: Coordination Equilibria in*

Biologically Active Systems," Ellis Horwood, Chichester.
3) Berthon, G., Ed. (1995) "*Handbook of Metal–Ligand Interactions in Biological Fluids,*" Vol. 1, Marcel Dekker, New York.
4) IUPACの安定度定数データベースは次のアドレスにて購入することができる：Academic Software, Sourby Old Farm, Timble, Otley, Yorks, LS21 2PW, UK. ホームページ：http://www.acadsoft.co.uk/index.html

（3）錯体の構造データについて

有機化合物および有機化合物との錯体の結晶構造に関しては，Cambridge Crystallographic Data Centre（CCDC）のCambridge Structural Database（CDS）がある．アドレスは次の通りである：The Cambridge Crystallographic Data Centre; www.ccdc.cam.ac.uk/data_request/cif

引用文献・参考書

本書執筆にあたり，次の書物を参考にさせていただいたことに対して，厚く御礼申し上げる．また，多くの総説，論文などを参考にし，引用させていただいた．それらの著者に対してあわせて感謝の意を表する．

1) 日本生化学会編（1979）「生化学データブックⅠ」，東京化学同人．
2) 大木道則，大沢利昭，田中元治，千原秀昭編（1994）「化学辞典」，東京化学同人．
3) 今堀和友，山川民夫監修，井上圭三他編（2007）「生化学辞典」，第4版，東京化学同人．
4) 桜井 弘，田中英彦編（1994）「生体微量元素」，広川書店．
5) Cotton, F. A., Wilkinson, G., Murillo, C. A., and Bochmann, M. (1999) "*Advanced Inorganic Chemistry,*" 6th Ed., John Wiley & Sons, New York.
6) Bertini, I., Sigel, A., and Sigel, S., Eds. (2001) "*Handbook on Metalloproteins,*" Marcel Dekker, New York.
7) Messerschmidt, A., Huber, R., Poulos, T., and Wieghardt, K., Eds. (2001) "*Handbook of Metalloproteins,*" Vols. 1 and 2; Messerschmidt, A., Bode, W., and Cygler, M., Eds. (2004) "*Handbook of Metalloproteins,*" Vol. 3, John Wiley & Sons, Chichester.
8) 増田秀樹，福住俊一編著（2005）「生物無機化学」，錯体化学会選書1，三共出版．
9) 桜井 弘編（2006）「生命元素事典」，オーム社．

無機・錯体化学，生物無機化学，分光学的手法などに関する優れた教科書・参考書は多くあるが，上記の書物に加えて，いくつかを次にあげさせていただく．参考にされたい．

1) 福田　豊，海崎純男，北川　進，伊藤　翼編（1996）「詳説無機化学」，講談社サイエンティフィク．
2) Miessler, G. L., Tarr, D. A. 著（脇原将孝監訳）（2003）「無機化学 I・II」，丸善．
3) Atkins, P. W., Oberton, T. L., Rourke, J. P., Weller, M. T., Armstrong, F. A. 著（田中勝久，平尾一之，北川　進訳）（2008）「無機化学　上・下」，第 4 版，東京化学同人．
4) 岩本振武，荻野　博，久司佳彦，山内　脩編（2000）「大学院錯体化学」，講談社サイエンティフィク．
5) 三吉克彦著（2001）「金属錯体の構造と性質」，岩波書店．
6) 基礎錯体工学研究会編（2002）「新版錯体化学—基礎と最新の展開」，講談社サイエンティフィク．
7) Lippard, S. J., Berg, J. M. 著（松本和子監訳）（1997）「生物無機化学」，東京化学同人．
8) Cowan, J. A. 著（小林　宏，鈴木春男監訳）（1998）「無機生化学」，化学同人．
9) 第 15 回「大学と科学」公開シンポジウム組織委員会編（2001）「生物と金属」，クバプロ．
10) Frausto da Silva, J. J. R., and Williams, R. J. P.（2001）*"The biological chemistry of the elements,"* 2nd Ed., Oxford University Press, Oxford.
11) Williams, R. J. P., and Frausto da Silva, J. J. R.（2006）*"The Chemistry of Evolution. The Development of our Ecosystem,"* Elsevier, Amsterdam.
12) Bertini, I., Gray, H. B., Stiefel, E. I., and Valentine, J. S., Eds.（2007）*"Biological Inorganic Chemistry. Structure and Reactivity,"* University Science Books, Sausalito.
13) Crichton, R. R.（2008）*"Biological Inorganic Chemistry. An Introduction,"* Elsevier, Amsterdam.
14) Ochiai, E. (2008) *"Bioinorganic Chemistry: A Survey,"* Academic Press, New York.
15) Permyakov, E. (2009) *"Metalloproteomics,"* John Wiley & Sons, Hoboken.
16) Solomon, E. I., and Lever, A. B. P., Eds.（1999）*"Inorganic Electronic Structure and Spectroscopy,"* Vols. I and II, John Wiley & Sons, Hoboken.
17) 大塩寛紀編著（2010）「金属錯体の機器分析　上」；（2012）「同　下」，錯体化学会選書 7，三共出版．

目　　次

1. 生体構成物質と金属イオン
1.1 必須元素とその役割 … 1
1.1.1 主　要　元　素 … 1
1.1.2 微量ないし超微量元素 … 4
1.2 生体系に存在する配位子と金属イオンの存在様式 … 5
1.2.1 無機配位子 … 6
1.2.2 有機配位子 … 6
1.2.3 生体系での金属元素の分布 … 11
1.3 金属イオンの特性 … 13
1.3.1 イオン半径 … 13
1.3.2 酸・塩基の硬さ・軟らかさ（HSAB） … 14
1.3.3 金属元素の機能 … 15
1.4 錯体の溶液中での挙動 … 18
1.4.1 錯体の溶液平衡と安定度定数 … 18
1.4.2 条件安定度定数 … 20
1.4.3 生体系での錯体形成と安定度定数 … 22
1.5 生体系配位子との錯体形成 … 23
1.5.1 アミノ酸およびペプチドの基本的な錯体形成反応 … 23
1.5.2 アミノ酸側鎖基の構造と錯体形成への関与 … 27
1.5.3 核酸構成成分の金属結合部位 … 36
1.6 錯体の構造と性質 … 42
1.6.1 錯体の構造 … 42
1.6.2 配位子場における d 軌道の分裂 … 46
1.6.3 磁気的性質 … 49
1.6.4 分光学的性質 … 50
1.7 金属イオンの反応性 … 57

1.7.1　反応速度 …………………………………… 58
　　　1.7.2　酸化還元電位 ……………………………… 60
　1.8　生体物質の配位化学と金属活性部位構造 ………… 65
　　　1.8.1　鉄タンパク質 ……………………………… 65
　　　1.8.2　亜鉛タンパク質 …………………………… 89
　　　1.8.3　銅タンパク質 ……………………………… 91
　　　1.8.4　モリブデンタンパク質とタングステンタンパク質 ……… 97
　　　1.8.5　マンガンタンパク質，ニッケルタンパク質，コバルトタンパク質 … 99
　1.9　補因子とその役割 …………………………………… 108
　　　1.9.1　キノン性補欠分子族 ……………………… 109
　　　1.9.2　プテリン補酵素 …………………………… 119
　　　1.9.3　コバラミン ………………………………… 123
　　　1.9.4　フリーラジカル …………………………… 125
　1.10　金属イオンの分子環境 …………………………… 136
　　　1.10.1　非共有結合性相互作用（弱い相互作用）…… 136
　　　1.10.2　金属イオン近傍での弱い相互作用 ……… 144
　　　1.10.3　錯体における弱い相互作用の検出 ……… 151

2.　金属タンパク質の構造と機能

　2.1　電子伝達タンパク質 ………………………………… 158
　　　2.1.1　タイプ1 Cu 部位（ブルー銅部位）の分光学的性質 ……… 158
　　　2.1.2　ブルー銅タンパク質の構造 ……………… 164
　　　2.1.3　ブルー銅タンパク質の機能 ……………… 165
　2.2　酸素結合タンパク質 ………………………………… 170
　　　2.2.1　ヘム含有 O_2 および NO 結合タンパク質と植物・微生物由来
　　　　　　グロビンファミリー ……………………… 171
　　　2.2.2　非ヘム鉄含有 O_2 結合タンパク質 ……… 187
　　　2.2.3　銅含有 O_2 結合タンパク質 ……………… 188
　2.3　エネルギー獲得系に関わる金属タンパク質 ……… 194
　　　2.3.1　電子伝達系 ………………………………… 195
　　　2.3.2　硝酸塩呼吸（異化的硝酸還元）…………… 200
　　　2.3.3　硫酸塩呼吸（異化的硫酸還元）…………… 213
　　　2.3.4　光合成 ……………………………………… 214

2.4 O_2 を活性化して基質に酸素を添加する金属酵素（オキシゲナーゼ）…… 220
 2.4.1 ヘム含有オキシゲナーゼ ……………………………… 223
 2.4.2 単核非ヘム鉄含有オキシゲナーゼ …………………… 231
 2.4.3 複核型非ヘム鉄含有オキシゲナーゼ ………………… 237
 2.4.4 銅含有オキシゲナーゼ ………………………………… 241
2.5 酸素毒の解毒 …………………………………………………… 252
 2.5.1 Cu,Zn-スーパーオキシドジスムターゼ ……………… 252
 2.5.2 Fe-および Mn-スーパーオキシドジスムターゼ …… 254
 2.5.3 Ni-スーパーオキシドジスムターゼ ………………… 255
 2.5.4 スーパーオキシドレダクターゼ ……………………… 256
 2.5.5 カタラーゼ ……………………………………………… 256
2.6 その他の酸化還元酵素 ………………………………………… 258
 2.6.1 Fe 含有酸化還元酵素 ………………………………… 259
 2.6.2 Cu 含有酸化還元酵素 ………………………………… 259
 2.6.3 Ni 含有酸化還元酵素 ………………………………… 263
 2.6.4 Mn 含有酸化還元酵素 ………………………………… 266
 2.6.5 Mo または W 含有酸化還元酵素 …………………… 266
 2.6.6 V 含有酸化還元酵素 …………………………………… 275
2.7 小分子変換に関与する金属酵素 ……………………………… 277
 2.7.1 亜硫酸レダクターゼ …………………………………… 277
 2.7.2 ヒドロゲナーゼ ………………………………………… 282
 2.7.3 ニトロゲナーゼ ………………………………………… 286
2.8 Zn および Ni 含有酵素 ………………………………………… 290
 2.8.1 Zn 含有酵素 …………………………………………… 290
 2.8.2 Ni 含有加水分解酵素 ………………………………… 299

3. ライフサイエンスとしての生物無機化学

3.1 金属イオンのホメオスタシス（取り込み，輸送，貯蔵，排出）…… 303
 3.1.1 金属イオンの輸送 ……………………………………… 303
 3.1.2 アルカリ金属，アルカリ土類金属 …………………… 305
 3.1.3 鉄の輸送と貯蔵 ………………………………………… 309
 3.1.4 銅の輸送 ………………………………………………… 315
 3.1.5 その他の金属イオンの輸送 …………………………… 320

3.2 センサータンパク質と転写制御 323
　3.2.1 金属イオンのセンシング 323
　3.2.2 金属センサータンパク質による転写過程の制御 324
　3.2.3 転写後過程の制御 326
　3.2.4 金属による気体小分子のシグナリングと転写 327
3.3 金属タンパク質の活性部位形成 330
　3.3.1 金属イオンの除去と導入 331
　3.3.2 金属シャペロン 332
　3.3.3 金属結合部位の翻訳後修飾 332
　3.3.4 アミノ酸以外の無機物質と金属イオンとの協奏的活性部位形成 ... 334
　3.3.5 補欠分子族と金属イオンの結合 334
　3.3.6 電子伝達に共役した金属イオンの挿入 335
　3.3.7 分子シャペロン 336
　3.3.8 Fe-S クラスターの生成 336
　3.3.9 シトクロム c 338
　3.3.10 シトクロム c オキシダーゼ 338
　3.3.11 ウレアーゼ 339
　3.3.12 ［NiFe］ヒドロゲナーゼ 339
　3.3.13 モリブデンコファクター 341
3.4 金属タンパク質の構造と機能の分子進化 342
　3.4.1 クプレドキシンスーパーファミリーの分子進化 343
　3.4.2 嫌気呼吸から好気呼吸への分子進化 347
3.5 疾病と金属 349
　3.5.1 プリオン病 350
　3.5.2 アルツハイマー病 354
　3.5.3 フェニルケトン尿症 356
　3.5.4 筋萎縮性側索硬化症（ALS） 357
　3.5.5 パーキンソン病 358
　3.5.6 発がんと制がん 359

4. 生物無機化学の展開と応用

4.1 窒素サイクルにおける脱窒の意義と窒素の環境問題 366
4.2 金属タンパク質の産業利用 371

　　　　　　　　　目　　次

4.2.1　ニトリルヒドラターゼによるアクリルアミド製造 …………… 371
4.2.2　マルチ銅オキシダーゼの多様な用途 ……………………………… 373
4.2.3　マルチ銅オキシダーゼの改変による機能向上 …………………… 374
4.2.4　その他の金属酵素の産業利用 …………………………………… 377
4.3　生物無機化学の歩みと展望 …………………………………………… 378
4.3.1　生物無機化学研究の歩み ………………………………………… 378
4.3.2　将来への展望と期待 ……………………………………………… 382

索　　引 …………………………………………………………………… 387

1
生体構成物質と金属イオン

1.1 必須元素とその役割

 生物体はタンパク質，脂肪，体液，骨格などにより形作られ，生命現象を営むためにはさらに様々な微量成分を必要とする．生体内に含まれる元素は当然のことながらその環境に由来するものであり，多種類の元素が検出されている．生物体の正常な形態と機能の維持に必要な元素は必須元素（essential element）または生元素（bioelement）と呼ばれる．ある生物体に一貫して存在する元素について，その必須性は次の条件を満たすか否かにより決められる．
① 欠乏により生理的欠陥（疾病，代謝異常，発育不全）が生じる．
② 投与により生理的欠陥が消失する．
③ 化学物質を構成し，生化学的機能に関連している．

 通常これらのすべてまたは2つの条件が満たされる元素を必須元素としている．必須元素は多量に存在する主要元素（または多量元素，常量元素）と微量ではあるが不可欠の役割を果たす微量元素ないし超微量元素に大別される．必須元素のうち主要元素はすべての生物に必須であるが，微量元素や超微量元素には生物種により必須ではない元素も含まれる．生体内での化学的情報を欠く場合に，微量〜超微量元素が必須であるか否かを決定することは極めて難しく，不確かさが避けがたいが，表1.1に必須または必須である可能性が高い元素およびそれらの所在と主な役割を示した．また，それらの周期表上での位置を示した図1.1より，必須元素の大部分は第4周期までの元素であり，これらより重い元素は第5周期のMoとIおよび第6周期のWであることがわかる．

1.1.1 主要元素：H, C, N, O, P, S, Na, K, Mg, Ca, Cl

 タンパク質・脂質などの有機化合物は生物体の主要成分であり，これらを構成する元素に骨格の無機成分（リン酸カルシウム；ヒドロキシアパタイト $Ca_{10}(PO_4)_6(OH)_2$ に近い組成）および体液成分の元素を加えた合計11種は主要な必須元素である．体

表 1.1　必須元素

(a) 多量元素

元素	存在量 (g)	存在様式・主な役割
H	7000	アミノ酸，タンパク質，脂質，補因子，核酸などの構成元素，H^+ は体液の液性，タンパク質内電子移動，膜電位などに関与する．
C	12600	
N	2100	
O	45500	
P	700	リン酸としてリン脂質，核酸，ATP などのヌクレオチドに含まれ，Ca と結合してヒドロキシアパタイトの形で骨格を形成する．
S	175	含硫アミノ酸（システイン，メチオニン）の構成要素，S^{2-} として鉄–硫黄タンパク質，ニトロゲナーゼ，ヒドロゲナーゼなどの活性中心を構成する．
Cl	105	Cl^- として体液中，特に細胞外液中に多く存在し，体液の電気的中性に寄与する．
Na	105	Na^+ は細胞外液中の主要な陽イオンであり，イオン勾配や浸透圧を調整し，筋収縮，神経系での情報伝達に関与する．
K	140	K^+ は細胞内液中に高い濃度で存在し，筋収縮，神経系の情報伝達に関与する．
Mg	35	クロロフィルの中心原子，ホスファターゼ，ヘキソキナーゼなどの補因子，Ca と共に骨格を構成，体液中では Mg^{2+} として存在する．
Ca	1050	リン酸と結合したヒドロキシアパタイトや炭酸塩の形で骨格を形成，トロポニン C やカルモジュリンのようなタンパク質とも結合し，筋収縮その他の様々な生体反応の調節を行う（細胞内シグナル）．

(b) 微量ないし超微量元素

元素	存在量 (g)	存在様式・主な役割
B	0.01	植物の生育に必須，ヒトにも必須である可能性がある．B を含むタンパク質は知られていないが，抗生物質ボロマイシンに含まれる．
F	0.8	F を含むタンパク質は知られていないが，微量の F^- を飲料水に加えることによりう蝕を防ぎ，虫歯を予防する．
Si	1.4	ラットやニワトリの骨格形成に必須であることが認められており，また，コラーゲンやヒアルロン酸などのグリコサミノグリカンと結合した形で見出される．
Se	0.02	セレノシステインとしてグルタチオンペルオキシダーゼの活性中心を形成する．
Br	0.2	海水中で Cl についで多く，生物への弱い必須性が報告される．海洋生物にはブロモペルオキシダーゼの働きによって生合成されると考えられる多様な含臭素化合物が見られる．
I	0.03	W についで重い必須元素であり，チロキシンなどの甲状腺ホルモンの構成要素として知られ，他の役割は知られていない．
Sn	0.03	ラットの成長に必須とされるが，Sn を含むタンパク質は知られていない．
V	0.02	ラット，ニワトリの成長因子，海洋生物ホヤの血色素に含まれ，ブロモペルオキシダーゼや Mo 不足状態で産生されるニトロゲナーゼの活性中心を形成する．
Cr	0.005	ヒトの組織などに極めて低濃度に存在し，糖，脂質，タンパク質の代謝に関与する．
Mn	0.02	いくつかの酵素の活性中心に含まれ，光化学系において酸素発生中心を形成する．
Fe	4.2	酸化還元あるいは電子移動を行う酵素・タンパク質の活性中心を形成し，特に O_2 の運搬・貯蔵・利用に関与する．
Co	0.003	コリン環との錯体コバラミンとして存在し，基転移反応の補酵素として働く．

1.1 必須元素とその役割

表1.1 (b) 微量ないし超微量元素（つづき）

元素	存在量(g)	存在様式・主な役割
Ni	0.01	ルイス酸としてウレアーゼ，また，酸化還元能によりヒドロゲナーゼなどの活性中心を形成する．
Cu	0.11	タンパク質と結合して活性中心を形成し，O_2の運搬と利用，電子移動，酸化還元反応に関与する．
Zn	2.3	タンパク質中，ルイス酸として加水分解酵素などの活性中心を形成し，また，アルコールデヒドロゲナーゼにも含まれて構造因子として働くほか，DNA結合タンパク質にあっては亜鉛フィンガー構造を形成する．
Mo	< 0.005	モリブドプテリンと結合してキサンチンオキシダーゼ，ジメチルスルホキシドレダクターゼなどの酸化還元酵素の活性中心を形成し，ニトロゲナーゼのFeMo補因子の構成要素である．
W	0.00002	最も重い必須元素であり，海底の熱鉱床で生育する超好熱菌などの酵素活性中心を形成し，Moと類似の機能を示す．

注：存在量は成人（体重70 kg）の値．Kieffer（1991）より引用．Wの値はEmsley（1998）より引用．

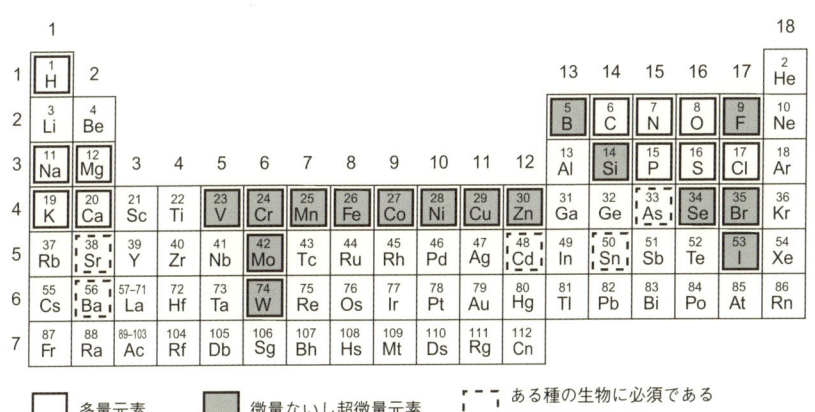

図1.1 周期表上での必須元素

体重70 kgのヒトではH，C，N，Oはそれぞれkgのオーダーで存在し，H，C，N，Oの4元素はヒトの体重の96%に相当する（表1.1）．また，P，S，Na，K，Mg，Clは35 gから700 gの範囲で存在する．これら主要元素は生物体の質量のほぼすべてを占める．

ところで，AlはO，Siについで地殻に多量に存在するが，必須元素ではない．中性pH付近ではAl^{3+}イオンは加水分解を受けて水に難溶性の水酸化物になるためAl^{3+}イオン濃度が低下し，結果として生物が利用できなかったためかもしれない．Al^{3+}はむしろ神経毒として知られ，アルツハイマー病の原因の1つとも考えられた．酸性雨に

より湖沼のpHが6以下になると，鉱物中のAlが溶け出すことによりAl^{3+}の水中濃度がμM（10^{-6} mol dm^{-3}）レベルにまで高まり，5 μMで魚類を死滅させる．Al^{3+}のイオン半径0.535 ÅはFe^{3+}の値0.645 Åに近く，チロシンのフェノラートO^-を配位原子とする血液中でのFe^{3+}運搬体トランスフェリン（transferrin）と結合して体内を巡り，脳に入る可能性がある．

1.1.2 微量ないし超微量元素

① 典型元素：B, F, Si, Se, Br, Sn, I
② 遷移金属元素：V, Cr, Mn, Fe, Co, Ni, Cu, Zn, Mo, W

生命現象が営まれるためには，主要元素に加えて上記の微量ないし超微量の元素が必要である．ヒトに必須とされる元素は，Se, I, Cr, Mn, Fe, Co, Cu, Zn, Moであり，F, Si, Niも必須とされる場合もある（桜井，2006）．これらの元素の総和はヒトの体重の約1万分の1であり，体重70 kgのヒトの遷移金属元素は多いものから順にFe 4 g, Zn 2 g, Cu 0.1 g程度である（表1.1）．SeはシステインのSがSeに置き換わったアミノ酸セレノシステイン（selenocysteine: SeCys）として，グルタチオン（γ-グルタミルシステイニルグリシン，γ-GluCysGly）により過酸化水素を還元するグルタチオンペルオキシダーゼ（glutathione peroxidase）の活性中心に含まれる．Iは甲状腺ホルモンの構成成分としてその作用に不可欠である．また，遷移金属元素については第1遷移金属元素のVからZnまでと，第2遷移金属元素に属するMoが必須になっている．周期表でMoの下に位置するWは，酢酸菌，深海生物の超好熱菌（hyperthermophile）などの古細菌（archaebacteria；単数のときは-bacterium）においてMoに代わって酵素活性中心に取り込まれている場合があることが報告されているが，真核生物では見出されていない．

遷移金属元素のうち，Fe, Cu, Znは存在量と果たす機能の豊富さから見て最も重要な遷移金属である．酸化還元反応に関与するFeはすべての生物に必須の元素である．これに対して，類似の機能を有するCuは好気性生物に必須であるが，絶対嫌気性菌であるメタン細菌などの古細菌にはほとんど見出されていない．生物におけるFeとCuの利用度の違いは原始地球におけるFeとCuの硫化物の溶解度の違いにより説明されている．すなわち，原始地球ではこれらはいずれも硫化物として存在し，FeSは塩酸に溶けるため容易に利用可能であったのに対してCuSは不溶性であり，このため利用されなかったとする考えである．Cuは大気中の酸素濃度が高まり，硝酸や硫酸のような酸化能のある酸が生じてはじめて利用されたのであろう（Fraústo da Silva and Williams, 2001）．一方，海水中のFe^{2+}は酸素の増大と共にFe^{3+}に酸化され$Fe(OH)_3$

として沈殿したため，利用可能な Fe 量は次第に減少して現在の濃度に至ったと考えられる．

ある種の生物に必須である可能性が指摘されている元素として，As, Sr, Cd, Sn, Ba がある（図 1.1）．Br もこの群に入れられることが多いが，含臭素化合物が見出されていることから，本書では必須元素として分類した．Cd に関しては，Zn 不足状態である海水中の珪藻類について炭酸デヒドラターゼ（炭酸脱水酵素, carbonic anhydrase：CA）の活性が Cd の添加により高まり，珪藻類の成長が促進されることが明らかになった．実際に CA 活性を有する Cd 含有タンパク質（分量 43 kDa）が珪藻から単離され（Lane and Morel, 2000），結晶構造も報告された（Xu et al., 2008）（図 2.93 p.291 参照）．この点から Cd も必須とすべきかも知れない．また，最近，アメリカカリフォルニア州の塩湖「モノ湖」の堆積物から P の代わりに As を用いる細菌（GFAJ-1）が見出され，As をヒ酸 AsO_4^{3-} として取り入れて DNA とタンパク質の合成を行っていることが報告された（Wolfe-Simon et al., 2011）．この研究結果は少なくともある種の生物では As が P の代わりに利用されることを示している．生物の様々な生存環境を考慮すると，現在必須とは考えられていない元素についても，将来ある種の生物においてその利用が明らかにされるかもしれない．

文　献

桜井　弘編（2006）「生命元素事典」，オーム社．
Emsley, J. (1998) *"The Elements,"* 3rd ed., Oxford University Press.
Fraústo da Silva, J. J. F. and Williams, R. J. P. (2001) *"The biological chemistry of the elements,"* 2nd ed., Oxford University Press.
Kieffer, F. (1991) In *"Metals and Their Compounds in the Environment-Occurrence, Analysis and Biological Relevance,"* Merian, E., Ed., VCH, Weinheim, p. 481.
Lane, T. W. and Morel, F. M. M. (2000) *Proc. Natl. Acad. Sci. USA* **97**, 4627.
Wolfe-Simon, F. et al. (2011) *Science* **332**, 1163.
Xu, Y. et al. (2008) *Nature* **452**, 569.

1.2　生体系に存在する配位子と金属イオンの存在様式

生体系には種々の無機化合物，有機化合物，あるいはそれらのイオンなど，低分子量化合物から高分子まで多種多様な配位子が存在する．これらのうちの主要なものについて概観する．

1.2.1 無機配位子

配位子となる無機化合物（イオン）としては次のようなものがある．
H_2O, OH^-, O^{2-}, O_2, HO_2^-, O_2^{2-}, CO_3^{2-} (HCO_3^-), F^-, Cl^-, Br^-, I^-, PO_4^{3-} ($H_2PO_4^-$, HPO_4^{2-}), S^{2-} (HS^-), CN^-, OCN^-, SCN^-, NO_2^-, NH_3, CO, NO, N_2

これらの中にはタンパク質中の金属イオンと結合しているものもある．例えば，HCO_3^- は鉄運搬体であるトランスフェリンの Fe 部位に，CN^-, CO は [FeFe] および [NiFe] ヒドロゲナーゼの Fe 部位にそれぞれ結合している．また，S^{2-} は鉄–硫黄タンパク質中などでクラスター形成に役立っている．O_2 や NO はそれぞれ反応や情報伝達に際して金属イオンと結合する．

1.2.2 有機配位子

低分子量の有機化合物としては，アミノ酸・ペプチド，有機酸，補因子，ヌクレオチド，あるいは種々の情報伝達物質が生体系に存在し，金属イオン結合能を示す．

タンパク質を構成する20種類のL-α-アミノ酸[*1]やそれらのペプチドは優れた配位子である．表1.2にアミノ酸の構造と酸解離定数を示した．生体高分子であるタンパク質は生体系の主たる遷移金属イオン結合部位であり，構成アミノ酸残基側鎖がその主役を演じている．また，タンパク質骨格のペプチド鎖が結合に関与する場合もある．この意味でアミノ酸・ペプチドの錯体が金属タンパク質の構造・機能の基本となると考えることができる．タンパク質の中には特定の金属イオンと強く結合しているものがあり，これらは金属タンパク質（metalloprotein）と呼ばれる．金属タンパク質にあっては立体的要因，場の効果などのため，低分子量錯体には見られない錯体構造と反応が可能になり，分子間の会合や認識も高度化する．アミノ酸・ペプチドの錯体形成反応と側鎖基の結合への関与については1.5.1項（p.23），1.5.2項（p.27）にて説明する．また，金属タンパク質に関しては1.8節（p.65）および後の各章を参照されたい．同じく生体高分子であるデオキシリボ核酸DNAは，核内でリシン，アルギニンを多く含む塩基性タンパク質ヒストンと水素結合などにより結合したヌクレオソームを形成して安定化しており，遷移金属イオンとは結合していない．しかし，ヌクレオチドと同様に核酸塩基やリン酸エステル基は潜在的に金属結合部位となりうる（1.5.3項 p.35 参照）．

[*1] システインのSがSeに置き換わったセレノシステイン（1.1.2項 p.4 参照）を加えると，全部で21種のアミノ酸となる．

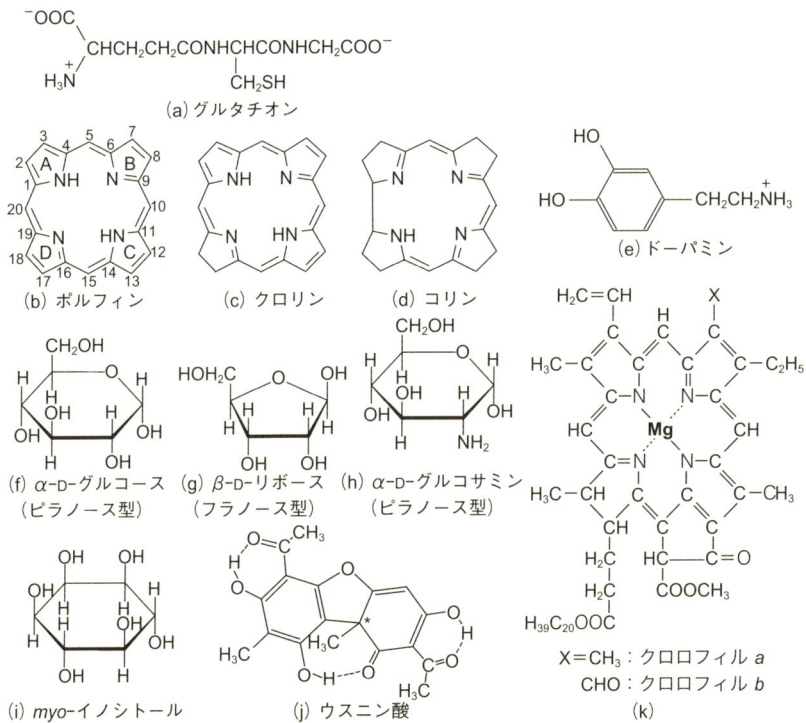

図1.2 金属イオンへの配位能を示す生体関連有機化合物と錯体の例
（ヘムの番号づけについては図1.14を参照されたい）

微生物のシデロホア（siderophore）と呼ばれる鉄運搬体はN, O配位原子を有し，高い Fe^{3+} 結合能を示す．また，抗生物質にはバリノマイシン（valinomycin）やグラミシジン（gramicidin）のようなO原子を配位基として含む環状または鎖状化合物があり，アルカリ金属イオンなどの担持体（イオノホア, ionophore）として知られる．これらについては金属シャペロンと呼ばれる金属運搬タンパク質などと共に金属イオンの輸送と貯蔵（3.1節 p.303）で述べる．また，補酵素と金属イオンとの関わりについては1.9節（p.108）を参照されたい．

図1.2には金属イオンへの配位能を示す生体関連有機化合物の例がいくつかあげてある．植物が産生するフィトケラチン（phytochelatin）は（γ-GluCys）$_n$-Glyの組成を有するメタロチオネイン（metallothionein）類似のキレート剤であり（Grill et al., 1985; Grill et al., 1987），Cd^{2+} などの存在でその合成酵素が活性化されてグルタチオン γ-GluCysGly（図1.2(a)）から合成される．重金属と結合してその毒性を軽減すると考

表 1.2 タンパク質を構成するアミノ酸の名称,構造,および酸解離定数 (pK_a 値)

アミノ酸	3文字表記	1文字表記	構造式[†]	pK_a* α-COOH	pK_a* α-NH$_3^+$	pK_a* 側鎖基	文献
(a) 無極性脂肪族アミノ酸							
グリシン (Glycine)	Gly	G	$^-OOC-CH_2-NH_3^+$	2.37	9.60		a
アラニン (Alanine)	Ala	A	$^-OOC-CH(NH_3^+)-CH_3$	2.33	9.72		a
バリン (Valine)	Val	V	$^-OOC-CH(NH_3^+)-CH(CH_3)_2$	2.28	9.54		a
ロイシン (Leucine)	Leu	L	$^-OOC-CH(NH_3^+)-CH_2CH(CH_3)_2$	2.32	9.66		a
イソロイシン (Isoleucine)	Ile	I	$^-OOC-CH(NH_3^+)-CH(CH_3)CH_2CH_3$	2.21	9.56		b
メチオニン (Methionine)	Met	M	$^-OOC-CH(NH_3^+)-CH_2CH_2SCH_3$	2.10	9.05		b
プロリン (Proline)	Pro	P	$^-OOC-CH-NH_2^+-(CH_2)_3$ (環)	1.90	10.41		b
(b) 極性脂肪族アミノ酸							
セリン (Serine)	Ser	S	$^-OOC-CH(NH_3^+)-CH_2OH$	2.13	9.05		b
トレオニン (Threonine)	Thr	T	$^-OOC-CH(NH_3^+)-CH(OH)CH_3$	2.20	8.96		b
システイン (Cysteine)	Cys	C	$^-OOC-CH(NH_3^+)-CH_2SH$	1.91	10.29	8.16	b
アスパラギン (Asparagine)	Asn	N	$^-OOC-CH(NH_3^+)-CH_2C(=O)NH_2$	2.15	8.72		b
グルタミン (Glutamine)	Gln	Q	$^-OOC-CH(NH_3^+)-CH_2CH_2C(=O)NH_2$	2.16	9.96		b

表 1.2 (つづき)

アミノ酸	3文字表記	1文字表記	構造式[†]	pK$_a$[*] α-COOH	pK$_a$[*] α-NH$_3^+$	pK$_a$[*] 側鎖基	文献
(c) 酸性アミノ酸							
アスパラギン酸 (Aspartic acid)	Asp	D	$^-$OOC-CH(NH$_3^+$)-CH$_2$COO$^-$	1.94	9.62	3.70	b
グルタミン酸 (Glutamic acid)	Glu	E	$^-$OOC-CH(NH$_3^+$)-CH$_2$CH$_2$COO$^-$	2.18	9.59	4.20	b
(d) 塩基性アミノ酸							
アルギニン (Arginine)	Arg	R	$^-$OOC-CH(NH$_3^+$)-CH$_2$CH$_2$CH$_2$NHC(=NH$_2^+$)NH$_2$	1.99	9.02	12.09	c
リシン (Lysine)	Lys	K	$^-$OOC-CH(NH$_3^+$)-CH$_2$CH$_2$CH$_2$CH$_2$NH$_3^+$	2.16	9.19	10.71	c
ヒスチジン (Histidine)	His	H	$^-$OOC-CH(NH$_3^+$)-CH$_2$-(imidazole)	1.70	9.09	6.02	b
(e) 芳香族アミノ酸							
フェニルアラニン (Phenylalanine)	Phe	F	$^-$OOC-CH(NH$_3^+$)-CH$_2$-C$_6$H$_5$	2.17	9.11		b
チロシン (Tyrosine)	Tyr	Y	$^-$OOC-CH(NH$_3^+$)-CH$_2$-C$_6$H$_4$-OH	2.17	9.04	10.11	b
トリプトファン (Tryptophan)	Trp	W	$^-$OOC-CH(NH$_3^+$)-CH$_2$-(indole)	2.34	9.32	(16.8)	b, d

[†] 構造式はpH 7付近における主なイオン型を示す。アスパラギン酸，グルタミン酸，アルギニン，リシンはそれぞれ塩の形で示してある。プロリンはイミノ酸であるが，アミノ酸として表示してある。

[*] pK$_a$ 値は巨視的 (macroscopic) 酸解離定数に対応する。pK$_a$ 値が接近している場合には微視的 (microscopic) 酸解離定数を考慮する必要がある。詳しくは Burger (1990) を参照されたい。

a) 25℃, $I = 0.1 \sim 0.2$ M; Sóvágó et al., 1993.
b) 25℃, $I = 0.1$ M; Martell and Smith, 1974 および 1982.
c) 25℃, $I = 0.1 \sim 0.2$ M; Yamauchi and Odani, 1996.
d) Yagil, 1967.

えられる．単純なフィトケラチンの Cd^{2+} 錯体について溶液平衡の研究がなされている（Johanning and Strasdeit, 1998）．生体内環状 4N 配位子にはポルフィリン（porphyrin; 未置換体をポルフィン（porphin）という），クロリン（chlorin），コリン（corrin）など重要なものが多い．これらの基本骨格を図 1.2(b), (c), (d) に示した．いずれも N を配位原子とする 4 個のピロール環がメチン基 =CH— で環状に繋がった構造をとっているが，ポルフィリン，クロリンが 2 個の解離しうる NH を有するのに対して，コリンは 1 個の NH を有する．ポルフィリンの Fe(II)錯体はヘム（heme）と呼ばれ，タンパク質中に取り込まれて機能を発揮している．ヘムを補欠分子族（prosthetic group）とするタンパク質をヘムタンパク質（hemoprotein）という（1.8.1 項 p.65 参照）．ヘムはタンパク質中で軸配位子や周辺の分子環境に依存して様々な機能を発揮する．ヘムタンパク質にはカタラーゼやシトクロム c オキシダーゼなどの酵素，シトクロム c などの電子伝達体，酸素運搬体ヘモグロビンなどがある．また，ポルフィリンピロール環のジヒドロ体がクロリン（chlorin）であり，緑色色素クロロフィル（chlorophyll）（図 1.2(k)）はその誘導体の Mg 錯体である（2.3.4 項 p.214 参照）．コリン（corrin）は同じく 4 個のピロール環からなるが，2 個のピロール環が直結した構造を有し，その Co 錯体はビタミン B_{12} を構成する（1.9.3 項 p.123 参照）．ドーパミン（図1.2(e)）のような神経伝達物質，ペプチドホルモンにも金属イオンと結合しうるものがある．

一方，グルコース，リボースなどの糖質（図1.2(f)，(g)）のヒドロキシ基は–OH または–O⁻ として金属と結合しうる（1.5.3 項 p.35 参照）．キチン，キトサンの構成成分であるグルコサミン（2-アミノ-2-デオキシグルコース；図1.2(h)）はアミノ基をもつため，金属イオンと効果的に結合する．グルコサミンのポリマーであるキトサンは重金属の吸着剤として利用される．またイノシトール（図1.2(i)）はヒドロキシ基 6 個を有し，そのヘキサリン酸エステルはフィチン酸（phytic acid）と呼ばれる．フィチン酸はリン酸部分で Ca^{2+} と強固に結合する．植物種子中にフィチン（phytin；フィチン酸の Ca^{2+} と Mg^{2+} 混合塩）として存在し，発芽のエネルギー源となる．植物成分にも金属イオン結合能を示す化合物が知られている．コケの一種である地衣類は，土壌中の金属イオンと強く結合してこれを取り込むことが知られ，環境汚染の生物モニターとしても利用されている（Nieboer and Richardson, 1981）．結合にはその含有成分であるポリフェノールが関与する．代表的な地衣成分であるウスニン酸（図 1.2 (j)）は β-ジケトン構造をもち，この部位で Cu^{2+} などと結合する（Takani et al., 2002）．

1.2.3 生体系での金属元素の分布

1.1.2 項で述べたように,必須元素としてあげられている 28 元素のうち,ヒトに必須とされる微量および超微量元素は 9 ないし 11 元素である.生物が必要とする機能を示し,利用できる形で環境中に存在する元素が必須元素として選ばれてきたと考えられる.表 1.3 に示したように,海水中で濃度が高い Na, K, Mg, Ca (10^{-1}〜10^{-3} M) がヒトの血清中でも高い濃度で存在することは,生命の起源が海水中にあることを強く示唆しており(桜井, 2006),海水中に高濃度で存在する第 2 遷移金属元素 Mo が必須元素であることもこれを支持している(ごく最近,生命の起源が熱泥泉中にあるとの説が出された (Mulkidjanian et al., 2012)).Na, K, Mg, Ca の各元素についてヒトの赤血球内での濃度も表 1.3 に示した.これらを血清中の濃度と比較すると,K の細胞内濃度が高く,Mg は細胞内外であまり濃度差がないのに対して,Na, Ca の濃度は細胞外で高く,細胞内で低く保たれていることがわかる.細胞膜を隔てたイオンの輸送については 3.1 節(p.303)で解説する.遷移金属イオンは主としてタンパク質と強固に結合した形で存在する.成人の Fe 含量は約 4 g であり(表 1.1),主としてヘモグロビン(65%),ミオグロビン(6%),フェリチン(13%),ヘモジデリン(12%),トランスフェリン(0.2%)として存在し,その他シトクロム類,オキシダーゼやオ

表 1.3 ヒト血清中,赤血球中および海水中での金属元素濃度

金属元素	濃度[a]		
	血清中[b]	赤血球中[b]	海水中[c]
Na	140 mM	10 mM	470 mM
K	4 mM	140 mM	9.7 mM
Mg	0.8 mM	1 mM	53 mM
Ca	2.4 mM	0.1 μM	10 mM
Cr	3 nM[d]		6 nM
Mn	10 nM		4 nM
Fe	17 μM		36 nM[e]
Co	2 nM[d]		0.9 nM
Ni	17 nM[d]		29 nM
Cu	17 μM		0.5 nM[e]
Zn	14 μM		75 nM[e]
Mo	6 nM		100 nM

a) 金属イオンの総濃度:mM=10^{-3} mol dm^{-3}, μM=10^{-6} mol dm^{-3}, nM=10^{-9} mol dm^{-3}.以後,mol dm^{-3} を M と表示する.
b) Martin (1996) および日本生化学会 (1979) より引用.
c) Riley and Skirrow (1975) より引用.
d) 報告によるデータのばらつきが大きい.
e) Fe: 2 nM, Cu: 1 nm, Zn: 0.8 nM (Emsley (1998) より概算).
  Fe: 0.5 nM, Cu: 2 nM, Zn: 5 nm (桜井 (2006) より概算).

表 1.4　ヒトの各組織における Cu および Zn の存在量（10^{-6} g/g 湿重量）

金属	大脳	小脳	肺	心臓	肝臓	すい臓	腎臓	小腸	筋	血液
Cu	5.1 ± 1.4	6.2 ± 1.2	1.3 ± 0.24	3.3 ± 0.67	9.9 ± 5.5	1.5 ± 0.31	2.6 ± 0.38	2.1 ± 0.48	0.92 ± 0.29	1.1 ± 0.24
Zn	16 ± 3.6	15 ± 2.1	16 ± 4.4	25 ± 5.7	56 ± 16	35 ± 8.8	55 ± 17	24 ± 4.5	60 ± 10.2	12 ± 3.2

注：存在量は日本人（平均体重 55 kg）の値．Sumino et al.（1975）より部分引用．

キシゲナーゼ，鉄-硫黄タンパク質などとして存在している（Cotton et al., 1999）．Cu, Zn についてヒトの体内各組織における分布を見ると，存在量は組織によって異なり，Cu, Zn のいずれも肝臓に高濃度存在することがわかる（表 1.4）（Sumino et al., 1975）．興味深いことに Cu は脳に多く存在し，脳の機能に重要な働きをすることを示唆している．腎臓には Cu, Zn 以外に Cd（47 ± 24(10^{-6} g/g 湿重量)）も多く含まれている．これらは重金属に対する防護役を果たすメタロチオネインと結合している．また，筋肉中の Zn 存在量は肝臓や腎臓での存在量に匹敵する．

文　献

桜井　弘編（2006）「生命元素事典」，オーム社，p. 202.
日本生化学会編（1979）「生化学データブック I」，東京化学同人，p. 1542.
Burger, K., Ed. (1990) *"Biocoordination Chemistry: Coordination Equilibria in Biologically Active Systems,"* Ellis Horwood, Chichester.
Cotton, F. A. et al. (1999) *"Advanced Inorganic Chemistry,"* 6th ed., John Wiley & Sons, New York, p. 797.
Emsley, J. (1998) *"The Elements,"* 3rd ed., Oxford University Press.
Grill, E. et al. (1985) *Science* **230**, 674.
Grill, E. et al. (1987) *Proc. Natl. Acad. Sci. USA* **84**, 439.
Johanning, J. and Strasdeit, H. (1998) *Angew. Chem. Int. Ed.* **37**, 2464.
Martell, A. E. and Smith, R. M. (1974) *"Critical Stability Constants,"* Vol. 1, Plenum, New York.
Martell, A. E. and Smith, R. M. (1982) *"Critical Stability Constants,"* Vol. 5, Plenum, New York.
Martin, R. B. (1996) In *"Encyclopedia of Molecular Biology and Molecular Medicine,"* Vol. 1, Meyers, R. A., Ed., VCH, Weinheim, p. 125.
Mulkidjanian et al. (2012) *PNAS Early Edition*, 1117774109.
Nieboer, E. and Richardson, D. H. S. (1981) In *"Atmospheric Pollutants in Natural Waters,"* Eisenreich, S. J., Ed., Ann Arbor Science, Ann Arbor, pp. 339–388.
Riley, J. P. and Skirrow, G. (1975) *"Chemical Oceanography,"* 2nd ed., Vol. 1, Academic Press, London, p. 417.
Sóvágó, I. et al. (1993) *Pure & Appl. Chem.* **65**, 1029.
Sumino, K. et al. (1975) *Arch. Environ. Health* **30**, 487.
Takani, M. et al. (2002) *J. Inorg. Biochem.* **91**, 139.

Yagil, G. (1967) *Tetrahedron* **23**, 2855.
Yamauchi, O. and Odani, A. (1996) *Pure & Appl. Chem.* **68**, 469.

1.3 金属イオンの特性

　金属イオンの性質として，イオンの大きさ，硬さ・軟らかさ（HSAB），電子配置，反応速度などをあげることができる．さらに，その反応性は配位構造や酸化還元電位にも依存する．そこで，必須金属イオンについていくつかの基本的性質から特徴づけることとする．

1.3.1 イオン半径

　Mo，W 以外の遷移金属はいずれも第1遷移金属であり，V から Zn の2価イオンの半径は 0.72 ～ 0.91Å の範囲にある．関連の深い金属のイオン半径を表1.5に示した．V, Cr, Mn, Fe, Co, Ni の3価イオンでは 0.62 ～ 0.70Å となっており，イオン半径は電荷の増大と共に減少する．第2遷移金属の Mo^{2+} の半径は 0.92Å である．Fe および Cu は Fe^{3+}/Fe^{2+}，Cu^{2+}/Cu^+ の酸化状態の変化を示すが，低原子価ではイオン半径はそれぞれ 0.15, 0.24Å 増大する（Fe^{3+}，Fe^{2+} は電子配置（高スピン状態，低スピン状態）によってもイオン半径は異なる）．典型金属イオン Mg^{2+}，Ca^{2+} の半径はそれぞれ 0.79, 1.06Å である．また，Na^+ の半径は 0.98Å，K^+ の半径は 1.33Å であり，いずれも互いに大きく異なっている．生体内存在部位はそれぞれの組合せについて異なり，Mg^{2+} と K^+ は細胞内に多く存在するのに対して，Ca^{2+}，Na^+ は細胞外に多く存

表1.5　いくつかの金属元素のイオン半径

金属イオン	イオン半径 (Å)	金属イオン	イオン半径 (Å)	金属イオン	イオン半径 (Å)
Li^+	0.78	Cr^{2+}	0.84	Ni^{2+}	0.78
Na^+	0.98	Cr^{3+}	0.64	Ni^{3+}	0.62
K^+	1.33	Cr^{4+}	0.56	Cu^+	0.96
Mg^{2+}	0.79	Mn^{2+}	0.91	Cu^{2+}	0.72
Ca^{2+}	1.06	Mn^{3+}	0.70	Zn^{2+}	0.83
Ba^{2+}	1.43	Mn^{4+}	0.50	Mo^{2+}	0.92
Al^{3+}	0.57	Fe^{2+}	0.82	Mo^{6+}	0.62
V^{2+}	0.72	Fe^{3+}	0.67	W^{4+}	0.68
V^{3+}	0.65	Co^{2+}	0.82	W^{6+}	0.62
V^{4+}	0.61	Co^{3+}	0.64		

Emsley (1998) より引用．

在する．また，その違いは生理活性の違いにも現れている．一方，金属イオンの大きさとともに配位数も大きくなり，結合の強さは弱くなる．Ca^{2+} と Na^+ のイオン半径はよく似ているため，電荷は異なっても互いに置き換わりうる．同様に，Ba^{2+} の半径は 1.43Å（6 配位のときには 1.35Å）で，K^+ の半径に近く，K^+ と拮抗して筋肉毒となる．水溶液中での金属イオンは水和イオンとして存在するため，水和イオンの大きさが膜透過などに影響を及ぼすことが考えられる[*2]．

1.3.2 酸・塩基の硬さ・軟らかさ (HSAB)

金属錯体の安定度からルイス酸・塩基をその硬さ・軟らかさに基づいて分類する，便利な経験則がある．これは HSAB 則（hard and soft acids and bases）と呼ばれ，金属イオンを配位子との親和性の大小により分類する方法である．すなわち，ルイス酸である金属イオンは，次のルイス塩基の序列に従って安定度の高い錯体を形成するクラス a（硬い酸）とクラス b（軟らかい酸）に分けられる．

クラス a（硬い酸）　　$R_3N \gg R_3P > R_3As > R_3Sb$
　　　　　　　　　　　$R_2O \gg R_2S > R_2Se > R_2Te$
　　　　　　　　　　　$F^- > Cl^- > Br^- > I^-$
クラス b（軟らかい酸）$R_3Sb < R_3As < R_3P \gg R_3N$
　　　　　　　　　　　$R_2Te \approx R_2Se \approx R_2S \gg R_2O$
　　　　　　　　　　　$I^- > Br^- > Cl^- > F^-$
　　　　　　　　　　　（R は H，アルキル基など）

Pearson はこれより「硬い酸は硬い塩基を好み，軟らかい酸は軟らかい塩基を好む」とした（Pearson, 1968）．クラス a の硬い酸は，より軽く，小さく，分極しにくく，電荷密度のより高い金属イオンである．これらと親和性の高い配位子は小さく，分極しにくい N, O, F, Cl などを有するものであり，硬いルイス塩基と呼ばれる．クラス b の軟らかい酸は，逆により重く，大きく，電荷の比較的小さい金属イオンであり，これらと親和性の高い配位子は比較的大きく，分極しやすい P, S, I などを有し，軟らかいルイス塩基と呼ばれる．

ルイス酸にはこれらの分類の中間に属する金属イオンがあり，同じく中間に属するルイス塩基に対して親和性が高い．表 1.6 にルイス酸・塩基を硬さ・軟らかさにより

[*2] イオンの水和数は測定方法により大きく異なる．これは金属イオンに直接配位した 1 次水和水にさらに静電的に弱く結合する 2 次水和水が加わって測定される場合があるためと考えられる．Na^+ と K^+ の場合，水和熱による測定値はそれぞれ 8.1, 5.2, 蒸気圧による測定値はそれぞれ 15.6, 10.2 である（大滝ほか, 1977）．

1.3 金属イオンの特性

表 1.6 酸・塩基の硬さ・軟らかさ

硬い	中間的	軟らかい[a]
(a) 酸		
H^+, Li^+, Na^+, K^+, Mg^{2+}, Ca^{2+}, Al^{3+}, La^{3+}, Ti^{4+}, Cr^{3+}, Mn^{2+}, Fe^{3+}, Co^{3+}, Ru^{4+}, BF_3, $AlCl_3$, SO_3	Sn^{2+}, Pb^{2+}, Bi^{3+}, Cr^{2+}, Fe^{2+}, Co^{2+}, Ni^{2+}, Cu^{2+}, Zn^{2+}, Ru^{2+}, Rh^{3+}, Ir^{3+}, SO_2, NO^+	Tl^+, Cu^+, Pd^{2+}, Ag^+, Au^+, Pt^{2+}, Pt^{4+}, Cd^{2+}, Hg^{2+}, CH_3Hg^+, RS^+, I^+, $InCl_3$
(b) 塩基		
H_2O, OH^-, F^-, Cl^-, CO_3^{2-}, PO_4^{3-}, SO_4^{2-}, ClO_4^-, NO_3^-, $CH_3CO_2^-$, ROH, RO^-, NH_3, RNH_2	N_3^-, Br^-, NO_2^-, SO_3^{2-}, SCN^-, N_2, $C_6H_5NH_2$, C_5H_5N	H^-, I^-, $SCN^{-\,[b]}$, $S_2O_3^{2-}$, CN^-, CO, R_3P, R_3As, R^-, R_2S, RSH, RS^-

a) R はアルキル基を示す. b) S で結合する.

分類してまとめた. 必須元素について見ると, H^+ と典型金属イオン Na^+, K^+, Mg^{2+}, Ca^{2+} はいずれも硬い酸であるのに対して, 遷移金属 Fe, Co, Ni, Cu, Zn などの 2 価イオンは中間的な硬さの酸である. 反応により酸化状態が変化すると, Fe の 3 価イオンは硬い酸, Cu の 1 価イオンは軟らかい酸になる. 中心金属イオンの様々な性質に対応するように, 生体系ではそれぞれに適した配位子が用いられている. タンパク質は硬い塩基から軟らかい塩基まで種々の配位基を有し, 遷移金属イオンの結合と反応に適した配位基を提供する. しばしば金属部位に見られるヒスチジン残基イミダゾール環のピリジン性 N は中間的硬さの塩基である. ヘム鉄の配位子ポルフィリンの N も同様に中間的硬さの塩基である. さらに, ルイス酸の高原子価, 低原子価による硬さの変化に対応するため, タンパク質の金属結合部位はそれぞれ硬い塩基であるチロシン残基フェノラート O^- と軟らかい塩基であるシステイン残基チオラート S^- またはメチオニン残基チオエーテル-S-を用いている. 鉄-硫黄タンパク質では軟らかい無機配位子 S^{2-} も利用されている. 効果的な配位基の組合せの顕著な例として, 電子伝達銅タンパク質プラストシアニン (plastocyanin: PC) がある. その銅部位では, 中間的な塩基である 2 個のイミダゾール N と軟らかい塩基であるシステイン S^- およびメチオニンチオエーテル S が Cu に配位し, 歪んだ四面体構造と共に見事に Cu^{2+}/Cu^+ の変化に対応している (1.7.2 項 p.60, 2.1.1 項 p.158 参照).

1.3.3 金属元素の機能

必須金属元素は生体系で主として水和イオンあるいはタンパク質などとの錯体として存在し, 生物学的機能を発揮している. ただし, これらのすべてについて構造と機能が明らかにされているわけではなく, Cr については存在様式も不明である.

機能により金属を大別すると次のとおりである.

① 電荷の担持による体液の調整，高分子の安定化：Na, K
② 神経伝達・筋収縮などの引き金機構（trigger mechanism）への関与：Na, K, Mg, Ca
③ 酵素の活性化：Mg, Mn
④ ルイス酸としての機能：Fe, Mn, Ni, Zn
⑤ 酸化還元触媒と電子伝達：V, Mn, Fe, Co, Ni, Cu, Mo, W
⑥ 酸素の運搬：Fe, Cu

　これらの機能は本質的にそれぞれの金属の特性によっている．典型金属の Na, K は1価の陽イオンとして負電荷を中和し，溶液中の高分子を安定化すると共に，イオン強度を保つ働きがある．これに対して，遷移金属はタンパク質と結合し，多くの場合，金属タンパク質の活性中心を形成している．その機能はタンパク質における配位構造と場の効果に大きく依存し，合目的的構造下で触媒作用や電子伝達などの役割を果たしている．主要な金属の存在様式と役割を概観しよう（表1.1も参照）．金属元素の生理活性などに関しては文献を参照されたい（桜井, 田中, 1994; 桜井, 2006）．アミノ酸側鎖基の配位能については1.5.2項（p.27），金属タンパク質の構造と機能の詳細については1.8節（p.65）および2章以後の関連する項においてそれぞれ述べる．

　Na, K, Mg, Ca：上述の Na, K, Mg, Ca の細胞内外での濃度差（表1.3）は機能と関連しており，細胞外に高濃度で存在する Na, Ca が細胞内へ流入することが反応の引き金となるのである．Mg, Ca はタンパク質の構造因子であり，ある種の酵素の活性に必要である．Ca はカルモジュリン（calmodulin），トロポニン（troponin）のようなカルシウム結合タンパク質と結合してその構造を固定する働きをし，このタンパク質は標的とする酵素に結合してこれを活性化する．亜鉛含有タンパク質分解酵素サーモリシン（thermolysin）に含まれる4個の Ca は，この酵素の熱安定性に寄与している．

　Fe：生体系ではヘム，非ヘム鉄，鉄-硫黄各タンパク質・酵素の活性中心に存在し，O_2 運搬のほか，主として Fe^{2+}/Fe^{3+} の変化により酸化還元，酸素化などの反応や電子移動に関与する（1.8.1項 p.65参照）．活性中心構造には単核，複核，多核クラスターなどが知られている．ヘムタンパク質では，Fe はポルフィリンの4N を平面配位原子とし，タンパク質のヒスチジン，チロシン，システイン，メチオニンなどのアミノ酸残基を軸配位子としている．軸配位子はヘムタンパク質の機能に大きな影響を与える．非ヘム鉄タンパク質においては，ヒスチジン，チロシン，アスパラギン酸，グルタミン酸などのアミノ酸残基が Fe に配位しており，鉄-硫黄タンパク質における配位子はシステインと無機硫黄 S^{2-} である．

　Cu：タンパク質中の Cu は，その分光学的性質によりタイプ1Cu，タイプ2Cu，

タイプ3Cu, および Cu_A, Cu_Z に分類されている（1.8.3項 p.91 参照）．Cu^+/Cu^{2+} の変化により酸化および酸素化反応を行う．また，プラストシアニンのように電子伝達体として電子移動に関与するもののほか，単核あるいは多核 Cu 部位を有する酸化酵素，複核 Cu 部位を有する O_2 運搬体ヘモシアニン（hemocyanin）などが知られている．Cu タンパク質中の配位子としては，ヒスチジンが最も多く，チロシン，システインなどがある．

Zn：電荷の変動がなく，タンパク質中で強力なルイス酸性を発揮する（1.8.2項 p.87 参照）．例えば，加水分解酵素カルボキシペプチダーゼ A（carboxypeptidase A）活性中心の Zn^{2+} は，配位した水分子を脱プロトン化させ，生じた OH^- イオンによりペプチドの加水分解を行う．Zn タンパク質の配位子にはヒスチジンのほか，システイン，グルタミン酸などがある．また，DNA 結合タンパク質中，特定部位のシステイン，ヒスチジンと結合して亜鉛（ジンク）フィンガー（zinc finger）と呼ばれる構造を形成する．Cd は Zn と性質が似ているが，イオン半径が Zn より大きい．このため，ルイス酸性が低く，配位数も大きくなり，反応性は Zn と同じとはいえない．しかし，1.1.2項で述べたように Cd 含有 CA が知られている（図 2.93 p.291 参照）．

Mn：スーパーオキシドジスムターゼ（superoxide dismutase：SOD），アルギナーゼ（arginase），ピルビン酸カルボキシラーゼ（pyruvate carboxylase）などの活性中心を形成するほか，非特異的に酵素の活性化作用を有する（1.8.5項 p.99 参照）．光合成では水を酸化分解する酸素発生中心（O_2 evolving center：OEC）の 4 個の Mn と 1 個の Ca からなるクラスターを形成する（2.3.4項 p.214 参照）．

Co：メチオニンアミノペプチダーゼ（methionine aminopeptidase），ニトリルヒドラターゼ（nitrile hydratase）の活性部位を形成する（1.8.5項 p.99, 4.2.1項 p.371 参照）．コリン環と結合し，軸方向に 5,6-ジメチルベンズイミダゾールを配位したコバラミン（cobalamin）として生体系に存在し，メチル基転移などのグループ転移反応の補酵素として働く．ビタミン B_{12} は CN^- が結合したシアノコバラミンである（1.9.3項 p.123 参照）．

Ni：Ni 複核構造を有するウレアーゼ（urease），［NiFe］ヒドロゲナーゼ（［NiFe］-hydrogenase），CO デヒドロゲナーゼ（CO dehydrogenase）などの活性中心を形成する（1.8.5項 p.99, 2.7.2項 p.282 など参照）．ヒトなど脊椎動物にはウレアーゼは見出されない．

Mo, W：Mo と W のイオン半径，電子親和力などは類似している．Mo はキサンチンオキシダーゼ（xanthine oxidase），亜硫酸などの酸化還元酵素に含まれ，ジチオレン部分を有するモリブドプテリン（molybdopterin）と結合している（1.8.4項 p.97,

2.6.5項 p.266参照).また,嫌気性菌のニトロゲナーゼ(nitrogenase)に存在するクラスター FeMo 補因子に含まれる.W は Mo に類似した機能を示し(Bevers et al., 2009),深海の高温環境下などに生息する超好熱菌からのアルデヒド:フェレドキシンオキシドレダクターゼ(aldehyde:ferredoxin oxidoreductase)などの酸化還元酵素に含まれる(p.274参照).

文献

大滝仁志ほか(1977)「溶液反応の化学」,学会出版センター, p.25.
桜井 弘,田中英彦編(1994)「生体微量元素」,広川書店.
桜井 弘編(2006)「生命元素事典」,オーム社.
Bevers, L. S. et al. (2009) *Coord. Chem. Rev.* **253**, 269.
Emsley, J. (1998) *"The Elements,"* 3rd ed., Oxford University Press.
Pearson, R. G. (1968) *J. Chem. Educ.* **45**, 581.

1.4 錯体の溶液中での挙動

　生体系には,限られた数の必須遷移金属イオンに対して,これらと結合しうる極めて多くの潜在的配位子が存在する.金属タンパク質中の金属イオンはタンパク質外の金属イオンと交換しない場合が多いが,血液中などでは様々な錯体形成反応が起こる動的状態にある.生体系は多金属イオン-多配位子系であり,存在する錯体種を詳細に解析することは困難である.これに関して,血漿を平衡系と考え,いくつかの金属イオンと配位子を想定して,コンピューターシミュレーションにより錯体種とその存在率を推定する研究は古くからなされてきた.血液中ではヒスチジンを含むいくつかの混合アミノ酸銅(II)錯体が優先的に生成するという Sass-Kortzak らのトレーサー実験結果(Neumann and Sass-Kortsak, 1967)に関して,アミノ酸錯体の安定度定数から各錯体の存在率を計算し,これを裏付ける研究が行われている.錯体の形成はその安定度定数に依存し,安定度定数からは配位子の配位能や錯体の構造に関する情報が得られる.また,その温度変化より熱力学パラメーターの情報が与えられる.実験条件下での安定度定数(見かけの安定度定数)は錯体溶液の pH,温度,イオン強度,溶媒の極性や配位能などの条件に依存して変化する.本節では低分子量錯体の溶液平衡と安定度定数について述べる.

1.4.1 錯体の溶液平衡と安定度定数

　金属イオン M と配位子 L からなる基本的な系(二元系)において錯体 ML,ML_2,

···，ML_n が生成する場合には，次の平衡が成り立つ（以下，電荷を省略）．

$$
\begin{aligned}
M + L &\xrightleftharpoons{K_1} ML \\
ML + L &\xrightleftharpoons{K_2} ML_2 \\
&\vdots \\
ML_{n-1} + L &\xrightleftharpoons{K_n} ML_n
\end{aligned}
\tag{1.1}
$$

ここで，平衡定数 K_1, K_2, ···, K_n は次式で定義される逐次（段階的）安定度定数（successive (stepwise) stability constant）である．

$$
K_1 = \frac{[ML]}{[M][L]},\quad K_2 = \frac{[ML_2]}{[ML][L]},\quad \cdots,\quad K_n = \frac{[ML_n]}{[ML_{n-1}][L]} \tag{1.2}
$$

ただし，[M]，[L] はそれぞれ遊離の金属イオン（溶媒和した金属イオン）および遊離の配位子の濃度である．これより，

$$
K_1 K_2 \cdots K_n = \frac{[ML_n]}{[M][L]^n} = \beta_n \tag{1.3}
$$

となる．β_n を総安定度定数（overall stability constant）という．

p 個の M に対して 2 種類の配位子 A, B がそれぞれ q 個, r 個結合し，配位子に s 個のプロトン H が結合した場合の平衡定数（総安定度定数）は，次のように定義される．

$$
pM + qA + rB + sH \xrightleftharpoons{\beta_{pqrs}} M_p A_q B_r H_s \tag{1.4}
$$

$$
\beta_{pqrs} = \frac{[M_p A_q B_r H_s]}{[M]^p [A]^q [B]^r [H]^s} \tag{1.5}
$$

生体内では 2 座あるいはそれ以上の多座配位子が多く存在し，金属イオンの配位数は通常 3～6 であるので，混合配位子錯体として 2 種類の配位子が同一金属イオンに結合する $M_p A_q B_r H_s$ までを考慮すれば，多くの場合に十分である．2 種以上の金属イオンが同一配位子に結合した混合金属錯体についても同様の平衡が考えられるが，ここでは省略する．

一定圧力下で平衡定数は Gibbs の標準自由エネルギー変化 ΔG^0 と次の関係にある．

$$
\Delta G^0 = \Delta H^0 - T\Delta S^0 = -RT \ln K \tag{1.6}
$$

ここで，気体定数 $R = 8.314\,\mathrm{J\,mol^{-1}\,K}$，$T$ は絶対温度である．厳密には K は濃度ではなく活量 a_M, a_L, a_{ML} などで表され，式 (1.2), (1.5) などの濃度で表される平衡定数（濃度平衡定数, concentration equilibrium constant）に対して熱力学的平衡定数（thermodynamic equilibrium constant）と呼ばれる[*3]．狭い温度範囲で ΔH^0 と ΔS^0 が

[*3] 実際には温度とイオン強度一定条件下での濃度平衡定数が用いられることが多い．

一定であるとすれば，次式が得られる．

$$\frac{d\ln K}{dT} = \frac{\Delta H^0}{RT^2} \tag{1.7}$$

式 (1.7) は van't Hoff 式と呼ばれ，平衡定数 K が温度に依存して変化することを示している．式 (1.7) を積分すると式 (1.8) となる．

$$\ln K = -\frac{\Delta H^0}{RT} + \text{const.} \tag{1.8}$$

いくつかの温度において測定した平衡定数 $\ln K$ を $1/T$ に対してプロットすることにより ΔH^0 と ΔS^0 が求められる．

1.4.2 条件安定度定数

通常の実験条件下や生体系では，溶液の pH 値が錯体の安定度に大きな影響を与える．また，主たる配位子 L のほかに，緩衝液の成分などで補助的な配位子（副配位子）として働く化学種が存在すると，M と H のルイス酸間あるいは各種ルイス塩基間での競合が起こるため錯体の安定度は低下する．

a．pH の影響

錯体 ML_n の配位子 L がプロトン H と結合して $HL, H_2L, \cdots, H_kL$ を形成するとき，見かけの遊離配位子濃度 $[L]'$ は次式で表される．

$$\begin{aligned}
[L]' &= [L]+[HL]+[H_2L]+\cdots+[H_kL] \\
&= [L]+K_1^H[H][L]+K_1^H K_2^H[H]^2[L]+\cdots+K_1^H K_2^H \cdots K_k^H[H]^k[L] \\
&= [L](1+\beta_1^H[H]+\beta_2^H[H]^2+\cdots+\beta_k^H[H]^k) \\
&= [L]\alpha_L \tag{1.9}
\end{aligned}$$

$$\alpha_L = 1+\beta_1^H[H]+\beta_2^H[H]^2+\cdots+\beta_k^H[H]^k$$

ただし，$K_1^H, K_2^H, \cdots, K_k^H$ および $\beta_1^H, \beta_2^H, \cdots, \beta_k^H$ はそれぞれ配位子のプロトン錯体の逐次安定度定数および総安定度定数であり，式 (1.10) で定義される．

$$K_1^H = \frac{[HL]}{[H][L]}, \quad K_2^H = \frac{[H_2L]}{[H][HL]}, \quad \cdots, \quad K_k^H = \frac{[H_kL]}{[H][H_{k-1}L]}$$

$$\beta_1^H = K_1^H, \quad \beta_2^H = K_1^H K_2^H, \quad \cdots, \quad \beta_k^H = K_1^H K_2^H \cdots K_k^H \tag{1.10}$$

α_L は L の副反応係数（side reaction coefficient）と呼ばれる．また，錯体 ML の安定度定数を K とすると，副反応を考慮した安定度定数（条件安定度定数, conditional stability constant）K' は次のようになる．

$$K' = \frac{K}{\alpha_L} \tag{1.11}$$

一般に ML_n の条件総安定度定数 β'_n は

$$\beta'_n = \frac{\beta_n}{\alpha_L{}^n} \tag{1.12}$$

で与えられる．例えば，L の $\log K_1^H = 8.00, \log K_2^H = 6.50, \log K_3^H = 3.50$ であるとき，pH 4.00 における α_L 値は 4.16×10^6 ($\log \alpha_{L(H)} = 6.62$) となり，ML の安定度定数 $\log K$ は 6.62 だけ減少する．しかし，pH 7.5 では $\alpha_{L(H)} = 4.48$ ($\log \alpha_{L(H)} = 0.65$) であるため，プロトン化による安定度定数の減少はわずか 0.65 となる．このように，錯体形成は配位子に対する金属イオンとプロトンの競争反応であり，配位子のプロトン化を抑えるために pH の調整が必要である．安定度定数が得られれば，錯体の存在種と存在率の pH 依存性が計算できるので，目的に合う pH の選択が可能になる(1.5.1 項 p.23 参照)．

b. 副配位子の影響

配位子 L 以外にも溶液中に共存する化学種が金属イオンと結合する可能性がある．アンモニアや酢酸イオンのような緩衝液成分，あるいはその他のルイス塩基(これらを副配位子(auxiliary ligand)という)が無視できない濃度で存在する場合には，これらによる錯体形成を考慮しなければならない．副配位子 A が M と錯体 MA_m を形成するとき，見かけの遊離金属イオン濃度 $[M]'$ の値は上記式(1.9)の場合と同様に式(1.13)で与えられる．

$$[M]^A = [M](1 + K_1^A[A] + K_1^A K_2^A[A]^2 + \cdots + K_1^A K_2^A \cdots K_m^A[A]^m) = [M]\alpha_M$$
$$\alpha_M = 1 + K_1^A[A] + K_1^A K_2^A[A]^2 + \cdots + K_1^A K_2^A \cdots K_m^A[A]^m \tag{1.13}$$

ここで，$K_1^A, K_2^A, \cdots, K_m^A$ は式(1.2)に類似の MA_m の逐次安定度定数，α_M は M の副反応係数である．したがって，条件総安定度定数 β'_n は

$$\beta'_n = \frac{\beta_n}{\alpha_M} \tag{1.14}$$

となり，pH と副配位子の影響を共に考慮すると β'_n は式(1.15)で与えられる．

$$\beta'_n = \frac{\beta_n}{\alpha_M \alpha_L{}^n} \tag{1.15}$$

錯体 ML_n がプロトン化錯体やヒドロキソ錯体を形成する条件下でも，これらの錯体の安定度定数が式(1.5)の β_{pqrs} などとして得られていれば，副反応係数より ML_n の見かけの安定度定数を計算することができる．通常，プロトン化錯体は配位子の金属イオンに結合していない，高い pK_a 値を有する部位がプロトン化した錯体であり，ヒドロキソ錯体は金属イオンに OH^- 基が結合した錯体を指すが，EDTA などのポリアミノポリカルボン酸を用いて金属イオンの定量を行う場合などを除き，それぞれ別個

の錯体種として扱われることが多い．

1.4.3 生体系での錯体形成と安定度定数

本節のはじめに述べたように，多金属イオン−多配位子系と考えられる生体系のうち，血漿中での錯体形成に関してコンピューターシミュレーションの試みがなされている．いずれも生体に関係の深い Mn(II)，Fe(II)，Cu(II)，Zn(II) などの金属イオンとアミノ酸，有機酸を想定し，二元および三元錯体の安定度定数から各金属イオンの錯体存在種の相対量を計算するものである (Berthon et al., 1986; Brumas et al., 1993)．当然のことながら，安定度の高い錯体が多く生成する．例えば，Cu(II) は Cu(His)$_2$，Cu(His)(Thr) などとして存在する．最近，細胞内に取り込まれた Cu(I) のタンパク質による輸送の方向もこのような安定度に左右され，安定度定数の小さい錯体から大きい錯体へと移動することが示された (Banci et al., 2010)．金属イオン運搬の詳細は 3.1 節 (p.303) で述べるが，錯体の安定度の観点からここで紹介しよう．Cu(I) は細胞膜を通過した後，細胞内銅運搬体（銅シャペロン，copper chaperone）である Cox17，CCS，Sco1 など，あるいはメタロチオネインや多量に存在する低分子量のグルタチオン GSH などと結合する．その後，Cu(I) は Cox17 → Sco1 → Cox2（シトクロム c オキシダーゼ CcO の Cu$_A$ 部位），CCS → SOD1 (Cu,Zn-SOD) の Cu 部位などにそれぞれ移動する．Banci らは，低分子量の Cu(I) 配位子であるジチオトレイトール (dithiothreitol: DTT)，ジエチルジチオカルバマート (diethydithiocarbamate: DETC) とタンパク質との間の競争反応を利用して，タンパク質 Cu(I) 錯体の解離定数[*4] K_d を ESI-MS スペクトル法により測定した．決定された解離定数の逆数により安定度を表すと，錯体の安定度序列は Cox17 < Atx1 < DETC < GSH < DTT <

表 1.7 細胞内配位子の Cu(I) 錯体の安定度[a]

配位子[b]	log K	配位子[b]	log K	配位子[b]	log K
GSH	11.0	Atx1	13.7$_7$	Cox2	15.1
DTT	11.1	Sco1	14.5	MT-2	15.4
Cox17	13.7$_6$	CCS	14.6	SOD1	15.6

a) Banci et al. (2010) により報告された解離定数 K_{Cu} の逆数の対数値（log K = log $1/K_{Cu}$）として概算した（20 mM 酢酸アンモニウム, pH 7.5, 25℃）．
b) GSH：グルタチオン (γ-L-glutamyl-L-cysteinylglycine)，DTT：ジチオトレイトール (threo-1,4-dimercapto-2,3-butanediol)，MT-2：ヒトメタロチオネイン．Cu シャペロン，メタロチオネインについては 3.1 節を参照されたい．

[*4] タンパク質 L と M が 1:1 に結合する場合，L と ML の濃度が等しいときの M の濃度 [M]^{50} で表される，K_d = [M]^{50}．

Sco1 < CCS < Cox2 < MT-2 < SOD1 であった（表1.7）. 反応速度の障壁がなければ, この序列より Cox17 → Cu_A 部位, CCS → SOD1 の Cu 部位への Cu(I) の運搬は安定度の大きさ, つまり自由エネルギー変化の大きさの方向に一致することがわかる. ここで, メタロチオネイン MT-2 は Cu(I) と強固に結合して細胞内銅分布を制御している. 細胞内の遊離の Cu イオン濃度は $[Cu^+] \leq 10^{-18}$ M と見積もられ, 事実上 1 細胞あたり遊離 Cu は 1 原子も存在しない.

文 献

Banci, L. et al. (2010) *Nature* **465**, 7298.
Berthon, G. et al. (1986) *Inorg. Chim. Acta* **125**, 219.
Brumas, V. et al. (1993) *J. Inorg. Biochem.* **52**, 287.
Neumann, P. Z. and Sass-Kortsak, A. (1967) *J. Clin. Invest.* **46**, 646.

1.5 生体系配位子との錯体形成

生体系配位子の中でとりわけ重要な配位子はアミノ酸, ペプチドおよびタンパク質である. L-α-アミノ酸はタンパク質構成成分であり, その金属イオンとの結合様式はタンパク質による結合様式の基本的パターンとしての意味をもっている. そこで, まず側鎖に配位基がないアミノ酸およびペプチドの錯形成反応, ついで側鎖配位基による錯形成について考え, ヌクレオチドと糖質の錯形成についても簡単にふれることとする.

1.5.1 アミノ酸およびペプチドの基本的な錯体形成反応

アミノ酸はいくつかの官能基をもち, グリシンを除き光学活性を備えた, 高い機能を有する小分子である（表1.2）. アミノ酸による遷移金属イオンの結合は, 基本的に α-アミノ基と α-カルボキシル基による N,O-キレートの形成（N,O-chelation）である. これをグリシン様配位ともいう. アルカリ金属イオンや Mg(II), Ca(II) のアミノ酸錯体の安定度は低く, 溶液中の配位様式は明らかではないが, Ca(II) とグリシン, アラニン, バリンなどとの錯体は結晶中で N,O-配位をとり, 単核または 1 次元ポリマー錯体であると報告されている. 側鎖配位基をもたないグリシン (Gly) とそのペプチドを例にとり, 基本的な錯形成反応を述べる.

a. アミノ酸

Gly($NH_2CH_2COO^-$) は NH_2 基と COO^- 基とで配位する 2 座配位子であり, 多くの

金属イオン M と安定な 5 員環キレート (**1**) を形成する (N,O-配位)．平衡式は式 (1.1) に従って次のように表される（電荷を省略）．

$$M + Gly \xrightleftharpoons{K_1} M(Gly)$$
$$M(Gly) + Gly \xrightleftharpoons{K_2} M(Gly)_2 \quad (1.16)$$
$$\vdots$$

(**1**)

グリシンのほか，アラニン，バリンなどの脂肪族アミノ酸や芳香族アミノ酸のフェニルアラニンは同様に NH_2 基と COO^- 基とで N,O-配位する．低い pH においては COO^- 基のみが配位することがある．また，Ag(I)，Pt(II) 錯体では NH_2 基のみによる配位も見られる．アミノ酸側鎖基が配位能を有する場合にはアミノ酸が 3 座配位することもある．側鎖基による配位の詳細については 1.5.2 項で述べる．

b．ペプチド

グリシルグリシン GlyGly（脱プロトン化した種）は NH_2 基，$-CONH-$ 結合，および COO^- 基により，2 座配位子または 3 座配位子として働く．GlyGly はまず (**2**) のように NH_2 基とペプチドの CO 基で M に配位し，例えば $M = Cu^{2+}$ であるとき，pH の上昇と共にペプチド NH が脱プロトン化して (**3**) のように 3 座配位する．

$$M + GlyGly \xrightleftharpoons{K_1} M(GlyGly)$$
$$M(GlyGly) \xrightleftharpoons{K_{c_1}} M(GlyGlyH_{-1}) + H \quad (1.17)$$

(**2**)   (**3**)

ここで，$M(GlyGlyH_{-1})$ (**3**) は $M(GlyGly)$ からペプチド NH が脱プロトン化した錯体種であり，K_{c_1} は脱プロトン化定数である．M とも H とも結合していないペプチド（遊離のペプチド）を L とすると，錯体種 $M(GlyGly)$，$M(GlyGlyH_{-1})$ はそれぞれ ML，MLH_{-1} と表される．ペプチド NH からのプロトンの解離定数（pK_a 値）は約 15 程度と推定されており，金属イオン不在下では通常の pH 領域で解離しない．しかし，

1.5 生体系配位子との錯体形成

次に示すように,いくつかの金属イオンのジペプチド錯体ではより低い pH 領域で脱プロトン化が起こり,ペプチド NH は N^- として金属イオンと結合する[*5].

Pd^{2+}:pH 2〜3 Cu^{2+}:pH 3〜5 Ni^{2+}:pH 8〜10 Co^{2+}:pH 9〜10

トリペプチド GlyGlyGly,テトラペプチド GlyGlyGlyGly の錯形成反応では,それぞれ 2 段階,3 段階のペプチド NH の脱プロトン化が起こり,$M(GlyGlyGlyH_{-2})(MLH_{-2})$ (**4**),$M(GlyGlyGlyGlyH_{-3})(MLH_{-3})$ (**5**) が生成する.最終段階はそれぞれ次のとおりである.

$$M(GlyGlyGlyH_{-1}) \underset{}{\overset{K_{c_2}}{\rightleftarrows}} M(GlyGlyGlyH_{-2}) + H$$
$$M(GlyGlyGlyGlyH_{-2}) \underset{}{\overset{K_{c_3}}{\rightleftarrows}} M(GlyGlyGlyGlyH_{-3}) + H \qquad (1.18)$$

(**4**)　　　　　　　　(**5**)

M に配位したペプチド N^- の数が増加すると,M の電子親和力が低下し,脱プロトン化が起こりにくくなるので,K_c 値は $K_{c_1} > K_{c_2} > \cdots$ の順に減少する.ただし,Ni^{2+} がトリペプチドまたはテトラペプチドと結合すると,安定な平面型低スピン錯体を形成するため,形式上 K_{c_1} 値と K_{c_2} 値が逆転することが報告されている(Ni(GlyGlyGly)について $pK_{c_1} = 8.8$, $pK_{c_2} = 7.7$).実際には $Ni(GlyGlyGlyH_{-1})$ は広い pH 領域や異なった Ni:GlyGlyGly 比においても見出されず,$Ni(GlyGlyGlyH_{-2})$ のみが生じる.各種 Cu(II)-ペプチド錯体種生成の pH 依存性をグリシルグリシンアミド $GlyGly-NH_2$ について計算した結果を図 1.3 に例示した.$GlyGly-NH_2$ はトリペプチド GlyGlyGly に

[*5] ペプチド NH が N^- として Cu^{2+} に配位した (**3**) のような錯体の N-C 間距離は,錯体 (**2**) に比べてやや短く,C-O 間距離は逆に (**2**) よりやや長いことが X 線結晶構造解析から示されている.いずれの場合も純粋な単結合と二重結合の中間の値をとることが明らかにされている.

	C-N (Å)	C-O (Å)
遊離ペプチド	1.33	1.24
単結合	1.45	1.42
二重結合	1.24	1.20
非脱プロトン化錯体 (**2**)	1.32	1.25
脱プロトン化錯体 (**3**)	1.30	1.27

遊離ペプチド自体が中間的な結合距離を示すこともあって,ペプチド結合の N-C-O を (**3**) のように二重結合性を帯びた形で表すこともある.

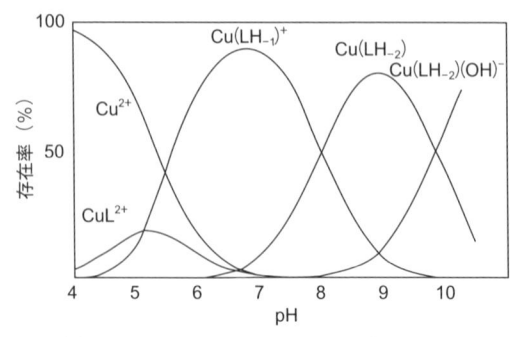

図1.3 1:1 Cu(II)-グリシルグリシンアミド溶液中に存在する錯体種のpH依存性
(日本化学会より転載許可)
L：グリシルグリシンアミド（GlyGly-NH$_2$），Cu(II)の総濃度：4.0 mM，logK_1=4.80，pK_{c_1}=5.05，pK_{c_2}=7.96，pK_{OH}=9.77として計算．K_{OH}は配位水の脱プロトン化定数（Yamauchi et al., 1973）

似てペプチドNHとアミドNH$_2$からの脱プロトン化が起こり，CuL^{2+}，CuLH$_{-1}^+$，CuLH$_{-2}$などの錯体が生じる．pH 7付近では約90％が2N2O型配位のCu(LH$_{-1}$)$^+$として，pH 9付近では約80％が3N1O型配位のCu(LH$_{-2}$)として存在することがわかる．

生体系には微量ながら種々のペプチドホルモンその他の情報伝達物質があり，オピオイドペプチド（opioid peptide）と呼ばれる鎮痛性の神経伝達物質（neurotransmitter）もある．例えば，神経伝達物質エンケファリン（enkephalin）TyrGlyGlyPheX（X=LeuまたはMet）は，アミノ末端（N末端）に必須のTyr残基を有するペンタペプチドであり，Cu(II)などと錯体を形成する可能性がある．ウシ海綿状脳症（bovine spongiform encephalopathy：BSE）の原因となる病原性プリオンタンパク質PrP^{Sc}は，正常細胞に存在するプリオンタンパク質PrP^{C}が変性したものである．PrP^{C}自体はアミノ酸残基60～91番目にヒスチジンを含む8個のアミノ酸からなるペプチド鎖，

図1.4 プリオンモデルペプチドN-acetyl-HisGlyGlyGlyTrp-NH$_2$のCu(II)錯体の構造（Millhauser, 2004）

ProHisGlyGlyGlyTrpGlyGln, の繰り返し領域（octarepeat domain）をもち，この部分がCu(II)との結合に関与していることが明らかにされている．詳しくは3.5.1項（p.350）を参照されたい．このオクタペプチドの銅結合部位モデル N-acetyl-HisGlyGlyGlyTrp-NH$_2$ の Cu(II) 錯体はヒスチジンイミダゾール N, 2個のペプチド結合 N$^-$, および1個のペプチド結合 O が配位した平面構造をとっており，トリプトファンのインドール環 NH が軸配位した水分子と水素結合していることが明らかにされた（図1.4）(Millhauser, 2004)．プリオンタンパク質においても類似の配位様式が推定され，この場合，タンパク質の骨格であるペプチド鎖が直接金属イオンに配位した数少ない例となるが，オクタペプチド4個あたりに1個の Cu^{2+} が結合し，各オクタペプチドからの4個のイミダゾール N が配位するという結果も報告されている（Miura et al., 2005）．

1.5.2　アミノ酸側鎖基の構造と錯体形成への関与

アミノ酸は上述のグリシン様配位に加えて，図1.5に示す配位能を有する種々の側鎖基により多様な錯体形成を行うことができる（Laurie, 1987; Shimazaki et al.,

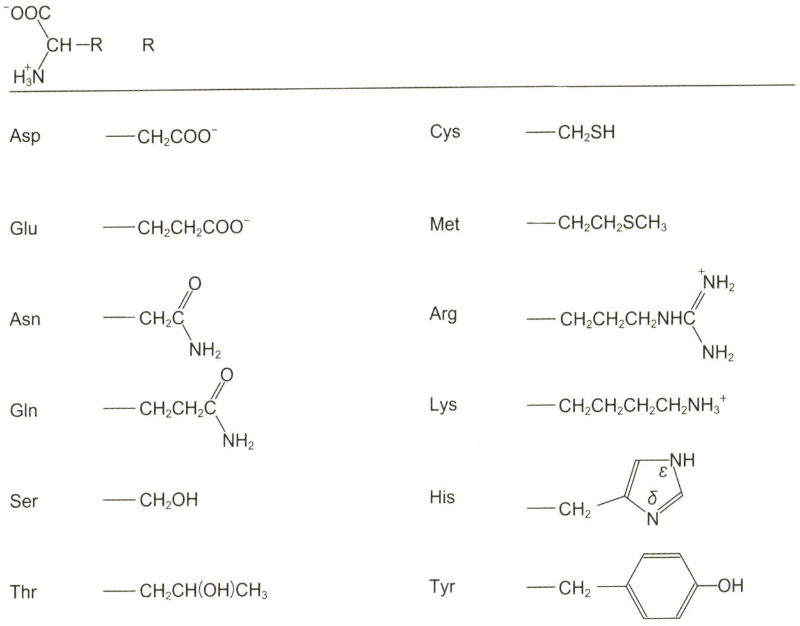

	R		R
Asp	—CH$_2$COO$^-$	Cys	—CH$_2$SH
Glu	—CH$_2$CH$_2$COO$^-$	Met	—CH$_2$CH$_2$SCH$_3$
Asn	—CH$_2$C(=O)NH$_2$	Arg	—CH$_2$CH$_2$CH$_2$NHC(=NH$_2^+$)NH$_2$
Gln	—CH$_2$CH$_2$C(=O)NH$_2$	Lys	—CH$_2$CH$_2$CH$_2$CH$_2$NH$_3^+$
Ser	—CH$_2$OH	His	—CH$_2$–(imidazole, ε, δ, NH)
Thr	—CH$_2$CH(OH)CH$_3$	Tyr	—CH$_2$–C$_6$H$_4$–OH

図1.5　配位能を有するアミノ酸側鎖基
構造式はpH7付近における主なイオン型を示す．

2009a). GlyHis や AspGlyGly のようにペプチド側鎖に配位基が存在する場合には，これらによる結合も可能になるので，1.5.1項で述べた基本的な反応様式は変化しうるが，アミノ酸や短いペプチド（オリゴペプチド）の錯体では，溶液のpHや立体条件により必ずしもこれらの側鎖基が金属イオンとの結合に関与するわけではない．タンパク質ではアミノ酸の α-アミノ基とα-カルボキシル基はペプチド結合に用いられているので，N末端アミノ基，カルボキシル末端（C末端）カルボキシル基以外には，酸性アミノ酸の β- および γ-カルボキシル，ヒスチジンイミダゾール，システインチオール，チロシンフェノールなどの側鎖基が金属結合部位として重要であり，主としてこれらの基によって金属タンパク質の金属中心が形成される．タンパク質の骨格を形成するペプチド結合が直接金属イオンと結合する例は稀であるが，例えばヒトなどの血清アルブミンによる Cu(II) の結合に推定されている（図3.16 p.319 参照）．

a. N 配位基

N配位基としてはアスパラギン，グルタミンのアミド基 $-CONH_2$，ヒスチジンイミダゾール環，リシン $\varepsilon-NH_2$ 基，アルギニングアニジノ基 $-NHC(=NH)NH_2$ がある．GlyGly-NH_2 について図1.3に示したように，アミド基は脱プロトン化したアミダト基 $-CONH^-$ の形で金属と結合することができる．アスパラギンは通常2座配位子としてグリシン様配位をするが，Cu(II)錯体ではpHの上昇と共にアミノ基とアミダト基が平面に配位し（$pK_c = 10.5$），カルボキシラト基が軸方向から配位した構造をとる．しかし，グルタミンの γ-アミド基，アミダト基にはこのような配位は認められていない．また，N親和性の高い $Pd(en)^{2+}$（en：エチレンジアミン）にはアスパラギン，グルタミン共に脱プロトン化してアミダト基が結合する（pK_c はそれぞれ6.5および9.0）．

ヒスチジン側鎖のイミダゾール環は金属タンパク質中の極めて重要な配位基である．水溶液中でのヒスチジンの結合様式は複雑であり，Cu(II)-His系ではpHその他の条件により2座および3座配位子として種々の組成と構造をもつ錯体種を形成する．ヒトの血液中でのCu(II)-His錯体の検出から溶液中での挙動と構造の研究，その後のメンケス病（Menkes' disease）治療への利用の流れについてはSarkarらの総説に詳しい（Sarkar, 1999; Deschamps et al., 2005）．pH 0～10における Cu(II)-His 錯体の存在種と構造について，赤外ラマン，ESRその他の分光学的手法による研究結果が報告された(Mesu et al., 2006)．これによれば，pH 2～4ではカルボキシラトO^-による単座配位とN,O-配位錯体が生じ，pHの上昇と共に平面位でアミノ基Nとイミダゾールのピリジン性Nによる N,N-配位錯体が加わる．カルボキシラト O^- は軸配位へと変化する．図1.6にいくつかの錯体種の構造を示した．結晶中で $Cu(His)_2$ 錯

図 1.6 1：2 Cu(II)-His 系（pH4〜8）で生成する錯体の推定構造

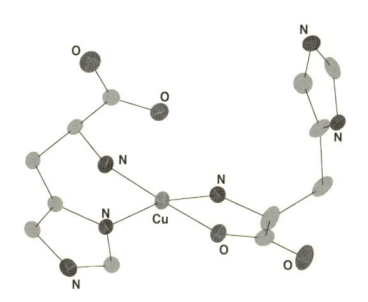

図 1.7 単離された Cu(L-His)$_2$ の構造（Deschamps et al., 2004）

体は図 1.7 に示した構造をとることが明らかにされている（Deschamps et al., 2004）。ここでは1個の His は2座配位子として N,O-配位し、他方は側鎖イミダゾール環が加わった3座配位子として平面内で N,N-配位、軸方向から O-配位しており、スペクトル法から結論された構造（図 1.6(b)）に類似しているが、結晶中ではイミダゾール環はプロトン化されていない。ただし、結晶中の構造は溶液中に存在する錯体種の1つを示すに過ぎないと考えるべきである。Sarkar らが 1960 年代にヒトの血清から単離した三元 Cu(II)錯体［Cu(His)(Thr)(H$_2$O)］は、最初の His 含有三元アミノ酸 Cu(II)錯体であり、His は図 1.6(b),(c)や図 1.7 と同様に3座配位子として Cu(II)と結合している（Freeman et al., 1969）。トレーサー実験（Neumann and Sass-Kortsak,

1967) より血清中で特に生成しやすいと報告されていた [Cu(His)(X)] (X=Asn, Gln, Thr) について，その後合成された錯体 [Cu(Asn)(His)] の構造 (**6**) からは Asn 側鎖 C-C 結合間の回転によりアミド基 NH_2 と軸配位した His カルボキシラト O^- との分子内水素結合の可能性が考えられた．X = Gln, Thr ともに極性側鎖基をもつことから，このような分子内相互作用が特定の三元錯体生成を有利にしていると理解することができる (Yamauchi et al., 1979)．イミダゾール環にはピリジン性 N とピロール性 NH があり，置換基があると互変異性体として存在する．タンパク質中ではピリジン性 N が δ 位にある場合と ε 位にある場合の 2 通りの可能性がある (図1.5)．また，条件により脱プロトン化して金属イオンに配位する．Cu,Zn-SOD におけるイミダゾラト N_δ, N_ε 架橋 Cu, Zn 複核構造はその典型である (図2.67 p.253 参照)．

側鎖に配位基イミダゾールを有する His 含有ペプチドの錯形成はやや複雑である．Cu(II) 錯体について 2, 3 の例をあげよう．弱酸性から中性 pH 付近において 1 : 1 Cu(II)-HisGly 系では，ヒスタミン (2-(4-imidazolyl)ethylamine) と同様に His のアミノ基 N とイミダゾール N で配位した錯体種 CuL, ついでペプチド結合が脱プロトン化して GlyGly 様に 3 座配位し，はずれたイミダゾール環が別の Cu(II) に配位して架橋した 2 量体 $Cu_2L_2H_{-2}$ が生成する．この構造は後述の TyrGly の錯体 $Cu_2L_2H_{-2}$ の構造と類似していると考えられる．1 : 2 Cu(II)-HisGly 系では 2 分子の L がヒスタミン様に結合した 4N 配位錯体種 CuL_2 が生成する．これに対して，GlyHis ではアミノ基 N, ペプチド N^-, イミダゾール N が配位した $CuLH_{-1}$ が形成される．Co(II), Ni(II), Zn(II) の HisGly 錯体ではペプチド結合の脱プロトン化は起こらないが，GlyHis 錯体では Cu(II) の場合と同様に脱プロトン化が起こる．これは 3N 配位により生じる錯体の縮合キレート環が 5 員環と 6 員環からなり (5,6-縮合環)，金属イオン M との結合角の歪が軽減され，錯体が安定化するためであると考えられる．一方，トリペプチドの場合，GlyHisGly では GlyHis と同様に中性 pH 付近で錯体種 $CuLH_{-1}$ が生成し，HisGlyGly では上記 HisGly と同じ錯体種 CuL_2 あるいは $Cu_2L_2H_{-2}$ が生じる．中性 pH 付近ではいずれも 3 番目の Gly は配位に関与しない．GlyGlyHis ではアミノ基 N, 2 個のペプチ

ド N⁻, イミダゾール N による安定な 4N 配位錯体 MLH₋₂(M=Cu(II), Ni(II)) (**7**) が生じ，中間の MLH₋₁ は無視しうる程度である．この錯体種では容易に酸化的脱炭酸が起こる．ヒト血清アルブミン Cu(II) 結合部位は GlyGlyHis や N 末端アミノ酸残基モデル AspAlaHis-NHCH₃ を用いた研究により GlyGlyHis と同じ配位様式をとることが明らかにされている（図 3.16 p.319 参照）．その他，成長促進因子 GlyHisLys，アルツハイマー病（Alzheimer's disease）の原因とされるアミロイド β タンパク質，プリオンタンパク質 Cu(II) 結合部位モデル（図 1.4, 3.5.1 項 p.350 参照）などについても錯形成反応が調べられている（Kozłowski et al., 2005; Sóvágó and Ősz, 2006; Kozłowski et al., 2008; Minicozzi et al., 2008）．

リシンの ε-NH₂ 基は高い pK_a 値（10.71）をもち，立体的に同一金属には配位できないので，リシンはグリシンなどと同じく N,O-配位する．しかし，分子間では配位が可能である．LysTyr の Cu(II) 錯体はアミノ基 N, ペプチド N⁻, カルボキシラト O⁻, および隣接する錯体分子からの ε-NH₂ 基が配位した 3N1O 平面構造をとり，結晶中ではポリマー構造となっている（Radomska et al., 1989）．金属酵素ではロイシンアミノペプチダーゼ（leucine aminopeptidase）の活性中心にある 2 個の Zn の 1 つに ε-NH₂ 基が配位している（Kim and Lipscomb, 1993）（1.8.2 項 p.87 参照）．アルギニンは通常の条件下では N,O-配位し，同じく高い pK_a 値（12.09）をもつ側鎖-NHC(=NH)NH₂ 基は結合に関与しないが，Arg の δ-オキサ体であるカナバニン（canavanine）は [Pt(terpy)Cl]Cl と塩基性条件下反応してグアニジノ基 N で配位し，複核錯体を形成する(Ratilla et al., 1990)．Arg 自体も同じ配位様式をとるとされている．最近，ビオチンシンターゼ（biotin synthase）において，Arg 260 のグアニジノ基 N が [2Fe-2S] クラスターの Fe と結合していることが見出された（図 1.8）(Berkovitch et al., 2004)．一方，タンパク質由来ではないが，尿素サイクル（urea cycle；オルニチンサイクルともいう）の構成分子であるオルニチン（ornithine: Orn）はリシンよ

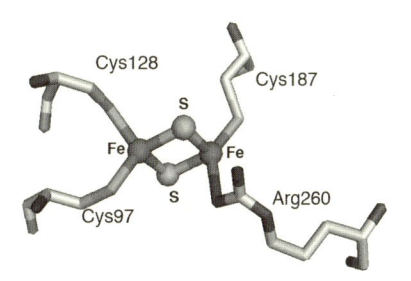

図 1.8 ビオチンシンターゼ Fe₂S₂ 部位への Arg グアニジン部分の配位
 (Berkovitch et al., 2004；PDB code 1R30)

りCH$_2$が1個分短いδ-アミノ基を有する．中性pH以下でOrnはCu(II)にグリシン様N,O-配位をして錯体種Cu(LH)$_2$を生じ，pHの上昇と共にN,N-配位が起こるため，錯体種CuL(LH)が混ざってくる．N,N-配位では7員環が形成される．

b. O 配 位 基

アスパラギン酸，グルタミン酸のβ-およびγ-COO$^-$基，アスパラギン，グルタミンのアミド基C=O，セリン，トレオニンのOH基およびO$^-$基，チロシンのフェノールOH基およびO$^-$基が配位能を有するO含有側鎖基である．COO$^-$基は金属イオンと1個のOで結合することが多いが，2個のOで結合することもある．また，複核構造をとるCu$_2$(CH$_3$COO)$_4$やO$_2$運搬体ヘムエリトリン（2.2.2項p.187参照）などの複核鉄部位で見られるように，2個のOで架橋することもある．アスパラギン酸ではN,O-配位に加えてβ-カルボキシル基も結合に関与し，Co(II)，Ni(II)，Cu(II)，Zn(II)などに3座配位するのに対して，グルタミン酸のγ-カルボキシル基の配位は立体的に不利である．前述の血清アルブミンN末端Asp残基側鎖β-COO$^-$基は軸方向からCu(II)に配位すると結論されている．アスパラギンのアミド基は上に述べたようにNH$_2$とC=Oで結合可能である．C=Oとの結合は金属イオンとpHに依存し，中性pH付近ではC=Oが結合する．結晶中ではアスパラギン，グルタミンはCu(II)，Zn(II)に対してグリシン様配位をした構造をとることが知られている．Ba(II)錯体の研究では，グルタミンのカルボキシル基O$^-$とアミドカルボニルOがBa(II)に配位していると結論されているが，遷移金属イオンに対してはグルタミンのγ-アミド基は結合に関与しない．タンパク質ではブルー銅タンパク質ステラシアニンでグルタミン残基のγ-C=OがCuに配位していることが知られている（図1.19 p.94および2.1.1項p.158参照）．ペプチドAspAspはCu(II)とアミノ基N，ペプチドN$^-$，およびβ-COO$^-$基で結合し，また，AspAspAspはアミノ基N，ペプチドN$^-$，ペプチドN$^-$，およびβ-COO$^-$基で結合して，非常に安定な5,5,6-縮合環からなる縮合キレート環を形成する．セリン，トレオニンはアルコール性OH基により金属イオンと軸位に弱く結合する可能性もあるが，基本的にグリシン様配位をする．しかし，金属イオンの存在下，塩基性領域では脱プロトン化してアルコラートO$^-$を含む3座配位子として働き，Co(II)，Cu(II)などとML$_2$H$_{-1}$，ML$_2$H$_{-2}$を形成する．例えば，Cu(Ser)$_2$におけるOH基のpK_aは10～11であり，高pHで生成するCu(II)錯体では3座配位子として働くことがわかる．セリンのアミノ基とヒドロキシ基が置き換わったイソセリン（isoserine; 3-amino-2-hydroxypropionic acid）はpH 5～11の広い範囲でほとんどすべて錯体種Cu$_2$L$_2$H$_{-2}$として存在することが知られている（Braibanti et al., 1976）．これはCu(II)存在下にてOH基がpH 5付近で解離し，アルコラートO$^-$で架橋した2

量体が生成しやすいためと考えられる．セリン O⁻ の配位はモリブデン酵素ジメチルスルホキシド（DMSO）レダクターゼ（dimethylsulfoxide（DMSO）reductase）において見出されている（図 1.20 p.98 参照）ほか，タンパク質中でホスホセリンのリン酸エステルを介して Mg(II)，Ca(II)と結合する．

フェニルアラニンのベンゼン環の p 位に OH 基を有するチロシンがグリシン様配位をするとき，OH 基は立体的に同一金属イオンには配位できないが，隣り合った金属イオンに配位することは可能である．N 末端に Tyr を有するジペプチド TyrGly など（= LH；プロトンはフェノール OH に由来する）の Cu(II)錯体 CuL（ペプチド NH の脱プロトン化種）は，pH 8 ～ 9 において OH 基が解離して隣接する Cu(II)に配位することにより 2 個の O⁻ が架橋した 2 量体 $Cu_2L_2H_{-2}$ (**8**) を形成する（Hefford and Pettit, 1981; Yamauchi et al., 1985）．

(**8**)

これに対して，o 位に OH 基を有する o-チロシンは高 pH で Ni(II)，Cu(II)などとフェノラート O⁻ で結合する．Cu(II)とは平面位にグリシン様配位し，軸位よりフェノラート O⁻ が配位すると考えられている．チロシンにさらに OH 基が導入された 3,4-ジヒドロキシフェニルアラニン（DOPA）はアミノ酸として N,O-配位，カテコラートとして O,O-配位の可能性をもっており，金属イオン，pH などに依存して様々な配位様式をとる．すなわち，低い pH では N,O-配位，中性 pH 付近では N,O- および O,O-配位の混合，高い pH では O,O-配位が主として起こる．タンパク質中のチロシン残基は鉄運搬体トランスフェリン（transferrin）の配位基（図 3.8 p.312 参照）であり，銅酵素ガラクトースオキシダーゼ（galactose oxidase）においては Cu に平面および軸方向から配位している（図 1.37 p.126 参照）．平面のフェノラート O⁻ は反応過程でフェノキシルラジカル O・となり Cu(II)と共に 2 電子酸化に関与する（1.9.4 項 p.125 参照）（Jazdzewski and Tolman, 2000; Chaudhuri and Wieghardt, 2001）．

c. S 配位基

側鎖に SH 基を有するシステイン，SCH₃ 基を有するメチオニンは鉄-硫黄タンパク質，プラストシアニン，強い金属結合能を有するタンパク質メタロチオネイン（metallothionein：MT）などにおける金属結合部位として重要である．プラストシアニンな

どのブルー銅タンパク質においてはCu^{2+}へのシステイン残基S^-の配位が存在するが，水溶液中でCu^{2+}はシステインなどと酸化還元反応を伴って結合する．杉浦，田中はD-ペニシラミン（D-penicillamine）（=β,β-ジメチル-D-システイン）を$CuCl_2$と反応させ，Cu(I)とCu(II)を含む赤紫色の錯体を単離した（Sugiura and Tanaka, 1970）．後にこの錯体はCl^-を中心に有する複雑なクラスター構造をとることが明らかにされた（Birker and Freeman, 1977）．また，システイン残基を含み，生体内に豊富に存在するペプチドのグルタチオン（glutathione：GSH）（=γ-グルタミルシステイニルグリシン）を$CuCl_2$とN_2気流中で反応させると，酸化型グルタチオンGSSGとの紫色の複核Cu(II)錯体を与えることが三好らによって報告されている（Miyoshi et al., 1980）．MTはシステイン含有量が多いタンパク質であり，哺乳動物のMTはアミノ酸60〜68からなり，Cys残基20個を含む．すべての$CysS^-$がCu^+，Zn^{2+}，Cd^{2+}などの金属イオンと結合し，多くは金属イオンを架橋している．ラット肝MT-2のZn^{2+}，Cd^{2+}錯体の構造解析によれば，金属イオン周りの構造は四面体であるが，Sによる架橋の違いによりN末端に近いM_3S_9クラスター（チェアー型）**(9)**とC末端に近いM_4S_{11}クラスター（アダマンタン型）**(10)**がある（PDB code 4MT2，1MRT，2MRT）．チオエーテル基-SCH_3を有するメチオニンではN,O-配位とN,S-配位の可能性があり，Pd(II)，Pt(II)などの軟らかい金属イオンとは6員環のN,S-配位が優先される．Cu(II)とメチオニンは通常のN,O-配位構造をとり，Sとの結合は生じないが，プラストシアニンの歪んだ四面体構造をもつ銅部位においてはメチオニンSが弱く配位している（Cu-S間距離は2.9Å）（2.1節 p.158参照）．これはタンパク質内という場の効果と配位基の空間的な配置によるところが大きい．システイン側鎖SH基は$-S^-$のほか，ニトリルヒドラターゼにおいては$-SO^-$（スルフェナート），$-SO_2^-$（スルフィナート）のSとして金属イオン（Fe^{3+}，Co^{3+}）と結合することが知られている（図4.5 p.372参照）．中間的な硬さのCu(II)と軟らかいAg(I)のSへの親和性の違いを示す例として，$Cu(Met)_2$とAg(I)からなるポリマー錯体[{Ag_3Cu_3(L-Met)$_6$(NO$_3$)$_3$

$(H_2O)_3$}·$7H_2O]_n$ がある.これらの錯体では Cu(II) は N,O-部位でグリシン様に結合し,Ag(I) はメチオニン S および H_2O と結合している(Luo et al., 2007).

d. 芳 香 環

チロシンについてはすでに述べた.トリプトファン側鎖にはピロール環とベンゼン環が縮合した構造を有するインドール環があり,セロトニン(serotonin = 5-hydroxytryptamine)をはじめとする種々の生理活性物質の構成成分である.インドール環はピロール NH 型の $1H$-インドール($1H$-indole)と sp^3C(3) 型の $3H$-インドール($3H$-indole)の互変異性体として存在する(図 1.9).

図 1.9 インドールの互変異性体

$3H$-インドールにおいて N(1) は π 性 N の性質を示し,N への親和性が高い Pd(II) などと結合し,sp^3C(3) は脱プロトン化して Pd(II) などと結合する.ピロール性 N(1) H はごく弱い酸性を示し(pK_a=16.8),N⁻ として Na⁺,K⁺,Grignard 試薬などと塩を形成する.また,C(2),C(3),C(4) もシクロメタレーションにより Pd(II),Pt(II) などと結合する.インドール環を側鎖に有する配位子は Cu(I) と C(2)−C(3) 部位で η^2 型の結合をすることが明らかにされている(**11**)(Shimazaki et al., 2009b).

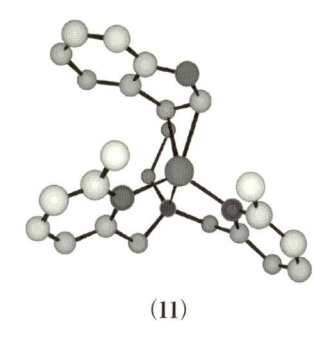

(**11**)

生体系でのこのような結合様式は知られていなかったが,最近,膜間部(ペリプラズム,periplasm)に存在し Cu シャペロン(Cu chaperone)(3.1.4 項 p.315 参照)であるタンパク質 CusF において,Cu(I) とインドール C(4)−C(5) 部位との接近が見出され,カチオン-π 相互作用と考えられている(図 1.51 p.150 参照).

1.5.3 核酸構成成分の金属結合部位

核酸（nucleic acid）はヌクレオチド（nucleotide）から構成される高分子であり，RNAとDNAがある．ヌクレオチドは核酸塩基，糖，リン酸基から構成される．核酸塩基（nucleobase）にはプリン塩基であるアデニン（adenine）およびグアニン（guanine）と，ピリミジン塩基であるシトシン（cytosine），チミン（thymine），およびウラシル（uracil）がある．プリン塩基のN(9)位，ピリミジン塩基のN(1)位とD-リボース（または2′-デオキシ-D-リボース）の1′位がグリコシド結合した化合物をリボヌクレオシド（ribonucleoside；またはデオキシリボヌクレオシド（deoxyribonucleoside））といい，ヌクレオシドの糖部分がリン酸エステル化した化合物をリボヌクレオチド（ribonucleotide；またはデオキシリボヌクレオチド（deoxyribonucleotide））という．図1.10にこれらの構造を示した．核酸はヌクレオチドが3′位と5′位間でエステル結

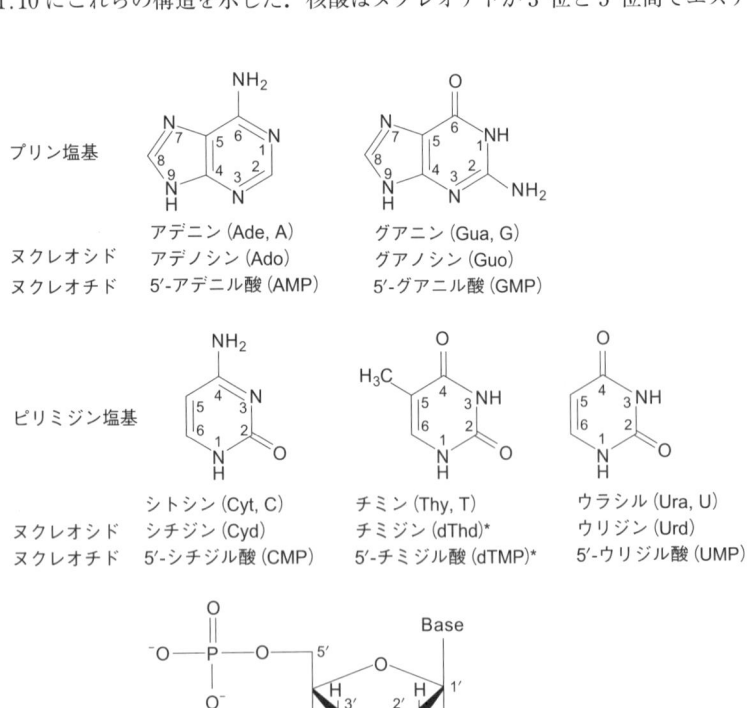

	プリン塩基	
	アデニン (Ade, A)	グアニン (Gua, G)
ヌクレオシド	アデノシン (Ado)	グアノシン (Guo)
ヌクレオチド	5′-アデニル酸 (AMP)	5′-グアニル酸 (GMP)

	ピリミジン塩基		
	シトシン (Cyt, C)	チミン (Thy, T)	ウラシル (Ura, U)
ヌクレオシド	シチジン (Cyd)	チミジン (dThd)*	ウリジン (Urd)
ヌクレオチド	5′-シチジル酸 (CMP)	5′-チミジル酸 (dTMP)*	5′-ウリジル酸 (UMP)

図1.10 核酸塩基，ヌクレオシド，およびヌクレオチドの構造と略号
* dThd, dTMPのdは糖部分が2′-デオキシリボースであることを示す．

合したポリヌクレオチドであり，糖の違いによりリボ核酸（ribonucleic acid：RNA）とデオキシリボ核酸（deoxyribonucleic acid：DNA）に分けられる．核酸の構成成分はいずれも金属イオンと結合する可能性を有し，-2の電荷を有するヌクレオチドの末端リン酸基は，2個のエステル結合をもち-1の電荷を有するリン酸基よりも強く金属イオンと結合する．モノヌクレオチドについては，Al(III)はこの部位とのみ結合し，Pd(II)，Pt(II)は主として塩基部分と結合する．プリン塩基のN(9)とピリミジン塩基のN(1)はリボースまたはデオキシリボースと結合しているため，金属イオンが結合しうるのは塩基のこれら以外のNまたはO原子である．表1.8に塩基，ヌクレオシド，ヌクレオチドにおけるN原子のpK_a値を示した．塩基の構造式に示したように，グアニンの6位，シトシンの2位，チミンとウラシルの2，4位はいずれも主としてオキソ体として存在する．このため，グアニンのN(1)Hおよびチミン，ウラシルのN(3)HのpK_aはNHの脱プロトン化に対応し，アデニンN(1)，シトシンN(3)のpK_aより高くなっている．プリン塩基のN(7)の塩基性は低く，N(3)の塩基性はさらに低い．N(9)HはN(7)Hと互変異性であり，グアニンについて11.3，アデニンについて9.4～10.0のpK_a値が報告されている．また，ピリミジン塩基のN(1)HのpK_aは12以上とされている（Lönnberg, 1990）．ヌクレオシド，ヌクレオチドでは糖との結合によりこれらのNHプロトンは失われており，N(7)はプロトンをもたない．金属イオン結合部位は金属イオンの性質や溶液のpHなどの条件に依存するが，中間的な硬さないし軟らかい金属イオンはN配位を好む．

　プリン塩基およびピリミジン塩基の主たる金属結合部位は表1.8のとおりである．この表からも予想されるように，プリン塩基は金属イオンとN(1)とN(7)のいずれかで結合する二面性をもっている．結晶構造解析により明らかにされた錯体がN(7)位で結合しているものが多いため，N(7)が金属イオンとより強く結合すると考えられているが，これは錯体が酸性溶液から単離されたためでもある．中性pHではN(1)とN(7)が競合し，塩基性pHではグアニンなどオキソプリン塩基のN(1)位の配位が優勢となる．溶液平衡の解析により得られる安定度定数はN(1)配位とN(7)配位の安定度定数を合わせたものである．Co(II)，Ni(II)，Cu(II)，Zn(II)について両配位の割合を計算した結果，N(7)配位は9-methylpurineのような立体障害のないプリン塩基では61～66％，N(1)のオルト位に置換基がある2-amino-9-methylpurineではNi(II)，Cu(II)について96～97％，アデノシンでは70～76％に達することが示された（Martin, 1996）．AMP，GMP，ATP，GTPなどのプリンヌクレオチドは多くの第一遷移金属イオンとN(7)，リン酸基のいずれとも結合し，一方のみと結合した型（open form）と両方に結合してマクロ環を形成した型（closed form）の錯体とが平衡状態にあるこ

表1.8 核酸塩基における金属イオン結合部位と塩基の酸解離定数（pK_a）[a]

(Ⅰ) プリン塩基[b]

アデニン（adenine）(A)	N(7)が最も多く認められる結合部位であり，ついでN(1)も結合可能である．N(7)と6位のNH$_2$基によるキレート形成の可能性は小さい． pK_a　アデニン：−0.4 (N(7))，4.2 (N(1)) 　　　アデノシン：−1.5 (N(7))，3.6 (N(1)) 　　　AMP：3.9 (N(1)) 　　　ATP：4.0 (N(1))
グアニン（guanine）(G)	N(7)が最も多く認められる結合部位であり，ついでN(1)，O(6)も結合可能である．N(7)とO(6)によるキレート形成の可能性は小さい． pK_a　グアニン：3.2 (N(7))，9.4 (N(1)) 　　　グアノシン：2.1 (N(7))，9.2 (N(1)) 　　　GMP：2.5 (N(7))，9.5 (N(1)) 　　　GTP：3.0 (N(7))，9.6 (N(1))

(Ⅱ) ピリミジン塩基[b]

シトシン（cytosine）(C)	N(3)，O(2)で金属イオンと結合しうる．これらの基によるキレート形成の可能性もある． pK_a　シトシン：4.7 (N(3)) 　　　シチジン：4.2 (N(3)) 　　　CMP：4.4 (N(3)) 　　　CTP：4.6 (N(3))
チミン（thymine）(T)	N(3)，O(2)，O(4)で金属イオンと結合しうる．これらの基によるキレート形成の可能性もある． pK_a　チミン：9.8 (N(3)) 　　　チミジン：9.6 (N(3)) 　　　dTMP：9.9 (N(3)) 　　　dTTP：10.0 (N(3))
ウラシル（uracil）(U)	N(3)，O(2)，O(4)で金属イオンと結合しうる．これらの基によるキレート形成の可能性もある． pK_a　ウラシル：9.4 (N(3)) 　　　ウリジン：9.2 (N(3)) 　　　UMP：9.5 (N(3)) 　　　UTP：9.6 (N(3))

a) 酸解離定数はその逆数の対数値（pK_a）で示してある．25℃（0.16 M Na$^+$ または K$^+$）の値．Martin (1996) より引用．グアニン塩基N(1)H，チミン塩基およびウラシル塩基N(3)HのpK_a値はNHの脱プロトン化に対応する．プリン塩基のN(9)Hとピリミジン塩基のN(1)HのpK_a値はいずれも高く，アデニン9.5，グアニン11.3，ピリミジン塩基では12以上である．

b) プリン塩基のN(9)位，ピリミジン塩基のN(1)位にD-リボフラノシル基または2′-デオキシ-D-リボフラノシル基が置換されると対応するヌクレオシドとなり，そのリン酸エステルがヌクレオチドである（図1.10参照）．

とが Sigel らにより明らかにされている（Sigel and Song, 1996）．また，ヌクレオチドのリン酸部分および塩基部分への各種金属イオンの親和性の違いも Sigel らにより研究され，まとめられている（Sigel and Sigel, 2010）．これによれば，Mg(II)，Ca(II)，Mn(II)，Cu(II)，Zn(II)，Cd(II)，Pb(II)の塩基部分およびリン酸部分への親和性は Cu(II)において最も高い．Mg(II)，Ca(II)，Mn(II)のような硬い金属イオンは塩基よりリン酸基に対して高い親和性を示し，ことに Mg(II)は ATP の β，γ 位またはすべてのリン酸基 O 原子と結合し，ATP の加水分解に関与する．

　Zn フィンガー（zinc finger）と呼ばれる DNA 結合領域をもつタンパク質は転写因子 TFIIIA, Zif268 をはじめ多く知られ（Folkers et al., 2001），Zn(II)の存在で DNA の特定の領域に結合することが知られている（3.2.1 項 p.323，図 3.18 p.324 参照）．Zn(II)はあくまで転写因子の Cys および His 残基の側鎖と結合しているが，機能性ドメインを組み入れた亜鉛フィンガータンパク質をデザインして DNA の特定の位置に結合させ，切断を行うなど，遺伝子治療や医薬品の開発に向けた研究がなされている（Jantz et al., 2004; Dhanasekaran et al., 2006）．DNA, RNA と金属イオンの直接の相互作用には，塩基との結合とリン酸エステル部分との結合が考えられる．DNA ではプリン塩基 N(1)位はチミン，シトシンとの水素結合のため，覆い隠されており，金属イオンとの相互作用には適していない．シスプラチン cis-$[PtCl_2(NH_3)_2]$ に代表される抗がん剤の白金(II)錯体は，DNA の同じ鎖内で 2 個のグアニン塩基 N(7)と結合することが知られている（3.5.6 項 p.359 参照）が，これはこのような立体条件とアデニン N(7)に比べてグアニン N(7)の pK_a が高いことによるものと理解される．金属イオンがリン酸部分と結合すると，らせん構造におけるリン酸基間の静電的反発を抑えてらせん構造を安定化させる場合がある．このことは DNA の変性を示す融解温度（melting temperature）への金属イオンの影響からわかり，Mg(II)，Co(II)，Ni(II)などはらせん構造を安定化して融解温度を高め，Cu(II)，Cd(II)などはこれを下げることが知られている．

　リボースの OH 基の配位は弱いが，アデノシン，グアノシンについて pH 8 〜 12 の領域において脱プロトン化した cis 位の O(2′)，O(3′)と Cu(II)との結合が報告されている（Chao and Kearns, 1977）．しかし，cis-ジオールをもたないデオキシリボースは金属イオンと結合しない．OH 基は La^{3+} のような硬い酸とは親和性が高く，Lu^{3+}，La^{3+}，Eu^{3+} などのランタノイド(III)による RNA の切断反応や Ce^{4+} による DNA の切断反応が小宮山らにより明らかにされている（Shiibe and Komiyama, 1992; Komiyama et al., 1995; Kuzuya et al., 2004）．生体系にはリボースのほか，グルコース，フルクトースなどの単糖類からデンプン，セルロースなどの多糖類まで様々な糖質が存在する．

(12)

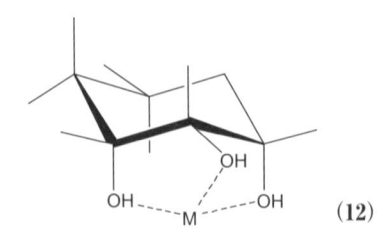

これらはエネルギー源として重要であり,タンパク質と結合して生体組織を構成したり,細胞認識に関与したりする.また,アセチル化されたアミノ糖からなるキチンは甲殻類などの外骨格を形成している.NMR の研究より,3個の OH 基が axial-equatorial-axial という配列をもつ6員環の糖類(12)や *cis-cis* 配列をもつ5員環の糖類は,Ca(II) などと結合すると報告されている(Angyal et al., 1974).糖質錯体の研究は比較的新しく,矢野らによりヌクレオチド,アミノ糖,糖質をエチレンジアミン(en)に組み込んだ配位子などの錯体の研究がなされている(Yano, 1988; Yano and Otsuka, 1996; Burger and Nagy, 1990).例えば,ジアミン錯体 [Ni(en)$_3$] などをアルドースと反応させることにより,配位したジアミンに糖を結びつけた錯体が各種合成された.アミノ糖であるグルコサミン(glucosamine; 2-amino-2-deoxy-D-glucopyranose)(図 1.2(h))は Cu(II) に対してアミノ基と1位 O により N,O-配位する.錯体種 CuL, CuL$_2$, CuL$_2$H$_{-1}$, CuL$_2$H$_{-2}$ のうち,中性 pH においては CuL$_2$H$_{-2}$ が最も安定に存在することから,OH 基からの脱プロトン化が起こっていると考えられる.一方,カナマイシン A に代表される一群の抗生物質はアミノグリコシド構造を有し,グリコシド両端のアミノ糖環からの2つのアミノ基と2つの OH 基が脱プロトン化を伴って Cu(II) に 2N2O 型配位をすることが知られている(Kozłowski et al., 2005).

文 献

Angyal, S. J. et al. (1974) *Carbohyd. Res.* **35**, 165.
Berkovitch, F. et al. (2004) *Science* **303**, 76.
Birker, P. J. M. W. L. and Freeman, H. C. (1977) *J. Am. Chem. Soc.* **99**, 6890.
Braibanti, A. et al. (1976) *J. Chem. Soc., Dalton Trans.*, 826.
Burger, K. and Nagy, L. (1990) In "*Biocoordination Chemistry*," Burger, K., Ed., Ellis Horwood, Chichester, pp. 236–283.
Chao, Y.-Y. H. and Kearns, D. R. (1977) *J. Am. Chem. Soc.* **99**, 6425.
Chaudhuri, P. and Wieghardt, K. (2001) *Prog. Inorg. Chem.* **50**, 151.
Deschamps, P. et al. (2004) *Inorg. Chem.* **43**, 3338.

Deschamps, P. et al. (2005) *Coord. Chem. Rev.* **2005**, 895.
Dhanasekaran, M. et al. (2006) *Acc. Chem. Res.* **39**, 45.
Folkers, G. E. et al. (2001) In *"Hand book on Metalloproteins,"* Bertini, I. et al., Eds., Marcel Dekker, pp. 961-1000.
Freeman, H. C. et al. (1969) *J.Chem.Soc., Chem.Commun.*, 225.
Hefford, R. J. W. and Pettit, L. D. (1981) *J. Chem. Soc., Dalton Trans.*, 1331.
Jantz, D. et al. (2004) *Chem.Rev.* **104**, 789.
Jazdzewski, B. A. and Tolman, W. B. (2000) *Coord. Chem. Rev.* **200-202**, 633.
Kim, H. and Lipscomb, W. N. (1993) *Proc. Natl.Acad. Sci. USA* **90**, 5006.
Komiyama, M. et al. (1995) *J. Chem, Soc., Perkin Trans. 2*, 269.
Kozłowski, H. et al. (2005) *Coord. Chem. Rev.* **249**, 2323.
Kozłowski, H. et al (2008) *Coord. Chem. Rev.* **252**, 1069.
Kuzuya, A. et al. (2004) *J. Am. Chem. Soc.* **126**, 1430.
Laurie, S. T. (1987) In *"Comprehensive Coordination Chemistry,"* Wilkinson, G. et al. Eds., Pergamon Press, Oxford, Vol. 2, pp. 739-776.
Lönnberg, H. (1990) In *"Biocoordination Chemistry,"* Burger, K., Ed., Ellis Horwood, Chichester, pp. 284-346.
Luo, T. -T. et al. (2007) *Inorg. Chem.* **46**, 1532.
Martin, R. B. (1996) *Met. Ions Biol. Syst.* **32**, 61.
Mesu, J. G. et al. (2006) *Inorg. Chem.* **45**, 1960.
Millhauser, G. L. (2004) *Acc. Chem. Res.* **37**, 79.
Minicozzi, V. et al. (2008) *J. Biol. Chem.* **283**, 10784.
Miura, T. et al. (2005) *Biochemistry* **44**, 8712.
Miyoshi, K. et al. (1980) *J. Am. Chem. Soc.* **102**, 6130.
Neumann, P. Z. and Sass-Kortsak, A. (1967) *J. Clin. Invest*, **46**, 646.
Radomska, B. et al. (1989) *Inorg. Chim. Acta* **159**, 111.
Ratilla, E. M. A. et al. (1990) *Inorg. Chem.* **29**, 918.
Sarkar, B. (1999) *Chem. Rev.* **99**, 2535.
Sigel, H. and Song, B. (1996) *Met. Ions Biol. Syst.* **32**, 135.
Sigel, R. K. O. and Sigel, H. (2010) *Acc. Chem. Res.* **43**, 974.
Shiibe, T. and Komiyama, M. (1992) *Tetrahedron Lett.* **33**, 5571.
Shimazaki, Y. et al. (2009a) *Dalton Trans.*, 7854.
Shimazaki, Y. et al. (2009b) *Coord. Chem. Rev.* **253**, 479.
Sóvágó, I. and Ősz, K. (2006) *Dalton Trans.*, 3841.
Sugiura, Y. and Tanaka, H. (1970) *Chem. Pharm. Bull.* **18**, 368.
Yamauchi, O. et al. (1973) *Bull. Chem. Soc. Jpn.* **46**, 3749.
Yamauchi, O. et al. (1979) *J. Am. Chem. Soc.* **101**, 4164.
Yamauchi, O. et al. (1985) *J. Am. Chem. Soc.* **107**, 659.
Yano, S. (1988) *Coord. Chem. Rev.* **92**, 113.
Yano, S. and Otsuka, M. (1996) *Met. Ions Biol. Syst.* **32**, 27.

1.6 錯体の構造と性質

錯体は金属イオンの配位数，配位子の構造などにより様々な構造をとる．金属タンパク質の金属結合部位では配位基の種類と立体条件により，役割に適した特有の錯体構造が見出されている（1.8 節 p.65 参照）．これらの錯体の電子構造に基づく分光学的性質や磁気的性質は錯体の重要な性質であり，生物無機化学研究にとって重要な情報源となっている．以下の諸点について，生物無機化学との関連にふれつつ概観する．錯体の一般的性質および種々の分光学的手法をはじめとする物理化学的手法の詳細についてはそれぞれ専門書を参照されたい．

1.6.1 錯体の構造

錯体の特徴はその多様な配位構造である．炭素中心では直線状，平面状，および四面体状のいずれかの構造かその組合せに限られるが，錯体は中心金属イオンにより配位数 2〜12 の様々な立体構造をとることができる．また，種々の異性体や 2 個以上の金属イオンが配位子で架橋された複核ないし多核錯体，金属間結合をもつ多核錯体（これらを総称してクラスター（cluster）という）の存在も錯体構造の多様性を端的に表している．必須遷移金属イオンについて，酸化状態と配位構造および生体系での例を表 1.9 に示した．主な金属タンパク質に見られるアミノ酸残基への金属イオンの親和性は次のように大別される：

Asp, Glu（-COO$^-$）： Mg^{2+}, Ca^{2+}, Mn^{2+}, Fe^{3+}, Fe^{2+}, Zn^{2+}
His（イミダゾール N）：Fe^{2+}, Cu^{2+}, Cu^+, Mn^{2+}, Zn^{2+}
Cys（-S$^-$）： Zn^{2+}, Cu^+, Cu^{2+}, Fe^{3+}, Fe^{2+}, $Mo^{4\sim 6+}$, $Ni^{1\sim 3+}$
Met（-SCH$_3$）： Fe^{2+}, Fe^{3+}, Cu^+, Cu^{2+}
Tyr（-C$_6$H$_4$O$^-$）： Fe^{3+}, Cu^{2+}

生体系錯体は特に 4, 5, 6 の配位数をとることが多い．代表的な配位数について配位構造の例を見てみよう．これらの例のほか，いくつかの金属タンパク質における配位構造については 1.8 節（p.65）およびそれぞれの金属タンパク質の項で詳述する．

配位数 2 の錯体は銅族の 1 価イオン（$3d^{10}$）について見られる．[CuCl$_2$]$^-$, [Ag(NH$_3$)$_2$]$^+$, [Au(CN)$_2$]$^-$ などがあり，直線構造を有する．銅シャペロン（copper chaperone；細胞内銅運搬体）である Atx1（3.1.4 項 p.315 参照）の Hg(II)結合体について，2 個のシステイン S$^-$ が配位した直線構造が見られた（Rosenzweig et al., 1999）ことから，Cu(I)についても配位数 2 の直線構造の可能性が考えられる．配位数 3 の錯体には平

面三角形構造がある.遷移金属イオンの例として Cu(I)錯体[Cu{SP(CH$_3$)$_3$}$_3$]$^+$ がこの構造をとることが知られている.生体系ではデオキシ型ヘモシアニンのタイプ3Cu 部位,シトクロム c オキシダーゼ(cytochrome c oxidase)の Cu$_B$ 部位で平面三角形構造が明らかにされている(2.3.1 項 p.195 参照).また,セルロプラスミンの3つのタイプ1Cu のうち,酸化還元電位が 1000 mV 以上で常に還元されている3配位のタイプ1Cu もまたほぼ平面三角形構造をとっている(図 1.52 p.150 参照).前者では3個のヒスチジンイミダゾール N が,後者では2個のイミダゾール N と1個のシステイン S (Cu(II)-S$^-$ ⇌ Cu(I)-S·) が,それぞれ平面的に配位している.このような配位構造は銅部位以外では見られない.

配位数4の錯体は配位数6の錯体と共に最も多く見られ,その構造には四面体,平面四角形がある.四面体構造をとる錯体の例として [FeCl$_4$]$^-$,[NiCl$_4$]$^{2-}$,[Cu(CN)$_4$]$^{3-}$,[Zn(NH$_3$)$_4$]$^{2+}$ などがある.鉄-硫黄タンパク質中の各鉄部位は4個の Fe-S(システイン S$^-$ または無機硫黄 S^{2-})結合からなる FeS$_4$ 四面体構造をとる(図 1.17 p.80 参照).また,一酸化炭素 CO 不在下の [NiFe] ヒドロゲナーゼ([NiFe]-hydrogenase)は四面体構造の NiS$_4$ 部位(S はシステイン S$^-$)を有する(2.7.2 項 p.282 参照).プラストシアニンの銅部位は CuN$_2$S$_2$ の歪んだ四面体構造を有し,この構造は Cu(I)状態にも Cu(II)状態にも対応できるため,電子移動によく適応していると考えられる(図 1.19 p.94 および 2.1 節 p.158 参照).Cu シャペロン Atx1 の類縁体 Hah1 の Cu(I)結合型では2分子の Hah1 が Cu(I)に四面体形に配位した構造が明らかにされている(Wernimont et al., 2000)(3.1.4 項 p.315 参照).亜鉛酵素の活性中心は多くの場合に四面体構造をとり,イミダゾール N,システイン S$^-$,カルボキシラート O$^-$,水分子などを配位している(図 1.18 p.90 および 2.8 節 p.290 参照).平面四角形構造は Cu(II),Pd(II),Pt(II)錯体,強い配位子場にある Ni(II)錯体などに見られる.タイプ2 Cu 部位は平面四角形の通常の Cu(II)部位構造をとり,イミダゾール N,水分子などを配位している場合が多い(図 1.19 p.94 参照).例えば,Cu と Zn を含む Cu,Zn-SOD における Cu 部位は基本的に4個のイミダゾール N を配位した平面構造を有するが,軸位に水を配位しているので,次の四角錐構造とも見ることができる(図 2.67 p.253 参照).

配位数5の錯体構造としては四角錐と三角両錐がある.タンパク質中の Fe,Cu,Zn などの結合部位で見られる.例えば,単離された銅酵素ガラクトースオキシダーゼの不活性型は,Cu 平面位に2個のイミダゾール N,チロシンフェノラート O$^-$,および酢酸 O$^-$ が配位し,軸位にチロシン O(H)が弱く配位した四角錐構造をとっている(図 1.37 p.126 参照).アミンオキシダーゼも3個のイミダゾール N と2個の水分子 O からなる四角錐構造をとる(1.9.1 項 p.109 参照).また,モリブデン酵素で

表 1.9 生体関連金属イオンの配位構造[a]と金属タンパク質の例

金属(Z)	酸化状態	配位数	配位構造（酸化状態）	生体関連錯体（配位原子）
Mn (25)	2, 3, 4	4	四面体型 (2, 4)	
		5	三角両錐型 (2, 3)	Mn-SOD (3N2O)
		5	四角錐型 (2)	Ser/Thr プロテインホスファターゼ (1N4O)
		6	八面体型 (2, 3, 4)	アルギナーゼ (1N5O), D-キシロースイソメラーゼ (6O および 1N5O)
Fe (26)	2, 3, 4	4	四面体型 (2, 3)	ルブレドキシン (4S), フェレドキシン (4S), アコニターゼ (4S)
		4	平面正方型 (2)	
		5	四角錐型 (2, 3)	デオキシヘモグロビン (5N), P450 (4N1S), カタラーゼ (4N1O), スーパーオキシドレダクターゼ (4N1S)
		5	三角両錐型 (2)	Fe-SOD (3N2O)
		6	八面体型 (2, 3, 4)	シトクロム c (5N1S), オキシヘモグロビン (5N1O), フェニルアラニンヒドロキシラーゼ (2N4O), トランスフェリン (1N5O), メタンモノオキシゲナーゼ (1N5O), リボヌクレオチドレダクターゼ (1N5O)
Co (27)	2, 3	4	四面体型 (2)	Co(II)置換プラストシアニン (2N2S)
		5	四角錐型 (2)	
		5	三角両錐型 (2)	メチオニンアミノペプチダーゼ (5O) と (1N4O)
		6	八面体型 (2, 3)	ビタミン B_{12} (5N1C), トランスカルボキシラーゼ 5S (2N4O)
Ni (28)	2, 3, 4	4	四面体型 (2)	[NiFe]ヒドロゲナーゼ (4S)
		4	平面正方型 (2, 3)	Ni(II)-SOD (2N2S)
		5	四角錐型 (2, 3)	ウレアーゼ (2N3O), Ni(III)-SOD (3N2S)
		5	三角両錐型 (2)	
		6	八面体型 (2, 3, 4)	ウレアーゼ (2N4O)
Cu (29)	1, 2, 3	2	直線型 (1)	Cu-シャペロン (2S)
		3	平面三角型 (1)	デオキシヘモシアニン (3N/3N), チロシナーゼ (3N/3N), Cu_B (3N), 菌類ラッカーゼタイプ 1Cu 部位 (2N1S)
		3	T字型 (1, 2)	マルチ銅オキシダーゼタイプ 2Cu 部位 (2N1O)
		4	四面体型 (1, 2)	プラストシアニン (2N2S), Cu_A (1N1O2S/1N3S)
		4	平面正方型 (2)	亜硝酸レダクターゼ (3N1O)
		5	四角錐型 (2)	ガラクトースオキシダーゼ (2N3O), オキシヘモシアニン (3N2O/3N2O), Cu,Zn-SOD (4N1O), アミンオキシダーゼ (3N2O)
		5	三角両錐型 (2)	アズリン (2N1O2S)
		6	八面体型 (1, 2, 3)	
Zn (30)	2	4	四面体型	炭酸デヒドラターゼ (3N1O), アルコールデヒドロゲナーゼ (反応部位 1N1O2S；構造部位 4S), Cu,Zn-SOD (3N1O)
		5	四角錐型	
		5	三角両錐型	カルボキシペプチダーゼ (2N3O), アミノペプチダーゼ (1N4O)

表 1.9 (つづき)

金属 (Z)	酸化状態	配位数	配位構造 (酸化状態)	生体関連錯体 (配位原子)
Mo (42)	3, 4, 5, 6	4	四面体型 (5, 6)	
		5	四角錐型 (5)	亜硫酸オキシダーゼ (2O3S), キサンチンオキシダーゼ (2O3S)
		6	八面体型 (3, 4, 5, 6)	ニトロゲナーゼ Fe-Mo 補因子 (1N2O3S)
		7	歪んだ五角両錐型 (4, 6)	ジメチルスルホキシドレダクターゼ (DMSO 結合) (3O4S)
Cd (48)	2	5	三角両錐型	炭酸デヒドラターゼ (1N2O2S)

a) Holm et al. (1996) および Cotton et al. (1999) より引用.

あるキサンチンオキシダーゼ (xanthine oxidase) や亜硫酸オキシダーゼ (sulfite oxidase) では, モリブドプテリンのジチオレン $2S^-$, システイン S^-, 水またはオキソ O, 軸位に O または S を配位した四角錐構造が明らかにされている (図 1.20 p.98 参照). ヘム鉄タンパク質のうち, デオキシヘモグロビン (2.2.1 項 p.171, 図 2.5 p.171 参照) やシトクロム P450, カタラーゼ, ペルオキシダーゼ (peroxidase) などは, 八面体構造の第 6 配位座が空いた四角錐構造をとっている (表 1.14, 15 p.68, 70, 2.4.1 項 p.224 参照). 一方, Fe-SOD と Mn-SOD は相同性が高いタンパク質であり, 金属部位はいずれも三角両錐である (図 2.68 p.255 参照). すなわち, 平面位を 2 個のイミダゾール N とカルボキシラート O^- が占め, 軸位をイミダゾール N と水分子または OH^- が占めている.

配位数 6 の錯体は八面体構造をとる. $[Fe(CN)_6]^{3-/4-}$, $[Co(NH_3)_6]^{3+}$, $[Ni(NH_3)_6]^{2+}$ などの典型的な錯体はすべて正八面体である. 金属タンパク質では鉄運搬体トランスフェリン (transferrin) 中の鉄部位がイミダゾール N, カルボキシラート O^-, 2 個のチロシンフェノラート O^- および CO_3^{2-} (2 座配位) で形成される八面体構造を有する (図 3.8 p.312 参照). フェニルアラニンヒドロキシラーゼ (phenylalanine hydroxylase) の鉄部位は, 2 個のイミダゾール N, 1 個のカルボキシラート O^-, および 3 個の水分子 O を配位している (図 1.33 p.120 参照). ウレアーゼの複核 Ni 部位の 1 つは類似した 2N4O 配位をとる. ヘム鉄を含む電子伝達体シトクロム c はポルフィリンが平面 4N 配位し, イミダゾール N とメチオニン S が軸配位した八面体構造をとっている (図 1.16 p.72 参照). また, 複核鉄部位を有する酸素運搬体ヘムエリトリン (hemerythrin) のオキシ型 (図 2.13 p.187 参照) やリボヌクレオチドレダクターゼ (ribonucleotide reductase) (2.4.3 項 p.237 および図 2.51 p.238 参照) では各 Fe が 6 配位構造をとる. その他, コバラミンであるビタミン B_{12} 中 Co 部位は 4 個のコリン環 N, ベンズイミダゾール N および CN^- が配位した構造を有する (1.9.3 項 p.123, 図 1.36 p.124 参照). Mn タンパク質では, アルギニンを尿素とオルニチンに加水分

解するアルギナーゼ (arginase) の Mn がイミダゾール N, 3個のカルボキシラート O^-, 1個の水分子, 1個の OH^- で6配位構造を形成し, キシロースイソメラーゼ (xylose isomerase) も類似の配位構造を有している (図 1.21, 22 p.102, 103 参照).

1.6.2 配位子場における d 軌道の分裂

遷移金属錯体では, 配位構造に依存して d 軌道の分裂が起こる. d 軌道の分裂は静電的理論である結晶場理論により示され, この分裂は結晶場分裂 (crystal field splitting) と呼ばれる. 図 1.11 に八面体型錯体と z 軸方向に伸びた八面体型錯体, 平面正方型錯体, および四面体型錯体における結晶場分裂を示した[*6]. 以後, より一般的な配位子場理論による配位子場分裂 (ligand field splitting) を同義に用いることとする.

八面体型錯体 (O_h 対称) では, d 軌道はエネルギーの低い t_{2g} 軌道 (d_{xy}, d_{yz}, d_{xz}) とエネルギーの高い e_g 軌道 ($d_{x^2-y^2}, d_{z^2}$) に分裂し, その分裂の大きさは Δ_o で表される. $d^1 \sim d^3$ および $d^8 \sim d^{10}$ の場合には電子配置は1通りであるが, $d^4 \sim d^7$ については2通りの電子配置が可能であり (表 1.10), 配位子場分裂 Δ_o と電子間の反発の大きさ (スピン対形成エネルギー P) に依存して電子配置が決まる. 一例として Fe^{2+} の d^6 電子は, 弱い配位子場で Δ_o が小さい $[Fe(H_2O)_6]^{2+}$ の場合にはスピン対をできるだけ作らず, スピンを平行にして低いエネルギーの t_{2g} 軌道と高いエネルギーの e_g 軌道に分かれて入るが, 配位子場が強く Δ_o が大きい $[Fe(CN)_6]^{4-}$ の場合にはスピンを対にして t_{2g} 軌道を占める. その結果, 不対スピンの数 (不対電子数) n は前者では4, 後者では0となり, 全スピン量子数 S ($=1/2 \times n$) はそれぞれ 2, 0 となる. このように Δ_o が小さく不対スピンの数が大きい錯体を高スピン型錯体 (high-spin complex), Δ_o が大き

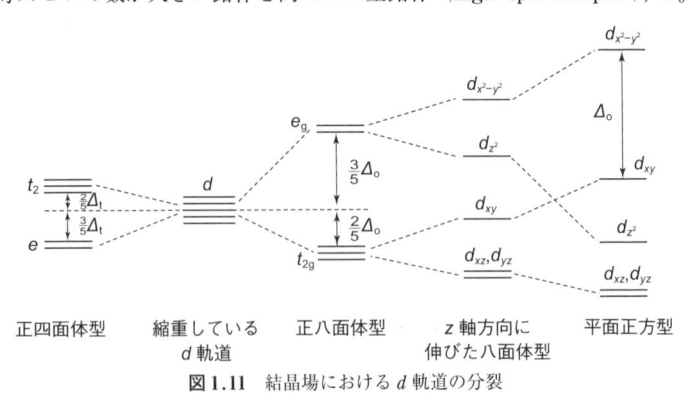

図 1.11 結晶場における d 軌道の分裂

[*6] 平面正方型錯体における d_{z^2} のレベルは変わりうる. 四角錐型：$d_{x^2-y^2} > d_{z^2} > d_{xy} > d_{yz}, d_{xz}$. 三角両錐型：$d_{z^2} > d_{x^2-y^2}, d_{xy} > d_{yz}, d_{xz}$.

1.6 錯体の構造と性質

表1.10 正八面体型錯体における電子配置,全スピン量子数,および配位子場安定化エネルギー(LFSE)

d電子	高スピン型				低スピン型			
	t_{2g}	e_g	S	LFSE/Δ_o	t_{2g}	e_g	S	LFSE/Δ_o
1	1	0	1/2	0.4	1	0	1/2	0.4
2	2	0	1	0.8	2	0	1	0.8
3	3	0	3/2	1.2	3	0	3/2	1.2
4	3	1	2	0.6	4	0	1	1.6
5	3	2	5/2	0.0	5	0	1/2	2.0
6	4	2	2	0.4	6	0	0	2.4
7	5	2	3/2	0.8	6	1	1/2	1.8
8	6	2	1	1.2	6	2	1	1.2
9	6	3	1/2	0.6	6	3	1/2	0.6

く不対スピンの数が小さい錯体を低スピン型錯体(low-spin complex)という.1個の電子がt_{2g}軌道を占めると錯体は$0.4\Delta_o$だけエネルギーが低くなり,e_g軌道を占めると$0.6\Delta_o$だけ高くなる.表1.10にはそれぞれの電子配置についてSおよび配位子場安定化エネルギー(ligand field stabilization energy: LFSE)が示してある.八面体錯体のz軸方向の配位子が遠ざかると,e_g軌道は縮重を解いてd_{z^2}軌道のエネルギーが低下し,$d_{x^2-y^2}$軌道のエネルギーは上昇する(z軸方向の配位子が近づくような歪が生じると,e_g軌道は逆の準位に分裂する).このため,電子数がd^9の場合にはe_g軌道の3個の電子のうち2個が低いエネルギーのd_{z^2}軌道を占め,1個が$d_{x^2-y^2}$軌道を占めることにより錯体は安定化する.同様の効果はd^4の高スピン型,d^7の低スピン型錯体についても可能である.このように高い対称性の構造が歪み,エネルギー的に安定化することをヤーン-テラー効果(Jahn-Teller effect)という.z軸方向の配位子がさらに遠ざかると,ついには4配位平面型錯体(D_{4h}対称)となって$d_{x^2-y^2}$軌道のエネルギーはさらに高くなり,d_{z^2}軌道のエネルギーは低くなるため,d^8電子を有する[Ni(CN)$_4$]$^{2-}$では不対スピンが0となる.一方,4配位四面体錯体(T_d対称)においては$d^3 \sim d^6$について高スピン型と低スピン型が可能であるが,配位子場分裂Δ_tがΔ_oの約4/9であるため,錯体は通常は高スピン型である.

錯体は光を受けると分裂した軌道間で電子遷移を行い,特有の配位子場吸収帯(d-d吸収帯)を可視部に与える.この吸収帯は錯体の配位構造と配位子場の強さを反映するため,金属部位の配位様式に関する有力な情報を与える.吸収極大は配位子場分裂の大きさ$\Delta = h\nu$によって決まり,配位子の強さに従ってシフトする.このことに基づいて分光化学系列(spectrochemical series)[*7]と呼ばれる,次のような配位子の序

[*7] 分光化学系列は槇田龍太郎(当時大阪大学教授)によって発表された(Tsuchida, 1938).

列が決められている.

$$CO > CN^- > PPh_3 > NO_2^- > phen, bpy > en > NH_3 >$$
$$NCS^- > H_2O > F^- > RCO_2^- > OH^- > Cl^- > Br^- > I^-$$

(NO_2^- と NCS^- は N で配位した場合を示す)

2価の3d金属イオン錯体の安定度の序列には次の Irving-Williams の安定度序列として知られる序列がある.

$$Mn^{2+} < Fe^{2+} < Co^{2+} < Ni^{2+} < Cu^{2+} > Zn^{2+}$$

この序列は配位子場安定化エネルギーに Cu^{2+} におけるヤーン-テラー効果を加えた順になっており,錯体の安定度を予測する際に役立つ.

金属イオンと配位子との結合を考えるためには分子軌道理論が必要であるが,ここでは錯体におけるπ結合とその効果について簡単に述べる.配位子がσ結合性軌道に加えて金属イオンのd軌道より低いエネルギー準位に満たされたπ軌道を有する場合にはπ供与体として働き,八面体型錯体ではt_{2g}軌道が反結合性となりエネルギーが高くなるのに対して,空のπ^*軌道を比較的低いエネルギー準位にもつ配位子はπ受容体となり,t_{2g}軌道を安定化する(図 1.12).この結果,Δ_oは前者では小さくなり,後者では大きくなる.配位子がπ受容体であり,金属イオンのt_{2g}軌道に電子がある場合には,金属から配位子へ電子が供与されることになる.これをπ逆供与(π-back donation)という.金属の軌道が主成分である軌道と配位子の軌道が主成分である軌道との間で電子遷移が起こると,電荷移動吸収帯(charge transfer band)が現れる.配位子→金属の電子遷移は ligand-to-metal charge transfer(LMCT),逆の金属→配位子の電子遷移は metal-to-ligand charge transfer(MLCT)と呼ばれる.金属タンパ

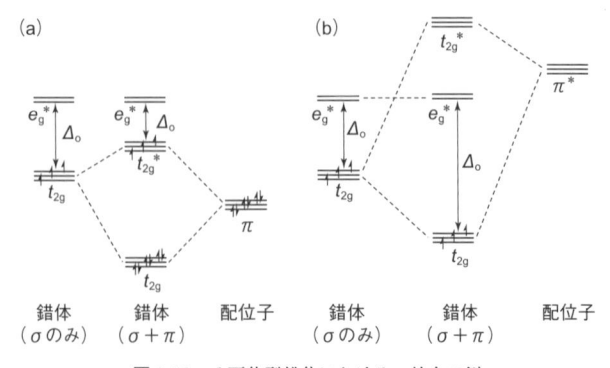

図 1.12 八面体型錯体におけるπ結合の例
(a) 配位子がπ供与体の場合,(b) 配位子がπ受容体の場合.σ結合は省略してある.

ク質についても様々な電荷移動吸収帯が観測されている.分光化学系列において,CO, CN^-, phen などの強い配位子が π 受容体であり,弱い配位子である OH^- やハロゲン化物イオン X^- などが π 供与体であることは,配位子場分裂への π 結合の効果を示している.

1.6.3 磁気的性質

錯体の磁気モーメントは電子のスピン角運動量と軌道角運動量に由来する.多くの第 1 遷移金属錯体では軌道角運動量の寄与は小さく無視できるので,磁気モーメントは不対電子数のみに依存する.このため,錯体の不対電子数 n に関する情報を錯体の磁化率 χ の測定から得ることができる.不対電子を有する錯体を磁場 H に置くと,錯体分子の磁気モーメントは磁場の方向にそろう(磁化される).磁場の大きさに比例してその方向に磁化され,磁場がなくなると磁化が可逆的に消失する磁性を常磁性(paramagnetism)という.磁気モーメントの大きさを M とすると,M は磁場 H に比例し,その比例定数が χ である.

$$M = \chi H \quad \text{または} \quad \chi = \frac{M}{H} \tag{1.19}$$

錯体 1 モルあたりのモル磁化率 χ_M は次式で与えられる.

$$\chi_M = \frac{N\mu^2}{3kT} \tag{1.20}$$

ここで,N はアボガドロ数(6.022×10^{23} mol^{-1}),μ は錯体 1 分子あたりの磁気モーメント,k はボルツマン定数(1.381×10^{-23} $J\,K^{-1}$),T は絶対温度である.ボーア磁子(Bohr magnetion)μ_B($= eh/4\pi mc = 9.274\times10^{-24}$ $J\,T^{-1}$)を単位として表した磁気モーメント μ を有効磁気モーメント μ_{eff} といい,次式で計算される.

$$\mu_{eff} = g\sqrt{S(S+1)} \tag{1.21}$$

不対電子数が n のとき $S = 1/2 \times n$ であり,$g = 2.0023$ であるので,式中それぞれ置き換えると,μ_{eff} は次のように表される.

$$\mu_{eff} = \sqrt{n(n+2)} \tag{1.22}$$

μ_{eff} 値はスピンのみによる(スピンオンリー)磁気モーメントと呼ばれる.磁化率を測定することにより,式(1.22)より不対電子数 n を知ることができる.軌道角運動量の影響が小さいときには計算値と実測値はよく一致する.実測値が計算値より小さい場合には,電子スピン間の相互作用が示唆される.複核錯体などにおいては,隣り合う電子スピンによる磁気モーメントの配列の仕方によって,磁気的性質が異なってくる.磁気モーメントが平行に整列し,磁化率が通常の常磁性物質よりはるかに大き

くなる状態を強磁性（ferromagnetism）といい，磁気モーメントが逆平行に整列して互いに打ち消しあう状態を反強磁性（antiferromagnetism）という．このような磁気モーメントの配列により，強磁性物質はキューリー（Curie）温度 T_C 以下で磁化率が急激に増加し，反強磁性物質はネール（Néel）温度 T_N 以下で磁化率が急激に減少する．したがって，これらの磁気的相互作用は磁化率の温度変化の測定により明らかにされる．顕著な例として，O_2 と結合したヘモシアニン（オキシヘモシアニン）は，O_2^{2-} により $\mu\text{-}\eta^2:\eta^2$ 型に架橋された2個の Cu^{2+} のスピンが O の軌道を介して強い反強磁性相互作用（antiferromagnetic interaction；超交換相互作用，superexchange interaction）をすることにより常温で反磁性（磁場に対して逆向きに弱く磁化される性質，diamagnetism）になり，次に述べる電子スピン共鳴スペクトルを与えない．ヘモシアニンに関しては1.8.3項（p.91）および2.2.3項（p.188）を参照されたい．

1.6.4 分光学的性質

遷移金属イオンの特徴の1つは分光学的活性である．便宜上，錯体中の電子は金属に由来する d 軌道に存在する電子，配位子に由来する軌道に存在する電子，および金属-配位子結合に関与する電子に分けられる．金属の d 軌道は通常，部分的に満たされている．配位子の孤立電子対は，それを有する軌道と金属の軌道とから生じる金属-配位子間の結合性軌道に入り，結合性軌道は満たされる．錯体分子での軌道間の電子遷移は電子吸収スペクトルに現れ，金属イオン上の不対電子は電子スピン共鳴スペクトルを与える．これらのスペクトルは錯体の構造と性質の解明に重要である．表1.11に Fe，Cu を含むタンパク質，モデル錯体のいくつかの例について，各種スペクトルを示した．錯体が示すスペクトルには主として配位子に基づくスペクトルも加わってくる．タンパク質が示す特徴的な電子スペクトルは構成アミノ酸のうちの芳香族アミノ酸側鎖基による場合が多い．中性アミノ酸は 200～230 nm に弱い吸収帯を有するのみであるが，アルギニン，ヒスチジン塩酸塩などはさらに他の吸収も示す．これに対して，芳香族アミノ酸は芳香環に基づく吸収極大を有する．チロシンやトリプトファンの吸収極大の強度は大きく，芳香族アミノ酸の存在を示す目印となる．これらの例を表1.12にあげた．主なスペクトルとその利用について概観しよう．

a．紫外-可視吸収スペクトル

紫外可視分光法（ultraviolet-visible spectroscopy）は紫外-可視部における光の吸収を利用し，最も広く用いられている分光法である．吸収の強度は2つの選択律により支配される．1つはラポルテ（Laporte）の選択律である．この選択律によれば対称性（偶 gerade: g または奇 ungerade: u）が同じ軌道間の遷移は禁制である．d 軌道は中

表 1.11 鉄または銅を含むタンパク質およびモデル錯体のスペクトル例 [a]

金属タンパク質 またはモデル錯体 [b]	λ_{max} (mm)	ε ($M^{-1}cm^{-1}$)	ESR [c]					rR-バンド (cm^{-1})	
			$g_{//}$	g_y	$g_\perp$	g_x	$\|A_{//}\|$ ($10^{-4}cm^{-1}$)	λ_{O-O}	λ_{M-O}
フェニルアラニンヒドロキシラーゼ (L-Phe 結合活性型)	350	4500	g_{eff}=4.5, 9.7						
パープル酸性ホスファターゼ (Fe(III)-Fe(II)) (Fe(III)-Zn(II))	510 530	4000 4080	1.94	1.78 4.3			1.65(低 pH)		
オキシヘムエリトリン	326 360 500	6900 5400 2300						844	503
[Fe(TPA)(OOH)]$^{2+}$ (低スピン型)	538	1050	2.19	2.15			1.97	803	624
[Fe(6-Me$_3$-TPA)(OO^{t}Bu)]$^{2+}$ (高スピン型)				4.3				860	637
プラストシアニン	460 597	590 4500	2.226	2.059		2.042	63		
ガラクトースオキシダーゼ (不活性型) (活 性 型)	438 625 444 800	1000 1167 5190 3210	2.277		2.055		186		
ラッカーゼ (菌類)	330 610	2700 4900	2.19 2.24		2.03(タイプ1Cu) 2.04(タイプ2Cu)		90 194		
セルロプラスミン	330 610	3300 10000	2.215 2.206 2.247		2.06(タイプ1Cu) 2.05(タイプ1Cu) 2.06(タイプ2Cu)		92 72 189		
オキシヘモシアニン (軟体動物)	350 570	~20000 1000						741	
[Cu$_2$(Tp^{iPr,iPr})$_2$(μ-η^2:η^2-O$_2$)] (acetone)	349 551	21000 790						741	
[Cu$_2$(TPA)$_2$-(trans-μ-1,2-O$_2$)]$^{2+}$ (THF)	440 525 590	4000 11500 7600						831	561

a) スペクトルデータは次の文献よりそれぞれ引用した.銅タンパク質:Solomon et al.(1992)および Jazdzewski and Tolman (2000), 鉄タンパク質:Waller and Lipscomb (1996), Kappock and Caradonna (1996), Vogel et al. (2001) および Stenkamp (2001), Fe 錯体:Costas et al. (2004), Cu 錯体:Kitajima et al. (1989), Mirica et al. (2004) および Lucas et al. (2009).

b) TPA:tris(2-pyridylmethyl)amine, 6-Me$_3$-TPA:tris(6-methyl-2-pyridylmethyl)amine, Tp^{iPr,iPr}:tris(3,5-dimethylpyrazolyl)borate.

c) $A_{//}$ 値の表示について, cm^{-1} と mT の変換式は図 2.2 (p.161) に示してある.また, $A_{//}$ 値は正の場合と負の場合がある (通常は負) ので本文中および表では絶対値で示した.

表 1.12 アミノ酸の紫外部吸収スペクトル

アミノ酸	吸収帯
中性アミノ酸	200〜230 nm に弱い吸収
アルギニン	300 nm 付近に弱い吸収
シスチン	230〜280 nm に弱い吸収
メチオニン	200〜210 nm に吸収（$\varepsilon \approx 2000$）
ヒスチジン塩酸塩	210 nm 付近に強い吸収（$\varepsilon \approx 6000$）
フェニルアラニン（ベンゼン）	257 nm（$\varepsilon = 190$）を中心に 240〜270 nm にいくつかのピーク
チロシン（フェノール）	275 nm（$\varepsilon = 1340$），280 nm 付近にショルダーピーク
トリプトファン（インドール）	220 nm 付近に強い吸収（$\varepsilon \approx 3.5 \times 10^4$），278 nm（$\varepsilon = 5500$），270 と 290 nm 付近にショルダーピーク

対称のため，d-d 遷移は g-g 間遷移で禁制（ラポルテ禁制）であり，吸収強度は弱い．他の1つはスピン多重度に関する選択律である．全スピン量子数を S としたとき，スピン多重度 $2S+1$ が異なる状態間の遷移は禁制（スピン禁制）である．しかし，結合の振動によって対称中心が一時的に失われる振電相互作用のため，ラポルテ禁制が緩和され，d-d 吸収はいくらか強度を得ることとなる（モル吸光係数 ε ($M^{-1}cm^{-1}$) $< 10^2$）．四面体型錯体では対称中心がなく，p 軌道（u 対称）と d 軌道とが交わりラポルテ禁制が緩和されるため，強い吸収が観測される（$\varepsilon = 10^2 \sim 10^3$）．一般に d-d 吸収強度は弱く，希薄な金属タンパク質溶液では d-d 吸収が見られないことが多い．LMCT と MLCT の電子遷移は g-u 間の遷移でスピン多重度も保たれるため許容遷移であり，これらに基づく強い吸収が観測される（$\varepsilon = 10^3 \sim 10^4$）．$d$-$d$ 遷移がこれらの遷移と混じり合うと吸収が強められる．表 1.11 において，プラストシアニンが示す 600 nm 付近の強い吸収（$\varepsilon \approx 5 \times 10^3$）は p_π(CysS$^-$) $\to d_{x^2-y^2}$(Cu^{2+}) の LMCT に帰属される（Solomon et al., 1992; Solomon et al., 2004; Solomon, 2006）．また，複核 Fe-M(II)部位を有する酸性ホスファターゼ（パープル酸性ホスファターゼ（purple acid phosphatase），ウシ脾臓の活性型は Fe(III)-Fe(II)，インゲンマメでは Fe(III)-Zn(II)）（1.8.1b 項 p.74 参照）は Fe^{3+}-フェノラート O$^-$ 結合に由来する LMCT を 510 nm（$\varepsilon = 4000$，インゲンマメでは 530 nm（$\varepsilon = 4080$））に示す（Vogel et al., 2001）．ガラクトースオキシダーゼ(GO)は配位基として Tyr272 と Tyr495 をもち（図 1.37 p.126 参照），酸化型では Tyr272 がフェノキシルラジカルとなり，445 nm に主としてフェノキシルラジカルの π-π^* 遷移による強い吸収を示す．このピークに加えて，800 nm に強い吸収が観測され，Cu(II)に配位した Tyr272 ラジカルと Tyr495 との間の配位子間電荷移動(ligand-to-ligand charge transfer：LLCT[*8]；原子価間電荷移動(intervalence charge

---

[*8] interligand charge transfer（ILCT）ともいう．

transfer：IVCT)の1つと考えられる)に帰属されている(Jazdzewski and Tolman, 2000)．GOモデルとしてのM-salen錯体(M=Ni(II)，Cu(II)，Pt(II)など；salen＝N,N'-ビス(サリチリデン)エチレンジアミン)の1電子酸化体においても900 nm以上に強い吸収が認められる(Jazdzewski and Tolman, 2000; Shimazaki et al., 2007)．この現象もGOの場合と同様に，配位した2つのフェノラートのうち1つがラジカルとなったために生じる，異なった状態の配位基間での電荷移動と考えられる．

　錯体が示す電子スペクトルでは，主として配位子内でのπ-π*などの電子遷移に基づく吸収も認められる．ピリジンやポリピリジンのような芳香性N配位子あるいはベンゼン，インドールなどを分子内に含む配位子の錯体では，250〜350 nmに吸収帯が出現する．補因子であるヘムなどのポルフィリン鉄錯体が408〜450 nmに示す特徴的な強い吸収($\varepsilon \approx 10^5$)はソーレー帯(Soret band)と呼ばれ，550〜570 nmに見られるより弱いQバンドと呼ばれる吸収帯と共にいずれもポルフィリン環内のπ-π*遷移に由来する(図1.15 p.67参照)．d-d吸収帯はこれらの強い吸収帯に埋もれている．

b．円二色性スペクトル

　光学活性物質を含む溶液中を円偏光が通過するとき，左回りの円偏光と右回りの円偏光に対するモル吸光係数ε_l，ε_rに差が生じる．円二色性スペクトル法(circular dichroism (CD) spectroscopy)では，モル吸光係数あるいは吸光度の代わりに，モル吸光係数の差$\Delta\varepsilon = \varepsilon_l - \varepsilon_r$を波長または波数に対して記録する．CDスペクトルは光学活性錯体の絶対配置や電子スペクトルの帰属などに用いられる．また，光学活性物質が遷移金属イオンに配位したり，接近したりすると，d-d吸収帯にCDバンドが現れることがある．この現象は金属イオンへの不斉中心の接近による近接効果(vicinal effect)と呼ばれ，配位子による吸収の影響を受けることの少ないd-d遷移の領域にもバンドが現れるため，結合部位の決定や分子間相互作用の研究において有力な情報源となる．例えば，α-アミノ酸の錯体あるいは光学活性物質が光学不活性錯体と会合体を形成する場合にCDバンドが変化したり，新たに出現したりすることから，相互作用が検出される(1.10.3項 p.151参照)．光学活性がなくても電子の基底状態あるいは励起状態が縮重している場合には，磁場をかけると縮重が解かれ(Zeeman効果)，磁気円二色性スペクトル(magnetic circular dichroism spectrum)が観測される．

c．赤外・ラマンおよび共鳴ラマンスペクトル

　赤外線吸収分光法(infrared (IR) absorption spectroscopy)とラマン分光法(Raman spectroscopy)は化学結合の振動に関する情報を与えるスペクトル法である．IRスペクトルは振動エネルギーレベルに相当するエネルギーの低い波長の光(赤外線)の吸

収によるものであるのに対して、ラマンスペクトルは光の散乱によるものであり、強いエネルギーの単色光が入射光として用いられる。両スペクトルにはそれぞれ選択律がある。IRスペクトルが観測されるためには振動により分子の双極子モーメントが変化すること、ラマンスペクトルが観測されるためには分子の分極率が変化することがそれぞれ必要である。振動スペクトルより低いエネルギーの回転スペクトルは、分子が双極子モーメントをもつ場合に遠赤外部またはマイクロ波領域に観測される。IRスペクトルとラマンスペクトルはいずれも分子の振動に関する情報を与えるが、それぞれ特徴がある。水中ではIRスペクトルは水分子の振動による光の吸収のため通常は測定できないが、ラマンスペクトルは光の散乱であるため測定可能である。また、選択率によりO_2のような等核2原子分子はIR不活性であるのに対してラマン活性である。

IRスペクトルは分子構造の研究に広く用いられ、錯体についても金属イオンに結合した配位子と結合部位の同定などに有効である。一方、物質に単色光（振動数v_0）を照射し、散乱される光のスペクトルを測定すると、入射光と同じ振動数v_0を有する散乱光のほかに入射光と異なる振動数$v_0 \pm v$を有する散乱光が観測される。この現象をラマン効果（Raman effect）という。入射光と同じ振動数を有する散乱をレイリー散乱（Rayleigh scattering）といい、異なる振動数を有する散乱をラマン散乱（Raman scattering）という。

スペクトルには入射光より振動数が低い（$v_0 - v$）ラマン線（ストークス線, Stokes line）と振動数が高い（$v_0 + v$）ラマン線（反ストークス線, anti-Stokes line）が観測され、一般にストークス線の方が強い。vは分子の振動レベル間の振動数に等しく、選択率が異なるが、IRスペクトルと同じ情報を与える。錯体溶液の許容電子遷移の波長に近い励起光を照射してラマン散乱を測定するとき、電子遷移に伴って分極率が増大するため、共役したラマン散乱が10^3程度にまで増強されたスペクトルを与える。これを共鳴ラマンスペクトル（resonance Raman（rR）spectrum）といい、金属部位などの発色団に関する有用な情報を与える。rRスペクトルはヘモグロビン、ヘモシアニン、オキシゲナーゼおよびこれらのモデル錯体によるO_2の結合様式や活性化の研究などにOの同位体シフトを利用しつつ活用され、錯体のO-Oバンド（v_{O-O}）は金属イオンと結合したO-Oの結合状態をよく反映している（表1.11）（Fe錯体：Costas et al., 2004, Cu錯体：Mirica et al., 2004）。各種酸素分子種のv_{O-O}値の詳細については表2.3（p.174）を、また錯体とO_2との反応性に関しては総説（Nam, 2007）をそれぞれ参照されたい。GOモデル錯体の研究では、金属-フェノラート錯体の1電子酸化体が金属イオンに配位したフェノキシルラジカルをもつか否かを判別する際にも

rRスペクトルが利用される[*9].

d. 電子スピン共鳴スペクトル

電子スピン共鳴分光法 (electron spin resonance (ESR) spectroscopy) は不対電子を有する多くの遷移金属錯体の研究にしばしば用いられる．ESR (または電子常磁性共鳴 (electron paramagnetic resonance : EPR) ともいう) の現象は，電子スピンによる磁場成分の向きが外部磁場 H によりいくつかの方向をとり，磁場に逆平行の安定な状態とエネルギーの高い平行の状態とに分裂する (Zeeman 分裂) ことに基づく．2つの状態間のエネルギー差 ΔE に相当する電磁波 (振動数 ν) を照射すると，次式によりエネルギーを吸収して平行の状態に遷移するので電子スピン共鳴が観測される．

$$\Delta E = h\nu = 2\mu_B H \tag{1.23}$$

ここで，h はプランク定数，μ_B はボーア磁子である．原子や分子の中では孤立電子に対する式 (1.23) の係数 2 は軌道運動によりずれることがある．自由電子の係数を g_e (=2.002319)，一般の係数を g とすると，式 (1.23) と g 値は次のように与えられる．

$$h\nu = g\mu_B H, \quad g = g_e + \Delta g \tag{1.24}$$

g 値は化学シフトとも呼ばれ，電子の置かれた環境の影響をよく反映する．不対電子の近傍に核スピンをもつ原子核がある場合には，異なった磁場で共鳴が起こる．ESR スペクトルは Mn(II)，Mn(IV)，Fe(III)，Co(II)，Ni(III)，Cu(II) などの錯体や鉄タンパク質，銅タンパク質の研究にしばしば用いられ，金属中心の配位環境の解明に有効である．

Cu(II) は $3d^9$ の電子配置より不対電子 1 個をもち ($S=1/2$)，核スピン $I=3/2$ である．Cu(II) 錯体は平面型で軸対称的である場合が多く (不対電子は $d_{x^2-y^2}$ 軌道を占める)，g 値は $g_z > g_x = g_y$ となる．錯体の対称軸が磁場の方向にあるときの g_z を $g_\parallel$，これに垂直な $g_x = g_y$ を $g_\perp$ と書き表す．核スピン $I=3/2$ のため，電子スピンと核スピンのカップリングにより，$2I + 1 = 4$ 個の異なった磁場で共鳴が観測される．これを超微細構造 (hyperfine structure) または超微細分裂 (hyperfine splitting) という．平面型 Cu(II) 錯体の $g_\parallel$ においては分裂幅 $|A_\parallel|$ (超微細結合定数，hyperfine coupling constant という) は $140\times10^{-4} \sim 200\times10^{-4}$ cm^{-1} 程度であり，$g_\perp$ における $|A_\perp|$ より大きい．Cu(II) 錯体に関しては構造と ESR パラメーターとの関係について多くのデータが蓄積されており，銅タンパク質の研究に広く活用されている (図 2.2 p.161 参照)．

[*9] 配位したフェノキシルラジカルは 1500 cm^{-1} 付近に ν_{7a} (ν_{C-O} が主)，1600 cm^{-1} 付近に ν_{8a} ($\nu_{C=C}$ が主) の共鳴ラマンバンドを与え，$\nu_{8a} - \nu_{7a} > 90$ cm^{-1}，ラマン強度 $I(\nu_{8a})/I(\nu_{7a}) \geq 1$ であることが報告されている (Chaudhuri and Wieghardt, 2001)．

三角両錐型では不対電子はd_{z^2}軌道を占め，$g_{/\!/}<g_\perp$，$|A_{/\!/}|<|A_\perp|$である．スペクトルなどの詳細は1.8.3項（p.91）および2.1.1項（p.158）に記述した．タンパク質中のCuはそのスペクトル的特徴からタイプ1Cu（ブルー銅），タイプ2Cu（非ブルー銅），タイプ3Cu（ESR非検出銅），Cu_A（Cu_2S_2型複核銅）などに分類される．プラストシアニン（plastocyanin: PC）の銅部位に代表されるタイプ1 Cuは$g_{/\!/}=2.2\sim2.3$，$g_\perp=2.02\sim2.08$を示し，$|A_{/\!/}|\leq90\times10^{-4}\mathrm{cm}^{-1}$という小さい超微細構造（4本）を有することが特徴である．これに対して，タイプ2Cuの$g_{/\!/}=2.2\sim2.3$，$g_\perp=2.04\sim2.06$，$|A_{/\!/}|\geq140\times10^{-4}\mathrm{cm}^{-1}$（4本）である（表1.11）．$Cu_A$は$Cu_2S_2$クラスターを形成し，7本の超微細構造（$|A_{/\!/}|\leq30\times10^{-4}\mathrm{cm}^{-1}$）を示す（1.8.3d項の脚注＊14 p.97参照）．

　高スピン型のFe(II)は$3d^6$の電子配置より偶数個の不対電子を有し（$S=2$），スピン-軌道相互作用により緩和時間T_1が短いため，極低温を除いてESRスペクトルは観測されない．これに対して，Fe(III)は$3d^5$であり，そのスピン状態は高スピン型（$S=5/2$）と低スピン型（$S=1/2$）をとる．ゼロ磁場分裂の大きさに依存して，高スピン型Fe(III)錯体では通常$g=6$および2，あるいは$g=4.3$付近にシグナルが観測される．例えば，TPA（tris(2-pyridylmethyl)amine）を配位子とするFe(III)-ヒドロペルオキシド錯体[Fe(TPN)(OOH)]$^{2+}$は低スピン型Fe(III)のシグナルを$g=2.19$，2.15，1.97に示すのに対して，TPAのピリジンNのオルト位にメチル基を有する6-Me$_3$-TPAを配位子とするFe(III)錯体とt-ブチルペルオキシド（^{t}BuOO$^-$）との錯体[Fe(6-Me$_3$-TPN)(OO^{t}Bu)]$^{2+}$は高スピン型Fe(III)のシグナルを$g=4.3$に示す（表1.11）(Costas et al., 2004)．また，中間スピン型と呼ばれる$S=3/2$状態も知られている（p.73参照）．

e．X線吸収スペクトル

　より高エネルギー領域でのスペクトル測定には，金属のK吸収端あるいはL吸収端のX線吸収分光法（X-ray absorption spectroscopy：XAS）やX線光電子分光法（X-ray photoelectron spectroscopy：XPS）があり，内殻電子のイオン化あるいは金属$1s\rightarrow3d$，金属$2p\rightarrow3d$などの遷移エネルギーを測定し，試料中の元素の同定や金属イオンの電子状態を調べるために用いられる．また，広域X線吸収微細構造（extended X-ray absorption fine structure：EXAFS）は，X線により飛び出した内殻電子（$1s$）が隣接原子で散乱される現象を利用して，原子間の結合距離を与える．ただし，情報は1次元的であり，立体構造に関する情報はない．

f．その他のスペクトル

　上記のほか，核磁気共鳴分光法（nuclear magnetic resonance（NMR）spectroscopy），核スピン順位間の遷移を行わせつつESRスペクトル測定を行い，配位子の特定など

を可能にする電子-核二重共鳴分光法（electron-nuclear double resonance (ENDOR) spectroscopy）などの手法も用いられる．また，錯体中の ^{57}Fe その他の原子核によるγ線の共鳴吸収（メスバウアー効果，Mössbauer effect）を利用するメスバウアー分光法（Mössbauer spectroscopy）は金属中心の電子状態（酸化状態とスピン状態）の決定に重要であり，Fe 錯体などの研究に有効な情報を与えている．

文 献

Chaudhuri, P. and Wieghardt, K. (2001) *Prog. Inorg. Chem.* **50**, 151.
Costas, M. et al. (2004) *Chem. Rev.* **104**, 939.
Cotton, F. A. et al. (1999) *"Advanced Inorganic Chemistry,"* 6th Ed., John Wiley & Sons, New York.
Holm, R. H. et al. (1996) *Chem. Rev.* **96**, 2239.
Jazdzewski, B. A. and Tolman, W. B. (2000) *Coord. Chem. Rev.* **200-202**, 633.
Kappock, T. J. and Caradonna, J. P. (1996) *Chem. Rev.* **96**, 2659.
Kitajima, N. et al. (1989) *J. Am. Chem. Soc.* **111**, 8975.
Lucas, H. R. et al. (2009) *J. Am. Chem. Soc.* **131**, 3230.
Mirica, L. M. et al. (2004) *Chem. Rev.* **104**, 1013.
Nam, W., Guest Ed. (2007) *Acc. Chem. Res.* **40**, No. 7, "Special Issue on Dioxygen Activation by Metalloenzymes and Models," pp. 465-634.
Rosenzweig, A. C. et al. (1999) *Structure* **7**, 605.
Shimazaki, Y. et al. (2007) *J. Am. Chem. Soc.* **129**, 2559.
Solomon, E. I. et al. (1992) *Chem. Rev.* **92**, 521.
Solomon, E. I. et al. (2004) *Chem. Rev.* **104**, 419.
Solomon, E. I. (2006) *Inorg. Chem.* **45**, 8012.
Stenkamp, R. E. (2001) In *"Handbook of Metalloproteins,"* Messerschmidt, A. et al. Eds., John Wiley & Sons, Chichester, Vol. 2, p. 687.
Tsuchida, R. (1938) *Bull. Chem. Soc. Jpn.* **13**, 388.
Vogel, A. et al. (2001) In *"Handbook of Metalloproteins,"* Messerschmidt, A. et al. Eds., John Wiley & Sons, Chichester, Vol. 2, p. 753.
Waller, B. J. and Lipscomb, J. D. (1996) *Chem. Rev.* **96**, 2625.
Wernimont, A. K. et al. (2000) *Nat. Struct. Biol.* **7**, 766.

1.7　金属イオンの反応性

　必須遷移金属イオンの主要な役割は種々の触媒作用であり，ルイス酸性と酸化還元能を発揮することにある．また，生命現象に適した反応の速さも必要である．これらの機能に関係する金属イオンの反応速度と酸化還元電位について概観する．

1.7.1 反 応 速 度

 金属酵素の反応は活性部位金属イオンの配位子置換反応を伴うことが多い．酵素反応をはじめとする生体内反応は一般に速く，これらに関与する金属イオンにも反応の速さが要求される．水中での金属イオンの反応速度は，水を溶媒としてアクア錯体 $[M(H_2O)_n]^{m+}$ における配位水 H_2O と溶媒の水分子 H_2O^* との交換反応速度定数 $k_{H_2O}(s^{-1})$ により比較される．

$$[M(H_2O)_n]^{m+} + H_2O^* \underset{}{\overset{k_{H_2O}}{\rightleftharpoons}} [M(H_2O)_{n-1}(H_2O^*)]^{m+} + H_2O \qquad (1.25)$$

$$交換速度 = nk_{H_2O}[M(H_2O)_n^{m+}]$$

Eigen 機構によれば，溶媒和した金属イオンの錯形成反応は溶媒分子と配位子 L^{x-} との交換反応であり，アクア錯体の場合には外圏錯体 $\{[M(H_2O)_n]^{m+}\cdots L^{x-}\}$ を経て起こる．L^{x-} を単座配位子とすると，速い外圏錯体形成の後，配位水の解離が律速段階となり，生成物 $[M(H_2O)_{n-1}L]^{(m-x)+}$ を与える．

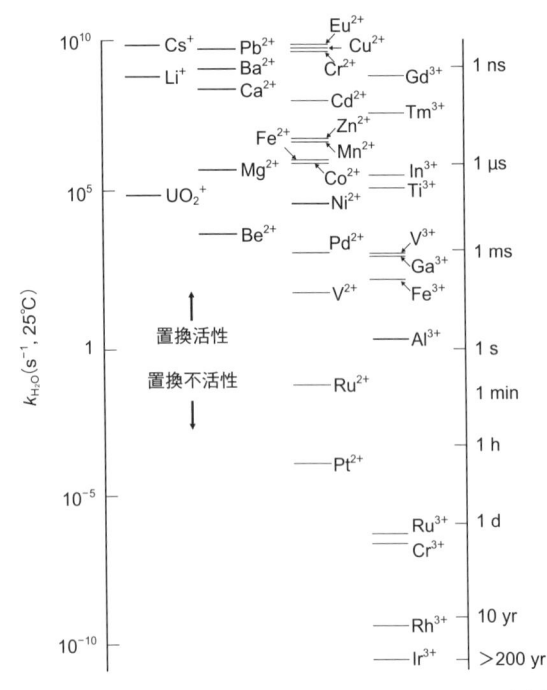

図 1.13 配位水の交換速度（Richens, 2005; American Chemical Society より転載許可）．

1.7 金属イオンの反応性

$$[\mathrm{M(H_2O)}_n]^{m+} + \mathrm{L}^{x-} \underset{}{\overset{K_{\mathrm{OS}}}{\rightleftarrows}} \{[\mathrm{M(H_2O)}_n]^{m+}\cdots \mathrm{L}^{x-}\} \xrightarrow{k_0} [\mathrm{M(H_2O)}_{n-1}\mathrm{L}]^{(m-x)+} + \mathrm{H_2O} \quad (1.26)$$

ここで, K_{OS} は外圏錯体 $\{[\mathrm{M(H_2O)}_n]^{m+}\cdots \mathrm{L}^{x-}\}$ の安定度定数であり, k_0 は配位水の交換反応速度定数 $k_{\mathrm{H_2O}}$ に近い値をとる. この 2 次の反応速度式において $K_{\mathrm{OS}}[\mathrm{L}^{x-}] \ll 1$ のとき, 生成速度定数 $k_{\mathrm{obs}} = K_{\mathrm{OS}} k_0$ ($\mathrm{M^{-1} s^{-1}}$) となる. 各種金属イオンについて, $^1\mathrm{H}$ NMR 法により求められた $k_{\mathrm{H_2O}}$ 値 (Helm and Merbach, 2005) を図 1.13 に示した (Richens, 2005). 一例として, $\mathrm{Eu^{2+}}$, $\mathrm{Cs^+}$ の $k_{\mathrm{H_2O}}$ 値は最も大きく $10^{10}\,\mathrm{s^{-1}}$ 程度であるのに対して, $\mathrm{Ir^{3+}}$ の $k_{\mathrm{H_2O}}$ 値は $1.1 \times 10^{-10}\,\mathrm{s^{-1}}$ であり, $\mathrm{H_2O}$ が $\mathrm{Ir^{3+}}$ に結合している時間(寿命)は約 300 年であるが, 6 個の $\mathrm{H_2O}$ 分子が結合しているので, 交換は約 50 年に 1 回起こることになる. 配位子の交換反応機構は解離機構(D 機構), 会合機構(A 機構), および両者の中間的な交替機構 (I 機構) に分類され, I 機構はさらに, 活性化エネルギーが主として M^{m+} からの水分子の解離に必要な $\mathrm{I_d}$ 機構と, M^{m+} と配位子 L^{x-} との結合に必要な $\mathrm{I_a}$ 機構に分けられている. A 機構では配位数が 1 だけ増加した中間体を, D 機構では配位数が 1 だけ減少した中間体をそれぞれ経由する. Eigen 機構は D 機構あるいは $\mathrm{I_d}$ 機構である.

配位水と溶媒の水分子との交換反応では, アルカリ金属イオンの交換反応速度は速く, $\mathrm{Ca^{2+}}$ の反応速度もこれらに準じて速い. これらのイオンは半径が大きく, 電荷が小さいので, M^{m+} からの $\mathrm{H_2O}$ の解離が速いためである. 第 1 遷移金属イオンの置換反応は $\mathrm{I_a}$ 機構 ($\mathrm{V^{2+}}$, $\mathrm{Mn^{2+}}$) あるいは $\mathrm{I_d}$ 機構 ($\mathrm{Cr^{2+}}$, $\mathrm{Fe^{2+}}$, $\mathrm{Co^{2+}}$, $\mathrm{Ni^{2+}}$, $\mathrm{Cu^{2+}}$, $\mathrm{Zn^{2+}}$) によるとされている. 2 価の第 1 遷移金属イオンの $k_{\mathrm{H_2O}}$ は $10^9 \sim 10^4\,\mathrm{s^{-1}}$ の範囲であり, $\mathrm{Cu^{2+}} \approx \mathrm{Cr^{2+}} > \mathrm{Zn^{2+}} > \mathrm{Mn^{2+}} > \mathrm{Fe^{2+}} > \mathrm{Co^{2+}} > \mathrm{Ni^{2+}}$ の順に低下する. 速度定数が $\mathrm{Cu^{2+}}$, $\mathrm{Cr^{2+}}$ で大きいことはヤーン–テラーの歪みの効果と考えられ, $\mathrm{Mn^{2+}} > \mathrm{Fe^{2+}} > \mathrm{Co^{2+}} > \mathrm{Ni^{2+}}$ の順に減少することは, 配位子場安定化エネルギー (LFSE) が $\mathrm{Mn^{2+}}$ から $\mathrm{Ni^{2+}}$ へと増大し, 配位水の解離に大きなエネルギーを必要とするためである. また, この順に t_{2g} 軌道の電子数が増大するため, 溶媒水分子の進入に対して反発が強くなり, $\mathrm{I_a}$ 機構から $\mathrm{I_d}$ 機構に変わる. $\mathrm{Ni^{2+}}$ の反応速度 $\sim 10^4\,\mathrm{s^{-1}}$ は $\mathrm{Cu^{2+}}$ や $\mathrm{Cr^{2+}}$ の値の $1/10^5$ 程度となっている. 一方, 同一金属イオンでも酸化状態により反応速度が大きく変化するものがある. $\mathrm{Cr^{2+}}$ および $\mathrm{Co^{2+}}$ の $k_{\mathrm{H_2O}}$ 値はそれぞれ 10^9, $10^6\,\mathrm{s^{-1}}$ のオーダーであるが, $\mathrm{Cr^{3+}}$, $\mathrm{Co^{3+}}$ の $k_{\mathrm{H_2O}}$ 値は $10^{-6}\,\mathrm{s^{-1}}$ 程度にまで低下する. これらのイオンでも LFSE の増大のために反応速度が小さくなると理解される. $\mathrm{Fe^{2+}}$ と $\mathrm{Fe^{3+}}$ の比較では, 硬い酸である $\mathrm{Fe^{3+}}$ と硬い塩基である水分子との親和性が大きく, このために $\mathrm{Fe^{3+}}$ の反応速度が低下すると考えられる. LFSE の寄与はなく, $k_{\mathrm{H_2O}}$ は 10^2 程度であり, $\mathrm{Cr^{3+}}$,

Co^{3+} の値と比べればかなり大きい. 一般に置換反応が速い錯体を置換活性な (labile) 錯体といい, 遅い錯体を置換不活性な (inert) 錯体という[*10]. 上述の例からもわかるように, これらは中心金属イオンの電子配置により次のように分類されている.

置換活性錯体:$d^0 \sim d^2$;e_g 軌道に電子がある $d^4 \sim d^6$(高スピン型)および $d^7 \sim d^{10}$
置換不活性錯体:$d^4 \sim d^6$(低スピン型),d^8(強い配位子場で平面型)

八面体 Ni^{2+} 錯体のような弱い配位子場の d^8 錯体や d^3 錯体の反応はやや遅く, Cr^{3+} 錯体のように酸化状態が 3 価以上の d^3 錯体は置換不活性である.

1.7.2 酸化還元電位

必須遷移金属イオンの多くは酸化還元活性であり, 酸化還元, 電子移動などの反応に関与する. 生物は, 光合成, 呼吸(酸化的リン酸化)(2.3 節 p.194 参照)に見られるように, Fe, Cu などを含むタンパク質と酸化還元能を有する有機化合物を用い, 電位差を見事に利用した反応系を構築して, 特異的にかつ効率よく酸化還元反応を行っている. 金属イオン M^{m+} と還元型物質 L$_{red}$(L は n 電子酸化還元を行うものとし, 電荷を省略)の間の n 個の電子移動を伴う可逆反応(1.27)を考えよう.

$$\begin{array}{c} \mathrm{M}^{m+} + ne^- \rightleftharpoons \mathrm{M}^{(m-n)+} \\ \mathrm{L}_{red} \rightleftharpoons \mathrm{L}_{ox} + ne^- \\ \hline \mathrm{M}^{m+} + \mathrm{L}_{red} \rightleftharpoons \mathrm{M}^{(m-n)+} + \mathrm{L}_{ox} \end{array} \quad (1.27)$$

ここで, L$_{ox}$ は L の酸化生成物である. M^{m+}, L$_{ox}$ の標準電極電位をそれぞれ $E^0_{\mathrm{M}^{m+}/\mathrm{M}^{(m-n)+}}$, $E^0_{\mathrm{L}_{ox}/\mathrm{L}_{red}}$ とし, $a_{\mathrm{M}^{(m-n)+}}$, $a_{\mathrm{L}_{ox}}$ などをそれぞれ M$^{(m-n)+}$, L$_{ox}$ などの活量とすると, 電極電位はネルンスト (Nernst) 式 (1.28) で与えられる.

$$\begin{aligned} E_{\mathrm{M}} &= E^0_{\mathrm{M}^{m+}/\mathrm{M}^{(m-n)+}} - \frac{RT}{nF} \ln \frac{a_{\mathrm{M}^{(m-n)+}}}{a_{\mathrm{M}^{m+}}} \\ E_{\mathrm{L}} &= E^0_{\mathrm{L}_{ox}/\mathrm{L}_{red}} - \frac{RT}{nF} \ln \frac{a_{\mathrm{L}\,red}}{a_{\mathrm{L}\,ox}} \end{aligned} \quad (1.28)$$

F はファラデー定数(96485 C mol^{-1})である. したがって, 反応 (1.27) の起電力 E は式 (1.29) で表される.

$$E = E^0_{\mathrm{M}^{m+}/\mathrm{M}^{(m-n)+}} - E^0_{\mathrm{L}_{ox}/\mathrm{L}_{red}} - \frac{RT}{nF} \ln \frac{a_{\mathrm{M}^{(m-n)+}} \, a_{\mathrm{L}_{ox}}}{a_{\mathrm{M}^{m+}} \, a_{\mathrm{L}_{red}}} \quad (1.29)$$

反応が平衡に達したとき $E = 0$ であるから, E^0_{cell} を標準状態における系の起電力とす

[*10] 錯体を熱力学的に見たときには安定な (stable) 錯体, 不安定な (unstable) 錯体と表現されるのに対して, 速度論的に見たときには置換不活性な (inert) 錯体, 置換活性な (labile [léibail または léibl];ラビールな) 錯体という. 例えば, Cu(II) の錯体は安定であるが, 置換活性である.

ると，
$$E^0_{\text{cell}} = E^0_{\text{M}^{m+}/\text{M}^{(m-n)+}} - E^0_{\text{Lox}/\text{Lred}} = \frac{RT}{nF}\ln\frac{a_{\text{M}^{(m-n)+}}\,a_{\text{Lox}}}{a_{\text{M}^{m+}}\,a_{\text{Lred}}} \quad (1.30)$$
となり，温度 T が一定ならば，

$$\frac{a_{\text{M}^{(m-n)+}}\,a_{\text{Lox}}}{a_{\text{M}^{m+}}\,a_{\text{Lred}}}$$

は一定である．物質の活量を求めることは一般に困難であるので，実際には E^0 値の代わりにある条件下でのモル濃度 $[\text{M}^{m+}]$，$[\text{L}_{\text{red}}]$ などで表した $E^{0'}$ 値（式量電位または形式電位，formal potential）が用いられることが多い．式（1.30）より反応（1.27）の平衡定数 K（濃度平衡定数）の対数値は式（1.31）で与えられ，酸化還元反応の平衡は系の起電力に依存することが示される．

$$\log K = \log\frac{\text{M}^{(m-n)+}[\text{L}_{\text{ox}}]}{[\text{M}^{m+}][\text{L}_{\text{red}}]} = \frac{nFE^{0'}_{\text{cell}}}{2.303RT} \quad (1.31)$$

また，1.4.1 項で述べたことと同様にして，$\Delta G^0 = -nFE^0$ の関係より E^0_{cell} の温度変化の測定から反応の ΔS^0 および ΔH^0 を求めることができる．

表 1.13 に酸化還元補酵素，金属タンパク質，その他の生体関連物質の電極電位を例示した．生体系では遷移金属イオンのほとんどすべてはタンパク質と結合し，特有の配位構造に従って幅広い酸化還元電位を示す．詳細については表 1.14（p.68），表 1.18（p.82），表 2.1（p.160）および各タンパク質の項を参照されたい．

鉄-硫黄タンパク質には，単核構造 $\text{Fe}(\text{CysS})_4$（CysS：システインS^-）をもつルブレドキシン（rubredoxin），Fe_2S_2，Fe_3S_4，Fe_4S_4 などのクラスターをもつ多核フェレドキシン（ferredoxin）があり，また，クラスターは種々の酵素にも含まれている（Bentrop et al., 2001）(1.8.1 項 p.65，表 1.18 p.82 参照）．Fe の配位基はいずれもシステインS^-，無機硫黄 S^{2-}，およびヒスチジンイミダゾール（Rieske（リスケ）タンパク質 Fe_2S_2 の場合）である．多くの鉄-硫黄タンパク質は低い酸化還元電位（$E^{0'} = -650\sim 0$ mV）を示すが，高ポテンシャル鉄-硫黄タンパク質（high-potential iron-sulfur protein：HiPIP）と呼ばれるタンパク質は，Fe_4S_4 型構造を有し，高い酸化還元電位（$E^{0'} = 90\sim 500$ mV）を示す（表 1.18 参照）[*11]．このため，鉄-硫黄タンパク質全体としてその

[*11] 通常，酸化還元電位は還元電位で表される．本書では，電位の値について「高い電位」は「正側に大きい値の電位」を意味しており，逆に，「低い電位」は「負側に大きい値の電位」に相当している．式（1.28）において，酸化型についての電極電位が正で大きい値ならば，そのような酸化型は強い酸化能をもち，負で大きい値ならば，還元型は強い還元能をもつことを意味する．式（1.30）から，M^{m+} と L_{ox} の酸化還元電位がそれぞれ正，負で大きい値ならば，E^0_{cell} の値は正で大きくなり，式（1.31）より平衡定数は大きい値となるため，酸化還元平衡はほとんど完全に右に移行する．

表1.13 生体関連物質の酸化還元電位 [a]

物 質 [b]	$E^{0'}$ (V) vs. NHE [c]	pH
(a) 無機物質および低分子量有機物質		
$O_2(g) + 4H^+ + 4e^- \longrightarrow 2H_2O(liq)$	1.229	(標準電位)
$Fe^{3+} + e^- \longrightarrow Fe^{2+}$	0.771	(標準電位)
TMPDA (2+/1+)	0.749	7.0
$O_2(g) + 2H^+ + 2e^- \longrightarrow 2H_2O_2(aq)$	0.695	(標準電位)
1,4-ベンゾキノン + $2H^+ + 2e^-$ ⟶ ヒドロキノン	0.293	7.0
TMPDA (1+/0)	0.276	7.0
$Cu^{2+} + e^- \longrightarrow Cu^+$	0.159	(標準電位)
ユビキノン + $2H^+ + 2e^-$ ⟶ 還元型ユビキノン	0.10	7
PQQ + $2H^+ + 2e^-$ ⟶ 還元型 PQQ	0.066	7
アスコルビン酸 + $2H^+ + 2e^-$ ⟶ 還元型アスコルビン酸	0.058	7
メチレンブルー + $2H^+ + 2e^-$ ⟶ 還元型メチレンブルー	0.011	7
FMN + $2H^+ + 2e^-$ ⟶ 還元型 FMN	−0.211	7
グルタチオン + $2H^+ + 2e^-$ ⟶ 2還元型グルタチオン	−0.10	7
$O_2(g) + e^- \longrightarrow O_2^-$	−0.284	(標準電位)
アクリジン + $2H^+ + 2e^-$ ⟶ 還元型アクリジン	−0.313	7
$NAD^+ + 2H^+ + 2e^- \longrightarrow NADH$	−0.32	7
シスチン + $2H^+ + 2e^-$ ⟶ 2システイン	−0.34	7
メチルビオロゲン (2+/1+)	−0.435	7.0
メチルビオロゲン (1+/0)	−0.77	7.0
(b) 金属タンパク質 (所在)	$E^{0'}$ (mV) vs. NHE	
ヘムタンパク質		
シトクロム b (ウシの心臓)	77	7
シトクロム c (ウマの心臓)	262	7.0
シトクロム f (ホウレンソウ)	365 ± 15	7.0
ヘモグロビン (ウマの心臓)	170	6.94
シトクロム P450 (ラットの肝臓)	−300	9.25
鉄-硫黄タンパク質		
ルブレドキシン (*Clostridium pasteurianum*) [Fe-4S]$^{1-/2-}$	−69	8.0
2Fe フェレドキシン (ホウレンソウ) [2Fe-2S]$^{2-/3-}$	−403	7.2
ブルー銅タンパク質		
プラストシアニン (ホウレンソウ)	360	6.0
プラストシアニン (オシダ)	387	7.0
ステラシアニン (ウルシ)	181	6.0
銅タンパク質		
ラッカーゼ (ウルシ) タイプ1Cu	415	7.0
ラッカーゼ (*Polyporus pinsitis*) タイプ1Cu	785	5.5
その他の金属タンパク質		
シトクロム c オキシダーゼ (ミトコンドリア) ヘム a	210	
ヘム a_3	385	
Cu_A	245	
Cu_B	340	
キサンチンオキシダーゼ (原乳) 2Fe-2S I	−330	8.3
2Fe-2S II	−220	8.3
FAD (ox/red)	−255	8.5
Mo	−295	

[表1.13の注]
a) 本表のデータは主として Kano(2002)より引用した．金属タンパク質について詳しくは1.8節および2章以後の該当項を参照．
b) TMPDA：N,N,N',N'-tetramethylphenylenediamine，PQQ：pyrroloquinoline quinone，FMN：flavin mononucleotide, NAD：nicotinamide adenine dinucleotide.
c) NHE：標準水素電極（normal hydrogen electrode）．E^0値は E^0 値を基準にして1 pH ユニットあたり59 mV 負電位へシフトする．例えば，O_2 還元に対する酸化還元電位はpH 7 では0.815 V である．

電位幅は1 V 以上にもわたっている．鉄-硫黄タンパク質はフェレドキシンのように電子伝達体として働くと共に，例えば［FeFe］ヒドロゲナーゼ（［FeFe］-hydrogenase）では Fe_4S_4 クラスターが他の2個の Fe とクラスター（H クラスター）を形成し，活性中心となっている（図2.89 p.285 参照）．Fe-スーパーオキシドジスムターゼ（Fe-superoxide dismutase：Fe-SOD）は非ヘム鉄タンパク質（表1.16 p.75）であり，$E^0 = 220$ mV の電位を示す．ヘムはポルフィリン置換基の違いによりヘム a，ヘム b，ヘム c などに分類され，-400〜390 mV の電位を有する（1.8.1a項および表1.14 p.68 参照）．ヘム c タイプに属するシトクロム c の軸配位子はイミダゾール N とメチオニン S であり，約 260 mV の電位を示す．同じくヘム c タイプのシトクロム f は軸配位子にイミダゾール N とチロシン残基アミド N をもち，その電位は 370 mV である．

銅タンパク質には単核 Cu 部位をもつもののほか，複数個の Cu 部位をもつマルチ銅タンパク質がある．これらの Cu 部位はイミダゾール基をはじめとするアミノ酸残基側鎖を配位基としている．電子伝達体プラストシアニン（PC），アズリン（azurin）などの活性中心を形成するタイプ1 Cu は，特異な配位構造により一般に高い酸化還元電位を有する（表2.1 p.160 参照）．PC の E^0 値は 340〜370 mV，グラム陰性菌から得られたラスチシアニン（rusticyanin）では 680 mV であるが，ステラシアニン（stellacyanin）の電位（181 mV）は低い．タイプ1，2 Cu 各1個，タイプ3 Cu 2個を含むマルチ銅オキシダーゼである菌類からのラッカーゼはタイプ1 Cu 配位基の1つメチオニンを欠き，この位置をロイシン，フェニルアラニンなどの側鎖基が占めており，Cu の酸化還元電位が 450〜800 mV にも達する（Palmer et al., 1999）．ガラクトースオキシダーゼは単核の銅酵素であり，2個のイミダゾール N とチロシルチオエーテルのフェノラート O^- を平面に配位している（図1.37 p.126 参照）．このタイプ2 Cu の酸化還元電位は 150 mV，Cu^{2+} に配位したフェノキシルラジカル $O^•$/フェノラート O^- の酸化還元電位は 400 mV であり，この値は Tyr の 0.94 V に比べて非常に低い．酵素には金属イオン以外にも補酵素作用をもつ分子やタンパク質内の反応基が酸化還元反応に加わる場合がある．表1.13には FMN，ユビキノン（ubiquinone：CoQ），アスコルビン酸など，いくつかの小分子の電位も示した．なお，補因子については1.9

節 p.108 を参照されたい.

　錯体が関与する電子移動の機構には,配位圏外での相互作用により電子が移動する外圏型電子移動 (outer-sphere electron transfer) と配位圏内で電子が移動する内圏型電子移動 (inner-sphere electron transfer) がある.内圏型電子移動は配位子で架橋された金属イオン間で起こることが Taube らにより見事に証明された (Taube, 1975; Isied, 1991).配位子が置換されにくい錯体間では,溶媒分子を介した弱い会合体が形成され,外圏型電子移動反応が起こる.この電子移動反応はマーカス (Marcus) 理論により説明がなされている (Marcus and Sutin, 1985).タンパク質のように巨大な配位子に強固に結合した金属イオン間では内圏型反応の可能性は低く,タンパク質が会合したのち電子移動が起こる (櫻井, 2000).例えば,シトクロム c-シトクロム c ペルオキシダーゼ間の電子移動経路に関して,会合体の構造解析 (Pelletier and Kraut, 1992) に基づいて研究がなされており (Nocek et al., 1996),さらに種々のヘムタンパク質と他のタンパク質間の電子移動メカニズムがNMR法などにより調べられている (Simonneaux and Bondon, 2005).例えば,プラストシアニン,アズリンの表面に露出したヒスチジンイミダゾールにRuやOs錯体を結合させ,これらと活性中心のCuとの電子移動速度を測定した Gray らの研究 (Winkler and Gray, 1992; Di Bilio et al., 1998; Gray and Winkler, 2007) などがあり,タンパク質間電子移動の理論的研究もなされている (Moser et al., 1992; Page et al., 1999; Gray and Winkler, 2007).一方,生体系に存在するフラビンのような電子受容体Aの電子受容能は,Mg^{2+},Zn^{2+}などの金属イオンと結合すると高くなる.すなわち,金属イオンと錯形成することによってAの酸化還元電位が正側にシフトし,ラジカルアニオン $A^{\cdot-}$ 状態が安定化するため,通常では起こりにくいような電子移動も起こりやすくなる.また,逆電子移動は起こりにくくなる.このような観点から,フラビンやキノンを含む系をはじめ様々な系における電子移動反応の研究がなされている (Fukuzumi and Ohkubo, 2010).

文　献

櫻井　武 (2000)「大学院錯体化学」,岩本振武ほか編,講談社サイエンティフィク, p.276.
Bentrop, D. et al. (2001) In "*Handbook on Metalloproteins,*" Bertini, I. et al. Eds., Marcel Dekker, New York, pp. 357-460.
Di Bilio, A. J. et al. (1998) *J. Am. Chem. Soc.* **120**, 7551.
Fukuzumi, S. and Ohkubo, K. (2010) *Coord. Chem. Rev.* **254**, 372.
Gray, H. B. and Winkler, J. R. (2007) In "*Biological Inorganic Chemistry: Structure and Reactivity,*" Bertini, I. et al. Eds., University Science Books, Sausalito, pp. 261-277.

Helm, L. and Merbach, A. E. (2005) *Chem. Rev.* **105**, 1923.
Isied, S. S. (1991) *Met. Ions Biol. Syst.* **27**, 1.
Kano, K. (2002) *Rev. Polarogr.* **48**, 29.
Marcus, R. A. and Sutin, N. (1985) *Biochim. Biophys. Acta* **811**, 265.
Moser, C. C. et al. (1992) *Nature* **355**, 796.
Nocek, J. M. et al. (1996) *Chem. Rev.* **96**, 2459.
Page, C. C. et al. (1999) *Nature* **402**, 47.
Palmer, A. M. et al. (1999) *J. Am. Chem. Soc.* **121**, 7138.
Pelletier, H. and Kraut, J. (1992) *Science* **258**, 1748.
Richens, D. T. (2005) *Chem. Rev.* **105**, 1963.
Simonneaux, G. and Bondon, A. (2005) *Chem. Rev.* **105**, 2627.
Taube, H. (1975) *Pure Appl. Chem.* **44**, 25.
Winkler, J. R. and Gray, H. B. (1992) *Chem. Rev.* **92**, 369.

1.8 生体物質の配位化学と金属活性部位構造

　生体は，それを構成している金属含有生体物質にどのような機能を生じさせるかによって，金属の種類とその取りうる配位構造と酸化数を選択している（表1.9 p.44参照）．そして，生体物質が作る場に金属イオンを置き，金属の性質をフルに引き出している．ときには，錯体化学で合成が困難であるような場であり，生体系の神秘さえも感じることも多い．だからといって，生体系に含まれる金属が特殊であると考えるのではなく，生体系であろうとなかろうとそこに取り込まれている金属の配位化学は同じはずである．本節では，生体系に含まれる各種の遷移金属の構造，機能，性質について総合的に解説する．

1.8.1 鉄タンパク質

　生命体がFeを広範囲に用いることができたのは，地球上に生命が誕生するときにFeを容易に利用できたことによると考えられる．地球上に存在する金属元素の中で，FeはAlに次いで多い．約40億年前の生命の誕生から生物進化の最初の約10億年の間に，生命体は海水中に含まれる高濃度の水和Fe^{2+}（mMオーダー以上）を利用できたと推定されている．そして，29億年前に還元体としてH_2Oを用いる光合成系がFeを利用して構築されて以来，大気中のO_2濃度が増加して，現在に至る生物界の進化をもたらした．したがって，生物が遷移金属の中でFeを一番多く利用していることがうなずける（1.1節p.4参照）．そして，現在，Feが生体に取り込まれている形態は，ヘム鉄，非ヘム鉄，鉄-硫黄クラスターの3つに大別されている．

a. ヘ ム 鉄

ポルフィリン (porphyrin) の鉄錯体であるヘム (heme) は，金属タンパク質の中で最も多機能な補欠分子族の1つである．ヘムタンパク質 (hemoprotein) に存在するヘムには，ヘム a，ヘム c，ヘム b，ヘム c，ヘム d，ヘム d_1，ヘム o，クロロヘム，ヘム P460 (4.1節 p.366 参照)，シロヘムがある．それらのうちの代表的な構造を図 1.14 に示した．ポルフィリン環の広い電子的非局在化は，本質的には環の平面性を要求しているが，ヘムは高い柔軟性をもっており，タンパク質の中では，通常，平面から歪んでいるのが見られる．プロトヘムあるいはヘム b は，プロトポルフィリンIX (protoporphyrin IX) にFeが結合したもので，他のヘムの原型となっている．ポルフィリン環の 1, 3, 5, 8 位にはメチル基，2, 4 位にはビニル基，6, 7 位にはプロピオン酸基が結合しており，α, β, γ, δ-メソ位にはH原子が結合している．ヘム c を除く他

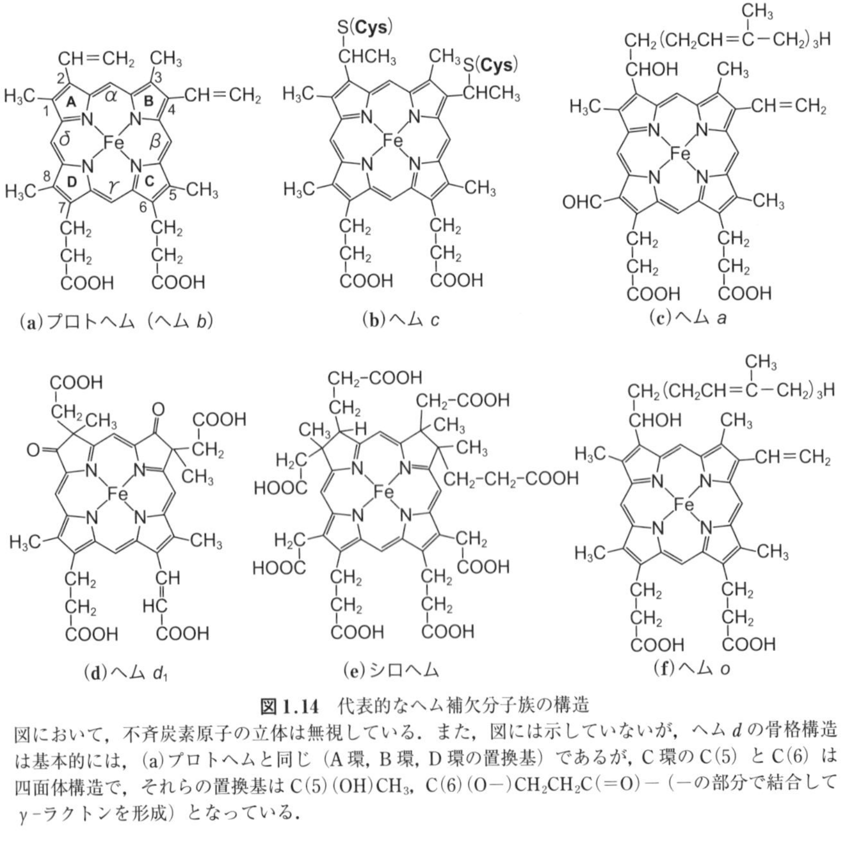

(a) プロトヘム (ヘム b)　　(b) ヘム c　　(c) ヘム a

(d) ヘム d_1　　(e) シロヘム　　(f) ヘム o

図 1.14 代表的なヘム補欠分子族の構造

図において，不斉炭素原子の立体は無視している．また，図には示していないが，ヘム d の骨格構造は基本的には，(a) プロトヘムと同じ (A環，B環，D環の置換基) であるが，C環のC(5)とC(6)は四面体構造で，それらの置換基はC(5)(OH)CH$_3$, C(6)(O−)CH$_2$CH$_2$C(=O)− (−の部分で結合してγ-ラクトンを形成) となっている．

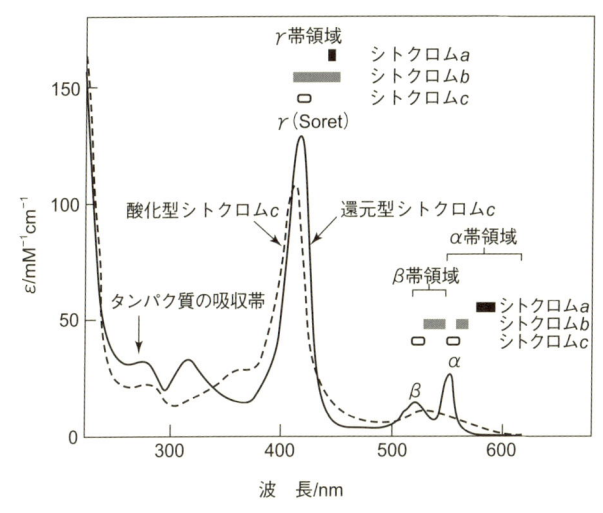

図 1.15 シトクロム a(還元型), b(還元型), c(還元, 酸化型)の吸収帯の比較

のヘムはタンパク質に非共有結合性相互作用（1.10 節 p.135 参照）で取り込まれているので，タンパク質から取り出すことができるが，ヘム c は 2 つの Cys 残基のチオエーテル結合によってタンパク質に結合しているので，取り出すことは困難である．

ヘムの Fe イオンの周りは，配位子であるポルフィリン中の 2 つのピロール環（例えば，図 1.14 のヘム b では A 環と C 環）の N 原子の孤立電子対と，他の 2 つのピロール環（B 環と D 環）の NH からの脱プロトンにより，合計 4 つの N 原子が取り囲んだ平面 4 配位である．タンパク質の中では，さらにこのヘム面の上下方向（軸方向ともいい，軸配位子が結合する配位座を第 5，第 6 配位座と呼ぶ）からアミノ酸残基や基質などが配位することにより機能を発揮することになる．表 1.14 には代表的なヘムタンパク質（ここでは，電子伝達タンパク質および O_2 や NO の運搬やセンサー機能をするタンパク質），表 1.15 にはヘム酵素（酵素機能を有するヘムタンパク質）の種類，含まれているヘムの種類，機能，性質などをあげた．なお，これらのうちの重要なヘムタンパク質の構造と機能については，2 章以降に解説した．

ヘムはその種類によって特徴的な吸収スペクトルを示す．図 1.15 は，ミトコンドリアに含まれる 3 種類のシトクロム（cytochrome；ヘムを含んでいるため特徴的な可視吸収帯を示す電子伝達タンパク質）の吸収帯を比較したものである．シトクロム a, b, c は，それぞれヘム a, b, c を含んでおり，それらの還元体（Fe^{2+}）は，可視領域に α, β, γ（Soret，ソーレー）帯と呼ばれる 3 つの吸収帯を示す．このうち α 帯が現れる位置によって，長波長から短波長へと順に a（600 nm 付近），b（560 nm 付近），

表 1.14 代表的なヘムタンパク質の性質

ヘムタンパク質の種類	ヘムタイプ	軸配位子	機能	鉄スピン状態	電極(還元)電位(mV)[a]	PDB codeの例
グロビンタンパク質						
ミオグロビン(Mb)	b	His(Nε)	O_2貯蔵	$Fe^{2+}(S=2)$ deoxy, $Fe^{2+}(S=0)$ oxy, $Fe^{3+}(S=5/2)$ met	46 (ウシ心筋)	1MBD, 1MBO
ヘモグロビン(Hb)	b	His(Nε)	O_2運搬	$Fe^{2+}(S=2)$ deoxy, $Fe^{2+}(S=0)$ oxy, $Fe^{3+}(S=5/2)$ met	110 (ウシ心筋)	2DN1, 2DN2
ニューログロビン	b	His(Nε), His(Nε)	ニューロン回復, ストレス応答センサー(?)	$Fe^{3+}(S=1/2)$ met		1OJ6, 1W92, 1Q1F
サイトグロビン	b	His(Nε), His(Nε)	O_2センシング(?)	$Fe^{3+}(S=1/2)$ met		2DC3, 1V5H
エリトロクルオリン	b	His(Nε)	O_2運搬 (無脊椎動物Hb)	$Fe^{2+}(S=2)$ deoxy, $Fe^{2+}(S=0)$ oxy, $Fe^{3+}(S=5/2)$ met		1ECA, 1ECO, 2GTL
ニトロフォリン	b	His(Nε)	NO運搬	$Fe^{2+}(S=2)$, $Fe^{3+}(S=5/2)$	300	4NP1, 1NP1, 1ERX
共生ヘモグロビン(レグHb)	b	His(Nε)	O_2運搬・貯蔵, O_2防御	$Fe^{2+}(S=2)$ deoxy, $Fe^{2+}(S=0)$ oxy, $Fe^{3+}(S=5/2)$ met		1GDJ, 2GDM
非共生ヘモグロビン	b	His(Nε), His(Nε)	O_2センシング(?)	$Fe^{3+}(S=1/2)$ met		1D8U
切断型ヘモグロビン	b	His(Nε), His(Nε)	O_2運搬・貯蔵, NO防御・触媒反応	$Fe^{3+}(S=1/2)$ met		1DR, 1DLW, 1UX8, 2IG3, 1RTX (ヘムとHis117が結合)
フラボヘモグロビン	b	FAD, His(Nε)	O_2センシング, NO脱酸素化	$Fe^{2+}(S=2)$		1CQX, 1GVH
CooA	b	His(Nε), Pro1(NH)	COセンシング転写因子	$Fe^{2+}(S=2)$		1FT9
FixL	b	His(Nε)	O_2センサー	$Fe^{2+}(S=2)$ deoxy		1DRM, 1D06

1.8 生体物質の配位化学と金属活性部位構造　69

表1.14（つづき）

ヘムタンパク質の種類		ヘムタイプ	軸配位子	機能	鉄スピン状態	電極（還元）電位(mV)[a]	PDB codeの例
シトクロム b (Cyt b)							
シトクロム b_5, b_{558}		b	His(Nε), His(Nε)	電子伝達	$Fe^{2+}(S=0)$, $Fe^{3+}(S=1/2)$	$-6 \sim 50 (b_5)$, $200 (b_{558})$	1CYO, 1CXY
シトクロム b_{562}		b	His(Nε), Met	電子伝達	$Fe^{2+}(S=0)$, $Fe^{3+}(S=1/2)$	113	1APC
シトクロム c (Cyt c)							
クラスI Cyt c		c	His(Nε), Met	電子伝達	$Fe^{2+}(S=0)$, $Fe^{3+}(S=1/2)$	200～390	1HRC, 5CYT, 3CYT
クラスII：シトクロム c 以外		c	His(Nε), Met	電子伝達	$Fe^{2+}(S=0)$, $Fe^{3+}(S=1/2)$	230 (cyt c_{556})	1S05 (cyt c_{556})
クラスII：シトクロム c'		c	His(Nε)	NO貯蔵・輸送、NO防御の可能性	$Fe^{2+}(S=2)$, $Fe^{3+}(S=5/2$と中間スピン $S=3/2$の混合状態)	0～130	1CPQ, 1CGN, 2CCY, 1E83, 1E84, 2XLM
クラスIII Cyt c		c	3～4[His(Nε), His(Nε)]	電子伝達	$Fe^{2+}(S=0)$, $Fe^{3+}(S=1/2)$	$-100 \sim -400$	1NEW (cyt c_7 or $c_{551.5}$), 3CYR, 2CTH (cyt c_3)
クラスIV Cyt c		c	heme 2[His(Nε), His(Nε)]；バクテリア光合成反応中心への電子伝達 heme 1, 3, 4[His(Nε), Met]	バクテリア光合成反応中心への電子伝達	$Fe^{2+}(S=0)$, $Fe^{3+}(S=1/2)$	heme 2: 20, heme 1: 380, heme 3: 310, heme 4: -60	1PRC, 1R2C
シトクロム f		c	His(Nε), Tyr1のアミド N原子	光合成系において銅タンパク質プラストシアニンへ電子を供与	$Fe^{2+}(S=0)$, $Fe^{3+}(S=1/2)$	370	1CTM, 1HCZ, 2PCF
シトクロム c_{554}	heme 1	c	His(Nε)/His(Nδ)	ヒドロキシルアミン酸化還元酵素からの電子をシトクロム受容体に運搬	$Fe^{2+}(S=0)$, $Fe^{3+}(S=1/2)$		1BVB
	heme 3, 4	c	His(Nε)/His(Nε)		$Fe^{2+}(S=0)$, $Fe^{3+}(S=1/2)$		
	heme 2	c	His(Nε)		$Fe^{2+}(S=2)$, $Fe^{3+}(S=5/2)$		

a) vs. normal hydrogen electrode (NHE).

表 1.15 代表的なヘム酵素

種類/族/ヘム酵素	機能	ヘムタイプ[a]/軸配位子	スピン状態	PDB codeの例
オキシダーゼ類				
カタラーゼ	$2H_2O_2 \longrightarrow 2H_2O+O_2$	b/Tyr(O)	Fe^{3+} ($S=5/2$)	1IPH, 1M85, 1MQF, 2CAG
ペルオキシダーゼ	$A-H_2+H_2O_2 \longrightarrow A+2H_2O$	b/His(Nε)	Fe^{3+} ($S=5/2$)	1ATJ, 1ARP, 1LGA, 1MNP
シトクロム c ペルオキシダーゼ	$2Cyt\,c_{red}+H_2O_2+2H^+ \longrightarrow 2Cyt\,c_{ox}+2H_2O$	b/His(Nε)	Fe^{3+} ($S=5/2$)	2CYP, 3M2C, 1U74, 2PCC, 1S6V
アスコルビン酸ペルオキシダーゼ	2アスコルビン酸$+H_2O_2 \longrightarrow 2$モノデヒドロアスコルビン酸$+2H_2O$	b/His(Nε)	Fe^{3+} ($S=5/2$)	1OAG, 1OAF
マンガンペルオキシダーゼ	$2Mn^{2+}+H_2O_2+2H^+ \longrightarrow 2Mn^{3+}+2H_2O$	b/His(Nε)	Fe^{3+} ($S=5/2$)	1YYD, 1MNP, 1YZP
クロロペルオキシダーゼ	$A-H+Cl^-+H^+ +H_2O_2 \longrightarrow A-Cl+2H_2O$	b/Cys(S)	Fe^{3+} ($S=5/2$)	1CPO, 2CPO
シトクロム c オキシダーゼ	$O_2+4Cyt\,c_{red}+4H^+ \longrightarrow 2H_2O+4Cyt\,c_{ox}$	a/2His(Nε) a_3/His(Nε)	Fe^{2+} ($S=0$), Fe^{3+} ($S=1/2$, Cu_Bとスピンカップル)	2ZXW, 2EIK, 3HB3, 3FYE
ユビキノールオキシダーゼ	$O_2+4Cyt\,c_{red}+4H^+ \longrightarrow 2H_2O+4Cyt\,c_{ox}$	b/2His(Nε) o_3/His(Nε)	Fe^{2+} ($S=0$), Fe^{3+} ($S=1/2$, Cu_Bとスピンカップル)	1FFT
モノオキシゲナーゼ				
シトクロム P450[b]	$RH+O_2+2H^++2e^- \longrightarrow ROH+H_2O$	b/Cys(S)	Fe^{3+} ($S=5/2$)	2CCP, 4CCP, 1AKD
ヘムオキシゲナーゼ	ヘムをビリベルジン, CO, Feに生分解	b/His(Nε)	Fe^{3+} ($S=5/2$)	1DVE, 1DVG, 1QQ8
NO シンターゼ (NOS)	$Arg+2O_2+3/2NADPH \longrightarrow$ シトルリン$+NO+3/2NADP^+$	b/Cys S	Fe^{3+} ($S=5/2$)	1NOS, 1QOM, 4NOS, 1NSE
ジオキシゲナーゼ				
インドールアミン(トリプトファン) 2,3-ジオキシゲナーゼ	L-Trp$+O_2 \longrightarrow$ N-ホルミルキヌレニン	b/His(Nε)	Fe^{2+} ($S=2$) deoxy	2D0T, 2D0U, 2NW7, 2NOX

表 1.15 (つづき)

種類/族/ヘム酵素	機能	ヘムタイプ[b]/軸配位子	スピン状態	PDB codeの例
レダクターゼ				
異化型シトクロム cd_1 亜硝酸レダクターゼ	$NO_2^- + 2H^+ + e^- \longrightarrow NO + H_2O$	Pp: c_{red}[His(Nε), Met], c_{ox}[2His(Nε)]; $d_{1(red)}$[His(Nε)only], $d_{1(ox)}$[His(Nε), Tyr(O)], Pa: $c_{red\text{-}ox}$[His(Nε), Met], $d_{1(red\text{-}ox)}$[His(Nε), OH$^-$],	c: Fe^{2+}(S=0), Fe^{3+}(S=1/2) d_1: Fe^{3+}(S=1/2)	1QKS, 1AOF
シトクロム c 亜硝酸レダクターゼ	$NO_2^- + 2H^+ + e^- \longrightarrow NO + H_2O$	4c or 7c [His(Nε)] and 1c [Lys(Nζ) only]	4c or 7c: Fe^{2+}(S=0), Fe^{3+}(S=1/2) 1c: Fe^{3+}(S=5/2)	1NIR
亜硫酸レダクターゼ	$HSO_3^- + 6H^+ + 6e^- \longrightarrow HS^- + 3H_2O$	シロヘム–Cys(S) –[4Fe4S]	Fe^{2+}(S=1 or S=2) Fe^{3+}(S=5/2) [4Fe4S] とスピンカップル	4c: 1QDB, 1OAH, 1FS7, 2RDZ; 7c: 2OT4 5AOP, 2GEP, 7GEP, 3C7B
その他				
ヒドロキシルアミンオキシドレダクターゼ	$NH_2OH + H_2O \longrightarrow NO_2^- + 5H^+ + 4e^-$	1c (P460) [His(Nε) only] and 7c [2His(Nε)]	1c (P460): Fe^{3+}(S=5/2) 7c: Fe^{2+}(S=0),	1FGJ
シトクロム bc_1 複合体[c] (複合体III)	ユビキノールからの電子を Cyt c へ渡し, その際に H$^+$ 輸送を伴う	b_L[2His(Nε)], b_H[2His(Nε)], c [His(Nε), Met]	b_L, b_H, c: Fe^{2+}(S=0), Fe^{3+}(S=1/2)	1BE3, 1BGY

a) a_3, o_3, b_L, b_H のヘムタイプは, それぞれヘム a, o, b である. 4c or 7c は 4 個のヘム c あるいは 7 個のヘム c をもつことを示し, Pp あるいは Pa はそれぞれ, *Paracoccus pantotrophus* と *Paeudomonas aeruginosa* を示す.
b) 新しい命名法では, P450 の代りに CYP を使う. 例えば, P450-CAM (2.4.1項 p.224 参照) を CYP101 と呼ぶ.
c) シトクロム b, c のほか, リスケ鉄–硫黄中心を含む.

c (550 nm 付近) とシトクロムに名前が付けられている. さらに, 1つのタイプに属する近縁のシトクロムを区別するために, シトクロム c_{551} やシトクロム c_{554} などの命名がされている. これらの吸収帯は, いずれもヘム π 電子の π-π* 遷移に帰属されており, ヘムの可視吸収スペクトルは, その種類や酸化数, スピン状態などを議論するのに有効である.

シトクロム c (cytochrome c: Cyt c) は表1.14に示したように, 4つに分類される. これらは, Cyt c' を除いて6配位構造であり, E^0 は +390 〜 -400 mV と幅が広い.

クラス I Cyt c は1つのヘムをもつシトクロムであり, 2つの Cys の S 原子で共有結合しているヘムの位置は, タンパク質のアミノ酸配列の N 末端側である. ミトコンドリア Cyt c, 微生物の Cyt c_2, Cyt c_5, Cyt c_6, Cyt c_{551}, Cyt c_{553}, Cyt c_{555} などがある. クラス I の Cyt c はアミノ酸 80 〜 120 残基からなり, 3次構造は 3 〜 7 本の α ヘリックスから構成されている. このヘリックスが, 溶媒に対して比較的開いている疎水的コアの周りを取り巻いている. このコアは必須である要素のヘムを含んでいる. そのようなコアと少なくとも3つのαヘリックスの存在で, シトクロム c スーパーファミリーと定義される. 図1.16(a) にウマの Cyt c の分子構造を示した (Bushnell et al., 1990). コアのヘムは, 5本のαヘリックスによって囲まれている. また, この Cyt c では, ヘムの2つのプロピオン酸基が, 図のようにループによってタンパク質マトリックスに埋まっているが, 図1.16 (b) に示した脱窒菌 *Achromobacter xylosoxidans* 由

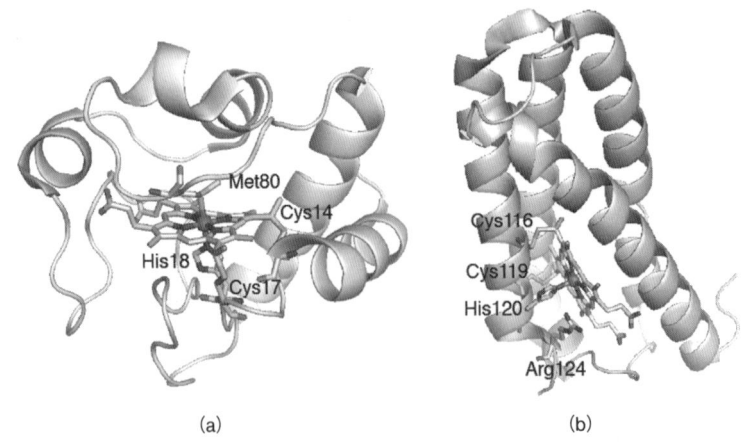

図1.16 (a) ウマのクラス I Cyt c (PDB code 1HRC) と (b) 脱窒菌のクラス II Cyt c' (PDB code 1E83) の分子構造
(a) はアミノ酸 105 残基, (b) はアミノ酸 127 残基からなる. 両者の 2 つの Cys 残基は, ヘムのビニル基に共有結合している (図1.14 (b) のヘム c 参照).

来の Cyt c' では，6-プロピオン酸基（図 1.14(b) 参照）が溶媒に大きく露出している．

クラス II Cyt c も 1 つのヘムをもつシトクロムであるが，ヘムの結合位置は C 末端側である（図 1.16 の両者の Cys 残基番号を比較されたい）．Cyt c' や Cyt c_{556} などがあるが，前述のように前者は His のみが軸配位した 5 配位である．Cyt c' は光合成細菌や脱窒菌などに見出されており，図 1.16(b) には脱窒菌由来の Cyt c' の分子構造を示した（Lawson et al., 2000）．ヘムは 4 本の α ヘリックスの柱のうちの 2 本に挟まれており，ヘムを固定している Cys 116, Cys 119, His 120 残基は，そのうちの 1 本のヘリックスから出ている．また，ヘムの第 6 配位座近傍には，Leu 16 が接近している．この Cyt c' が注目されるのは，ヘム部位に特徴があるだけでなく，吸収スペクトルや ESR スペクトルが通常の Cyt c とは異なっている点である（吉村ら，1991）．一例として脱窒菌 *Achromobacter xylosoxidans* Cyt c' の吸収スペクトルを見ると，γ 帯は肩吸収帯（sh）を示す（還元型 427（$\varepsilon = 92$），433 nm（sh，$\varepsilon = 88$ mM^{-1}cm^{-1}（mM^{-1}cm^{-1} = 10^3 M^{-1}cm^{-1}））；酸化型 380（sh，$\varepsilon = 70$），402 nm（$\varepsilon = 80$ mM^{-1}cm^{-1}））．なお，β 帯は還元型 553 nm（$\varepsilon = 11$ mM^{-1}cm^{-1}）；酸化型 500 nm（$\varepsilon = 10$ mM^{-1}cm^{-1}），α 帯は還元型 565 nm（sh，$\varepsilon = 10$ mM^{-1}cm^{-1}）；酸化型 535 nm（sh，$\varepsilon = 8$ mM^{-1}cm^{-1}）である．さらに，酸化型 Cyt c' の ESR スペクトルは高スピンのものとは異なった特徴的なシグナルを与えている（$g_\perp(g_1 = 6.19, g_2 = 5.35), g_{/\!/}(g_3 = 1.98)$）．これは，ヘム Fe(III) の基底状態が，高スピン（$S = 5/2$）状態と中間スピン（$S = 3/2$）状態がスピン-軌道相互作用によって混合された単一の状態（$S = 5/2, 3/2$ 混合スピン状態）を形成しているためと考えられている．Cyt c' のスピン状態については，中村らの 5 配位ヘム Fe(III) モデル錯体を用いた研究を参照されたい（Ikezaki et al., 2009）．

Cyt c' の生理的機能としては，電子伝達よりも，最近では NO の貯蔵，輸送，防御などがあげられているが確定はされていない．しかし，ヘム鉄への NO 分子の結合は，以前から吉村らにより分光学的に調べられていた（吉村ら，1991）．それによると，この Cyt c' に対して NO は，空いている第 6 配位座に結合するよりも，Fe(II) に結合している His 120 配位子を押しのけて Fe に結合していた（5 配位構造）．これに対して，光合成細菌の NO 結合 Cyt c' では 6 配位構造が主であった．これは，NO 配位によってヘム Fe を NO 方向に移動させ，その移動が大きい場合には Fe と His 配位子の結合が切れて，第 5 配位座に NO が結合した 5 配位型のニトロシルヘムを生成すると理解されている（Yoshimura et al., 1986）．最近，Hasnain らによって，Cyt c' に対する NO 結合がまず第 6 配位座で起こり，次いで第 6 配位座から第 5 配位座への NO 変換反応が生じるという，ニトロシル Cyt c' の高分解能結晶構造解析が報告されている（Hough et al., 2011; PDB code 2XLM）．このとき，ヘムの第 5 配位座側にある

Arg 124（図 1.16(b)）が，その変換を妨害すると述べられている．また，NO 分子は N 原子で，オキシ Mb 中の O_2 のように傾いて Fe(II) に配位している．

クラスIII Cyt c は，軸配位子が 2 つの His であるヘム c をタンパク質内に複数含んでいる．Cyt c_3，Cyt c_7 が知られている．さらに，クラスIV Cyt c は，軸配位子が 2 つの His あるいは His と Met であるヘム c を合計 4 個もち，紅色光合成細菌の光合成反応中心に含まれている（図 2.30 p.215 参照）．また，これらの Cyt c のヘム結合部位のアミノ酸配列では，ほとんどが C-X_1-X_2-C-H（Fe 軸配位子）（アミノ酸の 1 文字表記については表 1.2 p.8 参照；X：不定）の配列が保存されているが，Cyt c_3 では C-X_1-X_2-X_3-X_4-C-H（Fe 軸配位子）の配列がある．シトクロム c に関する最近の総説については，Bertini らのものがある（Bertini et al., 2006）．

b．非ヘム鉄

非ヘム鉄タンパク質（nonheme iron protein）は，ヘムタンパク質や鉄-硫黄（Fe-S）タンパク質のグループには含まれない Fe を含むタンパク質グループである．Fe の配位子として His のイミダゾール，Asp や Glu のカルボキシル基，Tyr のヒドロキシ基が配位しているので，Fe-S タンパク質に対して Fe-O/N タンパク質ということもできる．多くの Fe-S 部位の機能がタンパク質間，タンパク質内電子移動（一部，触媒部位として機能することもある）であるのに対して，非ヘム鉄タンパク質の Fe 部位はもっぱら触媒部位として働いている（Wallar and Lipscomb, 1996; Solomon et al., 2000; Kovaleva et al., 2007）．

タンパク質中の非ヘム Fe^{2+}，Fe^{3+} は，常に高スピン状態である．これは，ヘム Fe が強い配位子場によって低スピン状態を生じることと対照的である．高スピン Fe は主に 6 配位八面体型あるいは 5 配位三角両錐型をとる．これに対して，Fe-S タンパク質のようにかさ高いチオール配位子が結合すると，4 配位四面体型をとるようになる．一般に，非ヘム鉄は歪んだ配位構造をとることが多く，しばしば基質や外部配位子が結合できる空の配位座があり，酸化数の変化や基質結合により配位数や配位構造が変化するなどフレキシブルである．酸性アミノ酸残基のカルボキシル基は配位様式を変化させることができ，Tyr 配位子のプロトン化は Fe との結合の長さを調節したり，結合を解離させたりすることができる．Fe-O/N タンパク質の総説には，Kovaleva and Lipscomb（2008）や Bugg and Ramaswamy（2008）などがあり，Fe-S タンパク質の総説には，Beinert（2000）があるので参照されたい．

表 1.16 に非ヘム鉄タンパク質を活性中心構造と機能に基づいて分類して示した．

Nonheme-1 グループ　　単核 Fe(III) イオンが基質を活性化している．リポキシゲナーゼ（lipoxygenase）は動物，植物，微生物に広く分布し，ポリ不飽和脂肪酸の

1.8 生体物質の配位化学と金属活性部位構造　75

表1.16 代表的な非ヘム鉄タンパク質

非ヘム鉄タンパク質　種類/族 [グループ]	一次的機能	電子供与体または電子伝達経路	PDB code
基質活性化型単核 Fe(Ⅲ)酵素 [Nonheme-1]			
リポキシゲナーゼ	ヒドロペルオキシ化	なし	1LOX, 1YGE
スーパーオキシドジスムターゼ	スーパーオキシド不均化	なし	1ISA, 1DQI, 3CEI, 3LIO
イントラジオールジオキシゲナーゼ	酸化的カテコール環開裂	なし	1DLT, 3I4Y, 3PCA, 2BUQ
O_2活性化単核 Fe(Ⅱ)酵素 (2His, 1Asp/Glu タンパク質) [Nonheme-2]			
プテリン要求性芳香族アミノ酸ヒドロキシラーゼ	芳香環ヒドロキシ化	テトラヒドロビオプテリン	1DMW, 2TOH, 1MLW
α-ケト酸 (2-オキソグルタル酸) 要求性オキシゲナーゼ	アルキル/ヒドロキシ化/2e⁻酸化	2-オキソグルタル酸	1DRY, 1RXG
インペニシリン N シンターゼ	酸化的三重環化	なし	1BLZ, 1QJE, 1HB4
エキストラジオールジオキシゲナーゼ (タイプ1)	酸化的カテコール環開裂	なし	1HAN, 1MPY, 1DHY
エキストラジオールジオキシゲナーゼ (タイプ2)	酸化的カテコール環開裂	なし	1BOU
4-ヒドロキシフェニルピルビン酸ジオキシゲナーゼ	脱カルボキシル化と芳香環ヒドロキシ化の共役	なし	1CJX
リスククラスター含有 cis-ジオキシゲナーゼ	芳香族/脂肪族 cis-ジヒドロキシ化	NADH→FAD/[2Fe-2S] 酸化還元酵素→[2Fe-2S] フェレドキシン あるいははリスクタンパク質→酵素？→	1NDO, 3EF6, 2GBX, 1WW9
リスクタラスター含有モノオキシゲナーゼ	芳香環モノヒドロキシ化	NADH→FAD/[2Fe-2S] 酸化還元酵素→[2Fe-2S] フェレドキシン→	3GTS, 3GTE, 1Z03
O_2活性化、結合複核 Fe タンパク質 (2鉄カルボキシ架橋タンパク質) [Nonheme-3]			
ヘムエリトリン	酸素運搬		1HMO
リボヌクレオチドレダクターゼ	チロシンの1電子酸化	外部の還元剤	1RIB, 1AV8
ルブレリスン	$O_2/O_2^-/H_2O_2$ 分解(?)	NAD(P)H	1RYT
メタンモノオキシゲナーゼ*	メタンのヒドロキシ化	NAD(P)H	1MTY
トルエンモノオキシゲナーゼ*	トルエンのヒドロキシ化	NAD(P)H	3GE3, 3I63, 1T0Q
脂肪酸不飽和化酵素 (Δ⁹ desaturase)	アルカンの不飽和化	NADH→FAD/[2Fe-2S] 酸化還元酵素→[2Fe-2S] フェレドキシン→	1AFR
バクテリオフェリチン (cytochrome b_1)	Fe 貯蔵、電子伝達		1BFR
Fe 含有ヒドロラーゼ (加水分解酵素) [Nonheme-4]			
パープル酸性ホスファターゼ	リン酸転移	なし	4KBP, 1UTE
ニトリルヒドラターゼ	ニトリル水和	なし	2AHJ, 3A8H, 3AO8

*3～4個のコンポーネントからなる。

1,4-cis-cis-ジエンユニットに O_2 を加える反応（-OOH：ヒドロペルオキシ化，hydroperoxidation）を触媒する．活性中心の高スピン Fe^{3+} には，3つの His の N 原子，Asn のアミド O 原子，C 末端残基 Ile839 のカルボキシル基と H_2O が配位している（Minor et al., 1996; PDB code 1LOX, 1YGE）．イントラジオールジオキシゲナーゼ（intradiol dioxygenase）であるカテコール 1,2-ジオキシゲナーゼ（catechol 1,2-dioxygenase（Vetting and Ohlendorf, 2000; Matera et al., 2010; PDB code 1DLT, 3I4Y）は，カテコール芳香環の C(1)(OH)-C(2)(OH) の C-C 間［プロトカテク酸 3,4-ジオキシゲナーゼ（protocatechuate 3,4-dioxygenase）（Brown et al., 2004; PDB code 2BUQ, 3PCA）では，プロトカテク酸（3,4-ジヒドロキシ安息香酸）の OH 基が結合した C(3)(OH) と C(4)(OH) の C-C 間］の結合を開裂して，2 つのカルボン酸を生成する（2.4.2 項 p.231 参照）．これらの Fe 活性中心の構造は互いによく似ていて，Fe^{2+} には 2 つの Tyr の O 原子（1 つは軸配位），2 つの His の N 原子（1 つは軸配位），H_2O の O 原子（平面配位）が結合した歪んだ三角両錐型構造をとっている．基質の o-カテコールは軸方向と平面方向からキレートとして結合するが，その際，軸の Tyr 配位子は Fe から脱離している．また，Fe-SOD については 2.5.2 項（p.254）を参照されたい．

Nonheme-2 グループ　　単核 Fe(II) イオンに配位子として 2 つの His，1 つの Asp あるいは Glu と H_2O 分子が配位しており，O_2 分子を活性化して触媒反応を行っている．プテリン要求性芳香族アミノ酸ヒドロキシラーゼには，フェニルアラニンヒドロキシラーゼ（Erlandsen et al., 2000; PDB code 1DMW, 1J8U），チロシンヒドロキシラーゼ（Goodwill et al., 1998; PDB code 2TOH），トリプトファンヒドロキシラーゼ（Wang et al., 2002; PDB code 1MLW, Windahl et al., 2008; PDB code 3E2T）の 3 つが知られている（1.9.2 項 p.119 参照）．また，o-カテコール環ジオールグループの隣の C-C 結合の酸化的開裂を触媒するエキストラジオールジオキシゲナーゼ（extradiol dioxygenase）は，以前は 1 次構造によって 3 つのグループに分けられていたが，現在は結晶構造に基づいて，2 つに分類されている（Eltis and Bolin, 1996）．タイプ 1 は，カテコール 2,3-ジオキシゲナーゼ（catechol 2,3-dioxygenase）（Kita et al., 1999; PDB code 1MPY）や PCB 分解菌が有する 2,3-ジヒドロキシビフェニル 1,2-ジオキシゲナーゼ（2,3-dihydroxybiphenyl 1,2-dioxygenase）（Han et al., 1995; PDB code 1DHY）などがある．これに対して，タイプ 2 にはプロトカテク酸 4,5-ジオキシゲナーゼ（protocatechuate 4,5-dioxygenase）（Sugimoto et al., 1999; PDB code 1BOU）があるが，例は少ない．リスケクラスター含有ジオキシゲナーゼは，発見者（J. S. Rieske）の名前をつけたリスケ型 Fe-S クラスター（1.8.1c 項 p.80 および表 1.18 p.82 参照）を含んでいる cis-ジヒドロキシ化酵素である．この酵素には，トルエン 2,3-ジオキシ

ゲナーゼ toluene 2,3-dioxygenase（Friemann et al., 2009; PDB code 3EF6），ビフェニル 2,3-ジオキシゲナーゼ（biphenyl 2,3-dioxygenase）（Ferraro et al., 2007; PDB code 2GBX），ナフタレン 1,2-ジオキシゲナーゼ（naphthalene 1,2-dioxygenase）（Kauppi et al., 1998; PDB code 1NDO），カルバゾール 1,9a-ジオキシゲナーゼ（carbazole 1,9a-dioxygenase）（Nojiri et al., 2005; PDB code 1WW9）などがあり，これらの酵素を有する微生物は，PCB やダイオキシンなどの芳香族化合物の分解処理などに応用される可能性を含んでいる．

　酵素が O_2 を活性化して基質をジヒドロキシ化するためには，一連のジオキシゲナーゼシステムがある．反応は，(NADPH＋H^+(2電子還元剤))＋O_2＋基質 → $NADP^+$＋生成物(－CH(OH)－CH(OH)－)である．最初の電子供与体はNADPHであり，NADPHからの電子をFAD（FMNの場合もある）/[2Fe-2S]クラスター含有酸化還元酵素が受け取り，その電子を電子伝達タンパク質である［2Fe-2S］フェレドキシン，あるいは例は少ないがリスケ型［2Fe-2S］クラスター含有タンパク質に供与する（この電子伝達タンパク質を持たないシステムもある）．この還元型タンパク質がジオキシゲナーゼのリスケクラスターに電子を供与し，さらに同じタンパク質内に存在する基質が結合したFe 部位に電子が渡されることにより，O_2 が活性化されて基質が *cis*-ジヒドロキシ化される．このように，ジオキシゲナーゼシステムは，①FAD/[2Fe-2S]クラスター含有酸化還元酵素，②フェレドキシンなどの電子伝達タンパク質，③ジオキシゲナーゼの3成分からなり，最後のジオキシゲナーゼはNADH要求性酵素である．また，同様な3成分系のオキシゲナーゼシステムをとるが，反応はモノヒドロキシ化で，芳香環の置換基のOH基置換や芳香環にOH基を導入する反応を触媒する酵素もある．除草剤として40年以上も国内外で広く使用されているジカンバ（dicamba（2-methoxy-3,6-dichlorobenzoic acid）の 2-CH_3O 基を OH 基に置換して，2-hydroxy-3,6-dichlorobenzoic acid に変換する NADH 要求性ジカンバモノオキシゲナーゼ (dicamba monooxygenase；別名 dicamba *O*-demethylase) である（D'Ordine et al., 2009; PDB code 3GTS, 3GTE）．さらに，このグループに属するもう1つの酵素は，2-オキソキノリンの8位にOH基を導入して8-ヒドロキシ-2-オキソキノリンを生成する 2-オキソキノリン 8-モノオキシゲナーゼ(2-oxoquinoline-8-monooxygenase) であり，これも3成分のオキシゲナーゼシステムを有している（Martins et al., 2005; PDB code 1Z03）．最後に，エチレン生成酵素（1-aminocyclopropane-1-carboxylic acid oxidase：ACCO）も Nonheme-2 グループに属する単核 Fe^{2+} 部位を有している（2.4.2項 p.231参照）．分子質量 37 kDa のこの酵素は，HCO_3^- 塩を活性化因子として，O_2 とアスコルビン酸塩の存在下，基質を $CH_2＝CH_2$，HCN，CO_2 に酸化する．

Nonheme-3グループ　複核Feに酸性アミノ酸残基のカルボキシル基が架橋し，それぞれのFeにはHis, Asp, Gluなどの残基が配位して（Fe-O/N型），O_2を活性化する酵素である．Fe活性部位を見ると，4本のαヘリックスが逆平行の束を形成し，そのうちの2本ずつから1つずつのFeに結合する配位子（His, Asp, Glu）が伸びて，複核部位が形成されている．ヘムエリトリン（hemerythrin：Hr）（Holmes et al., 1991; PDB code 1HMO）は，ホシムシなどの海産無脊椎動物のO_2運搬体（13 kDa単量体が8量体を形成）であり，O_2の可逆的結合を行っている（2.2.2項 p.187参照）．ルブレリトリン（rubrerythrin：Rr）（deMare et al., 1996; PDB code 1RYT）は嫌気的な硫黄還元細菌に含まれるFeタンパク質で，190アミノ酸残基からなる単量体あたりルブレドキシン様Fe-S_4部位と，Fe-O/N型オキソ架橋・カルボキシル架橋複核Fe部位を1つずつもっている．同じサブユニットの中では両部位は約30Åも離れているが，4量体を形成しているので，隣のサブユニットを考慮すると，12Åとなり両者間に電子移動が起こりうる距離となっている．機能としては，活性酸素のスカベンジャーが考えられている．リボヌクレオチドから2′-デオキシリボヌクレオチドを生成してDNA合成系に導く最初の重要酵素であるリボヌクレオチドレダクターゼ（ribonucleotide reductase：RNR）は，

　クラスI RNR：動物，植物，好気的真核生物がもつものは$α_2β_2$酵素（大腸菌ではR1（$α_2$），R_2（$β_2$））で，チロシルラジカル系

　クラスII RNR：バクテリアがもつもので，ラジカル連鎖反応開始剤はアデノシルコバラミンラジカル系

　クラスIII RNR：通性嫌気性菌やメタン生成菌がもつ酵素で，グリシルラジカル系

の3つのクラスに分類されている（1.9.4項 p.125参照）．これらのラジカル生成によって，リボヌクレオチドのD-リボースの2′位OH基がHに置換され，2′-デオキシリボヌクレオチドが生成する．

　クラスI RNRである大腸菌のRNR R2では，カルボキシル架橋複核Fe部位によって約5Å離れたTyrの1電子酸化が起こる（Nordlund and Eklund, 1993; Tong et al., 1998; PDB code 1RIB, 1AV8）．バクテリアの多成分モノオキシゲナーゼは，C1～C8アルカン，アルキン，芳香族化合物のヒドロキシル化を触媒するFe-O/N型カルボキシル架橋複核Fe部位を有するヒドロキシラーゼを含んでいる．例えば，メタンのヒドロキシル化によりメタノールを生成する可溶性メタンモノオキシゲナーゼ（soluble methane monooxygenase：sMMO）では，複核Feヒドロキシラーゼ（MMOH），NAD(P)Hから電子を受容してMMOHを還元する還元酵素（MMOR），MMOの活性化因子プロテインBの3つの成分からなる．反応は，CH_4 + NAD(P)H + H^+ +

O_2 → CH_3OH + NAD(P) + H_2O である. MMOH の結晶構造は, 2 例報告されている (Rosenzweig et al., 1997; Elango, et al., 1997; Merkx et al., 2001; PDB code 1MTY, 1MHY). 芳香族化合物トルエンの 4-ヒドロキシ化を触媒するトルエン 4-モノオキシゲナーゼ (toluene 4-monooxygenase：T4MO) は, トルエンの 4 位を OH 化する複核 Fe 活性中心を有するヒドロキシラーゼであり, $\alpha_2\beta_2\gamma_2$ 構造 (T4moH), T4MO のエフェクタータンパク質 (T4moD), リスケクラスターをもつリスケタイプフェレドキシン (T4moC), NADH オキシドレダクターゼ (T4moF) の 4 つの成分からなる (Elsen et al., 2009; Bailey and Fox, 2009; PDB code 3GE3, 3I63). アルカンの不飽和化酵素 (Δ^9 desaturase) では, 単量体あたり 363 アミノ酸残基が 11 本の α ヘリックスをとっているが, そのうち 9 本が逆平行のヘリックス束を形成している (Lindqvist et al., 1996; PDB code 1AFR). その中の 4 本のヘリックスによって, 複核 Fe 部位が構築されている. ステアリン酸などの飽和脂肪酸は, Fe 部位の近くの疎水的ポケットに取り込まれ, 複核 Fe によって生成するペルオキシラジカルによってステアリン酸の -C(9)H_2- の H 原子が引き抜かれて不飽和化すると推定されている. このとき, 1 つの Fe と C(9) の距離は約 5.5 Å と見積もられている. シトクロム b_1 として知られているバクテリオフェリチン (BFerri) は, 18 kDa の単量体が 24 個集まった球状のタンパク質 (直径～115 Å) である. 単量体は 4 本の逆平行ヘリックスの束を形成し, その中に複核 Fe 部位が存在している. また, ヘム b が 2 つの単量体を結びつけていて, 両単量体中の Met 残基がその軸配位子となっている (Frolow et al., 1994; Dautant et al., 1998; PDB code 1BCF, 1BFR).

以上述べた Nonheme-1～3 グループの非ヘムタンパク質の詳細については, 2.4 節 (p.220) を参照されたい.

Nonheme-4 グループ　　パープル酸性ホスファターゼ (purple acid phosphatase：PAP) は, 複核活性中心 Fe(Ⅲ)-M(Ⅱ)[M＝Zn (インゲンマメ由来；Klabunde et al., 1996; PDB code 4KBP), Fe (ヒト由来；Strater et al., 2005; PDB code 1WAR), Mn (サツマイモ由来；Schenk et al., 2005; PDB code 1XZW)] をもっており, Fe^{3+} イオンに Tyr の O 原子が配位することによる電荷移動吸収帯 (λ_{max}=510～560 nm；ε=3000～4000 $M^{-1}cm^{-1}$) を示すので, 特徴的なピンクから紫色を示している. Fe(Ⅲ)には Tyr, His, Asp (O の 1 原子で配位), Asp (O の 1 原子で架橋配位) が結合し, Zn(Ⅱ), Fe(Ⅱ), Mn(Ⅱ)には 2 つの His, Asn (O 原子で配位), Asp (O の 1 原子で架橋配位) が結合している. PAP は pH 5～6 において, リン酸モノエステルの加水分解を触媒する (反応機構については, 図 2.99 p.299 参照).

工業的に重要であるニトリルヒドラターゼ (nitrile hydratase: NHase) には Fe(Ⅲ)

あるいは Co(Ⅲ) を有するものがあり, ニトリル化合物のアミド化合物への加水反応を触媒する. Fe(Ⅲ) の配位子は Cys 112 の S 原子, Ser 113 の主鎖アミド N 原子, Cys 114 の主鎖アミド N 原子と S 原子が Fe 平面を取り囲み, Cys 109 の S 原子が軸方向から配位した 5 配位四角錐型構造である. このうち, Cys 112 はスルフィナート ($-SO_2^-$), Cys 114 はスルフェナート ($-SO^-$) となっている (詳細は 4.2.1 項 p.371 参照).

以上の非ヘム鉄タンパク質とは異なるが, Fe^{3+} を炭酸イオン存在下で可逆的に結合するタンパク質として, トランスフェリン (transferrin: Tr), ラクトフェリン (lactoferrin: Lf) などが知られている. Tr は約 75 kDa の血清糖タンパク質で, Fe^{3+} 結合 Tr は血管を通して運ばれた後, 骨髄や他の組織のレセプターと結合して Fe を組織に渡す. ヒト Fe-Tr 錯体中の Fe^{3+} は, Tr の 2 つの Tyr の O 原子, His の N 原子, Asp の O 原子, CO_3^{2-} の 2 つの O 原子を配位し, 歪んだ 6 配位構造をとる (図 3.8 p.312 参照) (Bewley et al., 1999; PDB code 1B3E). Lf は哺乳動物の乳汁中に存在する Fe 結合性糖タンパク質 (約 88 kDa) で, 1 分子あたり 2 個の Fe^{3+} を結合する. ヒト Fe-Lf では, N, C 末端側の両ローブ (lobe) に結合した Fe^{3+} の配位環境は, Tr と同じである (Norris et al., 1991; PDB code 1LFG). このタンパク質は乳汁以外に血清中にも含まれ, Fe イオンを奪うことにより抗菌作用を示すと考えられている (3.1.3 項 p.309 参照).

c. 鉄-硫黄タンパク質

Fe を含むタンパク質のうち, Fe に Cys の S 原子のみが配位しているタンパク質, あるいは, Fe, Cys の S 原子, 無機硫黄が形成しているクラスターを含んでいるタン

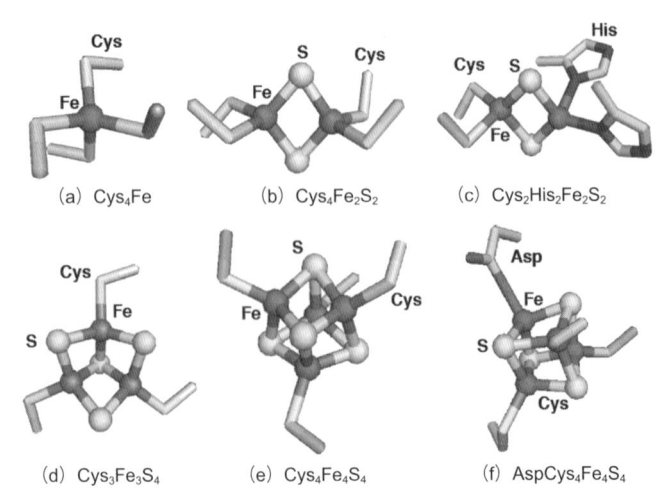

(a) Cys_4Fe
(b) $Cys_4Fe_2S_2$
(c) $Cys_2His_2Fe_2S_2$
(d) $Cys_3Fe_3S_4$
(e) $Cys_4Fe_4S_4$
(f) $AspCys_4Fe_4S_4$

図 1.17 各種鉄-硫黄クラスターの構造

表1.17 鉄-硫黄クラスターの性質

クラスターの種類	クラスターの酸化数		各Feの形式酸化数 [a,b]
[1Fe-0S]	酸化型：	[1Fe-0S]$^{3+}$	$Fe^{3+}(S=5/2)$
	還元型：	[1Fe-0S]$^{2+}$	$Fe^{2+}(S=2)$
[2Fe-2S]	酸化型：	[2Fe-2S]$^{2+}$	$2Fe^{3+}(S=0)$
	還元型：	[2Fe-2S]$^{+}$	$(Fe^{2.5+}, Fe^{2.5+})(S=1/2)$
[3Fe-4S]	酸化型：	[3Fe-4S]$^{+}$	$3Fe^{3+}(S=1/2)$
	還元型：	[3Fe-4S]^{0}	$Fe^{3+}, (Fe^{2.5+}, Fe^{2.5+})(S=2)$
[4Fe-4S]	超酸化型：	[4Fe-4S]$^{3+}$	$3Fe^{3+}, Fe^{2+}(S=1/2)$
	酸化型：	[4Fe-4S]$^{2+}$	$2(Fe^{2.5+}, Fe^{2.5+})(S=0)$
	還元型：	[4Fe-4S]$^{+}$	$2Fe^{2+}, (Fe^{2.5+}, Fe^{2.5+})(S=1/2)$
HiPIPの[4Fe-4S]	酸化型：	[4Fe-4S]$^{3+}$	$3Fe^{3+}, Fe^{2+}(S=1/2)$
	還元型：	[4Fe-4S]$^{2+}$	$2(Fe^{2.5+}, Fe^{2.5+})(S=0)$
	超還元型：	[4Fe-4S]$^{+}$	$2Fe^{2+}, (Fe^{2.5+}, Fe^{2.5+})(S=1/2)$

a) Beinert et al., 1997; Beinert, 2000. b) $(Fe^{2.5+}, Fe^{2.5+})$ は, (Fe^{3+}, Fe^{2+}) 状態において Fe^{2+} の1電子が2つのFeに非局在化.

パク質を，鉄-硫黄タンパク質（iron-sulfur protein）と呼ぶ．1つまたはそれ以上のFe-Sクラスターを含む電子伝達タンパク質と，Fe-Sクラスター以外にフラビン，ヘム，Moなどが共存して活性部位を構成する複合型鉄-硫黄酵素の2種類がある．鉄-硫黄タンパク質は，原始地球上に多く存在したであろうFeやSを材料としていることから，最初に機能した金属タンパク質と考えられている（Beinert, 2000）．表1.17に鉄-硫黄タンパク質が含むクラスターの諸性質を，表1.18に鉄-硫黄タンパク質の一覧を，図1.17には表1.17と表1.18にあげた鉄-硫黄クラスターの構造をまとめた．

(1) 単核鉄-硫黄クラスター（Cys_4Fe）（図1.17(a)）

細菌がもつ電子伝達タンパク質ルブレドキシン（rubredoxin；約6 kDa）は，活性中心に4つのCysが四面体型に結合した単核Fe部位を有しているので，正確にはクラスターとはいえないが，分類上，クラスターに加えている．Fe^{2+}とFe^{3+}のスピン状態はいずれも高スピンであり，その酸化還元電位（$-100 \sim 50$ mV）は，HiPIPを除いて以下のクラスターのものよりも正側である．ルブレドキシンスーパーファミリーでは，クラスターを結合しているCys残基の配列は$-CPXCGX_nCX_2C-$のように保存されているが，デスルホレドキシン（desulforedoxin）ファミリーではCX_2C部分のCysで挟まれた2残基がなく，$-CPXCGX_nCC-$となっている．代表的な酸化体の吸収スペクトルは，350 (7), 380 (7.7), 490 (6.6), 570 (3.2), 750 nm (0.4 mM^{-1} cm^{-1}) に吸収帯を示し，ESRスペクトルでは，$g=4.3, 9.4$にシグナルが観測される．一方，還元体は311 (11), 331 nm (6 mM^{-1}cm^{-1}) に吸収帯を示すが，ESRは観測されない．

表1.18 鉄-硫黄タンパク質

クラスターの種類[a]	クラスターの機能	酸化還元電位 E^0 (mV)[b]	タンパク質	PDB code の例
[1Fe-0S]				
$[Cys_4Fe]^{-/2-}$	電子移動	$-100 \sim +50$	ルブレドキシン	1IRO, 1BRF
$[Cys_4Fe]^{-/2-} \times 2$	電子移動	$-100 \sim +50$	デスルフォレドキシン	1DXG
[2Fe-2S]				
$[Cys_2His_2Fe_2S_2]^{0/-}$	電子移動	$-90 \sim +280$	リスケタンパク質	1RIE, 1BE3, 1RFS, 1NDO, 1G8J
$[Cys_3ArgFe_2S_2]$	S原子供給部位	$-600 \sim -400$	ビオチンシンターゼ	1R30
$[Cys_4Fe_2S_2]^{2-/3-}$	電子移動	$-430 \sim -240$	[2Fe-2S]フェレドキシン	1AWD, 1CJE, 1DOI
$[Cys_4Fe_2S_2]^{2-/3-}$	電子移動	-235	プチダレドキシン	1PDX
$[Cys_4Fe_2S_2]^{2-/3-}$	O_2^-, NOセンサー：redox による転写調整因子	-285	SoxR タンパク質 (superoxide response regulon の転写活性化因子)	2ZHH, 2ZHG
[3Fe-4S]				
$[Cys_3Fe_3S_4]^{2-/3-}$	電子移動	-130	[3Fe-4S]フェレドキシン	1FXD
$[Cys_3Fe_3S_4]^{2-/3-}$	非酸化還元反応部位	-280 (pH 8.0)	[3Fe-4S]アコニターゼ	1AMJ, 1BOJ, 6ACN
$[Cys_3Fe_3S_4]^{2-/3-}$	電子移動	~ 300	亜七酸キシダーゼ	1G8J
[4Fe-4S]				
$[Cys_4Fe_4S_4]^{2-/3-}$	電子移動	$-420 \sim -280$	[4Fe-4S]フェレドキシン	2FXB, 1FXR, 1VJW
$[Cys_4Fe_4S_4]^{-/2-}$	電子移動	$+90 \sim +460$	高ポテンシャル Fe-S タンパク質 (HiPIP)	1HIP, 1HPI, 1ISU
$[AspCys_3Fe_4S_4]$	電子移動		光非依存型プロトクロロフィリドレダクターゼ	3AEK
[7Fe-8S] ([3Fe-4S]・[4Fe-4S])				
$[Cys_7Fe_3S_4]^{2-/3-}$	タンパク質内電子移動	[3Fe-4S]: $-450 \sim -140$ [4Fe-4S]: $-645 \sim -410$	[7Fe-8S]フェレドキシン	1FD1, 1FER, 1AXQ, 1BC6
[8Fe-8S] ([4Fe-4S]・[4Fe-4S])				
$[Cys_4Fe_4S_4]^{2-/3-} \times 2$	タンパク質内電子移動	$-500 \sim -400$ (両[4Fe-4S] クラスター共)	[8Fe-8S]フェレドキシン	1CLF, 2FDN, 1DUR, 1BLU

1.8 生体物質の配位化学と金属活性部位構造

表1.18 (つづき)

クラスターの種類[a]		クラスターの機能	酸化還元電位 $E^{0'}$ (mV)[b]	タンパク質	PDB code の例
[4Fe-4S]	[Cys$_3$Fe$_4$S$_4$]$^{0/1-}$	非酸化還元反応部位	100 (pH 8)	アコニターゼ (クエン酸をイソクエン酸に変換と細胞内の Fe 濃度の制御)	1AMJ, 1BOJ, 6ACN, 1C96, 2IPY
	[Cys$_3$Fe$_4$S$_4$]$^{1-/2-}$		−450		
	[Cys$_3$Fe$_4$S$_4$]$^{2-/-}$ −(NH$_3$, CO$_2^-$)SAM	ラジカル生成部位	−600〜−400	ビオチンシンターゼ	1R30
	[4Fe-4S]−Cys-siroheme	酵素活性部位	−405	亜硫酸レダクターゼ	1AOP, 5OAP, 2GEP
	[4Fe-4S]×(3 or 4)	タンパク質内電子移動	−340〜−330	[FeFe]ヒドロゲナーゼ	1HFE, 3C8Y
	[3Fe-4S]·[4Fe-4S]×2	タンパク質内電子移動	−350〜−300	[FeNi]ヒドロゲナーゼ	1WUJ
	[4Fe-4S]×3	タンパク質内電子移動		[NiFeSe]ヒドロゲナーゼ	1CC1

a) ヨコキは, 酸化体/還元体. SAM : S-アデノシルメチオニン.
b) vs. NHE.

(2) 2核鉄-硫黄クラスター（$Cys_4Fe_2S_2$, $Cys_2His_2Fe_2S_2$）（図1.17(b), (c)）

このクラスターを含む代表には 8～10 kDa のフェレドキシン（ferredoxin）があり，電子伝達タンパク質として細菌からヒトまで広く存在している．クラスターでは2つの Fe が約 2.7 Å 離れて位置しており，酸化型（$2Fe^{3+}$）では両者のスピンが打ち消し合って反磁性である．したがって，1電子が入った還元型では常磁性となる．クラスターを保持するアミノ酸配列は通常保存されていて，$-CX_4CX_2CX_nC-$である．最初の2つの C が1個の Fe に，後の2つが他の Fe に結合している．酸化体は，S → Fe(Ⅲ) 電荷移動吸収帯を示し（325, 420（$9.7\,mM^{-1}cm^{-1}$）, 465 nm），また，2個の Fe 間相互作用が強いため，ESR シグナルを与えないが，還元すると $g_z = 2.04$, $g_y = 1.95$, $g_x = 1.88$ に異方性シグナルが観測される．また，酸化還元電位（-430～$-240\,mV$）は，還元能が高いことを示している．多くの光合成生物の光化学系Ⅰの末端電子受容体として働いている．また，グルタミン酸合成，亜硫酸還元，脂肪酸不飽和化，同化型亜硝酸還元，窒素固定などの代謝反応で電子伝達の役割を演じている．さらに，キサンチンオキシダーゼ（xanthine oxidase）においては，分子内でモリブデンコファクター（Moco）部位と FAD の間の電子移動を仲介している（2.6.5項 p.266 参照）．副腎皮質ミトコンドリアのステロイドヒドロキシラーゼ系を構成する酸性タンパク質，アドレノドキシン（adrenodoxin; 13 kDa）（2.4.1項 p.224 参照）や，ショウノウを炭素源として生育する微生物 *Pseudomonas putida* が産出するプチダレドキシン（putidaredoxin; 12 kDa）（2.4.1 参照）はシトクロム P450 の電子供与体であり，この［2Fe-2S］クラスターを有する．また，O_2^- や NO のような酸化ストレスの微生物のセンサーとして機能する SoxR タンパク質にも，アミノ酸154残基からなるペプチド鎖の C 末端近くに CX_2CXCX_5C モチーフがあり，［2Fe-2S］クラスターが結合している（Watanabe et al., 2008）（3.2.2項 p.324 参照）．

これに対して，4つの Cys 配位子のうち2つが His(H) に置き換わった複核 Fe 部位をもつリスケタンパク質（Rieske protein）がある．リスケタンパク質の代表的な保存アミノ酸配列は $-CXHX_nCX_2H-$ で，1つの Fe に2つの Cys が結合し，もう1つの Fe には2つの His が結合している．このクラスターの酸化還元電位は -90～$+280\,mV$ で，上述のフェレドキシンよりも正側（還元能が小さい）である．このリスケタンパク質は，前述の非ヘム鉄含有ジオキシゲナーゼ複合体（Nonheme-2 グループ：2.4.2項 p.231 参照），細菌やミトコンドリアのシトクロム bc_1 複合体（2.3.1項 p.195 参照），光合成系シトクロム b_6f 複合体（2.3.4項 p.214 参照）に含まれている．ウシ心筋シトクロム bc_1 複合体のリスケタンパク質の酸化体は，323 (15.7), 458 (8.4), 579 nm ($4.3\,mM^{-1}cm^{-1}$) に吸収帯を，還元体は 305 (11.1), 383 (4.8), 428 (4.0), 520

($2.7\,\text{mM}^{-1}\text{cm}^{-1}$) に吸収帯を示す. 還元体の ESR は, $g_z = 2.02$, $g_y = 1.89$, $g_x = 1.81$ に異方性シグナルを与える.

(3) 3核鉄-硫黄クラスター（$\text{Cys}_3\text{Fe}_3\text{S}_4$）（図1.17(d)）

[3Fe-4S] クラスターを1個有する電子伝達タンパク質は, これまでに報告されているものは *Desulfovibrio gigas* 由来のフェレドキシンⅡ（6kDa）のみである (Kissinger et al., 1991; Goodfellow et al., 1999). 酸化体は 305 nm, 415 nm（$16.0\,\text{mM}^{-1}\text{cm}^{-1}$）に吸収帯をもち, 還元体は 425 nm（$9\,\text{mM}^{-1}\text{cm}^{-1}$）に吸収帯を示す. アミノ酸58残基からなるペプチド鎖のN末端側にクラスターが結合し, その配列は$-\text{C}(8)\text{X}_2\text{C}(11)^*\text{X}_2\text{C}(14)\text{X}_{35}\text{C}(50)-$（数字はN末端からの配列番号で, C(11)以外のCはクラスター配位子として Fe に結合）であるが, ＊を付けた Cys 11 の側鎖は X_{35} に含まれる Cys 42 とジスルフィド結合を形成し, さらに, 本来 Fe と S が4原子ずつで形成するキュバン型構造からその側鎖が結合すべき Fe 原子が抜けている構造である（PDB code 1 FXD）. このクラスターの酸化還元電位（$-130\,\text{mV}$）は, 通常の [4Fe-4S] フェレドキシンのものと比べると正側である. また, 以前よりアコニターゼ（aconitase）と呼ばれている酵素は, 活性中心に1個の [4Fe-4S] クラスターを含んでいる. しかし, 3個の Fe 原子には Cys が結合しているが, 残る1個の Fe 原子には OH が結合している. このクラスターは不安定なために, 酸化的条件で後者の1個の Fe 原子が外れた [3Fe-4S] クラスターとなり, 酵素は失活する. この反応は可逆的で, 還元条件において Fe^{2+} を加えると, [4Fe-4S] クラスターが再生して活性が復活する. なお, この酵素については, 次項を参照されたい. 亜ヒ酸オキシダーゼも [3Fe-4S] クラスターを含んでいるが, この酵素は触媒部位である Mo 部位と, さらに [2Fe-2S] リスケクラスターももっている. [3Fe-4S] クラスターに結合している Cys 残基のアミノ酸配列は$-\text{C}(21)\text{X}_2\text{C}(24)\text{X}_3\text{C}(28)-$となっている. 詳細については, 2.6.5項（p.266）を参照されたい.

[7Fe-4S] フェレドキシンは, 約13 kDa の1分子中に [3Fe-4S] クラスターと [4Fe-4S] クラスターを1個ずつ有している. それらのクラスターをタンパク質に結合している Cys 残基の配列は, $-\text{C}^a\text{X}_7\text{C}^a\text{X}_3\text{C}^b\text{X}_m\text{C}^b\text{X}_2\text{C}^b\text{X}_2\text{C}^b\text{X}_3\text{C}^a-$（$\text{C}^a$ は [3Fe-4S] の Cys 配位子, C^b は [4Fe-4S] の Cys 配位子を示す）となっている. また, $[\text{3Fe-4S}]^{+/0}$ の酸化還元電位（$-450 \sim -140\,\text{mV}$）は, $[\text{4Fe-4S}]^{2+/+}$ の電位（$-645 \sim -410\,\text{mV}$）よりも正側である.

(4) 4核鉄-硫黄クラスター（$\text{Cys}_4\text{Fe}_4\text{S}_4$; $\text{AspCys}_3\text{Fe}_4\text{S}_4$）（図1.17(e), (f)）

光合成細菌や超好熱細菌などの嫌気性細菌には, 4Fe 原子と 4S 原子からなるキュバン型構造のクラスターを活性中心にもつ鉄-硫黄タンパク質が存在する. この電子伝達

タンパク質は2種類知られており，[4Fe-4S]フェレドキシンと高ポテンシャル鉄-硫黄タンパク質（high-potential iron-sulfur protein：HiPIP）[*12]である．HiPIP（[4Fe-4S]$^{3+/2+}$）の酸化還元電位は，4Fe フェレドキシン（[4Fe-4S]$^{2+/+}$）のそれと比べて，大きく正側にシフトしている（表1.18）．4Fe フェレドキシンの酸化体（[4Fe-4S]$^{2+}$）は，暗褐色で390 nm（16〜18 mM^{-1}cm^{-1}）の吸収帯をもち，還元すると（[4Fe-4S]$^{+}$）吸収帯は消失する．ESRスペクトルについては，酸化体は$g=2.02$に，還元体は$g=1.92, 1.94, 2.07$にシグナルを示す．HiPIPの酸化体（[4Fe-4S]$^{3+}$）は退色して吸収帯を示さないのに対して，還元体（[4Fe-4S]$^{2+}$）は390 nm付近に強いS→Fe(III)電荷移動吸収帯を示す．ESRについては，[4Fe-4S]$^{2+}$体は$g_{//}=2.12$，$g_{\perp}=2.03$の軸対称シグナルを，[4Fe-4S]$^{+}$体は$g_{//}=2.04$，$g_{\perp}=1.92$の特色あるシグナルを示す．

また，クラスターをペプチド鎖に結合させるCys残基の配列についても違いがある．すなわち，[4Fe-4S]フェレドキシンではペプチド鎖のN末端側にCX$_2$CX$_2$CX$_n$Cのモチーフが保存されており，HiPIPではどちらかといえばC末端側にCX$_2$CX$_n$CX$_m$Cの配列をとっている．さらに，[4Fe-4S]クラスターを6〜10 kDaのペプチドに2個含む[8Fe-8S]フェレドキシンの保存されているアミノ酸配列は，−C^{a}X$_2$C^{a}X$_2$C^{a}X$_3$C^{b}X$_n$-C^{b}X$_2$C^{b}X$_{2or8}$C^{b}X$_3$C^a−（C^{a}とC^{b}は，それぞれの[4Fe-4S]のCys配位子を示す）となっている．最近，Mg-プロトクロロフィリドのD環の二重結合（C(17)=C(18)；図1.2参照）を還元し，クロロフィルの前駆体であるMg-クロロフィリドaの生成反応を触媒する光合成細菌由来の暗所作動型プロトクロロフィリド還元酵素（DPOR）が，新しいタイプのAspCys$_4$Fe$_4$S$_4$クラスター（NBクラスター）をもつと報告された（Muraki et al., 2010; PDB code 3AEK）．この酵素では，[4Fe-4S]クラスターを含む還元成分であるLタンパク質から，触媒成分コンポーネントであるNBタンパク質の基質結合部位への電子移動を媒介する役割を演じている．NBタンパク質中のNBクラスターから基質のMg-プロトクロロフィリドaまでの最短距離は10〜11Åである．

次に，(3) で触れたアコニターゼ（Acn）について簡単に述べる．この酵素は3つのカテゴリーに分類することができる．①ミトコンドリアアコニターゼ（mAcn），②細胞質型アコニターゼ（cAcn），鉄調節タンパク質（iron regulatory protein：IRP1とIRP2），バクテリアのアコニターゼA（AcnA）を含むグループ，③バクテリアのアコニターゼだけのグループ（AcnB）である．第2のグループは，高等生物の2つの機

[*12] このHiPIPはhigh-potentialと名付けられているが，これは単にその酸化還元電位が正で大きい値をとるためである．還元能については，負で大きい電位をもつ[4Fe-4S]フェレドキシンの方が，HiPIPよりも大きいことに注意されたい．

能を有する細胞質型アコニターゼを含んでいる．すなわち，この酵素は生体系に重要な糖代謝系のトリカルボン酸サイクル（tricarboxylic acid cycle：TCA cycle），別名クエン酸サイクル（citrate cycle）において，活性部位の［4Fe-4S］クラスターを用いてクエン酸塩（citrate）をイソクエン酸塩（isocitrate）に変換するだけでなく，クラスターのない状態（アポ型）で，細胞内の Fe 濃度が低下すると鉄応答エレメントと呼ばれる特有のメッセンジャー RNA 配列と結合する鉄調節タンパク質（IRP1）の機能も有している．後者のウサギ IRP1 では，約 890 アミノ酸残基からなり 4 個のドメインからなる酵素がドメインを開いて約 30 塩基対の RNA と結合している結晶構造が報告されている（Walden et al., 2006; PDB code 2IPY）．IRP1 が結合すると，フェリチンの形成が阻害されて Fe の蓄積が減少し，トランスフェリン受容体の構築が促進される．その結果，細胞は血液から多くの Fe 結合トランスフェリンを取り込むことになる．しかし，この系では鉄-硫黄クラスターは関与しないので，ここでは触れないこととする．詳細は 3.2.3 項（p.326）と原典を参照されたい．一方，クラスターが触媒反応に関与する Acn の反応では，83 kDa のウシ由来 mAcn について基質や生成物がクラスターに結合した構造が報告されている（Lloyd et al., 1999; PDB code 1C96, 1C97）．クエン酸から cis-アコニット酸塩を経てイソクエン酸塩に至る触媒反応を下に示すが，反応はリアーゼの触媒反応である（この場合は，可逆的な H_2O の脱離・付加反応）．推定反応機構としては，まず，［4Fe-4S］クラスターの 4 個の Fe のうち，Cys の代わりに 1 分子の H_2O が結合している 1 個の Fe 原子にクエン酸の C_β の OH 基（Fe-O, 2.6Å）と COO^- 基（Fe-O, 2.4Å）がキレート結合した後，その OH 基と C_α の H 原子が H_2O となって脱離して cis-アコニット酸塩（aconitate）が生成する．次に，C_αーCOO^- 基が Fe に配位しているアコニット酸塩の C_βーCOO^- 基と置き換わって結合し，その後，C_α＝C_β に H_2O が付加してイソクエン酸塩が生成すると考えられている．

$^-OOCC_\alpha H_2$ー$C_\beta(OH)(COO^-)$ー$C_\gamma H_2 COO^-$（C_β の OH 基と COO^- 基が Fe にキレート結合）ー$H_2O \rightarrow {}^-OOCC_\alpha H=C_\beta (COO^-)$ー$C_\gamma H_2 COO^-$（$cis$-アコニット酸塩，$COO^-$ の単座配位が $C_\beta \rightarrow C_\alpha$ に変換）＋ $H_2O \rightarrow {}^-OOCC_\alpha (H)(OH)$ー$C_\beta (H)(COO^-)$ー$C_\gamma H_2 COO^-$（$C_\alpha$ の OH 基と COO^- 基で Fe にキレート結合）ただし，反応は可逆

なお，酵素活性な反磁性［4Fe-4S］クラスターを結合するのは，$CX_{62}CX_2C$ 配列モチーフである．

以上のクラスターのほかに，ニトロゲナーゼ（nitrogenase）の P クラスターと FeMoco クラスターがあるが，これらについては 2.7.3 項 p.286 を参照されたい．また，この章ではタンパク質中の鉄-硫黄クラスターについて触れたが，それらのモデル錯

表1.19 亜鉛タンパク質の分類とZn(II)の配位子(L)

亜鉛タンパク質とその機能	L1	L2	L3	L4	L5	PDB code, Zn-M 距離(Å)など
触媒 Zn 部位　クラスI：酸化還元						
ウマ　アルコールデヒドロゲナーゼ (ADH)	Cys	His	Cys	H_2O		2OHX, 1HLD
ヒト　ADH $\beta_1\beta_1$, $\beta_3\beta_3$	Cys	His	Cys	H_2O		1DEH, 3HUD, 1HTB
Thermoanaerobacter brockii ADH	Cys	His	Asp	H_2O		1KEV
触媒 Zn 部位　クラスII：転移						
ラット　ファルネシルトランスフェラーゼ	Asp	Cys	His	H_2O		1FT1, 1FT2
触媒 Zn 部位　クラスIII：加水分解						
ウシ　カルボキシペプチダーゼ A, B	His	Glu	His	H_2O		3CPA, 1CPB
ラット　カルボキシペプチダーゼ A_2	His	Glu	His	H_2O		1CP2
Bacillus thermoproteolyticus サーモリシン	His	His	Glu	H_2O		1TLX, 2TLX
Pseudomonas aeruginosa エラスターゼ	His	His	Glu	H_2O		1EZM
アスタシン(ザリガニエンドペプチダーゼ)	His	His	His	H_2O	Tyr	1AST
Crotalus adamanteus 蛇毒エンドペプチダーゼ	His	His	His	H_2O		4AIG
ヒト細胞外基質分解酵素 MMP-7 (マトリライシン)	His	His	His	H_2O		1MMP, 1MMQ
ヒト細胞外基質分解酵素 MMP-13 (コラゲナーゼ-3)	His	His	His	H_2O		456C, 830C, 966C
Streptomyces caespitosus エンドペプチダーゼ	His	His	Asp	H_2O		1KUH
触媒 Zn 部位　クラスIV：H_2O の付加・脱離						
ヒト　α-炭酸デヒドラターゼI，II，XIII	His	His	His	H_2O		1AZM, 1CA2, 3D0N
ウシ　α-炭酸デヒドラターゼII	His	His	His	H_2O		1V9E
アラスカエンドウ β-炭酸デヒドラターゼ	Cys	His	Cys	H_2O		1EKJ
6-ピルボイルテトラヒドロプテリン合成酵素	His	His	His	H_2O		1B6Z, 1B66
構造 Zn 部位						
ウマ　ADH	Cys	Cys	Cys	Cys		2OHX, 1HLD
ヒト　ADH β_1, β_3	Cys	Cys	Cys	Cys		1DEH, 3HUD, 1HTB
ウシ　シトクロム c オキシダーゼ	Cys	Cys	Cys	Cys		1OCC, 1OCR, 2OCC
ヒト　プロテインキナーゼ CK2β	Cys	Cys	Cys	Cys		1QF8
ヒト　Raf-1 プロテインキナーゼ	Cys	Cys	His	Cys		1FAR, 1FAQ
	His	Cys	Cys	Cys		Zn-Zn：15Å
ヒト細胞外基質分解酵素 MMP-7 (マトリライシン)	His	Asp	His	His		1MMP, 1MMQ
ヒト細胞外基質分解酵素 MMP-13 (コラゲナーゼ-3)	His	Asp	His	His		456C, 830C, 966C
HIV-1　組込み酵素	His	His	Cys	Cys		1WJD
共触媒複核 Zn 部位						
ウシ　スーパーオキシドジスムターゼ (SOD)	Cu(II)	His	His	*His*[a]	His	H_2O 2SOD
	Zn	*His*	His	His	Asp	6.3
ヒト　SOD	Cu(II)	His	His	*His*	His	1SOS
	Zn	*His*	His	His	Asp	5.5
ホウレンソウ SOD	Cu(II)	His	His	*His*	His	1SRD
	Zn	*His*	His	His	Asp	6.1
イースト SOD	Cu(II)	His	His	*His*	His	H_2O 1B4L, 1YSO
	Zn	*His*	His	His	Asp	6.5

1.8 生体物質の配位化学と金属活性部位構造

表 1.19（つづき）

亜鉛タンパク質とその機能		L1	L2	L3	L4	L5	PDB code, Zn–M 距離(Å)など
大腸菌アルカリホスファターゼ	Zn_1	His	Asp	Ser	*Asp*	PO[b]	1ALK
	Zn_2	Asp	His	His	*PO*		Zn–Zn：3.9
	Mg	*Asp*	Glu				Mg–Zn：5〜7
Pseudomonas (*Brevundimonas*) *diminuta*							
ホスホトリエステラーゼ	Zn_1	His	His	*Lys-CO_2*[c]	Asp	OH^-	1HZY, 1DPM
	Zn_2	*Lys-CO_2*	His	His	OH^-	H_2O	3.3
大腸菌ホスホトリエステラーゼ	Zn_1	His	His	*Glu*	Asp		1BF6
	Zn_2	*Glu*	His	His	?		3.35
Bacillus cereus ホスホリパーゼ C	Zn_1	*Asp*	His	His	Asp		1AH7
	Zn_2	Trp[d]	His	*Asp*	H_2O		3.3
大腸菌エンドヌクレアーゼⅣ	Zn_1	*Glu*	Asp	His	Glu	H_2O	1QTM, 1QUM
	Zn_2	*Glu*	His	His	H_2O		3.4
Bacteroides fragilis β-ラクタマーゼ	Zn_1	His	His	His	H_2O		1ZNB
	Zn_2	Asp	Cys	His	H_2O	H_2O	3.5
Stenotrophomonas maltophilia	Zn_1	His	His	His	H_2O		1SML
β-ラクタマーゼ	Zn_2	Asp	His	His	H_2O	H_2O	3.4
ウシ水晶体ロイシンアミノペプチダーゼ	Zn_1	*Glu*	Asp_{332}	$Asp_{332}CO$[e]	*Asp*		1BPN, 1BPM, 1BLL
	Zn_2	Lys	*Asp*	Asp	Glu		2.9
Aeromonas proteolytica	Zn_1	*Asp*	Glu	His	OH^-	H_2O	1RTQ, 2DEA
アミノペプチダーゼ	Zn_2	His	*Asp*	Asp	OH^-		
ヒト　グリオキサラーゼⅡ	Zn_1	His	His	His	*Asp*	H_2O	1QH3, 1QH5
	Zn_2	Asp	His	*Asp*	His	H_2O	3.3〜3.5
インゲンマメ　パープル酸性ホスファターゼ	Zn	*Asp*	Asn	His	His	H_2O	4KBP
	Fe(Ⅲ)	Asp	*Asp*	Tyr	His		3.3

a) イタリックのアミノ酸残基は架橋配位子を示す．　b) *PO* は外部からの架橋リン酸．　c) *Lys-CO_2* は架橋カルバマート化 Lys．　d) Trp1 が主鎖の NH_2 基と CO 基でキレート配位．　e) $Asp_{332}CO$，主鎖カルボニル O 原子配位．

体については Holm らの総説を参照されたい（Rao and Holm, 2004; Lee and Holm, 2004; Groysman and Holm, 2009）．

1.8.2 亜鉛タンパク質

Zn は生体系において，Fe に次いで多く存在する遷移元素である．イオンとしては +2 価であるために最外殻電子配置が $3d^{10}$ であり，そのタンパク質は d-d 遷移に起因する色を持たない．また，水溶液中の Zn^{2+} に配位している水分子の pK_a は 9.7 であるのに対して，タンパク質中のような疎水的環境では〜7 に低下するため，容易に $[Zn-OH]^+$ を生成する．Zn^{2+} は置換活性であるため，配位している OH^- は基質を求

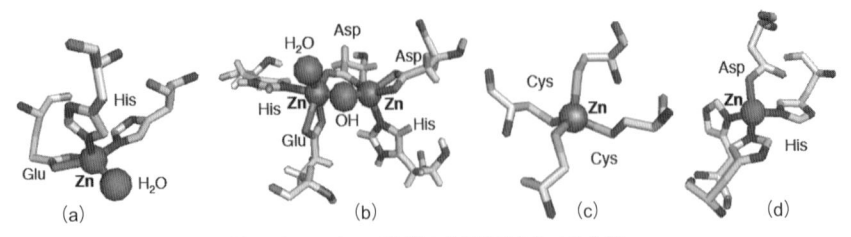

図 1.18 Zn タンパク質の金属部位の 3 つの分類
(a) 触媒 Zn 部位 (サーモリシン (PDB code 1TLX)), (b) 共触媒複核 Zn 部位 (アミノペプチダーゼ (1RTQ)), (c) と (d) 構造 Zn 部位, (c) シトクロム c オキシダーゼ (1OCC), (d) マトリライシン (1MMQ)).

核攻撃して,加水反応や加水分解を引き起こす.これは,+2 価しかとらない Zn イオンが,酸化数を変化させる酸化還元反応には関与しないことを示すものであるが,一方,Zn は主として 4 配位四面体構造をとって,タンパク質構造の維持にも関与している.表 1.19 には,Zn タンパク質中の Zn 部位の機能を 3 つに分類して,構造と共にまとめた.さらに,それらの代表的な構造を図 1.18 に示した.図において,*Bacillus thermoproteolyticus* 由来サーモリシン (thermolysin; 35 kDa) は,ペプチドアミノ酸配列の内部のアミド結合を切断する酵素 (endopeptidase) である (English et al., 1999).図中の (a) では,Zn には 2 つの His イミダゾール,1 分子の H_2O,さらに Glu のカルボキシル基が 2 座配位しているので,5 配位四角錐型構造をとっている.これに対して,*Aeromonas proteolytica* 由来アミノペプチダーゼ (aminopeptidase; 33 kDa) (b) は,ペプチド中のアミノ酸を N 末端側から順に加水分解する酵素 (exopeptidase) で,複核の Zn 部位を有している (Desmarais et al., 2006).1 つの Zn は 6 配位,他の 1 つは 5 配位構造であり,2 つの Zn が協同して基質と相互作用をし,Zn に結合している OH^- による基質の求核攻撃を行うことによって加水分解を触媒すると考えられている (図 2.99(c) p.299 参照).同様にアミノペプチダーゼで,N 末端が Leu の場合に特に活性が高いウシ水晶体ロイシンアミノペプチダーゼ (leucine aminopeptidase) では,Lys の側鎖アミノ基や Asp 332 の側鎖のカルボキシル基と主鎖アミド結合の O 原子が Zn に配位している (Kim and Lipscomb, 1993).また,ここで触れた酵素以外の Zn 含有酵素については,2.8 節 (p.290) を参照されたい.

タンパク質構造維持のための Zn 部位として,ミトコンドリア呼吸鎖末端酵素であるシトクロム c オキシダーゼ (Tsukihara et al., 1996; PDB code 1OCC) と,ヒト由来の細胞外のマトリックス (細胞基質) 分解酵素 MMP-7 (マトリライシン, matrilysin; 19 kDa) (Browner et al., 1995) の Zn 部位を図 1.18 に掲げた.後者のマトリライシン (MMP-7) は,がん細胞やマクロファージで産出され,プロテオグリカン,

ゼラチン，フィブロネクチンのような細胞外マトリックスを切断して，がんの浸潤・転移形成に関与する酵素と考えられており，表1.19に示したように，四面体型触媒Zn部位も有している．両者の原子間距離は約12Åである．また，古くから構造が知られているアルコールデヒドロゲナーゼ（alcohol dehydrogenase：ADH）もZn触媒部位と構造部位を有しており，両者は約19Å離れている（Ramaswamy et al., 1994, PDB code 1HLD; Davis et al., 1996, PDB code 1DEH, 1HTB）．乳がん細胞や軟骨細胞で産出され，コラーゲンを切断するヒト由来の細胞外マトリックス分解酵素MMP，コラゲナーゼ-3（collagenase-3; 19.5 kDa）も，同様の2種類のZn部位をもっている（Gomis-Ruth et al., 1996; Lovejoy et al., 1999; PDB code 456C, 830C, 966C）．

Znタンパク質の総説には，サーモリシン（Matthews, 1988），カルボキシペプチダーゼ（Christianson and Lipscomb, 1989），β-ラクタマーゼ（Wilke et al., 2005; Tamilselvi and Mugesh, 2008）などがある．低分子量Zn錯体については，山村らによる，HisやGluを含むオリゴペプチドを配位子とするプロテアーゼモデル錯体の研究(Yamamura et al., 1998)，八代らの2核，3核Zn錯体を用いたジリボヌクレオチドのリン酸エステル加水分解反応の研究などがある（Yashiro et al., 1997; 2004）．また，複核Zn加水分解酵素とそれらのモデル系の総説も発表されている（Weston, 2005）．

1.8.3 銅タンパク質

CuはFe, Znに次いで生体系に多く含まれている遷移元素であり，$Cu^+(3d^{10}, S=0,$反磁性)と$Cu^{2+}(3d^9, S=1/2,$常磁性)の間で変換することにより，電子やO_2の運搬，酸化・還元反応，酸素添加反応などの機能を行っているが，銅錯体を用いた加水分解などの錯体化学で見られるような加水分解反応には関与しない．1970年頃にVänngårdらは，銅タンパク質中のCuの特徴ある分光学的，磁気的性質に基づいて，タイプ1Cu～タイプ3Cuに分類した．これらは，彼らが研究を行っていた複数の種類のCuを含むマルチ銅オキシダーゼ（ラッカーゼ，セルロプラスミンなど）を分類したものであったが，その後，各タイプのCuを単独に含む場合にもこの分類が用いられるようになった．すなわち，ブルー銅タンパク質（10～15 kDaあたり青色を呈するCuを1個有する電子伝達タンパク質）のCuはブルー銅またはタイプ1Cu（T1Cu），アミンオキシダーゼ，ガラクトースオキシダーゼなどのCuは非ブルー銅またはタイプ2Cu（T2Cu）と呼ばれている．その後，クラスター構造をもつCu部位が発見され，Cu_A, Cu_B, Cu_Zなどと呼ばれるようになった．表1.20に代表的な銅タンパク質とそれらの機能および性質をまとめた．また，表中に示したCu部位構造を図1.19に示す．

表 1.20 銅タンパク質の機能と性質

銅タンパク質	所在	機能	分子量 (kDa)	T1	T2	T3	その他	PDB code
プラストシアニン	植物	光合成電子伝達	12	1				1PLC, 1BXU, 2GIM
アズリン	微生物	電子伝達	15	1				4AZU, 2CCW, 2H47
アミシアニン	微生物	電子伝達	12	1				2OV0, 3C75, 3L45
シュードアズリン	微生物	電子伝達	13	1				1BQK, 1BQR, 1PAZ
マビシアニン	ズッキーニ	電子伝達（?）	18	1				1WS7, 1WS8
ステラシアニン	漆, キュウリ	電子伝達（?）	20	1				1JER
ラスチシアニン	硫黄細菌	電子伝達	17	1				1RCY, 1A3Z, 2CAK
ヘモシアニン	軟体動物	酸素運搬	47 (fu)[b]			2		1JS8
	節足動物	酸素運搬	75 (fu)			2		1LL1, 1OXY
カテコールオキシダーゼ	サツマイモ	カテコール酸化	39			2		1BT3, 1BT2
チロシナーゼ	動物, 植物, 微生物	フェノール類の酸化, メラニン生成	31～220			2		1WX2, 1WX4, 3NM8, 3NQ18
アミンオキシダーゼ	動物	アミン類酸化	(70～95)×2[c]		1			2PNC, 1TU5
	植物	アミン類酸化			1			1KSI
	微生物	アミン類酸化			1			1DYU, 1D6Z
ガラクトースオキシダーゼ	菌類	ガラクトース酸化	63	1				1GOF, 1GOG
ドーパミンβ-ヒドロキシラーゼ	動物	ノルアドレナリン生成	73×4		2			—
スーパーオキシド ジスムターゼ	動物, 微生物	スーパーオキシドの不均化	16×2		1		1(Zn)	2C9V, 2SOD, 1SOS
								1B4L, 1YSO
ニトロシシアニン	微生物	酵素反応（?）	12					1IBY
セルロプラスミン	哺乳類血液	鉄酸化, 銅運搬	134	2	1	2[d]		1KCW, 2J5W
アスコルビン酸オキシダーゼ	キュウリ, 西洋カボチャ	アスコルビン酸酸化	60×2	1	1	2[d]		1AOZ, 1ASO

1.8 生体物質の配位化学と金属活性部位構造

表1.20 (つづき)

銅タンパク質	所在	機能	分子量 (kDa)	各タイプ銅の含量[a]				PDB code
				T1	T2	T3	その他	
ラッカーゼ	漆	ジアミン やジフェノールの酸化	110	1	1	2[d]		—
	菌類, 昆虫		32〜62					1A65, 2X88, 3FU7
シトクロム c オキシダーゼ	動物	シトクロム c 酸化	204×2	2 (Cu_A)		1 (Cu_B)	heme a×2	2OCC, 1OCO
	微生物	シトクロム c 酸化	120					1AR1
亜硝酸レダクターゼ	脱窒菌などの微生物	亜硝酸イオンの還元	37×3	1	1			1BQ5, 1AS7, 1AQ8
			50×6	2	1			2DV6
			48×3	1	1		heme c×1	2ZOO
亜酸化窒素レダクターゼ	脱窒菌	亜酸化窒素の還元	65×2	2 (Cu_A)			4 (Cu_Z)	1QNI, 1FWX, 2IWF 3SBP[e], 3SBR[e]

a) それぞれのタンパク質としての最小単位あたりの銅原子の個数. T1:タイプ1 Cu, T2:タイプ2 Cu, T3:タイプ3 Cu.
b) fu は functional unit (機能を有する最小単位)
c) ×の後ろの数字はサブユニット数.
d) 1つのT2と2つのT3が三角形を形成しているので, 他のクラスター部位 Cu_A や Cu_Z のように Cu_T 多核部位として考えることもできる. Cu_B は, heme a と架橋 O_2^{2-} 配位子を介して相互作用をしている.
e) これまで知られている Cu_Z 部位は [4Cu:1S] であったが, 最近, 触媒活性な [4Cu:2S] 部位が報告された (p.213 参照).

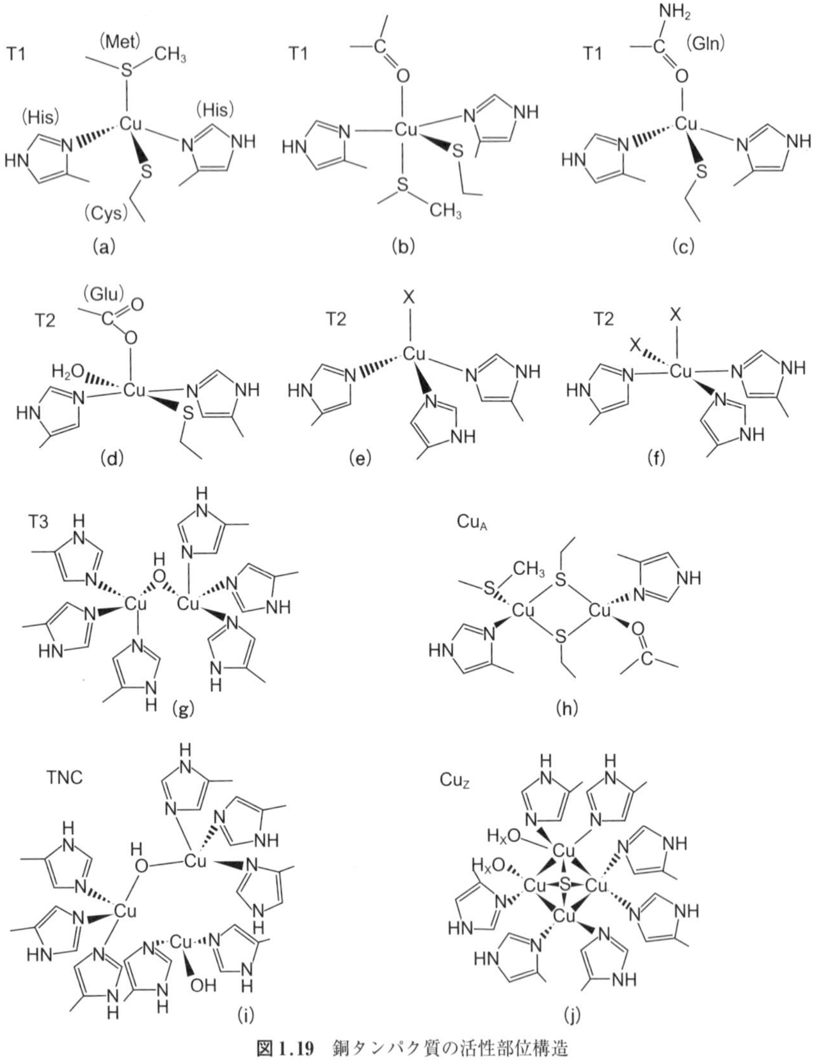

図 1.19 銅タンパク質の活性部位構造

図中の T1～T3 はタイプ 1 Cu～タイプ 3 Cu を示す．TNC（trinuclear copper center）については，従来から T2Cu と T3Cu からなる 3 核構造とされているものである（本文参照）．X は H_2O などを示す．(a) 歪んだ四面体型，Met の S 原子が軸配位，プラストシアニン（2.1.2 項 p.164 参照），アミシアニン（amicyanin）[*13]（Tobari and Harada, 1981; Cavalieri et al., 2008; Sukumar et al., 2010）（2.1.2 項参照），シュードアズリン（pseudoazurin）（Inoue et al., 1999; PDB code 1BQK and 1BQR）（2.1.3 項 p.165 参

[*13] 1981 年に，戸張らによって C1 資化性菌 *Methylobacterium extorquens* AM 1 から初めて単離されたブルー銅タンパク質で，この名前が付けられた（Tobari, 1984）．

[図1.19（つづき）]

照），セルロプラスミン（2.6.2項p.259参照），アスコルビン酸オキシダーゼ（2.6.2項参照），ラッカーゼ（2.6.2項参照），亜硝酸レダクターゼ（2.3.2項p.200参照）．(b) 三角両錐型，アズリン（2.1.1項p.158参照）．(c) ステラシアニン（stellacyanin）(Hart et al., 1996)，マビシアニン（mavicyanin）(Xie et al., 2005; PDB code 1WS7, 1WS8)（2.1.1項参照）．(d) 四角錐型，ニトロソシアニン（nitrosocyanin）(2.1.1項参照)．(e) 四面体型，亜硝酸レダクターゼ（2.3.2項参照）．(f) 四角錐型配位構造（X＝H_2O，アミンオキシダーゼ（1.9.1項p.109参照），スーパーオキシドジスムターゼ（SOD；2.5.1項p.252参照），ガラクトースオキシダーゼ（GO；1.9.4項p.125参照）．(g) メト型ヘモシアニン（hemocyanin：Hc）(2.2.3項p.188参照)，カテコールオキシダーゼ，チロシナーゼ（tyrosinase：TYN）(2.4.4項p.241参照)．(h) シトクロム c オキシダーゼ（cytochrome c oxidase：CcO）(2.3.1項p.195参照)，亜酸化窒素レダクターゼ（nitrous oxide reductase：N_2OR）(2.3.2 d項p.210参照)．(i) マルチ銅オキシダーゼ（セルロプラスミン，アスコルビン酸オキシダーゼ，ラッカーゼ，ビリルビンオキシダーゼ，CueO）(2.6.2項p.259参照)．(j) N_2OR；最近，触媒活性な Cu_z 部位は，図中の2つの H_2O の代わりに，無機 S 原子が2つの Cu イオンに架橋している［4Cu：2S］であると報告された（2.3.2 d項p.210参照）．

a. タイプ1 Cu（T1Cu）

表1.20のプラストシアニン（光合成系でシトクロム f からの電子を P700 に伝達する役割，2.3.4項p.214参照）からラスチシアニン（rusticyanin）(Walter et al., 1996; Barrett et al., 2006) までのブルー銅タンパク質は，10～20 kDa あたり T1Cu を1個含有し，電子運搬を行っている．一方，T1Cu と共に他のタイプの Cu も有するマルチ銅酵素では，T1Cu において電子伝達タンパク質や基質から電子を受け取り，それを分子内の他の Cu 部位に移動することにより酵素反応を行っている．酸化型 T1Cu の分光学的特徴は，吸収スペクトルでは 600 nm 付近に $\varepsilon = 2000$~$6000\,M^{-1}cm^{-1}$ の吸収帯をもち，青～青緑を呈していることである．この原因は，Cu^{2+} が Cys 残基の S^- を配位していることよる電荷移動吸収帯（LMCT）によるものであるが，電子を受け取り Cu^+ となると無色になる．また，ESR スペクトルでは，T1Cu が 3～10 mT（T：tesla），あるいは $(3~10)\times10^{-3}\,cm^{-1}$（両者のパラメータの換算式は図2.2を参照）の超微細結合定数（$|A_{//}|$）を示すところにある（1.6.4項p.50, 2.1.1項p.158を参照）．

T1Cu の代表的な構造は図1.19の3種の T1 で示される．T1Cu には，Cu に 2His，Cys が結合し，軸方向からの Met の結合がない3配位のものもある．ステラシアニン，マビシアニンでは，軸配位子として Gln の側鎖アミド O 原子が結合している．最近，ビリルビンオキシダーゼ（bilirubin oxidase）の構造解析が行われ，T1Cu は Met 結合型であるが，その裏側には Asn が配置されており（Mizutani et al., 2010, PDB code 3ABG; Cracknell et al., 2011, PDB code 2XLL），Met を非配位性のアミノ酸に置換すると，Asn 側鎖のアミド CO が接近することが示唆されている（Kataoka et al., 2008）．これら T1Cu の特徴としては，Cu^+ と Cu^{2+} を往復する際，Cu の配位構造はあまり変わらず，Cu－配位子間の結合距離が還元体で少し長くなる．また，マルチ銅酵素では，

タンパク質内のT1Cuと他の部位の距離は約12Åで，その間でタンパク質内長距離電子移動を行っている．ブルー銅タンパク質の構造の詳細については，2.1.2項(p.164)を参照されたい．

b．タイプ2 Cu(T2Cu)

このCuは一般にはCys残基の配位がないため，T1Cuのような強い青色を示さないので非ブルー銅とも呼ばれる．低分子量Cu^{2+}錯体と同様に可視部にd-d遷移が観測できるが，その強度は弱い（$\varepsilon = 50 \sim 300\ M^{-1}cm^{-1}$）．ESRスペクトルは，15〜20 mTあるいは$(15 \sim 20) \times 10^{-3}\ cm^{-1}$の超微細結合定数を示す．分光学的な特徴を示さないCuであるが，銅酵素反応においては重要な役割を演じている．図1.19にT2として3種のT2Cuタンパク質活性部位の基本構造を示した．ただし，SODでは歪んだ四角錐型構造で，1つのH_2O分子がHisイミダゾールと置換し，そのイミダゾールが架橋配位子となってZnと結合しており，両原子は約6Å離れている．また，ガラクトースオキシダーゼ（GO）のCu部位もアミンオキシダーゼのものと同様に四角錐型配位構造であるが，Tyr，2つのHis，1つのH_2Oが平面を形成し，もう1つのTyrが軸方向から配位している（1.9.4項p.125参照）．一方，アンモニア酸化細菌の赤色銅タンパク質，ニトロソシアニン（nitrosocyanin）も報告されている（Lieberman et al., 2001; Arciero et al., 2002）．この銅については，2.1.1項(p.158)を参照されたい．

c．タイプ3 Cu(T3Cu)

T3Cuは，本来，マルチ銅オキシダーゼにおける用語であったが，複核銅のみを活性中心としてもつ銅タンパク質にも用いられている．そのT3Cuは，ヘモシアニン（hemocyanin：Hc），カテコールオキシダーゼ，チロシナーゼ（tyrosinase：TYN）で，いずれも3つのHisイミダゾールを配位したCuイオンが3.5〜4.5Å離れて近接し，複核構造が極めて類似している点が興味深い（図1.19 (g)）．単独T3Cuの詳細については2.2.3項（p.188）と2.4.4項（p.241）を，マルチ銅オキシダーゼのTNCについては2.6.2項（p.259）を参照されたい．

d．多核Cu部位

本書でTNCとして表したマルチ銅オキシダーゼ（セルロプラスミン，アスコルビン酸オキシダーゼ，ラッカーゼ）のT2CuとT3Cu（Cu−OH−Cuの部分）は，それぞれ単独で存在するのではなく，図1.19 (i)に示すように3核構造を形成している．例えば，アスコルビン酸オキシダーゼの場合，2つのT3Cu間の距離は4.8Å，T2CuとT3Cuの距離は3.7と4.4Åとなっている（Messerschmidt et al., 1992）．したがって，この部位はtrinuclear copper center（TNC）と呼ばれているが，Cu-Cu間の相互作用はT3CuのCu−O−Cuでは強いが，T2CuとT3Cuの間では弱く，後述の

Cu–Cu間の相互作用が強いクラスター部位であるCu_AやCu_Zとは異なっている(2.6.2項p.259参照).

呼吸鎖末端酵素であるシトクロムcオキシダーゼ(cytochrome c oxidase:CcO)や亜酸化窒素レダクターゼ(nitrous oxide reductase:N_2OR)が有するCu_Aクラスター部位は,分光学的に特徴のある性質を示しているために注目を集めていたが,1995年にCcOのX線結晶構造解析が行われて,図1.19(h)に示す構造が明らかになった(Iwata et al., 1995; Tsukihara et al., 1995).複核のCu–Cu間の距離は2.5Åであり,Hcの距離よりも1Å以上短く,Cu–Cu間に強い相互作用がある.2つのCuで活性部位が形成されているが,酸化型は$[Cu_2]^{3+}$($Cu^{1.5+}Cu^{1.5+}$あるいは$Cu^{2+}Cu^+ \rightleftarrows Cu^+Cu^{2+}$と理解されている),還元型は$[Cu_2]^{2+}$で,1電子酸化還元反応を行う.酸化型は紫色を呈しており(2.3.2d項p.210参照),2個のCuは強い相互作用のため,極めて特徴あるESRスペクトル[*14]を与える(Antholine et al., 1992; Malmström and Aasa, 1993; Neese et al., 1996).CcOでは,この部位でシトクロムcからの電子を受け取り,タンパク質内の電子移動によって,heme a_3と相互作用をしているCu_B(3つのHisを配位)の間でO_2が4電子還元されると考えられている(2.3.1項p.195参照).

N_2ORは,Cu_A部位で受け取った電子をCu_Z部位に移動させ,そこでN_2OをN_2に還元する.4つのCuの中央にS^{2-}が位置した4核Cu構造のCu_Zクラスター部位を図1.19(j)に示す(Brown et al., 2000; Paraskevopoulos et al., 2006).Cu–S間の平均距離は2.3Å,Cu–Cu間は2.5〜3.5Åである.この部位の酸化状態は$[Cu_4S]^{4+}$($2Cu^{2+}$, $2Cu^+$),還元状態は$[Cu_4S]^{3+}$(Cu^{2+}, $3Cu^+$),さらに超還元状態は$[Cu_4S]^{2+}$($4Cu^+$)と考えられており,超還元状態の反応活性種のCu(1つのHisが配位しているCu)に基質が配位することにより還元反応が進行すると推定されていたが,最近,反応活性なCu_Z部位が報告され,基質との結合も議論された(2.3.2d項p.210参照).

1.8.4 モリブデンタンパク質とタングステンタンパク質

周期表でCrの下に位置しているMoは,$4d$元素として唯一生体系に取り込まれており,1930年代の植物研究において窒素固定に必須な元素として確認された.生体中には,Niと共にCuの約10%程度の存在量が見積もられている.原始地球上で大気中

[*14] (a) ウシのCcO(pH 7.5, 100 K)と,(b) *Pseudomonas stutzeri* のN_2OR(pH 7.4, 11 K)に含まれる酸化型Cu_AのESRスペクトルを示した.(a)はオレゴン保健科学大学(OHSU),Mason研にて測定(鈴木,未発表).

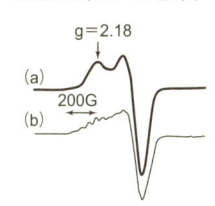

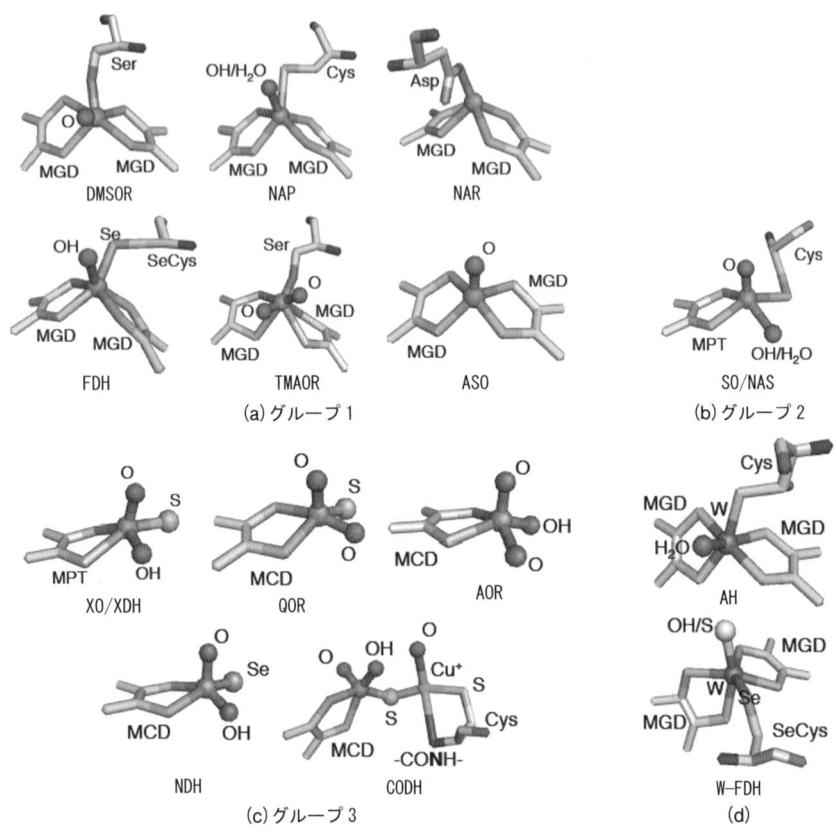

図 1.20 Mo-タンパク質 (a)〜(c) と W-タンパク質 (d) の金属部位の構造
(a) ジメチルスルホキシド (DMSO) レダクターゼファミリー：DMSOR (DMSO レダクターゼ)，NAP (異化型硝酸レダクターゼ)，NAR (異化型硝酸レダクターゼ)，FDH (ギ酸デヒドロゲナーゼ-N)，TMAOR (トリメチルアミン N-オキシドレダクターゼ)，ASO (亜ヒ酸オキシダーゼ)；(b) 亜硫酸オキシダーゼファミリー：SO (亜硫酸オキシダーゼ)，NAS (同化型硝酸レダクターゼ)；(c) キサンチンオキシダーゼファミリー：XO/XDH (キサンチンオキシダーゼ/キサンチンデヒドロゲナーゼ)，QOR (キノリン 2-オキシドレダクターゼ)，AOR (アルデヒドオキシドレダクターゼ)，NDH (ニコチン酸デヒドロゲナーゼ)，CODH (CO デヒドロゲナーゼ)；(d) AH (アセチレンヒドラターゼ)，W-FDH (W 含有ギ酸デヒドロゲナーゼ)．MTP, MGD, MCD のピラノプテリンジチオラート補因子については，図 1.35 (p.122) 参照のこと．

の O_2 濃度が低いときには Mo は MoS_2 となって水に不溶であったが，O_2 濃度が増加すると，$[MoO_4]^{2-}$ となって原始の海に溶け込み，これを生体が利用するようになったと考えられている．現に，地殻における存在量では，Fe, Zn, Cu は Mo よりも圧倒的に多いのに対して，海水中では逆転して Mo よりかなり少ない（表 1.3 p.11 参照）．

生命が海から発生したという根拠の1つになっている．周期表でさらに下に位置する $5d$ 元素の W も，海水中では Fe, Mn と同程度に存在している元素である．

Mo を活性中心にもつ酵素は，Mo 部位へのプテリン誘導体（MTP, MGD, MCD の構造については図 1.35 (p.122)，生合成については 3.3.13 項 p.341 参照）や酵素のアミノ酸残基の結合様式から，図 1.20 (a)(b)(c) のように，3 つのグループ（①～③）に分類されている．グループ 1 は DMSO レダクターゼに代表されるもの，グループ 2 は亜硫酸オキシダーゼに代表されるもの，グループ 3 はキサンチンオキシダーゼに代表されるものである．これらの酵素反応は各々の Mo 部位で起こり，次のように基質へ O 原子を加えるか，あるいは基質から O 原子を除去するものである．

$$X + H_2O \rightleftharpoons XO + 2H^+ + 2e^-$$

この反応において，Mo 原子は酸化数の変化を伴っている．代表的な Mo(Ⅵ)/Mo(Ⅴ) と Mo(Ⅴ)/Mo(Ⅳ) の E^0 は，① *R. sphaeroides* DMSOR では +144, +160 mV (pH 7.0)，②ニワトリ肝臓 SO では +70, −90 mV (pH 7.0)，③牛乳 XO/XDH では −345, −315 mV (pH 7.7) であり，2 つの電位の差は比較的小さい（McMaster and Enemark, 1998）．

それぞれの酵素の詳細については，各章を参照されたい．

① DMSOR, FDH, TMAOR, ASO：2.6.5 項（p.266）参照；NAP, NAR（それぞれ Nap, Nar とも表す）：2.3.2 項（p.200）参照
② SO, NAS：2.6.5 項，2.7.1 項（p.277）参照
③ XO/XDH, QOR, AOR, NDH, CODH：2.6.5 項（p.277）参照
④ AH, W-FDH：2.6.5 項参照

なお，DMSOR の Mo 部位については，図 1.20 に示した三角柱型 6 配位構造（*Rhodobacter sphaeroides* 由来，PDB code 1EU1）と，これにもう 1 つ O 原子が結合した 7 配位構造（*Rhodobacter capsulatus* 由来，PDB code 1DMR）が報告されている．後者は TMAOR のものに類似している．

1.8.5 マンガンタンパク質，ニッケルタンパク質，コバルトタンパク質
a．マンガンタンパク質

Mn は生体系において Fe, Zn, Cu についで多く含まれている遷移金属元素である（表 1.1 p.2 参照）．タンパク質中の酸化数は，通常 +2～+4 と，おそらく +5 をとり，ある特定の配位構造をとらない．そして，配位子との錯形成は Mg^{2+} や Ca^{2+} よりも強い程度で，生物的な系で見られる遷移金属の中では最も弱い．Mn^{2+} が置換活性で，錯形成が熱力学的に弱いことは，酵素精製の過程で Mn が抜ける可能性を意味している．Mn^{3+} 含有タンパク質として単離されても，Mn^{2+} が準化学量論的に含まれること

もある．Mn^{4+}の配位化学は八面体構造が支配的であり，μ_2-オキソ配位子で多核混合原子価（Mn^{3+}/Mn^{4+}）錯体を形成する傾向がある．

Mn含有酸化還元酵素であるMnデヒドロゲナーゼについては2.6.4項（p.266）を，Mn含有スーパーオキシドジスムターゼとMnカタラーゼについてはそれぞれ2.5.2項p.254，2.5.5項p.256を，光化学系PSⅡのoxygen evolving center（OEC）については2.3.4項（p.214）を参照されたい．一方，Mnの酸化数を変化させない触媒反応系では，Mn^{2+}を含む酵素が多数知られている．

(1) 転移酵素（transferase）

ピルビン酸キナーゼ（pyruvate kinase）：解糖の最終段階を触媒するこの酵素のリン酸転移反応は，phosphoenolpyruvate（$CH_2=C(-OPO_3^{2-})-COO^-$）＋ MgADP ＋ $H^+ \rightarrow$ pyruvate（$CH_3-C(=O)-COO^-$）＋ MgATPであり，単核Mn^{2+}活性部位はAspとGluを単座で結合している（Jurica et al., 1998; PDB code 1A3X, 1A3W）．

ホスホエノールピルビン酸カルボキシラーゼ（phosphoenolpyruvate carboxylase）：酵素中の単核Mn^{2+}はAsp（単座配位），Lys残基とH_2O分子を結合し，触媒反応は$CH_2=C(-OPO_3^{2-})-COO^- + CO_2 + H_2O \rightarrow$ oxaloacetate（$^-OOCCH_2C(=O)-COO^-$）＋ $H_2PO_4^-$（Holyoak et al., 2006; PDB code 2QZY）である．

ヌクレアーゼ（nuclease）とDNA，RNAポリメラーゼ（DNA, RNA polymerase）：DNAやRNAのリン酸エステルの加水分解は，Mg^{2+}依存性エンドヌクレアーゼ（ポリヌクレオチド鎖の内部の$3',5'$-ホスホジエステル結合を切断して，オリゴヌクレオチドを生じる酵素），インテグラーゼ，リボザイムによって行われる．これらの酵素は，しばしば1つ以上の機能を有する．例えば，DNAポリメラーゼは，$3',5'$-エキソヌクレアーゼ（ポリヌクレオチド鎖を$3' \rightarrow 5'$の方向へ，一端から順次$3',5'$-ホスホジエステル結合を切断して，モノヌクレオチドを生じる酵素），$3',5'$-DNAヌクレアーゼ，DNAポリメラーゼとして働くことができる．Mnを含む酵素としては，大腸菌染色体において複製に関与するDNAポリメラーゼⅢのεサブユニットが自動修正機能活性をもつ$3',5'$-エキソヌクレアーゼ（21.6 kDa）がある（Hamdan et al., 2002; PDB code 1J53, 1J54）．この酵素の複核Mn^{2+}部位において，1つのMn_AにはAspとGluのカルボキシル基が単座で結合し，さらにAspのカルボキシル基が架橋配位子として結合している．もう1つのMn_Bには，Aspの架橋配位子のみが結合している．この部位に基質であるリン酸ジエステルが結合するのであるが，$5'$-リン酸のエステル結合のO原子がMn_Bに結合し，同じリン酸のO^-原子は2つのMnに架橋して結合すると考えられている．ついで，Mn_Aに結合しているH_2O分子が，単座で結合しているGlu配位子とその近傍に位置しているHis残基によって活性化され，配位しているリ

ン酸ジエステルのP原子をOH⁻として求核攻撃することによって加水分解が進行すると推定されている（図2.99 p.299を参照されたい）．

(2) 加水分解酵素（ヒドロラーゼ，hydrolase）

アミノペプチダーゼ（aminopeptidase）：ペプチド鎖のアミノ基末端側から加水分解する酵素で，Mnを含有する酵素として微生物，大腸菌，ブタ，トマト由来のロイシンアミノペプチダーゼが知られている（Gu et al., 1999）．多くのアミノペプチダーゼは，活性中心金属がMnでもZnでも活性を有する．

プロテインホスファターゼ（protein phosphatase: PP）：この酵素は基質特異性によって，ホスホセリンやホスホストレオニンのリン酸エステルを加水分解するセリン/トレオニンホスファターゼとホスホチロシンを加水分解するチロシンホスファターゼに分類される．また，両方を加水分解するものもいくつかある．両者の反応は類似しているが，前者は2Mn, 2Fe, Fe/Znなどの複核金属部位をもっているが，後者は金属を含んでいない．また，前者はタンパク質ドメインの類似性や基質特異性で，さらに4つのサブグループに分類されている（PP1, PP2A, PP2B, PP2C）．ヒトのPP1では，2個のMn^{2+}が3.1Å隔てて複核を形成し，1個のMnにはHis, Asp（カルボキシル基が単座配位），H_2O分子が結合，もう一方のMnには2つのHisとAsn（O原子で配位）が結合，両者の架橋配位子としてOH⁻とAspの1つのO原子が結合している（Kita et al., 2002; PDB code 1IT6）．2個のMnは歪んだ5配位四角錐型構造である．また，ヒトのPP2C（43 kDa）もMn^{2+}の複核構造で，1個のMnには2つのAsp（カルボキシル基が単座配位），2つのH_2O，もう一方のMnにはGlyの主鎖のカルボニルO原子，3つのH_2O，架橋配位子としてAsp（2個のO原子がそれぞれのMnに別々に結合）とOH⁻基が結合しており，2個のMnは6配位八面体型構造をとる（Das et al., 1996; PDB code 1A6O）．架橋配位子のうち，OH⁻基は結晶中に取り込まれた生成物のリン酸から4Åの距離にあり，触媒反応の求核試薬として働くと考えられている．一方，ヒト型結核菌（*Mycobacterium tuberculosis*）由来のPP2Cファミリーに属するPstP（25.5 kDa）では，図1.21(a)に示すようなMn^{2+}の3核活性部位を有する酵素も報告されている（Pullen et al., 2004）．この場合，3.8Å離れた2核Mn構造の部分は，上述のヒトPP2CのMn部位と類似している．もう1つのMn原子は，これから5.5Å離れている．

アルギナーゼ（arginase）：この酵素は尿素サイクル（オルニチンサイクル）の一部として組み込まれている．ほとんどの陸生脊椎動物，軟骨魚，両生類は，主にタンパク質として摂取した窒素を毒性が強いNH_3ではなく，無毒な尿素として排出する．このため，肝臓において尿素サイクルの酵素系で尿素が合成され，血液に分泌された

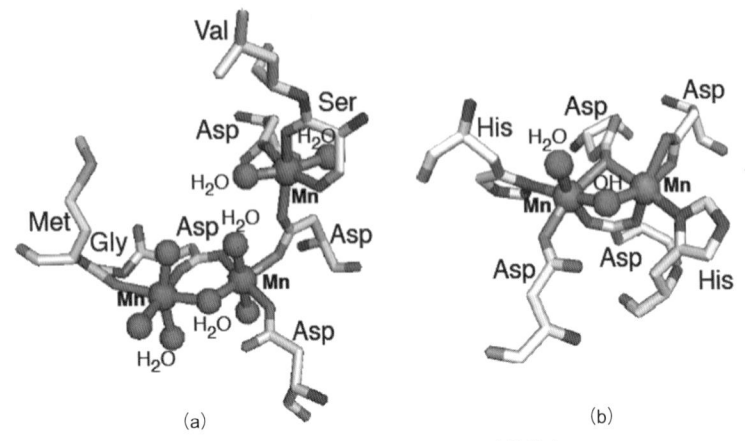

図 1.21 Mn(II)酵素の活性中心の多核構造
(a) ヒト型結核菌の Ser/Thr プロテインホスファターゼ (PDB code 1TXO), (b) ヒトのアルギナーゼ I (2ZAV).

後,腎臓から尿に排出される.アルギナーゼは,尿素合成の最終段階で L-Arg を尿素 ($O=C(NH_2)_2$) と L-オルニチン (L-Orn. L-Lys のメチレンが 1 つ少ない塩基性アミノ酸) に加水分解する酵素である.L-Orn は再び N 原子 (排出される N) を多く含む L-Arg に変換された後,再度,アルギナーゼにより戻されるというサイクルを回っている.図 1.21 (b) にヒトの 3 量体アルギナーゼ I (単量体,35 kDa) の活性部位を示した (Di Costanzo et al., 2007; PDB code 1D3V).加水分解機構としては,2 つの Mn^{2+} に挟まれた OH 基が L-Arg のグアジニノ基の C 原子を攻撃して,C-Nε 結合が切断されると考えられている (Cox et al., 1999).このとき,基質の代わりとして L-Lys をドープさせた結晶の構造解析では,Lys は Mn に結合せず,側鎖の N 原子と架橋 OH^- の O 原子の距離は 2.5 Å であった (Di Costanzo et al., 2010; PDB code 3LP4).

(3) 脱離酵素 (リアーゼ, lyase)

ホスホエノールピルビン酸カルボキシキナーゼ (phosphoenolpyruvate carboxykinase):この酵素 (60 kDa) は以下の反応のように,ATP あるいは GTP を必要とする.

オキサロ酢酸 + ATP/GTP $\rightleftharpoons$ ホスホエノールピルビン酸 + CO_2 + ADP/GDP

大腸菌由来の酵素の金属部位は,Mn^{2+} と Mg^{2+} を 1 個ずつ含み,両者は 5.2 Å 離れている.Mg には ATP の β- と γ-リン酸エステルグループがキレートとして,3 個の H_2O 分子と Thr の側鎖 OH 基と共に結合し,6 配位 (2N4O) の Mn には γ-リン酸

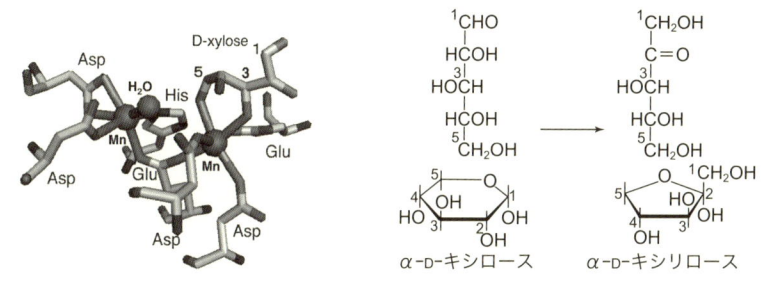

図1.22 XYIM の基質結合複核 Mn 部位と基質と生成物の構造

エステルグループ（O 原子単座配位），2 個の H_2O 分子と Asp, Lys, His の側鎖が結合している（Tari et al., 1997; PDB code 1AQ2）．第 2 の基質であるオキサロ酢酸は，Mn に配位した H_2O 分子に水素結合して，Mn の第 2 配位圏に結合している．また，Mn が配位しているアミノ酸残基は，ATP, GTP 依存性にかかわらず，すべての酵素に保存されている．

(4) 異性化酵素（イソメラーゼ, isomerase）

糖のアルドール型とケト型を変換するイソメラーゼは，活性発現に金属イオンを必要とするものが多く知られている．なかでも研究が多く行われているキシロースイソメラーゼ（xylose isomerase：XYIM）は，本来の基質は D-キシロースであるが，D-グルコースと D-フルクトースの変換も行うことができる．活性発現のためには Mg^{2+}, Co^{2+}, Mn^{2+} が必須であるが，異なった種からの XYIM を比較しても，Mn^{2+} が優れた活性を示す．図1.22 に，*Streptomyces rubiginosus* 由来 XYIM の基質結合 Mn^{2+} 部位と，α-D-キシロースとα-D-キシリロースの開環型と閉環型の構造を示した．酵素はキシロースからキシリロースへの異性化を触媒する．43.5 kDa の XYIM は，活性中心に 4.8Å 離れた 2 つの Mn 中心をもっている（Carrell et al., 1994; PDB code 1XIC）．図ではキシロースが開環して 1 個の Mn に C3 と C5 の O 原子で結合しているが，基質がないときには代わりに 2 個の H_2O 分子が結合している．この酵素反応では，反応中に起こるキシロースの C1, C2 間のヒドリド（H^-）シフトが，C1 近傍の His の塩基性側鎖，あるいは Mn などによって支えられる機構が考えられている．一方，生成物のキシリロースは，C2 と C4 の O 原子で Mn に結合するとされているが，基質のキシロースがこの様式で Mn に結合して活性化されるという報告もある（Collyer et al., 1990; PDB code 1XLD; Whitlow et al., 1991; PDB code 4XIS）．

以上，Mn タンパク質について代表的なものを解説した．これら以外にも数多くの Mn タンパク質や Mn 活性化酵素が知られているが，紙面の都合で省略した．

b. ニッケルタンパク質

Ni含有酸化還元酵素であるCOデヒドロゲナーゼ/アセチル-CoAシンターゼとメチル-CoMレダクターゼについては2.6.3項（p.263）を，Ni含有スーパーオキシドジスムターゼについては2.5.3項（p.255）を，ヒドロゲナーゼについては2.7.2項（p.282）を参照されたい．また，Ni含有加水酵素であるウレアーゼについては，2.8.2項（p.299）に解説した．

c. コバルトタンパク質

生体系においてCo含有有機化合物として良く知られているコバラミン（cobalamin: Cbl）については1.9.3項（p.123）を参照されたい．また，Co酵素はあまり多くは知られていないが，ニトリルヒドラターゼやチオシアナートヒドロラーゼについては，4.2.1項（p.371）に解説した．ここでは，それ以外のCo酵素であるメチオニンアミノペプチダーゼとトランスカルボキシラーゼについて簡単に触れたい．

最適成長温度が100℃という超好熱菌 *Pyrococcus furiosus* 由来メチオニンアミノペプチダーゼ（methionine aminopeptidase：PfMAP）はCo^{2+}依存性酵素であり，進化的にZn依存性アミノペプチダーゼとは別個のものである．図1.23(a)に示したPfMAP（33 kDa）の活性中心では，3.1Å離れた2個のCoイオンにAsp, Glu, H_2O分子が架橋している（Tahirov et al., 1998）．基質の活性化については，Zn_2含有ロイシンアミノペプチダーゼのものと類似していると思われる（図2.99 p.299参照）．この金属部位は半円柱状に並んだ3組の逆平行βシートに取り囲まれた中央にあり，基質はβシートがない方向から活性部位に接近するのであろう．また，逆平行βシートの裏側（Co部位と逆側）には，αヘリックスがβシートと平行して2本ずつ並んでいる．このαヘリックスの安定性のために，水素結合や正と負の電荷を有するアミノ酸側鎖間の塩橋が多いことが，高温下で機能する酵素の特徴の一つと考えられている．

トランスカルボキシラーゼ（transcarboxylase：TC）はカルボキシル基の転移を触媒する酵素で，メチルマロニルCoAカルボキシルトランスフェラーゼ（methylmalonyl-CoA carboxyltransferase）は，次の式のように，メチルマロニルCoAとピルビン酸から，プロピオニルCoAとオキサロ酢酸を生成する酵素である（CoA：補酵素A（coenzyme A）と呼ばれる補酵素（1.9節 p.108および図1.39 p.129参照））．

$$CH_3CH(COO^-)COSCoA + 1.3S \xrightarrow{12S} CH_3CH_2COSCoA + 1.3S-COO^-$$

$$CH_3C(O)COO^- + 1.3S-COO^- \xrightarrow{5S} {}^-OOCCH_2C(O)COO^- + 1.3S$$

この酵素は，30ポリペプチド鎖を含む約1200 kDaのマルチ酵素複合体である．す

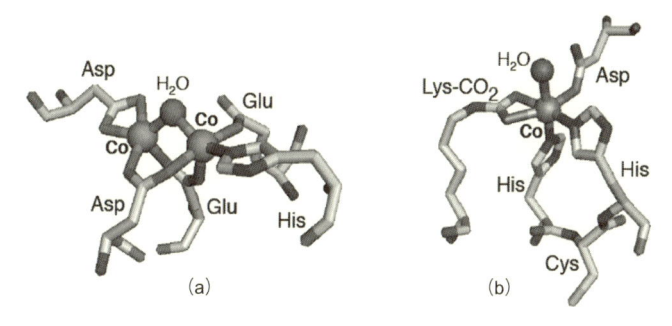

1.8 生体物質の配位化学と金属活性部位構造

図 1.23 Co 含有酵素の活性部位の構造
(a) メチオニンアミノペプチダーゼの複核 Co 部位（PDB code 1XGS），(b) トランスカルボキシラーゼ 5S の単核 Co 部位（PDB code 1RQB）．

なわち，複合体は 6 量体の 12S 触媒活性コア（336 kDa），6 個の 5S 触媒活性ダイマー（696 kDa），12 個の 1.3S ビオチン化リンカー（144 kDa）からなる．ここで，S は沈降平衡法によって粒子の大きさを求めるときの単位（スベドベリ単位）を示し，数値が大きいほど大きいタンパク質である．図 1.23(b) に示したように，5S の金属活性中心においては，1 個の八面体型 Co^{2+} が 2 個の His，Asp（O 原子単座），H_2O，カルバマート化 Lys を配位している（Hall et al., 2004）．各配位原子と Co との平均距離が 2.15Å であることは，配位子が Co に強く結合していることを意味しており，Co はタンパク質変性のときにだけ除去することができる．また，Co 部位は深い活性部位キャビティの底にあり，配位水とカルバマート化 Lys 残基だけが溶媒と接近できる状態である．なお，この Lys 残基を他のアミノ酸に置換すると，5S の触媒活性は失われる．さらに，5S の基質であるピルビン酸や生成物であるオキサロ酢酸を 5S の結晶にドープすると，ピルビン酸では Co の近傍に位置している（配位水の O 原子と基質の OH 基の O 原子の距離は約 3Å）のに対して，オキサロ酢酸では導入された方のカルボキシル基が Co に配位していた（PDB code 1RQH, 1RQE）．この事実は，Lys をカルバマート化する CO_2^- は，触媒反応中に転移するものと同じ分子である可能性を示唆している．

文献

吉村哲彦ほか（1991）蛋白質 核酸 酵素 **36**, 1926.
Antholine, W. E. et al. (1992) *Eur. J. Biochem.* **209**, 875.
Arciero, D. M. et al. (2002) *Biochemistry* **41**, 1703.
Bailey, L. J. and Fox, B. G. (2009) *Biochemistry* **48**, 8932.
Barrett, M. L. et al., (2006) *Biochemistry* **45**, 2927.
Beinert, H. et al. (1997) *Science* **277**, 653.

Beinert, H. (2000) *J. Biol. Inorg. Chem.* **5**, 2.
Bertini, I. et al. (2006) *Chem. Rev.* **106**, 90.
Bewley, M. C. et al. (1999) *Biochemistry* **38**, 2535.
Brown, K. et al. (2000) *Nat. Struct. Biol.* **7**, 191.
Brown, C. K. et al. (2004) *Annu. Rev. Microbiol.* **58**, 555.
Browner, M. F. et al. (1995) *Biochemistry* **34**, 6602.
Bugg, T. D. H. and Ramaswamy, S. (2008) *Curr. Oppin. Chem. Biol.* **12**, 134.
Bushnell, G. W. et al. (1990) *J. Mol. Biol.* **214**, 585.
Carrell, H. L. et al. (1994) *Acta Crystallogr.* **D50**, 113.
Cavalieri, C. et al. (2008) *Biochemistry* **47**, 6560.
Christianson, D. W. and Lipscomb, W. N. (1989) *Acc. Chem. Res.* **22**, 62.
Collyer, C. A. et al. (1990) *J. Mol. Biol.* **212**, 211.
Cox, J. D. et al. (1999) *Nat. Struct. Biol.* **6**, 1043.
Cracknell, J. A. et al. (2011) *Dalton Trans.* **40**, 6668.
Das, A. K. et al. (1996) *EMBO J.* **15**, 6798.
Dautant, A. et al. (1998) *Acta Crystallogr., Sect.* **D54**, 16.
Davis, G. J. et al. (1996) *J. Biol. Chem.* **271**, 17057
deMare, F. et al. (1996) *Nat. Struct. Biol.* **3**, 539.
Desmarais, W. et al. (2006) *J. Biol. Inorg. Chem.* **11**, 398.
Di Costanzo, L. et al. (2007) *J. Am. Chem. Soc.* **129**, 6388.
Di Costanzo, L. et al. (2010) *Arch. Biochem. Biophys.* **496**, 101.
D'Ordine, R. L. et al. (2009) *J. Mol. Biol.* **392**, 481.
Elango, N. et al. (1997) *Protein Sci.* **6**, 556.
Elsen, N. L. et al. (2009) *Biochemistry* **48**, 3838.
Eltis, L. D. and Bolin, J. T. (1996) *J. Bacteriol.* **178**, 5930.
English, A. C. et al. (1999) *Proteins* **37**, 628.
Erlandsen, H. et al. (2000) *Biochemistry* **39**, 2208.
Ferraro, D. J. et al. (2007) *BMC Struct. Biol.* **7**, 1.
Friemann, R. et al. (2009) *Acta Crystallogr.* **D65**, 24.
Frolow, F. et al. (1994) *Nat. Struct. Biol.* **1**, 453.
Gomis-Ruth, F. X. et al. (1996) *J. Mol. Biol.* **264**, 556.
Goodwill, K. E. et al. (1998) *Biochemistry* **37**, 13437.
Goodfellow, B. J. (1999) *J. Biol. Inorg. Chem.* **4**, 421.
Groysman, S. and Holm, R. H. (2009) *Biochemistry* **48**, 2310.
Gu, Y.-Q. et al. (1999) *Eur. J. Biochem.* **263**, 726.
Hall, P. R. et al. (2004) *EMBO J.* **23**, 3621.
Hamdan, S. et al. (2002) *Structure* **10**, 535.
Han, S. et al. (1995) *Science* **270**, 976.
Hart, P. J. et al. (1996) *Protein Sci.* **5**, 2175.
Holmes, M. A. et al. (1991) *J. Mol. Biol.* **218**, 583.
Holyoak, T. et al. (2006) *Biochemistry* **45**, 8254.
Hough, M. A. et al. (2011) *J. Mol. Biol.* **405**, 395.
Ikezaki, A. et al. (2009) *Angew. Chem. Int. Ed.* **48**, 6300.

Inoue, T. et al. (1999) *J. Biol. Chem.* **274**, 17845.
Iwata, S. et al. (1995) *Nature* **376**, 660.
Jurica, M. S. et al. (1998) *Structure* **6**, 195.
Kataoka, K. et al. (2008) *Biochem. Biophys. Res. Commun.* **371**, 416.
Kauppi, B. et al. (1998) *Structure* **6**, 571.
Kissinger, C. R. et al. (1991) *J. Mol. Biol.* **219**, 693.
Kim, H. and Lipscomb, W. N. (1993) *Proc. Natl. Acad. Sci. USA* **90**, 5006.
Kita, A. et al. (1999) *Structure* **7**, 25.
Kita, A. et al. (2002) *Structure* **10**, 715.
Klabunde, T. et al. (1996) *J. Mol. Biol.* **259**, 737.
Kovaleva, E. G. et al. (2007) *Acc. Chem. Res.* **40**, 475.
Kovaleva, E. G. and Lopscomb, J. D. (2008) *Nat. Chem. Biol.* **4**, 186.
Lawson, D. M. et al. (2000) *EMBO J.* **19**, 5661.
Lee, S. C. and Holm, R. H. (2004) *Chem. Rev.* **104**, 1135.
Lieberman, R. L. et al. (2001) *Biochemistry* **40**, 5674.
Lindqvist, Y. et al. (1996) *EMBO J.* **15**, 4081.
Lloyd, S. J. et al. (1999) *Protein Sci.* **8**, 2655.
Lovejoy, B. et al. (1999) *Nat. Struc. Biol.* **6**, 217.
Malmström, B. G. and Aasa, R. (1993) *FEBS Lett.* **325**, 49.
Martins, B. M. et al. (2005) *Structure* **13**, 817.
Matera, I. et al. (2010) *J. Struct. Biol.* **170**, 548.
Matthews, B. W. (1988) *Acc. Chem. Res.* **21**, 333.
McMaster, J. and Enemark, J. H. (1998) *Curr. Opin. Chem. Biol.* **2**, 201.
Merkx, M. et al. (2001) *Angew. Chem. Int. Ed.* **40**, 2782.
Messerschmidt, A. et al. (1992) *J. Mol. Biol.* **224**, 179.
Minor, W. et al. (1996) *Biochemistry* **35**, 10687.
Mizutani, K. et al. (2010) *Acta Crystallogr.* **F66**, 765.
Muraki, N. et al. (2010) *Nature* **465**, 110.
Neese, F. et al. (1996) *J. Am. Chem. Soc.* **118**, 8692.
Nojiri, H. et al. (2005) *J. Mol. Biol.* **351**, 355.
Nordlund, P. and Eklund, H. (1993) *J. Mol. Biol.* **232**, 123.
Norris, G. E. et al. (1991) *Acta Crystallogr.* **B47**, 998.
Paraskevopoulos, K. et al. (2006) *J.Mol.Biol.* **362**, 55.
Pullen, K. E. et al. (2004) *Structure* **12**, 1947.
Ramaswamy, S. et al. (1994) *Biochemistry* **33**, 5230.
Rao, P. V. and Holm, R. H. (2004) *Chem. Rev.* **104**, 527.
Rosenzweig, A. C. et al. (1997) *Proteins* **29**, 141.
Schenk, G. et al. (2005) *Proc. Natl. Acad. Sci. USA* **102**, 273.
Solomon, E. I. et al. (2000) *Chem. Rev.* **100**, 235.
Strater, N. et al. (2005) *J. Mol. Biol.* **351**, 233.
Sugimoto, K. et al. (1999) *Structure* **7**, 953.
Sukumar, N. et al. (2010) *Proc. Natl. Acad. Sci. USA* **107**, 6817.
Tahirov, T. H. et al. (1998) *J. Mol. Biol.* **284**, 101.

Tamilselvi, A. and Mugesh, G. (2008) *J. Biol. Inorg. Chem.* **13**, 1039.
Tari, L. W. et al. (1997) *Nat. Struct. Biol.* **4**, 990.
Tobari, J. and Harada, Y. (1981) *Biochem. Biophys. Res. Commun.* **101**, 502.
Tobari, J. (1984) In "*Microbial Growth on C_1 Compounds,*" Eds. Crawford, R. L. and Hanson, R. S., American Society for Microbiology, Washington, p. 106.
Tong, W. et al. (1998) *Biochemistry* **37**, 5840.
Tsukihara, T. et al. (1995) *Science* **269**, 1069.
Tsukihara, T. et al. (1996) *Science* **272**, 1136.
Vetting, M. W. and Ohlendorf, D. H. (2000) *Structure* **8**, 429.
Walden, W. E. et al. (2006) *Science* **314**, 1903.
Wallar, B. J. and Lipscomb, J. D. (1996) *Chem. Rev.* **96**, 2625.
Walter, R. L. et al. (1996) *J. Mol. Biol.* **263**, 730.
Wang, L. et al. (2002) *Biochemistry* **41**, 12569.
Watanabe, S. et al. (2008) *Proc. Natl. Acad. Sci. USA* **105**, 4121.
Weston, J. (2005) *Chem. Rev.* **105**, 2151.
Whitlow, M. et al. (1991) *Proteins* **9**, 153.
Wilke, M. S. et al. (2005) *Curr. Opin. Microbiol.* **8**, 525.
Windahl, M. S. et al. (2008) *Biochemistry* **47**, 12087.
Xie, Y. et al. (2005) *J. Biochem.* **137**, 455.
Yamamura, T. et al. (1998) *Inorg. Chim. Acta* **283**, 243.
Yashiro, M. et al. (1997) *Chem. Commun.*, 83.
Yashiro, M. et al. (2004) *Dalton Trans.*, 605.
Yoshimura, T. et al. (1986) *Biochemistry* **25**, 2436.

1.9 補因子とその役割

酵素活性の発現には補助物質が必要な場合がある．このような物質を総称して補因子（コファクター, cofactor）という．補因子は金属イオンと有機物である補酵素（coenzyme）に分類され，補酵素は酵素と強固に結合（多くの場合共有結合）している補欠分子族（prosthetic group）と，反応に際して非共有性の相互作用（1.10.1 項 p.136 参照）により酵素に一時的に結合する共同基質（cosubstrate）に分類される．触媒活性を示すタンパク質-補因子複合体はホロ酵素（holoenzyme），酵素活性を示さない補因子欠損タンパク質はアポ酵素（apoenzyme）と呼ばれる．ヘムタンパク質中のヘム，ニトロゲナーゼの FeMo 補因子（FeMoco），鉄-硫黄タンパク質中の Fe-S クラスターなどは金属イオンを有するが，一つのユニットと見なすと補欠分子族である．代表的な有機性の補酵素はフラビンとニコチンアミドアデニンジヌクレオチド（nicotinamide adenine dinucleotide：NAD^+）であるが，フラビンはタンパク質と結合して単離されることが多いのに対して，NAD^+ はタンパク質に一時的に結合すること

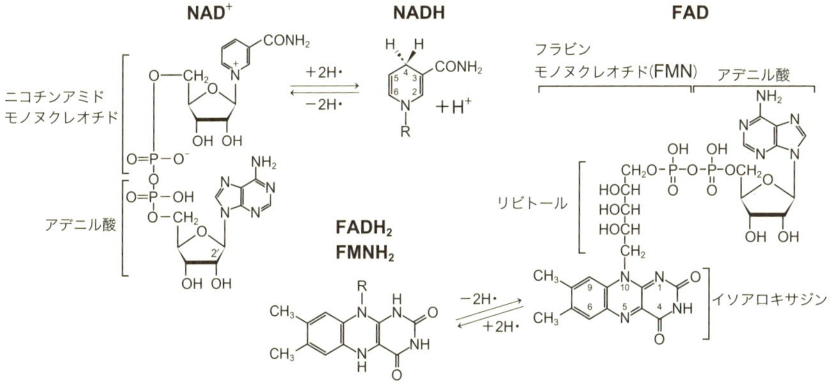

図1.24 補酵素酸化型 NAD$^+$, FMN, FAD と 2 電子還元型 NADH, FMNH$_2$, FADH$_2$ の構造
NADP$^+$（ニコチンアミドアデニンジヌクレオチドリン酸）では，アデニル酸の 2′ の OH 基がリン酸化されており，リボフラビンはイソアロキサジンとリビトールが結合したものである．また，還元剤 H・は H$^+$ + e$^-$ で，水素原子に相当する．

が多いので，それぞれ補欠分子族，共同基質ということになる（ただし，言葉の使い分けは厳密ではない）．NAD$^+$ は亜鉛酵素アルコールデヒドロゲナーゼ（alcohol dehydrogenase）の補酵素である．フラビン補酵素はイソアロキサジン環（isoalloxazine ring）を有し，金属酵素とは直接反応しないが，フラボドキシン（flavodoxin）やグルコースオキシダーゼ（glucose oxidase）の活性中心を形成して，2 電子酸化還元反応に関与する．フラビン補酵素には，フラビンの 10 位にリボースが結合したリボフラビン（riboflavin；ビタミン B$_2$）のリン酸エステルであるフラビンモノヌクレオチド（flavin mononucleotide：FMN）と，FMN にアデノシンが結合したフラビンアデニンジヌクレオチド（flavin adenine dinucleotide：FAD）がある（図1.24）．

酸化還元，基転移などの酵素反応には様々な補因子が関与している．ここでは金属酵素反応に関係が深い，芳香族アミノ酸残基から誘導される補欠分子族，プテリン補酵素，Co 錯体であるコバラミン（ビタミン B$_{12}$ など），およびアミノ酸由来の有機ラジカルについて述べることとする．ヘム，FeMo 補因子などについては，それぞれのタンパク質の項で記述した．

1.9.1 キノン性補欠分子族

バクテリアからのメタノールデヒドロゲナーゼ（メタノール脱水素酵素，methanol dehydrogenase）はピロロキノリンキノン（pyrroloquinoline quinone：PQQ）と呼ばれる黄橙色キノン化合物を組み込んでおり，これは最初に見出されたキノン補酵素で

ある.金属タンパク質には,DNAからの転写後にアミノ酸残基が修飾を受けて生じるキノンを補酵素とするものがある.銅を含有するアミンオキシダーゼ(アミン酸化酵素,amine oxidase)やジアミンオキシダーゼ(diamine oxidase)におけるトパキノン(topaquinone; 2,4,5-trihydroxyphenylalanine-quinone:TPQ),リシルオキシダーゼ(lysyl oxidase)におけるリシンチロシルキノン(lysine tyrosylquinone:LTQ),さらにデヒドロゲナーゼに含まれるトリプトファントリプトフィルキノン(tryptophan tryptophylquinone:TTQ),システイントリプトフィルキノン(cysteine tryptophylquinone:CTQ)などのキノン補酵素が見出されている(図1.25).表1.21に,これらキノン類を補酵素とする酵素(キノタンパク質,quinoprotein)の分類を示す.基質に対する反応は同じであっても,基質からの電子をO_2が受け取る酵素がオキシダーゼ(oxidase)で,他の電子受容体の場合にはデヒドロゲナーゼ(dehydrogenase)である.また,補酵素のうちPQQは非共有結合性相互作用でタンパク質内に取り込まれているが,それ以外は共有結合によってタンパク質と結合している.PQQ(2,7,9-tricarboxy-1H-pyrrolo-[2,3-f]-quinoline-4,5-dione)は,1964年にグルコースデヒドロゲナーゼ(glucose dehydrogenase:GDH)の研究からこれまでのNADHやフラビンと異なる新たな補酵素が含まれていると報告され,これをきっかけとし

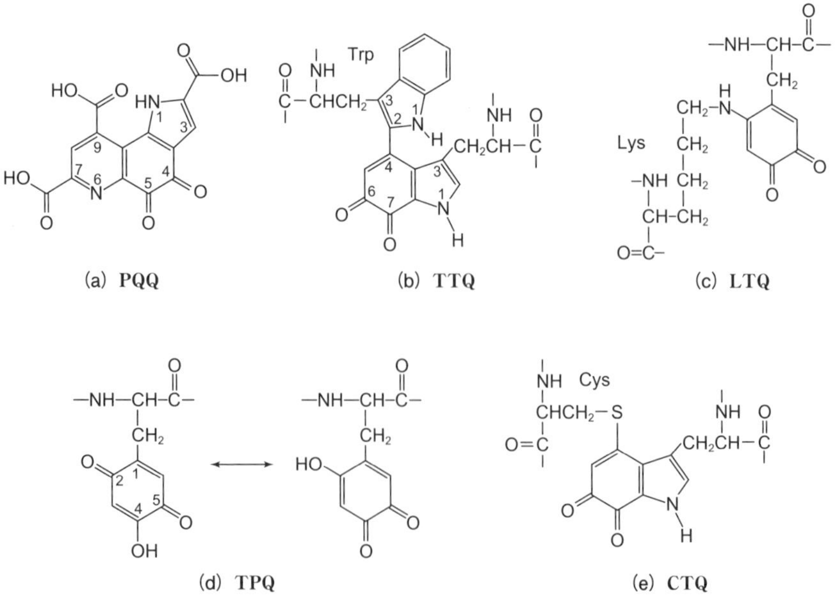

(a) PQQ (b) TTQ (c) LTQ

(d) TPQ (e) CTQ

図1.25 キノン補酵素の名称と構造

1.9 補因子とその役割

表 1.21 キノタンパク質とキノヘムタンパク質の性質

酵素［サブユニット構造］	補酵素	生理的電子受容体	由来（PDB code）
キノタンパク質			
グルコースデヒドロゲナーゼ ［α_2］	PQQ	Cyt c	*Acinetobacter calcoaceticus*（1CQ1, 1C9U）
メタノールデヒドロゲナーゼ ［$\alpha_2\beta_2$］	PQQ	Cyt c	*Methylophilus methylotrophs*（2AD6, 4AAH）
	PQQ	Cyt c	*Methylobacterium extorquens*（1W6S, 1H4I）
	PQQ	Cyt c_{551i}	*Paracoccus denitrificans*（1LRW）
	PQQ	Cyt c_L	*Hyphomicrobium denitrificans*（2D0V）
アルコールデヒドロゲナーゼ（タイプI ADH）［α_2］	PQQ	Cyt c	*Pseudomonas aeruginosa*（1FLG）
メチルアミンデヒドロゲナーゼ ［$\alpha_2\beta_2$］	TTQ	アミシアニン	*Paracoccus denitrificans*（2GC4, 2MTA）
	TTQ	アミシアニン	*Paracoccus versutus*（3C75）
芳香族アミンデヒドロゲナーゼ ［$\alpha_2\beta_2$］	TTQ	アズリン	*Alcaligenes faecalis*（2AH1, 2AGY, 2IUR, 2H47）
アミンオキシダーゼ ［α_2］	TPQ	O_2	ヒト血管細胞接着タンパク質（1US1）
	TPQ	O_2	ウシ血清（1TU5）
	TPQ	O_2	エンドウ豆（1KSI）
	TPQ	O_2	イースト *Hansenula polymorpha*（1A2V）
	TPQ	O_2	*Arthrobacter globiformis*（1IU7, 1W6G, 1AVL）
	TPQ	O_2	*E. coli*（1OAC, 1DYU）
リシルオキシダーゼ ［α_2］	TPQ	O_2	イースト *Pichia pastoris*（1N9E）
	LTQ	O_2	ウシ大動脈（結晶構造解析なし）
ジアミンオキシダーゼ	TPQ	O_2	ヒト（3HI7）
キノヘムタンパク質			
アルコールデヒドロゲナーゼ（タイプII ADH）［α］	PQQ, heme c	アズリン	*Pseudomonas putida*（1KV9, 1YIQ）
			Comamonas testosteroni（1KB0）
アミンデヒドロゲナーゼ［$\alpha\beta\gamma$］	α: heme b, heme c β: CTQ	アズリン	*Pseudomonas putida*（1JMX, 1JMZ） *Paracoccus denitrificans*（1JJU）
膜結合型アルコールデヒドロゲナーゼ（タイプIII ADH）［$\alpha\beta\gamma$］	α: PQQ, heme c β: 3 heme c	ユビキノン	*Gluconobacter* and *Acetobacter*（結晶構造解析なし）[a]
（タイプIII ADH）［$\alpha\beta$］	α: PQQ, [2Fe-2S], heme c β: 3 heme c	ユビキノン	*Gluconacetobacter diazotrophicus*（結晶構造解析なし）[b]

a) Matsushita, K., et al.（1994）*Adv. Microb. Physiol.* **36**, 247.
b) Gomez-Manzo, S., et al.（2010）*Biochemistry* **49**, 2409.

て，1979 年にはメタノールで培養したC1 資化性菌（メタン，メタノール，メチルアミンなどのC1 化合物を炭素源，エネルギー源として成育する菌）からの黄色補酵素として，X線結晶構造解析によりその構造が決定された（Salisbury et al., 1979）．図 1.26 に示すように，PQQ は 2 段階の 2 電子酸化還元挙動をとる化合物である［GDH の

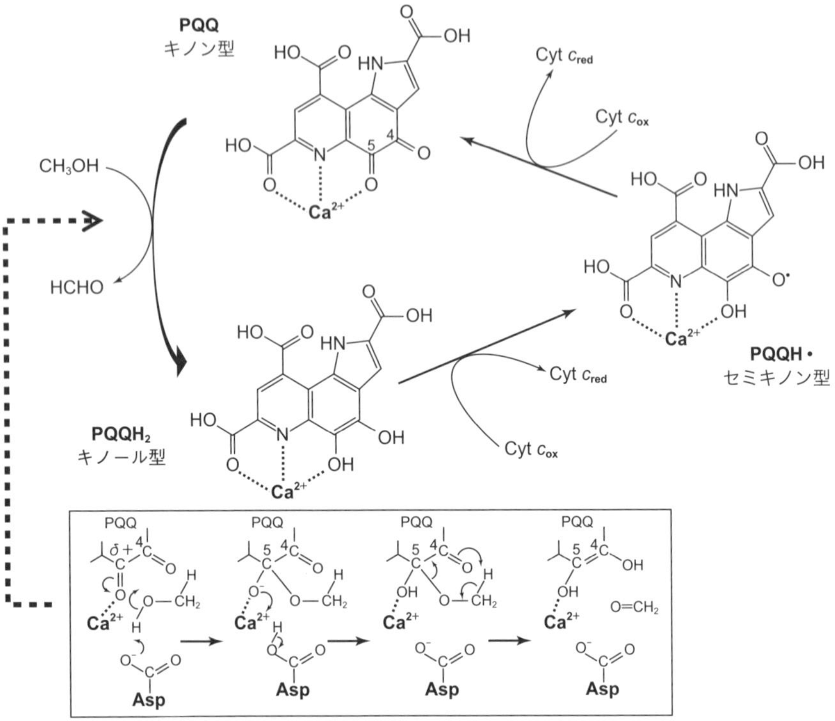

図 1.26 MDH の触媒反応サイクルにおける補酵素 PQQ の酸化還元反応と，PQQ とメタノールとの推定反応機構（メタノールの酸化反応機構）(Anthony and Williams, 2003)

PQQ の酸化還元電位 $E^{0'}$(vs. NHE)は，pH 7.0 において+33 mV (PQQ/PQQH・)，−12 mV(PQQH・/PQQH$_2$)と報告されている]．Ca^{2+} を結合した PQQ を含むメタノールデヒドロゲナーゼ（methanol dehydrogenase：MDH）の反応では，メタノールのホルムアルデヒドへの酸化により生成する2電子が PQQ を PQQH$_2$ に還元し，その還元体から MDH の生理的電子受容体であるシトクロム c の2分子が電子を受け取ることによって，補酵素は酸化型の PQQ に戻る．この反応において Ca^{2+} の存在が必須である．Ca^{2+} を除去した酸化型 PQQ を含む MDH を Ca^{2+} を用いて再構成を行うと，還元型 PQQ(PQQH$_2$)を含む MDH が得られるが，これは MDH 特有の内因性の活性[15]によるものである（Nojiri et al., 2005）．

アポ MDH は Ca^{2+} による再構成で活性を回復するが，Sr^{2+} や Ba^{2+} の置換体でも活

---

[15] endogenous activity：基質を加えなくとも生じる弱い酵素活性．MDH の酵素溶液に混入する不純物のアルコールによるとされているが，その詳細は不明（Harris and Davidson, 1993）．

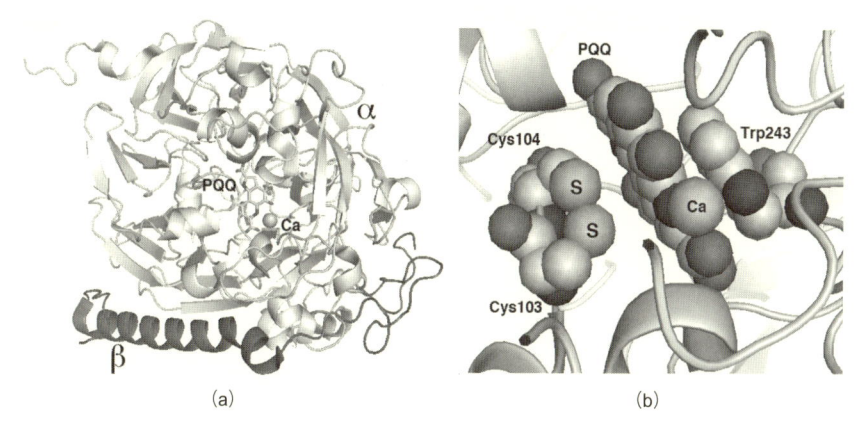

図1.27 HdMDHの1分子の構造（a）とPQQ付近の活性部位構造（b）（PDB code 2D0V）

性が認められている[*16]．しかし，Ca^{2+}の役割については，ルイス酸として働き，メタノールとPQQの反応性を上げると考えられるものの，その役割は完全には理解されていない．MDHはメタノールから電子を奪ってアルデヒドに酸化するが，その電子受容体としてO_2ではなくタンパク質を利用するためにデヒドロゲナーゼ（脱水素酵素）と呼ばれる．図1.27にMDHの代表として，C1資化性脱窒菌 *Hyphomicrobium denitrificans* からの酵素（HdMDH）の分子構造と活性中心の構造を示した（Nojiri et al., 2006）．HdMDHは2つのαサブユニット（約65 kDa）と2つのβサブユニット（約9 kDa）からなり，Ca結合PQQを含むMDHに共通した構造をとっている．すなわち，αサブユニットは8つの羽根（4本の逆平行βシートから形成されている）をもつプロペラ構造であり，中央にPQQが非共有結合性相互作用で結合している（1.10.1項 p.136参照）．一方，βサブユニットは1本の長いαヘリックスからなる．さらに，活性中心のPQQは2つのCysのジスルフィド結合（$-S-S-$）とTrpの芳香環に挟まれており，ジスルフィド結合はPQQ平面から3.75Å以内にある．この酵素の生理的電子受容体のシトクロムc_L（Cyt c_L, 19 kDa）は，図1.27(a)の紙面の上方向から，(b)では2つのCys残基の左側からMDHに結合し，基質によって還元されたPQQはジスルフィド結合を通してCyt c_Lに電子を渡すと考えられている．

以下に紹介する4種類の補酵素はビルトイン補酵素（built-in coenzyme）と呼ばれるもので，酵素のペプチド鎖にアミノ酸残基誘導体として結合している．そして，この補酵素の前駆体は遺伝子中では通常のアミノ酸残基としてコードされており，その

[*16] Cu^{2+}では活性を示さないが，PQQが配位した三元$Cu(II)$錯体の結晶構造が報告されている（Nakamura et al., 1994）．

残基がタンパク質翻訳後に何らかの修飾を受けて補酵素として生成したものである.

TPQ は, この補酵素が含まれている銅含有アミンオキシダーゼ (copper-containing amine oxidase：CuAO；第一級アミンを O_2 により酸化して, アルデヒド, H_2O_2, および NH_3 を生成する酵素) が脊椎動物, 植物, 微生物に広く分布しているために, 古くからその存在が知られていた. すなわち, CuAO は銅イオンを含んでいるにもかかわらず, 特色ある桃色〜橙黄色を呈しており, その原因が 1960〜1970 年頃はピリドキサール, 1980 年代は PQQ といわれてきたが, 1990 年に最終的に TPQ (図 1.25) であることが決定された (Janes et al., 1990). CuAO 中に共有結合している TPQ は, C-5 位のカルボニル基と基質のアミノ基の間でシッフ塩基 ($>C(5)=N-CH_2-$) を形成する. 基質の脱プロトンにより C=N 二重結合が転移 ($>C(5)-N=CH-$) してから N=C の二重結合が加水分解を受けると, 基質はアルデヒド化合物, 補酵素は還元型のアミノレゾルシノール (図 1.25 の TPQ において, 5 位がアミノ基, 2, 4 位が OH 基) にそれぞれ変化し, アミノレゾルシノールが O_2 によって元の酸化型トパキノンに再生される. このように TPQ は触媒サイクルの中心的役割を担っている. では, TPQ の生合成はどのように起こるのであろうか. それを調べるために, 谷澤らはグラム陽性土壌菌 *Arthrobacter globiformis* 由来のフェニルエチルアミンオキシダーゼ (AGAO, 70.6 kDa の 2 量体) を大腸菌で発現して, 不活性な無色のアポ酵素を得た. これに好気条件で Cu^{2+} イオンを加えると, 480 nm 付近に吸収極大をもつ桃色の酵素溶液が得られ, 酵素活性が生じた (Tanizawa, 1995). なお, この反応は嫌気下では起こらない. その後の X 線結晶構造解析を含めた詳細な研究から, TPQ の生成のためのコンセンサス配列 -Asn-Tyr(1)-Asp-Tyr(2)- (例は少ないが, Asp が Glu に置換したり, Tyr(2) が Asn に置換したりしている酵素もある) の Tyr(1) 残基が, 図 1.28 のように自己触媒的に酸素酸化されて TPQ が生成すると結論されている (Kim et al., 2002). 好気条件下で Tyr 残基は Cu^{2+} に配位し, 同じく Cu によって活性化された O_2 によって 3 位 (TPQ と番号づけが異なることに注意) に酸素化を受けた後, DPQ (dopa quinone) に変換される.

DPQ から TPQ_{red} が生成する過程は O_2 に依存せず, DPQ の 6 位は Cu^{2+} に配位している OH^- イオンあるいは水分子によって攻撃を受け, Cu^{2+} に配位した TPQ_{red} [17] が生じる. なお, TPQ_{red} は単結晶の吸収スペクトルから 480 nm 付近に吸収をもたないことが確認されている. この還元型補酵素は O_2 により TPQ_{ox} に酸化されるが, その際に Cu^{2+} から外れて, $C(2)=O$ によって Cu^{2+} の配位水と水素結合を形成する.

---

[17] TPQ の還元体 (TPQ_{red}), 2,4,5-トリヒドロフェニルアラニン (topa) を含む三元 Cu(II) 錯体が中村によって合成され, その結晶構造が明らかになっている (Nakamura et al., 1992).

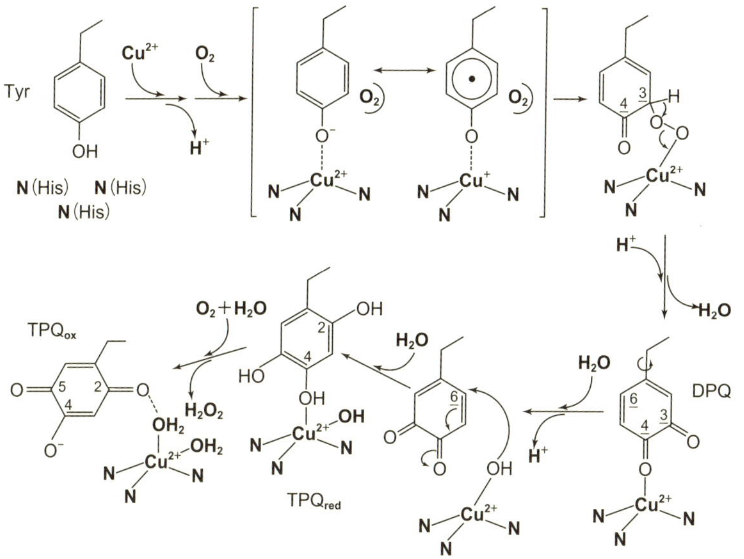

図1.28 TPQ補酵素の生成過程 (Kim et al., 2002の図を一部改変)

AGAOではTPQは382番の残基であり，TPQのC(4)=OはTyr284と水素結合を，C(5)=OとAsp298のカルボキシル基は水分子を介して水素結合を形成している．また，Cu^{2+}の3つの配位子はHis524, His526, His689である．

先に示した図1.25において，PQQはタンパク質との共有結合はなく，TPQはタンパク質中に1カ所で結合しているが，TPQ以外は2カ所で結合している．TPQのC(2)の位置にLysが結合したものがLTQであり，DPQにLysが結合した補酵素と見ることができる．また，リシルオキシダーゼ (LYO) のうち，酵母 *Pichia* からの酵素はTPQを含んでいる (Duff et al., 2003) が，ウシ大動脈からの酵素はLTQをもっている (Wang et al., 1996)．しかし，後者のLYOのX線結晶構造解析はいまだ行われていない．

LTQを含むLYOは，大動脈血管などの結合組織において，コラーゲンやエラスチンのような構造タンパク質の分子間架橋反応を触媒する．すなわち，酵素によりペプチド中のLys残基のε-アミノ基が酸化されてα-アミノアジピン酸 δ-セミアルデヒドが生じると，他のLys残基とシッフ塩基を形成することによって架橋が起こる．LTQはTPQと同様に基質アミノ基とキノン環のC(5)カルボニル基との間でシッフ塩基を形成するが，異なる点はキノン環のC(2)に同一のポリペプチド鎖のLys残基ε-アミノ基が共有結合している点であり，そのためにLTQはオルトキノン構造の

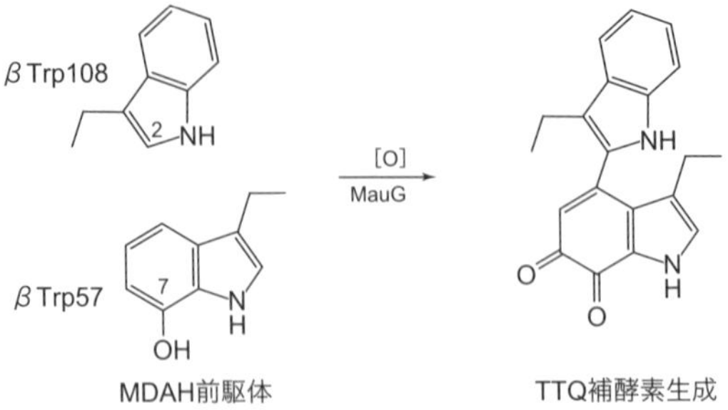

図 1.29 MADH 中の 2 つの Trp 残基から TTQ が生合成される過程

みである（Wang et al., 1996）．この酵素には CuAO と同様に銅が含まれているが，分子量 30 万の単量体構造である点で CuAO と異なる．一方，LTQ の生成機構については，TPQ と同様に Cu が関与する Tyr 残基の自己触媒的酸化機能が推定されているが，詳細はいまだ不明である．

　TTQ はメタノール資化性細菌由来のメチルアミンデヒドロゲナーゼ（methylamine dehydrogenase：MADH）(Chen et al., 1992, 1994) や芳香族アミンデヒドロゲナーゼ（aromatic amine dehydrogenase：AADH）(Masgrau et al., 2006) に含まれる補酵素で，1 つの Trp 残基のインドール環がオルトキノンに酸化され，同時にそのペプチド鎖内で 50 残基ほど離れた位置の Trp が結合したものである（図 1.25）．これらの酵素は，アミン化合物を酸化してアルデヒドとアンモニアを生成する反応を触媒する．この際，TTQ が基質アミンとシッフ塩基を形成して還元型となる点は TPQ と同様な機能である．この 2 電子還元型 TTQ は，セミキノンラジカル中間体を経て生理的電子受容体のブルー銅タンパク質（MADH ではアミシアニン，AADH ではアズリン）に電子を渡す．なお，*Paracoccus denitrificans* からの MADH の TTQ の $E^{0'}$ 値(vs. NHE)は，pH 7.5 において +129 mV と報告されている（Kano, 2002）．

　TTQ の生合成過程については，最近，MADH 前駆体酵素と TTQ の生合成酵素 MauG(遺伝子クラスター(*mau* オペロン)のうち，メチルアミン利用タンパク質(Mau)をコードした遺伝子 *mauG* から翻訳されるタンパク質) との複合体の 2.1 Å 結晶構造解析が行われ，長距離の触媒反応（long-range catalysis）が議論されている（Jensen et al., 2010）．さらに，その結晶を H_2O_2 で処理すると，TTQ が生成することも構造解析により確認された．MauG（42.3 kDa）はヘム *c* を 2 つ含み，図 1.29 に示すように MADH の β 鎖に含まれる 2 つの Trp 残基（βTrp）から TTQ を合成する酵素である．この反応は，①βTrp 57 の C7 に OH 基を導入，②βTrp 57 とβTrp 108 間の架橋，③キノールからキノンへ酸化という，3 回の 2 電子酸化が起こる 6 電子酸化反応である．

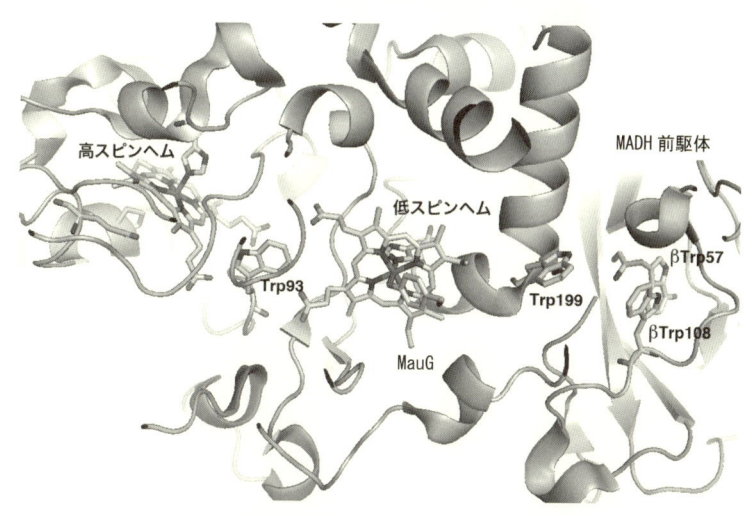

図 1.30 *Paracoccus denitrificans* 由来の MauG と MADH 前駆体タンパク質からなる複合体中の活性部位（左の 2 つのヘムからなる MauG 活性部位）と反応部位（右の 2 つの Trp からなる前駆体活性部位）（PDB code 3L4M, 3L4O）
低スピンヘムの軸配位子は，ヘム面に対して手前が Tyr 294，反対側が His 205 残基である．また，MauG の Trp 199 は，両タンパク質の界面に位置している．

複合体結晶は［MauG/$\alpha_2\beta_2$-MADH 前駆体/MauG］（203.6 kDa）からなり，図 1.30 に示したように MauG 中では左から高スピンヘム（軸方向から His 35 のみ配位），Trp 93 残基，低スピンヘム（軸配位子は His 205 と Tyr 294），Trp 199 残基が並び，さらに MADH 前駆体 β 鎖中の Trp 反応部位が並んでいる（2 つの βTrp は MauG のどの部分とも接触していない）．左端の高スピンヘムと右端の Trp 反応部位は 40Å 離れ，2 つのヘムの Fe 間距離は 21Å である．また，これらのヘム間には Trp 93 残基があり（その近傍に Ca イオンも存在しているが，図では省略），インドール環から高スピンヘムと低スピンヘムのプロピオン酸基までの距離は，それぞれ 3.3Å と 3.8Å である．低スピンヘムの軸配位子 Tyr 294 は，2 個のヘムの Fe(Ⅳ)(*bis*-Fe(Ⅳ)) 状態を安定化するのであろう．したがって，MauG の触媒反応では，通常のペルオキシダーゼの反応活性中間体（compound Ⅰ）の［Fe(Ⅳ)＝O・ポルフィリンカチオンラジカル］（2.4.1 項 p.224 参照）と異なり，高スピンヘム（Fe(Ⅲ)）に H_2O_2 が結合して H_2O を生成することで，Trp 93 を介しての電子移動によって高スピンヘムが Fe(Ⅳ)＝O，低スピンヘムが Fe(Ⅳ) に酸化された［Fe(Ⅳ)＝O：Fe(Ⅳ)］高酸化中間体が生成すると推定されている（Li et al., 2008）．これによって，上述の 3 回の 2 電子酸化反応が起こることになる（図 1.29）．さらに，低スピンヘムと βTrp 108 の中間のタンパク質界面の中

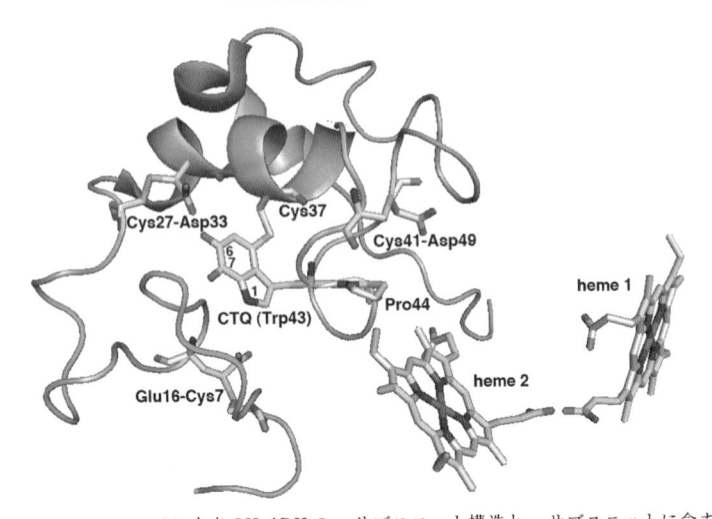

図 1.31 *Pseudomonas putida* 由来 QH-ADH の γ サブユニット構造と α サブユニットに含まれる 2 つのヘム *c*
heme 1 では軸配位子である His と Met が，heme 2 では軸配位子である 2 つの His が省略されている
(Satoh et al., 2002；PDB code 1JMX)

心にも Trp 199 があるが，この残基はこの菌株からの MauG に特有なものであるとはいうものの，ラジカルの安定化などにより 2 つのタンパク質間の電子移動を助長しているのかもしれない．このように，低スピンヘム (Fe(IV)) から約 20 Å も離れたところに TTQ の生成部位があることは興味がもたれるが，MauG と同様に 2 つのヘムをもつジヘムシトクロム *c* ペルオキシダーゼ (Echalier et al., 2006) の活性中心の構造や反応機構を MauG のものと比較すると，一層興味深い (1.9.4 d 項 p.130 インドリルラジカル参照)．

CTQ は，*Pseudomonas putida* (Satoh et al., 2002) や *Paracoccus denitrificans* (Datta et al., 2002) 由来のキノヘモプロテインアミンデヒドロゲナーゼ (quinohemoprotein amine dehydrogenase：QH-ADH) に含まれるオルトキノンに酸化されたインドール環を有する Trp 43 に，Cys 37 の S 原子が共有結合したキノン補酵素である (図 1.25)．QH-ADH は α (60 kDa)，β (40 kDa)，γ (9 kDa) のサブユニットからなる 3 量体であり，2 つのヘム (ヘム *b* とヘム *c*) を含んだ α サブユニットと β サブユニットに挟まれて CTQ を含んだ γ サブユニットが存在する (図 1.31)．さらに，γ サブユニット中の酸性アミノ酸のメチレン炭素原子 (Asp の β-メチレン炭素と Glu の γ-メチレン炭素) と Cys の硫黄原子の間には，ユニークなチオエーテル架橋が見られる．この複数の架橋結合は，小さな γ サブユニットを球状構造に維持する役割があると考

えられている.

TTQ と同様に，基質であるアミンが CTQ の C(6) のカルボニル基とシッフ塩基を形成し，二重結合の転移とその加水分解により生成物のアルデヒドと CTQ インドール環 C(6)−NH$_2$ が生成する．その後，この還元型 CTQ から2電子が Pro 44 → heme 2 → heme 1 を経て，電子受容タンパク質であるアズリンに渡されると考えられる．*Paracoccus denitrificans* QH-ADH の3つの部位の $E^{0'}$ 値 (vs. NHE) は，CTQ が +65 mV, heme 2 が +149 mV, heme 1 が +235 mV であるので，CTQ から heme 1 までの電子移動は熱力学的に down hill の反応である (Kano, 2002). なお, Pro 44 と heme 2 との間 (3.7〜3.9Å) では, through-space jump の電子移動が起こる.

1.9.2 プテリン補酵素

非ヘム鉄酵素であるフェニルアラニンヒドロキシラーゼ (phenylalanine hydroxylase：PAH) などの芳香族アミノ酸水酸化酵素の補酵素として，プテリン化合物がある．芳香族アミノ酸(AA)の水酸化は，次のように表される．

$$O_2 + 2H^+ + 2e^- + AA-C-H \longrightarrow AA-C-O-H + H_2O$$

プテリン(pterin)の基本骨格はプテリジンであるが，多くの誘導体が 2-アミノ-4-ヒドロキシプテリジン (2-amino-4-hydroxypteridine) 構造を共通にもつため，この構造をプテリンという（図1.32）．実際の存在形は 4-オキソ体である．プテリンの名称そのものはもともと蝶のはね（翅，ギリシャ語で pteron という）から単離された黄色い (xantho) 色素キサントプテリンや白い (leuco) 色素ロイコプテリンに由来する（秋野，岩井，1981）．その後，細菌類の生育因子としてプテロイルグルタミン酸類（葉酸類）が見出され，さらに鉄酵素 PAH の補酵素ビオプテリン (biopterin) が

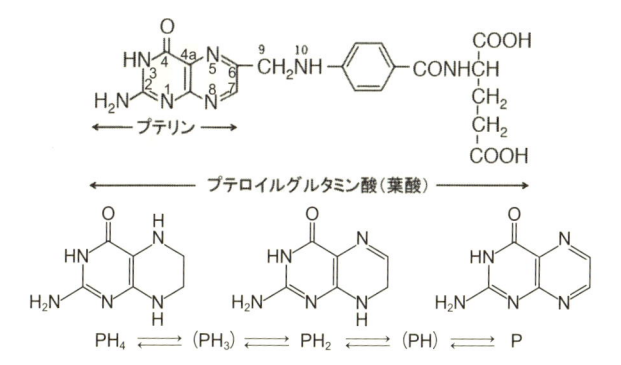

図 1.32 プテリン，葉酸，完全還元型テトラヒドロプテリン(PH_4)，ジヒドロプテリン(PH_2)，酸化型プテリン(P)の構造

プテリン骨格を有する物質であることが判明した．プテリン骨格を有する葉酸は，図1.32の一般構造式で表される一群の化合物であり，細菌類の生育因子であるほか，ヒトなど哺乳動物の抗貧血因子となっている．

プテリン環のN(1)−C(2)−N(3)とN(2)はグアニジン骨格であり，プテリン化合物は一般に溶解度が低い．プテリン環の完全還元型はテトラヒドロプテリン PH_4 であり，酸化型Pに至る間で4電子酸化還元を行う（図1.32）．これらの反応物のうち PH_3 と PH はラジカルである．ビオプテリンは3種の芳香族アミノ酸水酸化酵素，PAH，チロシンヒドロキシラーゼ（tyrosine hydroxylase：TYH），トリプトファンヒドロキシラーゼ（tryptophan hydroxylase：TRH）の活性に必須である．ビオプテリンの活性型は，L-*erythro*-テトラヒドロビオプテリン（L-*erythro*-5,6,7,8-tetrahydrobiopterin：BPH_4）（図1.34参照）である．PAHは BPH_4 の存在で O_2 分子からの酸素原子を用いてL-Pheのベンゼン環の4位を水酸化し，L-Tyrを生じる．この反応において，O_2 は Fe(II) と BPH_4 により活性化され，BPH_4 は2電子酸化を受けて PH_2 型の4a-ヒドロキシビオプテリンに変化する（反応機構については，図1.34参照）．さらに，このヒドロキシビオプテリンはニコチンアミドアデニンジヌクレオチド（NAD^+）の還元体（NADH）の存在下，ジヒドロプテリジンレダクターゼ（dihydropteridine reductase）により BPH_4 に還元され，再び反応に関与する．BPH_4 と基質類似化合物が結合した三元ヒトPAH（アミノ酸308残基からなる組換え体）のX線結晶構造解析がなされた結果，図1.33のような Fe(II) 部位構造が明らかになった（Andersen et al., 2003）．なお，この Fe(II) のスピン状態は，酸化型と同様に高スピンである（Fe^{2+}，

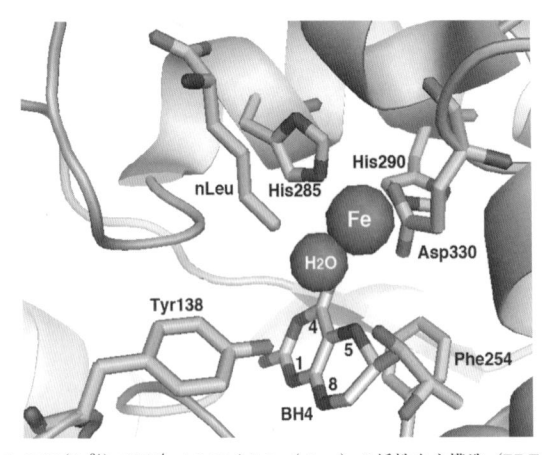

図 1.33　ヒト PAH(Fe^{2+})・BPH_4・ノルロイシン（nLeu）の活性中心構造（PDF code 1MMT）

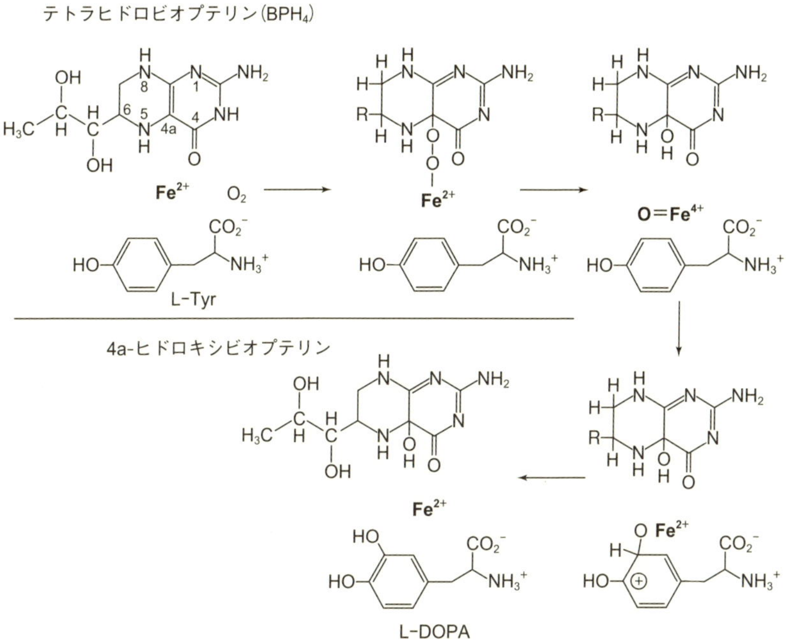

1.9 補因子とその役割

テトラヒドロビオプテリン(BPH₄)

図 1.34 TYH 酵素反応の推定機構（Eser and Fitzpatrick, 2010）

$S=2$; Fe^{3+}, $S=5/2$). この構造では，プテリン環は Fe に配位した H_2O 分子と水素結合しているが，直接 Fe には配位していない*18．Fe の構造は 2 つの His のイミダゾール N_ε 原子，Asp のカルボキシル基の 2 つの O 原子，1 つの水分子が配位した 5 配位構造であるが，ノルロイシン（nLeu）が結合していないときには，2 つの His の N 原子，Asp のカルボキシル基の 1 つの O 原子，3 つの水分子が結合した 6 配位である．nLeu は本来の基質ではないが，PAH によって先端の C_ε が水酸化される．この nLeu と BPH₄ は，水素結合を介して PAH のアミノ酸残基と相互作用をしている．図において，Fe^{2+} の配位水は BPH₄ の C(4)に結合している O(4)と 2.84Å で水素結合をしている．さらに，BPH₄ のピペラジン環と Phe254 の芳香環は，約 4Å 離れてスタッキングをしている．また，通常はタンパク質表面にある Tyr138 残基は，基質の結合によりその OH 基に関して約 21Å 移動して，図 1.33 のように活性中心の近傍に固定されること

---

*18 プテリンは金属イオンと錯体を形成することが知られている．舩橋らにより，酸化型プテリン誘導体は 2 座配位子として O(4)と N(5)で Fe(II)，Co(II)，Cu(II)などと脱プロトンを伴って結合することが明らかにされた（Funahashi et al., 1997; Kaim et al., 1999）．

が観測されている．この酵素の反応メカニズムについては，Fe(II) と BPH$_4$ の 4a 位との間にペルオキソ架橋 Fe－O－O－C(4a) が形成され，O－O 結合がヘテロリティックに開裂して生じたフェリル中間体 Fe(IV)＝O がベンゼン環を水酸化すると考えられている（Panay et al., 2011）が，活性中心 Fe－O$_2$－プテリンという中間体はいまだ確認されておらず，また，O$_2$ が段階的にまず Fe(II) または BPH$_4$ の 4a 位と結合するか，あるいは協奏的に両者と結合するかも判明していない．Siegbahn らは density functional theory（DFT）計算結果より，O$_2$ が Fe(II) と結合して Fe(III)－O$_2^-$ となり，ついで BPH$_4$ の 4a 位と結合すると推定している（Bassan et al., 2003a, 2003b）．最近，PAH と同じ活性中心構造をもつ TYH についても，BPH$_4$ の類似体 6-メチル-5,6,7,8-テトラヒドロプテリンと O$_2$ との反応により高スピン Fe(IV) 種が分光学的に検出され，これが Fe(IV)＝O 中間体であると推定されている（Eser and Fitzpatrick, 2010）．これに基づく TYH の反応機構を図 1.34 に示す．また，TYH（Goodwill et al., 1998; PDB code 2TOH）や TRH（Wang et al., 2002; PDB code 1MLW）の結晶構造も報告されている．

一方，PAH による水酸化反応に際して，4 位の水素原子や置換基が 3 位に転移することが知られている．この現象は NIH シフトと呼ばれ，反応中間体としてアレンオキシドを考えることにより説明されている．さらに，BPH$_4$ はアルギニンから一酸化窒素 NO を合成するヘム酵素である一酸化窒素合成酵素（NO シンターゼ（NO synthase））（2.4.1(2) 項 p.227 参照）の活性にも必須である．

モリブデン酵素の補酵素として，モリブドプテリン（molybdopterin：MPT）がある．図 1.35 の構造から明らかなように，ピラノプテリンジチオールであり，ピラン環に

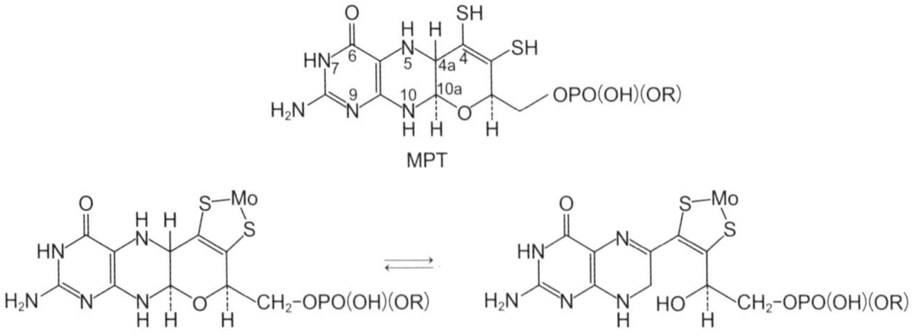

図 1.35 還元型 MPT と開環型 MPT の構造（OR が OH のとき MTP，GMP のとき MGD，CMP（cytidine 5′-monophosphate）のとき MCD）
GMP や CMP については，図 1.10 (p.36) 参照．MPT は Mo 酵素の場合の molybdopterin と，W 酵素の場合のような metal-binding pyranopterin ene-1,2-dithiolate の両方の略号として用いられている．また，ピラン環の 3 つの不斉 C 原子は (R)-configuration である．

ジチオレン部分を有し、2個のチオラート-S⁻によりMoと結合する。Mo酵素の1.8.4項（p.97）と2.6.5項（p.266）で述べているように、キサンチンオキシダーゼや亜硫酸オキシダーゼでは1分子のMPT（OR：OH）が、DMSOレダクターゼでは2分子のMPT［OR：guanosine 5′-monophosphate（GMP）であるため、molybdopterin guanine dinucleotide（MGD）と呼ぶ］がそれぞれMoに配位している。そして、DMSOレダクターゼに属してMGDを含む異化型硝酸レダクターゼ（2.3.2項p.200参照）では、ペリプラズム（膜間部）存在の硝酸レダクターゼ（NAP：可溶性脱窒系酵素であるが、これ自身ではプロトン駆動力を生じない）がbis-MGDをもつ（Dias et al., 1999; PDB code 2NAP）のに対して、膜結合型の硝酸レダクターゼ（NAR：脱窒系）はbis-開環型MGD（図1.35）を有しており、後者では2環ジヒドロプテリン補酵素が酵素の反応機構に関係しているかもしれない（Bertero et al., 2003; PDB code 1Q16; 2.3.2項p.200参照）。Mo-S結合にはS原子からMoへの強いπ-供与があり、このことがMo＝O結合を弱めてOの転移を容易にすると考えられる。また、同様の金属-ジチオレン結合は、W酵素においても見られる（2.6.5項p.266参照）。小島らはプテリン誘導体のRu(Ⅱ)錯体を合成し、そのモノヒドロプテリン型（PH）を同定した（Kojima et al., 2003）。フラビン補酵素（図1.24）やプテリン補酵素の電子移動はプロトン輸送と共役しており（proton-coupled electron transfer）、福住、小島らはプテリン誘導体のRu(Ⅱ)錯体を用いてその酸化還元挙動の詳細を明らかにしている（Fukuzumi and Kojima, 2008; Miyazaki et al., 2009）。

1.9.3 コバラミン

コリン（corrin）はポルフィリンに似てピロール環4個からなる大環状配位子であるが、解離するNHは1個しかない（図1.2(d) p.9および図1.36）。コリンのコバルト錯体で軸位に5,6-ジメチルベンズイミダゾールNを配位した錯体をコバラミン（cobalamin：Cbl）という。この反対側の軸位にシアノ基を配位したシアノコバラミン（cyanocobalamin：CN-Cbl）（図1.36; R＝CN⁻）はビタミンB_{12}（VB_{12}）である。なお、CN-Cblのシアノ基はこの錯体単離の過程で入る配位子である。生体系ではR＝CN⁻に代わってメチル基が結合したメチルコバラミン（Me-Cbl）またはアデノシンの5′-メチレン基が結合したアデノシルコバラミン（AdCH₂-Cbl）として存在し、様々な転移反応に関与する。これらはCo(Ⅲ)-C結合を有し、生体系で知られる有機金属錯体である。Me-Cblはメチル基転移に関与し、メチオニンシンターゼ（methionine synthase）によるホモシステインからのメチオニンの生合成に必要である。Me-Cblの反応に際してCo(Ⅲ)-CH₃はヘテロリシスによりCo(Ⅰ)とCH₃⁺となり、

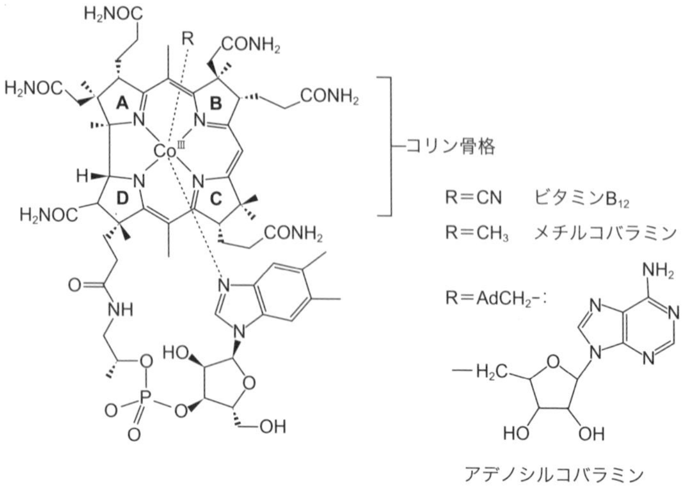

図 1.36 ビタミン B_{12} と補酵素 B_{12}（メチルコバラミンとアデノシルコバラミン）の構造
アデノシルコバラミン中のアデノシル基（$AdCH_2$）については, 正確には $5'$-デオキシアデノシル基である. すなわち, $5'$-デオキシアデノシンは $AdCH_3$, アデノシンは $AdCH_2OH$ と表される.

CH_3^+ は $-S^-$ のような求核性基と結合して S-メチル体を与えるのである. 一方, $AdCH_2$-Cbl はグルタミン酸ムターゼ（glutamate mutase）(Gruber et al., 2001; PDB code 1I9C), メチルマロニル-CoA ムターゼ（methylmalonyl-CoA mutase）などのムターゼ（mutase, 分子内基転移酵素）のほか, ジオールデヒドラターゼ（diol dehydratase）(Masuda et al., 2000; PDB code 1EEX) による OH 基の 1,2 転移反応の補酵素として働く. いずれの反応においても $AdCH_2$-Cbl の Co(III)−CH_2Ad 結合のホモリシスにより Co(II) と $AdCH_2$・ラジカルが生じ, 基質 HS から H 原子を引き抜くと, S・の 1,2-転移が起こり, 生成物 HP を与えると考えられている.

$$Co(III)-CH_2Ad \longrightarrow \{Co(II) \ AdCH_2\cdot\}$$
$$HS + \{Co(II) \ AdCH_2\cdot\} \longrightarrow S\cdot + Co(II) \ AdCH_3 \longrightarrow 1,2\text{-転移} \longrightarrow$$
$$P\cdot + Co(II) \ AdCH_3 \longrightarrow HP + \{Co(II) \ AdCH_2\cdot\}$$
$$\{Co(II) \ AdCH_2\cdot\} \longrightarrow Co(III)-CH_2Ad$$

一例として, グルタミン酸ムターゼの反応では L-グルタミン酸のグリシン部分が転移し *threo*-3-メチル-L-アスパラギン酸が生じる.

$$HOOC-CH_2-CH_2-CH(NH_2)COOH \longrightarrow HOOC-CH(\cdot)-CH_2-CH(NH_2)COOH$$
$$\longrightarrow HOOC-CH\{CH(NH_2)-COOH\}-CH_3$$

ジオールデヒドラターゼの触媒反応では, 1,2-プロパンジオールを基質とする場

合，アデノシルラジカルが基質の1位のC原子からH原子を引き抜き，1,2-ジオールラジカルが生成する．その後，OH基の転移による1,1-ジオールラジカルを経てプロピオンアルデヒドと水が生成する．$AdCH_2$-Cblと Me-Cbl における Co－C 結合の結合エネルギーは，それぞれ130，155 kJ mol^{-1} であり，C－C結合（346 kJ mol^{-1}）などと比べてはるかに小さい．さらに，Co－C 間の開裂は基質が結合して初めて起こることから，タンパク質および基質との相互作用に基づく立体的歪みのために Co－C 間の開裂が起こりやすくなると考えられている．VB_{12} の詳細については，久枝ら（Hisaeda et al., 2000），虎谷（Toraya, 2003；虎谷2011），Brown（Brown, 2005）の総説を参照されたい．

1.9.4 フリーラジカル

不対電子をもつ分子種は遊離基またはフリーラジカル（free radical）と呼ばれ，一般に反応性が高いため生体系での生成は考えられていなかった．しかし，今日では生体関連のラジカル種が多く知られている（Stubbe and van der Donk, 1998; Frey et al., 2006）．$AdCH_2$-Cblの反応過程ではC・が生じ，酸素由来の $O_2^{\cdot -}$，HO・，あるいはキノン，酸化型フラビンの1電子還元体（セミキノン型）はいずれもラジカル種である．いくつかの金属タンパク質において，反応過程でタンパク質のアミノ酸残基からラジカルが生じることが明らかにされている．フリーラジカルは補因子とは呼ばれないが，酵素反応の1電子移動に関与する．現在までに金属中心近傍で確立されているア

表1.22 タンパク質アミノ酸残基由来のラジカル種の例

(1) フェノキシルラジカル（phenoxyl radical）：チロシン残基フェノールまたはフェノラート由来
 ・ガラクトースオキシダーゼ（galactose oxidase：GO）
 ・クラスIリボヌクレオチドレダクターゼ（class I ribonucleotide reductase：class I RNR）
 ・プロスタグランジンエンドペルオキシドシンターゼ（prostaglandin endoperoxide synthase, prostaglandin H synthase：PGHS）
 ・光化学系II（PSII）

(2) チイルラジカル（thiyl radical）：システイン残基チオール由来
 ・クラスIIリボヌクレオチドレダクターゼ（class II ribonucleotide reductase：class II RNR）

(3) グリシルラジカル（glycyl radical）：グリシン残基 CH_2 由来
 ・ピルビン酸ギ酸リアーゼ（pyruvate formate lyase：PFL）
 ・クラスIIIリボヌクレオチドレダクターゼ（class III ribonucleotide reductase：class III RNR）
 ・リシン 2,3-アミノムターゼ（lysine 2,3-aminomutase）

(4) インドリルラジカル（indolyl radical）：トリプトファン残基インドール由来
 ・シトクロム c ペルオキシダーゼ（cytochrome c peroxidase：CcP）
 ・アスコルビン酸ペルオキシダーゼ（ascorbate peroxidase）
 ・リグニンペルオキシダーゼ（lignin peroxidase）
 ・可変性ペルオキシダーゼ（versatile peroxidase）

ミノ酸由来のラジカルを表 1.22 に示した．

a. チロシルラジカル

チロシルチオエーテル(TTE)は，カビ *Dactylium dendroides* や近縁の糸状菌由来の菌体外酵素であるガラクトースオキシダーゼ(galactose oxidase：GO)や，カビ *Phanerocharte chrysosporium* (リグニン分解性木材腐朽菌) 由来のグリオキサールオキシダーゼ(glyoxal oxidase) (Whittaker, 1994; Whittaker et al., 1996) に含まれるビルトイン補酵素であり，GO では Tyr272 残基のフェノール環の *o* 位に Cys 残基 S が共有結合をしている．これらの酸化酵素はいずれも銅酵素で，O_2 により基質を酸化してアルデヒドと H_2O_2 を生成する．基質がガラクトースの場合には，$-C(6)H_2OH$ が $-C(6)HO$ に酸化される．図 1.37 には GO の TTE を含む銅活性中心を示した (Ito et al., 1991)．活性中心の Cu(II) の構造は，2 つの His 残基，Tyr272 残基（TTE 結合をもつ）と 1 つの水分子が平面状に配位し，Tyr495 残基が軸方向から結合した四角錐型である．ESR による研究から，GO の反応活性種は Cu(II)-TTE フェノキシルラジカル結合を有し，スピンカップリングのために反磁性である[19] (Whittaker and Whittaker, 1988)．したがって，Cu(II) の ESR シグナルが観測される酵素は，TTE にラジカルが存在しないことを意味しており不活性体である．他のタンパク質で知られているチロシルラジカル (tyrosyl radical) ($E^{0\prime}$ (Tyr・/Tyr) > +800 mV) と比べると，GO が示す $E^{0\prime}$ (TTE・/TTE) = +400 mV, $E^{0\prime}$ (Cu^{2+}/Cu^+) = +150 mV (pH 7.5) (Wright

---

[19] ペプチド錯体において Cu(III) 状態が安定に存在することは，Margerum らにより報告され (Margerum et al., 1975)，その後，いくつかの報告例がある (Sakurai et al., 1980)．GO の活性種が酸化によって得られ ESR 不活性であるため，1970 年代には反応過程で Cu(III) (d^8, $S=0$) が生じ，Cu(III)/Cu(I) の 2 電子酸化還元が起こると考えられたこともあった．しかし，現在，酵素系では Cu(III) 状態は考慮されていない．一方，錯体化学においては，M(II)-フェノキシルラジカル状態は M(III)-フェノラート状態と等電子的であり，いずれの状態にあるかは金属イオンの性質，温度，溶媒，共存配位子などにより左右される．Ni-salen 型配位子錯体は，CH_2Cl_2 中では -120℃ 以下で Ni(III)-フェノラート，-100℃ 以上で Ni(II)-フェノキシルラジカルの状態をとるのに対して，CH_2Cl_2 より配位能が強い DMF 中では温度によらず Ni(III)-フェノラート錯体を生じることが島崎らにより明らかにされている (Shimazaki et al., 2003; Thomas, 2007)．フェノキシルラジカルについては，総説を参照されたい (Jazdzewski and Tolman, 2000; Chaudhuri and Wieghardt, 2001)．

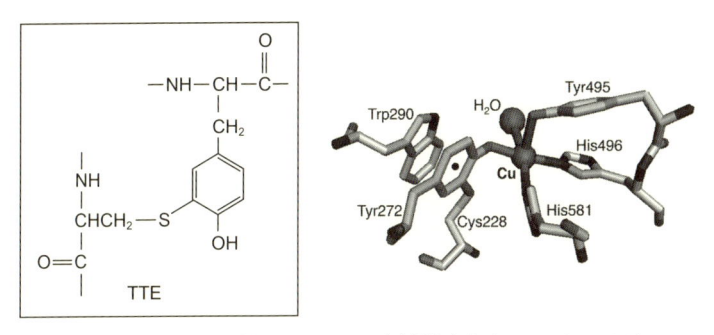

図 1.37 TTE 補酵素の構造と GO の Cu(Ⅱ)活性中心（PDB code 1GOG）
Tyr272 の芳香環の黒丸はラジカルを示す.

and Sykes, 2001））のうち，補酵素の電位が 400 mV も負側である．これは Tyr 残基への Cys 残基の共有結合によるものであり，TTE フェノキシルラジカルが室温で安定に存在することを意味している．さらに，フェノール環と約 4Å の距離で π-π 相互作用（スタッキング，1.10.1c 項 p.139 参照）をしている Trp290 のインドール環が，

図 1.38 GO の触媒反応推定機構（Whittaker, 2003）

ラジカルを溶媒の攻撃から保護することもラジカルの安定性に寄与していると考えられている．なお，GO の 445 nm と 800 nm 付近に出現する強い吸収スペクトルは，TTE のフェノキシルラジカルによるものであることが結論された．

GO の触媒反応（$RCH_2OH + O_2 \longrightarrow RCHO + H_2O_2$）には，以下のように基質の 2 電子酸化反応と O_2 の 2 電子還元反応が組み合わされている．

$$RCH_2OH \longrightarrow RCHO + 2H^+ + 2e^-; O_2 + 2H^+ + 2e^- \longrightarrow H_2O_2$$

この酵素の触媒サイクルを図 1.38 に示した．

TTE の生合成については，O_2 の存在下で Cu(I) が効率よく Tyr 272 と Cys 228 の間にチオエーテル架橋を形成することによって起こると考えられていたが，最近，Cu(II) に配位した Cys（Cys-S-Cu^{2+}）が Cys-S·-Cu^+ となり，チイルラジカルが Tyr 芳香環 OH のオルト位に求核攻撃をして架橋するまでは，O_2 を必要としないと報告されている（Rogers et al., 2008）．

チロシルラジカルは哺乳類などのクラス I リボヌクレオチドレダクターゼ（クラス I RNR；RNR については 2.4.3 項 p.237 参照）においても生じる．これは金属酵素で最初に明らかにされた安定なラジカルである．哺乳類の RNR は $\alpha_2\beta_2$ サブユニットからなり，α_2 は R1，β_2 は R2 と呼ばれる．R2 タンパク質には複核構造をもつ Fe 活性中心がある．還元型では 2 個の Fe は Fe(II) 状態にあり，Glu 115 と Glu 238 のカルボキシル基により架橋され，Fe 間距離は 3.8Å である．ラジカルを与えるチロシン残基 Tyr 122 はこの複核 Fe 部位から 5.3Å の距離に位置している．O_2 と反応すると，ペルオキソ体 $Fe^{3+}-O-O-Fe^{3+}$ を経てオキソ体 $Fe^{3+}-O-Fe^{3+}$ となり，この際に Tyr 122 からチロシンフェノキシルラジカル Tyr· が生成する．反応は次式で表される．

$$2Fe^{2+} + O_2 + H^+ + e^- + Tyr \longrightarrow Fe^{3+}-O-Fe^{3+} + H_2O + Tyr·$$

この反応の電子は外部から供給される．また，次に述べるように，この Tyr· は R1 タンパク質のシステイン残基 Cys 439 のチイルラジカル-S· を生じさせるために必要であるとされている．

その他のチロシルラジカルとしては，プロスタグランジンエンドペルオキシドシンターゼ（PGHS）において，ヘム Fe により Tyr 385 から生成するフェノキシルラジカルがある．このラジカルは基質のアラキドン酸（arachidonic acid）の C(13) から H 原子を引き抜き，その後の O_2 との反応へと導くとされている．さらに，PSII においては，$Y_Z·$（$E^{0'} = \sim 1000$ mV）と $Y_D·$（$E^{0'} = 720 \sim 760$ mV）と呼ばれる 2 個のフェノキシルラジカルが生じる．これらのうち $Y_Z·$ が O_2 発生に直接関与し，短時間のみ存在するのに対して，$Y_D·$ は O_2 発生に関与せず，安定なラジカルとして存在する（PSII については 2.3.4 項 p.214 参照のこと）．

b. チイルラジカル

チイルラジカル（thiyl radical）は，細菌類のクラスII RNRにおいてアデノシルコバラミン（AdCH$_2$-Cbl）により生じる（1.9.3項 p.123 参照；クラスI～III RNRについては1.8.1 b項 p.74 および2.4.3項 p.237 参照）．チイルラジカルはシステイン残基の1電子酸化により生じる不安定なラジカルであり，リボヌクレオチドを活性化する役割を果たす．なお，クラスI RNRではフェノキシルラジカルより，嫌気性菌のクラスIII RNRでは次に述べるグリシルラジカルより，それぞれチイルラジカルが生じる．例えばクラスI RNRのフェノキシルラジカルは，次のように反応してチイルラジカルを与える（Fe－O－Fe はオキソ体を示す）．

$\{R2(\beta_2)\text{-Tyr}122(Fe^{2+}Fe^{2+})\} + O_2 + H^+ + e^- \longrightarrow \{Tyr\cdot(Fe^{3+}-O-Fe^{3+})\} + H_2O$
$\{Tyr\cdot(Fe^{3+}-O-Fe^{3+})\} + \text{-CH}_2SH \rightleftharpoons \{Tyr(Fe^{3+}-O-Fe^{3+})\} + \text{-CH}_2S\cdot$

c. グリシルラジカル

ピルビン酸ギ酸リアーゼ（pyruvate formate lyase：PFL），リシン2,3-アミノムターゼ（lysine 2,3-aminomutase：LAM），クラスIII RNRの活性状態などでグリシルラジカルが発生する．大腸菌のPFL（170 kDaのホモダイマー）はピルビン酸と補酵素A（coenzyme A：CoA-SH）（図1.39）からアセチルCoAの生成反応を触媒する酵素である．

$CH_3-CO-COOH + HS\text{-}CoA \rightleftharpoons HCOOH + CH_3-CO-S\text{-}CoA$

この酵素反応の際にグリシルラジカルが必要であり，次いでグリシルラジカルによるチイルラジカル生成が考えられている．すなわち，PFLのグリシルラジカルは，S-アデノシルメチオニン [S-adenosylmethionine (SAM = AdCH$_2$-Met)：AdCH$_2$-S$^+$(CH$_3$) －CH$_2$CH$_2$－CH(NH$_2$)COOH] の存在でPFL活性化酵素（PFL-AE）により，PFLのGly 734 から生成する．

$e^- + Gly734 + AdCH_2\text{-Met} \longrightarrow Gly\cdot(-CONH-CH(\cdot)-CONH-) + AdCH_3 + Met$

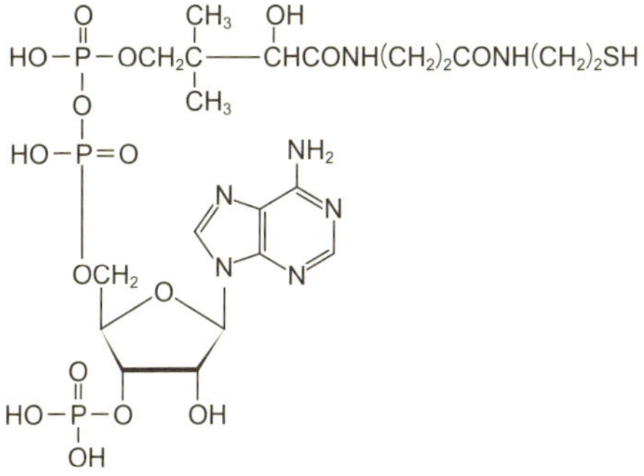

図1.39 補酵素A（CoA）の構造

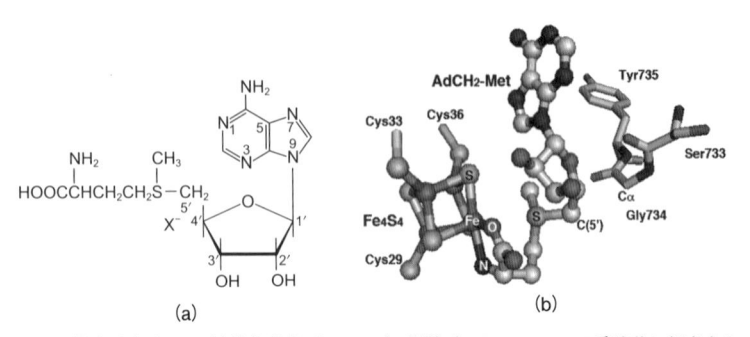

図1.40 SAMの構造 (a) とPFL活性化酵素 (PFL-AE)-基質 (PFLの731~737番残基に相当するヘプタペプチド, RVSGYAV) 複合体の活性部位構造 (b) (PDF code 3CB8)
(b) では, AdCH$_2$-Met-[Fe$_4$S$_4$] とGly734残基を含む3残基ペプチドとの位置関係を示した. Gly734のCαはラジカルを生成するメチレンを示す.

生成したPFLのグリシルラジカルは, 近傍に存在するCys418, Cys419をチイルラジカルに変換することにより酵素反応に関わると考えられる. ここで, PFL活性中心の2つのCysS原子間の距離は約4Å, Gly734のメチレンC原子とCys419のS原子の距離は3.5Åである (Becker and Kabsch, 2002; PDB code 1H16). PFL-AE中のSAMは, Fe$_4$S$_4$クラスター[Fe$_4$S$_4$]$^+$の1個のFeにN,O-配位し, [Fe$_4$S$_4$]$^+$から1電子還元を受けてAdCH$_2\cdot$ (5'-デオキシアデノシルラジカル) を与える.

$$\{AdCH_2\text{-}Met\text{-}[Fe_4S_4]^+\} \longrightarrow \{Met\text{-}[Fe_4S_4]^{2+}\} + AdCH_2\cdot$$

図1.40に, 大腸菌由来28 kDaのSAMを含んだPFL-AEとペプチド基質の複合体の活性中心のX線結晶構造を示した (Vey et al., 2008). SAMの後方に示したペプチド基質 (図では3アミノ酸残基 -Ser733-Gly734-Tyr735- のみ示した) はこの酵素の基質 (本来はPFL) であり, PFLのGly734活性部位のアミノ酸配列と同じである. グリシルラジカルを生じるGly734のC原子とラジカルを生じるアデノシンC(5')原子の距離は3.9Åである. また, MetのS原子とFe原子の距離は3.2Å, [Fe$_4$S$_4$]のS原子との距離は4Åであり, MetのS原子はFeに配位するという考え方と, スルフィドSに接近するという考え方がある. また, 補因子AdCH$_2$-Met-[Fe$_4$S$_4$]をタンパク質中に固定しているのは, このクラスター特有に保存されたアミノ酸配列モチーフ -CysX$_3$CysX$_2$Cys- である.

なお, PFL-AEと同様に, ビオチン合成酵素 (ビオチンシンターゼ, biotin synthase) (42.5 kDa) もSAMから還元的に生成するAdCH$_2\cdot$を利用する一群の酵素のスーパーファミリーに属し, -CysX$_3$CysX$_2$Cys- モチーフが存在してAdCH$_2$-Met-[Fe$_4$S$_4$]クラスターの結合部位となっている. さらに酵素には, このクラスターから10~

12Åの位置に[2Fe-2S]クラスターが含まれているが，1個のFeには2つのCys残基が，他のFeにはCys残基とグアジニノ基単座配位のArg残基が結合している（Berkovitch, et al., 2004; PDB code 1R30）（図1.8 p.31および表1.18 p.82参照）．

d．インドリルラジカル

Trpインドール由来のラジカルには中性のπ-ラジカルと陽イオンであるπ-カチオンラジカルがある．前者はピロールNHが脱プロトン化したインドールから生じ，後者はNHの状態から生じる．酵母などに存在するシトクロムcペルオキシダーゼ（CcP）はH_2O_2を用いて2分子の還元型シトクロムc（Cyt c）を酸化型Cyt cに酸化するヘム酵素（2Cyt c (Fe^{2+}) + H_2O_2 + $2H^+$ —→ 2Cyt c (Fe^{3+}) + $2H_2O$）であり，反応過程でインドールπ-カチオンラジカルが生成することが明らかにされている（図1.41）（Finzel et al., 1984）．図1.41(a)において，反応の最初の段階でFe^{3+}状態から2電子酸化された酵素は，左上に示したcompound I（酸化活性種I）と呼ばれる中間体と

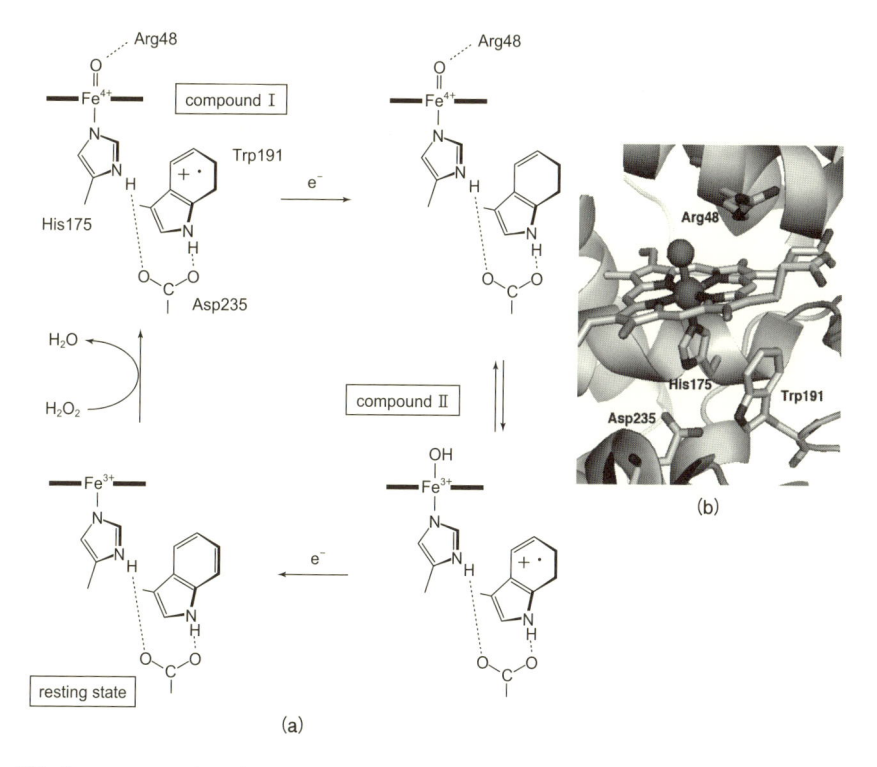

図1.41 compound I および compound II の生成機構（a）と CcP の活性中心（PDB code 2CYP）(b)．(a)において，compound I，IIを還元する電子は還元型 Cyt c から与えられる（Hahm et al., 1994）．

なる．1電子酸化分はオキシフェリルヘム $Fe^{4+}=O$ の形で蓄えられ，米谷らにより残る1電子分はアミノ酸残基の酸化により蓄えられると提唱されたが，ラジカル種がどのアミノ酸残基に由来するかは長い間不明であった．その後，CcP の結晶構造解析（図1.41(b)），ENDOR の研究，Trp 191 の Phe ミュータント W 191 F がラジカルを与えないことなどより，ラジカル種がトリプトファン（Trp 191）インドールの π-カチオンラジカル $Trp^{\cdot+}$ であることが判明した．このラジカルは半減期 $t_{1/2}=6.6\pm1.4\,h$ であり，極めて安定である．他のペルオキシダーゼではヘムポルフィリン環の π-カチオンラジカルが生じるのに対して，CcP ではインドールの π-カチオンラジカルが生じる理由はあまり明らかでない．また，compound I から中間体 compound II への還元に際して，還元型 Cyt c からの電子がオキシフェリルヘム $Fe^{4+}=O$，インドール π-カチオンラジカル $Trp^{\cdot+}$ のいずれに移動するかについては，いまだ議論が多いところである（図 1.41(a) の右側の上下）．CcP と類似の構造を有するアスコルビン酸ペルオキシダーゼ（ascorbate peroxidase）においても，H_2O_2 との反応の過程で Trp ラジカルが検出されている．また，リグニンペルオキシダーゼ（lignin peroxidase；分泌性の菌類（キノコ）由来クラス II ペルオキシダーゼ）のヘム近傍には CcP における Trp 191 の代わりに Phe が存在し，反応性を示さないが，タンパク質表面にある Trp 171（この残基の C_β メチレンが水酸化されている）がインドリルラジカルを生成し，基質とヘム中心との電子伝達に関与することが報告されている（Perez-Boada et al., 2005; PDB code 1 LLP, 1 QPA）．

Paracoccus pantotrophus からのジヘムシトクロム c ペルオキシダーゼ（di-heme cytochrome c peroxidase）は 36 kDa のサブユニットからなるホモダイマーで，ホモダ

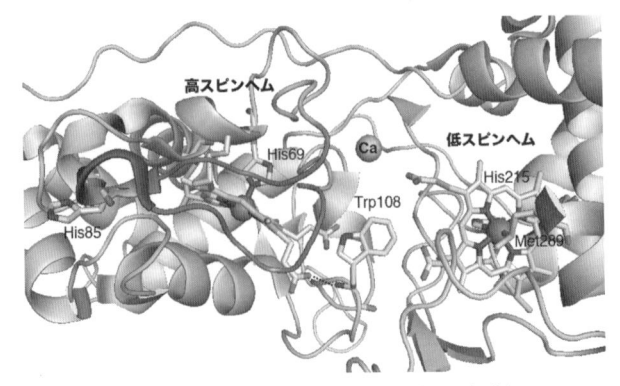

図 1.42 ジヘムシトクロム c ペルオキシダーゼ（混合原子価体）の P heme（左）と E heme（右）からなる活性部位構造（PDB code 2 C 1 V）
酸化体では，His 85 が P heme の第 6 配位座に結合し，ヘムは低スピンとなる．

イマーあたり前述の MauG（p.116 参照）と同様に2つのヘム c 活性中心をもち，CcP のように電子供与体（Cyt c_{550} やアズリン）により，H_2O_2 から H_2O への2電子還元反応を触媒する酵素である．結晶構造解析は酵素反応不活性な酸化体（$Fe^{3+}Fe^{3+}$; PDB code 2C1U）と活性な混合原子価体（$Fe^{2+}Fe^{3+}$; PDB code 2C1V）について行われている．図1.42に1.2Å分解能における混合原子価体の活性部位を示した（Echalier et al., 2006）．左側の His 69 を軸配位子としてもつ高スピンヘムは peroxidatic heme（P heme）と呼ばれ，第6配位座には H_2O_2 が結合できる．右側の低スピンヘムは electron transferring heme（E heme）であり，軸配位子は通常の Cyt c と同様，His 215 と Met 289（MauG では Tyr）である．約20Å隔たった両ヘム間には Ca^{2+} と Trp 108 があり，Trp 残基のペプチド結合 NH が P heme の D 環のプロピオン酸基と水素結合（N と O の距離は2.9Å）をしていることから，MauG のようにこの Trp 残基のインドリルラジカルを介して2つのヘム間に電子移動が起こることがうなずける．しかし，この研究における混合原子価体では，Fe と軸配位子 His の距離を比較しても，どちらのヘムが2価であるかわからなかった．一方，酸化体ではいずれのヘムも低スピンで，P heme には軸方向から2つの His が配位している．すなわち，図1.42では His 85 は Fe に配位していないが，酸化体では His 85 が配位することによりこの残基を含むループ部分がヘムの方向に大きく移動することになる．また，*Pseudomonas aeruginosa* からの酵素の $E^{0\prime}$ 値は，E heme が $+320\ mV$，P heme が $-330\ mV$ と見積もられ，その電位差 $650\ mV$ は，MauG の2つのヘム（$-159\ mV$ と $-244\ mV$）間の電位差

---

*20（次ページ）フェノール環を有するモデル錯体（a）（2N1O1Cl配位）においては Cu(II) に配位したフェノール O^- の $E_{1/2} = +0.78\ V$（vs. Ag/AgCl）であり，ラジカルは比較的安定（$t_{1/2} = 65\ min\ (-20℃)$）であるのに対して，錯体（b）（3N1Cl配位）の配位していないフェノール OH は不可逆な酸化波（$E_{pa} = +1.39\ V$）を示すのみであり，同条件下ではラジカルの安定性は測定できなかった（Shimazaki et al., 2000）．また，Pd(II)錯体（c）（3N1Cl配位）において C(2)位で配位したインドールは1電子酸化され（$E_{1/2} = +0.90\ V$），π-カチオンラジカル（$t_{1/2} = 20\ s\ (-60℃)$）を与えたが，配位していないインドールの $E_{1/2}$ 値は $+1.30\ V$ であった（Motoyama et al., 2004）．これらの事実は，脱プロトン化を伴う金属イオンとの結合はラジカル生成を容易にすることを示している．

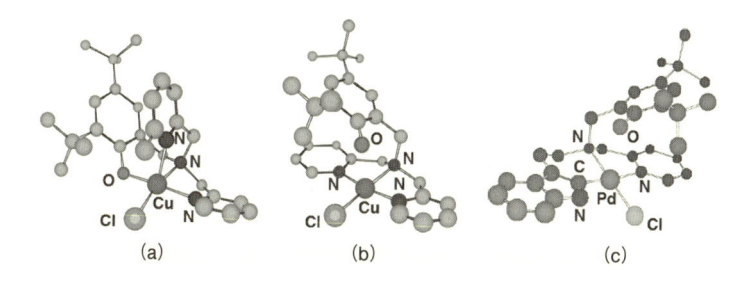

85 mV と比べると極めて大きい．

　以上見てきたように，酵素反応の過程でタンパク質のアミノ酸残基からラジカル種が生じることが明らかである．GO の Tyr 272 の $E^{0'}$ 値は Tyr のそれよりも 400 mV 負側であり，また，CcP の Trp 191（$E^{0'} = +650$ mV）も Trp（$E^{0'} = +1.15$ V）と比べて 500 mV も負側に電位を有し，いずれも単独のアミノ酸より容易にラジカルが生成する．CcP の場合，Trp 191 のインドール NH は近くに存在する Asp 235 の β-COO$^-$ 基と水素結合しており（図 1.41），このため N-H 結合が $N^{\delta-}\cdots H^{\delta+}$ のようにさらに分極してインドール環の電子密度を高め，π-カチオンラジカルを生じやすくすると理解される．Asp 235 はヘムの軸配位子イミダゾール NH とも水素結合し，Fe-イミダゾール N 結合を強めることが明らかにされている．これらを総合すると，タンパク質中の周辺の負電位，疎水場，弱い相互作用の存在などの分子環境が生体系での安定なラジカル生成に大きく寄与していると考えられよう[*20]．

文　献

秋野美樹，岩井和夫編著（1981）「プテリジン」，講談社サイエンティフィク．
虎谷哲夫（2011）生化学 **83**, 591.
Anderson, O. A. et al. (2003) *J. Mol. Biol.* **333**, 747.
Anthony, C. and Williams, P. (2003) *Biochim. Biophys. Acta* **1647**, 18
Bassan, A. et al. (2003a) *Chem. Eur. J.* **9**, 106.
Bassan, A. et al. (2003b) *Chem. Eur. J.* **9**, 4055.
Becker, A. and Kabsch, W. (2002) *J. Biol. Chem.* **277**, 40036.
Berkovitch, F. et al. (2004) *Science* **303**, 76.
Bertero, M. G. et al. (2003) *Nat. Struct. Biol.* **10**, 681.
Brown, K. L. (2005) *Chem. Rev.* **105**, 2075.
Chaudhuri, P. and Wieghardt, K. (2001) *Prog. Inorg. Chem.* **50**, 151.
Chen, L. et al. (1992) *Biochemistry* **31**, 4959.
Chen, L. et al. (1994) *Science* **264**, 86.
Datta, S. et al. (2002) *Proc. Natl. Acad. Sci. USA* **98**, 14268.
Dias, J. M. (1999) *Structure* **7**, 65.
Duff, A. P. et al. (2003) *Biochemistry* **42**, 15148.
Echalier, A. et al. (2006) *Structure* **14**, 107.
Eser, B. E. et al. (2007) *J. Am. Chem. Soc.* **129**, 11334.
Eser, B. E. and Fitzpatrick, P. F. (2010) *Biochemistry* **49**, 645.
Finzel, B. C. et al. (1984) *J. Biol. Chem.* **259**, 13027.
Frey, P. A. et al. (2006) *Chem. Rev.* **106**, 3302.
Fukuzumi, S. and Kojima, T. (2008) *J. Biol. Inorg. Chem.* **13**, 321.
Funahashi, Y. et al. (1997) *Inorg. Chem.* **36**, 3869.
Goodwill, K. E. et al. (1998) *Biochemistry* **37**, 13437.

Gruber, K. et al. (2001) *Angew. Chem. Int. Ed.* **40**, 3377.
Hahm, S. et al. (1994) *Biochemistry* **33**, 1473.
Harris, T. K. and Davidson, V. L. (1993) *Biochemistry* **32**, 4362.
Hisaeda, Y. et al. (2000) *Coord. Chem. Rev.* **198**, 21.
Ito, N. et al. (1991) *Nature* **350**, 87.
Janes, S. M. et al. (1990) *Science* **248**, 981.
Jazdzewski, B. A. and Tolman, W. B. (2000) *Coord. Chem. Rev.* **200-202**, 633.
Jensen, L. M. R. et al. (2010) *Science* **327**, 1392.
Kaim, W. et al. (1999) *Coord. Chem. Rev.* **182**, 323.
Kano, K. (2002) *Rev. Polarogr.* **48**, 29.
Kim, M. et al. (2002) *Nat. Struct. Biol.* **9**, 591.
Kojima, T. et al. (2003) *Angew. Chem. Int. Ed.* **42**, 4951.
Li, X. et al. (2008) *Proc. Natl. Acad. Sci. USA* **105**, 8597.
Margerum, D. W. et al. (1975) *J. Am. Chem. Soc.* **97**, 6894.
Masgrau, L. et al. (2006) *Science* **312**, 237.
Masuda, J. et al. (2000) *Structure* **8**, 775.
Miyazaki, S. et al. (2009) *J. Am. Chem. Soc.* **131**, 11615.
Motoyama, T. et al. (2004) *J. Am. Chem. Soc.* **126**, 7378.
Nakamura, N. et al. (1992) *J. Am Chem. Soc.* **114**, 6550.
Nakamura, N. et al. (1994) *Inorg. Chem.* **33**, 1594.
Nojiri, M. et al. (2005) *Chem. Lett.* **34**, 1036.
Nojiri, M. et al. (2006) *Biochemistry* **45**, 3481.
Panay, A. J. et al. (2011) *Biochemistry* **50**, 1928.
Perez-Boada, M. et al. (2005) *J. Mol. Biol.* **354**, 385.
Rogers, M. S. et al. (2008) *Biochemistry* **47**, 10428.
Sakurai, T. et al. (1980) *Inorg. Chim. Acta* **46**, 205.
Salisbury, S. A. et al. (1979) *Nature* **280**, 843.
Satoh, A. et al. (2002) *J. Biol. Chem.* **277**, 2830.
Shimazaki, Y. et al. (2000) *Bull. Chem. Soc. Jpn.* **73**, 1187.
Shimazaki, Y. et al. (2003) *J. Am. Chem. Soc.* **125**, 10512.
Stubbe, J. and van der Donk, W. A. (1998) *Chem. Rev.* **98**, 705.
Tanizawa, K. (1995) *J. Biochem.* **118**, 671.
Thomas, F. (2007) *Eur. J. Inorg. Chem.* **2379**.
Toraya, T. (2003) *Chem. Rev.* **103**, 2095.
Vey, J. L. et al. (2008) *Proc. Natl. Acad. Sci. USA* **105**, 16137.
Wang, L. et al. (2002) *Biochemistry* **41**, 12569.
Wang, S. X. et al. (1996) *Science* **273**, 1078.
Whittaker, J. W. (1994) *Met. Ions Biol. Syst.* **30**, 315.
Whittaker, J. W. (2003) *Chem. Rev.* **103**, 2347.
Whittaker, M. M. and Whittaker, J. W. (1988) *J. Biol. Chem.* **263**, 6074.
Whittaker, M. M. et al. (1996) *J. Biol. Chem.* **271**, 681.
Wright, C. and Sykes, A. G. (2001) *J. Inorg. Biochem.* **85**, 237.

1.10 金属イオンの分子環境

　金属イオンの性質はそれが置かれた環境に依存する．金属イオンは必ず溶媒あるいは共存するイオンや分子と錯体を形成し，錯体はさらに分子内や分子間で様々な非共有結合性の相互作用をすることがある．このため，観測される金属イオンの性質はそれらにより影響された結果である．金属タンパク質中の金属部位は主としてアミノ酸側鎖基により形成され，近傍の側鎖基が醸し出す分子環境の影響下にあることは，1.8節，1.9節および以下の各章で示す金属タンパク質の活性中心構造からも理解されよう．また，活性中心での基質の認識や固定においても，このような相互作用が決定的に重要である．しかし，共有結合に比べて非共有結合性相互作用の理解はあまり進んでいるとはいいがたい．ここでは非共有結合性相互作用を概観し，金属タンパク質や低分子量金属錯体における例をいくつか取り上げて，それらの様式と錯体への効果について解説する．また，相互作用の検出についても述べることとする．

1.10.1 非共有結合性相互作用（弱い相互作用）

　非共有結合性相互作用（noncovalent interaction）は文字通り共有結合ではない相

表1.23　弱い相互作用

相互作用	エネルギー (kJ mol^{-1}) [a]	距離依存性	方向依存性 [b]
イオン-イオン	40～380	$1/r$	なし
水素結合			
強い水素結合　[F–H···F]$^-$, [N–H···N]$^+$ など	60～160	X···Y(Å)=2.2～2.5	あり
典型的な水素結合　X–H···Y (X, Y：電気陰性度大の原子)	20～60	2.5～3.2	あり
弱い水素結合　X–H···π (X=C, N, O), C–H···O, C–H···N など	2～20	3.0～4.0	あり
イオン-双極子	40～200	$1/r^2$	なし
双極子-双極子　静止	4～40	$1/r^3$	あり
自由回転		$1/r^6$	なし
カチオン-π　正電荷-双極子	4～160	$1/r^2$	あり/なし
正電荷-誘起双極子		$1/r^4$	
π-π（四極子-四極子）芳香環-芳香環	4～20	$1/r^5$	あり
双極子-誘起双極子	4～20	$1/r^6$	なし
誘起双極子-誘起双極子	4～20	$1/r^{6}$ [c]	なし
無極性分子-無極性分子（London 分散力）			

a) 結合エネルギーの大きさの目安を示す．b) 静電的相互作用には方向性がないが，分子構造を考慮すると方向性があると考えられる場合がある．c) 原子間距離が短くなると，$1/r^{12}$ に比例して電子殻間の反発が強まる．

互作用であり,弱い相互作用(weak interaction)と呼ばれることが多い.弱い相互作用はタンパク質構造,分子認識,遺伝情報伝達などの生命現象の根幹において極めて重要な役割を果たしている(Burley and Petsko, 1985; Burley and Petsko, 1986).弱い相互作用の一般的特徴は,①共有結合よりも関与する原子間の距離が長く(2～5Å),したがって相互作用エネルギーは小さい(共有結合の約1/10),②容易に形成され,また解消する,③方向性があるものとないものがある,ことである.種々の弱い相互作用を表1.23にあげた.一般に分子間の相互作用エネルギーEは静電効果(クーロン力)E^C,誘起効果E^I,分散力E^D,電荷移動E^{CT},交換反発E^{ER}の各エネルギーの和で表される(Hopza and Zahradnik, 1980).

$$E = E^C + E^I + E^D + E^{CT} + E^{ER} \tag{1.32}$$

これらの各項のうちでE^{CT}は電荷移動錯体(charge transfer complex)において重要であり,E^{ER}は分子の電子殻間の反発のエネルギーであって分子間距離が極めて小さくなったときにのみ意味があるので,通常の相互作用においては主として初めの3項の寄与が大きい.相互作用エネルギーは

　　　イオン-イオン>イオン-双極子>双極子-双極子>双極子-四極子

の順に多極子になるほど減少する.

a. 水素結合と弱い水素結合

水素結合には非常に強い水素結合から弱い水素結合まで多種多様なものが知られている.典型的な水素結合(hydrogen bond)は,X—H···Yのように2個の電気陰性度の大きい原子X, Yに挟まれたH原子の存在で生じる静電的相互作用である.水素結合の結合エネルギーは比較的大きく(20～60 kJ mol^{-1}),X—H···Yが直線上にある場合に最も効果的である.例外的に強い水素結合として,二フッ化水素ナトリウム$NaHF_2$における水素結合[F—H···F]$^-$がある.F···H···Fは対称的であり,F-F間距離は2.28Å,水素結合エネルギーは非常に大きく163 kJ mol^{-1}である.また,[OH_3···OH_2]$^+$,[NH_4···NH_3]$^+$などの水素結合エネルギーも100～130 kJ mol^{-1}である.水素結合は生体系でしばしば見られる弱い相互作用であり,酵素-基質間,Znフィンガータンパク質-DNA間などの分子認識,タンパク質構造の安定化,DNAの二重らせんの形成[*21],電子移動,酵素反応などにおいて極めて重要である.タンパク質に見ら

[*21] DNA二重鎖において,塩基対のいくつかをカテコール,ピリジン(P)あるいはヒドロキシピリドン(H)の対で置き換え,水素結合の代わりにAg^+, Cu^{2+}との結合によるP—Ag^+—PやH—Cu^{2+}—Hのような(塩基)対を導入した人工DNAの合成が塩谷,田中らによって報告されている(Shionoya and Tanaka, 2000; Tanaka et al., 2003).金属イオンはDNAヘリックスの軸上に並ぶことから,DNAをテンプレート(鋳型)として金属イオンを思いどおりに自己集合させ,機能性の分子集合体を構築することが可能になる(Tanaka et al., 2006; Clever and Shionoya, 2010).

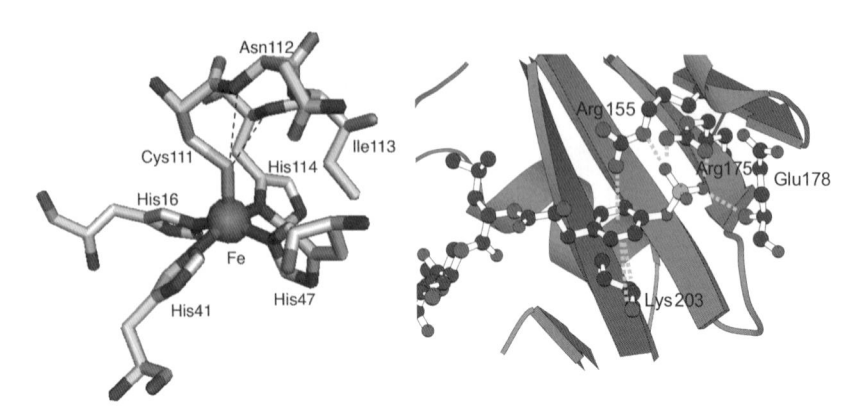

図1.43 非ヘム鉄酵素スーパーオキシドレダクターゼ（SOR）（*Pyrococcus furiosus*）の活性中心における NH⋯S 水素結合 (Yeh et al., 2000；PDB code 1DQI)

図1.44 チロシンキナーゼトランスフォーミングタンパク質のホスホチロシン認識ドメイン SH_2 における水素結合 (Waksman et al., 1992；PDB code 1SHB)

れる α ヘリックス，β シートなどの二次構造は主としてペプチド結合間の水素結合 >N−H⋯O=C< により形成される．また，酸性アミノ酸 Asp の β-カルボキシラート基と塩基性アミノ酸 Arg のグアニジニウム基との間に形成されるような水素結合は，塩橋（salt bridge）とも呼ばれ，基質の認識と固定やタンパク質の構造保持の役割を果たしていることが知られている．グアニジニウム基の水素結合の方向性から，Arg は分子集合体の構築にも有効な構成要素となる（大畑ら，2000）．鉄-硫黄タンパク質ルブレドキシン，ブルー銅タンパク質アズリンなどにおいては，配位した $CysS^-$ と近傍のペプチド結合 NH との間に NH⋯S 水素結合が見られる．図1.43に非ヘム鉄酵素スーパーオキシドレダクターゼ（superoxide reductase：SOR）(Yeh et al., 2000) の活性中心における NH⋯S 水素結合を例示した（図1.48参照）．また，酵素機能の改変例として図4.9（p.376）を参照されたい．

水素結合には X−H⋯π（X=C,N,O,S；π=ベンゼンなどの π 電子系），C−H⋯O，C−H⋯N のような弱い水素結合（weak hydrogen bond）と呼ばれる，エネルギーのより小さい相互作用（$2\sim20\ kJ\ mol^{-1}$）がある（Perutz, 1993; Desiraju and Steiner, 1999）．いずれも介在する H 原子を含むが，X−H⋯Y における X, Y のいずれかまたは両方の電気陰性度が小さい．図1.44にチロシンキナーゼトランスフォーミング（チロシンキナーゼ形質転換）タンパク質（tyrosine kinase transforming protein）のホスホチロシン（phosphotyrosine：PTyr）認識ドメイン SH_2 による PTyr 結合部位構造と種々の水素結合を示した（Waksman et al., 1992）．ここでは PTyr のリン酸基と

Arg175, Arg155 のグアニジニウム基との水素結合に加えて, フェノール環に対して Arg155 グアニジニウム基とプロトン化した Lys203 ε-アミノ基の N 原子がそれぞれ 3.1, 3.8 Å にあり, 弱い水素結合である N-H…π 相互作用が示されている. C-H…π 相互作用は有機化合物や錯体でもしばしば見られる弱い相互作用であり (西尾, 2000), C-H 結合における電荷の偏りと π 電子系との相互作用と理解される. 後述の芳香環-芳香環相互作用における T 型のスタッキングはその一種と考えられる. この意味で C-H…π 相互作用は静電的相互作用であり, 軟らかい酸と軟らかい塩基の間の弱い水素結合と見ることができる (表1.23). しかし, C-H…π 相互作用は水中でも有効であるため, 静電的相互作用に加えて London 分散力や電荷移動相互作用の寄与もあると考えられている. 化合物の性質と反応性に種々の効果を及ぼす相互作用である (西尾, 2000; Nishio et al., 1998; Nishio, 2004; Nishio, 2005).

b. イオン-双極子および双極子-双極子相互作用

分子が双極子モーメントを有する永久双極子である場合には, イオン-双極子間, 双極子-双極子間で相互作用が生じる. 水素結合は一種の双極子間相互作用である. イオンは電荷が双極子より大きいため双極子とより強い相互作用をし, 電解質の水への溶解とイオンの水和などの現象に典型的に見られる. 一方が無極性であっても分極率の大きい分子の場合には双極子-誘起双極子間相互作用が可能である. 無極性分子については, 分子どうしが接近する際に瞬間的に誘起される誘起双極子間の相互作用 (London 分散力, London dispersion force) が生じる. 低温における希ガスやメタンの結晶や液体ではこの相互作用が働いており, ファン・デル・ワールス力の中心となる引力である. 弱い相互作用は距離依存性が高く (表1.23), 誘起双極子-誘起双極子相互作用は $1/r^6$ に比例し, 極めて接近したときにのみ有効である. この際の電子殻どうしの反発は通常 $1/r^{12}$ に比例するとされる.

c. 芳香環が関与する相互作用

非局在化 π 電子系を有する芳香環については, カチオン-π 相互作用, π-π 相互作用や a 項で述べた X-H…π 相互作用が可能である. カチオン-π 相互作用 (cation-π interaction) は, Na^+, K^+, トリメチルアンモニウム基 $-N(CH_3)_3^+$ のような正電荷と芳香環との相互作用であり, 正電荷と芳香環の π 電子雲との静電的な相互作用と考えられる (Dougherty, 1996; Ma and Dougherty, 1997; Gallivan and Dougherty, 1999). アセチルコリン (ACh) は $-N(CH_3)_3^+$ 基を含む生理活性物質であるが, インドール-3-酢酸のコリンエステルの構造解析からインドール環と $-N(CH_3)_3^+$ のメチル基とが (**13**) のように接近する (インドール C(4) とメチル基 C との距離 3.699 Å) ことが明らかになった (Aoki et al., 1995). この相互作用は C-H…π 相互作用と見ることもできる

(13) (14a) (14b)

が，$-N(CH_3)_3^+$ 基の代わりに t-ブチル基を導入すると，相互作用が認められないことから，インドール C(3) 側鎖の接近には N 上の正電荷が必要であることがわかる．Arg のグアニジニウム基は芳香環と平行に重なって相互作用（スタッキング，stacking; 芳香環などが積み重なること）する場合（**14a**）と垂直方向で相互作用する場合（**14b**）がある．後者の相互作用は N−H⋯π 相互作用と考えられるが，タンパク質での例の多くは前者の様式をとっている（Ma and Dougherty, 1997）．金属イオンに配位したアミノ基あるいは水分子の H 原子は δ^+ を帯びており，金属タンパク質中で Trp, Phe などの芳香環に 3.5〜4.3 Å の距離に接近している例がしばしば認められる．これは金属配位子-芳香環間のカチオン-π 相互作用とされている(Zarić, 2003)．なお，アニオンと芳香環との接近（アニオン-π 相互作用）も注目されつつあり（Meyer et al., 2003），最近，尿酸オキシダーゼ活性中心において基質の尿酸と阻害剤 CN^- が 3.0〜3.3 Å の距離でアニオン-π 相互作用をしていることが見出された（Estarellas et al., 2011）．

π-π 相互作用は芳香環-芳香環相互作用である．タンパク質中では 60% の芳香族アミノ酸残基側鎖は芳香環どうしで相互作用しており（Serrano et al., 1991），化学系，生体系を問わずスタッキングの現象は広く認められている（Burley and Petsko, 1986; Meyer et al., 2003）．この現象は分散力，電子供与体-電子受容体相互作用などにより説明されてきたが，十分とは言い難かった．その中にあって，Hunter らは，π-π 相

(a) face-to-face 型　　(b) offset 型　　(c) edge-to-face 型

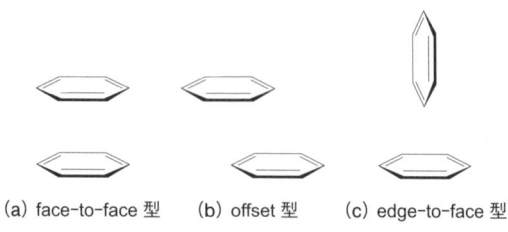

図 1.45　芳香環-芳香環（π-π）相互作用のパターン

1.10 金属イオンの分子環境

互作用エネルギーは式（1.32）のうち主として静電的相互作用の E^C と分散力の E^D によるものと捉え，実際にはスタッキングによる重なりの面積が大きくないことから分散力の効果は小さいとして，E^C のみにより多くの現象を合理的に説明した（Hunter and Sanders, 1990; Hunter, 1994）．芳香環-芳香環相互作用にはいくつかのタイプがある（図1.45）．

(a) face-to-face 型：平行にちょうど重なった場合．parallel-stacked 型またはeclipsed 型ともいう．
(b) offset 型：平行で互いにずれている場合．parallel-displaced 型ともいう．
(c) edge-to-face 型：T型ともいい，直角に相互作用する場合と傾いて（tilted）相互作用する場合がある．

生体系では，(a)の face-to-face 型のスタッキングは比較的稀であるが，(b)の offset 型はよく見られる．本書では両者を意味する場合にはこれらをまとめて parallel 型と呼ぶことにする．DNA 中の塩基間で見られるスタッキングは面間距離 3.3～3.8Å であり，環と環には二重らせん構造により軸方向から見て 30～40°のねじれが生じ，中心間には 1.6～1.8Å のずれがある．タンパク質中での芳香族アミノ酸間には offset 型または (c) の edge-to-face 型相互作用が多く認められ，環の中心間の距離は約 5Å である．ベンゼン環を負電荷をもつπ電子が正電荷をもつ C_6H_6 骨格を挟んだ形で表すと（図1.46），face-to-face 型相互作用ではπ電子間の反発がある (a) の相互作用に対して，offset 型や edge-to-face 型の相互作用ではπ電子と C—H 間に π-σ 引力が働き ((b), (c))，相互作用による安定化が起こることが理解される．edge-to-face 型や offset 型のπ-π相互作用は一種の C—H…π相互作用であり，いずれも静電的相互作用と見ることができる．ヘキサフルオロベンゼン C_6F_6 においては F の電気陰性度は C より大きく，電荷の分布がベンゼンのそれと逆になるため，$C_6H_6 \cdot C_6F_6$ の結晶はベンゼン2量体の edge-to-face 型とは異なり，C_6H_6 と C_6F_6 が交互に積み重なったほぼ face-to-face 型のスタッキング構造をとることが明らかにされた（Wil-

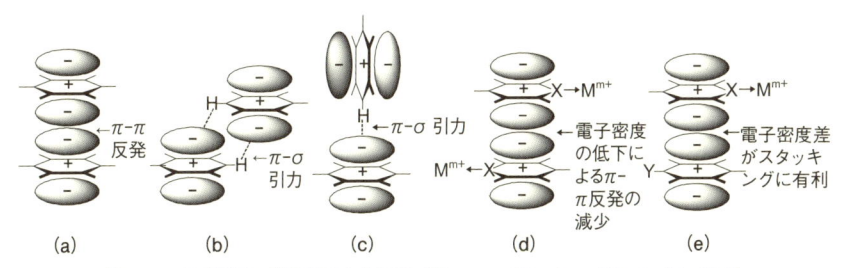

図1.46 芳香環間の静電的引力と反発（Hunter and Sanders, 1990; Janiak, 2000）

liams et al., 1992). 電子密度の異なる芳香環間やN原子のようなヘテロ原子を含む芳香環の相互作用においては，face-to-face型スタッキングでのπ電子間の反発は変化する．芳香環にOH, NH_2のような電子供与性置換基があると電子密度は増大し(π-rich)，F, NO_2のような電子吸引性置換基があると電子密度は減少する(π-deficient).このようなπ電子密度による芳香環の組合せでは次の安定化序列がある（Hunter and Sanders, 1990; Cozzi and Siegel, 1995）.

π-deficient－π-deficient＞π-deficient－π-rich＞π-rich－π-rich

ピリジン環は電子吸引性のNが存在してπ電子不足であるが，金属イオンに配位すると芳香環の電子密度がさらに下がり，スタッキングにおけるπ電子間の反発は弱まる（図1.46(d), X=N）(Janiak, 2000). 事実，金属イオンに配位した含窒素芳香族配位子と芳香族アミノ酸からなる三元Cu(II)錯体などにおいては，分子内で配位芳香環と側鎖芳香環が立体的に可能な限りface-to-face型またはoffset型で重なる(スタックする)現象はしばしば認められ（図1.46(e)), 後述（1.10.3項）のように錯体の安定化に寄与することが明らかにされている（Yamauchi et al., 2001). このようなスタッキングでは静電的相互作用に加えて，HOMO-LUMO間の重なりによる電荷移動の寄与も考えられる．

Hunterらのπ-π相互作用の取扱いでは分散力の効果はface-to-face型スタッキングにおいてのみ重要であるとされている．これに対して，Sherrillら（Sinnokrot and Sherrill, 2004; Ringer et al, 2006）はベンゼンと置換基OH, CH_3, F，またはCNを有するベンゼンとの相互作用について理論計算を行い，これらの間のface-to-face型会

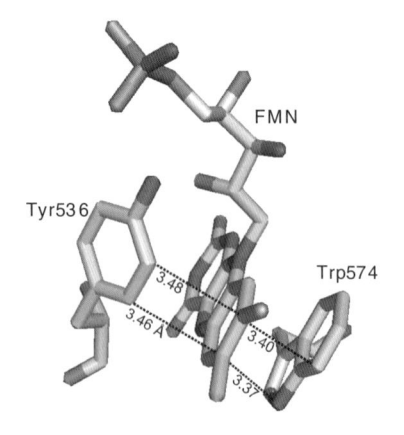

図1.47 P450BM-3における側鎖芳香環とFMNとのスタッキングとその距離(Å)
(Sevrioukova et al., 1999；PDB code 1BVY)

1.10 金属イオンの分子環境

合体はベンゼン2量体よりも安定であることを結論した．また，face-to-face 型，edge-to-face 型のいずれのスタッキングにおいても分散力の寄与が大きかった．この結果は π-π 相互作用を静電的相互作用のみで捉えず，分散力も考慮すべきことを示唆している．水溶液中での面と面が重なる芳香環スタッキングには分散力などと疎水効果（hydrophobic effect；一般には極性溶媒中での疎溶媒効果（solvophobic effect））の寄与が含まれる[*22]．

金属タンパク質ではないが，フラボドキシン（flavodoxin）は前述の FMN を補酵素とするフラビンタンパク質（1.9節 p.108 および図 1.24 p.109 を参照）の一種で電子伝達体である．FMN はタンパク質内に非共有結合的に保持されている．シアノバクテリアからのフラボドキシンの活性中心においては，FMN のイソアロキサジン（isoalloxazine）環が Trp インドール環と Tyr フェノール環により挟まれてサンドイッチ状態にある（Rao et al., 1992）．フラボドキシンの $E^{0'}$ は生物種により異なり（Hoover et al., 1999），FMN がおかれた分子環境の影響下にあることがわかる．興味深いことに，遊離の FMN についてのセミキノン/ヒドロキノン間酸化還元電位 $E^{0'}$ が $-0.17\,\mathrm{V}$ であるのに対して，フラボドキシンのそれは $-0.4\,\mathrm{V}$ 程度であり，セミキノン型が異常に安定化されている．このことは電子密度の高いインドール環などとのπ-πスタッキングや，酸性アミノ酸の存在による静電的効果がヒドロキノン型に不利であることを反映していると考えられる．図 1.47 にヘムと FMN 結合部位をもつ脂肪酸モノオキシゲナーゼ P450 BM-3 における FMN のπ-πスタッキングを示した（Sevrioukova et al., 1999）．

[*22] 水溶液中での芳香環のπ-π相互作用や長いアルキル鎖の会合には古典的疎水効果（classical hydrophobic effect）が知られ，これは水のような極性溶媒中で疎水性分子が会合すると，取り巻いていた溶媒分子が遊離することによるエントロピー増大効果であり，エンタルピー効果は小さいとされてきた．しかし，凝集力が強い水においては，多くの芳香環間の相互作用でエンタルピーの減少による安定化効果とエントロピーの減少による逆の効果が認められている．このことは，疎水性分子どうしが寄り集まると，取り囲んでいた水分子がバルクの水に戻り凝集して安定化すると同時に，疎水性分子間の分散力がより効果的に働いてエンタルピーが獲得されるためと説明される．これを非古典的疎水効果（nonclassical hydrophobic effect）という．Nozaki, Tanford はアミノ酸の疎水性（hydrophobicity）の尺度としてアミノ酸側鎖基を水からエタノールまたはジオキサンへ移動させる際の自由エネルギー変化の大きさを用いている（Nozaki and Tanford, 1971）．この尺度によれば，疎水性は「トリプトファン＞フェニルアラニン＞チロシン＞ロイシン＞バリン＞メチオニン＞ヒスチジン＞アラニン＞トレオニン＞セリン」の順である．田中，田端はこの自由エネルギー変化を種々の p-置換フェニルアラニンについて計算し，溶液中の錯体安定度の予想値からの増大をπ-π相互作用と疎水効果の寄与に分けて評価した（Tanaka and Tabata, 2007）（1.10.2項，1.10.3項参照）．

1.10.2 金属イオン近傍での弱い相互作用

2種類の配位子を有する三元錯体においては，分子内で種々の相互作用が起こる可能性があり，また，錯体と他分子との間の相互作用もある．いずれも錯体の性質に影響を与えうる．

a. 中心金属イオンを介する配位子間相互作用 (through-metal ligand-ligand interaction)

1.6.2項で述べたように，配位子には $-O^-$，Cl^- のような満たされた π 軌道を有する配位子や CN^-，ピリジンのような比較的低いエネルギーに空の π^* 軌道を有する配位子がある．前者は π 供与体（π 塩基），後者は π 受容体（π 酸）と呼ばれる．これらが中心金属イオンと結合すると，π 塩基から金属イオンへの π 供与あるいは金属イオンから π 酸への π 逆供与という電子的相互作用が起こりうる（図1.12 p.48参照）．三元錯体において π 塩基と π 酸が組み合わされると，これらの効果による錯体の安定化が期待される．例えば，Cu(II)平面配位座で π 供与体の o-カテコラート（cat）が π 受容体の bpy と組み合わされた錯体 [Cu(bpy)(cat)] と σ 供与体の en と組み合わされた錯体 [Cu(en)(cat)] について，三元錯体の安定化の目安の1つである $\Delta \log K$ 値を計算すると，それぞれ 0.43, -0.76 となり，[Cu(en)(cat)] の安定化は見られないのに対して，[Cu(bpy)(cat)] では安定化が著しいことがわかる（1.10.3項の式(1.36)を参照）(Sigel, 1975)．Ni(II)およびCu(II)の二元錯体からの三元錯体形成については，田中により機構論的考察から安定度定数を算出する式が提案された (Tanaka, 1973; Tanaka, 1974)．この式では配位原子として $N(\pi, \sigma)$ のみ，NとO，またはOのみを含む配位子のいずれか2種からなる三元錯体について，安定度定数の実測値と計算値が一致するように，配位原子の組合せごとに金属イオンを介した配位子間の電子効果が数値的に決められ，補正項として用いられている．

b. 空間を介する配位子間相互作用 (through-space ligand-ligand interaction)

これは相互作用基どうしが空間的に接近することによって生じる弱い相互作用である．グリシン様配位をした酸性アミノ酸 Asp と塩基性アミノ酸 Arg を含む三元錯体 [Cu(Asp)(Arg)] などでは，分子内での静電的相互作用ないし水素結合が起こることが CD スペクトル強度異常や錯体の安定化の評価 (1.10.3項の式(1.37)を参照) から結論されている．Arg グアニジニウム基が関与する水素結合は，例えば亜鉛酵素カルボキシペプチダーゼA (carboxypeptidase A: CPA) (2.8.1項 p.290参照) とそのモデル基質 GlyTyr (Lipscomb et al., 1970; Lipscomb and Strater, 1996) や Cu,Zn-スーパーオキシドジスムターゼ (Cu,Zn-SOD) と $O_2^{\cdot -}$ (図2.67 p.253参照) などの酵素-基質複合体，亜硫酸デヒドロゲナーゼの活性中心（図2.86 p.280参照）などにおいて

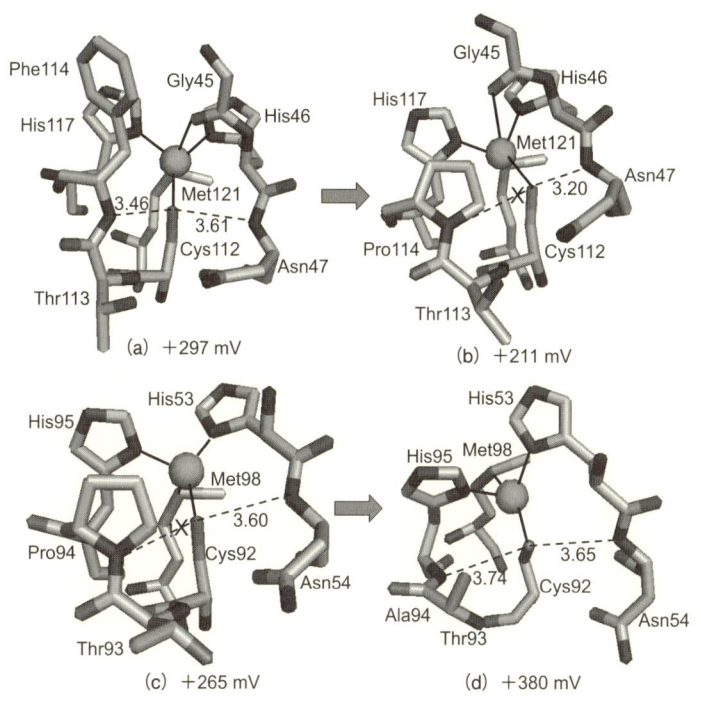

図1.48 ブルー銅タンパク質における N–H⋯S 水素結合による $Cu^{2+/+}$ の酸化還元電位（vs. NHE）のシフト
(a) アズリン（PDB code 4AZU），(b) Phe114Pro 変異体（Yanagisawa et al., 2006; PDB code 2GHZ），(c) アミシアン（PDB code 2OV0），(d) Pro94Ala 変異体（Carrell et al., 2004; PDB code 1SF5）

認められる．前項で述べたように，金属部位近傍において NH⋯S 水素結合が生じる場合があり，このことがタンパク質の酸化還元電位に影響を及ぼすことが知られている．鉄-硫黄タンパク質についての上山らによるモデル錯体の研究からもこの水素結合により電位が正電位側にシフトすることが明らかにされた（Ueyama et al., 1983; Okamura et al., 1998）．図 1.48 にアズリンのタイプ 1Cu に結合した S 原子に対する 2 つの N–H⋯S 水素結合のうち 1 つを変異によって除去した例（Yanagisawa et al., 2006）と，アミシアニンのタイプ 1Cu に結合した S 原子に対する水素結合に N–H⋯S 水素結合を導入した例（Carrell et al., 2004）を示した．N–H⋯S 水素結合によって Cu(II) よりも Cu(I) 状態が有利となり，酸化還元電位を正電位へシフトさせる効果があることがわかる．同様の例が 2.1.1 項（p.158）と 4.2.3 項（p.374）にも示されている．なお，図 1.43 の SOR の場合には DFT 計算によると軸配位した Cys S$^-$ への水素結合により Fe–S の共有結合性が減少し，2 つの相反する理由のため Fe の酸化

還元電位が負電位側に137 mVシフトすると結論されている（Dey et al., 2007）。分子間での水素結合ないし静電的相互作用の例として，プラストシアニン（PC）を正に帯電したリシンペプチドと水溶液中で共存させると，PC表面の負に帯電した部分（酸性パッチ，acidic patch）（図2.4 p.164参照）とリシンペプチドの正電荷との相互作用により，PCの酸化還元電位が正電位側にシフトすることが廣田らにより見出されている（Hirota et al., 1998; Hirota and Yamauchi, 2002）。

芳香族ジイミンDA（bpy，phenなど）と芳香族アミノ酸AA（Phe，Tyr，Trp）からなる三元錯体M(DA)(AA)（M＝Cu(II)，Pd(II)）では，DAとAA側鎖との間にparallel型芳香環スタッキングが生じ，edge-to-face型スタッキングは認められない（Yamauchi et al., 2001, 2002）。キレート環を形成したアミノ酸の$C_α$が配位面から大きくずれていることから，芳香環のずれは電子反発ではなく立体的制約の結果と考えられる。同一芳香環間の相互作用と異なり，電子密度に差がある芳香環間では$π$電子間の反発が少なく，静電的相互作用や軌道間の相互作用による引力がparallel型スタッキングに有利に働くと考えることができる。p位に置換のPhe誘導体をAAとして含むCu(DA)(AA)は分子内でスタッキングを示し，その安定度は置換基に依存する（Sugimori et al., 1997）。4,4′-置換bpyとp位に置換のPheから得られる（**15**）のような錯体について，1.10.3項の式(1.37)により計算した安定化の度合いlog K値とHammettの置換基定数$σ_p$との関係を調べたところ（Yajima et al., 2007），カルボン酸エステル基-COOEtをもち電子不足と考えられるDA＝(COOEt)$_2$bpyは，$σ_p$値が負である置換基（NH$_2$基など）をもち電子密度が高いAAとより安定な三元錯体［Cu((COOEt)$_2$bpy)(AA)］を形成することが判明した。逆に，電子密度の高いEt$_2$N-基をもつDA＝(Et$_2$N)$_2$bpyは，$σ_p$値が正で電子密度の低いNO$_2$置換Pheとより安定な錯体［Cu((Et$_2$N)$_2$bpy)(AA)］を形成した。この結果は$π$-deficient－$π$-richの組合せが$π$-deficient－$π$-deficientよりもスタッキングに有利であることを意味しており，金属イオンMに配位したピリジン環との$π$-$π$相互作用は単に静電的反発の大きさだけでなく，軌道間の相互作用も考慮されるべきであろう。一方，フェノラートとピリ

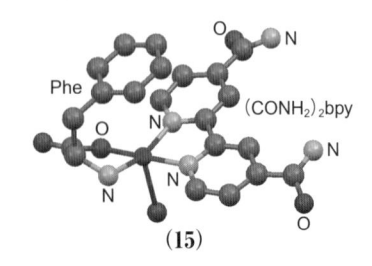

(**15**)

1.10 金属イオンの分子環境

ジンが配位し，側鎖に電子密度の高いインドール環を有する Pd(II)錯体 (**16a**) では，インドール-ピリジン間に最短距離 3.10Å のスタッキングが生じるが，ピリジンを欠く錯体 (**16b**) においてはインドール-フェノラート間のスタッキングは見られず，アルキル基と 2.96Å に接近して CH-π 相互作用をする．このことは，電子密度の高い芳香環どうしの π-π 相互作用が静電的反発のためにエネルギー的に不利であることを示している (Yajima et al., 2002)．ハロゲン置換基について，Zhang らは芳香環にヨウ素原子 I が置換されるとスタッキングによる錯体の安定化が大きくなることを，甲状腺ホルモンであるチロキシンの構成成分 3,5-ジヨード-L-チロシンなどを含む三元 Cu(II)錯体について明らかにし，結晶中で I 原子近傍での弱い相互作用を見出した (Zhang et al., 1996, 1997)．上述の結果 (Sugimori et al., 1997; Yajima et al., 2007) もハロゲン置換基による安定化効果を示しており，これはハロゲン原子と芳香環の間のファン・デル・ワールス力によるものと理解される．

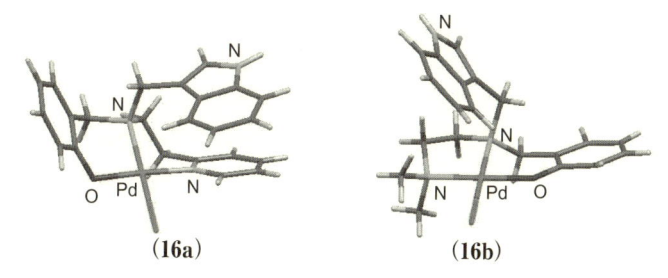

(**16a**)　(**16b**)

DA＝ヒスタミン(histamine：hista)，AA＝Phe および Tyr である三元 Cu(II)錯体[Cu(hista)AA]においては，平面に配位したイミダゾールと側鎖芳香環との offset 型スタッキングが起こる (図 1.49(a)) (Yamauchi et al., 1989)．高妻らはオシダから得られた

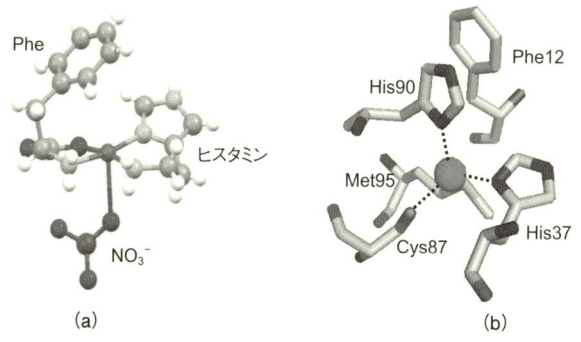

(a)　(b)

図 1.49 ベンゼン環-配位イミダゾール間のスタッキング
(a) Phe とヒスタミンから成る三元 Cu(II)錯体 (Yamauchi et al., 1989)；(b) オシダからのプラストシアニンの活性中心 (Kohzuma et al., 1999；PDB code 1KDJ)

プラストシアニン(PC)のCu部位において，配位したHis90イミダゾールと近傍のPhe12フェニル基の間に同じ組合せのoffset型スタッキングを見出した（図1.49(b)，図2.4 p.164も参照）(Kohzuma et al., 1999). おそらくこのスタッキングのため，オシダのPCは高等植物からのPCより20 mV程度高いE^0値を示すと考えられた（表1.13 p.63および表2.1 p.161参照）. *Achromobacter cycloclastes*からのシュードアズリンMet16を芳香族アミノ酸に置換して同様のスタッキングを導入すると，E^0値が正電位側にシフトすることから，この電位シフトはスタッキングによるものと結論され（Yanagisawa et al., 2003; Abdelhamid et al., 2007），アルキル基導入の影響も調べられている（Fitzpatrick et al., 2010）. この事実は1.10.1項で述べたフラボドキシンの例と共にスタッキングの効果を反映するものと理解され，錯体で見出されたスタッキングと同様のスタッキングが金属タンパク質中でも起こることを示す好例である.

三元錯体内でのAMP（アデノシン5′-リン酸）などの核酸塩基とDAとの芳香環スタッキングは，Sigelらにより詳細に研究され，溶液中での存在が結論されている（Sigel, 1980; Yamauchi et al., 1996）. Cu(bpy)(AMP)は結晶中でリン酸基が架橋した2量体構造(**17**)をとり，bpyとアデニン環とのスタッキングを示している（Aoki, 1978; Aoki, 1996）. (**17**)は溶液中での結論に対する最初の結晶構造解析結果である．(**17**)においてAMPがアデニン塩基Nでなくリン酸基O（π供与体）で配位していることは，a.で述べた金属イオンを介する配位子間の電子的相互作用の観点からも有利に働くと考えられる．なお，核酸塩基とDAのスタッキングにはedge-to-face型も知られている（Aoki, 1996）．

(**17**)

一方，bpy, phenなどの芳香族ジイミンを配位し，配位座が満たされた白金(II)錯体のような置換不活性な平面型錯体は，モノヌクレオチドなどの核酸塩基とは結合せず，錯体の芳香環と核酸塩基とのparallel型スタッキング相互作用をすると同時に金属中心と塩基とが接近する．同様のスタッキングによりDNAでは二重らせんの塩基対間への芳香環の挿入（インターカレーション，intercalation）が起こる．芳香環のインターカレーションは二重らせんに歪を与え，DNAを変性させるため，発がんへ

の第一歩とされている．八面体型錯体であるルテニウム(II)，コバルト(III)，ロジウム(III)のトリス(芳香族ジイミン)錯体（M(phen)$_3$ など）は，二重らせん DNA の主溝（major groove）においてインターカレーションにより，また副溝（minor groove）においては疎水効果によりそれぞれ相互作用する．主としてインターカレーションにより DNA と結合する錯体は metallointercalator とも呼ばれる．立体配置が Δ 型の M(phen)$_3$ 錯体は右巻き二重らせんの主溝と優先的に相互作用し，これを認識するのに対して，Λ 型錯体はその副溝と優先的に相互作用する（Barton, 1994; Sitlani and Barton, 1995）．正電荷を有する芳香族化合物である臭化エチジウム（ethidium bromide）は，インターカレーションにより DNA と結合して蛍光を発することから DNA の研究に広く用いられる．平面型で電子密度の低い白金(II)錯体や臭化エチジウムでは parallel 型 π-π 相互作用における反発が少なく，このことが DNA とのスタッキングに有利に働いていることがわかる．インターカレーションにより DNA と結合し，塩基配列を認識する錯体や，DNA と反応する錯体など，様々な錯体の研究がなされている（Zeglis et al., 2007; Liu and Sadler, 2011）．

c. 金属イオン-芳香環またはアルキル基相互作用

Tyr および GlyTrp の Cu(II)錯体［Cu(Tyr)$_2$］(van der Helm and Tatsch, 1972)，［Cu(GlyTrpH$_{-1}$)］(Hursthouse et al., 1975) の構造式に見られるように，配位子側鎖芳香環が金属イオンの近くに存在することがある．また，上述の分子内スタッキングが起こると，側鎖芳香環が中心金属イオン d 軌道と相互作用が可能な距離（3Å 前後）に接近することがある．距離がさらに短くなると芳香環の C＝C との間に弱い結合（d-π 相互作用）が生じる．主要な必須遷移金属では Cu(I)錯体において d-π 相互作用が報告されている．前述のインドール環を有する 3N 配位 Cu(I)錯体（**11**）では Cu(I)とインドール C(2)-C(3) の間で η^2 結合が形成され，このときの Cu-C 間距離は 2.228, 2.270Å である（（**11**）p.35 参照）．同様な結合は，例えば 1N2S 配位のマクロ環 Cu(I)錯体と側鎖ナフチル環で見られる（Cu-C 間距離：2.129, 2.414Å）（Conry et al., 1999）．また，3N 配位 Cu(I)錯体と側鎖 p-置換フェニル基（X＝H, OCH$_3$, NO$_2$ など）

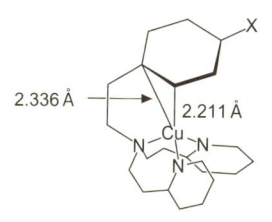

図 1.50 3N 配位 Cu(I)錯体における Cu(I)-フェニル基間の η^2 結合（X＝H）（Osato et al., 2004）

との間でも Cu-C 間距離 2.172～2.656 Å で η^2 結合が生じることが伊東らにより報告されている（図 1.50）(Osato et al., 2004; Itoh and Tachi, 2006). このような Cu(I)-芳香環 η^2 結合では 300 nm 付近に MLCT と考えられる強い吸収極大が観測される. しかし, d-π 結合は弱いため CH_3CN のような配位能を有する溶媒の添加により容易に置換され, このピークは消失する. タンパク質中での Trp インドールと金属イオンとの結合は知られていなかったが, 最近 Cu(I) との相互作用が報告された. この研究によれば, 膜間部に存在する銅シャペロンの1種である CusF において図 1.51 に示したように Cu(I) はイミダゾール N と 2 個の Met チオエーテル S と結合し, さらにインドール C(4)-C(5)位に 2.7～2.9 Å の距離に接近している（3.1.4 項 p.315 参照). 結合距離は (11) などの場合に比べて長く, カチオン-π 相互作用と考えられている (Xue et al., 2008). これは生体系における Trp 残基-金属イオン相互作用の最初の例であり, Cu(I) を酸化や他のリガンドから保護する役割をもつとされる (Loftin et al., 2009). 見出された Cu(I)-インドール間相互作用は, タンパク質内での立体条件下では芳香環とのカチオン-π 相互作用あるいは η^2 結合のような結合が今後も見出される可能性を示唆している.

一方, 分岐したアルキル側鎖が金属イオンに接近する場合がある. ヒトヨタケ Coprinus cinereus からのマルチ銅オキシダーゼであるラッカーゼのタイプ 1 Cu 部位では, 2 個の His イミダゾールと 1 個の Cys S$^-$ が三角形の Cu 平面を形成し, プラストシアニンで通常見られる第 4 の配位子 Met S に代わってロイシン Leu 462 の側鎖アルキル基が Cu から 3.51 Å の距離に接近している. このような Cu⋯アルキル基の接近

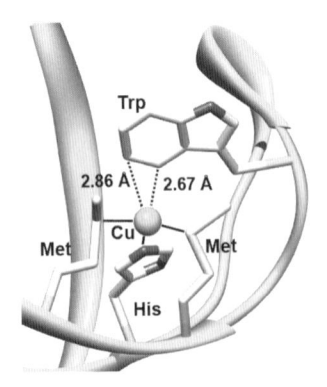

図 1.51 銅シャペロン CusF における Cu(I)-Trp インドール間のカチオン-π 相互作用 (Xue et al., 2008；PDB code 2VB2)

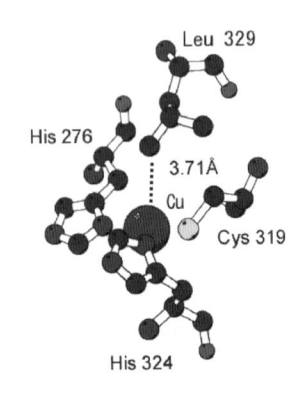

図 1.52 セルロプラスミンのタイプ 1 Cu 部位構造 (Lindley et al., 1997；PDB code 2J5W)

はセルロプラスミン中ドメイン2のタイプ1 Cu部位においても認められた（図1.52）(Lindley et al., 1997). Cuは異常に高い$E^{0'}$値（それぞれ550, 1000 mV）を示すことが明らかにされており，Cuへの軸配位子不在との関係が論じられている（Palmer et al., 1999）．Cu(II)平面上でのCH$_3$基の接近は弱い水素結合とみなされ（Thakur and Desiraju, 2006; Yamauchi et al., 2008），d^8平面型錯体についての理論計算ではC-Ho^*軌道とd_{xz}, d_{yz}軌道との重なりと説明されている（Zhang et al., 2006）．

1.10.3 錯体における弱い相互作用の検出

金属イオン近傍での相互作用は，結晶のX線構造解析，スペクトル，熱力学的方法などを用いて研究されている．最近では理論計算より弱い相互作用の存在と様式を明らかにする研究もなされつつある（Johnson et al., 2010）．よく用いられる方法について概要を述べる．

a．X線結晶構造解析

結晶中での相互作用の詳細を知ることができる最も有力な方法であり，数多くの錯体，金属タンパク質などについて様々な新しい相互作用が明らかにされてきた．結晶の単離が必要であるため，特にタンパク質，核酸ではその結晶化が決定的に重要である．また，結晶化に際して，分子内相互作用が分子間での相互作用に変化する可能性があり，結晶構造から分子内相互作用を結論づける際には注意が肝要である．一方，正の大きな酸化還元電位をもつ金属中心はX線によって生じた水和電子により容易に還元されうることから，これまで報告された金属タンパク質の活性中心の構造には，本来の構造から変化した構造が示されている場合があることが判明しつつある．しかしながら，水和電子による還元は反応過程の追跡にも利用可能であり，今後利用例が増えてくるものと思われる．

b．分光学的方法

近紫外から可視領域における錯体溶液の電子スペクトルは弱い相互作用の検出にはあまり有効ではないが，芳香環スタッキングにより電荷移動が起こる場合には300〜400 nm付近にCT吸収帯が現れることがある．配位したphenと核酸塩基などとのスタッキングがある錯体では，この付近の吸収強度の増大が報告されている．光学活性配位子を含む錯体の研究にはCDスペクトルが有効である．α-アミノ酸が遷移金属イオンと結合すると，近接効果によるCDスペクトルが錯体のd-d吸収帯に現れる．三元錯体M(A)(B)(M：Cu(II), Pd(II); A, B：アミノ酸）やジペプチドA・BのNi(II)錯体のような，2種類のアミノ酸を含む錯体において配位子間相互作用がない場合には，通常，CD強度（Δε）の加成性が成り立つことが実験的に示されている（Tsangaris and Martin, 1970; Sigel and Martin, 1982; Yamauchi et al., 1975). M(A)(B)については

$$\Delta\varepsilon_{calcd} = \frac{1}{2}(\Delta\varepsilon_{MA_2} + \Delta\varepsilon_{MB_2}) \tag{1.33}$$

が成り立つ．ここで，$\Delta\varepsilon_{MA_2}$, $\Delta\varepsilon_{MB_2}$ は M(A)(B) の CD ピークにおいて観測される二元錯体 MA_2, MB_2 の強度，$\Delta\varepsilon_{calcd}$ は強度の計算値である．分子内配位子間相互作用がない場合には実測値 $\Delta\varepsilon_{obsd}$ は $\Delta\varepsilon_{calcd}$ とよく一致する（$\Delta\varepsilon_{obsd}/\Delta\varepsilon_{calcd} \approx 1$）．しかし，水素結合やスタッキングのような分子内相互作用が存在する場合には，強度比は 1 から有意にずれる．このことは相互作用によってアミノ酸の α-C における不整性が影響を受けるためと説明される．

反磁性錯体 Pd(A)(B) の場合には，^{1}H NMR スペクトルから Pachler の式（Pachler, 1964）によりアミノ酸の回転異性体（rotational isomer（rotamer））の存在率を計算することができる．アミノ酸の回転異性体（スタッガード型コンホメーション，staggered conformation）を図 1.53(a) のようにⅠ，Ⅱ，Ⅲとすると，分子内で A, B 間の相互作用が可能な異性体はⅢであるので，相互作用が生じるとⅢの存在率 $P_Ⅲ$ が増加することが期待される．$P_Ⅰ$, $P_Ⅱ$, $P_Ⅲ$ は次式で与えられる（Pachler, 1964; Feeney, 1976）．

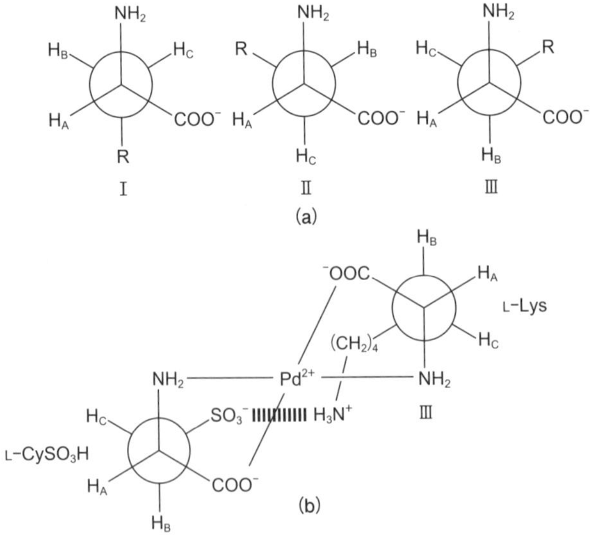

図 1.53 アミノ酸および三元アミノ酸錯体における回転異性体
(a) アミノ酸の 3 つの回転異性体，(b) [Pd(L-CySO$_3$H)(L-Lys)]$^+$ におけるアミノ酸の回転異性体．

$$P_{\mathrm{I}} = \frac{(J_{\mathrm{AC}} - J_{\mathrm{g}})}{(J_{\mathrm{t}} - J_{\mathrm{g}})}$$

$$P_{\mathrm{II}} = \frac{(J_{\mathrm{AB}} - J_{\mathrm{g}})}{(J_{\mathrm{t}} - J_{\mathrm{g}})} \quad (1.34)$$

$$P_{\mathrm{III}} = \frac{(J_{\mathrm{t}} - J_{\mathrm{g}}) - (J_{\mathrm{AB}} - J_{\mathrm{AC}})}{(J_{\mathrm{t}} - J_{\mathrm{g}})}$$

ここで，J_{AB}，J_{AC} はそれぞれプロトン A と B，A と C の間のカップリング定数，J_{t}，J_{g} はそれぞれトランス位，ゴーシュ位のプロトン間のカップリング定数であり，$J_{\mathrm{t}}=13.56\,\mathrm{Hz}$，$J_{\mathrm{g}}=2.60\,\mathrm{Hz}$ と見積もられている (Pachler, 1964)．一例として，システインスルホン酸 $CySO_3H$ と Lys を含む Pd(II) 錯体 Pd($CySO_3H$)(Lys) では，P_{III} が溶媒 (D_2O-CD_3OD) の CD_3OD の存在量 (v/v %) と共に増加し，図1.53(b)に示したような分子内での静電的相互作用の存在を支持する結果が得られている (Yamauchi and Odani, 1981; Odani and Yamauchi, 1981)．

c. 溶液平衡の解析

結晶構造解析により分子構造の詳細を明らかにすることができるが，その構造はあくまで静止状態の構造であり，溶液中や反応過程の構造とは異なっているかもしれない．bで述べたスペクトルは溶液中で測定されることが多いので，分子のダイナミックな状態での構造や性質を反映するものと考えられる．溶液中での配位子間相互作用などを明らかにする手段として，錯体の溶液平衡の解析があり，これより求められる安定度定数から，配位構造や弱い相互作用に関する情報が得られることがある．そこで，配位子間相互作用による三元錯体安定化の評価方法を2, 3あげておく．

二元錯体と比べて三元錯体がどれだけ安定化するかを示す数値として，次式で定義される $\log K_{\mathrm{m}}$ がある．わかりやすくするため，AおよびBをアミノ酸のような2座配位子とすると，$\log K_{\mathrm{m}}$ は次式で定義される (Sigel, 1975; Sigel, 1980)．

$$\mathrm{MA}_2 + \mathrm{MB}_2 \xrightleftharpoons{K_{\mathrm{m}}} 2\mathrm{MAB}$$

$$\log K_{\mathrm{m}} = 2\log \beta_{\mathrm{MAB}} - (\log \beta_{\mathrm{MA}_2} + \log \beta_{\mathrm{MB}_2}) \quad (1.35)$$

ここで，β_{MAB} などは総安定度定数である．錯体の形成が統計学的に起こるとすると，統計学的 K_{m} 値 K_{mstat} は4，$\log K_{\mathrm{mstat}}=0.6$ である (Kida, 1956)．$\log \beta$ 値から $\log K_{\mathrm{m}}$ を計算したとき，それが0.6より大きければ，MAB は何らかの配位子間相互作用により安定化していると見ることができる．1:1の二元錯体 MA，MB から三元錯体 MAB と M が生じる平衡の平衡定数 K' とすると，$\log K' (=\Delta \log K)$ は次式で与えられ，三元錯体の安定化の目安となる (Sigel, 1975; Sigel, 1980)．

$$\text{MA} + \text{MB} \overset{K'}{\rightleftharpoons} \text{MAB} + \text{M}$$

$$\log K' = \log \beta_{\text{MAB}} - (\log K_{\text{MA}} + \log K_{\text{MB}}) = \Delta \log K \tag{1.36}$$

例えば，溶媒和したMに対するAの結合の仕方は，正八面体型錯体では12通り，平面正方形型錯体では4通りであるので，MAにBが結合する確率はそれぞれ5/12と1/4，したがって統計学的$\Delta \log K$値は-0.4と-0.6となり，$\Delta \log K$値をこれらの計算値と比較することにより，錯体の安定化を評価することができる[*23]。

相互作用の有無による三元錯体の安定度の違いを仮想的平衡を考えて明らかにする方法がある．A, Bを互いに相互作用しうる配位子，A′, B′を相互作用基をもたない配位子として，相互作用のない三元錯体MA′BとMAB′から相互作用が可能な三元錯体MABが生成する次の仮想的平衡を考え，その平衡定数$\log K$を計算する（Yamauchi and Odani, 1985）．

$$\text{MA}'\text{B} + \text{MAB}' \overset{K}{\rightleftharpoons} \text{MAB} + \text{MA}'\text{B}'$$

$$\log K = \log \beta_{\text{MAB}} + \log \beta_{\text{MA}'\text{B}'} - (\log \beta_{\text{MA}'\text{B}} + \log \beta_{\text{MAB}'}) \tag{1.37}$$

この式においてMA′B′は相互作用のない安定度の基準となる錯体である．各錯体が類似の配位子または配位原子をもつならば，$\log K$は主として相互作用による安定化の度合いを示すものとなる．$\log K=0$は相互作用による安定化がないことを意味する．上の式でAをPhe, Tyrなどの芳香族アミノ酸，A′をGly, Alaなどとし，Bをbpy, phenのような芳香族イミン性配位子，B′をenとして各三元Cu(II)錯体の安定度定数を測定し$\log K$を計算することにより，スタッキングによる安定化へのAおよびBの構造依存性が明らかにされている．Aの芳香族側鎖基による安定度序列は図1.54のとおりである．

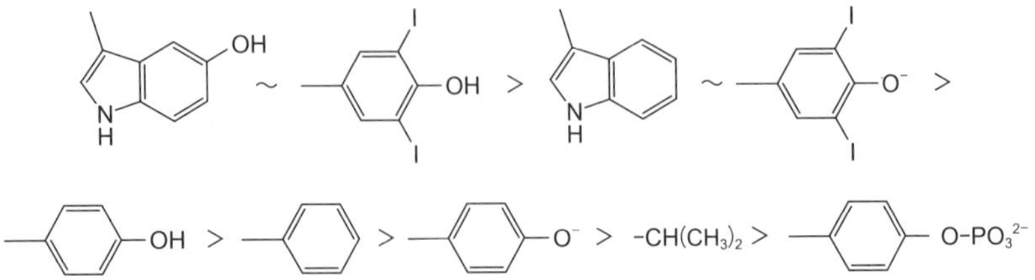

図1.54 安定度序列

[*23] SigelはCu(II)については配位子との結合により四角錐型から平面正方形に変わると考え，確率は1/8，$\Delta \log K = -0.9$が妥当であるとしている．

Cu(Ala)(en)を基準としたスタッキングによる安定化は芳香族アミノ酸Aとπ性配位子Bが組み合わされたときに見られ,より大きい芳香環をもつAとBの組み合わせが大きい安定化をもたらすことが判明した.これはparallel型スタッキングを反映する結果と考えられる.また,5-ヒドロキシインドールのような電子密度の高い芳香環とBとのスタッキングでは,大きい安定化が認められる.1.10.2項で述べた田中の機構論的考察による予測式は,NまたはOを配位原子とする配位子のCu(II)錯体などにおいて,金属イオンを経由する配位子間の電子的相互作用を考慮したものであり,空間を経由する配位子間相互作用がない場合にはよく成り立つ.しかし,水素結合,スタッキングなどの相互作用があると実測値の方が大きくなるため,相互作用の存在が示される.

安定度定数は以上のような会合的な相互作用のほかに,三元錯体生成に伴う立体障害の低減などの立体効果,電荷の中和の効果,π供与体-π受容体間の相互作用の存在などに関する情報も与える.ただし,しばしばいくつかの効果が重なり,それらが総合された結果としての安定化が明らかにされることに留意していただきたい.配位子間相互作用は分子認識のみでなく酸化還元電位のような中心金属イオンの反応性やその特異性にも影響を与えることから,様々な情報をもとにその存在を明らかにし,分子環境下での錯体反応の解明と応用に活用されることが期待される.

文 献

大畑奈弓ほか (2000) 高分子論文集 **57**, 167.
西尾元宏 (2000),「有機化学のための分子間力入門」, 講談社サイエンティフィク.
Abdelhamid, R. F. et al. (2007) *J. Biol. Inorg. Chem.* **12**, 165.
Aoki, K. (1978) *J. Am. Chem. Soc.* **100**, 7106.
Aoki, K. et al. (1995) *J. Chem. Soc., Chem. Commun.*, 2221.
Aoki, K. (1996) *Met. Ions Biol. Syst.* **32**, 91.
Barton, J. K. (1994) In *"Bioinorganic Chemistry,"* Bertini, I. et al. Eds., University Science Books, Mill Valley, p. 455.
Burley, S. K. and Petsko, G. A. (1985) *Science* **229**, 23.
Burley, S. K. and Petsko, G. A. (1986) *Adv. Protein Chem.* **39**, 125.
Carrell, C. J. et al. (2004) *Biochemistry* **43**, 9372.
Clever, G. H. and Shionoya, M. (2010) *Coord. Chem. Rev.* **254**, 2391.
Conry, R. R. et al. (1999) *Inorg. Chem.* **38**, 2833.
Cozzi, F. and Siegel, J. S. (1995) *Pure Appl. Chem.* **67**, 683.
Desiraju, G. R. and Steiner, T. (1999) *"The Weak Hydrogen Bonds in Structural Chemistry and Biology,"* Oxford University Press, Oxford.
Dey, A. et al. (2007) *J. Am. Chem. Soc.* **129**, 12418.
Dougherty, D. A. (1996) *Science* **271**, 163.

Estarellas, C. et al. (2011) *Angew. Chem. Int. Ed.* **50**, 415.
Feeney, J. (1976) *J. Magn. Reson.* **21**, 473.
Fitzpatrick, M. B. et al. (2010) *J. Inorg. Biochem.* **104**, 250.
Gallivan, J. P. and Dougherty, D. A. (1999) *Proc. Natl. Acad. Sci. USA* **96**, 9459.
Hirota, S. et al. (1998) *J. Am. Chem. Soc.* **120**, 8177.
Hirota, S. and Yamauchi, O. (2002) *Eur. J. Inorg. Chem.*, 17.
Hoover, D. M. et al. (1999) *J. Mol. Biol.* **294**, 725.
Hopza, P. and Zahradnik, R. (1980) *"Weak Intermolecular Interactions in Chemistry and Biology,"* Elsevier Scientific Publishing, Amsterdam.
Hunter, C. A. (1994) *Chem. Soc. Rev.*, 101.
Hunter, C. A. and Sanders, K. M. (1990) *J. Am. Chem. Soc.* **112**, 5525.
Hursthouse, M. B. et al. (1975) *J. Chem. Soc., Dalton Trans.*, 2569.
Itoh, S. and Tachi, Y. (2006) *Dalton Trans.*, 4531.
Janiak, C. (2000) *J. Chem. Soc., Dalton Trans.*, 3885.
Johnson, E. R. et al. (2010) *J. Am. Chem. Soc.* **132**, 6498.
Kida, S. (1956) *Bull. Chem. Soc. Jpn.* **29**, 805.
Kohzuma, T. et al. (1999) *J. Biol. Chem.* **274**, 11817.
Lindley, P. F. et al. (1997) *J. Biol. Inorg. Chem.* **2**, 454.
Lipscomb, W. N. et al. (1970) *Phil. Trans. Roy. Soc.* **B257**, 177.
Lipscomb, W. N. and Strater, N. (1996) *Chem. Rev.* **96**, 2375.
Liu, H.-K. and Sadler, P. J. (2011) *Acc. Chem. Res.* **44**, 349.
Loftin, I. R. et al. (2009) *J. Biol. Inorg. Chem.* **14**, 905.
Ma, J. C. and Dougherty, D. A. (1997) *Chem. Rev.* **97**, 1303.
Meyer, E. A. et al. (2003) *Angew. Chem. Int. Ed.* **42**, 1210.
Nishio, M. (2004) *CrystEngComm* **6**, 130.
Nishio, M. (2005) *Tetrahedron* **61**, 6923.
Nishio, M. et al. (1998) *"The CH/π Interaction. Evidence, Nature and Consequence,"* Wiley-VCH, New York.
Nozaki, Y. and Tanford, C. (1971) *J. Biol. Chem.* **246**, 2211.
Odani, A. and Yamauchi, O. (1981) *Bull. Chem. Soc. Jpn.* **54**, 3773.
Okamura, T. et al. (1998) *Inorg. Chem.* **37**, 18.
Osato, T. et al. (2004) *Chem. Eur. J.* **10**, 237.
Pachler, K. G. R. (1964) *Spectrochim. Acta* **20**, 581.
Palmer, A. E. et al. (1999) *J. Am. Chem. Soc.* **121**, 7138.
Perutz, M. F. (1993) *Phil. Trans. Roy. Soc. A* **345**, 105.
Rao, S. T. et al. (1992) *Protein Sci.* **1**, 1413.
Ringer, A. L. et al. (2006) *Chem. Eur. J.* **12**, 3821.
Serrano, L. et al. (1991) *J. Mol. Biol.* **218**, 465.
Sevrioukova, I. F. et al. (1999) *Proc. Natl. Acad. Sci. USA* **96**, 1863.
Shionoya M. and Tanaka, K. (2000) *Bull. Chem. Soc. Jpn.* **73**, 1945.
Sigel, H. (1975) *Angew. Chem. Int. Ed. Engl.* **14**, 394.
Sigel, H. (1980) In *"CoordinationChemistry-20,"* Banerjea, D., Ed., Pergamon, Oxford, pp. 27-45.

Sigel, H. and Martin, R. B. (1982) *Chem. Rev.* **82**, 385.
Sinnokrot, M. O. and Sherrill, C. D. (2004) *J. Am Chem. Soc.* **126**, 7690.
Sitlani, A. and Barton, J. K. (1995) In "*Handbook of Metal-Ligand Interactions in Biological Fluids. Bioinorganic Chemistry,*" Berthon, G., Ed., Marcel Dekker, New York, Vol. 1, pp. 466-487.
Sugimori, T. et al. (1997) *Inorg. Chem.* **36**, 576.
Thakur, T. S. and Desiraju, G. R. (2006) *Chem. Commun.*, 552.
Tanaka, K. et al. (2003) *Science* **299**, 1212.
Tanaka, K. et al, (2006) *Nat. Nanotechnol.* **1**, 190.
Tanaka, M. (1973) *J. Inorg. Nucl. Chem.* **35**, 965.
Tanaka, M. (1974) *J. Inorg. Nucl. Chem.* **36**, 151.
Tanaka, M. and Tabata, M. (2007) *Inorg. Chem.* **46**, 9975.
Tsangaris, J. M. and Martin, R. B. (1970) *J. Am. Chem. Soc.* **92**, 4255.
Ueyama, N. et al. (1983) *J. Am. Chem. Soc.* **105**, 7098.
van der Helm, D. and Tatsch, C. E. (1972) *Acta Crystallogr.* **B28**, 2307.
Waksman, G. et al. (1992) *Nature* **358**, 646.
Williams, J. H. et al. (1992) *Angew. Chem. Int. Ed.* **31**, 1655.
Xue, Y. et al. (2008) *Nat. Chem. Biol.* **4**, 107.
Yajima, T. et al. (2002) *Inorg. Chim. Acta* **337**, 193.
Yajima, T. et al. (2007) *Dalton Trans.*, 299.
Yamauchi, O. and Odani, A. (1981) *J. Am. Chem. Soc.* **103**, 391.
Yamauchi, O. and Odani, A. (1985) *J. Am. Chem. Soc.* **107**, 5938.
Yamauchi, O. et al. (1975) *Bull. Chem. Soc. Jpn.* **48**, 2572.
Yamauchi, O. et al. (1989) *Inorg. Chem.* **28**, 4066.
Yamauchi, O. et al. (1996) *Met. Ions Biol. Syst.* **32**, 207.
Yamauchi, O. et al. (2001) *Bull. Chem. Soc. Jpn.* **74**, 1525.
Yamauchi, O. et al. (2002) *J. Chem. Soc., Dalton Trans.*, 3411.
Yamauchi, O. et al. (2008) *J. Inorg. Biochem.* **102**, 1218.
Yanagisawa, S. et al. (2003) *Biochemistry* **42**, 6853.
Yanagisawa, S. et al. (2006) *Biochemistry* **45**, 8812.
Yeh, A. P. et al. (2000) *Biochemistry* **39**, 2499.
Zarić, S. D. (2003) *Eur. J. Inorg. Chem.*, 2197.
Zeglis, B. M. et al. (2007) *Chem. Commun.*, 4565.
Zhang, F. et al. (1996) *Inorg. Chem.* **35**, 7148.
Zhang, F. et al. (1997) *Inorg. Chem.* **36**, 5777.
Zhang, Y. et al. (2006) *Organometallics* **25**, 3515.

2
金属タンパク質の構造と機能

2.1 電子伝達タンパク質

　生体系の電子運搬を司るタンパク質には，ヘム鉄のシトクロム，非ヘム鉄の鉄-硫黄タンパク質，ブルー銅タンパク質などが知られているが，ここではブルー銅タンパク質について述べる．したがって，鉄タンパク質については1.8.1項（p.65）を参照されたい．なお，ブルー銅タンパク質（blue copper protein）は，鉄-硫黄電子伝達タンパク質のferredoxinになぞらえて，クプレドキシン（cupredoxin）と呼ぶこともある．

　ブルー銅タンパク質の発見は，1960年に加藤によってクロレラからプラストシアニン（PC）が単離されたことに始まる（Katoh, 1960）．以来，多くのブルー銅タンパク質が見出され，構造，機能の研究が実験と理論の両面から数多くなされてきた．ブルー銅タンパク質は10〜20 kDaの大きさのタンパク質に1個のCu原子をもち，機能としては電子の授受であるが，ステラシアニン，マビシアニン，プランタシアニンのように生理的機能が不明なタンパク質もある（これらの非光合成組織からの植物ブルー銅タンパク質群は，系統学的研究からフィトシアニン（phytocyanin）と呼ばれている）．しかし，なんといっても，ブルー銅と呼ばれるだけあって，強い青から緑の色を呈するので，多くの研究者の注目を集めてきた．すでに，1.8.3項（p.91）では，表1.20にそれらの代表的なものをあげ，さらに，生体系の銅の分類（タイプ1〜3 Cu）と，ブルー銅，非ブルー銅との関係，およびそれらの諸性質についても述べた．本節では，ブルー銅タンパク質を中心に，そのブルー銅の性質に少し詳しく触れたい．なお，ここでは，ブルー銅のみをもつタンパク質（ブルー銅タンパク質）であっても，その銅をタイプ1 Cuと呼ぶこととする．

2.1.1　タイプ1 Cu部位（ブルー銅部位）の分光学的性質

　タイプ1 Cuの青あるいは緑の色の特徴を分光学的に比較したのが，図2.1の2種類の亜硝酸レダクターゼ（nitrite reductase：NIR）の吸収，円偏光二色性（CD），電子スピン共鳴（ESR）スペクトルである．これらは2.3.2項（p.200）で述べる脱窒

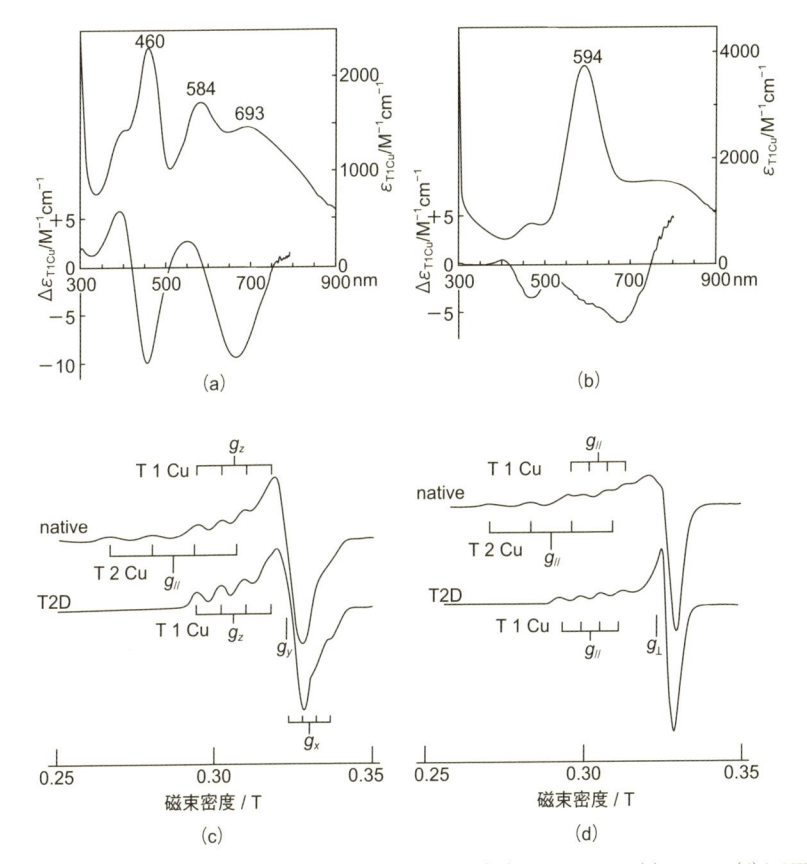

図 2.1 (a)緑色 AcNIR, (b)青色 AxNIR の吸収（上），CD（下）スペクトル，(c)AcNIR, (d)AxNIR の native と T2 Cu を除去した（T2D）酵素の ESR スペクトル
(c) T1 Cu : $g_z = 2.19; |A_z| = 7.7\times10^{-3}\,\text{cm}^{-1}$, T2 Cu : $g_{//} = 2.33; |A_{//}| = 14.1\times10^{-3}\,\text{cm}^{-1}$, (d)T1 Cu : $g_{//} = 2.22; |A_{//}| = 6.7\times10^{-3}\,\text{cm}^{-1}$, T2 Cu: $g_{//} = 2.32; |A_{//}| = 13.9\times10^{-3}\,\text{cm}^{-1}$.

菌 *Achromobacter cycloclastes* からの緑色 NIR（AcNIR）と *Achromobacter xylosoxidans* からの青色 NIR（AxNIR）であり，共にタイプ 1 Cu（T1Cu）のほか，タイプ 2 Cu（T2Cu）も含有しているが，1.8.3 項（p.91）で述べたように T2Cu は Cu^{2+} であっても強い色を示さないため（可視領域は強度の弱い d-d 遷移（一般に ε は 200～300 $M^{-1}cm^{-1}$ 以下）であり，かつ Cys が配位していない），図 2.1 の(a)と(b)の吸収帯は，T2 Cu をもたない NIR（T2D：type 2 Cu-depleted）のスペクトルとほとんど同じである．いずれの色も $T1Cu^{2+}$ に配位した Cys に起因しており，(b)の青色は 600 nm 付近の強い吸収帯（blue band ともいう）によるもので，(a)の緑色はこの

表2.1 タイプ1Cuの分光学的性質, 軸配位子, 酸化還元電位の比較

タンパク質	λ_{max} (nm)	ε ($M^{-1}cm^{-1}$)	λ_{max} (nm)	ε ($M^{-1}cm^{-1}$)	$\varepsilon_{450}/\varepsilon_{600}$	ESR	軸配位子[a]	$E^{0'}$ (mV) (pH 7.0)
プラストシアニン (spinach)	460	590	597	4900	0.12	axial	Met	366
アミシアニン (P. denitrificans)	464	520	595	4610	0.11	axial	Met	294
ハロシアニン (A. faecalis)	460	420	600	4190	0.1	axial	Met	183
アズリン (A. denitrificans)	460	580	619	5100	0.11	axial	Met, C=O	276
ウメシアニン (horse radish)	451	460	606	3400	0.13	axial	Gln	290
AxNIR	470	810	594	3800	0.21	axial	Met	T1: 280, T2: 280
シュードアズリン (A. cycloclastes)	452	1400	593	3700	0.38	rhombic	Met	250
オーラシアニンA (C. aurantiacus)	454	900	596	3000	0.3	rhombic	Met	240 (pH 8.0)
ラスチシアニン (T. ferroxidans)	445	1000	600	2100	0.47	rhombic	Met	680 (pH 3.2)
ステラシアニン (R. vernicifera)	450	1100	608	4080	0.27	rhombic	Gln	187
マビシアニン (zucchini)	448	810	599	4000	0.19	rhombic	Gln	285
プランタシアニン (cucumber)	448	1240	593	2900	0.43	rhombic	Met	306
AcNIR	460	2400	584	1800	1.33	rhombic	Met	T1: 240, T2: 250

a) 軸配位子は,His, His, Cysがつくる三角面に垂直方向からCuに結合する配位子.

blue bandと460 nmの黄色の吸収帯が合わさったものである.なお,還元型のCu$^+$ ($3d^{10}$) では無色である.図2.1(a)と(b)において,450~600 nmの吸収帯はCysS$^-$ →Cu(II)の電荷移動遷移(LMCT)に帰属されており,d-d遷移は750 nm以上,(a) の400 nm付近の肩吸収帯はHis配位によるCT遷移とされている (Randall et al., 2000; Solomon et al., 2004). また,表2.1にブルー銅タンパク質のT1Cuの性質を示した.例外的なものもあるが,$\varepsilon_{450}/\varepsilon_{600}$の値が色の変化の目安となり,$\varepsilon_{450}/\varepsilon_{600}<0.15$ のときには青色であり,この値よりも大きくなるにつれて緑がかってくる.これと共に,ESRスペクトルにも変化(シグナルがaxialからrhombicに変化)が現れてくる.すなわち,図2.1(d) T2Dのaxial symmetry(軸対称)のシグナルが青色T1Cu,(c) T2Dのrhombic symmetry(斜方形対称)のシグナルが緑色T1Cuとそれぞれ呼ばれる.3つのg値が,axialシグナルでは,$g_z=g_{//}$, $g_y=g_x=g_{\perp}$であるのに対して,rhombicシグナルでは,$g_z \neq g_y \neq g_x$である.また,電子スピンとCuの核スピン(I

2.1 電子伝達タンパク質

図2.2 T1 Cu と T2 Cu の ESR パラメーターのプロット

上部の ESR シグナルは，アズリン（T1 Cu，プロット 6）のものを示している．また，図中の G（ガウス）は，$1\text{G}=10^{-4}\text{T}$ である．Cu の場合には，$A_{//}$ 値は通常負になるので，絶対値で示してある（Vänngård, 1972）．

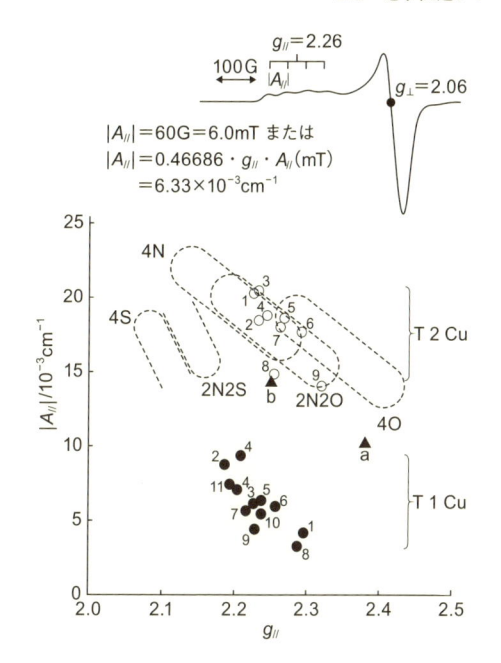

T 2 Cu
1 ウルシ ラッカーゼ
2 キノコ ラッカーゼ
3 キュウリ アスコルビン酸オキシダーゼ
4 ヒト セルロプラスミン
5 菌類 ガラクトースオキシダーゼ
6 ウシ血清 アミンオキシダーゼ
7 ウシ腎臓 ドーパミン β-ヒドロキシラーゼ
8 ウシ 赤血球スーパーオキシドジスムターゼ
9 脱窒菌 亜硝酸レダクターゼ（AcNIR）

T 1 Cu
1 ウルシ ラッカーゼ
2 キノコ ラッカーゼ
3 キュウリ アスコルビン酸オキシダーゼ
4 ヒト セルロプラスミン
5 キュウリ プラストシアニン
6 脱窒菌 アズリン
7 キュウリ プランタシアニン
8 ウルシ ステラシアニン
9 好酸性菌 ラスチシアニン
10 脱窒菌 シュードアズリン
11 脱窒菌 亜硝酸レダクターゼ（AcNIR）

その他
a タイプ0 Cu 含有アズリン変異体
b ニトロソシアニン

上部シグナル値：$g_{//}=2.26$，$g_{\perp}=2.06$
$|A_{//}|=60\text{G}=6.0\text{mT}$ または
$|A_{//}|=0.46686 \cdot g_{//} \cdot A_{//}(\text{mT})$
$=6.33\times10^{-3}\text{cm}^{-1}$

$=3/2$）との相互作用による超微細構造（hyperfine structure）の 4 つのピークの間隔（超微細結合定数（hyperfine coupling constant）A）を，(c)，(d)において axial シグナルでは $A_{//}$ で，rhombic シグナルでは A_z で示してある．図 2.1 の(c)，(d)の native のシグナルでは，T1 Cu のシグナルの上に T2 Cu の超微細構造が重なっており，厳密にはシミュレーションによって 2 つのシグナルを分離しなければ，特に $g_{\perp}$，g_y の領域の 2 つのシグナルなどはよくわからない．しかし，$0.25 \sim 0.32$ T（テスラ）の磁場領域では，両者のタイプの Cu を比較すると，T2 Cu の A 値の方が，T1 Cu のものよりも大きいことがおわかりになるであろう．さらに，図 2.2 には，各種の T1 Cu と T2 Cu の g 値と $|A_{//}|$ 値のプロットを示す．全体的に T1 Cu は下方に，T2 Cu は上方に位置しており，両方とも左上がり，右下りに並んでいる．種々のタイプの Cu と低分子量銅錯体の構造から，左上にプロットされるものは平面性が強い平面 4 配位構造の Cu，右下のものは平面から四面体へ歪んだ構造の Cu ということができる．例えば，図 2.1(c)に示した AcNIR の T1 Cu パラメーターは(d)に示した AxNIR のものと比べ

ると左上にくるので(図2.2のプロット11は緑色AcNIRのもの),前者のT1Cuに比べて後者の方が四面体へ歪んだ4配位構造ということになるが,結晶構造解析によるCu部位構造はそれを支持している.

表2.1の右端のT1Cuの酸化還元電位($E^{0'}$)は,それらの銅タンパク質の生理的機能と関係しているために,分光学的性質とは異なって様々な値をとっている.これは,Cuの$E^{0'}$が第1配位圏の状態だけで決まるのではなく,第2配位圏の部位周囲のアミノ酸側鎖の性質や水素結合などによってもコントロールされることを暗示している.これについては,1.10.1項(p.136),1.10.2項(p.143)および後述の2.1.3項,4.2.3項(p.374)を参照されたい.

最近,新しいタイプCuがGrayらによって報告された.*Pseudomon asaeruginosa*由来アズリン(azurin)(PaAZ)のCys112Asp/Met121(Leu, Ileu, or Phe)変異体中のCuが,これまでのタイプのCuの性質と異なっているために(T2Cuよりも狭いaxial超微細結合定数,T1Cuと同様な正側に大きい酸化還元電位,600nm付近の強いCT bandに代わって800nm付近の弱い吸収帯),彼らがタイプ0(T0Cu)と名付けたものであるが,自然界には存在しないものである(Lancaster et al., 2009).図2.2には,T0Cuタンパク質の代表として選んだCys112Asp/Met121Leu変異体のESRスペクトル(axial symmetry)のパラメーターをプロットしている(プロットa).このCuにはCysの配位がないために強い色を呈さず,可視吸収スペクトルは798nm(ε

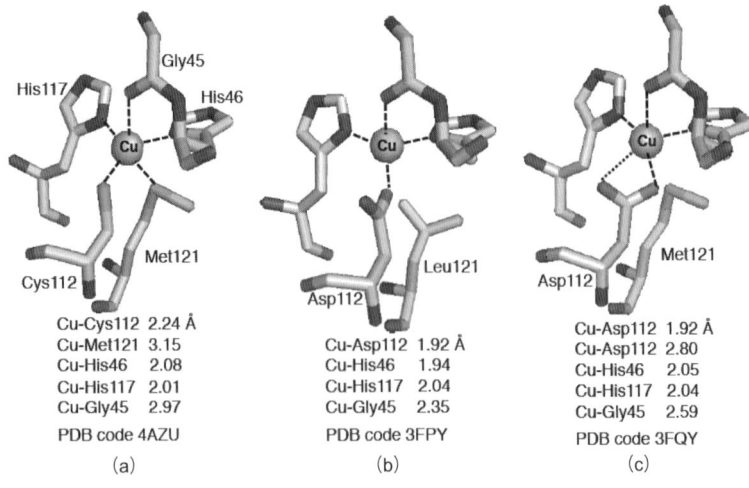

図2.3 PaAZ(a),Cys112Asp/Met121Leu変異体(b),Cys112Asp変異体(c)のCu部位構造とCu-配位子間結合距離
  (c)において,CuとAspOの間の点線の結合は長い方の値をとる.

= 96 M^{-1}cm^{-1}) に d–d 遷移によるピークを与えるのみである．また，その $E^{0'}$ 値は 281 mV（vs. NHE）(Lancaster et al., 2011) であり，表 2.1 の T1 Cu のグループに含まれるものである．図 2.3 には，PaAZ（T1），Cys 112 Asp/Met 121 Leu 変異体（T0），Cys 112 Asp 変異体（T2）の Cu 部位の構造を示した．図において，(a) は AZ の一般的構造で，Cu 平面に 2 つの His と Cys を配置し，上下から Gly と Met が結合した歪んだ 5 配位三角両錐型である．この Cu 部位の Cys 112 を (c) のように Asp に置換すると，Cu は歪んだ 5 配位四角錐型構造になる．Cys 112 Asp 変異体の Cu-Met 間距離は 3.5 Å であるので，Cu との結合はない．さらに，この ESR パラメーターは，$g_{//}$ = 2.311，$|A_{//}|$ = 14.89×10^{-3} cm^{-1} であるので，この変異体の Cu は T2 Cu といえる．(c) の変異体において，さらに Met 121 を Leu に置換したものが，(b) の Cys 112 Asp/Met 121 Leu 変異体であり，T0 Cu は歪んだ四面体構造である．Cys 112 Asp/Met 121 Ileu や Cys 112 Asp/Met 121 Phe 変異体でも同様な性質を示す．しかしながら，この T0 Cu は図 2.2 からは T1 Cu と T2 Cu の中間のパラメーターをもち，歪んだ四面体構造や酸化還元電位は T1 Cu とあまり変わらないものであるため，実際は，T1.5 Cu というべきかもしれない．T0 Cu が市民権を得るかは，今後の研究の進展を待たなければならない．

さらに，図 2.2 のプロット b のニトロソシアニン nitrosocyanin（NC）は，赤色を呈していてブルー銅ではないので 2.1 節では取り上げられないものかもしれないが，クプレドキシンの範疇には入るので，ここで触れることとする．アンモニア酸化独立栄養細菌 *Nitrosomonas europaea* からの NC は，PC とアミノ酸配列が類似しているが，ユニークな 3 量体（単量体 12 kDa）を形成している (Lieberman et al., 2001, Arciero et al., 2002; PDB code 1 IBY，1 IC 0，1 IBZ)．生理的機能は不明であり，酵素としての可能性も考えられている．単量体の構造は，8 本の逆平行 β シートが形成する平たい β-barrel fold（β シートが何本か集まって樽状になったクプレドキシン特有の折り畳み構造）と約 20 アミノ酸残基からなる 1 本の β ヘアピンからなる．Cu 部位は図 1.19 (d) に示したように，Glu 60 を頂点にした四角錐型である（Cu-GluO の距離，2.09 Å）．四角平面には，Cys 95（Cu-S，2.26 Å），His 98（Cu-N，2.02 Å），His 103（Cu-N，1.97 Å），H$_2$O（Cu-O，2.25 Å）が配位している．この構造を反映して，その axial ESR シグナル（$A_{//}$ = 13.8 mT = 14.4 × 10^{-3} cm^{-1}）はプロット b のように T2 Cu に属することを示していて，$E^{0'}$ も +85 mV と T1 Cu よりも少し負側の値をとっている．また，Cys が結合しているために，可視領域では 390 nm（ε = 4400 M^{-1}cm^{-1}），496 nm（2200），720 nm（1000）に吸収帯が観測されており，400 nm 付近の強い吸収帯によって赤色を呈している．

2.1.2 ブルー銅タンパク質の構造

ブルー銅タンパク質を代表するプラストシアニン（ポプラPC，99残基）とP. aeruginosaからのアズリン（PaAZ，128残基）のタンパク質3次構造を図2.4に示す．両者では，PaAZのαヘリックスを除いて，上述のβ barrel fold構造が互いによく似ている．すなわち，全体として平たい円筒形（PCでは$0.40 \times 0.32 \times 0.28$ nm）で，その円筒軸に対して逆平行の8本のβシートが並んでいる（ただし，PCでは5番目のβ構造が明確ではない）．これらはcupredoxin foldとも呼ばれている．また，クプレドキシンに限らずT1Cuを含む酵素においても，一般にCuはβシートからなるドメインに取り込まれている．

基本的にT1Cu部位の構造は，His，His，Cysによる三角形の中心にCuが位置し，さらにMetあるいはGlnがCuに垂直方向から弱く結合することによる歪んだ四面体である（表2.1参照）．PCでは，そのように2His，Cys，Metの4残基からなる4配位四面体型構造になっている．これに対して，AZでは4残基に加えてHis46の隣

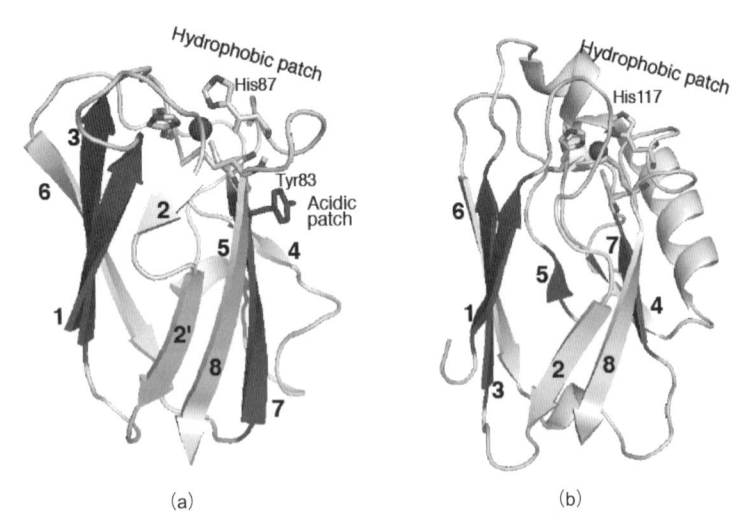

図2.4 代表的なブルー銅タンパク質 (a) ポプラPC（PDB code 1PLC）と (b) PaAZ（PDB code 4AZU）の構造
1～8番のβシートにおいて，色の黒い方は奇数番を表している．奇数番と偶数番が逆平行になっていることに注意されたい．疎水性パッチは，溶媒に露出したHis配位子（番号をつけたC末端側のもの）を中心に，疎水的アミノ酸残基が並んでいる．PCには酸性パッチもあり，Cys配位子の隣の保存されているTyr残基は酸性パッチに囲まれている．さらに，PCのpHを3.8程度に下げると，His87のイミダゾールN原子がプロトン化されてCuから外れ，Cuは平面3配位構造となって還元される（Guss et al., 1986; PDB code 6PCY）．また，オシダのPCでは，His87に相当するHis90がPhe12と相互作用している（図1.49 p.147参照）．

の Gly 45 残基主鎖カルボニル O 原子が Met とは反対側から配位した，5 配位三角両錐型構造であることはすでに述べた（図1.48 も参照されたい）．これらの T1 Cu の特徴として，酸化状態でも還元状態でも pH が同じであれば Cu 周囲の構造はあまり変わらず，Cu と配位子との結合距離も，還元すると通常は 0 ～ 0.2 Å，最大でも 0.3 Å 長くなる程度である．さらに，Cu の配位子も，HSAB 則で中間的な硬さの塩基である His の N 原子と，軟らかい塩基の Cys や Met の S 原子が用意され，Cu^{2+} にも Cu^+ にも親和性をもつようになっている（1.3.2 項 p.14 参照）．

これらの T1 Cu 配位子が並ぶ C 末端配位子ループのトポロジーは，ブルー銅タンパク質や T1 Cu を含有する酵素の種類によって特異的であり，それらを以下に示す．
① **Cys**-X-Pro-**His**-X_2-**Met**：アミシアニン
② **Cys**-X-Pro-**His**-X_4-**Met**：プラストシアニン，シュードアズリン，ハロシアニン
③ **Cys**-X_4-**His**-X_3-**Met**：アズリン
④ **Cys**-X_4-**His**-X_4-**Met/Gln**：プランタシアニン，ステラシアニン，ラスチシアニン，マビシアニン
⑤ **Cys**-X_4-**His**-X_4-**Met**：ラッカーゼ，アスコルビン酸オキシダーゼ，
⑥ **Cys**-X-Pro-X_6-**His**-X_4-**Met**：亜硝酸レダクターゼ

なお，太文字が Cu の配位子である．これらの配位子間のループの長さが，Cu 活性部位を構造的かつ機能的に調整していることはいうまでもない（Li et al., 2006）．

2.1.3　ブルー銅タンパク質の機能

T1 Cu の機能としてはこれまで述べてきたように，電子の授受である．一般に，タンパク質間あるいはタンパク質内電子移動がスムーズに行われるためには，次のようなことが要求される．

（1）1 回の電子移動は，1 電子で行われること．つまり，電子移動タンパク質は，1 電子酸化還元を行う．

（2）電子供与タンパク質から電子受容タンパク質への電子移動に関する自由エネルギー変化（ΔG^0）が，それほど大きくなくてわずかに負のときに（$\Delta G^0 \leq 0$），電子移動は速く進む．ΔG^0 は供与体と受容体の酸化還元電位差（受容体電位－供与体電位＞ 0）で決まる．1 つのタンパク質中に 2 つの酸化還元部位が存在して，その間でタンパク質内電子移動が起こるときにも同様である．また，単独の電子供与体の電位が 250 mV，単独の受容体の電位が 200 mV のような熱力学的に電子移動が起こりにくい場合（uphill）であっても，それらが過渡的電子移動複合体を形成したときに，電位が調整され $\Delta G^0 \leq 0$ の条件を満たして電子移動が起こることがある．これとは

別に，2つのタンパク質間の電子移動では，この熱力学的な条件の前に，両者の認識をもたらすタンパク質表面の性質（疎水的か，静電的かなど）も重要な要素となる．

(3) 酸化部位と還元部位を結びつける有効な電子移動経路も重要である．一般には，タンパク質間であってもタンパク質内であっても，2つの金属部位の直線距離は15Å以下である場合が多い．このような長い距離の電子移動は，long range electron transferと呼ばれる．その間には，電子移動のためのアミノ酸残基で構築されたルートが確保されている．また，電子の授受を行う金属がかさ高いポルフィリンに取り囲まれていたり，クラスターの一部であったりすることは，長距離電子移動をスムーズに行う要因である．

(4) 金属イオンのスムーズな電子授受（ある酸化数から他の酸化数への変化）のためには，マーカスの式の再配向エネルギー（reorganization energy）λを小さくしなければならない．そのためには，酸化還元変化に伴う金属イオンの配位構造変化を小さくする必要がある．具体的には，前項で述べたように，T1Cuの酸化状態と還元状態の配位構造に，結合距離に多少の変化があるものの，全体的に大きな違いは見られないのは，このためであると理解される．電子伝達機能を行うシトクロムのヘムの場合も，酸化数が変化するときに，通常では軸配位子が外れることはない．

さて，2.3.4項（p.214）で述べるように，PC（約11 kDa）は光合成においてシトクロムb_6f複合体中のCyt$f$（約28 kDa）からの電子を受け取り，PSIに渡す役割を演じている．電子運搬の機能を司っているPCには，図2.4(a)に示したように，疎水性アミノ酸が集まった疎水性パッチと酸性アミノ酸の酸性パッチがあり，それらとPCへの電子供与体や電子受容体が相互作用することが考えられる．Ubbinkらは，シアノバクテリア由来Cyt$f$とPCの相互作用（Diaz-Moreno et al., 2005; PDB code 1TU2），カブとポプラ（Lange et al., 2005; PDB code 1TKW）やカブとホウレン草（Ubbink et al., 1998; PDB code 2PCF）のCyt$f$とPCの相互作用を，NMRを用いて調べた．ちなみに，シアノバクテリアの1つの*Phormidium laminosum*由来の電子供与体Cyt$f$と電子受容体PCのΔE^0値は，それぞれ323 mVと378 mVで，熱力学的に電子移動が起こりやすい（downhill）関係にある（Crowley et al., 2001）．その結果，Cyt$f$の電子がヘムFeに主鎖のアミドNが配位しているTyr1を通り（表1.14 p.68参照），PCの疎水性パッチにあるHis87配位子を経てCuに移動すると推定されている．シアノバクテリアの*Prochlorothrix hollandica*の場合には，両者の結合定数は$25 \times 10^3 M^{-1}$と導出され，エネルギー最小値の複合体構造では，FeとCuの距離は約13Åであった（Hulsker et al., 2006; PDB code 2JXM）．しかし，このCyt$f$-PC複合体では，その構造が高等植物由来や他のシアノバクテリアのものに比べて動的であると

推測された.

　上述のCyt f-PC複合体のX線結晶構造解析はいまだ報告されていない.現在までに電子伝達複合体の結晶構造解析は,PDBに10数例しか登録されていない.ブルー銅が関与するものでは,古くはメタノール脱水素酵素-アミシアニン-シトクロム c_{551i} の三元複合体(Davidson, 2008; PDB code 2MTA),最近では芳香族アミン脱水素酵素-アズリン複合体(Sukumar et al., 2006; PDB code 2H47, 2H3X, 2IAA)がある.結晶構造解析は,分解能さえよければ2つのタンパク質のアミノ酸側鎖間相互作用や水分子の挙動などが明確にわかるため,両者間の電子移動を議論するのに極めて有効な知見を与える.ただし,それが真の過渡的電子移動複合体構造であるかどうかという点には注意しなければならない.

　Achromobacter cycloclastes のシュードアズリン(AcPAZ)は,前述の緑色AcNIR(PDB code 2NRD)の生理的電子供与体であり,その構造は井上らによって明らかにされている(Inoue et al., 1999; PDB code 1BQK, 1BQR).互いに離れている電子供与体と受容体が認識し合うのは,まずは静電的相互作用によるのであろうという観点から,他の脱窒菌からの青色AxNIR(PDB code 1BQ5; 本来の生理的電子供与体はCyt c_{551})を,AcPAZからスムーズに電子を受けられるように改変する研究が,片岡らにより行われている(Kataoka et al., 2004).すなわち,AcPAZのT1Cuに結合しているHisのイミダゾール環周囲のタンパク質表面には疎水性アミノ酸残基が多く(図2.4の疎水性パッチのようにブルー銅に特有な性質である),その周りには塩基性残基が配列している.一方,同じ菌のAcNIR中のT1Cuに結合しているHisのイミダゾール環周囲のタンパク質表面にも疎水性アミノ酸残基が多いが,その周りは酸性アミノ酸が配列している.したがって,両者が複合体を作って電子移動を行う前には,正と負の静電的な認識がある.ところが,AxNIRのT1Cuの上のタンパク質表面には,脱窒菌間の違いがあるものの,そのような酸性アミノ酸残基の配列が少ないことが,電子供与体AcPAZを用いたAxNIRの触媒活性を低くする理由であると考えられた.そこで,酸性残基が多い電子受容体AcNIRのタンパク質表面の電荷分布を手本にして,AxNIRの相互作用表面上の相当する中性アミノ酸残基を酸性残基に置換した変異体が作製され,還元型AcPAZからAxNIR変異体への電子受容活性が調べられた.その結果,AxNIR自体では活性が低いが,導入する酸性残基の数が増すにつれて活性が高くなり,本来の電子受容体であるAcNIRの活性に近づいていくことが明らかになっている.タンパク質は構造的に類似していても,表面のアミノ酸残基の種類によって相互作用機能が調節されているが,それらを部位特異的に改変することによって,人工的に触媒機能を高めることができるのである.

静電的に引きつけ合った AcPAZ と AcNIR がどのように相互作用をして複合体を形成するかについて，複合体の結晶構造解析はいまだないが，NMR によって研究されている (Impagliazzo et al., 2005, Vlasie et al., 2008; PDB code 2P80). AcNIR と AcPAZ の docking の NMR 解析結果は，その複合体の界面が典型的な過渡的電子移動複合体の描像を示していた. すなわち，PAZ から NIR へ電子が通過する出入り口を軸として小さな疎水性領域があり，その周りを酸性と塩基性の相補的な残基が同心円状に取り囲んでいる. そして，電子移動はその疎水性パッチを通って起こっているのであろう. この電子供与タンパク質と電子受容タンパク質が作る電子移動界面は，ブルー銅タンパク質ではないが，野尻らによって，*Achromobacter xylosoxidans* の Cyt c_{551} と AxNIR との過渡的電子複合体の結晶構造解析結果から詳細に研究された（図 2.24 p.205 参照）(Nojiri et al., 2009). その結果, AcPAZ-AcNIR 相互作用と同じ描像が，結晶構造解析からも確認されている. なお，前者の複合体における T1Cu-T1Cu 間距離は 15.5Å, 後者では，ヘム Fe-T1Cu 間距離は 17Å, ヘム環-T1Cu の最短距離は 11Å である.

電子伝達機能をもつブルー銅タンパク質は，生理的にはそれが置かれている環境, すなわち，電子を授受する相手のタンパク質によって，一定の酸化還元電位を有して

表 2.2 PaAZ の変異体と酸化還元電位（$E^{0'}$ vs. NHE）[a]

	F114P	M121Q	F114N	N47S	M121L	$E^{0'}$ (mV) (pH 7.0)	WT との差
変異体	F114P	M121Q				-2 ± 13(pH9.0)	-267
	F114P	M121Q				90 ± 8	-175
	F114P					171 ± 7	-94
		M121Q				190 ± 4	-75
		M121Q	F114N			209 ± 6	-56
		M121Q		N47S		244 ± 9	-21
	F114P				M121L	251 ± 5	-14
野生体(WT)[b]						265 ± 19	0
変異体		M121Q	F114N	N47S		277 ± 2	12
					M121L	358 ± 4	93
			F114N			394 ± 4	129
				N47S		396 ± 25	131
			F114N	N47S		494 ± 11	229
				N47S	M121L	496 ± 13	231
			F114N		M121L	551 ± 11	286
				N47S	M121L	564 ± 6(pH4.0)	299
			F114N	N47S	M121L	640 ± 1	375
			F114N	N47S	M121L	668 ± 1(pH6.0)	403
			F114N	N47S	M121L	706 ± 3(pH4.0)	441

a) アミノ酸の1文字表記については表 1.2 (p.7) を参照. b) WT：wild type（野生種）.

いる.そして,T1 Cu の酸化還元電位は,ブルー銅タンパク質自体の構造や活性部位全体の構造はよく似ているにもかかわらず,わずかな Cu 周りの配位環境によって様々な値を示している.これまでに,数多くのブルー銅の変異体が作られ,T1 Cu の電位の変化が研究されている.最近,AZ に種々の変位を導入することによって,それらの電位変化が総合的に議論された(Marshall et al., 2009; PDB code 3JT2, 3JTB, 3IN0). 一般に,T1 Cu の酸化還元電位は,PC の例を 2.1.2 項において紹介しているように,pH を下げると,正側に大きくなる.表 2.2 には,PaAZ の変異体の種類とそれらの pH 7.0 における $E^{0'}$ 値をまとめた.この表において,基本となる 3 つの変異導入がある.

(1) T1 Cu の His-His-Cys の平面に対して軸になる Met 配位子が Gln になると電位は負側に,非配位の Leu の場合には,正側にシフトする.

(2) ブルー Cu において,2 つの His のうち N 末端側の His の隣の残基は Asn(PaAZ では N47) で保存されている.これに対して,鉄酸化細菌のラスチシアニン(rusticyanin:RC) では Ser86 であり,この Ser の OH と主鎖のアミド NH は,Cys138 配位子の S 原子と水素結合を形成している.この 2 つの水素結合が S 原子の電子密度を小さくするので,Cu が酸化されにくくなり,その電位が正側に大きくなると考えられている.現に,PaAZ の Asn 47 を Ser に置換すると,電位は正側にシフトしている.

(3) AZ の軸の配位子は,Met 121 の S 原子と Gly 45 の主鎖 C=O の O 原子である.後者の配位をなくして Cu を 4 配位とするには,近傍 3.5 Å ぐらいのところにある Phe 114 を水素結合可能な Asn に換えると,Gly 45 の O 原子との間に水素結合が形成されるので,Cu は 4 配位となる.これは,変異体の結晶構造解析によって確認されている.その結果,Phe 114 を Asn に置換すると,Cu の電位は正側にシフトし,Pro に置換すると Cu 部位周辺の水素結合ネットワークが組み換わって,電位は負側にシフトしている(図 1.48 も参照されたい).

これらの 3 つの基本の変異導入を組み合わせた結果が,表 2.2 である.そして,これらの変異による酸化還元電位への影響は,厳密な加算性があるとはいえないが,変異を組み合わせば電位への影響も足し合わせて考えることができそうである.そうなれば,目的の酸化還元電位をもった AZ 変異体を得ることが可能になる.

この研究は,T1 Cu の第 1 配位圏の Met 配位子や第 2 配位圏における水素結合や疎水効果を変えることによって,酸化還元電位を 700 mV の範囲で調整できることを示しており,エネルギー変換のための人工光合成中心や燃料電池触媒などに応用するために,目的に合った酸化還元電位をもつブルー銅タンパク質デバイスの設計を可能にすると位置づけられている(4.2.3 項 p.374 参照).

文　献

Arciero, D. M. et al. (2002) *Biochemistry* **41**, 1703.
Crowley, P. B. et al. (2001) *J. Am. Chem. Soc.* **123**, 10444.
Davidson, V. (2008) *Acc. Chem. Res.* **41**, 730.
Diaz-Moreno, I. et al. (2005) *J. Biol. Chem.* **280**, 18908.
Guss, J. M. et al. (1986) *J. Mol. Biol.* **192**, 361.
Hulsker, R. et al. (2006) *J. Am. Chem. Soc.* **130**, 1985.
Impagliazzo A. et al. (2005) *ChemBioChem* **6**, 1648.
Inoue, T. et al. (1999) *J. Bid. Chem.* **274**, 17845.
Kataoka, K. et al. (2004) *J. Biol. Chem.* **279**, 53374.
Katoh, S. (1960) *Nature* **186**, 533.
Lancaster, K. M. et al. (2009) *Nature Chem.* **1**, 711.
Lancaster, K. M. et al. (2011) *J. Am. Chem. Soc.* **133**, 4865.
Lange, C. et al. (2005) *Biochim. Biophys. Acta* **1707**, 179.
Li, C. et al. (2006) *Proc. Natl. Acad. Sci. USA* **103**, 7258.
Lieberman, R. L. et al. (2001) *Biochemistry* **40**, 5674.
Marshall, N. M. et al. (2009) *Nature* **462**, 113.
Nojiri, M. et al. (2009) *Nature* **462**, 117.
Randall, D. W. et al. (2000) *J. Biol. Inorg. Chem.* **5**, 16.
Solomon, E. I. et al. (2004) *Chem. Rev.* **104**, 419.
Sukumar, N. et al. (2006) *Biochemistry* **45**, 13500.
Ubbink, M. et al. (1998) *Structure* **6**, 323.
Vänngård, T. (1972) *"Biological Applications of Electron Spin Resonance,"* Swartz, H. M. et al. Eds., John Wiley & Sons, pp. 411-447.
Vlasie, M. D. et al. (2008) *J. Mol. Biol.* **375**, 1405.

2.2　酸素結合タンパク質

本節では，生物の O_2 結合機能を有する金属タンパク質，ヘムを有するヘムタンパク質および複核金属部位を有するヘムエリトリンとヘモシアニンについて解説する．ヘムタンパク質では，それらが含まれるグロビンファミリーや NO 運搬タンパク質についても触れる．本節の内容ついては，生物無機化学関連の成書に詳しく取り上げられている項目もあるので，それらも参照されたい（増田・福住, 2005; 松本, 1997）．また，ヘム含有のグロビンタンパク質の諸性質については，表 1.14（p.68）を参照されたい．

2.2.1 ヘム含有 O_2 および NO 結合タンパク質と植物・微生物由来グロビンファミリー

a. ヘモグロビンとミオグロビン

　主として脊椎動物に含まれるヘモグロビン（hemoglobin, haemoglobin: Hb）とミオグロビン（myoglobin: Mb）は，それぞれ，O_2 の運搬と貯蔵を行う呼吸タンパク質である．hemo とはギリシャ語の血液の意味，myo はギリシャ語の筋肉の意味で，globin は球状タンパク質を意味している．いずれのグロビンタンパク質も，Fe とプロトポルフィリン IX からなるヘム（heme：プロトヘム，ヘム b）を 1 個含んでいる．ヒトの Hb は 141 個のアミノ酸からなる α 鎖（α_1, α_2）と 146 個のアミノ酸からなる β 鎖（β_1, β_2）の 2 種類のグロビン鎖が 4 量体（$\alpha_1, \alpha_2, \beta_1, \beta_2$）を形成しているのに対して，Mb は 153 個のアミノ酸残基からなるグロビン鎖の単量体である．O_2 を結合していないヘム Fe^{2+} を含む Hb や Mb をデオキシ体（deoxy；紫赤色），結合しているものをオキシ体（oxy；赤色），O_2 を結合できないヘム Fe^{3+} を含むものをメト体（met）

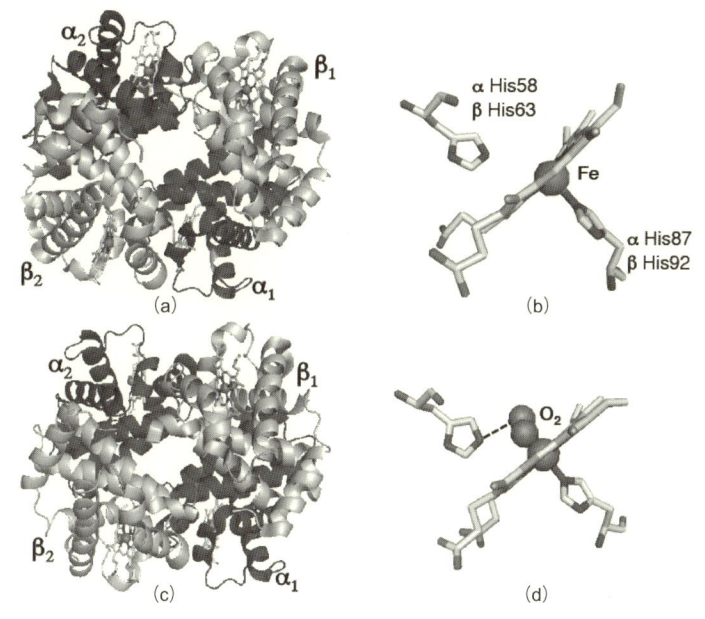

図 2.5 ヒトのデオキシ型 Hb（a, b）とオキシ型 Hb（c, d）のタンパク質構造とヘム部位の構造（Park et al., 2006；PDB code 2DN2, 2DN1）
(b)と(d)の図で，ヘム面に対して左の His を遠位（distal）His，右の Fe に軸配位した His を近位（proximal）His と呼ぶ．(d)では，遠位 His の N 原子と O_2 の Fe に結合していない O 原子の間に水素結合があり，一般的にその距離は 2.7〜3.1Å である．

と呼ぶ．なお，それらの吸収スペクトルの一例として，マッコウクジラの Mb の吸収スペクトルデータを参照されたい（表 2.6）．図 2.5 に，ヒトのデオキシ Hb とオキシ Hb のタンパク質構造とヘム部位の構造を示す．Hb の α 鎖あるいは β 鎖の 3 次構造は，Mb と同様に 8 本の α ヘリックス（A〜H）から構成されている（図 2.9 参照）．Hb の 4 次構造をデオキシ型とオキシ型で比較すると，α_1-β_2 鎖間（対称な α_2-β_1 鎖も同様）には接触面のズレがある．これは O_2 との結合により近位 His が存在するヘリックス F が Fe 中心に引きつけられて傾くためで，Hb の酸素平衡曲線（縦軸を O_2 飽和度，横軸を O_2 分圧）を求めると S 字型（シグモイド型）になる事実と関連している．すなわち，この S 字型の挙動は，Hb の 1 個のサブユニットに O_2 が結合すると，他のサブユニットに O_2 が結合しやすくなることを意味している．さらに，次の O_2 結合の 4 段階の平衡における会合定数（K_n）を比較しても明らかである（Gibson, 1970）．

$$Hb_4(O_2)_{n-1} + O_2 \rightleftharpoons Hb_4(O_2)_n \quad n = 1〜4$$

左から右への会合速度定数を k_{on}，右から左への解離速度定数を k_{off} とすると，O_2 親和性定数（O_2 affinity constant）は $K_n = k_{on}/k_{off}$ M^{-1} となり，$K_1 = 9.3 \times 10^3 M^{-1}$; $K_2 = 2.1 \times 10^5 M^{-1}$; $K_3 = 9.3 \times 10^3 M^{-1}$; $K_4 = 6.6 \times 10^5 M^{-1}$ と見積もられている．これは Hb の O_2 結合時の効果であるだけでなく，解離のときも効果を生じるものであり，この挙動はヘム間相互作用，あるいは協同効果と呼ばれるものである．生理的意味としては，Hb が肺のような O_2 分圧の高いところで十分に O_2 を結合し，体の各組織のような O_2 分圧が低いところでは O_2 を解離しやすくする機構である．これに対して，単量体である Mb の酸素平衡曲線は直角双曲線型となり，Hb のような協同効果は見られない．

では，O_2 はどのように Hb や Mb 中のヘムに結合するのであろうか．デオキシ型のヘム Fe は 2 価の常磁性（high spin）であり，オキシ型のヘム Fe は反磁性である．2

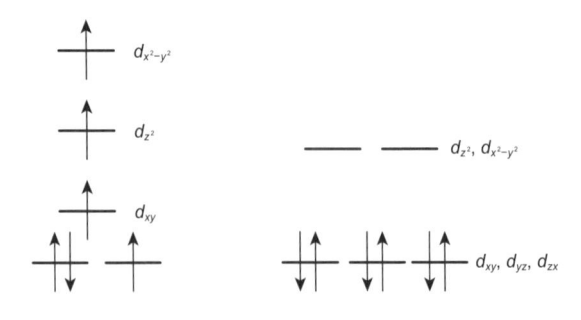

(a) Fe^{2+} 高スピン $S=2$　　(b) Fe^{2+} 低スピン $S=0$

図 2.6　5 配位と 6 配位のヘム $Fe^{2+}(3d^6)$ のスピン状態

2.2 酸素結合タンパク質

価の5配位と6配位のヘム鉄のスピン状態を図2.6に示す（表1.10 p.47参照）．3価のヘム鉄には，O_2は結合できない．図2.5(b)の5配位四角錐型のデオキシヘム部位では，Fe^{2+}はヘム面よりも近位のHis側に約0.5Å移動している．オキシ体では，図の(d)のようにO_2は1つのO原子でFeにend-on型でくの字形に曲がって結合し，もう片方のO原子は，遠位Hisと水素結合で固定されている．さらに，デオキシ体では近位His側に移動していたFe原子は，O_2の結合によりヘム面内に戻っている．なお，種々のHbやMbのオキシ体のX線結晶構造解析では，Fe－O－Oの角度は115〜170°，O-O距離は1.16〜1.25と報告されている（Harutyunyan et al., 1995）．また，HbとMbの共鳴ラマンスペクトル測定から求めたO-O伸縮振動（ν_{O-O}）は，それぞれ，1107と1103 cm^{-1}である（後述）．

一方，1970年代に多くのHb，Mbの活性中心のモデル錯体が合成されている．モデル錯体が可逆的にO_2を結合できるために重要なことは，Fe^{2+}が不可逆的に酸化されないことである．通常，Fe^{2+}-P錯体（P：ポルフィリンなど）をO_2に触れさせると，最終的にFe－O－Feの結合をもつ2量化酸化物（P-Fe^{3+}－O－Fe^{3+}-P）となってしまうが，Collmanらは酸化を防ぐために，つい立てをもったポルフィリンFe錯体（ピケットフェンス型ポルフィリンFe錯体）をデザインして，可逆的にO_2を吸着・脱着させることに成功した（Collman et al., 1974）．図2.7に，モデル錯体の一例の構造を示す．この酸素錯体は，トルエン中12時間安定(室温)で，O-Oの距離はイミダゾール誘導体によって異なるが，1.16〜1.22Åであった．また，ν_{O-O}が1159 cm^{-1}に観測されている．ここで，種々の酸素分子種やそれらの錯体の性質を表2.3に示した．反磁性のオキシ型の電子状態については，いまだ議論のあるところであるが，ν_{O-O}の値を比較すると，HbとMbのオキシ型電子状態はFe^{2+}－O_2とするよりも，Fe^{3+}－O_2^-とした方が良さそうである．前述のようにオキシ型は反磁性であるので，

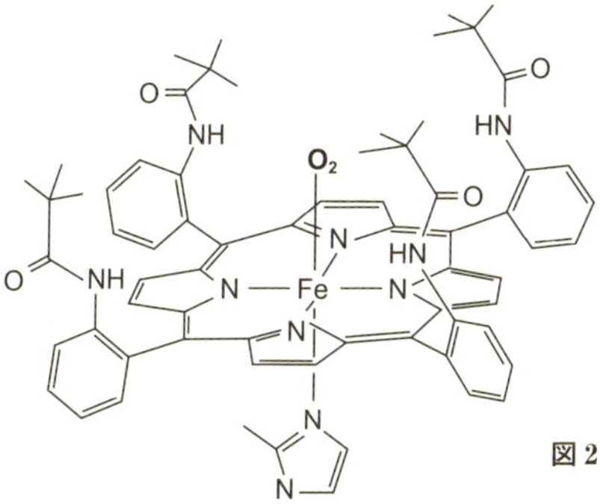

図2.7 酸素を結合したピケットフェンス型ポルフィリンFe錯体

表 2.3　各種酸素分子種の O-O 結合距離と O-O 伸縮振動

酸素分子種	結合次数	O-O 結合距離（Å）	$\nu_{O-O}(cm^{-1})$
O_2^+（二酸素陽イオン）	2.5	1.12	1858
O_2（酸素）	2	1.21	1555
O_2^-（超酸化物イオン）		1.33	1145
M–O–O	1.5		1103～1195
M–O–O–M			1075～1122
O_2^{2-}（過酸化物イオン）		1.49	842
M(O–O)			800～932
M–O–O–M	1		790～884
M(O)(O)M			730～760

　Fe^{3+} の低スピンでは常磁性となり，$3d$ 軌道に 1 個の不対電子を生じることになるが（図 2.6），この電子は軸上に配位した O_2^- の不対電子と反強磁性相互作用により，スピンを打ち消し合って反磁性になると考えられる．これに対して，オキシ体の Hb，Mb，モデル錯体の X 線結晶構造解析は，いずれも O_2^- ではなく O_2 の O-O 距離に近い値であることを示し，分解能などを考慮しても共鳴ラマンスペクトル測定による O_2^- に決着してはいない．これに関連して，海野らはマッコウクジラの Mb の X 線結晶構造解析を行い，ferrous oxy 型の O-O 距離は 1.25Å，Fe－O－O の角度は 124°と報告している（Unno et al., 2007）．さらに，放射光による還元で ferric peroxo 種（O－O 距離 1.33Å，Fe－O－O の角度 120°）も生じると報告している．

　さらに，Hb や Mb には，本来の O_2 のほかに CO や NO の気体分子が結合する．それらの結合力は，O_2 を 1 として比較すると，CO では 250 倍，NO では 240,000 倍と見積もられている．したがって，これらのガスが有毒であることはいうまでもない．

b. NO 結合タンパク質ニトロフォリン

　このタンパク質は，吸血昆虫 *Rhodnius prolixus* が吸血時に唾液腺からヒトなどの動物に注入する NO 輸送タンパク質である．ニトロフォリン（nitrophorin: NP）は 4 つ知られており，そのうちの NP1（Weichsel et al., 1998; PDB code 1NP1，1NP2）と NP4（Weichsel et al., 2000; PDB code 1ERX，1D35）の構造解析が行われている．図 2.8 に NO と結合した NP4（21 kDa）の構造を示す．ヘムは Hb や Mb と異なり，β シートの 2 つの束に挟まれた形で結合している．このヘムに，NO 分子が真っすぐ

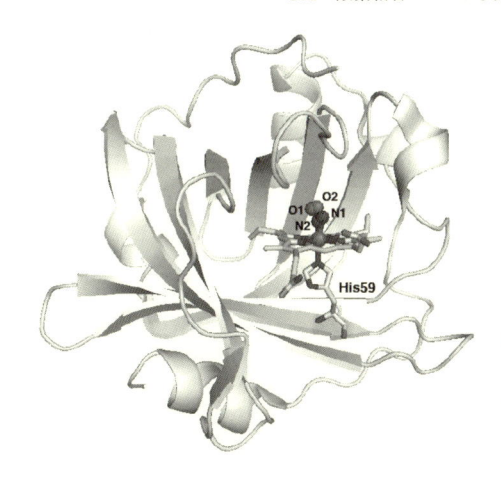

図 2.8 NO 結合 NP4 の構造（PDB code 1ERX）
NO 分子は，N1-O1 と N2-O2 の 2 つの配向をとって Fe に結合している．

（Fe−N：1.5Å; Fe−N−O：177°）と曲がった（Fe−N：2.0Å; Fe−N−O：110°）2 つの配向で Fe に結合している．NP は NO が結合していなければ，ヘムの第 6 配位子側のポケットは広く空いているが，NO が結合すると，そこから 3 分子以上の H_2O 分子が追い出され，近くのランダムコイルがヘリックスに変わってポケットに取り込まれる．これによって，NO の周りは疎水性残基に囲まれ，ヘム環にはさらに歪みが生じることになる．つまり，NP タンパク質は，NO 分子のための疎水性の補捉部位を作ることができる．

高等動物では NO は血管を拡げたり，血液凝固を抑えたりするので，吸血昆虫はそれを利用して咬んだ場所の血流量を増加させ，凝固しにくくしている．吸血された方は，その箇所の傷の治癒のためにヒスタミンを放出して炎症を起こすが，ヒスタミンは NP の Fe に結合している NO と置換してしまう（PDB code 1NP1）．この現象は NP からの NO 放出をもたらす一方，Fe との結合によりヒスタミンの一過性の血管収縮効果が抑えられるので，昆虫はそれを上手く利用している．余談ではあるが，*Rhodnius prolixus* は吸血サシガメという昆虫で，シャーガス病を媒介する．サシガメの糞中には，この病気の寄生原虫トリパノソーマがおり，吸血時にヒトの血液中に侵入し，何年も経てから感染者の 3 割程度に発病し，心臓や消化器官に致命的なダメージを与えるので，昆虫が生息している中米などでは疾病対策が行われている．

c．植物・微生物由来のグロビンファミリー

一般にグロビンタンパク質は，単量体あたり 100〜200 アミノ酸残基からなる α ヘリックスに富む球状タンパク質に，近位の His と呼ばれる His 側鎖によって結合したヘム b をもつファミリーを形成している．表 2.4 は，動物のほか，植物や微生物がも

表 2.4 生物におけるヘモグロビンファミリーの分布

	切断型ヘモグロビン			通常ヘモグロビン								
	I	II	III	FlavoHb	sHb	LegHb	nsHb	ProtG	HemAT	Hb	Erc	VHb
古細菌								○	○			
真生細菌												
放線菌（Actinobacteria）	○	○	○	○				○	○			
ラン藻（Cyanobacteria）	○			○					○			○
ファーミキューテス(Firmicutes)		○	○	○					○			○
プロテオバクテリア(Proteobacteria)	○	○	○	○					○			○
スピロヘータ(Spirochaetales)		○		○					○			
真核生物												
単細胞	○			○								
植物	○	○	○			○	○					
多細胞無脊椎動物			○		○					○	○	
脊椎動物										○		

FlavoHb：フラボヘモグロビン，sHb：共生ヘモグロビン，LegHb：レグヘモグロビン，nsHb：非共生ヘモグロビン，ProtG：プロトグロビン，HemAT：走気性ヘムセンサー，Hb：ヘモグロビン，Erc：エリスロクロリン，VHb：偏性好気性細菌Hb様ヘモグロビン.
なお，脊椎動物ではHbのほか，Mb，ニューログロビン(NeG)，サイトグロビン(CyG)も含まれている.

つグロビンファミリーの分布を示しているが，このファミリーはその構造的特徴から，切断型グロビンと通常のグロビンに分類される．それぞれの代表として，図2.9にマッコウクジラのMbと真核生物の*Paramecium caudatum*（ゾウリムシ）の切断型ヘモグロビン（truncated hemoglobin：trHb）の構造をあげた（Lecomte et al., 2005）．両者のアミノ酸残基数を比較すると，通常のHbでは140～200残基であるのに対して，trHbでは一般に120残基ほどのグロビン鎖である．したがって，通常のHbでは，図2.9の(a)のように"3-on-3"αヘリカルサンドウィッチ構造（3本のαヘリックスA/E/FとB/G/Hが重なっている）であるのに対して（Brucker et al., 1996），(b)のtrHbでは"2-on-2"αヘリカルサンドウィッチ構造（2本の逆平行αヘリックスB/EとG/Hが重なっている）である（Pesce et al., 2000）．後者では，N末端のヘリックスAがほとんどなく，ヘリックスC～D領域が数残基ほどに詰まっている．

次に，図2.9(a)の基本構造を有する通常のHbについて述べる．

(1) フラボヘモグロビン（flavohemoglobin：FlavoHb）

Alcaligenes eutrophus（Ermler et al., 1995; PDB code 1CQX）と大腸菌（Ilari et al., 2002; PDB code 1GVH）由来のFlavoHbは，400アミノ酸残基（45～47 kDa）のうち

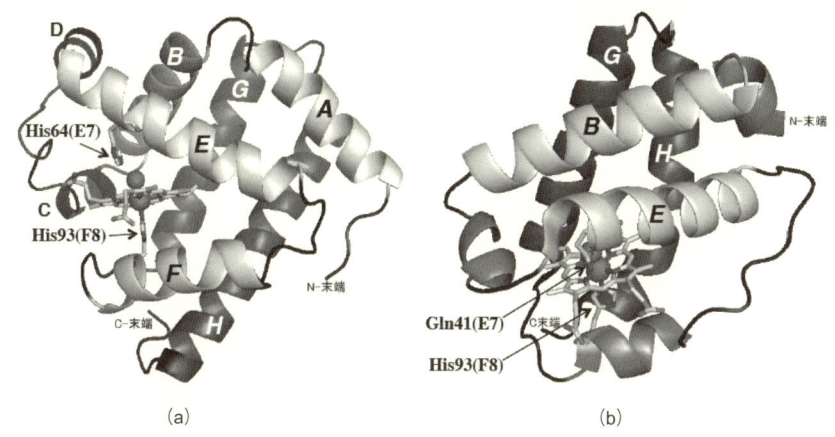

図 2.9 (a) メト型マッコウクジラ Mb (PDB code 2MBW) と (b) メト型ゾウリムシ trHb (PDB code 1DLW) の 3 次構造の比較
E7 はヘリックス E の 7 番目のアミノ酸でヘムの遠位の残基であり,F8 はヘリックス F の 8 番目で Fe に結合した近位の残基である.Mb は 154 残基,trHb は 116 残基からなる.

の N 末端から約 150 残基がグロビンファミリーに属するヘム結合モジュールで,残りがフェレドキシンレダクターゼ様の構造をもった FAD 結合酸化還元酵素モジュールである.Hb 部分の 5 配位ヘム Fe にはヘリックス F に属する近位 His(F8) が結合しているが,遠位のポケットには遠位 His はなく,水素結合が可能な残基として Tyr (B10:ヘリックス B の 10 番目残基) と Gln(E7) が配置している.また,ヘムと FAD の最短距離は約 6Å である.このタンパク質は,好気条件において NAD(P)H 存在下で,次のようにヘム結合 O_2 によって,NO を硝酸イオンに変換することが示されている(図 2.11 参照).

$$Fe^{2+}-O-O + NO \rightarrow [Fe^{3+}-OONO^-] \rightarrow NO_3^- + Fe^{3+} (NAD(P)H で Fe^{2+} に戻る)$$

(2) 共生ヘモグロビン (symbiotic hemoglobin:sHb),レグヘモグロビン (leghemoglobin:LegHb)

sHb に含まれる LegHb は,1939 年に久保によって発見された Hb で,微生物 *Rhizobium* と共にマメ科の植物の小瘤に mM 量で含まれている.マメ科植物 legumes から,レグヘモグロビンと呼ばれ,その機能はよく知られている.マメ科植物は,共生している微生物の窒素固定による窒素供給の恩恵を被っているので,代わりに根瘤中の O_2 濃度を微生物に都合が良いように調節している.さらに,oxyLegHb が NO や $ONOO^-$ (peroxonitrite または peroxynitrite) を捕捉することも知られている.通常,LegHb が Mb に比べて大きい O_2 会合速度定数と小さい解離速度定数を有し,全体で

表 2.5 Hb への酸素結合の速度・平衡定数と軸配位子

タンパク質	O_2 会合速度定数 $k_{on}(\mu M^{-1}s^{-1})$	O_2 解離速度定数 $k_{off}(s^{-1})$	O_2 親和定数 $K^{a)}(\mu M^{-1})$	E7[b)]	F8
マッコウクジラ Mb	17	15	1.1	*His*64	His93
His64Leu 変異体	98	4100	0.023	*Leu*64	His93
ヒト Hb α サブユニット	50	28	1.8	*His*58	His87
Hb β サブユニット	60	18	3.3	*His*63	His92
ヒト ニューログロビン	250	0.8	313	His64	His96
ヒト サイトグロビン	27	0.9	30	His81	His113
ダイズ レグHb	130	5.6	23	*His*61	His91
His61Leu 変異体	400	24	17	*Leu*61	His91
コメ 非共生Hb	68	0.038	1800	*His*73	His108
His73Leu 変異体	620	51	12	*Leu*73	His108
シロイヌナズナ 非共生Hb	74	0.12	620	His68	His103
枯草菌 *Bacillus subtilis* フラボヘモグロビン[c)]	44 2.8	7.0 0.30	6.3 9.3	*Leu*	His
枯草菌 *Bacillus subtilis* trHbO（グループⅡ）	14	0.0021	6700	E7 *Thr*45 B10 *Tyr*25	His76
枯草菌 *Bacillus subtilis* HemAT	19	1900	0.01	B10 *Tyr*70	His123
シアノバクテリア切断型Hb（*Synechocystis*）	240	0.014	17000	E7 *Gln*43 E10 His46	His70

a) $K=k_{on}/k_{off}$. b) 斜体で示したアミノ酸残基は Fe に結合しない. c) 二相性を示す.

O_2 親和性（$K=k_{on}/k_{off}$）が高いことを示している（表2.5）. Mb の活性中心では, 遠位 His(E7) が O_2 などの配位子が Fe に結合するときに置き換わる H_2O 分子を安定化しているが, 大豆の LegHb では遠位 His(E7) があるにもかかわらず, H_2O 分子が安定化されていないことが, Mb よりも k_{on} が大きく, 高い O_2 親和性の原因になっていると考えられている. また, Mb の O_2 結合の安定化は遠位 His との水素結合によるため, His(E7) を Leu に置換すると（マッコウクジラでは, His64Leu 変異体), O_2 親和性が著しく減少する. これに対して, 大豆 LegHb 変異体（His64Leu）ではそれほど変化しないので, 両者の遠位 His の効果には大きな違いがあることがわかる（Kundu et al., 2003; Hoy and Hargrove, 2008）. これまでに, 16 kDa の大豆 LegHb（Ellis et al., 1997; Hargrove et al., 1997; PDB code 1FSL, 1BIN）と, 17 kDa のキバナハウチワマメ LegHb（Harutyunyan et al., 1995; PDB code 2GDM）の結晶構造の報告がある. マメ科植物に限らず, ニレ科, 双子葉植物も共生 Hb を含んでいる.

一方, 無脊椎動物の sHb の例としては, 硫化物が多い海岸に生息している軟体動物ヒレツキガイモドキ（*Lucina pectinata*）の 3 種類の sHb がある. この貝はおそらく鰓細胞に含まれている sHb を使って, 共生している細胞内化学独立栄養菌に硫

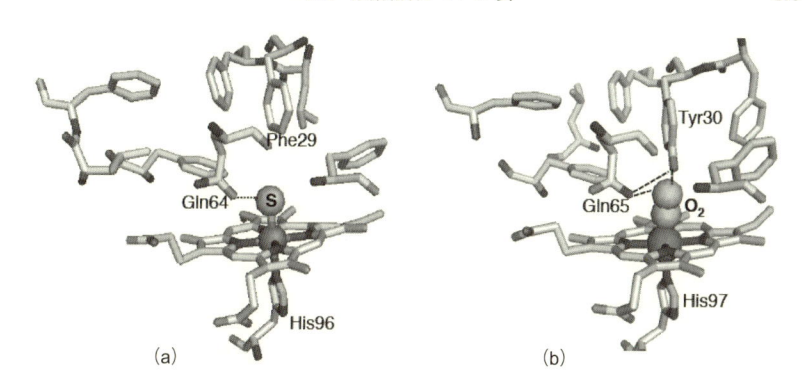

図 2.10 (a) 硫化物-sHb1 (PDB code 1MOH) と (b) O_2-sHb2 (PDB code 2OLP) のヘム周辺の構造 sHb1 の Phe29(B10) を Tyr に置換すると、O_2 解離速度定数 (k_off) が、$61\,\text{s}^{-1}$ から $0.60\,\text{s}^{-1}$ に減少し、元から Tyr30(B10) をもっている sHb2 の値 $0.11\,\text{s}^{-1}$ に近くなる。これは、ヘムに結合した O_2 の解離が Tyr との水素結合によって抑えられることを意味している。

化物イオンや O_2 を供給し、代わりに共生細菌が炭酸固定により作り出した有機物を得ている。3 つのうち sHb1 は硫化物 sulfide (S^{2-}) を結合し (S^{2-} 親和性は sHb2 や sHb3 の 5000 倍)、sHb2 と sHb3 は H_2S の存在下でも O_2 を結合できる (O_2 親和性は Mb と類似)。図 2.10 に硫化物結合 sHb1 と O_2 結合 sHb2 のヘム部位の構造を示した。142 残基のアミノ酸からなる単量体 sHb1 では、ヘム鉄の第 5 配位座には His96(F8)、第 6 配位座には S 原子が配位して (H_2S、HS^-、S^{2-} のいずれかは不明)、その S 原子に Gln64(E7) が水素結合している (距離 3.3 Å) (Rizzi et al., 1996)。これに対して、ホモ 2 量体 (単量体 152 残基) の sHb2 のヘム第 6 配位座には O_2 が結合し、図 (b) のように Fe に配位していない方の O 原子に、Tyr30(B10)(OH の O 原子との距離、1.8〜1.9 Å) と Gln65(E7)(アミドの N 原子との距離、3.0 Å) が水素結合してその結合を安定化している (Gavira et al., 2008)。また、Gln65 と Tyr30 の間にも水素結合がある (3.0〜3.1 Å)。第 5 配位座には近位 His97(F8) が結合しており、また、そのイミダゾール環は配位していない方の N_δ 原子が H_2O 分子を介して、ヘムのプロピオン酸残基と静電的に相互作用をしている。さらに、sHb1 と同様に数個の Phe や Leu などの疎水性アミノ酸残基が、sHb2 の遠位ポケットを形成している。これらの複合的効果が sHb2 の O_2 結合を安定化しているといえる。sHb1 の Phe29(B10) を Tyr に置換した Phe29Tyr 変異体や sHb2 のヘム鉄の酸化は、pH を 7.5 から 5.0 にするときだけに起こる。結晶構造と共鳴ラマンの研究から、sHb2 では O_2 結合と共生微生物への O_2 運搬におけるヘム鉄の酸化を、Gln65 と Tyr30 のペアをヘムへ大きく移動させて調節していると考えられている。

表2.6 2種類のグロビンタンパク質の吸収帯比較

グロビンタンパク質	λ_{max}/nm(ε/mM^{-1}cm^{-1})		
oxy-nsHb1	410(120)	540(15)	575(13)
マッコウクジラ oxy-Mb(Fe^{2+})	418(128)	543(13.6)	581(14.6)
deoxy-nsHb1(Fe^{2+})	423(157)	528(14)	557(21)
マッコウクジラ deoxy-Mb(Fe^{2+})	434(115)	556(11.8)	
met-nsHb1(Fe^{3+})	410(117)	532(15)	
マッコウクジラ met-Mb(Fe^{3+})	409(157)	503(9)	632(3)

(3) 非共生ヘモグロビン(non-symbiotic hemoglobin：nsHb)

植物からのHbとして，以前は共生Hbのみ知られていたが，その後，大麦，小麦，トウモロコシ，大豆，クローバーなどの単子葉，双子葉植物に，共生Hbと異なったHbが存在することが明らかになった．非共生Hbは，一般に，ヘムFeの第6配位座に可逆的に結合する遠位ポケットのHisによって，酸化と還元の両状態で6配位である．このHbは系統学的解析によって2つのクラスに分類され，発現パターンが異なることが示されている．6配位にもかかわらず，クラス1非共生Hbは，高いO_2親和性と，遠位のHisによる結合配位子の安定化によって，Mbよりも低いO_2解離速度定数をもっている．クラス2非共生Hbは低いO_2親和性を示して共生Hbと類似しており，大抵の共生Hbはクラス2非共生Hbから進化したと推定されている．コメ由来の非共生Hb1(nsHb1)は，19kDa(165アミノ酸残基)のグロビン鎖が2量体を形成している．表2.6にオキシ，デオキシ，メト体の吸収帯を，マッコウクジラMbのそれらと比較して示した．オキシ体では，γ帯の波長が少し異なるものの両者は類似している(吸収帯の名称については図1.15 p.67を参照)．デオキシ体とメト体では，両者に違いが見られる．一方，シトクロムb_5の吸収帯は，還元型では424(γ)，526(β)，556nm(α)，酸化型のγ帯は413nmであり，nsHb1の相当する吸収帯とよく類似していることは，そのヘム鉄がMbとは異なり，Fe^{2+}でもFe^{3+}でもシトクロムb_5のように6配位の低スピン状態であることを意味している．

X線結晶構造解析によると，nsHb1の3次構造は6つのαヘリックスからなり，これらは通常のHbのヘリックスA〜Hに相当している(Hargrove et al., 2000; PDB code 1D8U)．このタンパク質のヘム中心の特徴は，吸収帯から予想されたようにヘムFeにHis73(E7)とHis108(F8)が共に配位していることである．前者のHisのN原子とFeの結合距離は2.2Åである．したがって，O_2の結合は極めて不利のように思われるが，表2.5に示したように，O_2の親和性はMbの1700倍ほど高く，表中で3番目の大きさである(Goodman and Hargrove, 2001)．特に，解離速度定数がMbよりもかなり小さいことがわかる．O_2が結合するとき，His73を含んでいるEヘリッ

クスが上向き，さらに外向きに移動してHisがFeから解離すると考えられている．His73はO_2の結合にも重要で，この残基をLeuに換えると，Mbと同様に親和性が低下する．これらのことから，植物nsHbはO_2運搬体ではなく，O_2センサーとして働いていると考えられている．

(4) プロトグロビン (protoglobin：ProtG)

偏性好気性超好熱菌や嫌気性メタン生成菌などの古細菌から見出されたグロビンで，アミノ酸195残基からなる．近位His(F8)はヘム鉄に結合しているが，遠位ポケットにはHisはなく，PheやTrpが配置していて疎水的である (Freitas et al., 2004)．5配位のヘムFeには，HbやMbと同様にO_2，NO，COが結合する．メタン生成菌 *Methanosarcina acetivorans* のオキシ型ProtGの結晶構造解析が行われており，それによると3次構造は通常Hbと類似しているが，O_2のFeに結合していない方のO原子は水素結合可能なアミノ酸残基によって押さえられていない (Nardini et al., 2008; PDB code 2VEB)．このタンパク質の役割として，ニトロソ化ストレス（NOによるタンパク質機能障害）や酸化ストレスなどの防御が考えられており，現在のHbの原型とされている．

(5) 走気性（酸素走性）ヘムセンサー (heme-based aerotaxis transducer：HemAT)

走化性あるいは化学走性 (chemotaxis) とは，生物が周囲にある特定の化学物質の濃度勾配に対して方向性をもった行動を起こす現象であるが，ここではO_2に対する走化性であるために走気性あるいは酸素走性 (aerotaxis) という．HemATはglobin-coupled sensorであり，N末端側のグロビンドメインとバクテリアの化学受容体 (chemoreceptor) の細胞質情報伝達ドメインに似たC末端側のドメインからなるキメラ構造である．枯草菌 (*Bacillus subtilis*) 由来HemATのグロビンドメイン部分 (180残基，21.5 kDa) の構造が報告されている (Zhang and Phillips, 2003; PDB code 1OR4, 1OR6)．このHemATグロビンドメインは希薄溶液では単量体であるが，結晶中では2量体である．アミノ酸配列については，後述の*Vitreoscilla* Hb(VHb)とは25%の，マッコウクジラMbとは15%の相同性がある．3次構造はそれらと同様に8本のαヘリックスからなり，近位His123(F8)も保存されているが，遠位ポケットの残基はVHbに類似してヘリックスB側に移動しており，MbやHbとは異なってヘリックスEは離れている．結晶中で対をなしているグロビンドメインのヘム第6配位座近くのTyr70(B10)は，FeにCN$^-$が結合していると，そのN原子とTyrのO原子間の水素結合のために，いずれのサブユニットにおいてもTyr芳香環側鎖がヘムの方を向いている．しかし，CN$^-$が脱離すると，一方のサブユニットの芳香環側鎖が大きくコンホメーション変化を起こす．この対称性の崩れが，走化性シグナル伝達の増幅的

な段階反応を起動する重要な役割を演じていると考えられている.また,このグロビンドメインには長いヘリックスのC末端側ドメインが結合して,HemAT分子は約300Åの長さのキメラ構造をとっていると推測されている.

(6) ニューログロビン (neuroglobin:NeG)

NeGは,低酸素症や血液不全によるダメージから神経系を保護するために,脊椎動物の脳や網膜で発現されるMb様のヘムタンパク質で,可逆的にO_2を結合する.また,このタンパク質は進化の初期に分岐したグロビンファミリーの枝の1つと考えられている.ヒト(Pesce et al., 2003; PDB code 1OJ6)とマウス(Vallone et al., 2004a; PDB code 1Q1F)のNeG(18 kDa,約150残基)の構造が報告されており,外部からの配位子がない状態では,ヘム鉄(Fe^{2+}とFe^{3+})には近位 His96(F8)と遠位 His64(E7)が結合して6配位である.しかし,外部からの小分子の結合は遠位 Hisが外れて起こる.マウス NeG のヘム鉄に CO が結合した結晶構造では,CO の結合がFe-His(E7)結合によって強いられていた位置的束縛を解き放つため,CO 結合ヘム環が遠位側の方へ傾き,そして遠位ポケットの割れ目にスライドするようになる(Vallone et al., 2004b; PDB code 1W92).遠位ポケットは,Phe, Val, Leu 残基が配置されており,疎水的である.

(7) サイトグロビン (cytoglobin:CyG)

CyG は NeG にも関係しており,脊椎動物の多くの組織で発現するO_2センサーであり,可逆的にO_2を結合する.しかし,生理的な役割は十分に理解されていない.ヒトの CyG では,193 アミノ酸残基の単量体の2つが,2つの Cys 残基で共有結合して2量化しているのが特徴的である(Sugimoto et al., 2004, Makino et al., 2006; PDB code 1V5H, 2DC3).その2つの結合箇所は,Cys38a-Cys83b と Cys83a-Cys38b である.ヘム部位は NeG に類似しており,ヘム鉄は His81(E7) と His113(F8) が結合した6配位で,遠位ポケットには Phe や Val が配置されている.表2.5に示したように,CyG と1つ前の NeG のO_2親和性は,Hb や Mb のものと比べて1〜2桁大きい.

(8) エリトロクルオリン (erythrocruorin:Erc)

環形動物や節足動物の細胞外の呼吸タンパク質である.古くはユスリカ(*Chironomus thummi thummi*)の Erc(15.4 kDa)の結晶構造解析が報告されている(Steigemann and Weber, 1979; PDB code 1ECA, 1ECN, 1ECO).このヘムタンパク質は136残基からなり,Hbと同様に,5配位ヘム鉄部位においては遠位 His58(E7) が第6配位座近傍に位置し,近位 His87(F8) が Fe に配位している.また,Hb や Mb で保存されている遠位ポケットの Phe(CD1) と Val(E11) は,それぞれ Phe38(CD1) と Ile62(E11) である.メト型(Fe^{3+})は第6配位座にH_2Oを結合して Fe は高スピン状態,CN^-が

H_2O と置換すると低スピンとなる.また,デオキシ型（Fe^{2+}）に CO が結合すると,Fe は低スピンに変化する.一方,3.6 MDa と巨大分子量をもつミミズ（*Lumbricus terrestris*）の Erc では,180 個のサブユニットが集まり,六角形 2 層（hexagonal bilayer）構造を構築している（Royer Jr. et al., 2006; PDB code 2GTL）.すなわち,140～150 アミノ酸残基からなる 4 種のグロビン鎖（ヘムを含む）のヘテロ 4 量体 3 組が 12 量体を形成している.このような高次構造形成には長い α ヘリックスをもつ 215～220 残基の 3 種のペプチド鎖（ヘムを含まない）がヘテロ 3 量体を作り,リンカーとして働いている.Erc は全体で柄が長いキノコ状である.そのユニット 6 個が柄を中心に向けて六角形型に集まり,上下に重なっている.したがって,この巨大分子 1 個に,144 個の Hb サブユニットと 36 個のリンカーサブユニットが会合していることになる.また,5 配位ヘム Fe の近位と遠位の His はそれぞれ,His 101(F8) と His 69(E7) である.この巨大 O_2 運搬タンパク質については,タマシキゴカイ（*Arenicola marina*）の Erc についても類似した六角形 2 層構造が報告されている（Royer Jr. et al., 2007）[*1].

(9) *Vitreoscilla* Hb 様ヘモグロビン（VHb）

偏性好気性（絶対好気性）細菌の *Vitreoscilla* が有する Hb 様のヘモグロビンである.1986 年に *Vitreoscilla* からバクテリア Hb が始めて発見されて以来,他の Hb や Flavo-Hb が種々の微生物から見出されてきた.1997 年になって,*Vitreoscilla stercoraria* 由来 VHb の結晶構造が報告された（Tarricone et al., 1979; PDB code 1VHB）.このタンパク質は 146 残基,16.4 kDa で,ホモ 2 量体である.2 つのヘムは 34 Å 離れている.3 次構造は基本的によく知られたグロビン構造である.しかし,ヘリックス C と E の間はペプチド鎖が無秩序であり,その部分の構造が得られていない.その理由とし

[*1] 環形動物の仲間の有鬚動物マシコヒゲムシの巨大ヘモグロビンの構造解析も行われている（Numoto et al., 2005, 2008; PDB code 2D2M, 2ZS0）.この Hb では,4 種類の 140～150 アミノ酸残基からなるグロビン鎖（A1, B1, A2, B2）の 4 量体（グロビン鎖間で多くのジスルフィド結合が形成されている）が 3 つ会合して 12 量体となり,これが 2 つ重なって 24 量体（400 kDa）を形成している.各グロビン鎖に含まれるヘムのうち,A1, A2, B2 のヘムには遠位 His があるが,B1 の遠位残基は Gln 64 である.また,ブタの寄生性回虫 *Ascaris suum* Hb（8 量体,330 kDa）では,O_2 結合したヘム部位には近位 His 96(E8) が結合し,Fe に配位した O_2 分子（Fe―O(1)―O(2)）には,Tyr 30(B10) が O(2) 原子と,Gln 64(E7) が O(1) 原子と水素結合している（Yang et al., 1995; PDB code 1ASH）.さらに,これらの Tyr と Gln の側鎖間にも水素結合がある（水素結合の様式が異なるが,図 2.10(b) の構造を参考にされたい）.この Hb にはヒト Hb の 25,000 倍の O_2 親和性があり,その機能として高 O_2 親和性ヘムとその近傍の Cys 残基により NO と O_2 を反応させて脱酸素し,回虫の周腸液を低酸素状態に保つ働きがあると考えられている（Minning et al., 1999）.*Ascaris* Hb の構造・機能は,Hb の進化が NO の酵素的無毒化から始まり,この回虫 Hb に見られるような NO 関与の O_2 消費機能への進化を経て,さらに脊椎動物の O_2 運搬体へと進化したことを推定させるものであると説明されている.

て，そこが NADH 依存フラビンレダクターゼの FAD グループと相互作用する部位であるため，FAD を含むドメインがないときには，ペプチド鎖がフレキシブルになると推定されている．ヘム Fe^{3+} に配位している近位 His 85(F8) は，その Fe に配位していない方の N_δ 原子と Tyr 95 および Glu 137 の O 原子との水素結合によって固定されている．一方，ヘム Fe の第 6 配位座には配位子が結合していないが，遠位ポケットは Tyr 29 と Phe 28, Leu 32, Phe 33, Phe 43, Leu 57 などの疎水性残基で込み合っている．また，通常の Hb に見られる遠位 His に対応するアミノ酸残基は Gln 53(E7) であるが，第 6 配位座からは大きく外れている．しかし，VHb の O_2 親和性（$K=k_{on}/k_{off}$）は，Hb や Mb（表 2.5 参照）に比べて 10～1000 倍大きい（二相性であるため，$K=48\mu M^{-1}$, $1300\mu M^{-1}$）．ヘム Fe の第 6 配位座に N_3^- が結合した構造も報告されおり（PDB code 2VHB），それによると，Tyr 29 のフェノール O 原子が直接 N_3^- に水素結合しているのではなく，H_2O 分子を介して N_3^- の 3N のうち Fe に結合している N 原子と水素結合を形成している．

d．切断型ヘモグロビン

真正細菌，原生動物，シアノバクテリア，植物は通常 Hb に加えて，それよりも短いペプチド鎖の O_2 結合ヘムタンパク質，切断型ヘモグロビン（truncated hemoglobin: trHb）を含んでいる．これは植物界には偏在しており，また，多くの深刻な病原性バクテリアにも見出される古い起源をもつ Hb である（Wittenberg et al., 2002; Vinogradov and Moens, 2008）．ただし，古細菌や後生動物のゲノムには検出されていない．細胞中の濃度としてナノあるいはマイクロモル量存在することから，触媒タンパク質としての役割が示唆される．trHb は，通常，ペプチド鎖 120 残基ほどで，図 2.9 に示したように，"2-on-2" α ヘリカルサンドウィッチ構造をとっており，さらに，分子表面からヘム遠位ポケットへタンパク質マトリックスを横切っていく疎水的トンネルは，ヘムへの外部配位子の拡散ルートであるかもしれない（Milani et al., 2004）．現在までに 40 以上の trHb が同定されており，これらは FlavoHb, VHb, 植物 sHb, nsHb, 動物 Hb などから分かれた個別のファミリーを形成している．trHb のタンパク質の系統発生解析から，グループ I～III に分類され（表 2.4），それらの名前には順に N, O, P の添字がつくこともある（trHbO など）．さらに，グループ I (trHb-I) は 2 つの，グループ II (trHb-II) は 4 つのサブグループに分かれるが，グループ III (trHb-III) は単独である．これら異なったグループ間のアミノ酸配列の相同性は 20%以下と低いが，同じグループ間では高く 80%以上のこともある．また，3 グループに共通して，ヘリックス B に Phe(B9)Tyr(B10) モチーフが保存されており（図 2.12 (b) 参照），グループ I と II では，ヘリックス A, B 間とヘリックス E, F 間の 2 カ所の

図 2.11 ヘムにおける諸反応

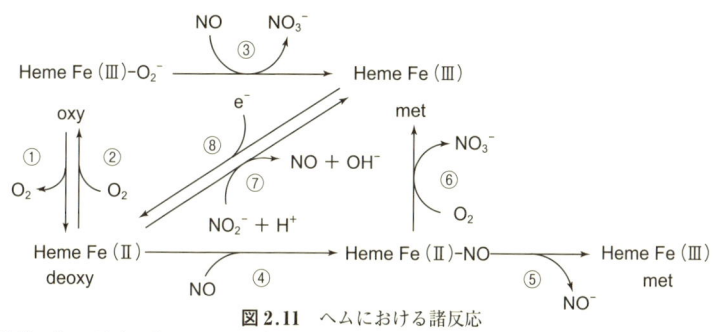

① O_2 脱離，② O_2 結合，③ NO 二原子酸素添加，④ ニトロシル化，⑤ NO 還元，⑥ O_2 のニトロシル化，⑦ 亜硝酸還元，⑧ メトヘム還元．ヘムにおける O_2，NO の反応は，前述の脚注のように Hb の進化に関係している可能性がある．

蝶番に相当するところに，Gly が 2 つ並んだ GG モチーフが保存されているという特徴があるが，グループⅢではそれらがない．図 2.9(b) に示したゾウリムシ trHb は，グループⅠに属している．また，結核菌の遺伝子には 3 つの trHb がコードされており，trHb-Ⅰと trHb-Ⅱは Mb と比べて約 100 倍 O_2 親和性が高いが，NO への二原子酸素添加活性（図 2.11 ③）は大きく異なっている．前者の O_2 親和性は大腸菌の Hb と同じくらいであるが，後者のそれは Mb の 1/50 くらいである．trHb-Ⅰは NO 解毒・除去（図 2.11 ③④）に関係していると考えられ，trHb-Ⅱはフェリル中間体の生成を伴いペルオキシダーゼ活性を示すために，③以外の酸化還元機能をもつのかもしれない．一方，高等植物の trHb では，必ずしも一次構造は短くない．緑藻 *Chlamydomonas eugametos* からの葉緑体 trHb-1（164 残基）は，生理的機能はまだ不明であるが，低い O_2 解離性，O_2 などの第 6 配位子の遠位ポケット中における 2 残基（遠位 Gln(E7) と Tyr(B10)）による安定化，アルカリ pH における Tyr(B10) の第 6 配位座への結合などの特色がある（Pesce et al., 2000; PDB code 1DLY）．*Arabidopsis thaliana*（シロイヌナズナ）由来の trHb-Ⅱは，根や芽に発現し，低酸素状態で発現は抑えられる．このタンパク質中のヘムは 5 配位であるが，還元によって過渡的に 6 配位となり，O_2 運搬機能を否定するような穏やかな O_2 親和性をもっている．マメ科の牧草タルウマゴヤシ *Medicago truncatula*（Mt）は，根の根瘤における根粒菌との共生に加えて，根の植物共生菌であるアーバスキュラー菌根菌との共生関係も形成しており，この植物は Mt-trHb1 と Mt-trHb2 を含んでいる．両 trHb は共生に関係して誘導され，根瘤における Mt-trHb1 は sHb と同様な形で発現し，Mt-trHb2 は根瘤，導管組織，菌根の根に発現する．しかしながら，これらの機能については，現在のところ不明である（Hoy and Hargrove, 2008）．

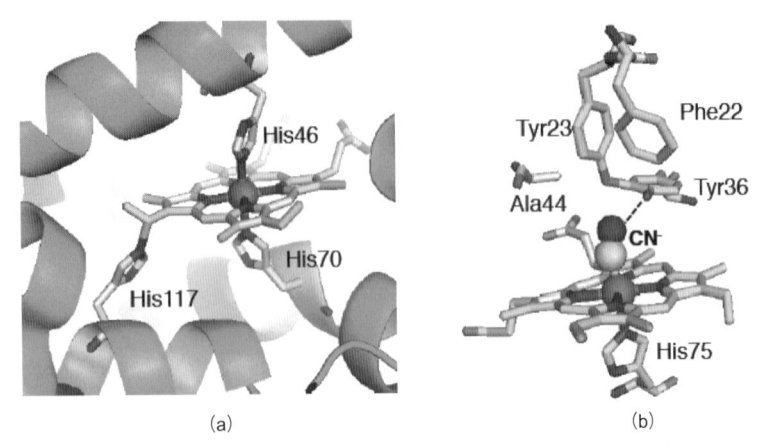

図 2.12 (a) シアノバクテリア Synechocystis の trHb-1 (PDB code 1RTX) と (b) 結核菌 Mycobacterium tuberculosis の CN⁻ 結合 trHbO (1NGK) のヘム部位構造

次に trHb のヘム活性部位を見てみよう．まず，グループ I の真核生物ゾウリムシ (Pesce et al., 2000)，結核菌 Mycobacterium tuberculosis (Milani et al., 2001; PDB code 1IDR)，藻類シアノバクテリア Synechocystis (Hoy et al., 2004) 由来 trHb では，Hb や Mb の近位 His(F8) に相当する残基として，順に His68，His81，His70 が Fe に配位しており，遠位 His(E7) 残基に相当するところには，順に Gln41，Leu53，Gln43 がある．後者の残基を含む遠位ポケットでは，ゾウリムシ trHb：Tyr20(B10) と Gln41 (E7) が Fe 第 6 配位座に結合している O 原子と水素結合；結核菌 trMbN：Tyr33(B10) の OH 基が，Fe に配位している O_2 の両 O 原子と水素結合（平均 3.12 Å），さらに Gln58(E11) のアミド N 原子とも水素結合；シアノバクテリア trHb：図 2.12 (a) に示したように，His46(E10) が第 6 配位座に配位，Tyr22(B10) と Gln43(E7) はポケットの外に位置し，さらに His117 のイミダゾール N 原子とヘム B 環のビニル基の間に結合がある点がユニークである．

グループ II の CN⁻ と結合した結核菌 Mycobacterium tuberculosis の trHbO では，第 5 配位座には His75(F8) が結合し，第 6 配位座には CN⁻ が C 原子で配位し，さらに Tyr36(B10) が N 原子に水素結合して外部配位子の結合を安定化している (Milani et al., 2003) (図 2.12(b))．この部位では，遠位 E7 にあたる残基は Ala44 であるが，CN⁻ 配位子から大きく離れている．また，Tyr36 の OH 基の隣の C 原子には，trHb に共通して見られる配列 Phe-Tyr の Tyr23 のフェノール O 原子が共有結合をしている珍しい結合がある．

腸炎原因菌 Campylobacter jejuni のグループ III の trHbP は，O_2 消費調節や O_2 輸送

促進などの機能をもっていると推定されている．その CN⁻ 結合メトヘムの構造では，近位は His72(F8)で，第6配位子である CN⁻ には Phe-Tyr モチーフの Tyr19(B10) の O 原子が水素結合している．遠位 His46(E7) が存在しているが，CN⁻ からかなり離れていて両者には水素結合がない（Nardini et al., 2006; PDB code 2IG3）．

2.2.2 非ヘム鉄含有 O_2 結合タンパク質

ヘムエリトリン（hemerythrin：Hr）は海産無脊椎動物である星口動物，椀足動物，鰓曳動物などが有する O_2 運搬・貯蔵タンパク質で，星口動物のホシムシ類 sipunculid worm（*Themiste dyscritum*）の Hr（TdHr）が詳細に研究されている．TdHr は 13.5 kDa（113 アミノ酸残基）のサブユニットが8量体を形成しているが，サブユニット間の協同効果は小さいと考えられている．図 2.13 にその単量体のタンパク質構造と活性部位の構造を示す（Holmes et al., 1991）．ただし，図(e)は他種の Hr の Cl⁻ 結合メト型部位である．Hr の非ヘム複核 Fe 部位（Fe 間距離は 3.3Å）は，4本の α ヘリックスの柱に囲まれて形成されており（図(a), (b)），2個の Fe イオンの配位子は，C末端側の Asp106 のみを除いてこれらのヘリックスから出ている．デオキシ型

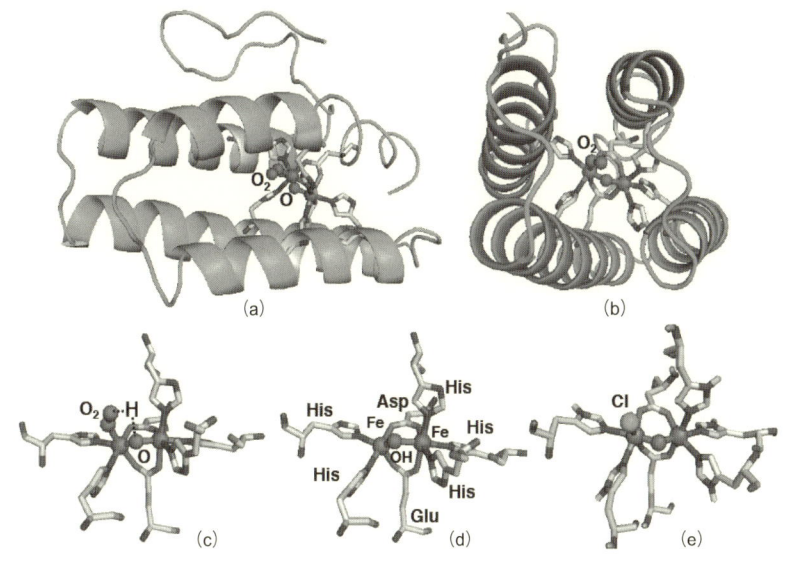

図 2.13 TdHr のタンパク質構造（a, b）と複核 Fe 部位の構造（c, d, e）（口絵参照）(a), (b)PDB code 1HMO, (c)オキシ型 TdHr の Fe 部位（1HMO），(d)デオキシ型 TdHr の Fe 部位（1HMD），(e)メト型 *Themiste zostericola* ミオ Hr の Cl⁻ 結合 Fe 部位（Martins et al., 1997; PDB code 1A7D）．ただし，(c)(e)中の相当するアミノ酸残基はすべて同じである．また，(c)と(d)については図 2.51 p.238 も参照されたい．

の2つのFeイオンのうち（図(d)），5配位の方にO_2分子（図(c)）やCl^-(e)が結合する（図(c)～(e)では左側のFe原子）．この配位座は4本のヘリックスが形成する疎水的キャビティ（内側にLeuやPheのような疎水性アミノ酸が並んでいる）の上部の縁から約18Å降りたところにあり，O_2はキャビティに取り込まれて底に結合している5配位Feイオンに単座で配位する．このとき，共鳴ラマンスペクトル測定から，ν_{O-O}が844 cm^{-1}に観測されているので，ペルオキソ型（O_2^{2-}）で結合していることになる（表2.3）．デオキシ型はFe^{2+}-Fe^{2+} (high spin)であるので，O_2が結合したオキシ型では2個の電子がO_2に移動してO_2^{2-}となり，Fe部位はFe^{3+}-Fe^{3+} (high spin)となる．また，図2.13(c)に示したように，O_2のFeに結合していない方のO原子と2つのFeに架橋しているO原子の間には水素結合があり，配位しているO_2はHbやMbのヘムに結合したO_2のように固定されている．Fe^{3+}はルイス酸性が強いので（Fe(Ⅲ)(H_2O)$_6$の配位水のpK_aは2.2と見積もられている），デオキシ型の架橋ヒドロキシ基のH原子をH^+として放出し，ペルオキソがそれを受け取ってヒドロペルオキソ（HO_2^-）となり，架橋オキソ基と水素結合をすることになるのである．オキシHrは可視部500 nm（$\varepsilon = 2300$ M^{-1}cm^{-1}）に強い吸収帯をもっているため，強い赤紫色を呈しており，これはヒドロペルオキソ配位子からFe^{3+}への電荷移動（LMCT）吸収帯と帰属されている．O_2が脱離したデオキシHrになると，色は退色して見えなくなるが，弱いけれどもFe^{2+}のd-d吸収帯があるので完全に無色になるわけではない．以上のように，オキソ型HrではO_2がヒドロペルオキソ（HOO^-）としてend-on型でFe^{3+}に結合しているが，酸素結合複核Fe錯体で，これまでに結晶構造解析が行われているものは，いずれもO_2がペルオキソとして2個のFe^{3+}に架橋している．そのうち，鈴木らが合成したシス-μ-1,2-ペルオキソ複核Fe(Ⅲ)錯体は，O_2を可逆的に結合する錯体である（Ookubo et al., 1996）．

一方，硫酸還元菌 *Desulfovibrio vulgaris* (Hildenborough) の走化性タンパク質DcrHのC-末端に，Hr類似のドメイン（DcrH-Hr）があることが報告されている（Isaza et al., 2006）．DcrH-Hrは構造的にHrとよく類似しているが，嫌気性である硫酸還元菌に存在しているため，このタンパク質はO_2センシングを行っていると考えられている．これまでにDcrH-HrのX線結晶構造解析が行われており，そのFe部位近傍の疎水性空間がHrと比べて大きいことが明らかになっている（met-DcrH-Hr：PDB code 2AWY, azidomet-DcrH-Hr：2AVK, deoxy-DcrH-Hr：2AWC）．

2.2.3　銅含有O_2結合タンパク質

ヘモシアニン（hemocyanin：Hc）は，節足動物や軟体動物のヘモリンパ（血液と

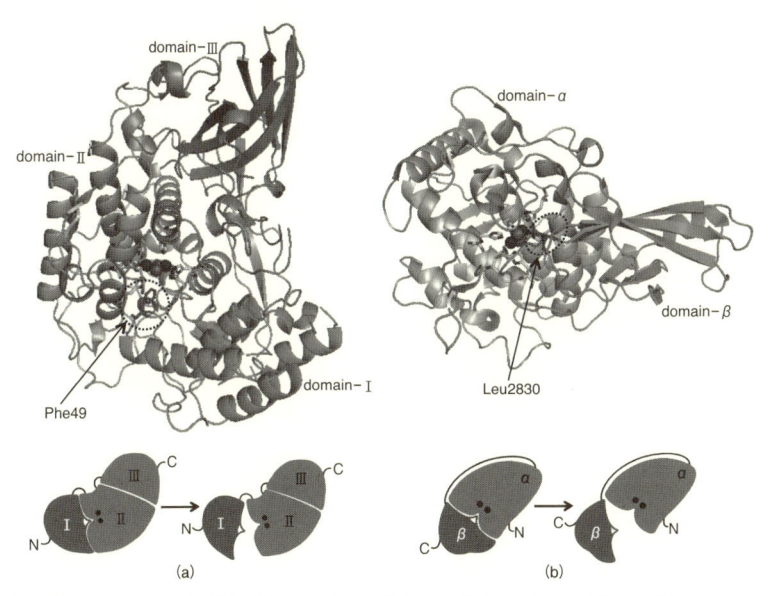

リンパ液が分かれていない）に含まれている O_2 運搬タンパク質である．カニ，エビ，クモなどの節足動物の Hc は，6量体単独（1×6mers）あるいは6量体が複数集まった形（2×6mers，4×6mers，6×6mers，8×6mers）をとっている．約72 kDa の節足動物 Hc サブユニットは，異なったフォールディングモチーフによって3つのドメインから構成されている：5～6本の α ヘリックスをもつドメイン I，4本の α ヘリックスの束と2個の Cu イオンの活性中心を含むドメイン II，7本の逆平行の β シートの束をもつドメイン III．これに対して，タコ，イカなどの軟体動物 Hc は，350～400 kDa ペプチド鎖のサブユニットが円筒状の12量体，2×12量体，多数×12量体を構成している．また，1つのサブユニットは，7～8個の O_2 結合機能単位（FU）が鎖のように連結している．各々の FU は2つの構造が異なるドメイン，α ヘリックスドメインから名付けられたドメイン α と β サンドイッチドメインから名付けられたドメイン β からなる．ドメイン α は Cu 部位をもつ4本の α ヘリックスの束であり，ドメイン β

図2.14 (a) アメリカ産カブトガニ *Limulus polyphemus*（PDB code 1OXY）と (b) タコ *Octopus dofleini*（PDB code 1JS8）のオキシ型 Hc の FU の構造と略図（口絵参照）
(b) の Hc は，8個の連結した FU のうちの C 末端の1個（47kDa）の構造を示す．点線の楕円で囲んだ部分は O_2 が結合した Cu 部位であり，すべての Cu には1個あたり3つの His 残基が結合している．Phe 49 と Leu 2830 は，それぞれの Cu 部位をブロックするように近接したアミノ酸残基で，Cu 部位とは異なったドメインから伸びている（配位 O_2 と Phe 49 の最短距離は3.2Å，Leu 2830 の最短距離は3.4Å）．これらは，それらの下に示した模式図ではドメイン I あるいはドメイン β 部分の尖った白い部位である．2つの略図の矢印は，Hc を尿素などで変性させると，ドメインが外れて基質が銅部位に取り込まれやすくなり，クレゾラーゼ・カテコラーゼ触媒活性をもつことを示している．

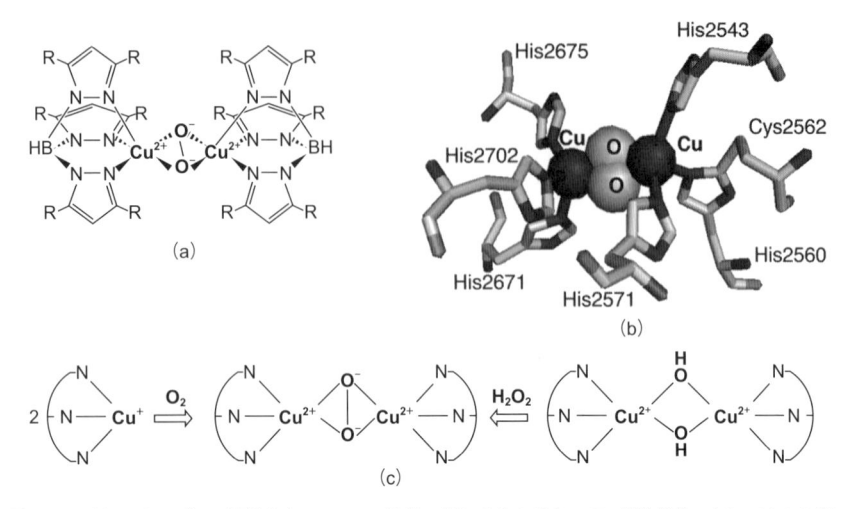

図 2.15 (a) オキシ型 Hc 活性中心モデル Cu 錯体, (b) オキシ型タコ Hc 活性部位, (c) デオキシ型からオキシ型とメト型からオキシ型への変換

は 6 本の逆平行 β シートの樽状集合体である. 軟体動物 Hc の FU のドメイン α は, 機能的に節足動物 Hc のドメイン II に相当し, さらに軟体動物のドメイン β は, 節足動物のドメイン III に相当している (Decker et al., 2007). 節足動物と軟体動物の Hc タンパク質構造の例として, 図 2.14 にカブトガニ Hc とタコ Hc の FU の構造を示した (Cuff et al., 1998; Magnus et al., 1994).

古くから Hc の活性中心には 2 個の Cu が結合していることは知られていたが, O_2 分子の結合様式については不明であった. このブレークスルーが, 1989 年に発表された北島, 藤澤らの複核 Cu モデル錯体の構造であった (Kitajima et al., 1989; Kitajima and Moro-oka, 1994)[*2]. 図 2.15(a) にピラゾリルボラートを配位子とする複核酸素錯体の構造を示す (R 置換基はイソプロピル基など). O_2 が 2 個の Cu 原子に挟まれた μ-η^2:η^2-ペルオキソ複核 Cu(II) 錯体構造は, その後の 2.3~2.4 Å 分解能のオキシ型 Hc 活性部位の結晶構造解析に大きく貢献している. 図 2.15(b) にタコ Hc のオキシ型 μ-η^2:η^2-ペルオキソ複核 Cu 部位の構造を示す (この錯体種は, 反強磁性相互作用のために反磁性である. 1.6.3 項 (p.49) を参照されたい). それぞれの Cu には 3 つずつ His 残基が結合しており, そのうちの 1 つは Cys 残基と共有結合をしている (後述).

[*2] 彼らの報告より少し前に, Karlin らにより O_2 と可逆的に結合する Hc モデル錯体の研究が報告されていたが, その錯体はトランス-μ-1,2-ペルオキソ複核 Cu(II) 錯体であり, スペクトル的性質も Hc のそれと異なっていた (Jacobson et al., 1988; Tyeklar and Karlin, 1989).

2.2 酸素結合タンパク質

O_2を結合していないデオキシ型 Hc は，Cu^+-Cu^+部位（$3d^{10}, 3d^{10}$）をもっているため，無色，反磁性である．Cu-Cu 距離は約 4.5 Å である．O_2 が結合すると，一般的に 350（ca. 20000），570 nm（1000 $M^{-1}cm^{-1}$/2Cu あたり）に強い吸収帯を示し，青色を呈するようになる．共鳴ラマンスペクトル測定から，ν_{O-O} が ca. 750 cm^{-1} に観測されるので，O_2 はペルオキシ型で結合していることを意味しているが，結合様式を反映して，遊離の O_2^{2-}（842 cm^{-1}）と比べて低波数である（表 2.3）．また，このとき Cu-Cu 距離は 3.5 Å である．結局，Hc ではデオキシ型からオキシ型になると，2 個の Cu^+ から電子が 1 個ずつ O_2 に渡り，O_2 は O_2^{2-} となる（図 2.15(c)）．一方，Cu は Cu^{2+}-Cu^{2+}（$3d^9, 3d^9$）となるため，可視領域 580 nm に O_2^{2-} から Cu^{2+} への LMCT 吸収帯が現れ，タンパク質は青色を呈するようになる．O_2 脱離時には，電子は Cu に戻され，Cu 部位はデオキシ型になる．この可逆的な 2 電子の挙動は，複核 Fe 部位を有する Hr の場合と同じである．Hc の Cu 部位が酸化されると，メト型（Cu^{2+}-Cu^{2+}）となって O_2 が結合できなくなるが，H_2O_2 で処理することにより，オキシ型に変換することができる（図 2.15）．

北島，藤澤らの O_2 結合複核 Cu(II) 錯体の報告の後，日本人研究者によって O_2 分子種を結合する Cu 錯体がいくつか報告されている．例えば，増田らのヒドロペルオキソを結合した単核 Cu(II) 錯体（Wada et al., 1998），小寺らの O_2 を可逆的に結合できる複核 Cu 錯体（Kodera et al., 2004; Kodera and Kano, 2007）などがあげられ，舩橋らは安息香酸カルボキシル基が軸位で架橋した蝶型 μ-η^2, η^2-ペルオキソ複核 Cu(II) 錯体を単離し，この架橋がビス（μ-オキソ）型よりも μ-η^2, η^2-ペルオキソ型を安定化すると結論している（Funahashi et al., 2008）．

次に，タコ Hc の活性部位の配位子 His 2560 と Cys 2562 との共有結合について触れる．2.4.4 項（p.241）にも述べているが，現時点においてこの結合の意味については明らかになっていない．図 2.63（p.245）からわかるように，同じタンパク質（Hc）や酵素（チロシナーゼ，ポリフェノールオキシダーゼ）でも結合があるものとないものがある．ただ，この側鎖間結合が Hc の Cu 部位の構造維持に関係している可能性はある．この側鎖間結合の翻訳後修飾反応機構については，図 2.16 のように推定さ

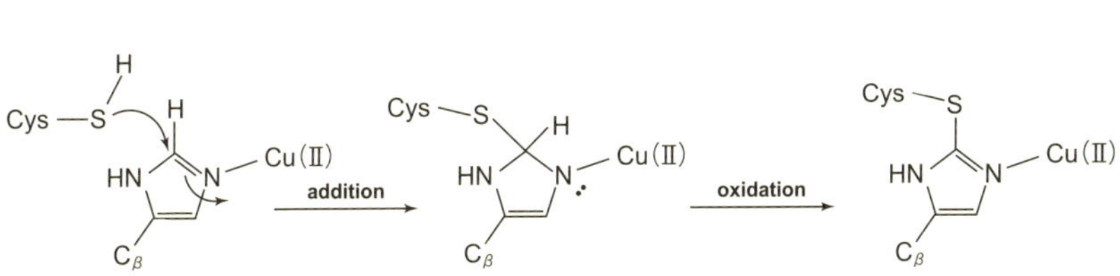

図 2.16 Cys 側鎖と His 側鎖間のクロスリンク生成推定機構

れている．すなわち，Cys側鎖のS原子によるHisのイミダゾール環のC(2)原子への攻撃による付加体，置換ジヒドロイミダゾールが生成するが，これはイミダゾールのCuへの配位がそれを助けるのであろう．そして，この付加体が酸化されて，側鎖がクロスリンクすると考えられている（Virador et al., 2010）．

Hcの複核Cu活性中心の構造は，2.4.4項（p.241）に述べるチロシナーゼ，ポリフェノールオキシダーゼ，カテコールオキシダーゼのものと極めてよく類似している．しかしながら，HcはO_2を可逆的に結合・解離するが，酵素ではない．古くからHcが弱いながらもクレゾラーゼ・カテコラーゼ触媒活性を有することは知られていたが，さらにHcを尿素などで変性させることにより，高い活性を生じるようになる（Suzuki et al., 2008）．これは，図2.14の模式図に示したように，普段はHcにはO_2のような小さい分子しか接近できないが，変性によりCu部位を覆っているドメインが離れやすくなり，大きな基質分子が接近して反応が進行すると考えられる．一方，2.4.4項で述べるように，酵素では複核Cu部位は他のドメインで覆われていない．結論として，複核Cu活性部位は，O_2結合とクレゾラーゼ・カテコラーゼ触媒活性を共に起こすことができるが，それを取り巻くタンパク質構造の違いが，O_2結合機能とオキシダーゼ活性機能を分けるのであろう．

文献

増田秀樹，福住俊一編著（2005）「生物無機化学」，錯体化学会選書1，三共出版．
松本和子監訳（1997）「生物無機化学」（Lippard, S. J. & Berg, J. M.著），東京化学同人．
Brucker, E. A. (1996) *J. Biol. Chem.* **271**, 25419.
Collman, J. P. et al. (1974) *Proc. Natl. Acad. Sci. USA* **71**, 1326.
Cuff, M. E. et al. (1998) *J. Mol. Biol.* **278**, 855.
Decker, H. et al. (2007) *Integ. Compar. Biol.* **47**, 631.
Ellis, P. J. et al. (1997) *Acta Crystallogr.* **D53**, 302.
Ermler, U. et al. (1995) *EMBO J.* **14**, 6067.
Freitas, T. A. K. et al. (2004) *Proc. Natl. Acad. Sci. USA* **101**, 6675.
Funahashi, Y. et al. (2008) *J. Am. Chem. Soc.* **130**, 16444.
Gavira, J. A. et al. (2008) *J. Biol. Chem.* **283**, 9414.
Gibson, Q. H. (1970) *J. Biol. Chem.* **245**, 3285.
Goodman, M. D. and Hargrove, M. S. (2001) *J. Biol. Chem.* **267**, 6834.
Hargrove, M. S. et al. (1997) *J. Mol. Biol.* **266**, 1032.
Hargrove, M. S. et al. (2000) *Structure* **8**, 1005.
Harutyunyan, E. H. et al. (1995) *J. Mol. Biol.* **251**, 104.
Holmes, M. A. et al. (1991) *J. Mol. Biol.* **218**, 583.
Hoy, J. A. et al. (2004) *J. Biol. Chem.* **279**, 16535.
Hoy, J. A. and Hargrove, M. S. (2008) *Plant Physiol. Biochem.* **46**, 371.

Ilari, A. et al. (2002) *J. Biol. Chem.* **277**, 23725.
Isaza, C. E. et al. (2006) *Biochemistry* **45**, 9023.
Jacobson, R. R. et al. (1988) *J. Am. Chem. Soc.* **110**, 3690.
Kitajima, N. et al. (1989) *J. Am. Chem. Soc.* **111**, 8975.
Kitajima, N. and Moro-oka, Y. (1994) *Chem. Rev.* **94**, 737.
Kodera, M. et al. (2004) *Angew. Chem. Int. Ed.* **43**, 334.
Kodera, M. and Kano, K. (2007) *Bull. Chem. Soc. Jpn.* **80**, 662.
Kundu, S. et al. (2003) *Trends Plant Sci.* **8**, 387.
Lecomte, J. T. J. et al. (2005) *Curr. Opin. Struct. Biol.* **15**, 290.
Magnus, K. A. et al. (1994) *Proteins* **19**, 302.
Makino, M. et al. (2006) *Acta Crystallogr.* **D62**, 671.
Martins, L. J. et al. (1997) *Biochemistry* **36**, 7044.
Milani, M. et al. (2001) *EMBO J.* **20**, 3902.
Milani, M. et al. (2003) *Proc. Natl. Acad. Sci. USA* **100**, 5766.
Milani, M. et al. (2004) *J. Biol. Chem.* **279**, 21520.
Minning, D. M. et al. (1999) *Nature* **401**, 497.
Nardini, M. et al. (2006) *J. Biol. Chem.* **281**, 37803.
Nardini, M. et al. (2008) *EMBO Rep.* **9**, 157.
Numoto, N. et al. (2005) *Proc. Natl. Acad. Sci. USA* **102**, 14521.
Numoto, N. et al. (2008) *Biochemistry* **47**, 11231.
Ookubo, T. et al. (1996) *J. Am. Chem. Soc.* **118**, 701.
Park, S. Y. et al. (2006) *J. Mol. Biol.* **360**, 690.
Pesce, A. et al. (2000) *EMBO J.* **19**, 2424.
Pesce, A. et al. (2003) *Structure* **11**, 1087.
Rizzi, M. et al. (1996) *J. Mol. Biol.* **258**, 1.
Royer Jr. W. E. et al. (2006) *Structure* **14**, 1167.
Royer Jr. W. E. et al. (2007) *J. Mol. Biol.* **365**, 226.
Steigemann, W. and Weber, E. (1979) *J. Mol. Biol.* **127**, 309.
Sugimoto, H. et al. (2004) *J. Mol. Biol.* **339**, 873.
Suzuki, K. et al. (2008) *Biochemistry* **47**, 7108.
Tarricone, C. et al. (1979) *Structure* **5**, 497.
Tyeklar, Z. and Karlin, K. D. (1989) *Acc. Chem. Res.* **22**, 241.
Unno, M. et al. (2007) *J. Am. Chem. Soc.* **129**, 13394.
Vallone, B. et al. (2004a) *Proteins* **56**, 85.
Vallone, B. et al. (2004b) *Proc. Natl. Acad. Sci. USA* **101**, 17351.
Vinogradov, S. N. and Moens, L. (2008) *J. Biol. Chem.* **283**, 8773.
Virador, V. M. et al. (2010) *J. Agric. Food Chem.* **58**, 1189.
Wada, A. et al. (1998) *Angew. Chem. Int. Ed.* **37**, 798.
Weichsel, A. et al. (1998) *Nat. Struct. Biol.* **5**, 304.
Weichsel, A. et al. (2000) *Nat. Struct. Biol.* **7**, 551.
Wittenberg, J. B. et al. (2002) *J. Biol. Chem.* **277**, 871.
Yang, J. et al. (1995) *Proc. Natl. Acad. Sci. USA* **92**, 4224.
Zhang, W. and Phillips, Jr. G. N. (2003) *Structure* **11**, 1097.

2.3 エネルギー獲得系に関わる金属タンパク質

生物がエネルギーを獲得するシステムは，(細胞)呼吸，発酵，光合成である．呼吸においては有機物もしくは無機物を酸化する過程で遊離するエネルギーを用いて，電子伝達系に共役してATPを合成する．O_2が最終的な電子受容体である異化代謝系は好気的な呼吸であるが，電子受容体をNO_3^-，SO_4^{2-}とする嫌気的な呼吸は，それぞれ硝酸塩呼吸，硫酸塩呼吸と呼ばれる．この異化型硝酸還元は，NO_3^-をNO_2^-，NO，N_2O，N_2と次々に窒素還元を行い，最終のN_2を大気中に放出することから脱窒ともいわれる(硝酸塩をアンモニアに還元し，有機窒素化合物に変換する過程は同化型硝酸還元である) (4.1節 p.366 参照)．硫酸塩還元も同様に異化型，同化型に分類できるが，呼吸に関わるのは異化型であり，H_2Sを放出する(山中，1986)．その他，真正細菌や古細菌の嫌気呼吸は極めて多様であり，鉄イオンを還元してエネルギーを獲得する鉄細菌，あるいはTMAO(トリメチルアミンオキシド)，キノリン，DMSO(ジメチルスルホキシド)のような有機化合物をエネルギー源とする生物群も存在する(Moタンパク質の項1.8.4項 p.97 および2.6.5項 p.266 参照)．フマル酸呼吸は呼吸鎖複合体IIで行われる嫌気呼吸である．メタン菌群の行う炭酸塩呼吸(メタン発酵)は，水素，ギ酸，酢酸などを還元剤としCO_2をCH_4まで還元する過程においてプロトン濃度勾配を作り出し，ATP合成酵素(ATPアーゼ，ATPaseともいう)を働かせる．

発酵は貧酸素状態における嫌気的解糖であり，ATP合成が基質レベル(リン酸化した高エネルギー化合物からADPへリン酸基が転移して，ATPができるのでATPアーゼは関与しない)で行われることを特徴とする．解糖過程によりグルコースをピルビン酸まで分解し，その後，電子伝達系に入らず，アルコール(アルコール発酵)や乳酸(ホモ乳酸発酵)などに至る．酵母によるアルコール発酵は酒類の製造に利用されている．酢酸発酵はアルコールをさらに酢酸にまで酸化する．ホモ乳酸発酵は筋肉のエネルギー獲得方法であり，1分子のグルコースから2ATPしか作ることができないが，好気呼吸経路よりもはるかに迅速に進行する．これら以外に，プロピオン酸発酵，酪酸発酵，Stickland反応(発酵の一種でアミノ酸をアンモニアと低級脂肪酸に分解)などがある．

光合成は植物，植物プランクトン，藻類などにより，光エネルギーを化学エネルギーに変換する過程である．光合成細菌の行う酸素非発生型光合成とシアノバクテリアや緑色植物の行う酸素発生型光合成に分けられる．前者は光化学系を1つしか有しておらず，CO_2を炭素源とする独立栄養細菌のグループと炭素源として有機化合物を用い

る従属栄養細菌のグループに分類される．後者は光化学系を2つ有している．

呼吸，発酵，光合成の過程に関わる酵素群は極めて多彩であり，金属タンパク質も数多く関与しているが，ここでは，まとまったシステムとして電子伝達系，脱窒系，硫酸還元系，光合成系をとらえることにする．

2.3.1 電子伝達系

糖，アミノ酸，脂肪酸は解糖系とクエン酸サイクルに入り，炭素はCO_2にまで変換される．この過程で，基質レベルのリン酸化により一部ATPは生成するが，基本的にはNADHとFADH$_2$が生産される．ここに得られた還元力は，膜に存在する電子伝達系においてプロトン濃度勾配を作成する原動力となり，酸化的リン酸化（oxidative phosphorylation）によってATPが生産される．電子伝達系の膜タンパク質群，複合体 I，III，IV では，金属を有する酸化還元中心がベクトル的に配置されており，膜を横切るプロトン輸送を可能にしている（図2.17）．

a．複合体 I

複合体 I（NADH：ユビキノン酸化還元酵素）はNADHから電子を受容し，複合体 I と III の間での電子伝達を媒介する補酵素Q（coenzyme Q）(**1**)（CoQ あるいはユ

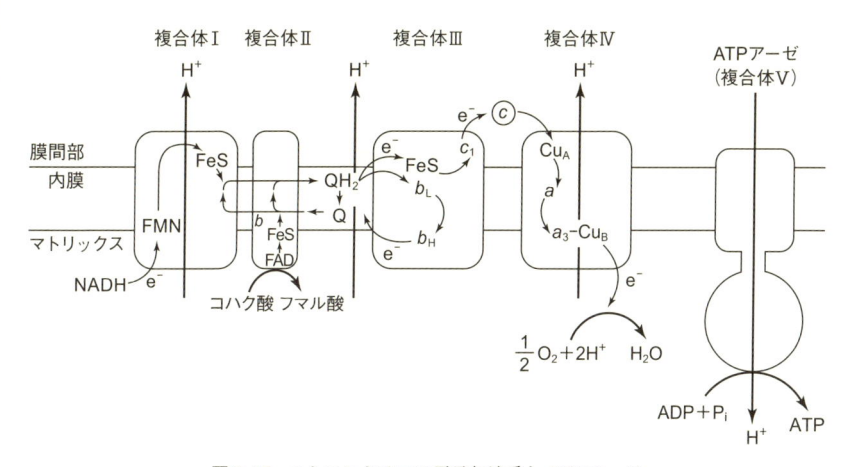

図2.17 ミトコンドリアの電子伝達系とATPアーゼ

電子移動経路とH^+の移動を示す．複合体 I と複合体 III 間の電子伝達は補酵素Q（Qと表示），複合体 III と複合体 IV 間の電子伝達は膜表面を移動するシトクロムc（cと表示）が行う．FeSはFe-Sクラスター，a, bはそれぞれヘムa，ヘムbを表す．H，Lは酸化還元電位の高低を表す（Hは正側，Lは負側の電位）．呼吸鎖において複合体 I から IV への電子移動が起こるが，それぞれの酸化還元電位（E^0 vs. NHE）の関係は，複合体 I（NAD$^+$/NADH, −330 mV），II（フマル酸塩/コハク酸塩, +100 mV），III（Cyt c (Fe^{3+})/Cyt c (Fe^{2+}), +260 mV），IV（1/2 O$_2$/H$_2$O, +820 mV）と，downhillになっている．

H_3CO — (構造式)

(1) Q (2) QH· (3) QH_2

ビキノン (ubiquinone) とも称されるが，高等動物では $n=10$ のイソプレン単位からなるので $CoQ10$ とも称される．パン酵母では $n=6$，大腸菌では $n=8$ である）に電子を伝える膜貫通タンパク質である．複合体Iは，哺乳類では46個のサブユニットからなる総分子量 900 kDa の巨大な複合体である．電子顕微鏡によると複合体IはL字型をしており，ミトコンドリアの内膜とマトリックス（細菌の場合は細胞質）に突き出た部分からなる．このマトリックスに突き出た部分には，NADH からの電子受容部位である FMN と電子伝達を媒介する Fe-S クラスターが存在している．膜貫通サブユニットには Fe-S クラスターが並んで配置されており，最終的に膜内を拡散する補酵素 Q に電子を伝達する．Fe-S クラスターの総数は8〜9個に上っており，14のサブユニットからなり総分子質量 550 kDa の *Thermus thermophilus* の複合体IのX線構造によると，1つの FMN を含み，7つの [4Fe-4S] クラスターと2つの [2Fe-2S] クラスター（Fe-S クラスターについては 1.8.1c 項 p.80 参照）が電子伝達鎖を形成している（Sazanov and Hinchllife, 2006; PDB code 2FUG）．

b．複合体II

複合体II（コハク酸：補酵素 Q 酸化還元酵素）はクエン酸サイクルのコハク酸デヒドロゲナーゼを含み，好気条件ではコハク酸から補酵素 Q へと電子を伝達する．コハク酸からの電子受容部位は共有結合した FAD で，[2Fe-2S]，[4Fe-4S]，[3Fe-4S] を経由して補酵素 Q へと電子が伝達される．さらに，シトクロム *b* が電子伝達経路から外れて存在しており（大腸菌の複合体IIの結晶構造解析は Yankovskaya et al., 2003; PDB code 1NEK），活性酸素種の発生を防いでいると考えられている．複合体IIは ATP 合成のために存在するのではなく，−数十〜−数百 mV の酸化還元電位を有する FAD から，複合体Iを経由しない電子伝達経路への入口となっている．

c．複合体III

複合体III（シトクロム bc_1 複合体）は補酵素 Q からシトクロム *c* への電子伝達を媒介するユビキノール：シトクロム *c* 酸化還元酵素である．葉緑体のシトクロム b_6f 複合体は複合体IIIに対応するものである．これまでにウシ（Iwata et al., 1998; PDB code 1BE3）やニワトリ（Zhang et al., 1998; PDB code 2BCC）のミトコンドリア，酵母（Lange et al., 2001; PDB code 1KB9），原核生物（Berry et al., 2004; PDB code 2BCC）

などのシトクロム bc_1 複合体のX線結晶構造が報告されている．ウシ心筋ミトコンドリア内膜に存在している酵素は，全11個のサブユニット（合計243 kDa）が2量体を形成している．図2.18に酵素反応に関係する金属部位を含んだ3つのサブユニットの略図とそれらの機能を示した．この酵素の反応全体は，$QH_2 + 2\,Cyt\,c\,(Fe^{3+}) + 2H^+_m \to Q + 2\,Cyt\,c\,(Fe^{2+}) + 4H^+_p$ で表され，$QH_2(3)$ 1分子あたり2分子のCyt c が還元され，同時に2プロトンがマトリックスから膜間部（ペリプラズム）に内膜を通して運ばれることになる．ここで，ISP（鉄-硫黄タンパク質（iron sulfur protein））の機能について見てみよう（Iwata et al., 1998; 岩田，岩田，2000）．まず，図中の QH_2 結合部位に QH_2 が結合すると，実線と破線の間にあったISP（iron sulfur protein）の頭部が破線の方に向き，QH_2 から H^+ 放出と共役して1電子をリスケ（Rieske, 1.8.1c 項参照）Fe-Sクラスターで受け取る．$QH^·/QH_2$ の酸化還元電位は〜0 mVであるので電子移動が可能で，外れた H^+ はペリプラズムに放出される．ISPの頭部が熱振動で Cyt c_1 の方に向いたときに（図では実線で示した頭部），還元型リスケ Fe-S クラ

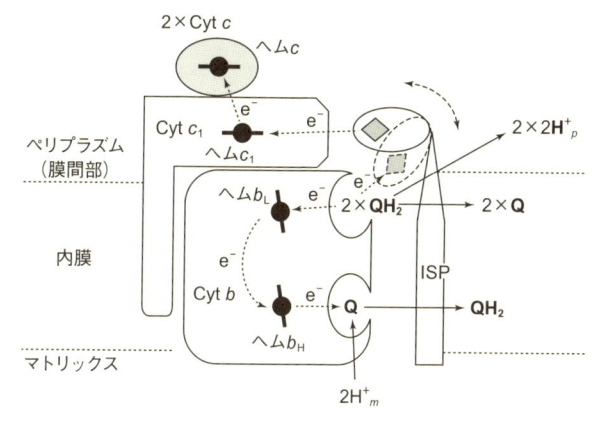

図2.18 ウシのシトクロム bc_1 複合体中の3つの触媒サブユニット（シトクロム c_1，シトクロム b，ISP）の模式図と機能

Cyt c，CcO に電子を運ぶシトクロム c（$E^{0'} = +260$ mV）; Cyt c_1，シトクロム c_1（28 kDa, $E^{0'} = +250$ mV）; Cyt b，シトクロム b（44 kDa, ヘム b_L $E^{0'} = -10$ mV，ヘム b_H $E^{0'} = +100$ mV）; ISP, リスケ鉄-硫黄タンパク質（22 kDa, $E^{0'} = +304$ mV）; H^+_m，マトリックス側から酵素に取り込まれるプロトン；H^+_p，膜間スペースに放出されるプロトン．還元型ユビキノン（QH_2）の結合部位の $2\times$ は，その部位に2分子が結合するのではなく，反応全体の化学量論を示している．すなわち，2分子の QH_2 が反応に使われると，1分子の QH_2 が生成するので，本文中の反応式では1分子の QH_2 が消費されることになる．また，ISP 中の菱形はリスケクラスター部位（$[Cys_2His_2Fe_2S_2]$）を表しており，この膜外ドメイン部分が電子の授受によって上下に変位すると考えられている．また，複合体全体は，ペリプラズムには Cyt c_1，ISPと1つのサブユニット，内膜には Cyt b と3つのサブユニット，マトリックスには4つのサブユニットがあり，合計11サブユニットから構成されている．なお，Cyt c_1 と ISP は1本ずつの膜貫通ヘリックスを有している．$E^{0'}$ はすべて vs. NHE の値を示す．

スターからヘム c_1 に電子移動が起こり,さらにその電子により Cyt c が還元される[*3]. 一方,セミキノンラジカル（QH$\cdot$(2)）は非常に不安定であるため（Q/QH$\cdot$の電位は-300 mV 程度とされている),ヘム b_L に電子を伝達し,その電子はヘム b_H を経て Q 結合部位に結合している Q を還元する. このように, QH$_2$ からの2電子は, QH$_2$ → リスケ → ヘム c_1 → Cyt c の経路と, QH$\cdot$ → ヘム b_L → ヘム b_H → 補酵素 Q (酸化体またはセミキノン) の経路に1つずつ分けられ,これらの電子移動と共役してマトリックス側からペリプラズム側に H^+ を汲み出す仕掛けとなっている (複合体Ⅰおよび複合体Ⅳのプロトン膜輸送と異なり,複合体Ⅲでプロトンの膜輸送を行うのは,補酵素 Q である). さらに,酵母由来のシトクロム bc_1 複合体では,基質である Cyt c との複合体の結晶構造が解かれており, Cyt c と Cyt c_1 の相互作用が明らかになっている (Lange and Hunte, 2002; PDB code 1KYO).

d. 複合体Ⅳ

複合体Ⅳ（シトクロム c オキシダーゼ, cytochrome c oxidase：CcO）は,真核生物の場合はシトクロム c から,原核生物の場合はユビキノールやメナキノールから電子を受け取り,最終的な電子受容体である酸素を4電子還元する末端酸化酵素である(電子供与体を酸化する酵素という意味で,それぞれ,シトクロム c オキシダーゼ,キノールオキシダーゼと呼ばれる). 今日までに,月原,吉川らによるウシ (Tsukihara et al., 1995, 1996; PDB code 1V54, 1OCR, 2OCC) と Michel, 岩田らによる原核生物 (Iwata et al., 1995; Michel et al., 1998; PDB code 1AR1 (*Paracoccus denitrificans*), Svensson-Ek et al., 2002; PDB code 1M56 (*Rhodobactor sphaeroides*)) の複合体Ⅳの構造が明らかにされており,複合体Ⅲにより還元されたシトクロム c の電子を受容する複核の Cu_A 部位（1.8.3項 p.91 参照）を含むサブユニット,分子内電子伝達を司るヘム a と酸素の4電子還元を行うヘム a_3 と Cu_B からなる複核部位を有するサブユニット,ならびに構造因子としてのサブユニットからなる (ウシの CcO は13サブユニット (200 kDa) で結晶中では2量体,微生物のものは4サブユニット (120 kDa)). Cu_B に配位する His イミダゾールの1つには Tyr が翻訳後修飾で共有結合している. 反応機構についても研究が進んでいるが,図2.19には簡略化したスキームを掲げた. 各金属活性部位のうち,ミトコンドリア内膜に2本の膜貫通ヘリックスで結合しているサブユニットⅡに含まれている Cu_A 部位は,内膜から上の膜間部側に位置しているのに対して,ヘム a, ヘム a_3, Cu_B 部位はサブユニットⅠの12本の膜貫通ヘリッ

[*3] 各々のタンパク質の金属部位の電位の測定値からは熱力学的に uphill の電子移動（リスケ Fe-S, +304 mV → ヘム c_1, +250 mV) となっても,電子移動に際して過渡的複合体を形成すると,各々の酸化還元電位が多少変化する事が考えられるので,電子移動が起こる可能性は十分にある.

クスに挟まれて内膜部分に結合している.なお,微生物の CcO においても,これらの金属部位は同じサブユニットに含まれていて,構造的に同じである.最近明らかにされた休止状態(resting state)(Aoyama et al., 2009)は一種の酸素結合状態(図 2.19 左上)で,完全還元(右上)を行うには 6 電子必要である(反応サイクルに入る反応開始時のみ 6 電子必要であるが,触媒サイクルに入ると O_2 を $2H_2O$ に還元するのに必要な電子数は 4 である).Fe–Cu の複核部位が還元されると O_2 が結合するが,酸素は準安定なペルオキソ種として落ち着くのではなく,ヘテロリティックに開裂し,$Fe^{IV}=O$ 種となる.このとき,Cu 中心に結合した O に Tyr から 1 電子が供給され形式上 O^{2-} となる(右下).ラジカルとなった Tyr には,ヘム a から電子が供給される(中央下).Cu_A からヘム a を介して $Fe^{IV}=O$ に電子が供給されると,Fe 部位は Fe^{III} となって反応が完結する(O の H_2O への変換に必要な H^+(スカラープロトン)がどの段階で結合するかについては議論があり,Tyr は H^+ 供与体としても機能すると考えられている).複合体Ⅳはプロトンポンプであり,金属中心を還元する際に電子伝達に共役してマトリックスからペリプラズム側に,O_2 分子あたり 4 プロトン(ベクトルプ

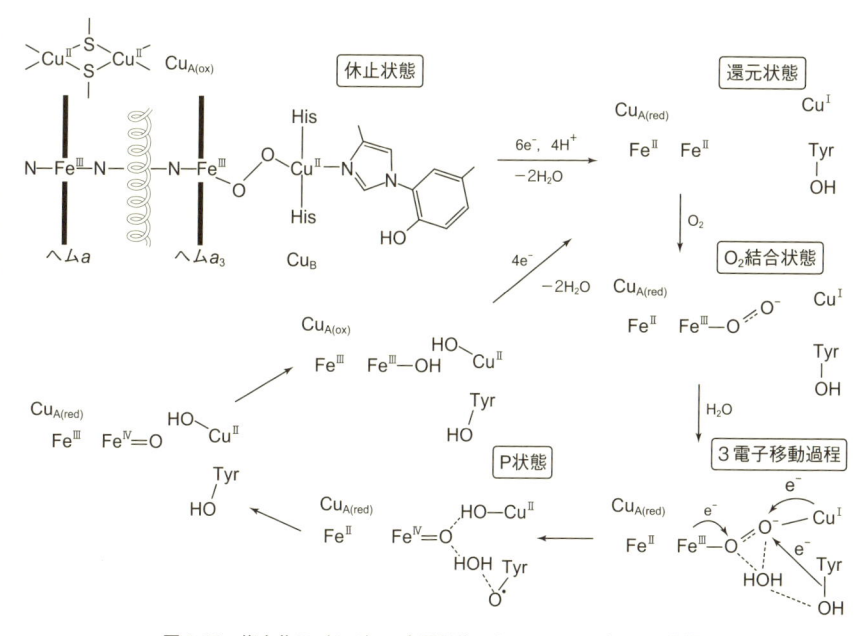

図 2.19 複合体Ⅳ(CcO)の金属部位による O_2 の 4 電子還元機構
この反応では,北川らによって多くの中間体が捕捉,あるいは存在が推定されているが(Kitagawa, 2000; Ogura and Kitagawa, 2004),複雑になるので省略している.また,H^+ の供給については全貌が明らかになっていないので省略した(Aoyama et al., 2009).

ロトン) が汲み出される.

$$4\,\mathrm{Cyt}\,c\,(\mathrm{Fe}^{2+}) + \mathrm{O}_2 + 8\mathrm{H}^+ \text{ (マトリックス側から)} \longrightarrow$$
$$4\,\mathrm{Cyt}\,c\,(\mathrm{Fe}^{3+}) + 2\mathrm{H}_2\mathrm{O} + 4\mathrm{H}^+ \text{ (膜間部へ; ベクトルプロトン)}$$

ベクトルプロトンの輸送経路については2つの経路が見出されており, 膜貫通ヘリックスによって形成されたチャンネルに位置するアミノ酸からD経路とK経路と呼ばれている. これらの経路中では水素結合のネットワークが形成されており, ベクトルプロトンとスカラープロトンの輸送経路となっている (真核生物と原核生物のH^+輸送機構には相違があると報告されている). 電子伝達系によってベクトルプロトンが汲み出されると, 膜間の濃度勾配を解消するためATPアーゼが作動する. ATPアーゼはH^+の輸送と共役し, ATPを合成する. この機構については本書のカバーする範囲を超えるので, 専門書を参照されたい.

2.3.2 硝酸塩呼吸 (異化的硝酸還元)

O_2を使わない呼吸である嫌気呼吸の1つに硝酸塩呼吸があり, これを異化型硝酸還元あるいは脱窒 (denitrification) という (エネルギー獲得を目的とした, NO_3^-を最終電子受容体とする嫌気性条件下での呼吸形態であり, これに対して, 合成を目的とした同化型硝酸還元では, NO_3^-が有機窒素源として利用される). *Pseudomonas*属, *Alcaligenes*属, *Achromobacter*属など土壌に広く存在する通性嫌気性菌 (好気的条件下では好気呼吸し, 嫌気性条件下では嫌気呼吸を行う) が脱窒を行う. 脱窒菌の環境における意義については, 4.1節 (p.366) を参照されたい. 図2.20にC1資化性脱窒菌のメタノール脱水素系, 一般的な脱窒系とATP合成における電子とプロトンの移動の概略図を示した. この微生物はメタノールやメチルアミンなどのC原子を1個含む化合物を唯一の炭素源とし, 脱窒によりATPを獲得している. すなわち, メタノール (培地溶液の1%), 硝酸塩, リン酸塩と, ごく少量の遷移金属塩 (Fe, Cu, Mo, Zn, Mnなど) を含む水溶液で培養できる菌である. C1資化性系では, まず, MDH (PQQを含むこの酵素については1.9.1項 p.109参照) が働いて基質をHCHOに酸化し, さらに有機炭素に変換する系に取り込まれていく. ここに生じた電子は図2.20のように脱窒系に導入されると考えられる.

図2.20に示したように脱窒においては, 外界からマトリックス (細胞質) に取り込まれたNO_3^- (N^{+V}) はNARあるいはNAPによってNO_2^- (N^{+III}) に還元され, さらに可溶性のNIRによってNO (N^{+II}) に還元される. 次に, NOは膜貫通型NORにより$\mathrm{N}_2\mathrm{O}$ (N^{+I}) に還元された後, 可溶性$\mathrm{N}_2\mathrm{OR}$によってN_2(N^0)に還元されて菌体外に放出される. また, これらの基質の還元反応の酸化還元電位$E^{0'}$は, NO_3^-から

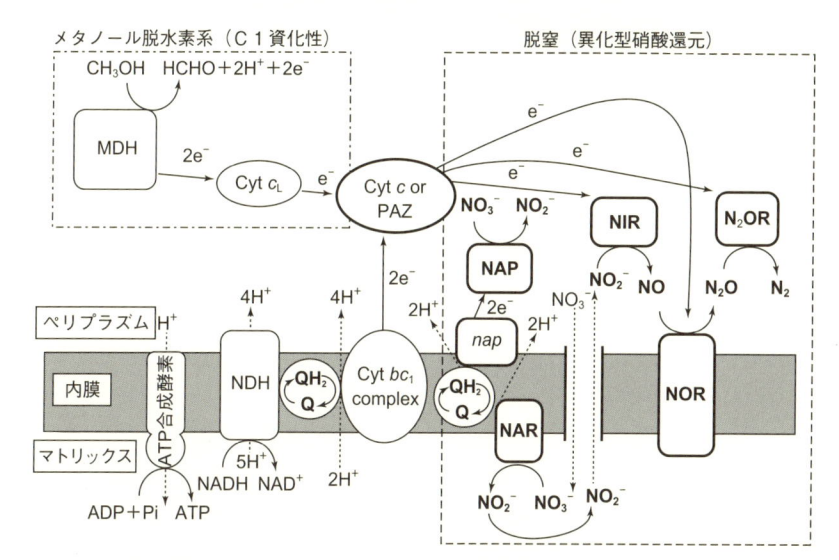

2.3 エネルギー獲得系に関わる金属タンパク質

図2.20 C1資化性脱窒菌のメタノール脱水素系，一般的な脱窒系とATP合成における電子とプロトンの移動の概念図

MDH（メタノールデヒドロゲナーゼ），Cyt c_L（分子量が大きいCyt c；MDHと共に1.9.1項 p.109参照），NDH（NADHデヒドロゲナーゼ），PAZ（シュードアズリン；1.8.3項 p.91），NAP（ペリプラズム型硝酸レダクターゼ），nap（QH_2 からの電子をNAPに渡す膜結合タンパク質），NAR（膜結合型硝酸レダクターゼ），NIR（亜硝酸レダクターゼ），NOR（一酸化窒素レダクターゼ），N_2OR（亜酸化窒素レダクターゼ），QH_2（通常はユビキノールであるがメナキノールのこともある）．通常の脱窒菌では，メタノール脱水素系の代わりに，有機物代謝により生じる電子がシトクロム c やクプレドキシン（アズリンあるいはPAZ）などの電子伝達タンパク質に渡され，脱窒系が起動する．異化型硝酸還元酵素（NAR, NAP）については，どちらか一方を発現する菌と，大腸菌のように両方を発現する菌がある．

NO_2^-，NO，N_2O と順に，$+0.42$，$+0.37$，$+1.18$，$+1.77$ V vs. NHE（pH 7.0）とほぼdownhillになっている．脱窒により地球上の NO_3^- や NO_2^- が無毒な N_2 に戻されるため，脱窒菌が自然界の窒素循環に重大な役割を演じている．過程の途中で生成する NO や N_2O も気体であるため，一部が菌体から放出されることになる．したがって，脱窒菌の活動が活発になればなるほど，それらの量も多くなり地球環境の破壊に繋がり，近年，大気中の N_2O 量の増加に警鐘が鳴らされている（4.1節 p.366参照）．一方，窒素の還元に使われる電子は，MDH，シトクロム bc_1 複合体，ユビキノンなどからも電子伝達タンパク質に渡されて，各還元酵素に供給される．これと共役してH$^+$がマトリックスから膜間部に輸送され，形成されたプロトン電気化学ポテンシャル差を駆動力としてATP合成酵素（H$^+$-ATPase）によりATPが合成される．

種々の例から明らかなように，生体系が小分子を活性化するときには金属イオンを用いるケースが多く，この脱窒もその典型といえる．図2.21に脱窒系還元酵素とそ

```
          硝酸              亜硝酸           一酸化窒素          亜酸化窒素
        レダクターゼ        レダクターゼ     レダクターゼ        レダクターゼ
NO₃⁻  ──────────→  NO₂⁻  ──────────→  NO  ──────────→  N₂O  ──────────→  N₂
           Mo              Cu or         hemes c, b            Cu
         [Fe-S]           hemes c, d₁    nonheme Fe
```

図2.21 脱窒系還元酵素群とそれらの基質

れらの基質をまとめて示した．次に，これらの還元酵素がもつ金属活性部位の構造・機能を中心に解説する．

a．異化型硝酸レダクターゼ（異化型硝酸還元酵素）：NAR, NAP

これまでに活性中心に Mo を含む硝酸レダクターゼ（nitrate reductase）は 3 つ知られているが，2 つが ATP 合成に関係する異化型であり，1 つは生合成代謝に関係する同化型である（Gonzalez et al., 2006）．いずれも，$NO_3^- + 2H^+ + 2e^- \rightarrow NO_2^- + H_2O$ で表される 2 電子還元反応を触媒する酵素である．また，Mo 活性中心の構造は，MGD 補因子（図 1.35 p.122 参照）を 2 つ結合した DMSO レダクターゼ（DMSOR）のものに類似しているので，Mo 酵素では DMSOR ファミリーに分類されている

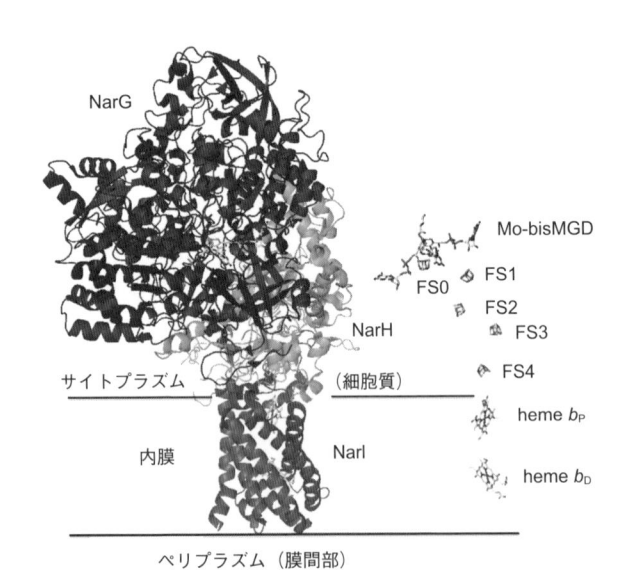

図2.22 大腸菌 NAR の単量体の分子構造と金属活性中心（口絵参照）

Mo-bisMGD 中の Mo イオンは，2 分子の MGD のジチオレンループが平面 4 配位を形成し，上から Asp 220 のカルボキシル基が軸配位した歪んだ 5 配位構造をとっている．FS0～FS3 は [4Fe-4S] クラスター，FS4 は [3Fe-4S] クラスターである．2 つのヘム b は，いずれも軸配位子として 2 つの His イミダゾールを結合し，低スピン状態をとっている（PDB code 1Q16）．

(1.8.4 項 p.97 参照).同化型硝酸レダクターゼ（NAS）については 2.6.5b 項（p.270）を参照していただくこととし，ここでは NAR と NAP（図 1.20, p.98 参照）について解説する.

NAR は硝酸呼吸や脱窒を行う微生物から多数単離されている．すべての NAR は NarG（約 126 kDa），NarH（約 58 kDa），NarI（約 22 kDa）サブユニットからなるヘテロ 3 量体で，NarI 部分が膜に埋まった膜結合タンパク質である．大腸菌 NAR 分子は 2 量体として膜に結合しているが，図 2.22 に単量体の分子構造と含まれる金属中心を示した（Bertero et al., 2003）．この分子のサイズは幅 70 × 高 130 × 奥 90 Å で，8 つの金属部位が 12 〜 14 Å 離れて並んでいる.

NarG は Mo-bisMGD と［4Fe-4S］(FS0)，NarH は 3 つの［4Fe-4S］(FS1〜FS3) と 1 つの［3Fe-4S］(FS4) の金属部位を含み，これらをマトリックス側に固定するアンカー，NarI によって内膜に固定されている．また，5 本の膜貫通サブユニットからなる NarI には 2 つのヘム b［NarGH サブユニットから遠いヘム b_D（distal）と近いヘム b_P（proximal）］が結合し，さらにメナキノン(4)(menaquinone：MQ；大腸菌では $n=8$) の還元体であるメナキノール（MQH_2）の結合部位がある．したがって，この酵素中で MQH_2 からヘム b_D に渡された電子は，約 90 Å 移動して Mo イオンに到達し，還元反応が起こる．また，基質からはプロトンが放出されることになる.

これに対して，NAP は膜間部に存在する可溶性タンパク質である．大腸菌（Jepson et al., 2007）や *Rhodobacter sphaeroides*（Arnoux et al., 2003）からの酵素はヘテロ 2 量体（NapAB: NapA, 91 kDa; NapB, 17 kDa），*Desulfovibrio desulfuricans* の酵素は単量体（80 kDa）（Dias et al., 1999）と報告されている．前者では NapA に Mo-bisMGD と 1 つの［4Fe-4S］クラスターが含まれ，NapB に 2 つのヘム c が含まれているのに対して（PDB code 1OGY），後者の単量体 NAP では NapA の部位と同じ金属部位が含まれている（PDB code 2NAP, 2V3V）．Mo 活性中心は，1.8.4 項（p.97）にまとめてある．最近の報告によると，*Desulfovibrio desulfuricans* の NAP の Mo には OH/OH_2 配位子の代わりに S 原子が配位しているとされている（Najmudin et al., 2008）．NAP への電子供与体は膜結合 nap（図 2.20）であり，nap が QH_2 から電子を受けとるとき内膜におけるプロトン移動が起こる.

一方，活性中心の Mo の酸化還元電位に注目すると，大腸菌 NAP（NapGHR）で

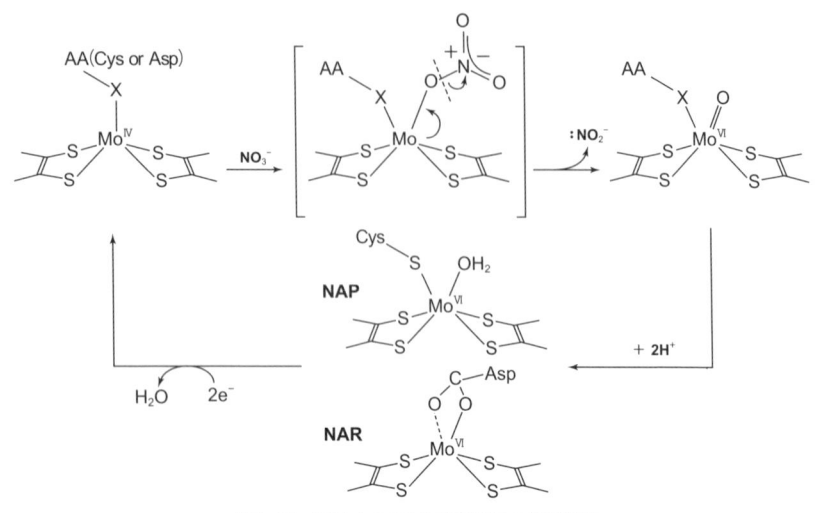

図 2.23　NAR と NAP の硝酸還元の推定機構

は pH 8.1 において $E^{0'}=+0.25(\mathrm{Mo}^{6+/5+})$, $+0.09\,\mathrm{V}(\mathrm{Mo}^{5+/4+})$, *Rhodobacter sphaeroides* NAP(NapAB) では pH 7.5 において $E^{0'}>+0.3$ $(\mathrm{Mo}^{6+/5+})$, $-0.22\,\mathrm{V}$ $(\mathrm{Mo}^{5+/4+})$ であり, NO_3^- を NO_2^- に 2 電子還元 (+0.42 V) できる. NAR と NAP の推定反応機構を図 2.23 に示した. 反応中心の Mo^{VI} は, 外部から 2 電子を受け取り (Mo^{IV}), それを基質に渡して還元反応を行っている.

NAR や NAP の活性中心モデル錯体として, Mo や W のビス(ジチオレン) 錯体が合成されている (Jiang and Holm, 2005).

b. 亜硝酸レダクターゼ（亜硝酸還元酵素）：NIR

亜硝酸レダクターゼ (nitrite reductase：NIR) は, $NO_2^- + 2H^+ + e^- \rightarrow NO + H_2O$ を触媒する酵素で, 活性中心に銅を含むものとヘムを含むものものが報告されている. この酵素の生成物 NO 以降からは, 基質も生成物も気体であるので, NIR は脱窒の key enzyme といわれている. また, この酵素は脱窒菌以外にも含まれていることが知られているが, この場合は, 菌体内で発生する有害な NO_2^- の解毒酵素として働いている可能性がある.

銅型 NIR の研究は, 1963 年に岩崎らによって土壌から分離された脱窒菌 *Achromobacter*（旧名 *Alcaligenes*）*xylosoxidans* から発見された青色 NIR (AxNIR)（図 2.1 p.159 参照）に始まる (Iwasaki et al., 1963). 1991 年に Adman らは, *Achromobacter cycloclastes* からの緑色 NIR (AcNIR)（図 2.1 参照）のホモ 3 量体 (37 kDa × 3) の結晶構造を明らかにした (Godden et al., 1991; PDB code 1 NRD, 2 NRD). そ

の後，AxNIR の構造も解析され（PDB code 1NDS, 1BG5），現在では数種類の緑色あるいは青色の NIR が知られているが（PDB code 1AS6, 2AFN, 1ZV2, 1KBW），それらは酵素の色には関係なく構造は極めてよく似ている(Suzuki et al., 1999)．図 2.24 に AxNIR とその生理的電子供与体である Cyt c_{551}（Deligeer et al., 2000）の過渡的電子移動複合体の構造を示した（Nojiri et al., 2009）．この複合体では，AxNIR の 1 つのサブユニットに 1 分子の Cyt c_{551}（0.8 kDa）が結合しているが，3 分子の Cyt c_{551} がそれぞれのサブユニットに結合した複合体の構造も得られている．Cyt c_{551} と AxNIR の接触面を見ると，中心に疎水的アミノ酸残基が，周囲に親水的残基が同心円上に配置した構造をとっており，中心の疎水的部分を通して電子がタンパク質間を移動することになる．そして，この酵素の機能として，まず，還元型 Cyt c_{551} の電子がタンパク質間電子移動により NIR のタイプ 1 Cu（T1Cu）を還元する．次に，その電子は Cys-His 残基を通ってタイプ 2 Cu（T2Cu）に移動し，配位水と置換した NO_2^- イオンを還元する．このとき，T2 Cu の周りの水素結合ネットワークから H^+ が供給されることは，Asp 98 や His 255 を Ala に変えた酵素では著しく活性が低下することから明らかである（Suzuki et al., 2000）．酸化型 T2 Cu には基質が O 原子でキレートとして配位するが，NO_2^- イオンの面は，Cu の垂直軸に対して 75° 傾いている（Tocheva et al., 2004）．したがって，T2 Cu が還元されたときには，T2 Cu モデル錯体の研究からは，NO_2^- イオンが O 原子配位から N 原子配位に変り NO に還元される機構が推定さ

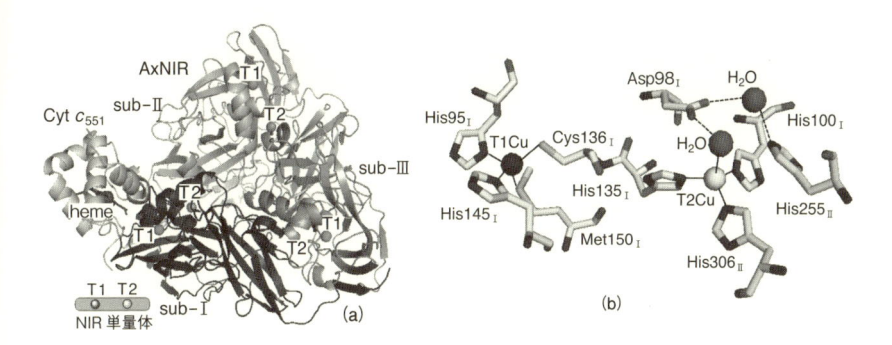

図 2.24 ホモ 3 量体 AxNIR と Cyt c_{551} の過渡的電子移動複合体構造（PDB code 2ZON）(a) およびサブユニット I（sub-I）中のタイプ 1 Cu（T1）とタイプ 2 Cu（T2）の活性中心構造 (b)（口絵参照）

(b)で C 原子が白色の His 100$_I$ と C 原子が黄色の His 255$_{II}$ は，それぞれ，sub-I と sub-II からの残基を示す．また，破線は水素結合ネットワークを示す．AxNIR の Cu 活性中心については，T1 と T2 はいずれも歪んだ四面体構造である．AcNIR の T1 は，AxNIR のものより平面方向に歪んだ四面体構造である．また，AcNIR などの緑色 NIR の電子供与体は PAZ である（Vlasie et al., 2008; PDB code 2P80）．

れている (Yokoyama et al., 2005).

$$T2Cu^{2+}+NO_2^- \longrightarrow T2Cu^{2+}\text{-}O_2N(O,O\text{キレート配位}) \xrightarrow{+e^-}$$
$$T2Cu^+\text{-}NO_2^-(N\text{配位}) + \xrightarrow{2H^+} T2Cu^+NO^++H_2O \longrightarrow T2Cu^{2+}+NO$$

また,2つの Cu 間の距離は約 12.5Å で,この間の電子移動の速度定数は 2000 s^{-1} (pH 6) である (Suzuki et al., 2000). これらの距離と速度定数は,長距離電子移動と基質の還元反応がリンクしている酵素系ではよく見られる値であり,生体系では触媒反応速度に合わせて電子移動速度を調節しているということができる.

これまでに知られている脱窒系の銅型 NIR は,いずれも図 2.24 のように"おむすび型"の 3 量体である(図 3.33 p.344 参照). ところが前述の C1 資化性脱窒菌である *Hyphomicrobium denitrificans* の NIR (HdNIR) は,これまでの 2 つのタイプの

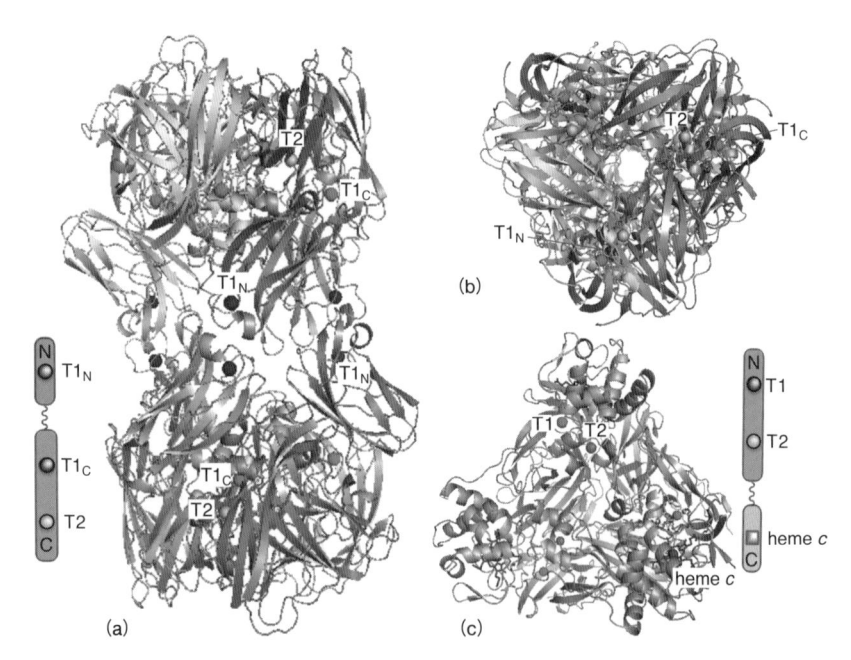

図 2.25 C1 資化性脱窒菌からの N 末端ブルー銅ドメイン融合 NIR (HdNIR; PDB code 2DV6) (a, b) と海洋性好冷菌からの C 末端シトクロム *c* ドメイン融合 NIR (PhNIR; PDB code 2ZOO) (c) の結晶構造(口絵参照)

(a) はホモ 6 量体 HdNIR を横から,(b) は上から見た図で,(c) の PhNIR はホモ 3 量体. 色分けしたサブユニットはいずれも等価である. (a), (b) の T1$_N$(青色の球)と T1$_C$(緑色の球)および (c) の T1(緑色の球)は T1Cu を示し,T2(灰色の球)は T2Cu を示す. 単量体のドメインを示した略図中の N と C は,それぞれ N 末端と C 末端である. PhNIR は 2 つのドメインが 30Å 以上も離れた構造をとっており,NIR ドメインの T1 は緑色を呈する.

Cuを含んだNIR単量体のN末端側にブルー銅ドメインが融合した新しいタイプのNIRであった（単量体50 kDa）．そして，NIRドメインには緑色のT1 Cuが，ブルー銅ドメインには青色のT1 Cuが含まれていた．したがって，この酵素は青緑色である．図2.25（a），（b）にHdNIRの6量体結晶構造を示した（Nojiri et al., 2007）．この酵素では，2つの3量体が，3つずつのブルー銅ドメインの2量化（ブルー銅タンパク質であるAzなどでは，結晶構造においてこのタイプの2量化が見られる）によって重なり合って結合しているが，ブルー銅ドメインのT1 Cu（T1$_N$）から一番近いNIRドメインのT1 Cu（T1$_C$）まででも24Åも離れているので，このCuが電子供与体から電子を受け取り，T1$_C$を介して触媒反応部位（T2）に送る可能性は極めて低い．結局，HdNIRではこれまで述べてきたNIRと同様に，NIRのT1$_C$がその近傍に結合したCyt c_{550}やPAZから電子を受け取り，12.5Å離れているT2 Cu（T2）に電子移動をすることによってNO$_2^-$がNOに還元されるのであろう．また，ブルー銅ドメインのT1$_N$を除去すると3量体のHdNIRが得られるので，このドメインは6量体形成の役割を演じていることは明らかである．

一方，海洋性好冷菌 *Pseudoalteromonas haloplanktis* NIR（PhNIR）の全ゲノム解析が行われ，こちらはNIRドメインのC末端側にアミノ酸40残基の長いリンカーを介してシトクロム c ドメインを結合したドメイン融合型NIRであることが明らかになった．そこで，この菌を培養してPhNIR（単量体は48 kDa）を単離精製し，X線結晶構造解析を行うと，図2.25（c）のように3つの"こぶ"が付いた"おむすび"構造が得られた．このNIRでは，1つのサブユニット中のシトクロム c ドメインとNIRドメインが離れすぎているので，Cyt c から同じサブユニットのT1 Cuには電子移動ができないが，還元されたCyt c は隣のサブユニットのT1 Cuに電子を渡すことができる．この際，ヘムFeとT1 Cuの原子間距離は10.6ÅでT1 Cu-T2 Cu間の距離12.7Åに近く，電子供与体から電子を受け取ったヘムは，隣のサブユニットのT1 Cuに電子を渡し，その電子がT2 Cuに移ることによって基質が還元される機構が考えられる．

このようなドメイン融合型NIRは，NIRを有する微生物の進化の観点から興味がもたれる．このNIRの存在は，おそらく微生物のゲノム上でNIRと電子伝達タンパク質のゲノムが融合していった結果と推測される．また，近年の生物の全ゲノム解析から，ドメイン融合型NIRは決して珍しいものではなく，ニキビ菌や炭疽菌などの病原性微生物にも含まれていることが明らかになっている．それらの構造を考えるとき，図2.25の構造の知見が役に立つことはいうまでもない．次に，ヘムを活性中心にもつNIRを見てみよう．

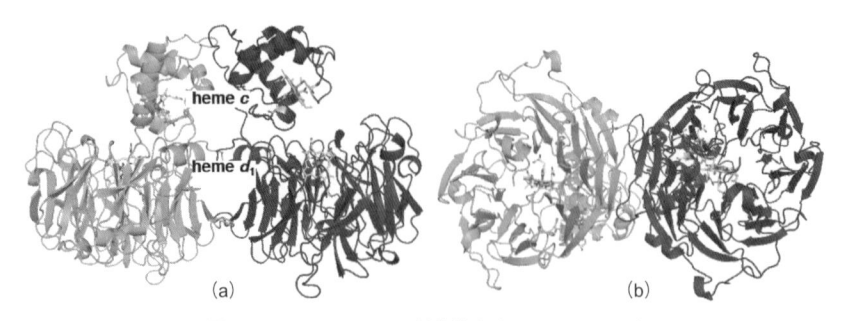

図 2.26 PpNIR のホモ 2 量体構造（PDB code 1AOF）
(a)は分子を横から見たもの，(b)は図(a)を下方から見たもの．

ヘム c とヘム d_1 をもつヘム型 NIR（cytochrome cd_1 nitrite reductase）では，*Paracoccus pantotrophus*（PpNIR）（Fulop et al., 1995; Williams et al, 1997; PDB code 1QKS, 1AOF）と *Pseudomonas aeruginosa*（PaNIR）（Nurizzo et al., 1997; PDB code 1NIR, 1NRE）からの酵素の結晶構造が報告されている．いずれもホモ 2 量体（単量体約 60 kDa）であり，代表として PpNIR の構造を図 2.26 に示した．単量体はヘム c をもつドメインとヘム d_1 をもつドメインからなり，後者のドメインを下から見ると，PQQ を含む MDH と同様に（図 1.27 p.113 参照），8 枚の β プロペラ構造の中心にヘム d_1 が収まっている．2 つのヘムエッジの最短距離は約 10 Å で，電子供与体からの電子はヘム c で受け取られ，ヘム間の電子移動の後（この電子移動速度定数は 1400 s^{-1}（pH 7.0）と報告されており，銅型 NIR の T1Cu-T2Cu 銅間電子移動の値に近い），ヘム d_1 で NO_2^- が Fe に N 原子単座で配位して NO に還元される．このとき，その近傍に存在する 2 つの His 残基が H^+ 供給の役割を演じており，これは，銅型 NIR の T2Cu 周囲の水素結合ネットワークの役割と同じである．ここで，PpNIR のヘムの 2 つの軸配位子については，Fe^{3+} 状態ではヘム c は His/His であり，ヘム d_1 は Tyr/His であるのに対して，Fe^{2+} 状態ではヘム c は His/Met，ヘム d_1 は −/His に変化し，後者の空いた配位座に基質が結合する．これに対して，PaNIR では，両状態でヘム c は His/Met，ヘム d_1 は OH^-/His で，反応過程におけるアミノ酸軸配位子の置換は起こらない．

最後に，NO_2^- の酵素反応は 1 電子還元であるが，このヘム型 NIR は O_2 の H_2O への 4 電子還元も触媒する bifunctional enzyme であると報告されている点に注目したい．PpNIR では，O_2 がヘム d_1 に結合した結晶構造が得られており（Sjogren and Hajdu, 2001; PDB code 1HJ3），確かに O_2 はヘム d_1 に結合する．しかし，O_2 を H_2O にする CcO やマルチ銅オキシダーゼの金属活性中心と比較して，反応部位が単純で

あるため，これまでの研究で行われた O_2 モニターを用いた酵素による O_2 の減少を追跡するだけでなく，還元生成物が O_2^- や O_2^{2-} ではなく，H_2O であるという確認がなされるべきであろう．

c．一酸化窒素レダクターゼ（一酸化窒素還元酵素）：NOR

NIR によって生成した毒性の高い NO は，一酸化窒素レダクターゼ（nitrogen oxide reductase：NOR）によって N_2O に変換される（$2NO + 2e^- + 2H^+ \rightarrow N_2O + H_2O$）．NOR は膜に存在しているが，NAR と異なりプロトンポンプ機能は有していないので，NOR の機能は一種の解毒作用と見なすことができる（Zumft, 1997）．NOR の構造にはバリエーションがあるが，最も基本的なものは，2つのサブユニット NorC と NorB からなるものである（cbb_3-タイプの NOR）．NorC は電子供与体であるシトクロム c から電子を受容するヘム c を有し，NorB は電子伝達のためのヘム b と NO を還元する触媒部位である複核部位ヘム b_3-非ヘム鉄 Fe_B を有している（図 2.27）．NOR の Fe 結合部位の配置は前述の CcO と類似していることはすぐに看取されるが，両者の相同性はアミノ酸配列，配位アミノ酸，膜貫通ヘリックスの数と配置などにも及んでいることから，NOR はシトクロム c オキシダーゼの先祖酵素であると考えら

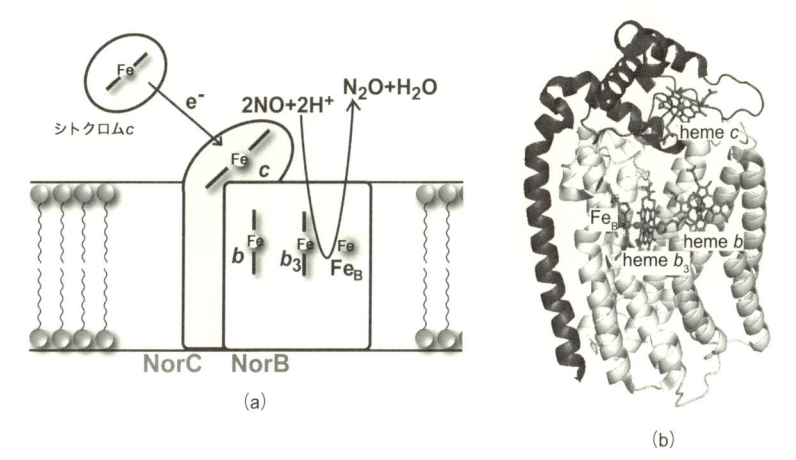

図 2.27 NOR（cbb_3-タイプ）の概略図と反応（Sakurai and Sakurai, 1997）(a)および NOR 分子構造（Hino et al., 2010; PDB code 3O0R）
(b)の NOR 構造では，NorC が黒色（146 残基），NorB が白色（465 残基）で表されており，heme b 部位と O 原子で架橋している heme b_3 と Fe_B 部位は，10 数本の膜貫通ヘリックス束中に取り囲まれているが，それらの活性部位を示すためにヘリックスの一部分を消去している．heme c と heme b の距離は 20.3Å，heme b と heme b_3 は 14.1Å，heme b_3 と Fe_B は 3.9Å であり，これらをウシ CcO のものと比較すると，CcO では Cu_A と heme a の距離は 19.5Å，heme a と heme a_3 は 13.1Å，heme a_3 と Cu_B は 4.5Å で，活性部位の配置が極めてよく似ていることがわかる．また，NOR は CcO と異なり D 経路も K 経路も有しておらず，反応に必要な H^+ はペリプラズム側から供給される．

れている(分子進化の視点からの議論は3.4節 p.342参照)(Hendriks, 1998). NORの休止状態では複核Fe部位はO^{2-}で架橋されて反強磁性相互作用をしており,特徴的な吸収を595 nmに与える.反応に際して2分子のNOが,それぞれ,ヘムb_3と非ヘム鉄Fe_Bに結合し,2電子を受け取りN_2Oとなる. NORのバリエーションには,小サブユニットにCu_Aを有し,シトクロムcでなくメナキノールを電子供与体とするもの(qCu_ANOR)(Suharti et al., 2001; 2004), Fe_Bに変わってCu_Bを有するもの(xCu_BNOR)(Matsuda et al., 2002), 1本鎖でヘムcを欠くもの(qNOR)(Cramm et al., 1999)などが知られている.これらはNORとCcOの中間に位置する存在である.

NORは弱いながらO_2還元活性を示す.一方, CcO(一般的には末端酸化酵素)も種類によっては弱いNOR活性を示すことが報告されている.このほか, FMNを有するフラボルブレドキシン(flavorubredoxin)もNOR活性を示す(Vincente et al., 2007). さらに,菌類においてNADHを電子供与体とするP450タイプのNOR(P450nor)も報告されている(祥雲, 1994; Park et al., 1997; PDB code 1ROM; Shimizu et al., 2002; PDB code 1JFB)が,これは別の酵素が同じ機能を獲得した例であり, NORがNOの解毒のために存在しているという考えを支持している.

最近,マッコウクジラのミオグロビン(Mb)を改変したバクテリアNORの構造・機能モデルが構築されている(Yeung et al., 2009; Lin et al., 2010). すなわち, Mbのヘム上に位置している遠位のHis64と,その近傍の3つの残基に変位を導入し(Leu29His, Phe43His, Val68Glu), それらの4残基(3His, Glu)によってFe(II), Cu(II), Zn(II)などの金属をヘムの上に固定することができる. X線結晶構造解析から, NORモデルタンパク質(Fe_BMb)の活性中心では,2つのFe間距離は1.72Å, Fe—O(Glu68のO原子)—Feの角度は115°であった(PDB code 3K9Z). また,亜ジチオン酸塩(ジチオナイト)で還元処理したFe_BMbは, NOをN_2Oに還元する機能を有していた.

d. 亜酸化窒素レダクターゼ(亜酸化窒素還元酵素):N_2OR

脱窒の末端酵素である亜酸化窒素レダクターゼ(nitrous oxide reductase)は, N_2O + $2e^-$ + $2H^+$ → N_2 + H_2Oの2電子還元反応を触媒する. N_2Oは笑気とも呼ばれる麻酔性気体である.この酵素は空気中で不安定で,嫌気条件と好気条件で精製すると,それぞれ色と活性の異なる酵素が得られる.現在までに4例のX線結晶構造が報告されているものの,特に,反応部位(Cu_Z)に関しては不明な点が多い. X線結晶構造に関しては, *Pseudomonas nautica* (Brown et al., 2000; PDB code 1QNI), *Paracoccus denitrificans* (Haltia et al., 2003; PDB code 1FWX), *Achromobacter cycloclastes* (Paraskevopoulos et al., 2006; PDB code 2IWF, 2IWK), *Hyphomicrobium denitrificans*

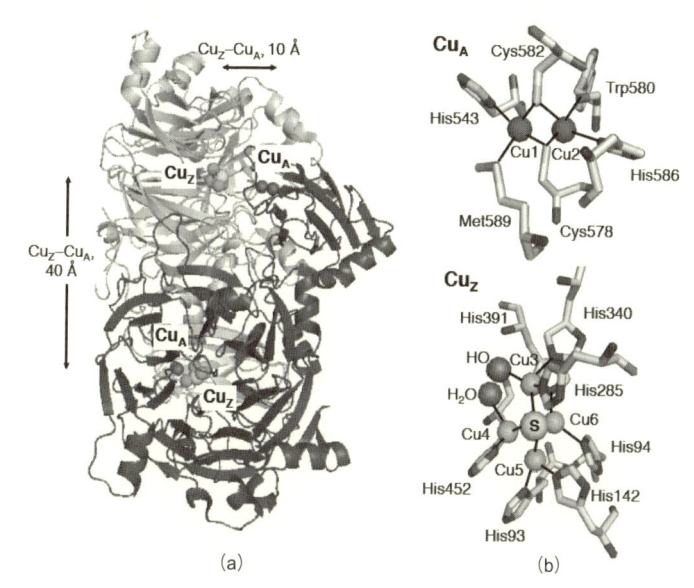

図 2.28 2 量体 AcN$_2$OR の分子構造 (a) と 2 つの銅活性部位 Cu$_A$ と Cu$_Z$ (b) (PDB code 2 IWF)

(Nojiri et al., 未発表) 由来の N$_2$OR の構造が解かれている. それらはいずれもよく似た構造であり, その代表として図 2.28 に *A. cycloclastes* 由来 N$_2$OR (AcN$_2$OR) の構造を示した. AcN$_2$OR は, 65 kDa 単量体が head-to-tail (1 つのサブユニットの頭部 (尾部) がもう 1 つのサブユニットの尾部 (頭部) と相互作用をしている会合形態) でホモ 2 量体を形成しており, さらに単量体は 2 つのドメインに分けられる. つまり, 7 枚の羽根の β プロペラ構造をとり, 中央に 4 核銅クラスターの触媒反応部位 Cu$_Z$ をもつ N 末端側の Cu$_Z$ ドメインと, ブルー銅タンパク質と相同性のある Greek key β-barrel 構造をとり, 複核銅クラスターである Cu$_A$ をもつ C 末端側の Cu$_A$ ドメインである (1.9.4a 項 p.125 に述べた GO も, 7 枚の羽根の β プロペラ構造の中央に Cu (II)-TTE 活性部位をもつ構造をとっている). このドメインは CcO の Cu$_A$ 結合ドメインと相同性があり, Cu$_A$ 部位の存在を示すアミノ酸配列モチーフ $-HX_{34}CX_3CX_3HX_2M-$ を有する.

Cu$_A$ では 2 つの銅が 2 つの Cys により架橋され, 一方には His と Met, 他方には His と Trp の主鎖のカルボニル基が配位している. 2 核の銅は混合原子価である酸化状態 [Cu$^{1.5+}$-Cu$^{1.5+}$] と, 還元状態 [Cu$^+$-Cu$^+$] をとり 1 電子酸化還元を行う. Cu$_A$ は $E^{0'} = +60$ mV と見積もられ, 電子供与タンパク質から電子を受け取り, Cu$_Z$ ($E^{0'}$ $> +400$ mV) へ伝達する部位として働く. しかし, Cu$_A$ は同じサブユニットの Cu$_Z$ に

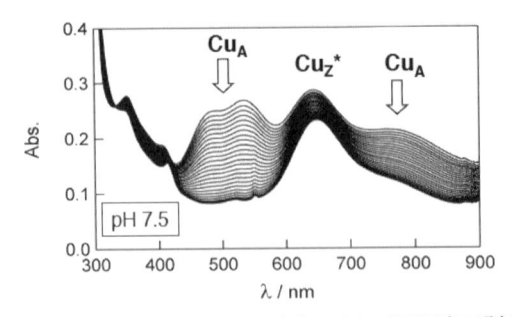

図2.29 好気下で精製したH.denitrificans由来N₂ORの還元反応の吸収スペクトル経時変化（Nojiri et al., 未発表）.
スペクトル測定間隔は3分で，Cu_Z^*については本文を参照のこと.

伝達するのではなく（これらの部位は約40Å離れている），酵素がhead-to-tail構造をとっているため，隣のサブユニットの約10Åしか離れていないもう1つのCu_Z部位に電子を渡すのである．このとき，Cu_Aに配位しているHis586の次のMet587の側鎖が隣のサブユニットのCu_Z側に延びており，しかも，MetのS原子とCu_ZのS原子の距離は約4Åであるため，このルートでサブユニット間電子移動が起こるのであろう．His(配位子)-Metのアミノ酸配列は多くのN₂ORで保存されている．CysのS原子からCu(II)への電荷移動（LMCT）に由来する吸収が480 nm, 530 nm付近にあり，混合原子価による原子価間電荷移動（IVCT）に由来する吸収が800 nm付近にあるため酸化状態では紫色を呈し，ESRスペクトルは軸対称で，複核Cuのスピン間相互作用に特徴的な7本の超微細構造を示す（1.8.3項p.97, *14参照）．また，Cu_Aの還元型は無色である（図2.29のCu_Aの酸化型から還元型への吸収帯変化に注目されたい）．Cu_Zは4個のCuがS^{2-}により架橋された構造で，触媒活性部位として働く．各Cu原子には1～2個のHisが配位しており，Cu3とCu4にはH_2OあるいはOH^-と考えられるO原子が配位している（図2.28）．分光学的な測定から酸化型（$2Cu^{2+}$ $2Cu^+$），還元型（$1Cu^{2+}$ $3Cu^+$），超還元型（$4Cu^+$）の酸化還元状態をとることがわかっており，還元型では640 nm付近にS^{2-}からCu(II)へのLMCTによる吸収がある．しかし，好気条件下で単離されたN₂ORのCu_Zは，亜ジチオン酸イオンやフェロシアン化物イオンで還元されないことが示されており，Cu_Z^*と呼ばれている．青色を示すCu_Z^*はその分光学的な特徴から，還元型であると考えられるが（図2.29のCu_Z^*の吸収帯に注目されたい），この化学種は反応不活性である．したがって，N₂O還元活性を測定するには，あらかじめこの酵素を嫌気下で，過剰の亜ジチオン酸イオンとビオローゲンで1～2時間処理しなければならないが，これは超還元型を生成するため

の処理かもしれない．

　N_2OR の研究が困難な点は，活性に重要な超還元型 Cu_Z が好気下で不安定であることにある．ここで，これまでに報告されている酵素の色と活性の関係をまとめると，「紫色：高活性（酸化型 Cu_A と超還元型 Cu_Z），桃色：低活性（酸化型 Cu_A と還元型 Cu_Z，両者の混ざり方で色と活性が変化），青色：不活性（還元型 Cu_A と還元型 Cu_Z）」となる．N_2O 還元反応機構については，実験的には Cu_Z の各 Cu の配位構造や，阻害剤の I^- が Cu3 と Cu4 に結合した AcN_2OR の結晶構造（PDB code 2IWK）により，H_2O や OH^- と置換して基質が結合すると考えられているにすぎず，計算によって，直線分子 N_2O が Cu3 と Cu4 に末端 N 原子と O 原子で曲がって結合して 2 電子還元を受けると推定されている（Solomon et al., 2007）．しかし，機能についてのより深い理解のためには，ブレークスルーが必要な酵素の 1 つである．

　ところが，最近，*Pseudomonas stutzeri* N_2OR の X 線結晶構造解析から，従来から知られている［4Cu:1S］は Cu_Z^* 部位であり，触媒活性な Cu_Z 部位はもう 1 つ無機 S 原子が結合した［4Cu:2S］であることが報告された（Pomowski et al., 2011；PDB code 3SBP, 3SBQ）．この S 原子は，図 2.28(b) の Cu_Z 部位において，Cu3 と Cu4 に結合している 2 つの水分子の代わりに，これら 2 つの Cu 原子に架橋している．さらに，O_2 が Cu_Z 部位に接近することによって，この架橋 S が除去されて生じる不活性な部位が Cu_Z^* であると推定されている．また，この研究では Cu_Z 部位に基質が結合した構造も報告されたが，Cu3，Cu4，2 個の S 原子の 4 原子からなる面の上に N_2O が 3～4 Å の距離で N 原子をクラスターの方に向けて接近していると述べられている（PDB code 3SBR）．この報告によって，今後，反応機構の議論が進んで行くであろう．

2.3.3　硫酸塩呼吸（異化的硫酸還元）

　硫酸塩還元細菌は，SO_4^{2-} や SO_3^{2-} を電子受容体として，それらを H_2S に還元して ATP を獲得している（それぞれ，8 電子と 6 電子還元）．このような硫酸呼吸では，H_2 に対するヒドロゲナーゼの作用から H^+ と電子を得ている（$H_2 \rightarrow 2H^+ + 2e^-$）．電子は膜結合型シトクロム c_3（$E^{0'} = -400 \sim -90$ mV のヘムを 4 つ有している；PDB code 3CYR），電子伝達鎖，フェレドキシンを経てアデニリル硫酸レダクターゼ（adenylyl sulfate reductase：APSR）によってアデニリル硫酸（アデノシン 5'-ホスホ硫酸（APS）[*4]）に渡され，SO_3^{2-} と AMP が生成する．次いで，異化型亜硫酸レダクターゼ（dissimilatory sulfite reductase：dSIR）により SO_3^{2-} が還元され（$HSO_3^- + 6e^- + 6H^+ \rightarrow HS^- + 3H_2O$；$E^{0'} = -116$ mV），H_2S が放出される．これらの過程で生成し

たH^+は,ATPの合成に利用される(ATP生成が基質レベルのリン酸化のみで生じるという説もあったが,現在では,電子伝達に共役してATPが生成することがわかっている).APSをSO_3^{2-}へと還元するAPSRは,APSをSO_3^{2-}とAMPに変換する酵素で,FADと2つの[4Fe-4S]クラスターを有している.触媒部位としては,FADのイソアロキサジン環のN(5)にAPSの末端-SO_3^-基が結合したFAD-sulfiteを生成するので,金属部位は直接関与していない(Schiffer et al., 2006; PDB code 2FJA).SO_3^{2-}を還元するdSIRは,シロヘムと[4Fe-4S]クラスターがCysのS原子で直接つながった活性部位をもつ酵素である(2.7.1項 p.277参照)(Schiffer et al., 2008; PDB code 3C7B).2電子過程を3回くり返して,SO_3^{2-}はS^{2-}に至る(Crane et al., 1997).沼,河川,水田でのH_2S発生は硫酸塩還元菌によるものであり,秋落ちと言われる水稲が枯れる現象や,土中に埋設した鉄管の腐食などの原因でもある.

2.3.4 光 合 成

光合成(photosynthesis)は,色素で集めた光エネルギーを化学エネルギーに変換し,CO_2と電子供与体($H_2D:H_2O$,H_2S,$S_2O_3^{2-}$,H_2やイソプロパノールなどの有機化合物)から炭水化物$(CH_2O)_n$を合成する過程である.

$$CO_2 + 2H_2D \text{(電子供与体)} \longrightarrow 1/n(CH_2O)_n + H_2O + 2D$$

光エネルギーを捕捉し,電子伝達過程によって膜にプロトン濃度勾配を作り出し,ATPを合成するとともにNADPHを合成する明反応と,明反応で作成したNADPHとATPを利用して糖前駆体を合成する暗反応の2段階からなる.

光合成には光合成細菌(真正細菌)による酸素非発生型光合成と,真核生物である緑色植物とシアノバクテリア(藍藻)による酸素発生型光合成がある.酸素発生型光合成では,光励起と電荷分離により酸化した色素をH_2Oによって還元するので,O_2が発生する.これに対して,酸素非発生型光合成では,電子供与体としてH_2S(緑色硫黄細菌)やイソプロパノールなど(紅色非硫黄細菌)を利用する.酸素非発生型光合成と酸素発生型光合成では構成・構造にも相違がある(表2.7).

酸素発生型光合成　$6CO_2 + 6H_2O \longrightarrow C_6H_{12}O_6 + 6O_2$

---

*4　(前ページ)SO_4^{2-}は化学的に安定なため,還元に先立ってATP sulfurylaseによりATPを用いてAPSへと活性化される($\Delta G^{0'}$(hydrolysis) = -80kJ mol^{-1})(Ullrich and Huber, 2001).

2.3 エネルギー獲得系に関わる金属タンパク質

表 2.7 酸素発生型および非発生型光合成の比較

	酸素非発生型光合成	酸素発生型光合成
光化学系複合体	光化学系 1 つ	光化学系 I と II
光合成色素	バクテリオクロロフィル a, b	クロロフィル a, b
暗反応	炭酸固定経路	カルビン回路

緑色硫黄細菌　　　$6\,CO_2 + 12\,H_2S \longrightarrow C_6H_{12}O_6 + 6\,H_2O + 12\,S$

紅色非硫黄細菌　　$6\,CO_2 + 12\,CH_3CHOHCH_3$
$\longrightarrow C_6H_{12}O_6 + 6\,H_2O + 6\,CH_3COCH_3$

　光合成は，集光複合体 LHC（light-harvesting complex）のアンテナクロロフィルによる光励起と，それに続く反応中心（reaction center: RC）への極めて効率のよいエネルギー移動により始まる．LHC にはアンテナクロロフィル以外に，β-カロテン，フィコエリトリン，フィコシアニンのような補助色素が存在しており，クロロフィルの吸収効率が低い長波長の光を吸収する（詳細については専門書を参照されたい）．図 2.30 に紅色光合成細菌 *Blastochloris*（旧名 *Rhodopseodomonas*）*viridis* の RC を含む光合成電子伝達系を示した．(Deisenhofer et al., 1985)．集光系から輸送されたエネルギーは，

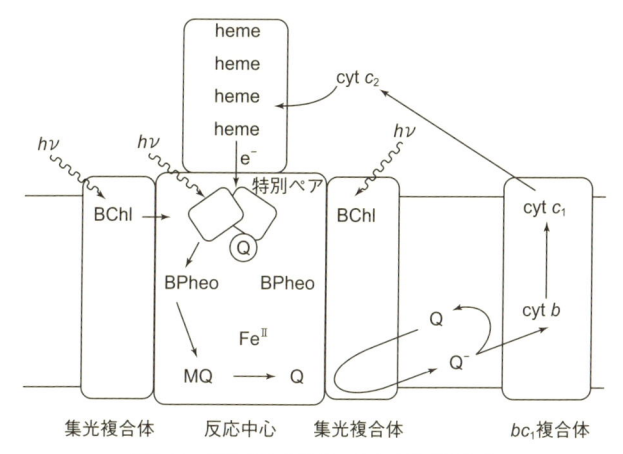

図 2.30 紅色光合成細菌の光合成電子伝達系

集光系複合体（光のアンテナとしてのバクテリオクロロフィル BChl とリコペン（カロテノイドの一種）の集合体）で吸収した光エネルギーは，特別ペア（対をなすバクテリオクロロフィルで，電荷分離の中心（P960 または P870））に移動される．特別ペアの電荷分離（$e^- + P960^+$）によって生じた電子は，バクテリオフェオフィチン BPheo および固定されたメナキノン MQ を経て，移動性のユビキノン Q（2.3.1 項(1)～(3)参照）に渡り，膜貫通タンパク質シトクロム bc_1 複合体に伝えられる．bc_1 複合体内の電子移動と Q サイクル（Q の酸化還元）により H^+ が膜輸送される．電子はシトクロム c_2 によって電子ホールとなった P960$^+$ に戻されて循環する．チラコイド膜の上部の 4 つのヘム c は，下から上へ heme 1 から heme 4 と呼ばれる（表 1.14 (p.68) クラス IV Cyt c 参照）．

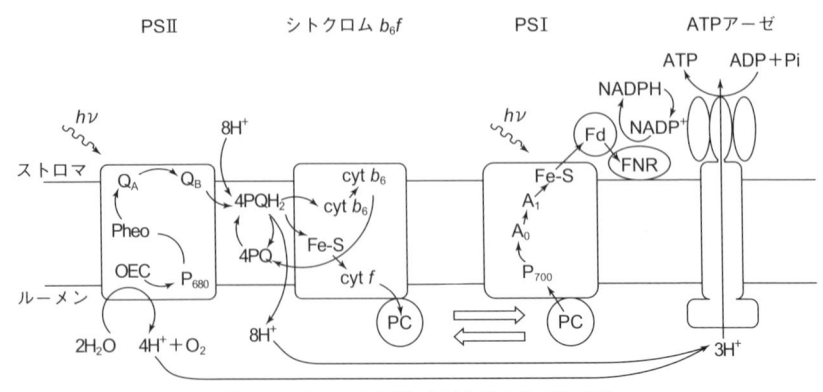

図 2.31 チラコイド膜における光合成（明反応）

電子伝達系は PSI 複合体，PSII 複合体，シトクロム b_6f 複合体からなり，複合体間の電子伝達はプラストキノン PQ とプラストシアニン PC によって行われる．PQ は補酵素 Q と似ているが，置換基は CH_3- が $H-$ に，CH_3O- が CH_3- にそれぞれ置換している．光によって駆動される H_2O から $NADP^+$ への電子移動と，OEC による H_2O の分解によって生じた H^+ の濃度勾配のエネルギーによって，ATP アーゼが駆動され，ATP が合成される．

まず，特別ペア（P870，P960 など吸収極大波長でも呼ばれる）といわれるバクテリオクロロフィル BChl 2 量体に入る．この特別ペアの両側にはほぼ対称的にアクセサリー BChl，バクテリオフェオフィチン BPheo や，さらにはユビキノンとメナキノンが配置されている．特別ペアが励起すると（P960*），電荷分離を起こし，電子はこの図では主として左側のルートにより電子移動させられ，正電荷（$P960^+$）と再結合できなくなる（メナキノン MQ（2.3.2a 項参照）がアニオンラジカルとなる）．この過程で，特別ペアから BPheo までの初期段階の電子移動は，生体系での反応としては最も早く，3 ps 以下で行われる．これは，電荷の再結合を妨げるためである．電子はユビキノン，プロトンポンプであるシトクロム bc_1 複合体，シトクロム c_2 を経て $P960^+$ へ戻される（電荷分離した e^- はまだキノン上を移動しており，別の e^- が補充される）．すなわち，e^- はシトクロム bc_1 複合体を経由することによってプロトン汲み出しに利用されるが，循環型の使用が行われるのである．電子の循環に利用されるシトクロム系は特別ペアの上部に配置されている．

植物やシアノバクテリアの光合成は循環過程でなく，H_2O の光酸化で生じる還元力を使って NADPH がつくられる．図 2.31 に示すように，この光合成系は 2 つの光化学系（photosystem）（PSI と PSII）とシトクロム b_6f 複合体を葉緑体内部のチラコイド膜に有している．PSII の P680（680 nm に吸収極大をもつクロロフィル，P は色素を意味する）が光励起され電荷分離すると，フェオフィチンやユビキノンを経由し

て電子が流れていき，シトクロム b_6f 複合体に電子伝達される (Zouni et al. 2001; Ferruira et al., 2004)．このとき電子伝達を媒介するプラストキノンとシトクロム b_6f は，Q サイクル（キノンが酸化還元状態を循環）によりプロトン濃度勾配を作り出す．シトクロム b_6f と PS I の間の電子伝達はプラストシアニン（PC）が担っており（2.1 節参照），PS I の P700（700 nm に吸収極大をもつクロロフィル）の光励起により電荷分離して生じた $P700^+$ に電子を補充する (Ben-Shem et al, 2003; Amunts and Nelson, 2009)．一方，PS I では光励起された $P700^*$ からの電荷分離によって生じた電子が，PS I 内の Fe-S センターを経由した後，フェレドキシン Fd に電子伝達され，Fd-$NADP^+$ レダクターゼ（FNR）により NADPH が作られる．光励起と電子伝達を酸化還元電位に対して表すと Z 型の流れとなるので Z スキームと呼ばれる．PS II では電子が循環しないが，PS I では Fd からプラストキノンへ電子を循環させる流れがある．PS II の $P680^+$ への電子の供給についてはこれまで触れてこなかったが，これは酸素発生中心 OEC（oxygen evolving center）によって H_2O を 4 電子酸化して生じた還元等量を用い，Tyr（ラジカルとなる）を経由して行われる（1.9.4 a 項 p.125 参照）．

ここで，PS II（全分子量は 350 kD で，20 個のサブユニットからなる）中の OEC について眺めることにしよう．まず，OEC のクラスターは，これまでに 2.9～3.5Å

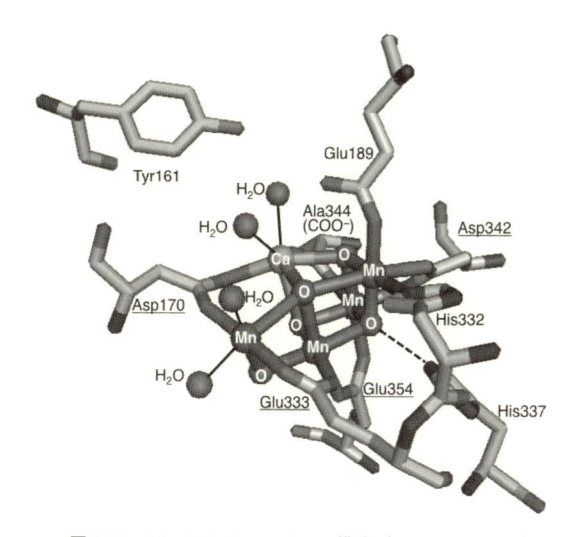

図 2.32 Mn_4CaO_5 クラスターの構造（PDB code 3ARC）
His 337 の N 原子とオキソブリッジの O 原子の距離は 3.6Å で，破線は水素結合を示す．下線を引いた Asp と Glu 残基のカルボキシル基の 2 個の O 原子は，別々の金属イオンに結合している．また，クラスターの近傍にある Tyr 161 のフェノラート O 原子と Mg との距離は 4.8Å．Ala 344 は C 末端残基．

分解能のX線結晶構造が発表されていた（Iwata and Barber, 2004; McEvoy and Brudvig, 2006; Barber, 2008）が，最近，神谷らにより図2.32に示した1.9Åの高分解能結晶構造が発表された（Umena et al., 2011; PDB code 3ARC）．それによると，Mn_4CaO_5クラスターは5個のO原子が5個の金属原子をつなぐオキソブリッジによって構成され，さらに4個の水分子がクラスターに結合している．その一部が，O_2分子形成のための基質となる可能性があると考えられている．この高分解能クラスター構造に基づいて，山中らはhybrid density functional theory (HDFT) 計算によって，4つのO-O結合生成機構を提案している（Yamanaka et al., 2011）．

PSIIの反応では，閃光に対応して1電子酸化が進行し，4電子酸化状態になるとH_2OがO_2となる．反応部位はクラスターから飛び出したMn（図の1番左側のMn原子）であり，配位したH_2Oを酸化してMn(V)=Oを生成すると推測される．クラスターは，Ca^{2+}に配位したOH^-のMn(V)=Oへの求核攻撃性を高めていると考えられる．さらに，クラスターは酸化力のプールであるので，生成したMn(III)-OOHを2電子酸化すると考えられる．OECの光酸化によって取り出された（実際には不要となった）電子は，すでに述べたようにTyr161を経て，$P680^+$（電子ホール）に供給される．一方，OECによって発生するO_2は，H_2Oから電子を取り出したあとの生成物（不要物）なのである（Siegbahn, 2009）．

H_2Oの4電子酸化は大いに興味を持たれて人工的なシステムを構築する試みが行われているが，光合成中心は容易にモデル化しがたい複雑な構造であり，また，H^+や電子の巧妙な輸送経路を含むことから，モデル研究ではH_2Oの4電子酸化を実現することをめざす機能モデル構築の試みが多い．暗反応もリブロース1,5-ビスリン酸カルボキシラーゼ（RuBisCO）による炭酸同化など重要な過程を含むが，詳細は専門書を参照されたい．

文献

岩田　想，岩田茂美（2000）「生体膜のエネルギー装置」，吉田賢右，茂木立志編，第3章，共立出版．
祥雲弘文（1994）タンパク質 核酸 酵素 **39**, 241.
山中健生（1986）「微生物のエネルギー代謝」，学会出版センター．
Amunts, A. and Nelson, N. (2009) *Structure* **17**, 637.
Aoyama, H. et al. (2009) *Proc. Natl. Acad. Sci. USA* **106**, 2165.
Arnoux, P. et al. (2003) *Nat. Struct. Biol.* **10**, 928.
Barber, J. (2008) *Inorg. Chem.* **47**, 1700.
Ben-Shem, A. et al. (2003) *Nature* **426**, 630.
Berry, E. A. et al. (2004) *Photosynth. Res.* **81**, 251.

Bertero, M. G. et al. (2003) *Nat. Struct. Biol.* **10**, 681.
Brown, K. et al. (2000) *Nat. Struct. Biol.* **7**, 191.
Cramm, R. et al. (1999) *FEBS Lett.* **460**, 6.
Crane, B. R. et al. (1997) *Biochemistry* **36**, 12120.
Deisenhofer, J. et al. (1985) *Nature* **318**, 618.
Deligeer, et al. (2000) *Bull. Chem. Soc. Jpn.* **73**, 1839.
Dias, J. M. et al. (1999) *Structure* **7**, 65.
Ferruira, K. N. et al. (2004) *Science* **303**, 1831.
Fulop, V. et al. (1995) *Cell* **81**, 369.
Godden, J. W. et al. (1991) *Science* **253**, 438.
Gonzalez, P. J. et al. (2006) *J. Inorg. Biochem.* **100**, 1015.
Haltia, T. et al. (2003) *Biochem. J.* **369**, 77.
Hendriks, J. et al. (1998) *J. Bioenerg. Biomembr.* **30**, 15.
Hino, T. et al. (2010) *Science* **330**, 1666.
Iwasaki, H. et al. (1963) *J. Biochem.* **53**, 299.
Iwata, S. et al. (1995) *Nature* **376**, 660.
Iwata, S. et al. (1998) *Science* **281**, 64.
Iwata, S. and Barber, J. (2004) *Curr. Opin. Struct. Biol.* **14**, 447.
Jepson, B. J. N. et al. (2007) *J. Biol. Chem.* **282**, 6425.
Jiang, J. and Holm, R. H. (2005) *Inorg. Chem.* **44**, 1068.
Kitagawa, T. (2000) *J. Inorg. Biochem.* **82**, 9.
Lange, C. et al. (2001) *EMBO J.* **20**, 6591.
Lange, C. and Hunte, C. (2002) *Proc. Natl. Acad. Sci. USA* **99**, 2800.
Lin, Y.-W. et al. (2010) *Proc. Natl. Acad. Sci. USA* **107**, 8581.
Matsuda, Y. et al. (2002) *J. Biochem.* **131**, 791.
McEvoy, J. P. and Brudvig, G. W. (2006) *Chem. Rev.* **106**, 4455.
Michel, H. et al. (1998) *Annu. Rev. Biphys. Biomol. Str.* **27**, 329.
Najmudin, S. et al. (2008) *J. Biol. Inorg. Chem.* **13**, 737.
Nojiri, M. et al. (2007) *Proc. Natl. Acad. Sci. USA* **104**, 4315.
Nojiri, M. et al. (2009) *Nature* **462**, 117.
Nurizzo, D. et al. (1997) *Structure* **5**, 1157.
Ogura, T. and Kitagawa, T. (2004) *Biochim. Biophys. Acta* **1655**, 290.
Paraskevopoulos, K. et al. (2006) *J. Mol. Biol.* **362**, 55.
Park, S.-Y. et al. (1997) *Nat. Struct. Biol.* **4**, 827.
Pomowski, A. et al. (2011) *Nature* **477**, 234.
Sakurai, N. and Sakurai, T. (1997) *Biochemistry* **36**, 13809.
Sazanov, L. A. and Hinchllife, P. (2006) *Science* **5766**, 1430.
Schiffer, A. et al. (2006) *Biochemistry* **45**, 2960.
Schiffer, A. et al. (2008) *J. Mol. Biol.* **379**, 1063.
Shimizu, H. et al. (2002) *Acta Crystallogr.* **D58**, 81.
Siegbahn, P. E. M. (2009) *Acc. Chem. Res.* **42**, 1871.
Sjogren, T. and Hajdu, J. (2001) *J. Biol. Chem.* **276**, 13072.
Solomon, E. I. et al. (2007) *Acc. Chem. Res.* **40**, 581.

Suharti, et al. (2001) *Biochemistry* **40**, 2632.
Suharti, et al. (2004) *Biochemistry* **43**, 13487.
Suzuki, S. et al. (1999) *Coord. Chem. Rev.* **190-192**, 245.
Suzuki, S. et al. (2000) *Acc. Chem. Res.* **33**, 728.
Svensson-Ek, M. et al. (2002) *J. Mol. Biol.* **321**, 329.
Tocheva, E. I. et al. (2004) *Science* **304**, 867.
Tsukihara, T. et al. (1995) *Science* **269**, 1069.
Tsukihara, T. et al. (1996) *Science*, **272**, 1136.
Ullrich, T. C. and Huber, R. (2001) *J. Mol. Biol.* **313**, 1117.
Umena, Y. et al. (2011) *Nature* **473**, 55.
Vincente, J. B. et al. (2007) *FEBS J.* **274**, 677.
Vlasie, M. D. et al. (2008) *J. Mol. Biol.* **375**, 1405.
Williams, P. A. et al. (1997) *Nature* **389**, 406.
Yamanaka, S. et al. (2011) *Chem. Phys. Lett.* **511**, 138.
Yankovskaya, V. et al. (2003) *Science* **5607**, 700.
Yeung, N. et al. (2009) *Nature* **462**, 1079.
Yokoyama, H. et al. (2005) *Eur. J. Inorg. Chem.* 1435.
Zhang, Z. et al. (1998) *Nature* **392**, 677.
Zouni, A. et al. (2001) *Nature* **409**, 739.
Zumft, W. G. (1997) *Microbiol. Mol. Biol. Rev.* **61**, 533.

2.4　O_2を活性化して基質に酸素を添加する金属酵素（オキシゲナーゼ）

O_2（通常，三重項状態 $^3\Sigma_g^-$）は，反結合性軌道に電子が順次入るにつれ，結合次数と結合エネルギーが低下し，また，結合距離も長くなっていく．すなわち，1電子還元されると1.5重結合の超酸化物イオン（スーパーオキシド），2電子還元されると1重結合の過酸化物イオン（ペルオキシド）となり，さらに1電子を受け入れると，結合としては成立しなくなり，O-O結合が切断され，ついには$2O^{2-}$となる（$4H^+$と結合すれば水分子）（表2.3 p.174 参照）．

$$O_2 \xrightarrow{e^-} O_2^{\cdot -} \xrightarrow{e^-} O_2^{2-} \xrightarrow{e^-} O^{2-}, O^{\cdot -} \xrightarrow{e^-} 2O^{2-}$$

O_2の還元種である，超酸化物イオン（$O_2^{\cdot -}$），過酸化水素（H_2O_2），ヒドロペルオキシド（HO_2^-），ヒドロキシルラジカル（$\cdot OH$）や一重項酸素 $^1O_2$（$^1\Delta_g$）は，極めて反応性に富むことから活性酸素（activated oxygen, active oxygen）と呼ばれる．

オキシゲナーゼ（oxygenase）と総称される一群の酵素は，O_2を活性化して標的化合物に導入する反応（酸素添加反応，oxygenation reaction）を触媒する酵素である．ここでは，これらオキシゲナーゼの構造と機能について述べることにする．その他，

2.4　O_2 を活性化して基質に酸素を添加する金属酵素（オキシゲナーゼ）

表 2.8　オキシゲナーゼとオキシダーゼの反応

一原子酸素添加酵素	$S + RH_2 + O_2$	$\rightarrow\ SO + R + H_2O$
	$SH_2 + O_2$	$\rightarrow\ SO + H_2O$
二原子酸素添加酵素	$S + O_2$	$\rightarrow\ SO_2$
	$S + X + O_2$	$\rightarrow\ SO + XO$
酸化酵素	$2RH + O_2$	$\rightarrow\ 2R + H_2O_2$
	$RH_2 + O_2$	$\rightarrow\ R + H_2O_2$
	$4RH + O_2$	$\rightarrow\ 4R + 2H_2O$
	$2RH_2 + O_2$	$\rightarrow\ 2R + 2H_2O$
	$RH_4 + O_2$	$\rightarrow\ R + 2H_2O$

RH_n：還元剤，S：基質，X：補因子．

O_2 に関わる記述として，酸素添加を伴わない酸化反応における O_2 の利用（酸化還元酵素，2.6 節 p.258），呼吸鎖における電子受容体としての O_2 の利用（2.3.1 項），活性酸素を解毒するため仕組み（2.5 節 p.252）についてそれぞれ解説している．

酸素化反応には Fe, Cu, Mo, W, Mn などを有する酸素化酵素が利用される．これらの金属含有酵素による酸素化反応は 1 原子の酸素を基質に添加するか 2 原子の酸素を基質に添加するかで，2 つのカテゴリーに分けられ，反応を触媒する酵素はそれぞれ一原子酸素添加酵素（モノオキシゲナーゼ，monooxygenase），二原子酸素添加酵素（ジオキシゲナーゼ，dioxygenase）と呼ばれる．モノオキシゲナーゼは酸素原子の 1 つを水に変換するので，酸素添加酵素であるとともに酸化酵素（オキシダーゼ）でもある．電子は，基質自身または NAD(P)H のような還元剤を起源とする．ジオキシゲナーゼの反応では，2 つの酸素原子が同じ基質に取り込まれる場合と別の基質に取り込まれる場合がある（表 2.8）．

O_2 分子は基底状態が三重項であるが，基質となる有機分子は一重項であるので，O_2 と有機分子の直接的反応はスピン禁制である．一重項酸素を利用する道筋もないわけではないが，生体系では二重項状態の有機ラジカル $R^{\cdot}$ を利用したり，ラジカル対（三重項錯体）を形成して一重項の生成物へと至る方法（フラビンの場合）を利用したりしている．しかしながら，適当な酸化状態の金属酸素錯体を利用して酸素固有のエネルギー障壁を克服する方法が最も理にかなった方法であることは明らかである．

$$R^{\cdot} + O_2 \longrightarrow RO_2^{\cdot}$$
$$XH_2 + O_2 \longrightarrow [XH^{\cdot} + HO_2^{\cdot}] \longrightarrow XH\text{-}O_2H$$

表 2.9 は金属中心のタイプに基づいてオキシゲナーゼを分類したものである．以下この節では，ヘムタンパク質，非ヘムタンパク質（単核，複核），銅タンパク質（単核，複核，他の補因子も利用），その他の金属含有酸素添加酵素の順に解説する．また，高原子価 Fe オキソ種が触媒する反応を図 2.33 に示す．

表 2.9 酸素添加反応を触媒する金属含有酵素とその分類

含有する金属中心による分類	金属含有酵素
ヘムタンパク質	・一原子酸素添加酵素 P450 NO シンターゼ（NOS） ペルオキシダーゼ， 　ミエロペルオキシダーゼ，プロスタグランジン H シンターゼ， 　クロロペルオキシダーゼ，アスコルビン酸ペルオキシダーゼ， 　ラクトペルオキシダーゼ，リグニンペルオキシダーゼ ペルオキシゲナーゼ（Pox） 二級アミンモノオキシゲナーゼ（SAMO） ヘムオキシゲナーゼ（HO） ω-ヒドロキシラーゼ（ωH） ・二原子酸素添加酵素 インドールアミン 2,3-ジオキシゲナーゼ（IDO） トリプトファン 2,3-ジオキシゲナーゼ（TDO）
単核非ヘムタンパク質	・二原子酸素添加酵素 プロトカテク酸 3,4-ジオキシゲナーゼ（PCD）Nonheme-2[a] カテコール 2,3-ジオキシゲナーゼ（CTD）Nonheme-1 リポキシゲナーゼ（LO）Nonheme-1 フタル酸ジオキシゲナーゼ（PDO）Nonheme-2 プロリン 4-ヒドロキシラーゼ（P4H）Nonheme-2 イソペニシリン N シンターゼ（IPNS）Nonheme-2 チミンヒドロキシラーゼ（TH）（α-ケトグルタル酸依存）Nonheme-2 Rieske ジオキシゲナーゼ Nonheme-2 ・一原子酸素添加酵素 フェニルアラニンヒドロキシラーゼ（PAH）（プテリン含有）Nonheme-2 チロシンヒドロキシラーゼ（プテリン含有）Nonheme-2 トリプトファンヒドロキシラーゼ（プテリン含有）Nonheme-2 クラバミン酸シンターゼ（CS）Nonheme-2
複核非ヘムタンパク質	メタンモノオキシゲナーゼ（sMMO）可溶性 Nonheme-3 トルエンモノオキシゲナーゼ Nonheme-3 脂肪酸不飽和化酵素（Δ^9D）Nonheme-3 リボヌクレオチドレダクターゼ（RNR）[b] Nonheme-3 ベンゾイル-コエンザイム A エポキシダーゼ Nonheme-3
単核銅タンパク質	クエルセチン 2,3-ジオキシゲナーゼ（2,3QD）
複核銅タンパク質	ドーパミン β-モノオキシゲナーゼ（DBH または DβH） ペプチジルグリシン α-ヒドロキシル化モノオキシゲナーゼ（PHM） チロシナーゼ
多核銅タンパク質	メタンモノオキシゲナーゼ（pMMO）膜結合性
Mo 含有タンパク質	キサンチンオキシダーゼ/キサンチンデヒドロゲナーゼ アルデヒドオキシダーゼ 亜硫酸オキシダーゼ DMSO レダクターゼ[b] CO デヒドロゲナーゼ 硝酸レダクターゼ（NAR）[b]

2.4 O_2を活性化して基質に酸素を添加する金属酵素（オキシゲナーゼ）   223

表2.9 （つづき）

含有する金属中心による分類	金属含有酵素
W 含有タンパク質	アルデヒド：フェレドキシンオキシドレダクターゼ
	ギ酸デヒドロゲナーゼ（FDH）
	アセチレンヒドラターゼ
V 含有タンパク質	ハロペルオキシダーゼ
Mn 含有タンパク質	アルギナーゼ
	カタラーゼ
	リボヌクレオチドレダクターゼ
	ペルオキシダーゼ

a) Nonheme-1〜3 に関しては，1.8.1b 項（p.74）非ヘム鉄の分類を参照のこと．
b) 酵素としての機能は基質の還元であるが，O_2 の活性化過程を含む．

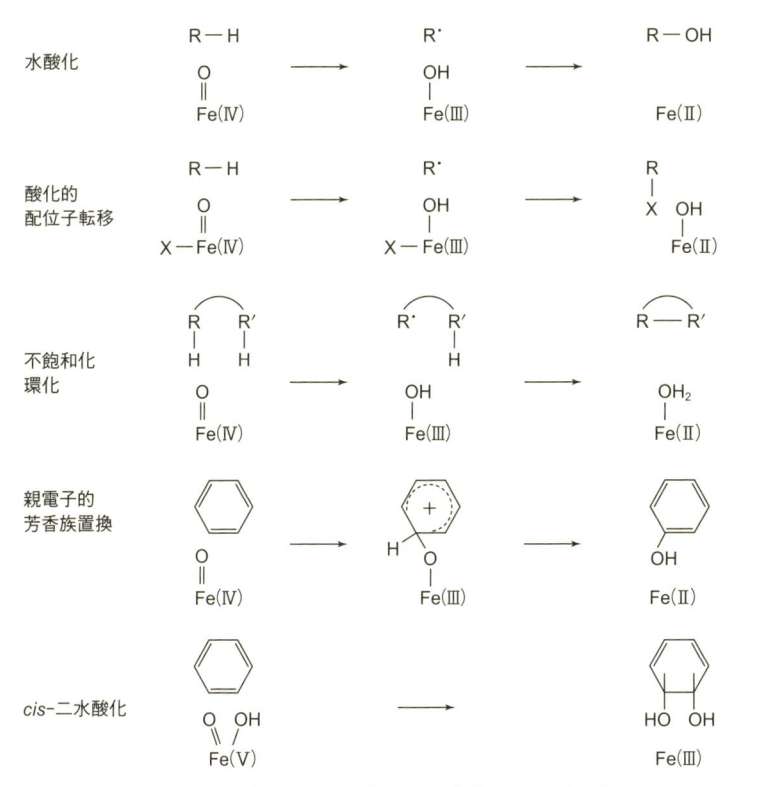

図 2.33 高原子価 Fe-オキソ種によって触媒される酵素反応

2.4.1　ヘム含有オキシゲナーゼ

　プロトヘムIX（ヘム b）は最もありふれたヘムの補欠分子族であり，このようなヘム含有オキシゲナーゼは Fe(II)-O_2 錯体を形成することにより O_2 を活性化する（Sono et al., 1996). $Fe(II)(d^6)$ に O_2 が結合すると，$Fe(II)-O_2$ または $Fe(III)-O_2^{\cdot -}$ あるいはそれらの共鳴混成 ($Fe(II)-O_2 \leftrightarrow Fe(III)-O_2^{\cdot -}$) となる (2.2 節 p.170 参照)．$Fe(II)-O_2$ においては $Fe(II)$ から空の $\pi^*(O_2)$ 軌道への逆供与が起こり，不対電子は存在しないので，一重項状態である．$Fe(III)-O_2^{\cdot -}$ においては不対電子のカップリングにより反磁性となる．インドールアミンやトリプトファンのジオキシゲナーゼでは $Fe(II)-O_2$ が優勢であるが，シトクロム P450 (以下 P450 と略す) (表 1.15 p.70 参照) や第二級アミンモノオキシゲナーゼにおいては $Fe(III)-O_2^{\cdot -}$ が優勢な状態になっており，最終的には O_2^{2-} にまで還元される．しかしながら，O_2 の還元過程は熱力学的に不利であるので，H^+ が結合して負電荷が中和される．さらに $Fe(III)$ とポルフィリンから電子が供与されると，O-O 結合が開裂して，高原子価の compound I が生成する (Sono et al., 1996) (図 2.34)．このとき O-O 結合は，Fe の軸配位子による電子を押し出す効果と水素結合による電子吸引効果 (push-pull 機構) によってヘテロリティックに開裂し，反応性に富む compound I を生成する (Poulos et al., 1985) (図 2.35)．Fe ポルフィリン錯体については，森島，渡辺らによって，ペルオキソ $Fe(III)$ ポルフィリン錯体 (Yamaguchi et al., 1992) や，アシルペルオキソ $Fe(III)$ ポルフィリン錯体の O-O 結合開裂における push 効果が観察されている (Yamaguchi et al., 1993)．

(1) P450

P450 は最も重要なヘム含有オキシゲナーゼである．P450 という珍しい酵素名は，$Fe(II)-CO$ 種が 450 nm 付近に γ (Soret) 帯を示すことに由来する (P は pigment 色素) (Omura and Sato, 1964)．数千種の P450 遺伝子が同定されており，その起源は動植物，酵母，バクテリアなど多岐にわたっている．また，P450 が触媒する反応は極めて多

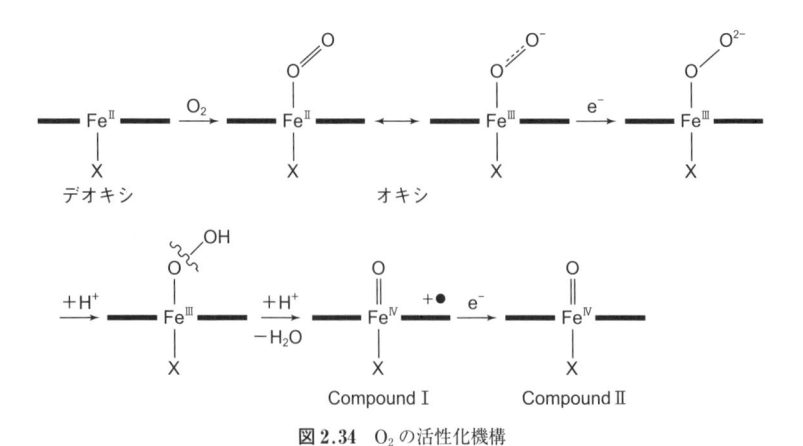

図 2.34 O_2 の活性化機構

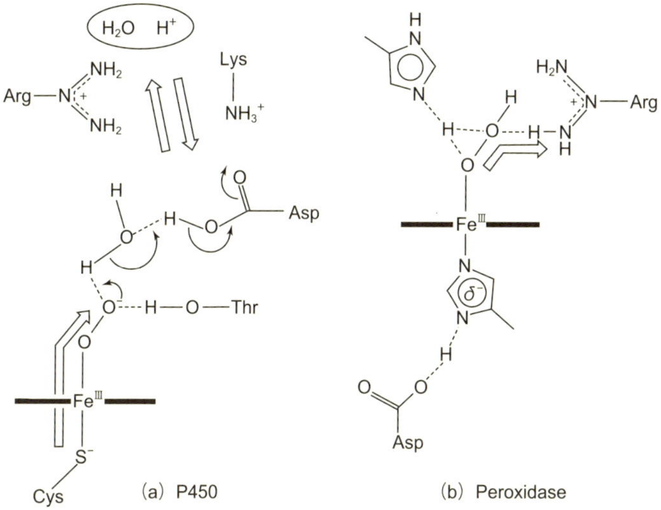

図 2.35 P450 (a) とペルオキシダーゼ (b) による Fe に結合したペルオキシドの O-O 結合切断の push-pull 機構（Dawson, 1988）

様である（Sono et al., 1996）．肝ミクロソームの P450 は外来性物質（xenobiotics）をヒドロキシル化することによって解毒にあたる．しかし，ベンゾピレンは P450 によりジオールエポキシド化され，これが DNA のグアニンと結合して発がん性を示す．外来物質の代謝に関わる P450 は薬物代謝酵素とも呼ばれ，非常に広い基質特異性を示す．また，各種のステロイドホルモン，胆汁酸，プロスタノイドの合成・分解反応，脂肪酸の ω 酸化，ビタミン D の活性化反応などに関与している．さらに，NO の合成や還元酵素にも P450 ファミリー酵素が関与している．微生物の P450 を除くと，大部分の P450 は膜結合性であり，ミトコンドリアや小胞体に存在している．これは，基質の多くが高い疎水性を有していることと対応している．P450 への電子供与体はNADH または NADPH であるが，図 2.36 に示すように，電子伝達タンパク質を介して行われる（Peterson and Graham-Lorence, 1995）．ただし，NO シンターゼは P450 タイプのヘムと同時に電子伝達成分であるフラビンを有しており，自己完結している（Delker et al., 2010）．

結晶構造が最初に解析された P450 は d-ショウノウで誘導される *Pseudomonas putida* の P450（P450-CAM（CYP101））である（Puolos et al., 1987）．P450 の構造はいずれも特徴的な三角形である（図 2.37(a)）．電子伝達にあずかるシトクロムと異なり，ヘムはタンパク質内部に埋まっており，ポルフィリンのエッジはタンパク質外にさらされていない．Fe には軸配位子として Cys の S^- が配位しており，P450 の特徴

	NAD(P)H ⇨	フラボプロテイン(FAD) ⇨	Fe-Sタンパク質 ⇨	P450
バクテリア	NADH	プチダレドキシン レダクターゼ	プチダレドキシン	
ミトコンドリア	NADPH	アドレノドキシン レダクターゼ	アドレノドキシン	
	NADPH ⇨	フラボプロテイン(FMN) ⇨		P450
ミクロソーム, *Bacillus megaterium*		NADPH-シトクロムP450 レダクターゼ		

図2.36 ミトコンドリア,バクテリアおよびミクロソームにおけるP450作用システム *Bacillus megaterium*はバクテリアであるが,例外的にミクロソーム型の電子伝達系を利用する.

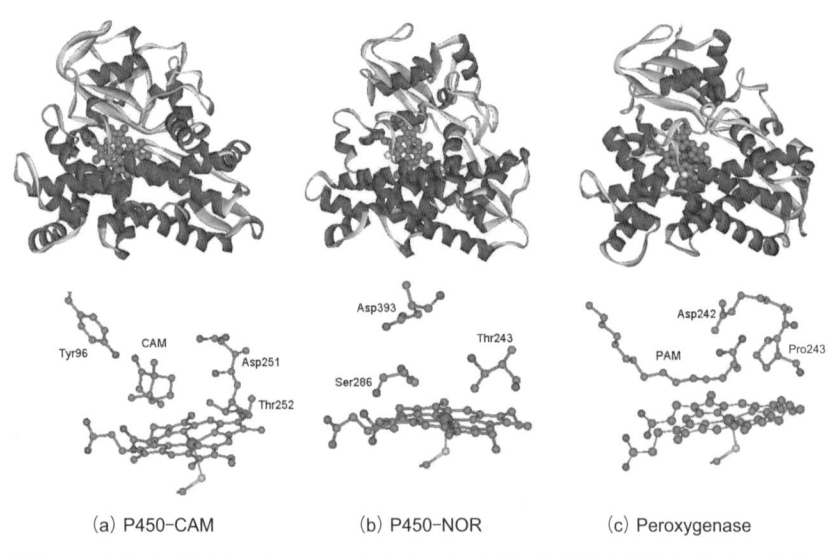

(a) P450-CAM　　(b) P450-NOR　　(c) Peroxygenase

図2.37 (a) P450-CAM (Poulos et al., 1987; PDB code 2CPP), (b) 脱窒カビNOレダクターゼ (Park et al., 1997; PDB code 2ROM), (c) ペルオキシゲナーゼ (脂肪酸水酸化酵素), P450$_{Bs\beta}$ (Lee et al., 2003; PDB code 1IZO). PAMはパルミトオレイン酸 (口絵参照).

的な性質はFe-S結合に由来する[*5]. P450-CAMは基質が結合した状態で構造解析が行われており,基質結合に伴い,5～6個の水分子が疎水性の高い基質結合ポケットから排除されることがわかっている. *d*-ショウノウのC(2)カルボニル基はTyr96と水素結合しており,これが唯一の親水的なP450と基質の相互作用である. タンパク質

[*5] 後述のクロロペルオキシダーゼと同様に,Cys軸配位子のS原子には2つのNH…S水素結合がある. 上山ら (Ueyama et al., 1996) と樋口ら (Suzuki et al., 1999) は,P450モデル錯体 (鉄ポルフィリン-チオラート錯体) を用いてこの水素結合の重要性について議論した.

の構造としては，近位 Cys を含む領域と，Fe に結合した O_2 と接触するヘリックス I の Thr 領域が高度に保存されている．

P-450 の反応機構については，図 2.34 に示した compound I 型活性種の生成が，樋口らによるモデル錯体の研究（Higuchi et al., 1993）や江川らによる P450-CAM を用いた研究（Egawa et al., 1994）の示唆もあり，ペルオキシダーゼ類似機構として考えられていた．最近，超好熱好酸性古細菌 P450 を用いた研究から，活性種の 2 電子酸化当量は $Fe^{IV}=O$ の 1 当量と，ポルフィリンと Cys 配位子の S 原子上に 50% ずつ存在する 1 当量からなることが示された (Rittle and Green, 2010)．この compound I 類似状態から基質に O 原子が転移し，酵素は酸化状態にもどる．P450 の反応において電子とプロトンの輸送経路は大変重要である．P450 レダクターゼは近位 Cys 側に結合して電子を輸送すると考えられている．一方，プロトンは，保存性の高い Thr および隣接する Asp もしくは Glu と水分子の水素結合ネットワークが外部とつながっていることから，この経路によって輸送されると考えられている．詳細については総説を参照されたい（Denisov et al., 2005）．

$$RH + O_2 + 2e^- + 2H^+ \longrightarrow ROH + H_2O$$

(2) 一酸化窒素合成酵素（NO シンターゼ）(nitric oxide synthase：NOS)

NOS は Arg のグアニジノ窒素を 5 電子酸化して，NO を合成するヘム含有酵素である (Knowles, 1996)．NO 生成は図 2.38 のように 2 段階の 1 電子酸素添加過程で進行する．哺乳類の NOS には 3 つのアイソザイムが存在する．炎症やストレスにより誘導される iNOS（誘導型）と常時細胞内に一定量存在する nNOS（神経型）と eNOS（血管内皮型）である．iNOS と nNOS は可溶性で細胞質ゾルに含まれ，eNOS は膜に結合している．NO はシグナル伝達物質として機能することにより，血管拡張作用や血小板凝集抑制作用など重要な生理作用を示す．狭心症治療薬として用いられているニ

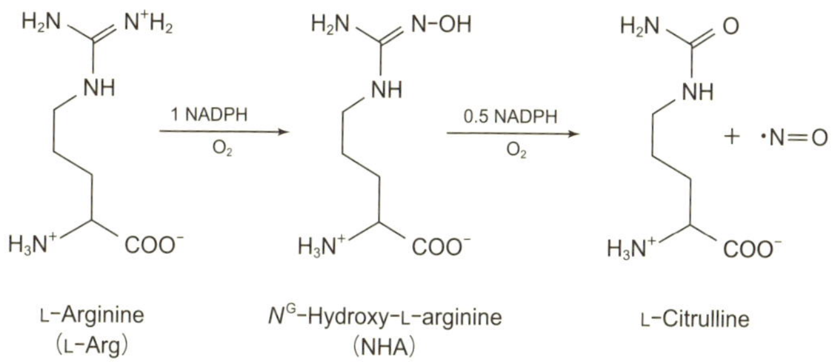

図 2.38 NOS による NO 合成過程

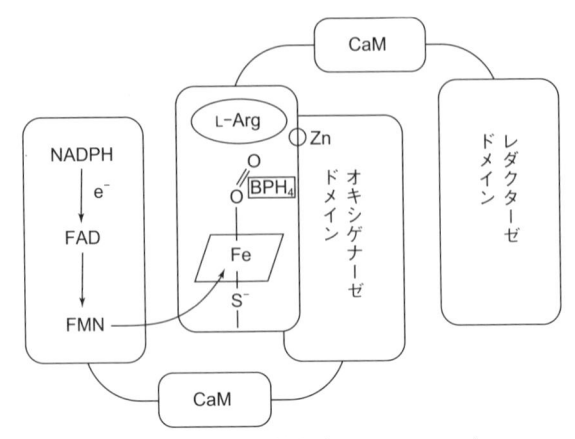

図2.39 NOSの推定構造（Sagami et al., 2002）.

トログリセリンはNO源となっている.

NOSは，電子を供給するレダクターゼドメイン，P450型の活性部位をもつオキシゲナーゼドメイン，およびCa^{2+}によって調整するカルモジュリンドメイン（CaM）からなる（図2.39）．2量体となっており，レダクターゼドメインから異なるサブユニットのオキシゲナーゼドメインに電子が供給される（Crane et al., 1997）．ヘム近傍には多くの疎水性アミノ酸残基が配置されている．また，単量体中には，テトラヒドロビオプテリン（BPH_4；図1.34 p.121参照）が，ヘムと2量体タンパク質界面との間に結合している．これに対して，1個のZnが単量体からの2つずつのCys残基を配位することより単量体同士を結びつけている（Li et al., 2002; PDB code 1LZX）．BPH_4の役割としては，Fe(II)-O_2錯体をヒドロキシ種，Fe(IV)=OあるいはFe(III)-OOHに活性化するのに必要な電子を供給することが考えられている.

(3) ペルオキシダーゼ（peroxidase；ヘム含有）

ペルオキシダーゼは過酸化水素を用いて酸化反応を行う酵素である（Dunford, 1999）．O_2を直接活性化するわけではないが，P450と反応機構が類似しているのでここで解説する．ペルオキシダーゼにはヘム酵素とバナジウム酵素があるが，西洋ワサビペルオキシダーゼ（horse raddish peroxidase：HRP）に代表されるヘム含有ペルオキシダーゼの反応はP450反応を考察する場合のひな形となっている.

通常，ペルオキシダーゼの軸配位子はHis（図2.35）である[*6]．休止状態のペルオ

[*6] 表1.15にPDB codeを示したペルオキシダーゼは，いずれも1分子あたり2個のCa^{2+}を含んでいる（組換体HRPは1ATJ）．森島らは，NMRを用いて，HRPタンパク質内に結合しているCa^{2+}イオンの酵素機能と構造調節の役割について議論をしている（Shiro et al., 1986; Morishima et al., 1986）.

キシダーゼから過酸化水素によってcompound I が生成する。この経路は5配位 Fe^{III} の P450 に H_2O_2 を作用させた場合に進行する shunt pathway にあたるが，P450 と異なり，この中間体は比較的寿命が長い．compound I 生成にあたっては，配位していないディスタル（遠位）His は一般酸塩基触媒として機能し，さらに近傍に配置されている Arg の関与によって，いわゆる push-pull 機構が働き，ペルオキシドの O-O 結合はヘテロリティックに開裂する（図2.35）．compound I の高酸化状態を利用して，もう1分子の H_2O_2 やフェノール，アミン類が酸化され，生体防御，芳香環の代謝，ホルモン合成が行われる．

ペルオキシダーゼのスーパーファミリーには，ミエロペルオキシダーゼ（myeloperoxidase: MPO；PDB code 1MHL；好中球に存在し，H_2O_2 と Cl^- から次亜塩素酸 HOCl を産生し，生体防御にあずかる），プロスタグランジン H シンダーゼ（prostaglandin H synthase：PGH synthase, 1PRH；アラキドン酸をプロスタグランジン G2 と H2 に変換する），リグニンペルオキシダーゼ（1QPA；ラッカーゼとともに木質の酸化分解に関係する），アスコルビン酸ペルオキシダーゼ（2XJ6；アスコルビン酸の還元力を用いて H_2O_2 を解毒する），ラクトペルオキシダーゼ（lactoperoxidase：2R5L；牛乳などに含まれ解毒に関与する．ハロゲンを基質とすることから，通常ハロペルオキシダーゼに分類される）が属している．活性部位構造の例外はクロロペルオキシダーゼ（chloroperoxidase：CPO, 1CPO）で，ヘムの軸配位子は Cys である（脚注＊5参照）(Kuhnel et al., 2007)．Mn 含有型のペルオキシダーゼや V 含有型のハロペルオキシダーゼについては後述する．また，カタラーゼについては2.5.5項 p.256 を参照されたい．

(4) ペルオキシゲナーゼ（脂肪酸水酸化酵素）(peroxygenase：Pox)

ペルオキシゲナーゼは H_2O_2 を酸素供与体とする一原子酸素添加酵素である（$P450_{Sp\alpha}$，$P450_{Bs\beta}$）．構造的には P450 スーパーファミリーに属しており，それぞれ脂肪酸の α 位，β 位を水酸化する（図2.37）(Lee et al., 2003)．反応に際して基質の -COOH が一般酸塩基触媒の役割を担い，H_2O_2 により compound I を生成する．

(5) 第二級アミンモノオキシゲナーゼ（secondary amine monooxygenase：SAMO）

SAMO は NADPH 要求ヘム含有オキシゲナーゼで，NADPH からの電子は FMN，Fe_2S_2 を経由してヘムに伝達される (Alberta and Dawson, 1987)．SAMO は第二級アミンを酸化的に脱アルキル化して，第一級アミンとアルデヒドを生成する．

$(CH_3)_2NH + NADPH + O_2 + H^+ \longrightarrow CH_3NH_2 + NADP^+ + HCHO + H_2O$

この反応は *Pseudomonas aminovorans* がトリメチルアミンを炭素源とする代謝に関与する．軸配位子は His であり，活性種は compound I と考えられている．compound I 生成から先は2つの経路が可能で，1つはジメチルアミンからの電子移動に

より compound II とジメチルアミンカチオンラジカルを生じ，これらはさらに鉄に結合したヒドロキシルラジカルとジメチルアミンラジカルとなり，1分子の水からそれぞれ H· と ·OH が付加してカルビノールアミンとなる．もう1つの経路では，compound I が水素原子を引き抜き，Fe に結合したヒドロキシルラジカルとジメチルアミンラジカルとなる．カルビノールアミンからホルムアルデヒドが脱離すると，メチルアミンとなる（Sono et al., 1996）．

(6) ヘムオキシゲナーゼ（heme oxygenase：HO）

HO はミクロソームに存在するヘムの代謝酵素である．ヘムを酸化的に分解し，ビリベルジンを生成する．この過程に続いてヘムはさらにビリルビン，ウロビリノーゲンをへて糞中に排泄されるステルコビリンや尿中に排泄されるウロビリンに至る．肝機能障害などで水に不溶のビリルビンが血中に過剰に含まれると黄疸となる（4.2.3 項 p.374 参照）．

HO 自身は補因子を有していないが，基質となるヘムが結合すると O_2 を活性化しヘムを酸化する．軸配位子は Cys ではなく His である（Unno et al., 2004, PDB code 1V8X）．反応中間体としてα-メソヒドロキシヘムとベルドヘムを経由する（図 2.40）（Matsui et al., 2005）．HO は P450 や第二級アミンオキシダーゼと同様にフラビンか

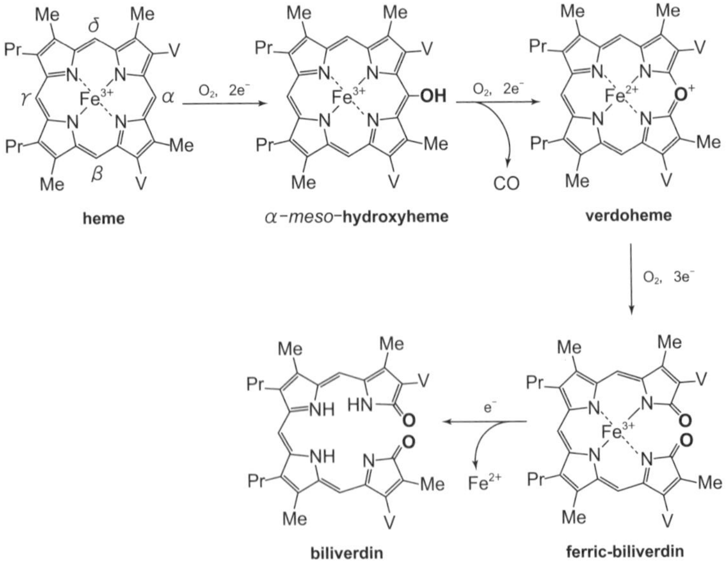

図 2.40 ヘムオキシゲナーゼによるヘムからビリベルジンへの変換過程
Me はメチル基，Pr はプロピオン酸基，V はビニル基を示す．

らの電子を必要とし，NADP-シトクロム P450 レダクターゼを経由して NADPH によって還元される．

(7) インドールアミン 2,3-ジオキシゲナーゼ（indoleamine 2,3-dioxygenase：IDO），トリプトファン 2,3-ジオキシゲナーゼ（tryptophan 2,3-dioxygenase：TDO）

IDO と TDO は共に Trp の代謝にたずさわるヘムタンパク質であり，Trp のピロール環の C(2)-C(3) 位の間を酸化的に開裂させる．これらは 2 個の酸素原子を導入するジオキシゲナーゼである．IDO の結晶構造から（Sugimoto et al., 2006; PDB code 2D0T），O_2 の活性化には遠位ポケットの極性アミノ酸残基は関与しておらず，また H^+ の供給は基質に由来していることが明らかにされている．TDO の構造は IDO とよく似ており，軸配位子は His である（Zhang et al., 2007; PDB code 2NOX）．基質である Trp が近位に結合した構造の解析も行われている（Forouhar et al., 2007; PDB code 2NW7）．IDO や TDO は生成物として N-ホルミルキヌレニンを与える．O_2 の活性化についてはイオン機構とラジカル機構の可能性が示唆されている．

2.4.2 単核非ヘム鉄含有オキシゲナーゼ

鉄含有酵素の中でヘムを有さない非ヘム鉄タンパク質にはオキシゲナーゼ活性を示すものも多い．これらのオキシゲナーゼもまた，一原子酸素添加酵素（モノオキシゲナーゼ，ヒドロキシラーゼ）と二原子酸素添加酵素（ジオキシゲナーゼ）に分類することができる（Costas et al., 2004）．

図 2.41 に，単核非ヘム鉄を含有するオキシゲナーゼにおいて存在が確認された O_2 結合体の構造を掲げた（Mukherjee et al., 2010）．低分子量化合物まで含めると Fe

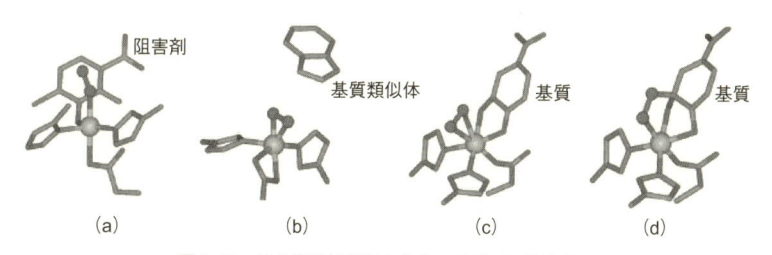

図 2.41 結晶構造解析された非ヘム鉄-O_2 結合体
(a) 阻害剤と共に結晶化された 3-ヒドロキシアントラニル酸 3,4-ジオキシゲナーゼ（3-hydroxyanthranilate 3,4-dioxygenase：HAD）の end-on O_2 結合体（Zhang et al., 2005; PDB code 1YFW），(b) 基質類似体であるインドールと共結晶化されたナフタレン 1,2-ジオキシゲナーゼ（naphthalene 1,2-dioxygenase：NOD）の side-on O_2 結合体（Karlsson et al., 2003, PDB code 1O7N），および (c, d) 4-ニトロカテコールと共結晶化されたホモプロトカテク酸 2,3-ジオキシゲナーゼ（homoprotocatechuate 2,3-dioxygenase：HPCD）の side-on O_2 結合体（それぞれ，O_2 結合体とアルキルペルオキソ中間体）（Kovaleva and Lipscomb, 2007; PDB code 2IGA）．

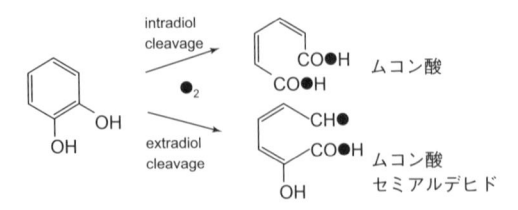

図 2.42 エンジオールの 2 つの開裂様式

(Ⅲ)-OOH なども存在する．これまでに見出された単核非ヘム鉄含有オキシダーゼの Fe 部位は 5 配位または 6 配位である．立体構造は，5 配位の場合，三角両錐型または四角錐型であり，6 配位の場合，八面体型である．配位子アミノ酸としては His, Asp, Glu, Tyr, Asn, Gln が利用されており，H_2O または OH^- もまた置換可能な配位子として結合している．

(1) カテコールジオキシゲナーゼ (catechol dioxygenase)

カテコールジオキシゲナーゼは土壌バクテリアに広く存在しており，カテコールおよびその誘導体の芳香環を開裂することから，バイオレメディエーション (bioremediation; 微生物，菌類，植物あるいはそれらの酵素を用いて有害物質で汚染された自然環境を浄化すること) にとって重要な非ヘム鉄含有酵素である．芳香環の開裂様式には 2 通りの方法があり，エンジオールの C-C 結合を開裂させる場合 (intradiol dioxygenase) とエンジオールの隣の C-C 結合を開裂させる場合 (extradiol dioxygenase) がある (図 2.42)．

これらの酵素の活性中心に位置する非ヘム鉄の配位環境は著しく相違している．intradiol 開裂型ジオキシゲナーゼは Fe(Ⅲ) 部位を有しており，2His, 2Tyr, 1OH を配位基とする三角両錐型の構造をとる (図 2.43(a))．Tyr からの LMCT に由来する吸収

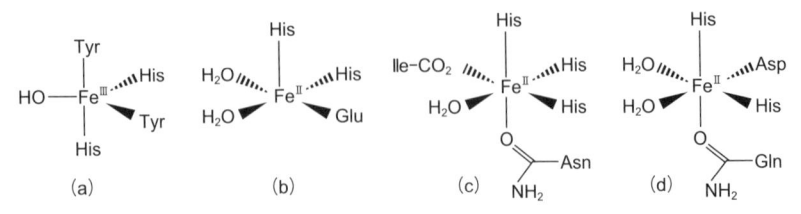

図 2.43 結晶構造が明らかにされた単核非ヘム鉄オキシゲナーゼの金属配位部位の構造
(a) プロトカテク酸 3,4-ジオキシゲナーゼ (protocatechuate 3,4-dioxygenase: 3,4-PCD) (Ohlendorf et al., 1994; PDB code 2PCD)，(b) 2,3-ジヒドロキシビフェニル 1,2-ジオキシゲナーゼ (2,3-dihydroxybiphenyl 1,2-dioxygenase: BphC) (Han et al., 1995; PDB code 1HAN)，(c) リポキシゲナーゼ (lipoxygenase) (Tomcick et al., 2001; PDB code 1FGQ)，(d) イソペニシリン N シンターゼ (isopenicillin N synthase) (Ge et al., 2008; PDB code 2VBB)．

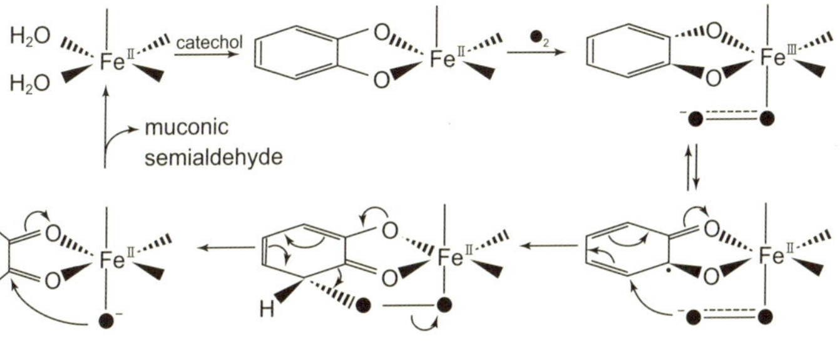

2.4 O_2を活性化して基質に酸素を添加する金属酵素（オキシゲナーゼ） 233

図 2.44 extradiol 型ジオキシゲナーゼの反応機構

（450 nm）のため intradiol 開裂型ジオキシゲナーゼは赤褐色を呈する．これに対して，extradiol 開裂型ジオキシゲナーゼは Fe(II) を有しており，その構造は 2His, 1Glu, $2H_2O$ を配位子とする四角錐型である（図 2.43(b)）．

3 種類の extradiol 開裂型ジオキシゲナーゼの結晶構造解析が行われており，基質の結合や O_2 の活性化に関する情報が得られつつある．反応機構は図 2.44 に示すように，基質が 2 つの配位水を追い出して Fe(II) に結合してから O_2 が結合し，Fe(III)-スーパーオキシドが生成する．ついで，基質からの 1 電子移動によって Fe(II) となり，基質はセミキノンとなる．セミキノンはスーパーオキシドと結合して，Fe(II) のアルキルペルオキソ錯体となり，酸素原子が挿入された 7 員環ラクトンが加水分解される（Kovaleva and Lipscomb; 2008, Kovaleva et al., 2007）．芳香族の分解では extradiol 開裂の方がより一般的ではあるが，intradiol 開裂の研究は半世紀に及んでいる．最もよく研究されているのは，カテコール 1,2-ジオキシゲナーゼ（catechol 1,2-dioxy-

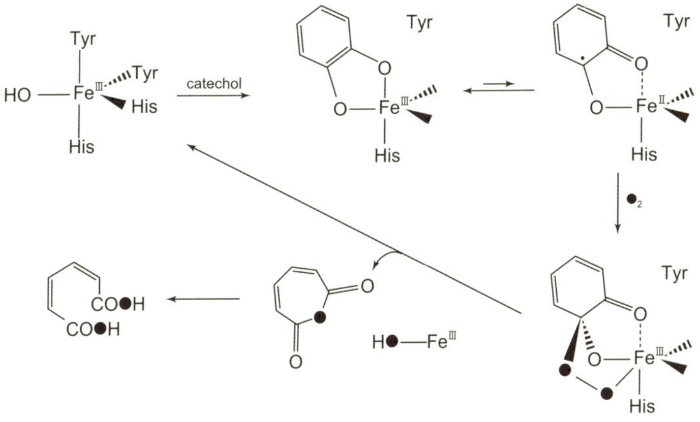

図 2.45 intradiol 型ジオキシゲナーゼの反応機構

genase：CTD；PDB code 1DLT, 1DMH, 3HHY, 3HKP, 3I4V, 3I4Y, 3HJ8など）とプロトカテク酸3,4-ジオキシゲナーゼ（PDB code 2BUQ, 2BUR, 3PCN, 3PCE, 3PCB, 3PCC, 3PCH, 3PCFなど）である．共に酵素-基質錯合体の構造も明らかとなっており，図2.45のような反応機構が提唱されている．これによれば，基質が結合するとフェノール基のプロトンは配位OH^-とTyrに移動し，これらがFe(III)から脱離する．基質から電子移動が起こると，配位したケトンの互変異性体に直接O_2が結合して，ペルオキソ中間体が生成すると考えられている．この意味において，O_2の活性化に先立って基質の活性化が起こるのである．ついで，diolのC-C結合にO原子が挿入され，配位OH^-の攻撃によってムコン酸が生成する．

(2) リポキシゲナーゼ（lipoxygenase：LO）

脂肪酸のヒドロペルオキシ化は細胞シグナル，細胞成長，防御と深くかかわっているが，LOは不飽和脂肪酸の1,4-cis-cis-dieneユニットに分子状O_2を挿入する（図2.46）．LOは基質がペルオキシ化される部位を冠して命名される．哺乳動物のLOは炎症に対して誘導されるプロスタグランジン，リポキシン，ロイコトリエンの生成（アラキドン酸カスケード）に関与する単核非ヘム鉄オキシゲナーゼであり，5-LO，12-LO，15-LO（数字はアラキドン酸（(5Z,8Z,11Z,14Z)-icosa-5,8,11,14-tetraenoic acid）がヒドロペルオキソ化される位置によって命名されている）についてよく研究されている．1-LO，3-LO，15-LOについては結晶構造解析が行われた（図2.43 (c)）(Minor, 1996; PDB code 1YGE; Skrzypczak-Jankun et al., 2006など）．LOはイントラジオール開裂型であるカテコールオキシゲナーゼの場合と同様に，基質を活性化することによって対応する脂質のヒドロペルオキシ化を行う．

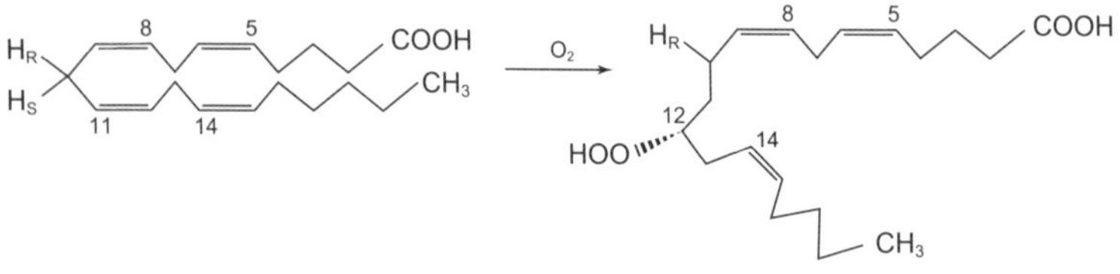

図2.46　リポキシゲナーゼ（12-LO）による不飽和脂肪酸（アラキドン酸）の酸化

(3) イソペニシリンNシンターゼ（isopenicillin N synthase：IPNS）

IPNS（活性部位の構造は図2.43 (d)）はδ-(L-α-aminoadipoyl)-L-cysteinyl-D-valine（ACV）からのイソペニシリンNの合成に関わる（PDB code, 1BLZ, 1QJE, 1HB4, 1QJF）（図2.47）．イソペニシリンNはβ-ラクタム環系抗生物質であるペニシリンやセファロスポリン（cephalosporin）の前駆体である．IPNSはβ-ラクタム環を加水分解し不活性化させるβ-ラクタマーゼ（クラスB酵素はZn含有，2.8.1項p.290

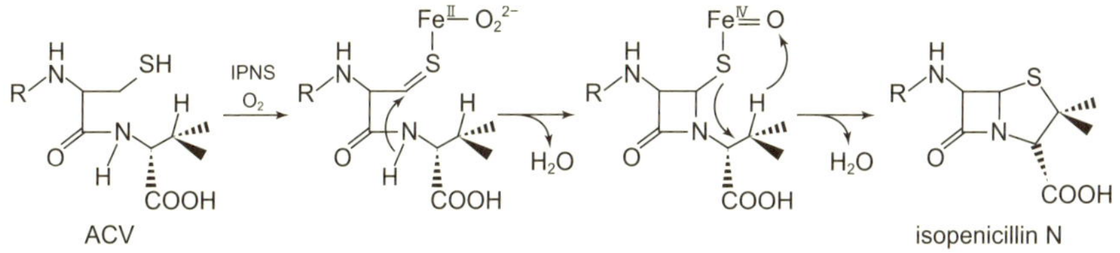

図2.47 IPNSによるイソペニシリンNの合成

参照）と共に，抗生物質の産生や耐性において重要な酵素である．

(4) α-ケト酸要求性酵素（α-keto acid-dependent enzyme）

単核の非ヘム鉄含有ヒドロキシラーゼとしてもっとも多様で，重要な酵素はα-ケト酸要求性酵素である．この酵素群に属するのは，デアセトキシセファロスポリンCシンターゼ（DAOCS），4-ヒドロキシフェニルピルビン酸（HPP）ジオキシゲナーゼ，クラバミン酸シンターゼ（CAS），DNAおよびRNA修復 *N*-デメチラーゼ（AlkB），タウリン/α-ケトグルタル酸（αKG）ジオキシゲナーゼ（TauD），アスパラギンヒドロキシラーゼ，リシンヒドロキシラーゼ，4-ヒドロキシマンデル酸シンターゼ，プロリン-4-ヒドロキシラーゼなどである．これらの酵素は微生物から動植物まで広く存在しており，DNAやRNAの修復，抗生物質合成，除草剤としての機能など実に多くの過程に関与している．

補因子としてのα-ケト酸がFe(II)に結合した後，Fe(II)にO_2が結合し，基質酸化反応が進行する（図2.48）．α-ケト酸は必ずしも外来性ばかりではなく，酵素内にα-ケト酸構造を含んでいる場合も知られている．ヒドロキシル化を行う活性種はFe(IV)=Oであると考えられている（Clifton et al., 2003, PDB code 1NX4; Elkins et al. 2002, 1GQW; Zhang et al., 2002, 1GVG）．

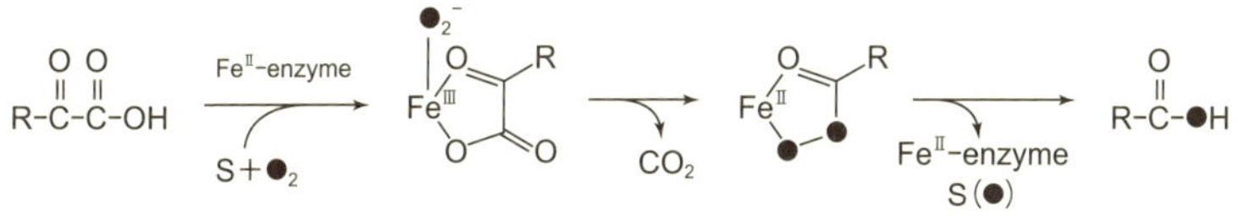

図2.48 α-ケト酸要求性酵素による基質(S)酸化反応

(5) エチレン生成酵素（ethylene forming enzyme, ACCオキシダーゼ：ACCO）

エチレンが植物ホルモンとして様々な応答や発育段階に関与していることはよく知られている．メチオニンから始まるエチレンの生合成において，1-アミノシクロプロパン-1-カルボン酸（ACC）はエチレンの前駆体となっており（図2.49），*acco*遺伝子を有するトランスジェニック植物を作成することは農学分野のバイオテクノロジーにとって極めて重要な課題となっている．ACCOの非ヘムFe^{2+}には2つのHisと1

つの Asp が配位しており，2-オキソグルタル酸オキシゲナーゼ（PDB code 2W2I）と構造が類似している（Zhang et al., 2004; PDB code 1W9Y, 1WA6）．ACCO は HCO_3^- を要求するが，これには活性部位近傍に存在する 2 つの Arg 残基が関わっている．

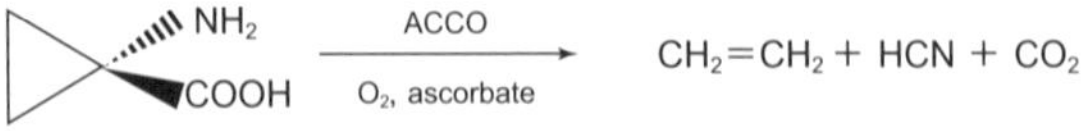

$$\triangle\!\!\!\!\!-\!\!\!\substack{NH_2\\COOH} \xrightarrow[O_2, \text{ascorbate}]{ACCO} CH_2=CH_2 + HCN + CO_2$$

図 2.49　ACCO によるエチレンの生合成

(6) リスケジオキシゲナーゼ（Rieske dioxygenase）

Rieske ジオキシゲナーゼは芳香族炭化水素を炭素源とする土壌バクテリアが有することからバイオレメディエーションへの応用が期待されている酵素である．芳香族炭化水素は Rieske ジオキシゲナーゼによって cis-ジオールとなる（図 2.50）．

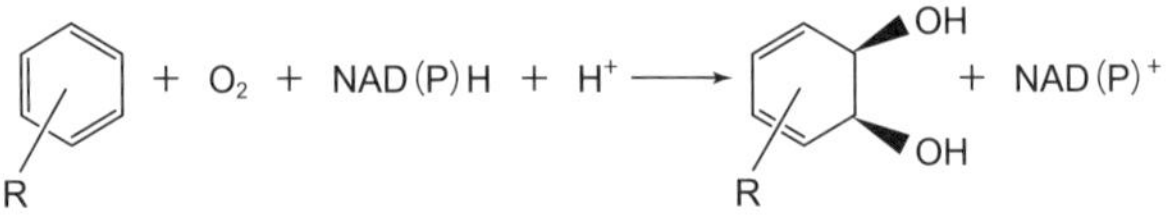

図 2.50　Rieske ジオキシゲナーゼによる芳香環の cis-ジオール化

この酵素は単核非ヘム鉄を活性部位としているが，Rieske Fe-S クラスター（[2Fe-2S]）（1.8.1 c 項 p.80 参照）が存在し，NADPH からの電子伝達の媒介を行うことから，Rieske ジオキシゲナーゼと呼ばれる．Rieske ジオキシゲナーゼにはナフタレン（Ferraro et al., 2006; PDB code 2HMO, 2HMK, 1NDO, 1O7G, 1O7N, 1O7P)，ビフェニル（Ferraro et al., 2007），フタル酸，アントラニル酸，安息香酸，ジカンバ（dicamba；除草剤）（D'Ordine et al., 2009）を基質とする酵素や，4-メトキシ安息香酸から脱メチル化を行うプチダモノキシン（PMO）がある．

(7) プテリン要求性芳香族アミノ酸ヒドロキシラーゼ

芳香族アミノ酸のヒドロキシラーゼであるこのグループの酵素にはフェニルアラニンヒドロキシラーゼ（PAH），チロシンヒドロキシラーゼ（TYH），トリプトファンヒドロキシラーゼ(TPH)があり，いずれもプテリンを要求する（1.9.2 項 p.119 参照）．PAH は Phe の Tyr への変換を触媒する．TYH は Tyr を L-DOPA(3,4-ジヒドロキシフェニルアラニン）へと水酸化する．このプロセスは神経伝達物質であるカテコールアミン生合成の第 1 段階である．TPH が触媒する反応はセロトニンの前駆体である 5-ヒドロキシトリプトファンの合成である．PAH は主として肝臓に存在しており，PAH の遺伝的欠損はフェニルケトン尿症として知られている（3.5.3 項 p.356 参照）．TYH は主として副腎や中枢神経系に存在し，一方，TPH は脳に多く見られる．PAH（Andersen et al., 2001; Erlandsen et al., 2002; PDB code 1J8U, 1LTV），TYH（Goodwill et al., 1998; PDB code 2TOH),TPH (Windahl et al., 2008) は構造的にも類似性が見られる．活性種と反応機構についても，1.9.2項 (p.119) を参照していただきたい．

2.4.3 複核型非ヘム鉄含有オキシゲナーゼ

複核型の非ヘム鉄含有酵素については，可溶性メタンモノオキシゲナーゼ (sMMO)，リボヌクレオチドレダクターゼ (RNR R2)，脂肪酸不飽和化酵素（デサチュラーゼ）(Δ^9D) の研究が進んでいる (Walter and Lipscomb, 1996)．これらの活性中心構造を O_2 運搬体ヘムエリトリン (Hr) (2.2.2項 p.187参照) の活性中心構造と共に図2.51に示す．これらの構造の共通点は，2つの Fe が Glu のカルボキシル基のみ，あるいはカルボキシル基とオキソまたはヒドロキソ基などによって架橋されていることである．Fe(II) の還元状態と Fe(III) メト状態では架橋構造も変化している．各 Fe イオンへの配位基は，単核非ヘム鉄酵素と同様に His 由来の N と主として Glu（あるいは Asp）に由来する O からなる．可逆的に O_2 の脱着を行う Hr では架橋配位子以外の配位アミノ酸が His のみであるのに対し，結合した O_2 を活性化し，酸素化反応を行うオキシゲナーゼでは His 以外に Glu または Asp が結合している．

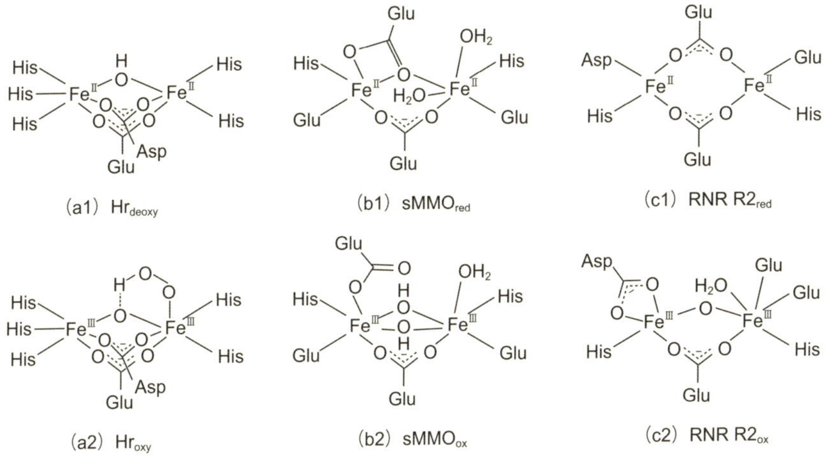

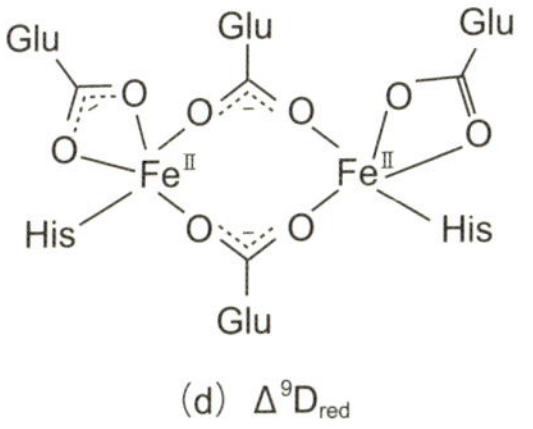

図2.51 Hr (a1：デオキシ型，a2：オキシ型) および複核型非ヘム鉄含有オキシダーゼの還元体 (b1, c1, d) と酸化体 (b2, c2) の活性中心構造
(a) ヘムエリトリン (Hr)，(b) メタンモノオキシゲナーゼ (sMMO)，(c) リボヌクレオチドレダクターゼ (RNR R2)，(d) 脂肪酸Δ^9デサチュラーゼ (Δ^9D).

(1) 可溶性メタンモノオキシゲナーゼ (soluble methane monooxygenase:sMMO)

大気中のメタンの30%はメタン生成細菌 (methanogenic bacteria) によって生産される．逆に，メタンはメタン酸化細菌 (methanotrophic bacteria) によって炭素源およびエネルギー源として利用されている．メタンを変換する酵素として MMO があるが，MMO には可溶性の sMMO と膜結合性の pMMO（2.4.4(5)項参照）があり，前者は複核非ヘム鉄中心，後者は多核銅中心を有している．メタン酸化細菌はそのサブクラスによって発現する MMO が異なっており，タイプⅡとXは成長条件によってsMMO と pMMO の両方を発現するが，タイプⅠは sMMO のみを発現する．

sMMO は触媒部位を含むヒドロキシラーゼ (MMOH，245 kDa)，反応に必要な電子を供給するレダクターゼ (MMOR，40 kDa) および両者に介在する調整タンパク質 (MMOB，15 kDa) からなる複合タンパク質である（図2.52）．MMOR は NADH から2電子を受け取り，FAD と [2Fe-2S] を経由して MMOH の複核 Fe 触媒中心に電子を輸送する役割を担っている．

sMMO については *Methylococcus capsulatus* (Rosenzweig et al., 1993, 1997; PDB code 1MMO, 1MTY) と *Methylosinus trichosporium* (Elango et al., 1997; PDB code 1MHY) の MMOH が結晶構造解析されている．前者については酸化体と還元体で，後者については酸化体のみの構造が明らかとなっている．酸化体（休止体）の活性中心はダイアモンドコアを形成して短い Fe(Ⅲ)-Fe(Ⅲ) 距離を実現している（図2.51）．2つの Fe(Ⅲ)(S=5/2) は反強磁性相互作用によって反磁性を示す．

sMMO の触媒サイクルは図2.53のように考えられている．2電子還元により複核部位が Fe(Ⅱ)-Fe(Ⅱ) となると O_2 と反応し，中間体 P（2核 Fe(Ⅲ)-架橋ペルオキソ種）が生成する．ついで，メタン酸化の活性種 Q ($Fe_2^{IV}(\mu\text{-}O)_2$) が生じる (Murray and Lippard, 2007)．これ以降の反応経路については，基質からの水素原子の引き抜きによるラジカル機構と C-H 結合への協奏的な O の挿入機構が提唱されている．一方，

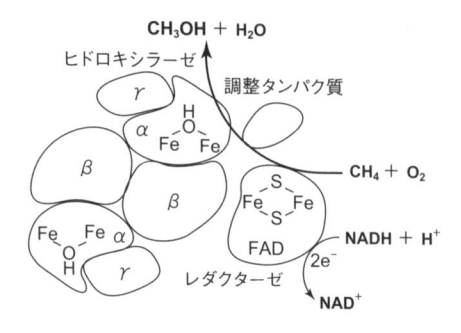

図2.52 sMMO の模式図
$\alpha_2\beta_2\gamma_2$ からなるヒドロキシラーゼ，電子移動を媒介するレダクターゼおよび調整（制御）タンパク質の複合体であるが，複合体としての構造は明らかになっていない．

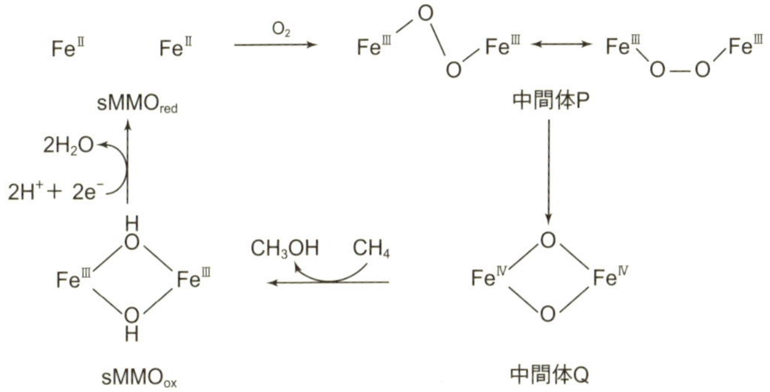

2.4 O_2 を活性化して基質に酸素を添加する金属酵素（オキシゲナーゼ）

図2.53 sMMOの反応機構
活性種は中間体Qである．

FeとCH$_4$との弱い結合を考慮した，ラジカル反応によらない反応機構も理論計算に基づいて提唱されている（Yoshizawa, 2006）．

(2) リボヌクレオチドレダクターゼ（ribonucleotide reductase：RNR）

RNRはDNAの生合成過程においてリボヌクレオチドの2′-OHを還元する過程を触媒する（Sjoberug, 1997）．Fe, Mn, Coを補因子とする3種のRNRの存在が知られているが，複核Feを活性中心に有するクラスⅠ RNRは，サブユニットR1とR2からなるホモダイマーである．R1は基質が結合する部位であり，酸化還元活性な2Cysを有している．R2にはO_2の活性化を行う複核Fe部位と安定なラジカルを生じるTyr122が存在する（1.9.4a項p.125参照）．これらはタンパク質分子の内部深くに存在しており，R1のCys439中心から〜35Å離れている（Yokoyama et al., 2010; PDB code 2X0X）（図2.54）．RNRは還元され2Fe(Ⅱ)となると酸素と反応し，2Fe(Ⅲ)-ペルオキソ種を与える．さらに，電子を受け取るとO-Oが切断されたFe(Ⅲ)-Fe(Ⅳ)の混合原子価状態の中間体Xとなる．ここで，5.3Å離れたTyrから水素が引き抜かれフェノキシルラジカルが生成し，複核Fe中心の酸化状態は2Fe(Ⅲ)となる．フェノキシルラジカルは図2.54のようにR1のCysまで長距離移動し，リボースから水素原子を引き抜くと考えられている（Krebs et al., 2000）．Tyrラジカルを生成するために複核鉄部位におけるO_2の活性化が行われているが，このラジカルを長距離輸送しリボースをデオキシリボースとするので，RNRはレダクターゼということになる．

(3) 脂肪酸 Δ^9 不飽和化酵素（fatty acid Δ^9 desaturase：Δ^9D）

還元剤としてNADPHを利用して複核Fe部位でO_2を活性化し，飽和脂肪酸に*cis* 2重結合を導入する酵素であり（図2.51），この反応は脂肪酸生合成に重要な過程である．NADPH：フェレドキシン酸化還元酵素と［2Fe-2S］フェレドキシンが介在

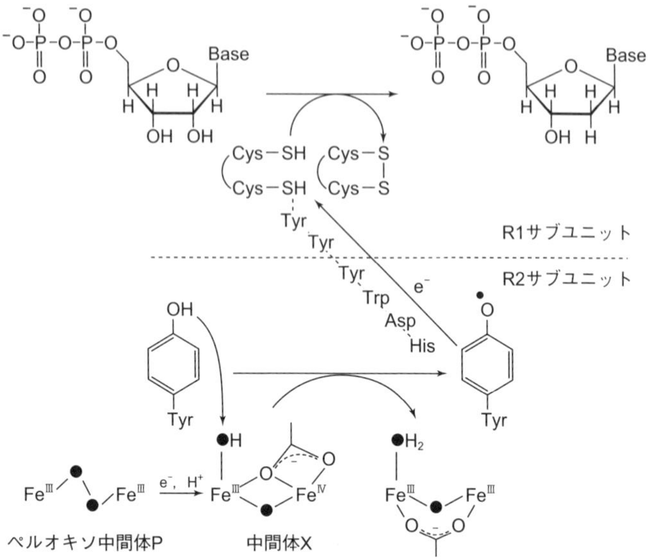

図 2.54 リボヌクレオチドレダクターゼの反応機構
R2サブユニットのTyr122ラジカルからR1サブユニットのジスルフィド部位への長距離電子移動は、水素結合ネットワークと芳香族スタッキングを経由すると考えられている．

する．不飽和化酵素は膜結合性酵素としても可溶性酵素としても存在している．最もよく研究されているのはステアロイル-アシル輸送タンパク質（ACP）-Δ^9不飽和化酵素（stearoyl-acyl carrier protein Δ^9 desaturase）である（Lindqvist et al., 1996; PDB code 1AFR）．Δ^9という名が示すように9番目と10番目のC-C結合が不飽和化される（図2.55）．活性種はsMMOの中間体Q（図2.53）の場合と同様に、$Fe_2^{IV}(\mu\text{-O})_2$と考えられている．

(4) トルエンモノオキシゲナーゼ（toluene monooxygenase：TMO）

TMOはトルエンをクレゾールに変換する酵素であり、T2MO、T3MO、T4MOはそれぞれ、o-、m-、p-クレゾールを生成する．複合タンパク質であり、例えば、T4MOは複核Fe中心をもつヒドロキシラーゼ（T4moH, Elsen et al., 2009; PDB code 3GE3, 3I63）、Rieskeタイプのfe-S中心をもつフェレドキシン、FADと

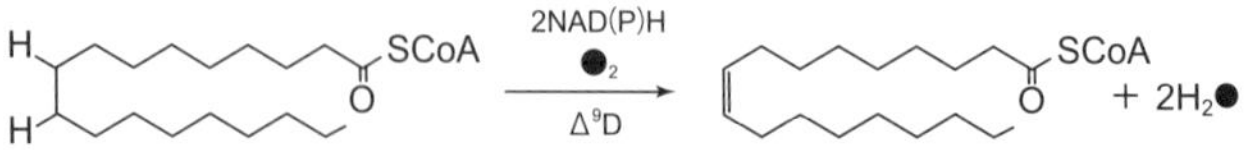

図 2.55 Δ^9Dによる飽和脂肪酸の不飽和化

[2Fe-2S] クラスターを有する NADH 酸化還元酵素（T4moF）およびヒドロキシラーゼの機能を制御するエフェクタータンパク質からなる（Bailey et al., 2008）．複核鉄部位を含有するメタンやアルカンの水酸化酵素ではラジカル機構または協奏的に酸素挿入が行われるのに対し，T4MO による芳香族基質のヒドロキシル化では親電子的に進行すると考えられており，複核鉄部位における酸素活性化機構も微妙に異なっている（Murray et al., 2007）．

2.4.4 銅含有オキシゲナーゼ

銅イオンにも多様な酸化還元酵素が存在する．しかし，O_2 を活性化して基質の酸素化反応を行う酵素は比較的少なく，単核 Cu 中心を有するクエルセチナーゼ（23QD），複核ではあるが離れた Cu 中心を有するドーパミン β-モノオキシゲナーゼ（DβH），ペプチジルグリシン α-アミド化酵素（PAM），近接した複核 Cu 中心を有するチロシナーゼ，カテコールオキシダーゼおよび多核 Cu 中心を有する膜結合性の粒状メタンモノオキシゲナーゼがある．酸化的脱アミノ化反応を行うアミンオキシダーゼについては 1.9.1 項（p.109）で紹介した．

(1) クエルセチン 2,3-ジオキシゲナーゼ（quercetin 2,3-dioxygenase：23QD）

クエルセチナーゼとも呼ばれ，フラボノール誘導体を対応するフェノールカルボン酸（デプシド）へ変換する酵素である（図 2.56）．クエルセチンはその抗酸化活性から注目をされている物質である．23QD には Fe 含有のもの（Gopal et al., 2005）と Cu 含有のものがあるが，Fe 酵素以外でジオキシゲナーゼ活性を示す酵素としては，現在のところ 23QD のほかにポリフェノールオキシダーゼの一種に分類される Cu 含有のアウレウシジン合成酵素（aureusidin synthase）（Nakayama et al., 2000）が知られており，23QD 同様，植物の色素合成に関わっている．ラレアトリシンヒドロキシラーゼ（(+)-larreatricin hydroxylase）などポリフェノールオキシダーゼ類は抗菌活性など生理活性を示す化合物の合成に関わることが多いので，極めて将来性がある．

23QD が含有するタイプ 2 Cu は 3His, 1Glu, 1H_2O を配位している（Fusetti et al.,

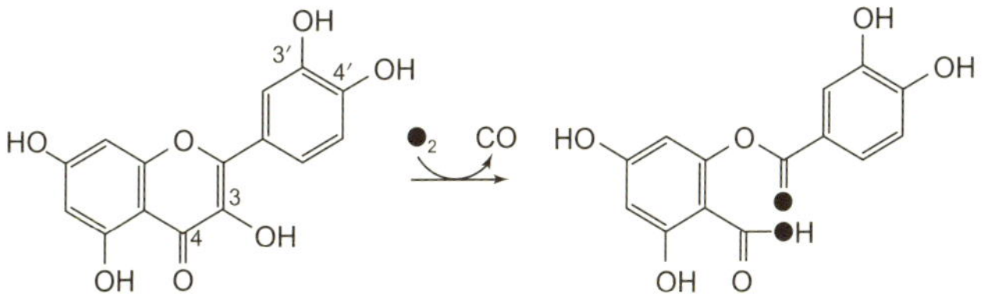

図 2.56 23QD の触媒反応

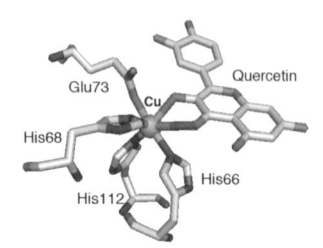

図 2.57 クエルセチンが 3-OH と 4-OH で結合した *Aspergillus japonicus* 23QD の活性部位構造 (Steiner et al., 2002; PDB code 1H1I)

2002; PDB code 1JUH). 23QD は触媒部位の Cu にカルボキシル基が配位した唯一の例である (図 2.57). 基質や阻害剤の結合に際して Glu は様々な配位様式をとることから, 触媒基であると考えられている.

(2) ドーパミン β-モノオキシゲナーゼ (dopamine β-monooxygenase: DβH)

DβH は脳や末梢交感神経のノルアドレナリン (ノルエピネフリン) 作動性神経細胞やノルアドレナリン, アドレナリンを分泌する副腎髄質細胞に存在する. 研究例は非常に多いが, まだ結晶化されておらず直接的な構造情報はない. しかしながら, 次に取り上げる構造解析された PAM と類似酵素であることから, 構造・機能について類推が可能である.

触媒する反応は, ドーパミンやフェニルエチルアミン類似体のエチルアミン側鎖ベンジル位への酸素原子の挿入であり, 神経伝達物質ノルアドレナリンの合成を行う (図 2.58). O_2 を活性化するための Cu の還元力はアスコルビン酸に由来する. サブユニットあたり Cu イオンは 2 つ含まれるが, 距離は離れており, 電子移動と触媒作

図 2.58 DβH の触媒反応

(a) Peptidylglycine
(b) Peptidyl α-hydroxyglycine
(c) Amidated peptide and glyoxylate

図 2.59 PAM の触媒反応

用に役割分担されている．酸素化反応の活性種は Cu(Ⅱ)-OOH を経由して生成した Cu(Ⅱ)-O˙とされている（Itoh, 2006; Klinman, 2006）[*7]．

（3）ペプチジルグリシン α-アミド化モノオキシゲナーゼ(peptidylglycine α-amidating monooxygenase：PAM)

ペプチドホルモンの約半数は C 末端がアミド化されているが，このような負電荷の打ち消しはホルモン受容体の認識に関係していると考えられている．PAM はオキシトシン，カルシトニンのようなペプチドホルモンの生合成を研究する過程で発見された酵素であり，2 段階の触媒作用を示す．第 1 段階ではペプチドグリシンの $C_α$ 位をヒドロキシル化することから，PAM はペプチジルグリシン α-ヒドロキシル化モノオキシゲナーゼ（peptidylglycine α-hydroxylating monooxygenase：PHM）とも呼ばれる．第 2 段階ではリアーゼ活性（脱離反応により二重結合を生成する反応）により，アミド化されたペプチドとグルオキシル酸を生成する（図 2.59）．

PAM は PHM ドメインとリアーゼ活性を示すドメイン PAL（peptidylamidoglycolate lyase）からなるが，PAM の遺伝子構造を見ると，2 つのドメインがそれぞれ異なる酵素活性を示すようにスプライシング（真核生物の mRNA からイントロンを除去し，タンパク質をコードしているエクソンのみを再結合）されることがわかる．PHM の

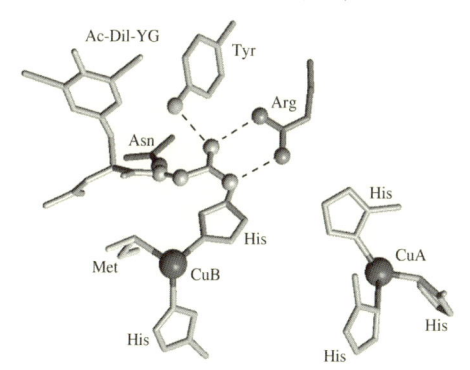

図 2.60 基質 N-α-acetyl-3,5-diiodotyrosylglycine（AC-DiI-YG）が結合した PHM の活性部位（Prigge et al., 1999; PDB code 1OPM）．

[*7] DβH のモデル反応としては，伊東らにより，ベンジル位メチレンの OH 化反応が初めて報告された(Itoh et al., 1995)．ジクロロメタン溶媒中で N,N-bis[2-(2-pyridyl)-ethyl]-2-phenylethyl-amine [(2-PyCH$_2$CH$_2$)$_2$NCH$_2$CH$_2$Ph=L] を配位子として Cu(Ⅱ)錯体を合成し，Ar 下でベンゾインとトリエチルアミンで処理してから O$_2$ と反応させた後，アンモニア水で錯体を分解すると L の C メチレンが OH 化された生成物が得られている．この反応では，オキソ 2 核銅錯体（Cu(Ⅱ)O$_2$Cu(Ⅱ)）のホモリティックな開裂により生成した Cu(Ⅱ)-O˙が，ベンジル位メチレン(C)の H 原子を引き抜いて Cu(Ⅱ)-OH と L の C˙ラジカルを生じ，もう一方の Cu(Ⅱ)-O˙がその C˙ラジカルを攻撃してベンジル位 OH 化生成物を与えると推定されている．

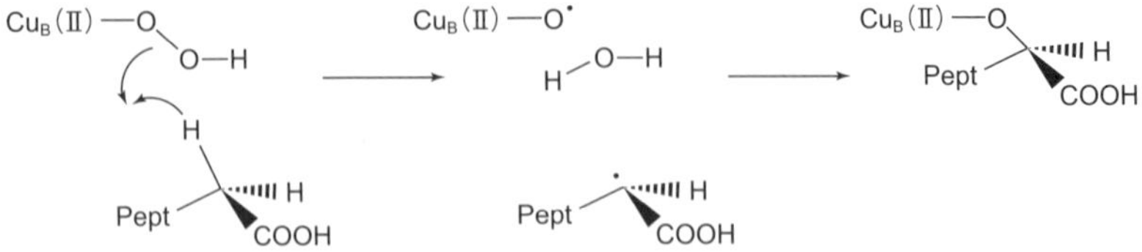

図 2.61 PAM の予想反応機構 (Bauman et al., 2006).

活性部位構造を図 2.60 に示した (PAL の活性部位には Zn^{2+} が存在している) (Chufan et al., 2009). 3His が配位した CuA と 2His, 1Met が配位した CuB は 11Å 離れている. CuA は電子移動部位であり, CuB が O_2 を活性化し近傍に結合した基質を酸素化する部位である. $D\beta H$ の構造も類似していると考えられている.

PAM が酸素化を行うプロセスは図 2.61 に示されている. この場合も活性種は Cu(II)-OOH を経由して生成した Cu(II)-O・であり, 反応には Tyr も関与すると考えられている.

(4) チロシナーゼ (tyrosinase：TYN) またはモノフェノールオキシダーゼ (monophenol oxidase: PO), およびポリフェノールオキシダーゼ (polyphenol oxidase：PPO) またはカテコールオキシダーゼ (catechol oxidase：CTO)

TYN は芋類, 菌類の子実体, リンゴなどの果実, 動物のメラニンを産出する色素細胞などに広く含まれており, 複核 Cu 部位を活性中心に有する. 紫外線による組織の損傷を防止するため, あるいは損傷に際して Tyr からメラニンが生合成される過程の初めに TYN が関与する (Matoba et al., 2006). アルビノ (albino; 先天性色素欠乏症や白化個体) は, TYN 遺伝子疾患に起因する. この酵素は, o-ヒドロキシル化 (クレゾラーゼ活性) と o-ジフェノールのキノンへの酸化 (カテコラーゼ活性) を触媒する (図 2.62). 両者の反応機構には一部共通点があるが, 前者は酸素化 (O_2 添加) の反応であり, 後者は酸素化を伴わない酸化反応である. カテコラーゼ活性を示す複核 Cu 酵素としては TYN のみではなく, CTO (Klabunde et al., 1998; PDB code 1BUG) も知られている. また, 蛾の一種であるタバコスズメガのモノフェノールオ

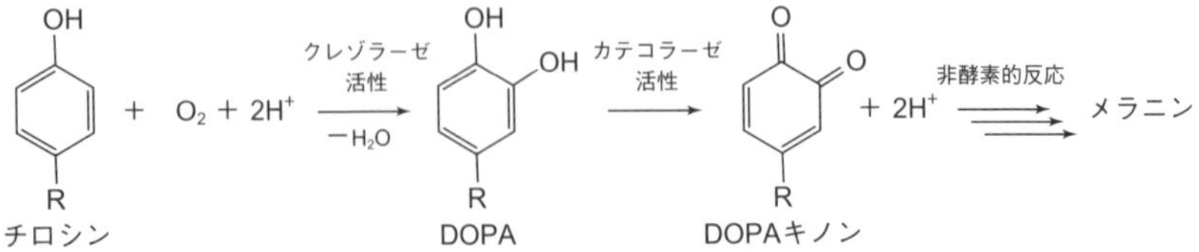

図 2.62 TYN の触媒反応

キシダーゼ（PO；TYN とは名称が区別されている）の前駆体（Pro-PO）の X 線結晶構造解析も行われている（Li et al., 2009; PDB code 3HHS）．この PO は，TYN と同様にモノフェノールとジフェノールのいずれも o-キノンに変換する．一方，CTO はクレゾラーゼ活性も示す場合があり，いずれの活性が高いかで酵素が命名されている場合があることから，これらを複核 Cu 部位を活性部位に有し動植物や微生物に広く分布するファミリー酵素とした方がよさそうである．また，さらに多くの Cu を活性部位に含むラッカーゼ（2.6.2 項 p.259 参照）もまたフェノール類を基質とする場合が多いために，ラッカーゼと TYN 類の誤認がデータベースレベルでも数多く見られるので注意しなければならない．以上の理由から，TYN，Pro-PO，PPO（CTO），ヘモシアニン（Hc）の 2 つの Cu 結合部位のアミノ酸配列を図 2.63 に示した．各 Cu 部位には Cu1 原子あたり 3 つの His が配位している点は共通している．翻訳後修飾により 1 つの His に Cys が共有結合しているものがあるが，これはタンパク質の機能には直接関与していないと考えられる（Virador et al., 2010）．また，これらの Cu 活性部位の構造については，図 2.15（p.190）や図 2.65 を参照されたい．

　図 2.64 にチロシナーゼの反応サイクルを示す（Gerdemann et al., 2002）．休止状態（メト型）では $2Cu(II)$ に OH^- が架橋して反磁性であるが（1.6.3 項 p.49 参照），基質からの電子によって $2Cu(I)$ になると O_2 が $\mu\text{-}\eta^2\text{:}\eta^2$ 様式でペルオキソ種（O_2^{2-}）と

	Cu_a		Cu_b	
ibCTO	LVHCAY**C**N–	IQV**H**NSWLFFPFHRW	SPHIPIHRW	CHHSN
hsTYN	WMHY–YVSM	–FAHEAPAFLPWHRL	SMHNALHIT	LHHAF
ncTYN	GIHGMPFKP	Y**CTH**SSILFITWHRP	AVHNEIHDR	LHHVN
sgTYN	TTHNAFIIG	RTGHRSPSFLPWHRR	NLHNRVHVW	LHHAY
vvPPO	NVHCTY**C**QG	LQV**H**ASWLFLPWHRY	APHNIVHKW	GHHAN
odgHc	SYHGIPLSC	C**CQH**GMVTFPNWHRL	IGHNAIHSW	LHHSN
dmPPO	SH*HWHWH–L	NKDRRGELFYYMH*HQ	NLH*NEGH*NI	RWH*GF
lpHc	AH*HWHWH–L	KKDRKGELFYYMHQQ	NLHNWGHVT	NWHRF

図 2.63 複核 Cu 部位を有する CTO（サツマイモ *Ipomea batatas* 由来 ibCTO）；TYN（ヒト *Homo sapiens* 由来 hsTYN，アカパンカビ *Neurospora crassa*，由来 ncTYN，*Streptomyces glauscescens* 由来 sgTYN）；PPO（ブドウ *Vitis vinifera* 由来 vvPPO（Virador et al., 2010））；Pro-PO（ショウジョウバエ *Drosophila melanogaster* 由来 dmPPO）；Hc（タコ *Octopus defleini* 由来 odgHc，カブトガニ *Limulus polyphemus* 由来 lpHc（Gerdemann et al., 2002））のアミノ酸配列

翻訳後修飾により共有結合した His（H）と Cys（C）は，太字アンダーラインで示した．＊は Cu への配位 His を示す．なお，ibCTO（PDB code 1BT3）と vvPPO（PDB code 2P3X）は，それらの分子構造，活性中心複核 Cu 構造，His-Cys 結合や Cu 部位に近接した Phe の存在などの活性部位周辺構造が極めて良く類似しており，由来は異なるが同じ機能を有する酵素と考えられる．

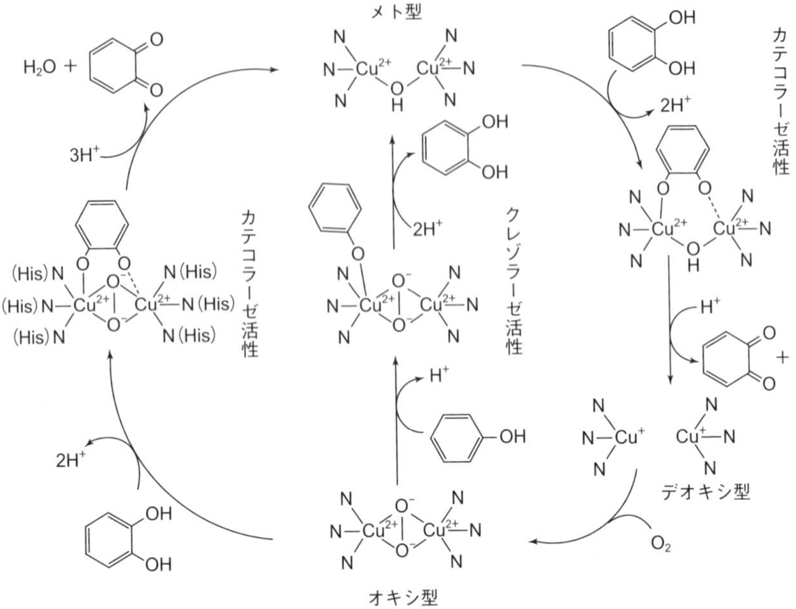

図2.64 チロシナーゼの反応サイクル（Gerdemann et al., 2002）

して結合して，O_2 結合 Hc と同様，オキシ型となる（図の右ルートで中央下まで）．カテコラーゼ活性を示す場合には，図の右ルートに続いてさらに左ルートのように，基質が再び結合して2電子酸化され，2つの O 原子はそれぞれ H_2O および架橋 OH^- となるのに対して，クレゾラーゼ活性を示す場合には，図の中央下から上への中央ルートに示されるように，一方の O 原子が基質に挿入されることになる．このとき，オキシ状態のペルオキソ種がフェノラートの芳香環を求電子的に攻撃するという機構が妥当であると考えられている．オキシ型とフェノールの反応から DOPA キノン生成に至る過程について，吉沢らは TYN の結晶構造（Matoba et al., 2006）に基づいて理論計算を行い，反応機構を提唱している（Inoue et al., 2008）．同じ複核 Cu 配位環境を有する銅タンパク質の Hc と銅酵素の TYN や CTO の機能の違いについては，2.2.3項（p.188）を参照されたい．ここでは，TYN と CTO の選択性の違いについて触れたい．図2.65には，サツマイモ *Ipomoea batatas* 由来 CTO（39 kDa）（Klabunde et al., 1998）と放線菌 *Streptomyces castaneoglobisporus* 由来 TYN（32 kDa）（Matoba et al., 2006）の活性部位を比較した．いずれも Hc や非ヘム鉄を含むヘムエリトリンと同様に，四角状に並んで立つ4本の α ヘリックスの柱の中に複核 Cu 部位が構築されている．CTO と TYN の複核 Cu 部位の構造は，His-Cys 結合の有無はあるけれども

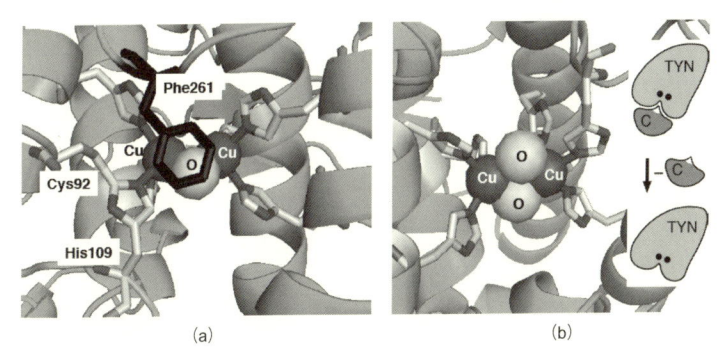

2.4 O₂を活性化して基質に酸素を添加する金属酵素（オキシゲナーゼ）　247

図 2.65　(a) サツマイモ CTO（1BT3）と (b) 放線菌 TYN（1WX4）の分子構造
(a) Cu 部位はメト型で，2個の Cu^{2+} イオンが O 原子を挟んでいる．Phe 261 の側鎖芳香環が，1個の Cu の上を覆っている点に注意されたい（芳香環の C 原子と架橋 O 原子の最短距離は約 3.8Å）．また，合計6つの His 配位子のうち，His 109 は Cys 92 と側鎖間で共有結合している．(b) TYN の結晶構造は Cu を運搬するキャディータンパク質（C）との複合体で解かれているので，この図はキャディータンパク質を除いたものである．右側の模式図のように，C タンパク質が解離することにより TYN は活性を示す．C タンパク質の尖った白色部分は，銅部位に近接する Tyr 98 である（配位 O_2 とフェノール O 原子の距離は約 3Å）．His 配位子を3つずつもつ複核 Cu 部位には，$\mu\text{-}\eta^2\text{:}\eta^2$ 様式で O_2 が結合している．

互いによく類似している．両者の基質選択性は，CTO の1個の Cu 部位の上部を覆っている Phe 261 の芳香環側鎖の立体障害によると考えられている．基質がカテコールの場合には問題にならないが，基質がモノフェノールの場合，ペルオキソ種がフェノラートの芳香環を求電子的に攻撃することが Phe 261 により立体的に困難になるため，クレゾラーゼ活性が抑えられると推定できる．現在まで CTO の発現が成功していないため，Phe 261 を他のアミノ酸に置換した変異体が得られていないが，変異体ができれば CTO も積極的にクレゾラーゼ活性を生じる可能性がある．

ここで，TYN 類とヘモシアニンの分子進化について考えてみる．O_2 の機能を考察する場合には，O_2 の結合を先に考え，その発展として O_2 の活性化を考察することが多いが，分子進化論的には O_2 運搬機能はオキシダーゼ機能をベースとして獲得されたものと考えられている（Jaenicke and Decker, 2004）．すなわち，このような分子進化においてまず必要なことは，基質が複核 Cu 部位に接近できないようにすることであるが，これは TYN のプロ酵素（翻訳後のプロセシングを受けて成熟 TYN になる前の切断部位を結合した状態）を活性化するために必要な切断を起こさないようにするか（例えば，Hc のように他のドメインが Cu 部位をブロックしたままになる（2.2.3項 p.188 参照）），TYN のドメイン間の相互作用が強くなることによって基質の活性化を防止できるようになることである．このような状態でも，小分子である O_2 は Cu

部位に結合できることになる．また，サブユニットの協同性も，O_2 運搬にとって重要である．これらの要求を満たすことによって，TYN はヘモシアニンへと分子進化をしたと考えられている．このように酵素から O_2 結合タンパク質への進化は，2.2.1 項の脚注*1（p.183）に述べた Hb の進化においても，酵素機能を有する Hb から O_2 結合タンパク質としての Hb へと起こったという推定と符合している点は興味深い．

最近，*Bacillus megaterium*（巨大菌）由来の TYN について，酵素自身（PDB code 3NM8）や，阻害剤であるコウジ酸が結合した酵素の結晶構造が報告されている（Sendovski et al., 2011; PDB code 3NQ1）．

(5) 粒状メタンモノオキシゲナーゼ（particulate methane monooxygenase：pMMO）

メタン資化菌すべてが発現する膜内在性金属酵素である pMMO の単離は sMMO と比べて時間を要したが，2005 年に結晶構造解析が行われて構造の理解が大きく前進した（Lieberman and Rosenzweig, 2005; PDB code 1YEW）．pMMO は $\alpha_3\beta_3\gamma_3$ のヘテロ 3 量体（α：328 アミノ酸残基，β：247 残基，γ：289 残基）であり，Cu 部位はサブユニット β に存在している．このサブユニットはシトクロム *c* オキシダーゼのサブユニット II と類似しており，膜アンカーを脂質二重膜に打ち込んでいるが，単核（A 部位）と複核 Cu 部位（B 部位）は可溶部に存在している（図 2.66）．また，膜内に

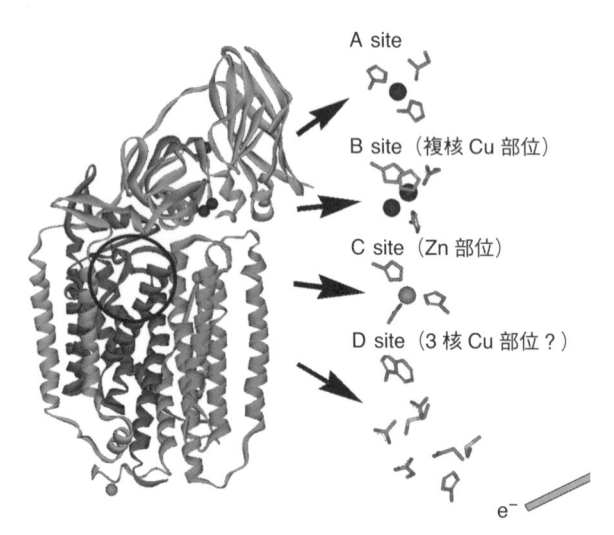

図 2.66 pMMO の全体構造と結晶構造で確認されている Cu 部位（A および B 部位）と推測されている 3 核 Cu 部位の構造 (Chan and Yu, 2008, Balasubramanian et al., 2010; PDB code 1YEW)（口絵参照）

タンパク質構造で色が濃い部分が β サブユニットで，α ヘリックス部分が多い．α と γ サブユニットは，いずれもほとんど膜中に結合している．

存在する別のサブユニットには Zn の結合部位が見出された．この構造をもとに，これらの Cu 部位が電子伝達と触媒部位であると仮定され，pMMO の機能研究が展開されてきた．しかしながら，結晶化された pMMO の Cu 含量が低いことから，膜内に存在し触媒部位である 3 核 Cu 部位や電子プールとして機能する部位から完全に Cu が失われているのではないかと提唱された（Chan and Yu, 2008, Himes and Karlin, 2009）．3 核 Cu 部位が触媒部位であるとすると，2.6.2 項（p.259）で紹介するマルチ銅オキシダーゼにおいて，O_2 の 4 電子還元にあずかる 3 核 Cu 部位との比較から興味深い．しかし，最近，X 線結晶解析グループが，①酵素活性は Fe ではなく，Cu によるものであること，②遺伝子組換えで得たサブユニット β の可溶性断片には銅が結合し，プロピレンとメタンの酸化活性を示したこと，③変異導入によってサブユニット β の各 Cu 中心を破壊することで，活性部位が Cu 2 核中心（図中の B で，Cu-Cu 距離は 2.66Å）であることを確認して，活性部位はこのサブユニットの可溶性ドメインにあって膜内にはないと結論した（Balasubramanian et al., 2010）．この報告を受けて，今後，pMMO の金属活性部位の機能に関する事態が，どのように推移するかを見守りたい．

(6) アンモニアモノオキシゲナーゼ（ammonia monooxygenase：AMO）

AMO はアンモニアを亜硝酸に変換することによってエネルギーを獲得する *Nitrosomonas europaea* のような真正細菌由来の酵素であり，炭化水素，ハロゲン化された炭化水素，CO，チオエーテルも酸化することができ，バイオレメディエーションの見地からも重要である．構造は pMMO と類似性があると考えられており，αβγ サブユニットが 3 つ集まり，可溶性 3 量体 $\alpha_3\beta_3\gamma_3$ を形成している．3 量体あたり，6 個の常磁性 Cu^{2+} と 3 個の反磁性 Cu^+ が含まれている（Gilch et al., 2010）．また，Fe イオンはタンパク質全体で 4 個含まれており，$g=6.01$ の ESR シグナルは高スピンのヘム（αβγ あたり 1 個含まれていると考えられている）を，さらに $g=4.31$ の rhombic signal は非ヘム Fe^{3+} も結合していることを示している．後者の Fe には，還元剤の存在下，NO が結合すると報告されている．

文　献

Alberta, J. A. and Dawson, J. D.（1987）*J. Biol. Chem.* **262**, 11857.
Andersen, O. A. et al.（2001）*J. Mol. Biol.* **314**, 279.
Bailey, L. J. et al.（2008）*Proc. Natl. Acad. Sci. USA*, **105**, 19194.
Balasubramanian, R. et al.（2010）*Nature* **465**, 115.
Bauman, A. T. et al.（2006）*J. Biol. Chem.* **281**, 4190.
Chan, S. I. and Yu, S. S.-F.（2008）*Acc. Chem. Res.* **41**, 969.

Chufan, E, E. et al. (2009) *Structure* **17**, 965.
Clifton, I. J. et al. (2003) *J. Biol. Chem.* **278**, 20843.
Costas, M. et al. (2004) *Chem. Rev.* **104**, 939.
Crane, B. R. et al. (1997) *Science* **278**, 425.
Dawson, J. D. (1988) *Science* **240**, 433.
Delker, S. L. et al. (2010) *J. Am. Chem. Soc.* **132**, 5437.
Denisov, I. G. et al. (2005) *Chem. Rev.* **105**, 2253.
D'Ordine, R. L. et al. (2009) *J. Mol. Biol.* **392**, 481.
Dunford, H, B, (1999) *"Heme Peroxidase"*, Wiley-VCH, New York.
Egawa, T. et al. (1994) *Biochem. Biophys. Res. Commun.* **201**, 1464.
Elango, N. et al. (1997) *Protein Sci.* **6**, 556.
Elkins, J. M. et al. (2002) *Biochemistry* **41**, 5185.
Elsen, N. L. et al. (2009) *Biochemistry* **48**, 3838.
Erlandsen, H. et al. (2002) *J. Mol. Biol.* **320**, 645.
Ferraro, D. J. et al. (2006) *J. Bacteriol.* **188**, 6986.
Ferraro, D. J. et al. (2007) *BMC Struct. Biol.* **7**, 10.
Forouhar, F. et al. (2007) *Proc. Natl. Acad. Sci. USA* **104**, 473.
Fusetti, F. et al. (2002) *Structure* **10**, 259.
Ge, W. et al. (2008) *J. Am. Chem. Soc.* **130**, 10120.
Gerdemann, C. et al. (2002) *Acc. Chem. Res.* **35**, 183.
Gilch, S. et al. (2010) *Biometals* **23**, 613.
Gopal, B. et al. (2005) *Biochemistry* **44**, 193.
Goodwill, K. E. et al. (1998) *Biochemistry* **37**, 13437.
Han, S. et al. (1995) *Science* **970**, 976.
Higuchi, T. et al. (1993) *J. Am. Chem. Soc.* **115**, 7551.
Himes, R. A. and Karlin, K. D. (2009) *Proc. Natl. Acad. Sci. USA* **106**, 18877.
Inoue, T. et al. (2008) *J. Am. Chem. Soc.* **130**, 16890.
Itoh, S. et al. (1995)*J. Am. Chem. Soc.* **117**, 4714.
Itoh, S. (2006) *Curr. Opin. Chem. Biol.* **10**, 115.
Jaenicke, E. and Decker, H. (2004) *ChemBioChem*, **5**, 163.
Karlsson, A. et al. (2003) *Science*, **299**, 1039
Klabunde, T. et al. (1998) *Nat. Struct. Biol.* **5**, 1084.
Klinman, J. P. (2006) *J. Biol. Chem.* **281**, 3013.
Knowles, R. G. (1996) *Biochem. Soc. Trans.* **24**, 875.
Kovaleva, E. G. et al. (2007) *Acc. Chem. Res.* **40**, 475.
Kovaleva, E. G. and Lipscomb, J. D. (2007) *Science* **316**, 453.
Kovaleva, E. G. and Lipscomb, J. D. (2008) *Biochemistry* **47**, 11168.
Krebs, C. et al. (2000) *J. Am. Chem. Soc.* **122**, 12207.
Kuhnel, K. et al. (2007) *Proc. Natl. Acad. Sci. USA* **104**, 99.
Lee, D. S. et al. (2003) *J. Biol. Chem.* **278**, 9761.
Li, H. et al. (2002) *Biochemistry* **41**, 13868.
Li, Y. et al. (2009) *Proc. Natl. Acad. Sci. USA* **106**, 17002.
Lieberman, R. L. and Rosenzweig, A. C. (2005) *Nature* **434**, 177.

Lindqvist, Y. et al. (1996) *EMBO J* **15**, 4081.
Matoba, Y. et al. (2006) *J. Biol. Chem.* **281**, 8981.
Matsui, T. et al. (2005) *J. Biol. Chem.* **280**, 36833.
Minor, W. et al. (1996) *Biochemistry* **35**, 10687.
Morishima, I. et al. (1986) *J. Biol. Chem.* **261**, 9391.
Mukherjee, A. et al. (2010) *Inorg. Chem.* **49**, 3618.
Murray, L. J. and Lippard, S. J. (2007) *Acc. Chem. Res.* **40**, 466.
Murray, L. J. et al. (2007) *J. Am. Chem. Soc.* **129**, 14500.
Nakayama, T. et al. (2000) *Science* **290**, 1163.
Ohlendorf, D. H. et al. (1994) *J. Mol. Biol.* **244**, 586.
Omura, T. and Sato, R. (1964) *J. Biol. Chem.* **239**, 2370.
Park, S. Y. et al. (1997) *Nat. Struct. Biol.* **4**, 827.
Peterson, J. A. and Graham-Lorence, S. E. (1995) *"Cytochrome P450: Structure, Mechanism, and Biochemistry,"* 2nd Ed., Chap. 5, Ortiz de Montellano, P. R., Ed., Plenum, New York.
Poulos, T. L. et al. (1985) *J. Biol. Chem.* **260**, 16122.
Poulos, T. L. et al. (1987) *J. Mol. Biol.* **195**, 687.
Prigge, S. T. et al. (1999) *Nat. Struct. Biol.* **6**, 976.
Rittle, J. and Green, M. T. (2010) *Science* **330**, 933.
Rosenzweig, A. C. et al. (1993) *Nature* **366**, 537.
Rosenzweig, A. C. et al. (1997) *Proteins, Struct. Funct. Genet.* **29**, 141.
Sagami, I. et al. (2002) *Coord. Chem. Rev.* **226**, 179.
Sendovski, M. et al. (2011) *J. Mol. Biol.* **405**, 227.
Shiro, Y. et al. (1986) *J. Biol. Chem.* **261**, 9382.
Sjoberug, B. M. (1997) *Struct. Bond.* **88**, 139.
Skrzypczak-Jankun E. et al. (2006) *Acta Crystallogr. Sect. D* **62**, 766.
Sono, M. et al. (1996) *Chem. Rev.* **96**, 2841.
Steiner, R. A. et al. (2002) *Proc. Natl. Acad. Sci. USA* **99**, 16625.
Sugimoto, H. et al. (2006) *Proc. Natl. Acad. Sci. USA* **103**, 2611.
Suzuki, N. et al. (1999) *J. Am. Chem. Soc.* **121**, 11571.
Tomcick, D. R. et al. (2001) *Biochemistry* **40**, 7509.
Ueyama, N. et al. (1996) *J. Am. Chem. Soc.* **118**, 12826.
Unno, M. et al. (2004) *J. Biol. Chem.* **279**, 21055.
Virador, V. M. et al. (2010) *J. Agr. Food Chem.* **58**, 1189.
Walter, B. J. and Lipscomb, J. D. (1996) *Chem. Rev.* **96**, 2625.
Windahl, M. S. et al. (2008) *Biochemistry* **47**, 12087.
Yamaguchi, K. et al. (1992) *Inorg. Chem.* **31**, 157.
Yamaguchi, K. et al. (1993) *J. Am. Chem. Soc.* **115**, 4058.
Yokoyama, K. et al. (2010) *J. Am. Chem. Soc.* **132**, 8385.
Yoshizawa, K. (2006) *Acc. Chem. Res.* **39**, 375.
Zhang, Y. et al. (2005) *Biochemistry* **44**, 7632.
Zhang, Y. et al. (2007) *Biochemistry* **46**, 145.
Zhang, Z. et al. (2002) *FEBS Lett.* **517**, 7.
Zhang, Z. et al. (2004) *Chem. Biol.* **11**, 1383.

2.5 酸素毒の解毒

2.4節で記述したように酸素は還元される過程で$O_2^{\cdot-}$(スーパーオキシド, 超酸化物イオン), O_2^{2-}(ペルオキシド, 過酸化物イオン, H^+が2つ結合すると過酸化水素H_2O_2), $\cdot OH$(ヒドロキシルラジカル)などを経由する. これらは$^1O_2$(一重項酸素, $^1\Delta_g$, $^1\Sigma_g^-$)などと共に活性酸素種と呼ばれる. 広義には, NO (一酸化窒素), NO_2(二酸化窒素), O_3(オゾン), 過酸化脂質なども活性酸素に含まれる. $O_2^{\cdot-}$, $\cdot OH$, NOはフリーラジカルであり, 互いにラジカルである$O_2^{\cdot-}$とNOは素早く反応し, 毒性の高い$O=N-OO^-$(ペルオキソ亜硝酸イオン, peroxonitrite)を生成する. $O_2^{\cdot-}$とO_2^{2-}は酸化剤および還元剤としての性質を併せもっている(中野ほか, 1988). これらの活性酸素群の酸化損傷力が生体に備わっている抗酸化システムのポテンシャルを上回ると, 生体は酸化ストレスを受ける. 表2.10に真核細胞における酸化ストレスを示した.

2.5.1 Cu,Zn-スーパーオキシドジスムターゼ

$O_2^{\cdot-}$はリウマチ, 心筋梗塞, 糖尿病など様々な疾病や老化の原因となる. $O_2^{\cdot-}$を解毒する酵素としてはスーパーオキシドジスムターゼ(superoxide dismutase : SOD)が存在しており, 2分子の$O_2^{\cdot-}$をO_2^{2-}とO_2に不均化する. SOD活性は動物の寿命と強い相関関係があるとされているほどである. 糖尿病患者の赤血球のSODには多くの糖が結合し, SOD活性が低下する. SODの変異に由来する疾病としては, 筋萎縮性側索硬化症(ALS, ルー・ゲーリック病)が知られている(3.5.4項 p.357参照). SODは活性酸素から生命を守る極めて重要なユビキタス酵素(至るところにある, ごくありふれた一般的な酵素)であり, 微生物から高等動物まで広範囲に存在している.

SODにはCu,Zn-(真核生物), Mn-(原核生物, ミトコンドリア), Fe-(原核生物),

表2.10 真核生物が受ける酸化ストレス

部位または物質	酸化ストレス
DNA	金属イオンの作用によってH_2O_2から生じた$\cdot OH$によるDNA鎖の切断, 塩基の損傷
ミトコンドリア	電子伝達鎖からの電子の漏れで生じた$O_2^{\cdot-}$, H_2O_2による[Fe-S]クラスターなどの損傷
膜	ペルオキシ化による脂質の損傷
タンパク質	活性酸素種による酸化

Ni-(原核生物) 含有タイプが発見されており，次に示す一般的な作用機構で機能する．

$$M_{ox}\text{-SOD} + O_2^{\cdot -} \rightleftharpoons M_{red}\text{-SOD} + O_2$$
$$M_{red}\text{-SOD} + O_2^{\cdot -} + 2H^+ \rightleftharpoons M_{ox}\text{-SOD} + H_2O_2$$

金属イオンは1電子酸化と1電子還元を繰り返し，他の酸化還元等量を必要としない．すなわち，Cu は $Cu^{2+} + e^- \rightleftharpoons Cu^+$, Fe は $Fe^{3+} + e^- \rightleftharpoons Fe^{2+}$, Mn は $Mn^{3+} + e^- \rightleftharpoons Mn^{2+}$, Ni は $Ni^{3+} + e^- \rightleftharpoons Ni^{2+}$ の酸化還元を繰り返す．この事実は，後述の原核生物の抗酸化酵素スーパーオキシドレダクターゼ (SOR) がルブレドキシンなどの電子伝達タンパク質からの電子供給を必要とする事実と対照的である．

最近では SOD1 とも表記される Cu,Zu-SOD (Cu,Zn-superoxide dismutase, Cu,Zn-スーパーオキシドジスムターゼ) は，真核生物に幅広く存在している．細胞質やミトコンドリアの膜間部に存在して，呼吸鎖やキサンチンオキシダーゼによって生成した $O_2^{\cdot -}$ を分解する役割を担っている．また，哺乳類では特に肝臓，腎臓，運動神経で大量に発現している．Cu,Zn-SOD は2量体となっており，両サブユニットはいずれも Cu と Zn を1個ずつ有する (図2.67)．Cu には，4His が歪んだ平面を形成して配位すると共に H_2O が軸位に配位して，四角錐構造を取っている．Zn は 3His, 1Asp が配位した歪んだ四面体構造をとっている．Zn は Cu,Zn-SOD 分子に安定性を与える構

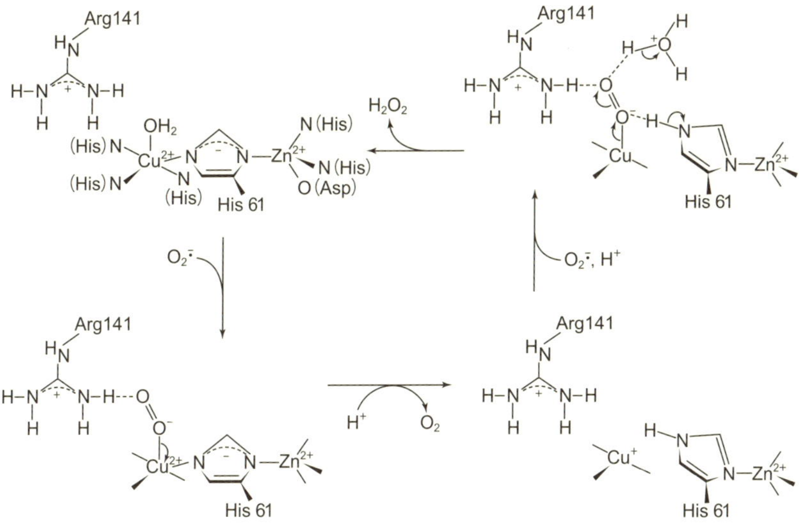

図 2.67 Cu,Zn-SOD の活性部位と反応機構

左上の休止状態で $O_2^{\cdot -}$ によって Cu^{2+} が還元されると，Cu^+-架橋イミダゾール結合は解離する．この解離は，X線結晶構造解析で確認されている (PDB code 1YSO, 2JCW). Cu^+ は2番目の $O_2^{\cdot -}$ によって今度は Cu^{2+} に酸化され，再び架橋構造が形成される (Tainer et al, 1983; PDB code 2SOD).

造要因となっているが，Cu の反応性と安定性に対する効果も考えられる．SOD の活性中心において Cu と Zn はイミダゾラートによって架橋されていることが特徴的で，この構造は生物無機化学の黎明期に多くのモデル化合物が合成される契機となった．その後も SOD 活性を示す錯体の開発研究がなされ，高い活性を有するイミダゾール架橋 Cu,Zn 異核錯体例も報告されている（Ohtsu et al., 2000）．Cu,Zn-SOD の作用機構においては，Cu の酸化還元に伴う架橋イミダゾール基のプロトン脱着と Arg の関与による $O_2^{·-}$ 結合とペルオキシドへのプロトン供給が鍵となっている．SOD の反応は極めて速く，拡散律速に近い（$1.6 \times 10^9 \mathrm{M}^{-1}\mathrm{s}^{-1}$）．金属シャペロン CCS による SOD1 の活性部位形成については 3.1.4 項（p.315）を参照されたい．

2.5.2 Fe- および Mn- スーパーオキシドジスムターゼ

Mn-SOD と Fe-SOD は共通の祖先をもっている．まず，原核生物において Fe-SOD が生まれたが，好気性のバクテリアでは Mn-SOD へと分子進化した．したがって，ミトコンドリアのマトリックスには Mn-SOD が存在する．一方，Fe-SOD は白色体（葉緑体の前駆体であるプラスチド）に存在している．Fe-SOD と Mn-SOD はアミノ酸配列の相同性が高く，タンパク質のフォールディングもよく類似している．4 次構造は 2 量体もしくは 4 量体である．Fe-SOD, Mn-SOD ともに金属イオンの配位構造は三角両錐型であり，配位子は 3His, 1Asp, 1H_2O である（図 2.68）．反応に際し，金属中心は $O_2^{·-}$ により直接，内圏機構で還元され（$M^{3+}-O_2^{·-}$ を形成して，$O_2^{·-}$ から M^{3+} に電子移動），2 番目の $O_2^{·-}$ は配位水と水素結合して（$O_2^{·-}\cdots H_2O-M^{2+}$），外圏機構で M^{2+} から H_2O を経由して $O_2^{·-}$ へ電子移動が起こると考えられている．この機構によると，金属結合種（$M^{2+}-O_2^{·-}$）の生成を回避することが

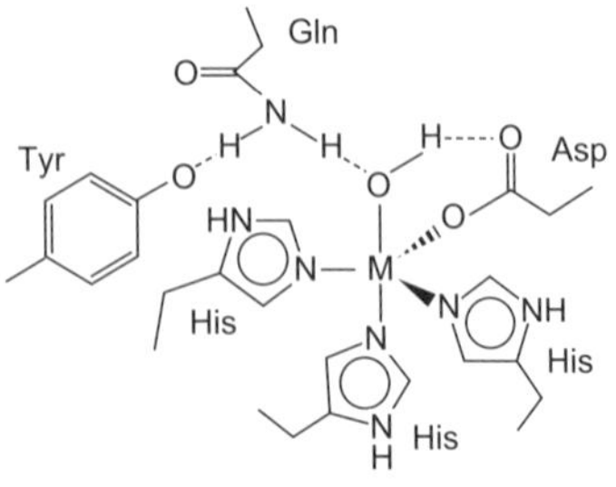

図 2.68 $Mn^{3+/2+}$-SOD と $Fe^{3+/2+}$-SOD の活性中心（Miller, 2004.）

これらの SOD の活性中心モデル錯体の構造と触媒活性の研究については，長野らによる Fe-SOD 錯体（Tamura et al., 2000; Hirano et al., 2000）や，北島，長野らによる Mn-SOD 錯体（Kitajima et al., 1993）などの報告がある．

でき,遊離のヒドロペルオキシド HO_2^- が生成する.ただし,Mn-SOD では HOO^- $-M^{2+}$ 機構で進行することもあるようである.このように,Fe-SOD と Mn-SOD は構造の類似性にも関わらず,機能においては相違が見られる.

Fe-SOD と Mn-SOD の酵素活性は金属イオンに特異的であり,Fe と Mn の交換によって酵素活性は失われる.この驚くべき事実を生物無機化学者は現時点では説明できていない.わずかな相違は金属イオンの外圏に見られるが,これが酸化還元電位に影響しているのかもしれない.しかしながら,金属部位の電位 $E°'$ は $+200 \sim +400$ mV であるのに対し,$O_2^{·-}$ から O_2 への酸化および $O_2^{·-}$ への還元の電位はそれぞれ -160 mV,$+890$ mV であるので,金属部位の電位には大きな許容度がある.いずれにしても,Fe と Mn に対していかなる環境の相違が生じ,金属イオン特異性へと至っているのかを明らかにする課題が提出されているといえよう.

2.5.3 Ni-スーパーオキシドジスムターゼ

Ni-SOD は,*Streptomyces* とある種のシアノバクテリアに存在している.Ni-SOD はあらゆる点で他の SOD と類似性はないが,反応速度は $10^9 M^{-1} s^{-1}$ であり,他の SOD と同等である.Ni-SOD 遺伝子の翻訳課程は Ni(II) によって制御され,活性発現には N 末端のプロセシングとアクセサリータンパク質が必要である.Ni-SOD の活性部位は N 末端部位(アミノ酸配列は His-Cys-X-X-Pro-Cys-Gly-X-Tyr)に存在している(図 2.69).Ni には N 末端のアミノ基,Cys2 のペプチド N と Cys2 と Cys6 の S^- が結合している.S^- の結合は $Ni^{3+/2+}$ の酸化還元電位を SOD として機能する値とするために必要と考えられている.His1 のイミダゾール基は Ni^{3+} 状態では軸位に結合しているが,Ni^{2+} 状態では結合していない.Ni^{2+} 状態の Ni-SOD の活性部位は溶媒から隔離されており,Ni^{2+} から $O_2^{·-}$ への電子移動は,外圏機構で進むと考えられている.内圏機構で電子移動が進むと,配位した S^- に O が結合する可能性があることから,これを避けるため,基質である $O_2^{·-}$ が活性部位に直接結合できないものと思われる.

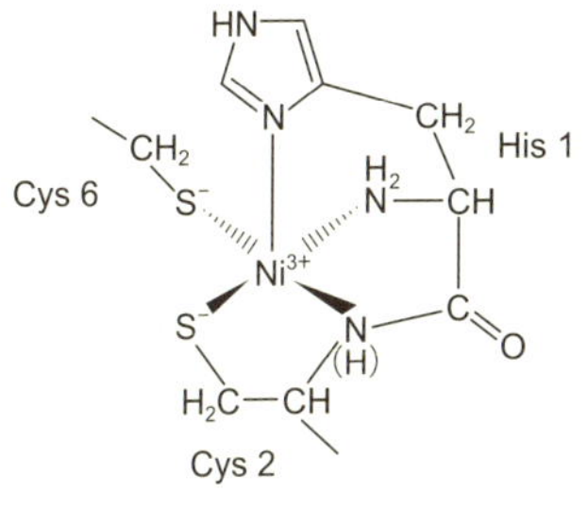

図 2.69 Ni^{3+} イオンを含む Ni-SOD の活性部位構造 ペプチド NH が脱プロトン化しているかどうかは不明 (Wuerges et al., 2004). X 線による水和電子のため Ni の酸化状態が変化し,His1 のイミダゾールのコンホメーションが変化して,Ni に結合したり解離したりする (PDB code 1T6U).

2.5.4 スーパーオキシドレダクターゼ

SODの機能の半分だけを行うスーパーオキシドレダクターゼ（superoxide reductase：SOR）がある種の嫌気性バクテリアや微好気性バクテリアにおいて見出されている（Niviere and Fontecave, 2004）．

$$O_2^{\cdot-} + 2H^+ + SOR\ (Fe^{2+}) \rightleftarrows H_2O_2 + SOR\ (Fe^{3+};青色)$$

SORの中心金属Feは，Fe^{2+}状態では4つのHisイミダゾールを平面4配位し，CysのS$^-$を軸位に結合している（図1.43 p.138参照）．$O_2^{\cdot-}$はCysとは反対側の軸位に結合し，Fe^{2+}から$O_2^{\cdot-}$への電子移動が起こり（すなわち内圏機構），さらに$O_2^{\cdot-}$のプロトン化により高スピンside-on hydroperoxo Fe^{3+}錯体が生成する（Katona et al., 2007; PDB code 2JI1, 2JI3）．このHO_2^-種にH_2OからのH^+が結合し，一方のOH$^-$は生成したH_2O_2と置換してFe^{3+}に結合する．次いで近傍に配置しているGlu 47がこのOH$^-$配位子と置換してFe^{3+}に結合する．Gluは$O_2^{\cdot-}$の接近をさまたげるが，外部から電子が導入されるとFe^{3+}が5配位のFe^{2+}となって再び反応サイクルが回ることになる．このような理由からSORはSODとは呼ばれないのである．なお，このSORは14 kDaあたり$Fe^{2+}(His)_4(Cys)$と$Fe^{3+}(Cys)_4$部位を1つずつ含んでいる．このタイプのSORは，デスルホフェロドキシン（desulfoferrodoxin）と呼ばれていた（Coelho et al., 1997; PDB code 1DFX）．一方，$Fe^{2+}(His)_4(Cys)$のみをもつSORもあり，ニーラレドキシン（neelaredoxin）と呼ばれていた（Pinho et al., 2011）．これらについては，Lombard et al.（2000）を参照されたい．

2.5.5 カタラーゼ

過酸化水素の除去に当たる酵素としては，まずカタラーゼ（catalase）がある．カタラーゼは好気性細胞に広く存在し，過酸化水素を水と酸素に分解する（$2H_2O_2 \rightarrow 2H_2O + O_2$）．動物においては肝臓・腎臓・赤血球に特に多い．カタラーゼとペルオキシダーゼ（2.4.1項 p.224）はヒドロペルオキシダーゼとも総称される．カタラーゼとペルオキシダーゼは共にヘムを含有しているが，軸配位子には，それぞれ，チロシンとヒスチジンが配位している．反応機構を図2.70に示した．1分子目のH_2O_2が休止状態のカタラーゼ（Fe^{3+}）の軸位に結合すると，ペルオキシド体を経由して，compound Iを生成する．ここまではペルオキシダーゼと同じ経路をたどる（2.4.1参照）が，ここで，2分子目のH_2O_2がcompound Iを2電子還元して，H_2OとO_2を生じる．すなわち，2分子の過酸化水素は酸化剤および還元剤として働くことによって，自分自身が酸化種O_2と還元種H_2Oとなり，ペルオキシダーゼの場合のようにcompound IIと呼ばれる中間種を生じることはない．遠位に配置されたHis（distal

図 2.70 カタラーゼの推定反応機構 (Nicholls et al., 2001)

His) は酸塩基触媒として作用し，O-O 結合のヘテロリティックな切断や O_2 の生成に関与する．また，遠位には水素結合に関与する Asn が配置されている（ペルオキシダーゼでは正電荷をもつ Arg；図 2.35 p.225）(Fulop et al., 1994)．

一方，Mn を含有するカタラーゼは *Lactobacillus plantarum, Thermolephilum album* などのバクテリアに存在している．乳酸菌での Mn カタラーゼの存在は，ヘム含有合成酵素合成能の欠損と関係している．Mn 中心は複核構造を有しており（図 2.71），

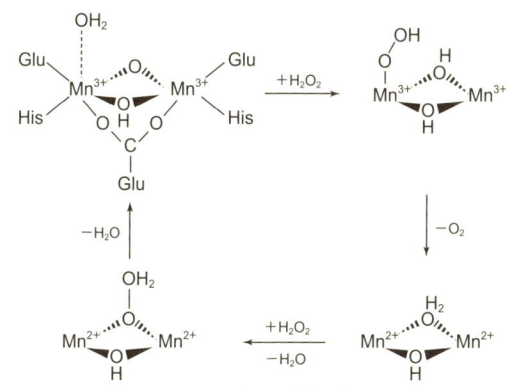

図 2.71 Mn カタラーゼの推定反応機構 (Whittakar et al., 1999)

反応に際して，MnカタラーゼはReaction磁性のMn^{2+}/Mn^{2+}状態とMn^{3+}/Mn^{3+}状態の間を往復する．すなわち，まず，高酸化状態のMnの一方にH_2O_2が結合し，2電子還元する．2番目のH_2O_2は，低酸化状態の複核Mn中心に，H_2O-Oとして架橋し（μ_2-ペルオキシド様式で結合），2電子酸化して反応が完結する．

H_2O_2の消去には動物ではカタラーゼのほかにグルタチオンペルオキシダーゼ，植物ではアスコルビン酸ペルオキシダーゼが関与する．活性酸素を除去する物質としては，ほかにセルロプラスミンやトランスフェリンなどのタンパク質や，アスコルビン酸，グルタチオン，ビタミンE，カロチノイド，コエンザイムQ，ビリルビンなどいわゆる抗酸化物質がある．

文　献

中野　稔ほか編（1988）「活性酸素　生物での生成・消去・作用の分子機構」，タンパク質　核酸酵素，臨時増刊，Vol. 33.
Coelho, A. V. et al. (1997) *J. Biol. Inorg. Chem.* **2**, 680.
Fulop, V. et al. (1994) *Structure* **2**, 201.
Hirano, T. et al. (2000) *Chem. Pharm. Bull.* **48**, 223.
Katona, G. et al. (2007) *Science* **316**, 449.
Kitajima, N. et al. (1993) *Inorg. Chem.*, **32**, 1879.
Lombard, M. et al. (2000) *J. Biol. Chem.* **275**, 27021.
Miller, A.-F. (2004) *Curr. Opin. Chem. Biol.* **8**, 162.
Nicholls, P. et al. (2001) In "*Advances in Inorganic Chemistry,*" Sykes, A. G. and Mauk, A. G. Eds., Academic Press, Vol. 51, pp. 51-106.
Niviere, V. and Fontecave, M. (2004) *J. Biol. Inorg. Chem.* **9**, 119.
Ohtsu, H. et al. (2000) *J. Am. Chem. Soc.* **122**, 5733.
Pinho, F. G. et al. (2011) *Acta Crystallogr.* **F67**, 591.
Tainer, J. A. et al. (1983) *Nature* **306**, 284.
Tamura, M. et al. (2000) *J. Organomet. Chem.* **611**, 586.
Whittaker, M. M. et al. (1999) *Biochemistry* **38**, 9126.
Wuerges, L. et al. (2004) *Proc. Natl. Acad. Sci. USA* **101**, 8569.

2.6　その他の酸化還元酵素

2.1から2.5節で取り上げたタンパク質および2.7節の小分子の活性化に関わる酵素はすべて中心金属の酸化還元反応を伴うことから，酸化還元酵素（oxidoreductase）に分類される．酸化還元反応にかかわることのできる金属元素は，生体のような穏和な環境において2つ以上の原子価を利用することのできるFe, Cu, Ni, Co, Mn, Mo, W, Vであるが，ここでは本書の他の部分では取り上げられていない酸化還元酵素の

うち重要なものについて紹介する．多種類の金属元素を含む複雑系金属酵素については機能との関連において最も注目される元素のところで取り上げる．

2.6.1 Fe 含有酸化還元酵素

（1）ピルビン酸：フェレドキシンオキシドレダクターゼ（酸化還元酵素）（pyruvate: ferredoxin oxidoreductase：PFOR）

PFOR はピルビン酸から脱 CO_2 してアセチル-CoA を生じる．この反応は CO_2 固定の還元的トリカルボン酸経路におけるピルビン酸合成酵素の逆反応であり，チアミン二リン酸（TPP）がピルビン酸を酸化的に脱炭酸する．電子受容体としてフェレドキシンまたはフラボドキシンが利用される．PFOR は電子伝達のために Fe_4S_4 中心を有している．

$$CH_3COCOOH + HS\text{-}CoA \longrightarrow CH_3CO-S\text{-}CoA + CO_2 + 2H^+ + 2e^-$$

（2）フェレドキシン：チオレドキシンオキシドレダクターゼ（ferredoxin: thioredoxin oxidoreductase：FTR）

FTR は光合成の暗反応であるカルビンサイクルの制御に関係しており，ジスルフィド結合を有するチオレドキシンの還元レベルを調整する．FTR もまたジスルフィド結合を有しており，さらに［4Fe-4S］クラスターを有している．［4Fe-4S］クラスターは電子伝達ではなく［2Fe-2S］フェレドキシンへの 1 電子供与によって生じた半還元状態の S-S を安定化する機能を有するため，ラジカル状態の$[4Fe\text{-}4S]^{3+}$になると考えられている．

2.6.2 Cu 含有酸化還元酵素

アミンオキシダーゼ，リシルオキシダーゼ，ガラクトースオキシダーゼについては 1.9.1 項（p.109）のキノン性補因子やチロシンラジカルの項で解説した．また，カテコールオキシダーゼについては 2.4.4 項（p.241）においてチロシナーゼファミリー酵素としてすでに解説したので省略する．なお，ガラクトースオキシダーゼ，ラッカーゼ，リグニンペルオキシダーゼと共にリグニン分解に関わるグリオキサルオキシダーゼの活性中心構造はガラクトースオキシダーゼのそれと類似しているが，アミノ酸配列の相同性は 28% にとどまっていることから，互いに別の名前を与えられている．ここではウルシのラッカーゼをプロトタイプとするマルチ銅オキシダーゼについて解説する．

（1）マルチ銅オキシダーゼ（multicopper oxidase：MCO）

微生物からヒトにいたるまで多様な MCO が存在しており，それらの構造や機能も様々であるので表 2.11 にまとめた（Messerschmidt, 1997）．ここでは，これらの構造，

表 2.11 マルチ銅オキシダーゼの分類

マルチ銅オキシダーゼ	機能（用途）	ドメイン構造[a]
ラッカーゼ（植物）	リグニン合成・分解，保護皮膜形成	3ドメイン
（昆虫）	昆虫表皮クチクラ硬化・黒化	3ドメイン（膜結合）
（菌類）	リグニン分解，色素形成	3ドメイン
（細菌類）		3ドメイン
		2ドメイン（SLACなど）
CotA	内生胞子のUV光耐性	3ドメイン
ビリルビンオキシダーゼ	ビリルビンの酸化（臨床検査）	3ドメイン
CueO	Cuホメオスタシス	3ドメイン
PcoA	Cuホメオスタシス	3ドメイン
Fet3p	Fe取込み	3ドメイン（膜結合）
CumA, MofA, MnxG	Mn(Ⅱ)酸化，成長・解毒（?）	3ドメイン
phenoxazinone synthase	抗生物質アクチノマイシン合成	3ドメイン
dihydrogeodin synthase, sulochrin oxidase	グリサン（grisan）の生合成	3ドメイン
アスコルビン酸オキシダーゼ	細胞分裂（臨床検査）	3ドメイン
セルロプラスミン	Fe(Ⅱ)酸化・輸送	6ドメイン
hephaestin	Fe(Ⅱ)酸化・輸送	6ドメイン

[a] MCOのドメイン構造はクプレドキシン（ブルー銅タンパク質）様の構造を1つのドメインとした3ドメイン構造が基本であり，活性部位はドメイン1と3の間に配置されている．しかし，最近では2ドメイン型の小さなMCOも見つかっている．一方，6ドメイン型のMCOもあり，亜硝酸レダクターゼの4次構造との相同性よりクプレドキシン構造を有する共通の先祖から分子進化してきたと考えられている（3.4節 p. 342参照）

機能，反応機構などについて全体像を眺めてみたい．なお，MCOの構造と機能の進化については3.4節（p.342），機能の一環としての金属イオンの輸送（取り込みと排出）については3.1節（p.303），産業利用については4.2節（p.371）を参照されたい．

MCOのプロトタイプであるラッカーゼ（laccase）の名はウルシに由来している．19世紀の後半にはウルシの樹液を硬化させる物質としてすでにその存在が発見されていた（Yoshida, 1883）が，アミノ酸の配列の決定に成功したのは21世紀になってからである（Nitta et al., 2002）．ラッカーゼの機能はウルシオールなどのフェノール脂質を含む樹液を酸化重合させ保護皮膜を形成することである．しかしながら，ラッカーゼは植物のみならず菌類や微生物に広く存在しており，機能はむしろリグニン合成・分解，色素形成などが主である．また，表2.11に示すようにMCOの機能は様々であるが，いずれの場合も比較的高い酸化還元電位を有する基質の酸化反応を触媒することは共通している．ここで，対象とする基質でMCOがユニークであるのはCu(Ⅰ)，Fe(Ⅱ)，Mn(Ⅱ)を特異的に酸化するMCOが存在することであり，金属オキシダーゼ活性を示すのは現在のところMCOのみに限られている（Sakurai and Kataoka, 2007 a, b; 櫻井, 2010）．

2.6 その他の酸化還元酵素

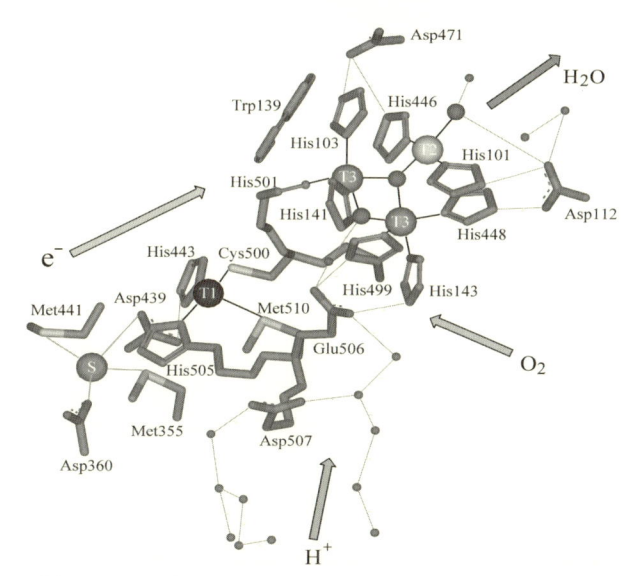

図 2.72 マルチ銅オキシダーゼ CueO の活性部位と反応（口絵参照）
S, T1, T2, T3 はそれぞれ基質, T1Cu, T2Cu, T3Cu を表す．赤丸は O を表す．(Komori et al., 2012)

図 2.72 は MCO の代表として CueO の活性中心を示す．T1 Cu は基質からの電子を引き抜く役割を担っており，この部位がオキシダーゼ活性の中心部位である．T1 Cu で引き抜かれた電子は His-Cys-His なる MCO 特有のアミノ酸トリオを経由して，T2 Cu と 1 対の T3 Cu からなる 3 核 Cu 部位に約 13 Å 長距離輸送され，ここで最終的な電子受容体である酸素分子を 2 分子の水へと 4 電子還元する．

MCO の立体構造は約 20 年前に初めて明らかとなり，架橋 OH$^-$ により T3 Cu が反強磁性相互作用していることなどが明らかにされてきた．しかしながら，構造解析される MCO が増加するにつれ，図 2.73 に模式的に示すような様々な 3 核 Cu 部位の休止状態構造が提出され，現在一種のカオス状態にある（櫻井，2010）．図 2.73 の 1 の構造はこれまで考えられてきた休止状態であるが，6 の構造の報告例が増えつつある．この構造は，休止体ではなくむしろ酸素還元の中間体に対して予想されていた構造（Kataoka et al., 2009）である．このような混乱が起こる原因として，大きな正の酸化還元電位をもつ Cu 中心が X 線によって容易に還元されてしまうこと（Komori et al., 2012）や，MCO のように複雑な活性中心をもつ金属含有酵素が様々な状態を同時にとりうることなどがあげられる．活性酸素を生じることなく，あるいは，これらをタンパク質外に放出することなく酸素の 4 電子還元（$4H^+ + O_2 + 4e^- \rightarrow 2H_2O$）を行うことができるのは，MCO と末端酸化酵素（シトクロム c オキシダーゼ）のみ

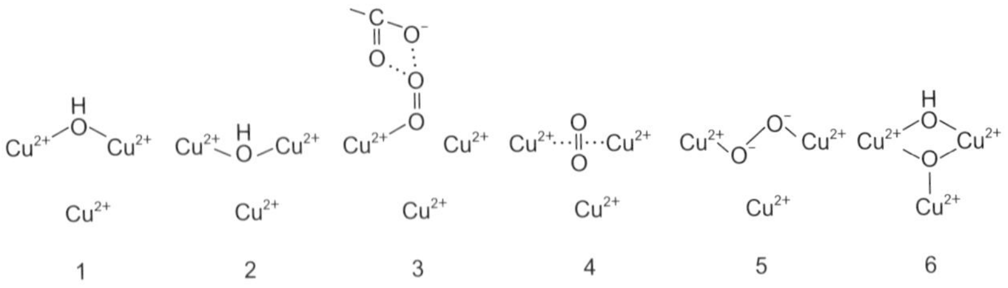

図 2.73 これまで報告された MCO の 3 核 Cu 部位の構造

である（2.3.1 項 p.195 参照）．また，この反応は燃料電池において進行する反応であることから，4.2 節（p.371）で紹介するように，生物燃料電池の電極触媒としての MCO の利用が模索されるところとなっており，反応機構の解明が待たれている．しかしながら，MCO による酸素の 4 電子還元は極めて迅速に行われるため，通常の反応過程で反応中間体が検出されることはない．そこで，酸素の結合や H^+ 供給にかかわる Asp や Glu に変異を導入し，反応を 1 回のみ行う single turnover 過程や T1 Cu 部位を空位として電子不足状態で反応過程を追跡することにより，2 種の酸素還元中間体を捕捉することが可能となった（Kataoka et al., 2009）．図 2.74 は 3 核 Cu 部位付近に配置された非配位性の Asp と Glu の役割を含めた反応機構を示している（Ueki et al., 2006; Sakurai et al., 2011）．

　MCO の基質はいずれの場合も T1 Cu 付近に結合する．基質選択性の相違は MCO ごとにループによって形成された基質結合部位の形や基質との相互作用によっている．*Trametes versicolor* のラッカーゼの構造解析では，酵素を誘導するため培地中にインデューサーとして添加された 2,5-キシリジンが T1 Cu に配位した His のイミダゾール基と直接相互作用しており，基質からの電子がイミダゾール基を介して T1 Cu へ伝達されることがわかる（Bertrand et al., 2002; PDB code 1KYA）．類似した状況は金属イオンのオキシダーゼであるセルロプラスミン（Cp），CueO，Fet3p でも見られる．Cu(I) オキシダーゼである CueO の基質結合部位はヘリックスで覆われ，その下部に 2Met, 2Asp からなる基質結合部位が存在している（図 2.72，図 4.6 p.374）．このような構造のため，有機基質は T1 Cu に容易に接近できないようになっている．Fe(II) を基質とする Cp では 1His, 1Asp, 2Glu，Fet3 では 2Asp, 1Glu, 1Gln により Fe(II) 結合部位が形成されており，金属オキシダーゼの基質結合部位は，触媒部位ほど安定な結合とはならないような配位子の組合せとなっている．これは，基質であるゆえに適度に置換活性でなければならないからであろう．

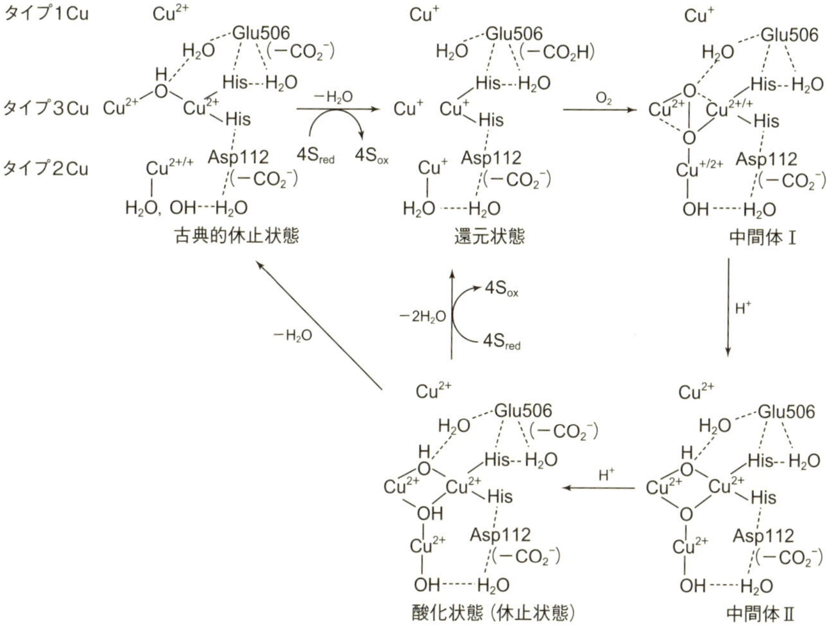

図 2.74 マルチ銅オキシダーゼ CueO による酸素の 4 電子還元機構

Glu506 側鎖のカルボキシル基は休止状態では脱プロトン化しているが，還元するとプロトン化される (Iwaki et al., 2010). Asp112 は酸素の結合に必須である (Ueki et al., 2006). 中間体 II の構造は休止状態の構造と類似しているが，3 核 Cu 部位の構造が異なると考えられる．

2.6.3 Ni 含有酸化還元酵素

タンパク質中の Ni はウレアーゼの場合のようにルイス酸として働く場合もあるが (2.8.2 項 p.299 参照)，ヒドロゲナーゼ (2.7.2 項 p.282 参照) や以下に述べる CO デヒドロゲナーゼ，アセチル-CoA シンターゼ，メチル-CoM レダクターゼ中の Ni-F_{430} では Ni(II) 以外の酸化状態も利用され，酸化還元反応に寄与している．

(1) 一酸化炭素デヒドロゲナーゼ (CO デヒドロゲナーゼ) (carbon monoxide dehydrogenase：CODH) / アセチル-CoA シンターゼ (acetyl-CoA synthase：ACS)

CO を炭素源およびエネルギー源とする微生物は，CO と CO_2 の相互変換 (CODH) を行う．CODH には Mo 含有型 (Mo-CODH)，Ni 含有型 (Ni-CODH) に加えて，CODH 活性とアセチル-CoA 合成活性 (ACS 活性) の両方を示す多機能酵素 Ni-CODH/ACS が存在する (Hegg, 2004). Mo-CODH は好気性のバクテリアに含まれ，CO を CO_2 に酸化し，電子を O_2 に放出する．Mo-CODH は Mo-ヒドロキシラー

ゼと類似しており，FAD，[2Fe-2S]，Cu および 2Mo を有している。Ni-CODH はヒドロゲナーゼとともに働き，CO と H_2O から CO_2 と H_2 を生成する。これに対し，CODH/ACS はそれぞれの活性を異なるサブユニットで示す。

CODH 活性：$CO + H_2O \rightleftarrows CO_2 + 2H^+ + 2e^-$

ACS 活性：$CH_3\text{-cobalamin}(Co(III)) + CO + HS\text{-CoA} \rightleftarrows$
$\text{cobalamin}(Co(I)) + CH_3\text{-CO-S-CoA} + H^+$

CODH/ACS は $\alpha_2\beta_2$ のヘテロダイマーであり，CODH 活性を示すサブユニット β は電子伝達にあずかる B- および D- クラスターと活性中心の C- クラスター（Fe-[NiFe$_3$S$_4$]）を有する。ACS 活性を示すサブユニット α は A- クラスター（[4Fe-4S] クラスターに Cu と Fe の複核錯体が結合）を有する。2つの活性中心は 67Å 離れているが，チャンネルで結ばれており，CO/CO_2 はここを輸送される。*Moorella thermoacetica*（*Clostridium thermoaceticum*）（Darnault et al., 2003; PDB code 1OAO; Svetlitchnyi et al., 2004; PDB code 1RU3），*Rhodospirilum rubrum*（Drennan et al., 2001; PDB code 1JQK），*Carboxydothermus hydrogenformanas*（Dobbek et al., 2001, 2004; PDB code 1SU8; Jeoung and Dobbek, 2007; PDB code 3B51, 3B52）由来のCODH 構造が明らかにされている（図 2.75）。C- クラスターにおける CODH 活性は，$Fe(II)$ に配位した OH^- が近接した $Ni(II)$ に結合した CO を求核攻撃し，生成した

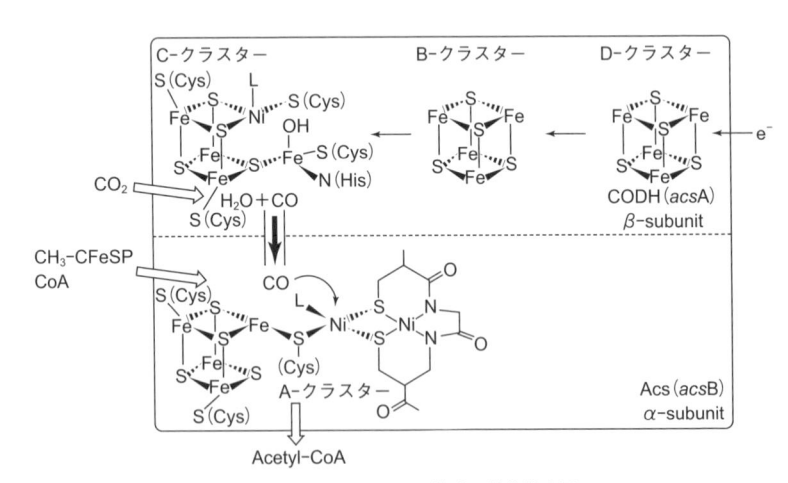

図 2.75 CODH/ACS の構造・機能模式図

CODH の C- クラスターは [Ni-4Fe-4S-OH] クラスターで，Ni と OH の間に CO あるいは CO_2 が挿入されて可逆的に反応が起こると考えられている。ACS においては，CH_3- はコリノイド Co 含有 Fe-S タンパク質（CFeSP）に由来し，CH_3-，CO，CoA が縮合して，代謝過程の共通中間体の1つであるアセチル-補酵素 A（$CH_3CO\text{-CoA}$）が生成する。L は不明。

COOH から脱プロトンして CO_2 となるメカニズムが考えられている（Jeoung and Dobbek, 2007; PDB code 3B51, 3B52）。この反応は可逆的であり，Ni(I)/Ni(II) と $[Fe-S]^{+/2+}$ の合計4つの酸化還元状態が知られている．ACS 活性の発現に際しては，CO がチャンネルを運ばれ A-クラスターの Ni に結合する．一方，Ni にはメチルコバラミド由来のメチル基も結合し，Ni 上でアセチル中間体が形成される．最終的に HSCoA が脱プロトン化し，アセチル化されると考えられている．金属中心の酸化状態変化は解明されていないが，Ni の配位構造は Ni(III) 状態の構築に有利と考えられる（Drenman et al., 2004）．なお，これらの Ni 含有活性中心モデル錯体については，総説を参照されたい（Evans, 2005）．

(2) メチル-CoM レダクターゼ（methyl-CoM reductase：MCR）

MCR はメタン菌がメタンを生成する最終段階を触媒する酵素である．ATP 合成にはカップルしていないことが証明されている．H_2 と CO_2 をそれぞれ電子源および炭素源とする *Methanobacterium thermoautotrophicum* の MCR が最もよく研究されている（Shima and Thauer, 2005; PDB code 1HBM, 1MRO）．MCR はヘテロ3量体の2量体 $\alpha_2\beta_2\gamma_2$（α：66 kDa，β：48 kDa，γ：37 kDa）であり，Ni を含有する黄色の F_{430} を有している（Ermler et al., 1997; PDB code 1MRO）．F_{430} はコリノイドとポルフィノイドのハイブリッド "corphin" であり，テトラピロール骨格に不飽和結合は5つしか有していない（図 2.76）．タンパク質中では，α サブユニットの Gln のアミド O 原子が Ni(I) の第5配位座に結合している．

MCR は 7-thiopeptanoylthreoninephosphate（補酵素 B：HS-CoB）と 2-(methylthio)-ethanesulfonate（補酵素 M：CH_3-S-CoM）を縮合し，ジスルフィドアダクトと CH_4 を生成する．この過程は F_{430} の触媒作用を受ける．まず，CH_3-S-CoM のメチル基は Ni(I)-F_{430} の空いた軸位に接近し，電子に富む Ni(I)-F_{430} による親核攻撃によって H_3C-Ni(III) 中間体が生成する．H^+ は近傍の Tyr から供給される．次いで

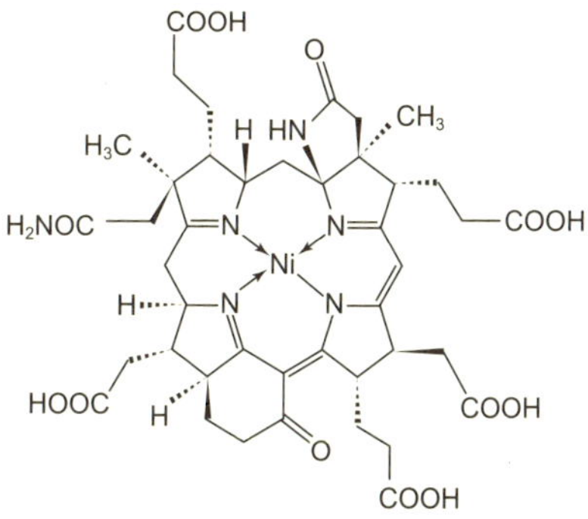

図 2.76　Ni-F_{430} の構造

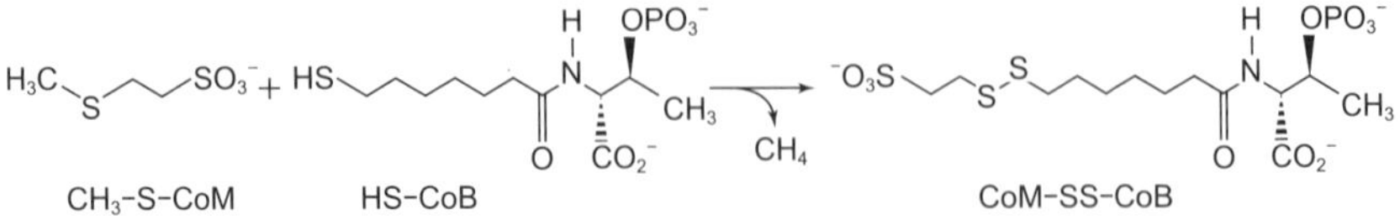

$$H_3C-S-CoM + H^+ + Ni(I)-F_{430} \rightleftharpoons H_3C-Ni(III)-F_{430} + CoM-SH$$
$$H_3C-Ni(III)-F_{430} + CoM-SH \rightleftharpoons H_3C-Ni(II)-F_{430} + CoM-SH^{\cdot+}$$

図 2.77　MCR の反応過程

CoM-SH から 1 電子移動する（図 2.77）．$H_3C-S-CoM$ がホモリティックに開裂する機構も可能であると考えられているが，経路には関係なく $Ni(II)-CH_3$ 中間体は protonolysis によって CH_4 と $Ni(I)-F_{430}$ を生成する（Ferry, 1999）．このとき，中間種としてチイルラジカルを経る．Ni はチオグリシンからの電子供給によって 1 価に戻る．

2.6.4　Mn 含有酸化還元酵素

Mn-デヒドロゲナーゼ（Mn-dehydrogenase）：デヒドロゲナーゼは NAD^+ を還元性の補酵素とする 3 ファミリー（酒石酸デヒドロゲナーゼ，3-イソプロピルアミンデヒドロゲナーゼ（IPMDH），イソクエン酸デヒドロゲナーゼ（ICDH））からなり，いずれも Mn^{2+} または Mg^{2+} と NADH を要求する．Mn^{2+} 自身は酸化数を変化させず，基質の結合と配向に関わる．

2.6.5　Mo または W 含有酸化還元酵素

ニトロゲナーゼの活性中心を形成する FeMo コファクター（FeMoco）（2.7.3 項参照）を除いて，すべての Mo 含有酸化還元酵素はジチオレン基で配位した 1 つまたは 2 つのモリブドプテリン類（1.9.2 項 p.119 参照）を有する．これら Mo 酵素は，Mo の配位構造から図 1.20（p.98）に示したように 3 つのファミリーに分類されている（Hille, 1996）．

① ジメチルスルホキシド（DMSO）レダクターゼ族：2 分子のプテリン補酵素と 1 アミノ酸残基が結合
② 亜硫酸オキシダーゼ族（1 分子のプテリン補酵素と 1 アミノ酸残基が結合）
③ Mo-ヒドロキシラーゼ族（キサンチンオキシダーゼ族とも呼ばれている）：1 分子のプテリン補酵素が結合

さらに，W 含有酵素は嫌気性の好熱菌に含有されていることが多いが，W 酵素も 1 つ以上のプテリン誘導体を結合している．Mo と W は同族で化学的性質が極めてよく似ているので，互いに置換できる場合が多い（Johnson et al., 1996）．以下に，Mo

2.6 その他の酸化還元酵素　　267

と W 含有酵素について述べる．

a．ジメチルスルホキシド（DMSO）レダクターゼファミリー

　このファミリーの Mo 酵素には DMSO レダクターゼ（dimethylsulfoxide reductase：DMSOR），異化型硝酸還元酵素（nitrate reductase：NAP, NAR），ギ酸レダクターゼ（formate reductase），トリメチルアミンオキシドレダクターゼ（trimethylamine oxide reductase）などが属しており，いずれもバクテリアや古細菌をソースとしている．これらの酵素においては，図 1.20（p.98）に示したように Mo に 2 分子の MGD（molybdopterin guanine dinucleotide；図 1.35 p.122 参照）が結合している．

　DMSOR は，DMSO（$(CH_3)_2S=O$）をジメチルスルフィド（DMS, CH_3-S-CH_3）に還元することから，自然界における硫黄循環に関与している酵素であり，生成物の DMS は地球環境的意味をもつ揮発性化合物である．すなわち，藻類が生産するジメチルスルホニオプロピオン酸（$(CH_3)_2S^+CH_2CH_2COOH$）（藻類中では，浸透圧調整，浮揚補助，抗酸化，C や S 源などの役割）は，藻類が枯れることにより DMS に分解され，さらに化学的に生物的に DMSO に酸化される．このとき，生物が行う可逆的変換が，細菌やカビが有する DMSOR や DMS デヒドロゲナーゼであり，DMSO を末端電子受容体とするエネルギー獲得プロセスに DMSOR の機能をリンクさせている．DMSO 呼吸は O_2 呼吸に比べてはるかに効率が低いが，アルコール発酵よりも効率的である．一方，大気中に放出された DMS は海の匂いの 1 つとして，海鳥が餌としての藻類のある場所を知る手がかりとなる物質であり，さらには，光によってメタンスルホン酸（CH_3SO_3H）に酸化され，これは雲を発生する核となる物質といわれている．

　(1) 紅色非硫黄光合成菌 *Rhodobacter* 由来の 2 種の DMSOR（約 85 kDa，ペプチド鎖の相同性は 77%）の構造解析が行われている．図 1.20 に示したように，*R. sphaeroides* の Mo 部位は 2 分子の MGD，Ser の側鎖，1 個の O 原子（Trp 側鎖と水素結合）が結合した 6 配位（Schindelin et al., 1996; PDB code 1EU1），*R. capsulatus* の Mo 部位は 2 分子の MGD，Ser の側鎖，2 個の O 原子（それぞれ Trp 側鎖，Tyr 側鎖と水素結合）が結合した 7 配位である（McAlpine et al., 1997; PDB code 1DMR）．DMSOR の反応は，DMSO の還元反応である（$Me_2S=O + 2e^- + 2H^+ \rightarrow Me_2S + H_2O$）．反応は 2 段階で，第 1 段階は還元された酵素（Mo^{4+}）が DMSO を Mo に結合し，DMS が脱離する．このとき，Mo^{6+} は O 原子を配位している．第 2 段階では，特別なシトクロムから 2 電子が Mo に渡され，O 原子は H^+ を受け取り H_2O となる．*R. capsulatus* 由来の DMSOR については，Mo^{6+} 状態の結晶に過剰の DMS を加えることにより，Mo^{4+} に DMSO が配位した構造が得られている（図 2.78）（McAlpine et al., 1998; PDB code 4DMR）．このとき，溶液の色は褐色から桃色に変化する．DMSO 配位子は，

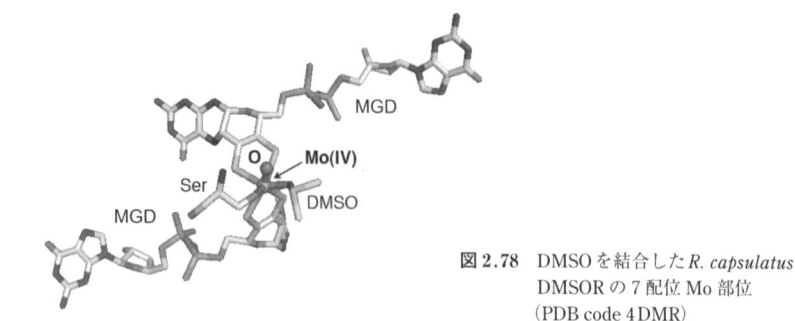

図 2.78 DMSO を結合した *R. capsulatus* DMSOR の 7 配位 Mo 部位 (PDB code 4DMR)

酸化状態で Mo が配位している 2 個の O 原子のうちの 1 個と置換している.この O 原子は Mo^{6+} 状態のときは Trp 側鎖が水素結合している方の O 原子であり,触媒反応のときには O 転移に関与する原子である.

(2) 海洋バクテリア *Shewanella massilia* 由来の 94 kDa のトリメチルアミンオキシドレダクターゼ (trimethylamine oxide reductase:TMAOR) は,DMSOR と同様にトリメチルアミン N-オキシドを末端電子受容体とした呼吸鎖に含まれている.トリメチルアミン N-オキシドは,海における魚や無脊椎動物の浸透圧調節物質として重要な役割を演じている.TMAOR の 7 配位 Mo 部位構造も,図 1.20 に示したように,DMSOR に類似している (Czjzek et al., 1998; PDB code 1TMO).DMSOR はスルホキシドと共にアミンオキシドも触媒するが,TMAOR は $Me_3N^+\text{-}O^- + 2e^- + 2H^+ \rightarrow Me_3N + H_2O$ のようにアミンオキシドの還元のみを触媒する.これは,TMAOR の Mo 部位に基質を誘導するロート (柄部分に Mo 部位が位置している) の内面に正電荷を有するアミノ酸残基が位置して,アミンオキシドを通すが DMSO は通さないことによると考えられている.

(3) ギ酸デヒドロゲナーゼ (formate dehydrogenase:FDH) は,メタン生産菌や大腸菌などの通性嫌気性微生物に含まれており,ギ酸を CO_2 に酸化する反応を触媒している ($HCO_2^- \rightarrow CO_2 + H^+ + 2e^-$).硝酸呼吸の大腸菌では主たる構成要素である 510 kDa の膜結合 FDH のタンパク質構造は,[α (1051 アミノ酸残基) β (294 残基) γ (217 残基)]₃で,上から α,β,γ の順に重なって相互作用しており,これが 3 つ集まって 3 量体を形成し,キノコのような形で内膜に刺さって結合している.α と β はペリプラズムにあり,β の 1 本の α ヘリックスが内膜を貫通し,γ は大半が内膜中に存在している.そして,α サブユニットには Mo 部位と [4Fe-4S] クラスター,β サブユニットには 4 個の [4Fe-4S] クラスター,γ サブユニットには 2 個のヘム b が,それぞれ 6〜11 Å の間隔で配置されている (Jormakka et al., 2002; PDB code 1KQF, 1KQG).上

部のαサブユニットに結合しているMo部位においてギ酸が酸化されて生成した電子は，配列しているクラスターを通してγサブユニットに下降して，膜中のヘムbにおいてメナキノン（MQ）が還元される．還元体のメナキノール（MQH$_2$）は内膜を移動して，同じく内膜に結合して2個のヘムbをもつNARの一部であるNarIに渡され，NARが機能することになる（2.3.2項p.200参照）．αサブユニット中のMo(IV)部位の構造は，図1.20に示したように6配位三角柱型であり，2分子のMGD，セレノシステイン140（SeCys140）のSe原子，OHグループが結合している．この還元型Mo(IV)部位では，OHが脱離した5配位三角両錐型構造になっている（Boyington et al., 1997; PDB code 1AA6）．このSeCys140をCys140に置換した変異体では本来の酵素活性の1/300となることから，Moに対するSeCys, Cys, Ser配位子の選択がMo周りの配位構造を調節し，基質の反応性や選択性を生じる原因になるのであろう．

(4) 亜ヒ酸オキシダーゼ（arsenite oxidase：ASO）は，亜ヒ酸をヒ酸に酸化する酵素である（$H_3AsO_3 + 2H_2O \rightarrow H_3AsO_4 + 4H^+ + 2e^-$）．亜ヒ酸の毒性は，亜ヒ酸がタンパク質のCys残基やジオールなどに結合することにある．ヒ素の毒性は，リンに類似しているためにATPaseによってADPがヒ素化されることが引き金になると考えられている．バクテリアは体内の亜ヒ酸やヒ酸に対して，直接排出するか，あるいは，化学的に修飾し低毒化することによって，それらの毒性に打ち勝つ機構を有している．低毒化の場合，亜ヒ酸は直接メチル化されるか，あるいはメチル化の前に本酵素，ASOによって低毒性のヒ酸に酸化される．*Alcaligenes faecalis*のASOは，93 kDaのLサブユニット（図1.20に示したMo(O)(MGD)$_2$部位と[3Fe-4S]クラスターを含有）と15 kDaのSサブユニット（[2Fe-2S]リスケクラスター含有）の2つからなる（Ellis et al., 2001; PDB code 1G8J）．ASOのMoは，基質の亜ヒ酸の結合を避けるためか，他のDMSO族のMo部位とは異なりアミノ酸残基を配位していない．現に亜ヒ酸は次に述べるXO/XDHの阻害剤である．MGDを省略したMo部位の酸化反応式を以下に示す．

$$HO-Mo^{VI}=O + :As^{III}OH(O^-)_2 \longrightarrow HO-Mo^{IV}-O-As^{V}OH(O^-)_2$$
$$\longrightarrow Mo^{IV}=O\ [+O=As^{V}OH(O^-)_2 + H^+] \longrightarrow Mo^{IV}=O + H_2O$$
$$\longrightarrow HO-Mo^{VI}=O\ [+2e^- + H^+]$$

生じた$2e^-$は，Mo部位から最短距離約6Åにある[3Fe-4S]クラスターに渡り，さらにそこから約12Å離れたところにある[2Fe-2S]リスケクラスターへサブユニット間電子移動をする．その電子は，最後に，リスケクラスターのHis配位子を介して電子受容タンパク質（アズリンやシトクロムc）に渡されることによりASOを出る．

b. 亜硫酸オキシダーゼファミリー

亜硫酸オキシダーゼ (sulfite oxidase: SO) と同化型硝酸レダクターゼがこのジャンルに分類されるが，前者については「小分子の活性化」で記述しているので，詳細は2.7.1項 (p.277) を参照されたい．このファミリーの酵素は，NまたはS原子の電子対と交換する形でO転移を行っている．酵母・ピキア属 (*Pichia angusta*) の同化型硝酸レダクターゼ (assimilatory NAD(P)H:nitrate reductase: NAS) では，全アミノ酸859残基のうちのN末端側の半分が発現され，結晶構造解析が行われた (Fischer et al., 2005; PDB code 2BIH)．なお，残る半分にはヘム，FAD，NADPH結合部分がある．発現したNASのMo部位の構造は図1.20に示したSOと同様で，NO_3^-が$Mo^{4+}-OH$のOH基と置換して結合したのち，Moから基質への2電子移動と$Mo-O-NO_2^-$のO-N結合の開裂によって，NO_2^-が生成すると推定されている．一方，Mo^{6+}はNADHによって還元されて，Mo^{4+}にもどる．SOとNASにより触媒される反応を図2.79に示した．

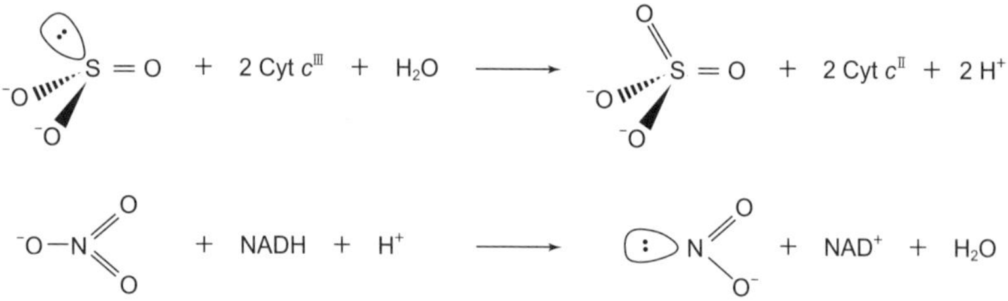

図 2.79 SO および NAS の触媒反応

c. キサンチンオキシダーゼ（Mo-ヒドロキシラーゼ）ファミリー

Mo-ヒドロキシラーゼとも呼ばれるこの酵素は，次式で示される過程で水酸化反応を触媒する．

$$RH + H_2O \rightleftharpoons ROH + 2H^+ + 2e^-$$

このタイプの反応の特徴として，還元当量が消費されるのではなく生産されること，基質への酸素源がO_2でなくH_2Oである点がユニークである．構造の類似性からMo-ヒドロキシラーゼに分類することができる酵素のうち，代表的なものはキサンチンオキシダーゼ (xanthine oxidase: XO) / キサンチンデヒドロゲナーゼ (xanthine dehydrogenase: XDH)，アルデヒドオキシダーゼ/アルデヒドデヒドロゲナーゼ，COデヒドロゲナーゼである．

(1) XO/XDHはヒトなどの動物の肝臓や腎臓に存在して，プリン代謝の最終ステップを触媒する．共にキサンチンを尿酸に酸化するが，電子受容体として，それぞれ

2.6 その他の酸化還元酵素

NAD^+ と O_2 を利用する点が異なっている．すなわち，基質存在下で XDH は NAD^+ によって酸化されるのに対して，基質存在下で XO は NAD^+ とは反応せずにもっぱら O_2 が用いられる．そのため，後者は $O_2^{\cdot-}$ や O_2^{2-} の生成の原因となる．本来，XO は *in vivo* では，XDH であると考えられている．本酵素の XDH 型は，タンパク質中の 2 つの Cys 残基の酸化により，容易に XO 型へと可逆的に変換することが，西野らによる結晶構造解析から明らかになっている（Nishino et al., 2008; PDB code 2E3T, 1WYG）．これは $-S-S-$ 架橋によりタンパク質のコンホメーション変化が起こり，NAD^+ が接近できなくなったり，新たに溶媒のゲートができたりするものであるが，Mo 部位の構造は全く変化しない．一般に牛乳からの XO/XDH（2 量体，〜300 kDa）についての研究が多く，この酵素は N 末端から 20 kDa の 2 個の [2Fe-2S] クラスターを有するドメイン，40 kDa の FAD 含有ドメイン，85 kDa の MPT（図 1.35 p.122 参照）を含むモリブドプテリンドメインからなる（Enroth et al., 2000; PDB code 1FO4, 1FIQ; Pauff et al., 2008; PDB code 3B9J）．微生物からの XDH も知られている（Dietsel et al., 2009; PDB code 2W55）．図 2.80 に XO/XDH の反応機構を示す．Mo は O 原子

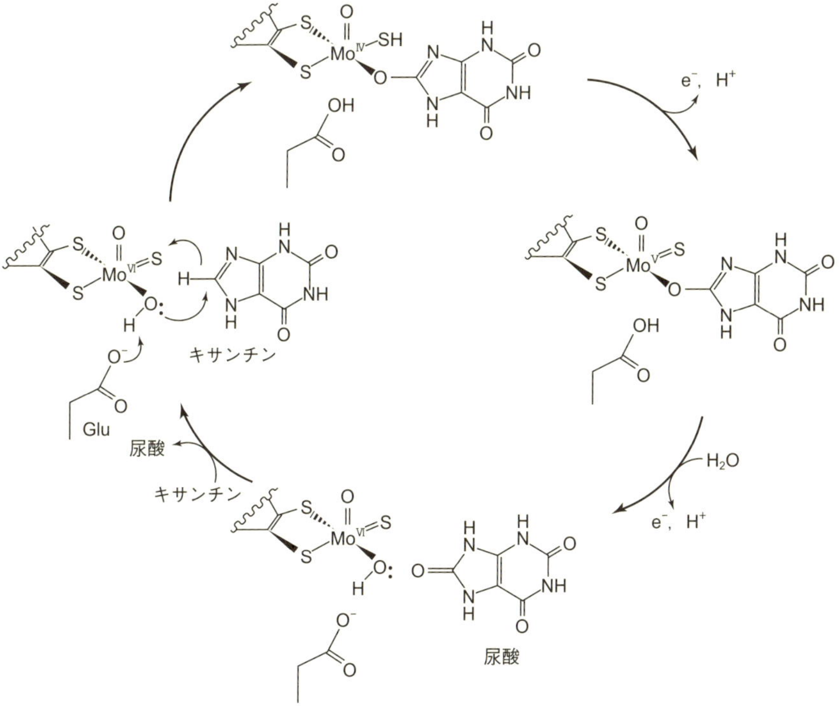

図 2.80 XO/XDH の推定反応機構（Pauff et al., 2008）

転移機能が高く，Mo=O からキサンチンの C(8) への O 転移が起こる．尿酸が痛風に関わり，高尿酸血症がいろいろなリスクファクターとして考えられているため，血中尿酸濃度のコントロールの必要性が指摘されている．基質のキサンチンに構造が類似したアロプリノールは XO/XDH の阻害剤であり，痛風の治療薬として用いられる．

(2) アルデヒドオキシドレダクターゼ (aldehyde oxidoreductase) は，アルデヒドを対応するカルボン酸に酸化する酵素である ($RCHO + H_2O \rightarrow RCOOH + 2H^+ + 2e^-$)．哺乳類の肝臓に存在するものは，エタノールの代謝において，Zn 含有アルコールデヒドロゲナーゼにより生成したアセトアルデヒドを，さらに酢酸に酸化する役割を演じている．したがって，酒に弱いヒトの原因の 1 つは，この酵素不足といわれている．よく研究されているものは，硫酸還元菌 *Desulfovibrio gigas* からの酵素であり，99 kDa あたり MCD (molybdopterin cytosine dinucleotide; 図 1.35 p.122 参照)，FAD と 2 つの [2Fe-2S] クラスターをもっている (Rebelo et al., 2001; PDB code 1ALO)．

(3) CO デヒドロゲナーゼ (carbon monoxide dehydrogenase：CODH) は，次式のように CO を CO_2 に酸化する反応を触媒する ($CO + H_2O \rightarrow CO_2 + 2H^+ + 2e^-$) (2.6.3 項 p.263 参照)．一般に，CODH は好気あるいは嫌気の細菌や古細菌の両方で産出され，Mo-CODH は好気生物で (King and Weber, 2007)，Ni-CODH は嫌気生物で見出される (Oelgeschlager and Rother, 2008)．なお，後者のものでは，CO 酸化によって生成する電子を用いて，CO_2 から CH_4，$2H^+$ から H_2，SO_4^{2-} や S から H_2S を生成する嫌気呼吸を行っており，前述のようにアセチル CoA シンターゼ (ACS) と複合体中で機能して CO_2 から CH_3COOH を生成するものもある (2.6.3 項 p.263 参照)．地球上では年間に約 1×10^8 トンの CO が微生物により発生しており，これらの酵素は環境から CO を除去するという地球上の炭素サイクルの観点から重要な役割を演じている．好気的 CO-酸化バクテリア，*Oligotropha carboxidovorans* は土壌からの C 源として CO を用いている．この種の微生物は土壌表面数 cm 以内に生息し，大気中の CO の 20% を代謝に用いている．そして，CO を CO_2 に酸化することによって生成したエネルギーを ATP 合成に利用している．*O. carboxidovorans* の CODH は，L(89 kDa) M (30 kDa) S (18 kDa) サブユニットのヘテロ 3 量体の 2 量体を形成している (Dobbek et al., 2002; PDB code 1N5W)．L サブユニットは MCD-Mo に S 原子を介して結合した Cu の複核部位 (図 1.20 p.98 (c) CODH 参照) を，M サブユニットは FAD を，S サブユニットは 2 つの [2Fe-2S] クラスターを含んでいる．図 2.81 に，Mo-Cu 部位における推定反応機構を示した．

(4) 毎年，世界中で 1.5×10^7 トンのキノリンのような芳香族化合物を含むコールタールが製造されている．種々の酸化還元条件下でそれらの化合物を代謝できる微生

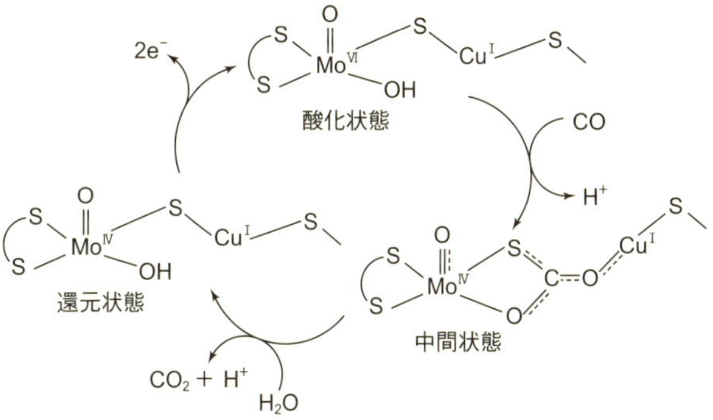

2.6 その他の酸化還元酵素

図 2.81 CODH の推定反応機構 (Dobbek et al., 2002)

物は，コールタールによる環境汚染エリアで微生物利用環境浄化に応用できる可能性を有している．好気的土壌細菌 *Rhodobacter capsulatus* がもつキノリン 2-オキシドレダクターゼ (quinoline 2-oxidoreductase：QOR) は，最初の代謝ステップでキノリン (S) を 2-オキソ-1,2-ジヒドロキノリン (P) に変換する酵素である ($S \rightarrow P + 2H^+ + 2e^-$)．タンパク質の構造は，L (85 kDa) M (30 kDa) S (20 kDa) のヘテロ 3 量体の 2 量体で，各サブユニットに，順に Mo-MCD 部位，FAD，2 つの [2Fe-2S] クラスターを含んでいる．Mo 部位から約 4Å のところにある Glu 残基が酵素活性に関与している (Bonin et al., 2004; PDB code 1T3Q)．

(5) 嫌気性土壌細菌 *Eubacterium barkeri* は，ニコチン酸 (3-ピリジンカルボン酸) を発酵してプロピオン酸，酢酸，CO_2，NH_3 を生成し，このとき，1 mol のニコチン酸から 1 mol の ATP を獲得している．このニコチン酸発酵は，ニコチン酸の OH 化によって 6-ヒドロキシニコチン酸 (3-カルボキシ-6-ヒドロキシピリジン) を生成することから開始される．これを触媒する酵素がニコチン酸デヒドロゲナーゼ (nicotinate dehydrogenase：NDH) である (Wagener et al., 2009; PDB code 3HRD)．NDH のタンパク質の構造は，L (50 kDa) M (37 kDa) F (33 kDa) S (23 kDa) サブユニットからなるヘテロ 4 量体の 2 量体で，L サブユニットは Mo-MCD 部位，F サブユニットは FAD，S サブユニットは 2 つの [2Fe-2S] クラスターを含んでいる．この酵素の Mo 部位の特徴は図 1.20 (p.98) に示したように，QOR の Mo 部位が S 原子を結合しているのに対して，NDH では Se 原子を結合していることである．MoO(OH)X 部位をもつ Mo 含有ヒドロキシラーゼでは，Mo=X の結合の π 結合性が O＞S＞Se の順に弱くなっていくことから，基質から 2 電子の H^- 転移を伴う反応性が X によって調節されると考えられている．

d. W含有酸化還元酵素

(1) アルデヒド：フェレドキシンオキシドレダクターゼ (aldehyde：ferredoxin oxidoreductase：AOR) は多くのソースから単離されているが，そのうち *Pyrococcus furiosus* 由来の AOR の結晶構造が明らかにされている (Chan et al., 1995; PDB code 1AOR). W は 2 つの MPT と結合しているがアミノ酸残基を配位しておらず，約 10 Å 離れて [4Fe-4S] クラスターが存在する. W 中心にはタンパク質表面から基質を通過させるチャンネルが通じている. W は IV, V, VI の酸化状態をとりうる. AOR は，

$$RCHO + H_2O + 2Fd(ox) \longrightarrow RCOOH + 2H^+ + 2Fd(red)$$

の反応を触媒し，[4Fe-4S] クラスターは基質から引き抜いた電子をフェレドキシン (Fd) に放出する役割を担っている.

(2) W 含有ギ酸デヒドロゲナーゼ (W-containing formate dehydrogenase：W-FDH) は，$HCOO^- \rightarrow CO_2 + H^+ + 2e^-$ の反応を触媒する酵素である. *Desulfovibrio gigas* からのものは，110 kDa の α サブユニットと 24 kDa の β サブユニットからなる (Raaijmakers et al., 2002; PDB code 1H0H). α サブユニットは，図 1.20(d)W-FDH に示したセレノシステイン残基が結合した W 部位と W から約 13 Å 隔てて [4Fe-4S] クラスター部位を含み，β サブユニットには 3 個の [4Fe-4S] クラスター部位が結合している. 4 個のクラスターは 9～10 Å 隔てて位置している. 基質は正電荷をもつアミノ酸残基が形成するトンネルを通って W 活性部位に接近し，生成物の CO_2 は疎水性チャンネルを通って放出される. また，電子は 4 個のクラスターを経てタンパク質外に運ばれる.

(3) *Pelobacter acetylenicus* 由来のアセチレンヒドラターゼ (acetylene hydratase：AH) も図 1.20(d)) のように活性中心に W を有し，そこから 11 Å のところに [4Fe-4S] クラスターをもっているが，これらは非酸化還元部位であり，酵素はリアーゼとして

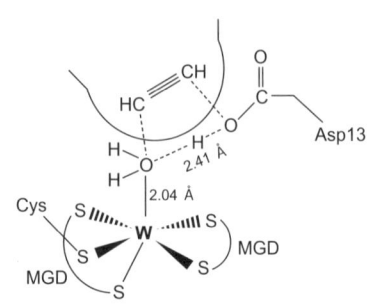

図 2.82 W 活性部位と基質結合ポケット中のアセチレンとの関係
図中の数値は，アセチレン分子の下の活性化水分子の O 原子と W あるいは Asp のカルボキシル基 O 原子との距離を示す.

働いている．すなわち，AH（84 kDa）はアセチレンの水和反応を触媒する（HC≡CH + H_2O → [H_2C=CHOH] → CH_3−CHO）が，強い還元剤によって活性化される．つまり，AH は W^{IV} のときに活性を有する酵素である．図 2.82 に活性部位にアセチレンが取り込まれたとき（基質ポケットに収まっている）の活性化構造を示した（Seiffert et al., 2007; PDB code 2E7Z）．触媒活性残基である Asp 13 の隣の Cys 12 は，[4Fe-4S] の 1 つの Fe に結合している．

2.6.6 V 含有酸化還元酵素

V は比較的多量に自然界に存在しており，海水中に遷移金属としては Mo（100 nM）に次ぐ濃度（30〜50 nM）で存在している．しかしながら V を利用する酸化還元酵素の種類は限られている（Butler et al., 2001）．

V 含有ハロペルオキシダーゼ（vanadium haloperoxidase：VHPO）：VHPO は過酸化水素によってハロゲン化物イオンを 2 電子酸化する酵素で，クロロペルオキシダーゼ（CPO），ブロモペルオキシダーゼ（BPO），ヨードペルオキシダーゼ（IPO）がある．ハロペルオキシダーゼとしてはヘム含有と V 含有の 2 つのクラスが存在しており，海藻，地衣類，菌類に存在している．また，補因子として NADH/FAD 依存のハロペルオキシダーゼもあることが知られている．CPO および BPO は共に結晶構造が解析されている（PDB code 1VNC，1QI9，1QHB）．V は三角両錐型の配位構造をもち，アミノ酸としては軸位に His が 1 つ配位しているだけで残る座を O または OH が占めている．したがって V の第一配位圏の構造は単純であるが，O や OH はタンパク質のアミノ酸残基と強固に水素結合している．V に配位したペルオキソに X^- が親核攻撃して生成する HO^-X^+ が活性種である（図 2.83）．X^+ は非酵素的に有機物をハロゲン化すると考えられている．あるいは，H_2O_2 と反応すると $^1O_2$ と X^- を生成する（Crans et al., 2004）．

VHPO はホスファターゼとアミノ酸配列ならびに活性部位構造の類似性が高く，分子進化論の立場からも興味がもたれている．また，これに関連して V 化合物はその阻害作用によりホスファターゼのみならず，リボヌクレアーゼ，ホスホリラーゼ，ATPase などの反応過程を研究する手段として用いられている．

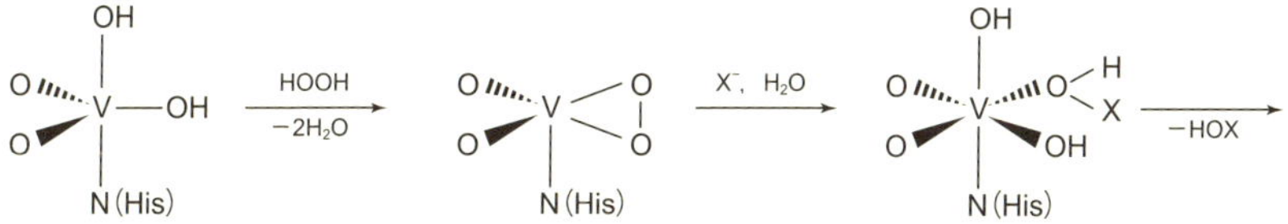

図 2.83 VHPO の反応活性種の生成

文 献

櫻井 武（2010）化学 **65**, 70.
Bertrand, T. et al. (2002) *Biochemistry* **41**, 7325.
Bonin, I. et al. (2004) *Structure* **12**, 1425.
Boyington, J. C. et al. (1997) *Science* **275**, 1305.
Butler, A. et al. (2001) In "*Handbook on Metalloproteins*", Bertini, I. et al. Eds., Marcel Dekker, New York, p. 153.
Chan, M. K. et al. (1995) *Science* **267**, 1463.
Crans, D. C. et al. (2004) *Chem. Rev.* **104**, 849.
Czjzek, M. et al. (1998) *J. Mol. Biol.* **284**, 435.
Darnault, C. et al. (2003) *Nat. Struct. Biol.* **10**, 271.
Dietsel, U. et al. (2009) *J. Biol. Chem.* **284**, 8768.
Dobbek, H. et al. (2001) *Science* **293**, 1281.
Dobbek, H. et al. (2002) *Proc. Natl. Acad. Sci. USA* **99**, 15971.
Dobbek, H. et al. (2004) *J. Am. Chem. Soc.* **126**, 5382.
Drennan, C. L. et al. (2001) *Proc. Natl. Acad. Sci. USA* **98**, 11973.
Drennan, C. L. et al. (2004) *J. Biol. Inorg. Chem.* **9**, 511.
Ellis, P. J. et al. (2001) *Structure* **9**, 125.
Enroth, C. et al. (2000) *Proc. Natl. Acad. Sci. USA* **97**, 10723.
Ermler, U. et al. (1997) *Science* **278**, 1457,
Evans, D. J. (2005) *Coord. Chem. Rev.* **249**, 1582.
Ferry, J. G. (1999) *FEMS Microbiol. Rev.* **23**, 13.
Fischer, K. et al. (2005) *Plant Cell* **17**, 1167.
Hegg, E. L. (2004) *Acc. Chem. Res.* **37**, 775.
Hille, R. (1996) *Chem. Rev.* **96**, 2757.
Iwaki, M. et al. (2010) *FEBS Lett.* **584**, 4027.
Jeoung, J.-H. and Dobbek, H. (2007) *Science* **318**, 1461.
Johnson, M. K. et al. (1996) *Chem. Rev.* **96**, 2817.
Jormakka, M. et al. (2002) *Science* **295**, 1863.
Kataoka, K. et al. (2009) *J. Biol. Chem.* **284**, 14405.
King, G. M. and Weber, C. F. (2007) *Nat. Rev. Microbiol.* **5**, 107.
Komori, H. et al. (2012) *Angew. Chem. Int. Ed.* **51**, 1861.
McAlpine, A. S. et al. (1997) *J. Biol. Inorg. Chem.* **2**, 690.
McAlpine, A. S. et al. (1998) *J. Mol. Biol.* **275**, 613.
Messerschmidt, A., Ed. (1997) "*Multi-copper Oxidases*," World Scientific, Singapore.
Nishino, T. et al. (2008) *FEBS J.* **275**, 3278.
Nitta, K. et al. (2002) *J. Inorg. Biochem.* **91**, 125.
Oelgeschlager, E. and Rother, M. (2008) *Arch. Microbiol.* **190**, 257.
Pauff, J. M. et al. (2008) *J. Biol. Chem.* **283**, 4818.
Raaijmakers, H. et al. (2002) *Structure* **10**, 1261.
Rebelo, J. M. (2001) *J. Biol. Inorg. Chem.* **6**, 791.
Sakurai, T. and Kataoka, K. (2007a) *Chem. Rec.* **7**, 220.

Sakurai, T. and Kataoka, K. (2007b) *Cell. Mol. Life Sci.* **64**, 2632.
Sakurai, T. and Kataoka, K. (2011) In "*Copper Oxygen Chemistry*," Karlin, K. and Itoh, S., Eds., John Wiley & Sons, Hoboken, pp.131-168.
Schindelin, H. et al. (1996) *Science* **272**, 1615.
Seiffert, G. B. et al. (2007) *Proc. Natl. Acad. Sci. USA* **104**, 3073.
Shima, S. and Thauer, R. K. (2005) *Curr. Opin. Microbiol.* **8**, 643.
Svetlitchnyi, V. et al. (2004) *Proc. Natl. Acad. Sci. USA* **101**, 446.
Ueki, Y. et al. (2006) *FEBS Lett.* **580**, 4069.
Wagener, N. et al. (2009) *Proc. Natl. Acad. Sci. USA* **106**, 11055.
Yoshida, H. (1883) *J. Chem. Soc.* **43**, 472.

2.7 小分子変換に関与する金属酵素

生体系は小分子を変換利用するために往々にして金属イオンを用いることから,この章に限らずヘムタンパク質を始めとして,多くの小分子活性化金属タンパク質について述べてきた.ここでは,その中で亜硫酸レダクターゼ(sulfite reductase:SIR),ヒドロゲナーゼ(hydrogenase),ニトロゲナーゼ(nitrogenase)について解説する.

2.7.1 亜硫酸レダクターゼ

2.3.3項(p.213)「硫酸塩呼吸」でも触れたように,硫酸イオンの還元によるエネルギー変換は,地球環境における硫黄サイクルにおいて重要である.このサイクルの key enzyme は,活性中心においてシロヘム(siroheme)-[4Fe-4S]により,SO_3^{2-} を H_2S に6電子還元する異化型亜硫酸レダクターゼ(dissimilatory sulfite reductase:dSIR)である.これまでに数種類の微生物からのdSIRが報告されており,それらのタンパク質構造は4量体($\alpha_2\beta_2$)をコア複合体として,種によって小さなサブユニット(γ, δ)を伴っているもの($\alpha_2\beta_2\gamma_n\delta_n$)もある.各サブユニットのおおよその大きさは,$\alpha$:45 kDa,$\beta$:43 kDa,$\gamma$:10 kDa,$\delta$:11 kDa である.硫黄還元古細菌 *Archaeoglobus fulgidus* 由来の dSIR(Af-dSIR)は $\alpha_2\beta_2$ タイプで,α と β の2つのサブユニットに挟まれた2個のシロヘム-[4Fe-4S]部位と,α と β のサブユニットに1つずつ[4Fe-4S]クラスターをもっている(図2.84)(Schiffer et al., 2008).2つのシロヘムのプロピオン酸間の最短距離は約10Åであり,Cys残基によってシロヘムと結合している[4Fe-4S]クラスターと,もう1つの[4Fe-4S]クラスター間の距離は12〜14Åである(図の(a)あるいは(b)に描かれている2つの[4Fe-4S]を指す).シロヘムのFeは,CysのS原子を介して[4Fe-4S]クラスターと相互作用をしている(Fe-Fe間距離は4.2〜4.4Å).この相互作用部位の酸化状態はシロヘム(Fe^{3+})-[4Fe-4S]$^{2+}$,

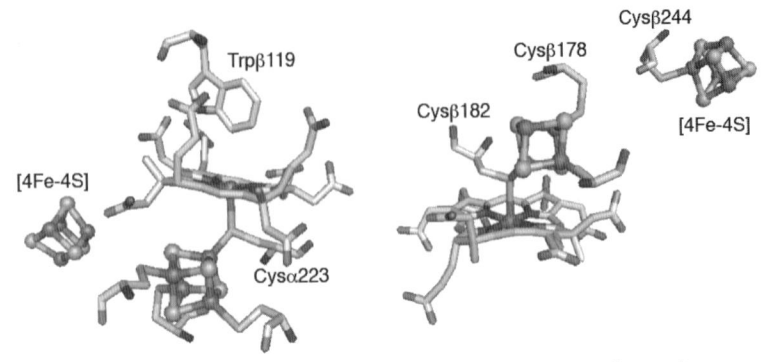

(a) inactive siroheme-[4Fe-4S] site　　　**(b)** active siroheme-[4Fe-4S] site

図 2.84 dSIRのα, βサブユニットにおける(a) 不活性部位と(b) 活性部位（PDB code 3MMC）（口絵参照）
アミノ酸の略号の後のα, βは，それぞれのサブユニットからの側鎖であることを示す．また，シロヘムの構造については図1.14 (p.66) を参照されたい．

1電子還元状態はシロヘム(Fe^{2+})-$[4Fe-4S]^{2+}$，2電子還元状態はシロヘム(Fe^{2+})-$[4Fe-4S]^{+}$であり，酸化型シロヘムは典型的な rhombic high-spin ($S = 5/2$) ESRシグナルを示す (Wolfe et al., 1994; Crane et al., 1997)．酵素は [4Fe-4S] クラスターで電子を外部から受け取り，その配位子の1つである Cysβ244 とシロヘムと相互作用をしている [4Fe-4S] クラスターの配位子 Cysβ178 の間の through space の電子移動によって，反応部位のシロヘムに電子を送り込むと考えられている．シロヘムと [4Fe-4S] クラスターの相互作用は，基質6電子還元のための電子プールとして必要であるのかもしれない．また，この酵素の興味ある点として，2量体であるので2つのシロヘム-[4Fe-4S] 部位をもっているが，1つは不活性であることがあげられる．その理由は，不活性部位のシロヘムの上に Trpβ119 が位置しており（図2.84(a)），基質の接近を妨げていることである．

一方，同化型亜硫酸レダクターゼ（assimilatory sulfite reductase：aSIR）では，大腸菌の aSIR がよく研究されている（Crane et al., 1995, 1997）．aSIR のタンパク質構造は複雑で，8つの 66 kDa フラボタンパク質（FAD と FMN を1つずつ含む）と4つの 64 kDa ヘムタンパク質（シロヘム-[4Fe-4S] のみを含む）からなるオリゴマーである．後者の活性中心シロヘムの E^0 値は -340 mV，クラスターの E^0 値は -405 mV である．また，この酵素の電子供与体は NADPH である．結核菌 *Mycobacterium tuberculosis* 由来の aSIR は単量体（550アミノ酸残基）で，dSIRと同様にシロヘムと相互作用した [4Fe-4S] クラスターを含んでいる（Schnell et al., 2005; PDB code

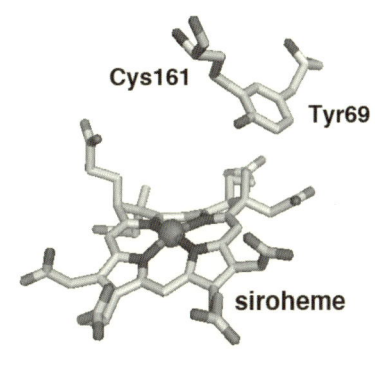

2.7 小分子変換に関与する金属酵素

図2.85 結核菌 aSIR の第6配位座側（基質結合部位）のチロシルチオエーテルグループ（PDB code 1ZJ8, 1ZJ9）
シロヘムの第5配位座（ヘム面の下側）には，Cys の架橋配位子を介して [4Fe-4S] クラスターが結合しているが，図では省略してある．

1ZJ8, 1ZJ9)．さらに，この aSIR では，図2.85に示した Tyr 69 と Cys 161 が共有結合したチロシルチオエーテル（TTE）グループ（1.9.4項 p.125 参照）が，シロヘムの第6配位座の上部，7～8Å に位置している．このチオエーテル結合を切断した変異体を作製すると，吸収スペクトルが若干変化すると同時に活性が低下するので，このグループは酵素反応機能に重要であると考えられているが，GO のようなラジカル反応が起こるわけではない（1.9.4a項 p.125 参照）．

以上のように，dSIR は $\alpha\beta$ ヘテロ2量体，aSIR は単量体で，それらの分子量も異なっているが，両者の2次構造はトポロジーが類似している部分が多くあり，これらの酵素が共通の祖先タンパク質から進化していると考えられている（Schiffer et al., 2008）．

亜硫酸イオンを酸化する酵素（sulfite oxidizing enzyme）には，真核生物由来の亜硫酸オキシダーゼ（sulfite oxidase：SO）と原核生物由来の亜硫酸デヒドロゲナーゼ（sulfite dehydrogenase：SDH）の2種類が知られている（Feng et al., 2007）．両酵素とも SO_3^{2-} を SO_4^{2-} に酸化するが，両者の名称の違いは基質からの電子を O_2 に渡す能力で分けられている．動物 SO と細菌 SDH は，電子を生理的電子受容体である Cyt c に渡す（動物 SO は O_2 にも電子を渡せるのであろう）．

$$SO_3^{2-} + H_2O + 2(Cyt\,c)_{ox} \longrightarrow SO_4^{2-} + 2(Cyt\,c)_{red} + 2H^+$$

これに対して，植物 SO は Cyt c ではなく O_2 に電子を渡す（Hansch et al., 2006）．

$$SO_3^{2-} + H_2O + O_2 \longrightarrow SO_4^{2-} + H_2O_2$$

その際，両酵素において H_2O の O 原子が生成物 SO_4^{2-} に取り込まれている．表2.12 にそれらの酵素の性質を示す．動物の SO は，Met や Cys の硫黄含有アミノ酸の酸化的分解の最終段階に関与していて，毒性を有する SO_3^{2-} の解毒酵素として重要な役割を演じている．例えば，ヒト SO の先天性欠損症では，遺伝的硫黄代謝疾患として新生児の脳に神経性の重大な問題を引き起こすが，この致命的脳障害は毒性代謝物

表 2.12 亜硫酸を酸化する酵素の3つのタイプ

由来 / 酵素名	存在場所	タンパク質構造 / PDB code	分子質量 (kDa)	金属部位 / サブユニット
ニワトリ / 亜硫酸オキシダーゼ	膜間腔	α_2 ホモ2量体 / 1SOX, 2A99	α:〜55	$1 \times$ Mo-MPT [c] $1 \times$ heme b
シロイヌナズナ / 亜硫酸オキシダーゼ	ペルオキシソーム[a]	α_2 ホモ2量体 / 1OGP	α:〜45	$1 \times$ Mo-MPT
土壌細菌 / 亜硫酸デヒドロゲナーゼ	ペリプラズム[b]	$\alpha\beta$ ヘテロ2量体 / 2BLF	α:41 β:9	α: $1 \times$ Mo-MPT β: $1 \times$ heme c

[a] 真核細胞に存在する直径 $0.1 \sim 1\mu m$ の球状から楕円形の一重単位膜細胞内小器官.
[b] 細菌の原形質膜（内膜）と細胞壁（外膜）の間隙.
[c] Mo-MPT, モリブドプテリン（図 1.35 p.122 参照）.

SO_3^{2-} の蓄積によるものと考えられている.

ニワトリ肝臓の SO の1次構造は 10 kDa のシトクロム b_5 をもつ N 末端ドメインと，42 kDa のモリブドプテリン（MPT）を含む C 末端ドメインからなり，2つのドメインは 10 アミノ酸残基のフレキシブルループで結ばれている．この SO のアミノ酸配列は，ヒト SO と 68% の相同性があり，ヒト SO とラット SO の間には 88% の相同性がである．一方，硫酸酸化細菌 *Starkeya novella* の SDH は2つのサブユニットからなるが，小さい β サブユニットはシトクロム c_{550} を，大きい α サブユニットは MPT を結合しており，ヘムの種類は異なるものの動物 SO と特徴が類似していると考えられる（Kappler and Bailey, 2005）．SO と SDH の Mo 部位は5配位四角錐型構造で，Mo 平面には MPT ジチオレングループの2つの S 原子，Cys の S 原子，OH^- あるいは H_2O の O 原子が配位し，軸方向からオキソ原子が結合している（Kisker et al., 1997; Karakas et al., 2005; PDB code 2A99）．その基質結合部位付近は，複数の Arg が存在

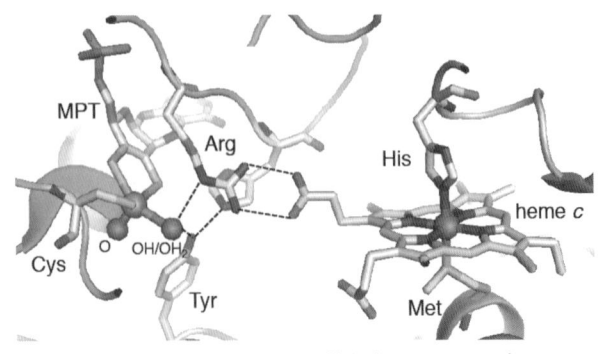

図 2.86 SDH の活性中心の構造（PDB code 2BLF）
モリブドプテリンは α サブユニット，ヘム c は β サブユニットに結合している．破線は水素結合を示す.

しているために正電荷を帯びている．図 2.86 に SDH の活性中心の構造を示した（Kappler and Bailey, 2005；PDB code 2BLF）．基質の SO_3^{2-} は Mo に配位して酸化され，生じた電子は分子内のヘムに渡され，さらに電子受容タンパク質であるシトクロム c に伝達される．図中の Mo-Fe 間距離 16.6 Å を，電子は Mo から Fe へ水素結合を介して移動すると考えられる．

ニワトリ SO の結晶構造解析によると Mo-Fe 間距離は～32 Å（Kisker et al., 1997；PDB code 1SOX）であるが，C 末端側のモリブドプテリンドメインから N 末端シトクロム b_5 ドメインへの分子内電子移動速度定数は，2400 s^{-1} と見積もられている．この値は，触媒反応を伴う 10～13 Å 金属間距離での電子移動反応の速度定数に相当しており，溶液中の酵素反応では SO の 2 つの金属部位はより近接して電子移動が起こっていることを物語っている（Feng et al., 2007）．

植物 SO のモリブドプテリンの構造は動物 SO や細菌 SDH のものと全く同じであるが，植物酵素の金属部位はこれのみである．したがって，その吸収スペクトルから，360 nm 吸収帯はジチオレン配位子から Mo への，480 nm 吸収帯は Cys 配位子から Mo への電荷移動吸収帯と帰属されている（Schrader et al., 2003；PDB code 1OGP）．

最後に，動物 SO と SDH の反応機構について述べる．酵素反応において Mo イオンは Mo^{VI} と Mo^{IV} の間を往復するが，ESR 活性であるのは Mo^V である．また，pH 8.0 における SDH の E^0 値は，Fe$^{III/II}$：+177 mV，Mo$^{VI/V}$：+211 mV，Mo$^{V/IV}$：−118 mV と報告されている（Aguey-Zinsou et al., 2003）．図 2.87 において，左上が休止状態で，Mo に配位している O 原子に基質が結合し，基質からの 2 電子が Mo に渡される．その電子は Mo から 1 電子ずつヘム鉄を介して Cyt c に伝達されるが，SDH ではヘム鉄

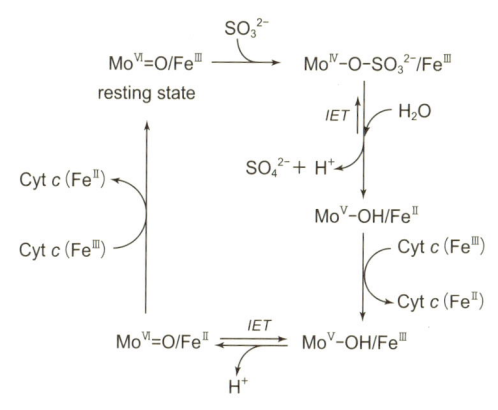

図 2.87 動物 sulfite oxidizing enzyme による SO_3^{2-} 酸化反応の推定機構（Aguey-Zinsou et al., 2003） *IET* は intramolecular electron transfer，Fe はヘム鉄を示す．

の $E^{0'}$ 値を $Mo^{VI/V}$ と $Mo^{V/IV}$ の値と比較すると，Mo から Fe の第1段階の電子移動の方がスムーズに進むと考えられる．

2.7.2 ヒドロゲナーゼ

H_2 は嫌気，好気環境のいずれにも生息するバクテリアによって生産され，その量は年間 10^8 トンと見積もられている．嫌気性バクテリアにはメタン生成古細菌，アセトン菌 (acetogenic bacteria)，硫酸還元菌，硝酸還元菌やいくつかの耐熱菌が含まれ，有機物（タンパク質，核酸，糖，脂質）の発酵によって H_2 を生じる．生じた H_2 は同じ環境中に生息するバクテリアによって還元剤として利用され，メタンや酢酸の生産や硝酸，硫酸，二酸化炭素，フマル酸の還元による ATP の生産がなされる．すなわち，水素の還元力はエネルギー獲得系の駆動力として機能する．また，H_2 はいくつかの光合成バクテリアや藻類，窒素固定菌に存在するニトロゲナーゼで触媒される N_2 還元過程でも生産される．一方，発酵によって生じた余剰の電子を水素分子として放出する過程も存在する．以上のプロセスはいずれもヒドロゲナーゼ (hydrogenase) によって触媒される可逆的プロセスである．反応過程はヒドリドとプロトンを経由する2電子不均化プロセスである．

$$2H^+ + 2e^- \rightleftharpoons (H^+ + H^-) \rightleftharpoons H_2$$

ヒドロゲナーゼは [NiFe] 複核型（可溶性型と膜結合型あり），[NiFeSe] 型，[FeFe] 型（H-クラスター含有），[Fe] 型（Fe-S クラスター非存在型ヒドロゲナーゼ，H_2-forming methylene tetrahydromethanopterin dehydrogenase：Hmd とも呼ばれ，Fe 原子を1つだけ有することが確立されている）の4つのクラスに分類される (Fontecilla-Camps et al., 2007, 2009; Tard and Pickett, 2009; 緒方, 樋口, 2007)．

[NiFe]ヒドロゲナーゼ ([NiFe]-hydrogenos) は最もよく研究されているヒドロゲナーゼであり，約 30 kDa（αサブユニット）と 60 kDa（βサブユニット）のヘテロ2量体構造をもっており，硫酸還元菌 *Desulfovibrio vulgaris Miyazaki* F (DvM)，*D. gigas* (Dg)，*D. desulfuricas* (Dd) (PDB code 1E3D)，*D. fructosovorans* (Df) 起源のヒドロゲナーゼの結晶構造が報告されている．また，*D. baculatum* ヒドロゲナーゼ (Garcin et al., 1999; PDB code 1CC1) や *D. vulgaris* ヒドロゲナーゼ (Marques et al., 2010; PDB code 2WPN) は Ni に結合している4つの Cys 残基 S 原子の1つが Se に置換されている [NiFeSe]ヒドロゲナーゼである．[FeFe]ヒドロゲナーゼとしては，*Clostridium pasteurianum* (Cp) の細胞質・単量体ヒドロゲナーゼ-I (Cp-I) と Dd のペリプラズム（膜間部）・ヘテロ2量体のシトクロム c_3 酸化還元ヒドロゲナーゼの結晶構造が明らかにされている．Hmd としては *Methanocaldococcus jannaschii* (Mj)

由来のヒドロゲナーゼが構造解析されている．ごく最近，西原，樋口らは酸素耐性のある膜結合型の［NiFe］ヒドロゲナーゼのX線結晶構造解析に成功した（Shomura et al., 2011; PDB code 3AYX, 3AYY, 3AYZ）．その結果，酸素存在下では水素が分解される部位付近に存在する［4Fe-4S］クラスターが［4Fe-3S］となっており，CysSの代わりに骨格アミドNHが脱プロトン化して結合していることが初めて明らかにされた．

以上のように種々のヒドロゲナーゼ研究が行われているという事実は，この酵素への関心の高さを反映している．水素を燃焼させると水が生成するだけであるので，水素が次世代エネルギー源の1つとして注目されるのは当然のことであろう．光合成による水の分解反応で生成したプロトンを用いてヒドロゲナーゼで水素を合成するバイオ水素生産システムや，ヒドロゲナーゼを利用する燃料電池の開発が試みられている（緒方，樋口，2007）．

［NiFe］ヒドロゲナーゼおよび［NiFeSe］ヒドロゲナーゼには，様々な状態が存在する．最も酸化状態の高いNi-A（活性非準備型），Ni-B（活性準備型），1電子還元されたNi-SU（silent unready），Ni-SR（silent ready），Ni-CO（CO結合型），および，さらに1電子酸化されたNi-C（活性型），Ni-L（光活性型）が知られている．最も還元が進んだNi-R状態も存在する．これらの状態は必ずしも単独で存在しているわけではないことにも注意したい．たとえば，嫌気的に培養した菌体を好気条件下で精製したAs-purified酸化型ヒドロゲナーゼはNi-AとNi-Bの混合状態となっている．

［NiFe］および［NiFeSe］ヒドロゲナーゼは2つのサブユニットα，βからなっている．βサブユニットには活性中心であるFe-Niクラスターが存在している．Fe，Niは保存配列Arg-X-Cys-X_2-CysとAsp-Pro-Cys-X_2-CysのCysで結合されている．αサブユニットには電子伝達のためのFe-Sクラスター（2つの［4Fe-4S］クラスターと1つの［3Fe-4S］クラスター）が結合している．図2.88にDvMヒドロゲナーゼの全体構成と，いくつかの活性部位構造の例を示した．(a)に示したように．活性部位であるFe-Niクラスターには水素チャンネルとプロトンおよび電子の伝達経路が存在している．Fe-Niクラスター構造はヒドロゲナーゼのソースおよび存在型の異なる様々なものが提出されている．(b)～(e)では，FeとNiが2つのCys側鎖で架橋されていることと，Niにはさらに2つCysが結合していることは共通である．また，(b)と(c)ではFeに結合している外来性無機配位子は3COとされているが，(d)と(e)ではCOとCN^-とされている．Fe-Niへの第3の架橋グループは変化しやすい．DvMの場合Ni-B型では架橋原子がSまたはOとされているが(d)，Ni-A型では2原子分子がend-on様式で結合している．しかし，活性なNi-C型やCOが結合したNi-CO

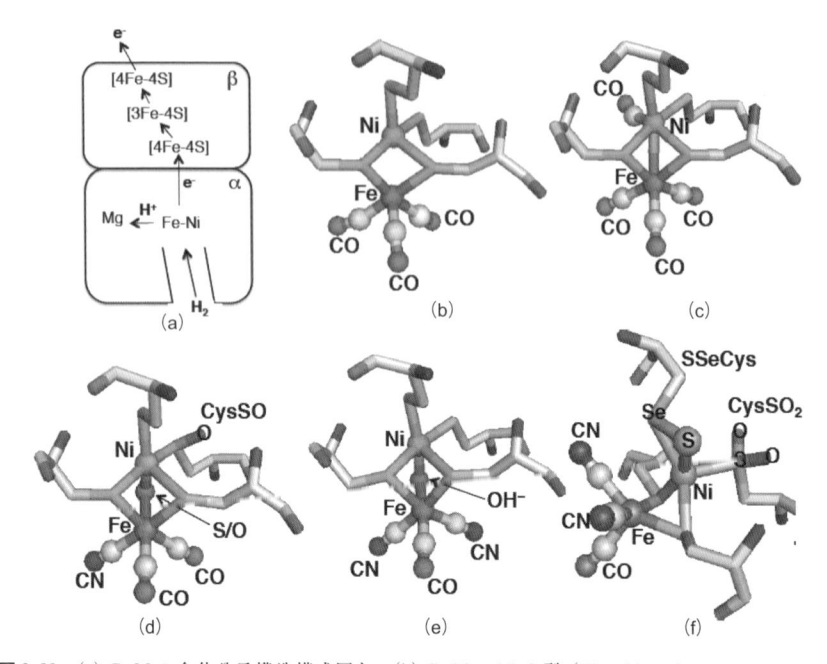

図 2.88 (a) DvM の全体分子構造模式図と，(b) DvM の Ni-C 型（Higuchi et al., 1999; PDB code 1H2R），(c) DvM の Ni-CO 型（Ogata et al., 2002; 1UBR），(d) DvM の Ni-B 型（Volbeda et al., 2005; 1WUJ），(e) Df の Ni-B 型（Ogata et al., 2005; 1YRQ），(f) DvH の NiFeSe（Marques et al., 2010; 2WPN）の活性部位構造の比較（口絵参照）
記述がないアミノ酸残基はすべて Cys で，CysSO や CysSO$_2$ は Cys の側鎖が酸化されて S 原子に 1～2 個の O 原子が結合している．また，DvH のヒドロゲナーゼでは，(f) の SSeCys 残基は SeCys の Se に S が結合して，Ni にはそれら両原子が配位しているが，これは大半の金属部位の構造で，この他に少ないけれども SSeCys が S 原子のみで配位しているものや，S が結合していない SeCys 残基が Se で配位している金属部位の構造も混在している．また，CO や CN$^-$ は C 原子で金属に結合している．

型ではこの外来性架橋配位子は存在していない（b と c）．一方，Df の Ni-B 型では第 3 の架橋配位子は OH$^-$ (e)，Ni-A 型では OOH$^-$ とされている．

[NiFeSe]ヒドロゲナーゼでは，Ni に配位している 1 つの Cys 残基がセレノシステイン（SeCys）に置き換わっている．*Desulfomicrobium baculatum* のヒドロゲナーゼでは，その残基の Se 原子が Ni に結合しているが（Garcin et al., 1999; PDB code 1CC1），*Desulfovibrio vulgaris* Hildenborough（DvH）では，主たる構造として，Ni には (f) に示したような SSeCys 残基（3-(sulfanylselanyl)-L-alanine）が 2 カ所で配位しており，さらに Cys 残基も酸化されて，Cys-S-dioxide の状態になって結合している．

ヒドロゲナーゼによる水素の結合と活性化機構はいまだ確立されていない．現時点

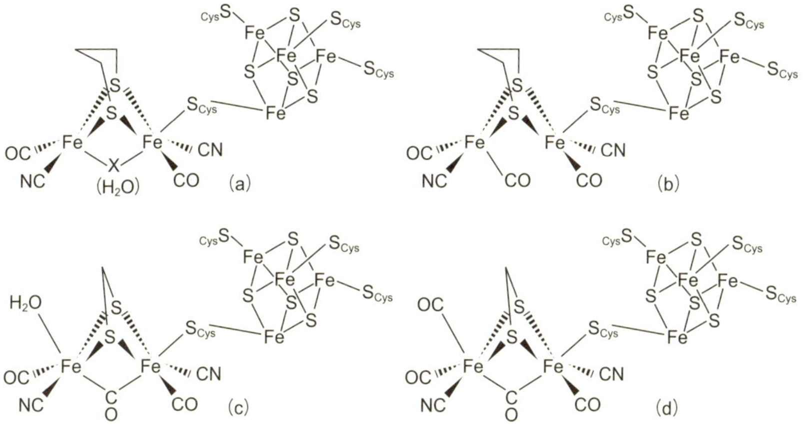

図 2.89 (a) (b) Dd (Nicolet et al., 1999; PDB code 1HFE) と (c) (d) Cp-I (Peters et al., 1998; Lemon and Peters, 1999; Pandey et al., 2008; PDB code 1FEH, 1C4C, 3C8Y) の H クラスター構造. 右は還元型あるいは CO 結合型で, Dd の架橋配位子はジチオメチルアミン (プロパンジオールという説もある). Cp は 2 つのヒドロゲナーゼを有しているが, 活性の高い Cp-I の活性部位が示されている.

では, Fe は 2 価低スピン状態を保つが, Ni は反応中 3 価/2 価の酸化状態の変化をするということがわかっている. 活性な Ni-C 型では Ni(Ⅲ) であり, 第 3 の架橋配位子としてヒドリド H^- が存在しているはずであると考えられているが, 極めて高分解能の X 線結晶構造解析もしくは中性子回折が実現するまで H^- の関与は実証できない. 反応式に示したように $2H^+$ と H_2 の変換過程は不均化 2 電子過程である. 分子表面から Ni 原子付近までは疎水性の高いガスチャンネルが存在している. このチャンネルには Ile や Phe のようなかさ高いアミノ酸による関門が存在しており, ヒドロゲナーゼは O_2 耐性を獲得している. H^+ の輸送経路については議論があるが, Fe-Ni 中心と水素結合ネットワークでつながった Mg^{2+} が関与していると考えられている.

[FeFe] ヒドロゲナーゼの酵素活性は [NiFe] 型酵素より活性が高い. 活性部位は 2 核 Fe 錯体と 1 つの [4Fe-4S] クラスターが Cys の S 原子で直接つながった H クラスター (水素活性化クラスター) である (図 2.89). [FeFe] ヒドロゲナーゼにおける基質結合部位は, 遠位 Fe 部位 (2 核 Fe クラスターの左側の Fe) と考えられている. 酵素機能については文献を参照されたい (Fontecilla-Camps et al., 2007; Tard and Pickett, 2009).

メタン生成古細菌 Mj 由来の Fe-S クラスター非依存型ヒドロゲナーゼ Hmd の触媒反応は, H_2 を活性化してヒドリド (H^-) と H^+ に分解し, H^- をメテニルテトラヒドロメタノプテリン (N^5, N^{10}-methenyltetrahydromethanopterin; メテニル-H_4MPT^+) に

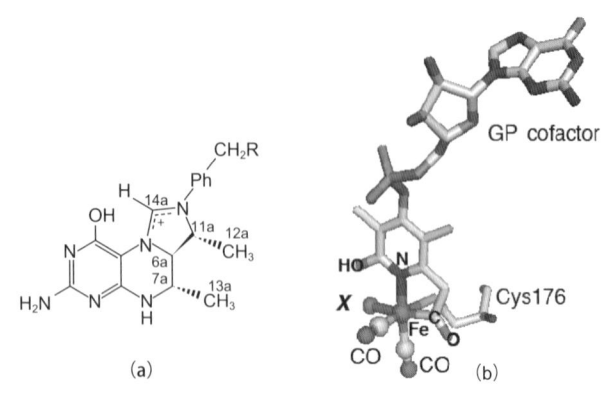

図2.90 (a) メテニル-H_4MPT$^+$ の構造 (Schleucher et al., 1994; Shima and Thauer, 2007) と (b) Hmd の Fe^{2+} 部位構造 (PDB code 3F47)

転移して (H$^-$ が C(14a) に pro-R 立体配置で選択的に転移する) (Shima and Thauer, 2007), メチレンテトラヒドロメタノプテリン N^5, N^{10}-methylenetetrahydromethanopterin; メチレン-H_4MPT) を生成する (図2.90(a)). この逆反応は H_2 ガスを発生する.

$$\text{メテニル-}H_4\text{MPT}^+ + H_2 \rightleftharpoons \text{メチレン-}H_4\text{MPT} + H^+$$

H_4MPT はメタン菌の C_1 キャリアとして働くので, Hmd の触媒する反応はメタン生成代謝に含まれている. この種のメタン菌の中で, 培地中の Ni 量が 50 nM 以下になると, Hmd を大量に発現するものがある. Hmd は 38 kDa のサブユニットの 2 量体で, 図2.90(b) に単核 Fe 部位の構造を示した (Shima et al., 2008; Hiromoto et al., 2009; PDB code 3DAG, 3F46, 3F47). Fe^{2+} に 5′-O-[(S)-hydroxy{[2-hydroxy-3,5-dimethyl-6-(2-oxoethyl)pyridin-4-yl]-oxy}phosphoryl]guanosine (グアニリルピリジノール (GP) コファクター), Cys, 2個の CO, X (未知の配位子) が結合している. GP コファクターは, Fe にピリジン N(1) 原子と 6 位のホルミルメチルグループの C 原子でキレートとして配位しているのが特徴的である. また, この Fe 部位の X 配位子側に空間があるので, メテニル-H_4MPT$^+$ 水素化物受容体は, その方向から Fe 部位に接近するのかも知れない (Yang and Hall, 2008).

2.7.3 ニトロゲナーゼ

大気中の N_2 を NH_3 に還元する能力をもち, N_2 を唯一の窒素源として生育することができる原核生物を窒素固定菌と呼ぶ. この菌には, 単生で窒素固定を行うものと, 植物などに共生して窒素固定を行うものがある. 植物と共生するものの多くは根粒菌で, マメ科植物の根に根粒をつくる. 前者の非共生的好気性窒素固定菌にアゾトバク

2.7 小分子変換に関与する金属酵素

ターグループがあり，多くは土壌から分離されるが，水圏からも分離されることがある．このグループの細菌は，ニトロゲナーゼ(nitrogenase)が O_2 で失活することから，好気性と窒素固定能を両立させるために，独特な O_2 防御機構を有している．

光合成と同様に，窒素固定は自然界における基礎的な合成過程の1つであるため，窒素固定の中心であるニトロゲナーゼの構造・機能相関については，これまでに非常に多くの研究が行われている．これらの研究は，自然を解明するということだけではなく，これまでのハーバー・ボッシュ法のように高温，高圧という条件（触媒を用いて 3×10^7 Pa，500℃で N_2 と H_2 を化合させる）によらない NH_3 合成という工業的触媒開発の道も開く可能性があると期待されている．

これまで好気性窒素固定菌 *Azotobacter vinelandii* (Av) のニトロゲナーゼの研究が Rees らによって詳細に行われている (Schindelin et al., 1997; Einsle et al., 2002;

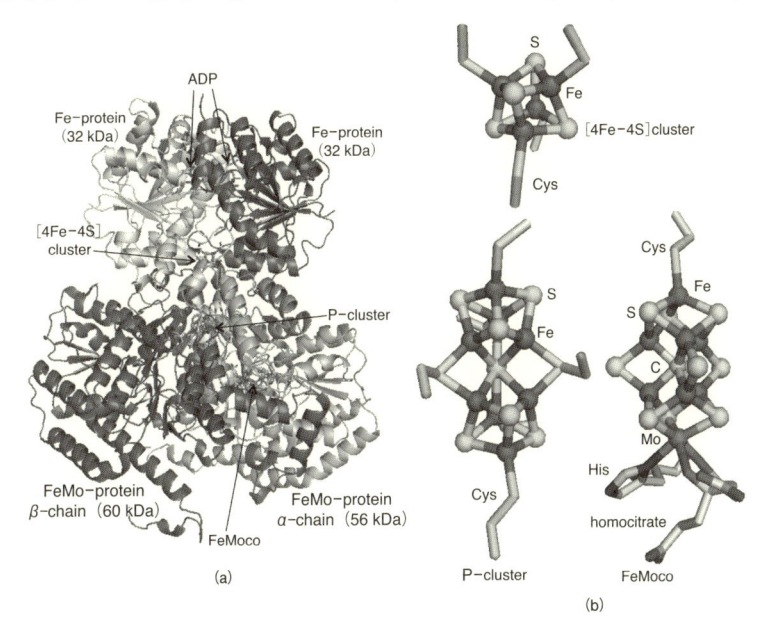

図 2.91 Av ニトロゲナーゼの分子構造と3つのクラスター (PDB code 1N2C, 1M1N) (口絵参照) (a)のタンパク質構造は，上部の2分子の Fe タンパク質（左右対称）と下部の FeMo タンパク質の α（主に右側）と β サブユニット（主に左側）から構成されている．結晶ではこの分子が2量体を形成している．(b)の [4Fe-4S] と P クラスターは，この図において分子の中心軸上にあるが，FeMoco は α 鎖に結合しているために軸から右側に偏っている．また，FeMoco の中央の原子は，以前は N 原子と推定されていた．しかし，最近，Spatzal らの電子スピンエコーエンベロープ変調（electron spin echo envelope modulation: ESEEM）測定 (Spatzal et al., 2011) と，Lancaster らの高分解能 X 線結晶構造解析と X 線発光分光法 (Lancaster et al., 2011) より，C 原子であると報告された．特に，後者のグループは C^{4-} と推定している．

Schmid et al., 2002; PDB code 1N2C, 1M1N, 1M1Y). 図2.91にニトロゲナーゼタンパク質構造およびPクラスターとFeMoコファクター（FeMo cofactor：FeMoco）を示した．タンパク質分子では，上から2量体を形成しているFeタンパク質は境界面に［4Fe-4S］クラスターを1個結合しており（クラスターに結合している4つのCys残基は，それぞれのサブユニットから2つずつ出ている），ATPをそれぞれ2分子結合することができる．FeMoタンパク質は分子量にあまり差がないα鎖とβ鎖からなり，FeMocoにはα鎖のみのCysとHis残基が結合し，Pクラスター（2個のキュバン型［4Fe-4S］クラスターを，1個のS原子を共有して連結させた8核Fe-Sクラスター）にはα鎖とβ鎖の両方からのCys残基が2つずつ結合している．FeMocoは，Pクラスターのように2個のキュバン型クラスターがS原子の代わりにN原子を共有して連結し，それらのキュバンの3個ずつのFeを3個のS原子が架橋して全体の骨組みを構築している．中心のN原子は，ニトリドイオン（N^{3-}）と推定された（図2.91説明参照）．さらに，1個のキュバンのFeがMoに置換されていて，MoにはR-ホモクエン酸（$^-OOCCH_2CH_2C^*(OH)(COO^-)CH_2COO^-$）の光学活性C原子（$C^*$）に結合しているOH基とCOO$^-$基からの2個のO原子，Hisイミダゾール基のN原子，3個のS原子が結合した6配位八面体型構造である．ホモクエン酸の結合はFeMocoの酸化還元に関与しており，基質還元に重要と考えられている．

このニトロゲナーゼの反応は次のように表される．

$$N_2 + 8H^+ + 8e^- + 16MgATP \longrightarrow 2NH_3 + H_2 + 16MgADP + 16Pi$$

図2.91のタンパク質構造では，2量体Feタンパク質にはADPが2分子結合しているが，この触媒反応に必要な電子の流れは，ATPの加水分解（ATP → ADP + Pi）と連動していると考えられている．すなわち，Feタンパク質に2分子のMgATPが結合して加水分解されると，外部からフェレドキシンによって運ばれた1電子が［4Fe-4S］クラスターからPクラスターを経由してFeMocoに渡されることになる．なお，［4Fe-4S］クラスターからPクラスターへの距離と，PクラスターからFeMocoへの距離は，共に14～15Åである．Feタンパク質におけるATPの加水分解は，タンパク質に構造変化を生じさせ（ATP結合により，［4Fe-4S］クラスターの酸化還元電位が－290 mVから－430 mVへと負側にシフトする），Feタンパク質からFeMoタンパク質への電子移動の活性化バリアを超え，また，逆反応を抑制して電子移動過程を不可逆にすると考えられている．最終的にFeMocoクラスターに8電子送られて，このクラスターにおいてN_2がNH_3に変換されるのであるが，N_2がどのように結合して，また，どのようにH^+が導入されて，それらがNH_3とH_2に還元されるのか，詳細は現在のところ不明である．

ニトロゲナーゼの活性部位モデル錯体については，多くの研究が行われている．巽らは，活性部位に類似した構造の［8Fe-7S］クラスターの合成に成功している（Ohki et al., 2007; 2009）．また，モデル錯体については，成書（増田，福住，2005）や最近の総説（Groysman and Holm, 2009）なども参照されたい．

文　献

緒方英明，樋口芳樹（2007）「ヒドロゲナーゼ in バイオ電池の実際―バイオセンサ・バイオ電池の実用電解―」，シーエムシー出版, p.75.
増田秀樹，福住俊一編著（2005）「生物無機化学」, 錯体化学会選書1, 三共出版.
Aguey-Zinsou, K. -F. et al. (2003) *J. Am. Chem. Soc.* **125**, 530.
Crane, B. R. et al. (1995) *Science* **270**, 59.
Crane, B. R. et al. (1997) *Biochemistry* **36**, 12101.
Einsle, O. et al. (2002) *Science* **297**, 1696.
Feng, C. et al. (2007) *Biochim. Biophys. Acta* **1774**, 527.
Fontecilla-Camps, J. C. et al. (2007) *Chem. Rev.* **107**, 4273.
Fontecilla-Camps, J. C. et al. (2009) *Nature* **460**, 814.
Garcin, E. et al. (1999) *Structure* **7**, 557.
Groysman, S. and Holm, R. H. (2009) *Biochemistry* **48**, 2310.
Hansch, R. et al. (2006) *J. Biol. Chem.* **281**, 6884.
Higuchi, Y. et al. (1999) *Structure* **7**, 549.
Hiromoto, T. et al. (2009) *FEBS Lett.* **583**, 585.
Kappler, U. and Bailey, S. (2005) *J. Biol. Chem.* **280**, 24999.
Karakas, E. et al. (2005) *J. Biol. Chem.* **280**, 33506.
Kisker, C. et al. (1997) *Cell* **91**, 973.
Lancaster, K. M. et al. (2011) *Science* **334**, 974.
Lemon, B. J. and Peters, J. W. (1999) *Biochemistry* **38**, 12969.
Marques, M. C. et al. (2010) *J. Mol. Biol.* **396**, 893.
Nicolet, Y. et al. (1999) *Structure* **7**, 13.
Ogata, H. et al. (2002) *J. Am. Chem. Soc.* **124**, 11628.
Ogata, H. et al. (2005) *Structure* **13**, 1635.
Ohki, Y. et al. (2007) *J. Am. Chem. Soc.* **129**, 10457.
Ohki, Y. et al. (2009) *J. Am. Chem. Soc.* **131**, 13168.
Pandey, A. S. et al. (2008) *J. Am. Chem. Soc.* **130**, 4533.
Peters, J. W. et al. (1998) *Science* **282**, 1853.
Schiffer, A., et al. (2008) *J. Mol. Biol.* **379**, 1063.
Schindelin, H. et al. (1997) *Nature* **387**, 370.
Schleucher, J. et al. (1994) *Biochemistry* **33**, 3986.
Schmid, B. et al. (2002) *Biochemistry* **41**, 15557.
Schnell, R., et al. (2005) *J. Biol. Chem.* **280**, 27319.
Schrader, N. et al. (2003) *Structure* **11**, 1251.
Shima, S and Thauer, R. K. (2007) *Chem. Rec.* **7**, 37.

Shima, S. et al. (2008) *Science* **321**, 572.
Shomura, Y. et al. (2011) *Nature* **479**, 253.
Spatzal, T. et al. (2011) *Science* **334**, 940
Tard, C. and Pickett, C. J. (2009) *Chem. Rev.* **109**, 2245.
Volbeda, A. et al. (2005) *J. Biol. Inorg. Chem.* **10**, 239.
Wolfe, B. M. et al. (1994) *Eur. J. Biochem.* **223**, 79.
Yang, X. and Hall, M. B. (2008) *J. Am. Chem. Soc.* **130**, 14036.

2.8 ZnおよびNi含有酵素

この節では，Zn含有リアーゼ（炭酸デヒドラターゼ，6-ピルボイルテトラヒドロプテリン合成酵素），Zn含有酸化還元酵素（アルコール脱水素酵素），ZnあるいはNi含有加水分解酵素について解説する．

2.8.1 Zn含有酵素

(1) 炭酸デヒドラターゼ（カルボニックアンヒドラーゼ，炭酸脱水酵素）carbonic anhydrase：CA）

CAは，$CO_2 + H_2O \rightleftharpoons HCO_3^- + H^+$の反応を触媒する酵素で，動植物に広く存在している．5つのファミリーが知られており，哺乳類のものはα-CA（さらにサブグループに分かれており，細胞質性CAはⅠ，Ⅱ，Ⅲ，Ⅶ，Ⅷで，ミトコンドリア性CAはⅤなど），細菌や植物葉緑体に存在しているものはβ-CAと分類されている．哺乳類の赤血球に含まれているα-CAは，30 kDaあたりZn^{2+}イオンを1個含んでおり，触媒反応速度は無触媒のときの10^7倍と見積もられている．Zn^{2+}は2本の逆平行βシートから出た合計3つのHis側鎖とH_2O分子を配位した四面体型構造（表1.19 p.88）をとる（Eriksson et al., 1988; Stams et al., 1996; PDB code 1CA2, 1ZNC）．この配位水の酸解離定数は$pK_a=6.8$（定義からpH 6.8で50％が解離していることになる）であり，遊離のZn^{2+}の配位水の値（$pK_a=9.7$）に比べて中性付近で解離種がはるかに多いことを意味している．最近，ヒトのα-CA-ⅡのX線結晶構造解析と中性子解析が行われ，図2.92の枠内に示したようなZn部位周辺の秩序だった水分子ネットワークが明らかになった（Avvaru et al., 2010; Fisher et al., 2010; PDB code 3KS3, 3KKX）．ネットワークを形成している4個のH_2Oのうち，一番上の分子は主鎖のアミド結合と，一番下の分子はさらに2個のH_2Oと水素結合をしている．また，Zn^{2+}に配位しているOH^-が関与するCO_2の水和機構も(1)〜(4)に示しているが（Bertini et al., 1985; Cowan, 2007），この逆反応は相対的に遅い．動物においては，CA

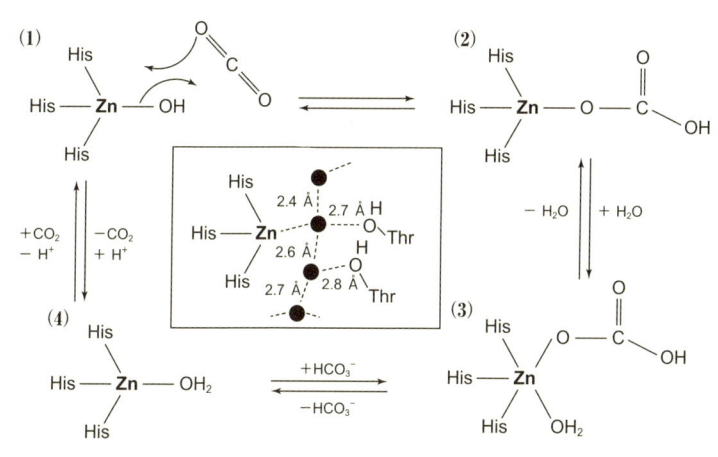

図 2.92 CA の Zn 部位の秩序だった水分子ネットワーク（四角枠内）と触媒反応機構（Bertini et al., 1985）枠内の黒色の球は H_2O を示すが，Zn に結合している球は，OH^- あるいは H_2O である．また，2 つの Thr 残基は上から-Thr 199-Thr 200-と隣り合っており，数値は各水素結合における O-O 原子間距離を示している．

は組織で生じる CO_2 を水和して HCO_3^- とし，肺で再び CO_2 に戻す生理的役割を果たしているが，*in vitro* ではエステルの加水分解やアルデヒドの水和も触媒することができる．

双子葉植物であるアラスカエンドウの β-CA（23 kDa）の活性中心構造を図 2.93(a) に示した（Kimber and Pai, 2000; PDB code 1EKJ）．この酵素では，2 つの Cys と 1 つの His が Zn^{2+} に結合している点が前述の α-CA と異なっており，さらに両者のタンパク質の折りたたみ構造も違うにもかかわらず，基質と相互作用するアミノ酸残基が鏡像の関係で重ね合わすことができることは，CA 機能のために活性中心がデザイン

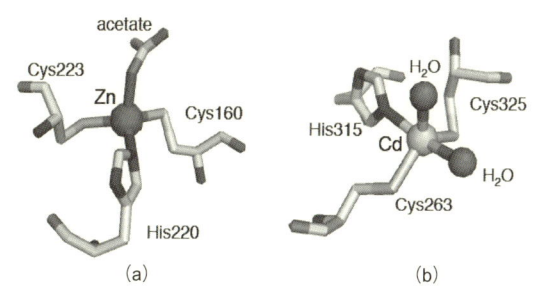

図 2.93 (a) アラスカエンドウの β-CA の Zn 部位（PDB code 1EKJ）と (b) 珪藻の CA の Cd 部位（PDB code 3BOB, 3BOH）
(a) では，通常は酢酸イオンの代わりに H_2O 分子が Zn に配位している．

されていることを意味している.

CAはZn酵素であるが,Cd含有CAも報告されている.深海への炭素輸送で中心的役割を担っている珪藻のような植物プランクトンは,無機炭素の獲得のために不可欠な酵素としてCAを用いている.しかし,海洋ではZnは定常的に低濃度であるため,珪藻はCAの活性部位にZnの代わりに使える金属として,Cdも利用している(1.1.2項p.4参照).図2.93(b)には,珪藻 Thalassiosira weissflogii 由来のCAで,大腸菌によって発現されたdomain-2(22.5 kDa)のCd^{2+}部位を示した(Xu et al., 2008).このCAは,金属非存在時の活性部位(アポ状態)が安定していて,容易にZnを結合・置換することができる.これは,海洋生活に対する独特の適応と考えられ,アポ状態に金属配位部位が安定的に維持されているためと説明されている.Cd部位は2つのCysと1つのHis,2つのH_2Oを配位し,歪んだ5配位三角両錐型構造である.酢酸イオンが1つのH_2Oと置換した構造も報告されている.この珪藻CAは,β-CAと比べてアミノ酸配列に相同性が認められないもののタンパク質構造は似ており,特に活性部位残基の空間的配置が,図2.93(a)に示したZn活性部位とよく類似している.また,CdCAと,CdをZnに置換したZnCAの触媒能を比較すると,pHを6から9へと変化させたときの触媒効率 k_{cat}/K_m($M^{-1}s^{-1}$)の値は,Cdでは10^6から10^8と増加するのに対して,Znでは5×10^7から10^9へと増加しており,やはりZnCAの活性の方が全体的に高い.

(2) 6-ピルボイルテトラヒドロプテリン合成酵素(6-pyruvoyl tetrahydropterin synthase:PTPS)

PTPSは,GTP(guanosine 5′-triphosphate)からテトラヒドロビオプテリン(1.9.2項p.119参照)への3段階による生合成過程の第2段階目にあたる7,8-ジヒドロネオプテリン三リン酸(7,8-dihydroneopterin triphosphate:H_2NTP)を6-ピルボイルテトラヒドロプテリン(PTP)に変換する反応を触媒する(図2.94(a)).生合成の第1段階はGTPシクロヒドロラーゼによるGTPからH_2NTPへの変換,第3段階はセピアプテリンレダクターゼ(sepiapterin reductase)によるPTPの2つの側鎖ケトグループのNADPH依存性還元反応である.ラット肝臓からのPTPS(単量体は16 kDa)は,3回軸をもった3量体が2量体を形成している(Ploom et al., 1999).図2.94(b)には,ビオプテリンが結合したPTPS活性中心を示した[*8].3つのHis残基が配位したZn^{2+}には,ビオプテリンの1′と2′のOH基が結合している.さらに,ビオプ

[*8] ビオプテリンが結合したPTPSの結晶構造解析は,Cys42Alaの変異体を用いて行われているため(PDB code 1B66),触媒基のCysの位置を明確にする目的でnative PTPSのCys42の構造データ(PDB code 1B6Z)と合わせて図2.94(b)を作成している.

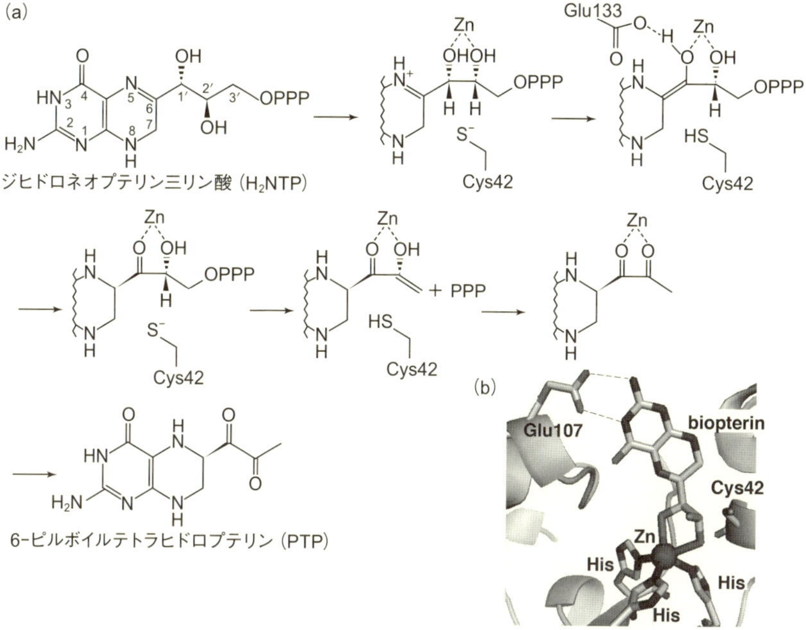

2.8 ZnおよびNi含有酵素

図2.94 (a) PTPSの推定反応機構と (b) ビオプテリンが結合したPTPSのZn部位の構造 (PDB code 1B6Z, 1B66)

テリンの芳香環は，N(3)HとC(2)-NH$_2$の位置でGlu107のカルボキシル基と2つの水素結合で固定されている．Cys42の側鎖は，Znに配位しているビオプテリンのジオール反応部位近傍に接近している．これに基づいて，(a)の反応機構が次のように推定された(Ploom et al., 1999)．まず基質がZnにキレート結合する．Cys42のチオール基の求核性は，近傍のHisやAsp残基により活性化されてチオラート（—S$^-$）となり，約4.5Åの位置にあるZnによって安定化される．このチオラート基がC(1′)からプロトンを引き抜く．プロトンを引き抜かれた中間体は，プテリン環の共役とZn^{2+}との静電的な相互作用により安定化される．次に，おそらくGlu133残基の触媒作用により，C(6)が立体特異的にプロトン化されて（6-R異性体生成），続いてC(1′)ケト基が生成する．そして，再びCys42残基による脱プロトンがC(2′)において起こるが，このとき，三リン酸の脱離が脱プロトンを助けることになり，さらに，ケト-エノール互変異性が生成物を与えることになる．この反応で鍵になるのは，Glu107によるプテリン基質の特異的認識と，C(1′)とC(2′)からプロトンを引き抜く一般塩基として働いているCys42側鎖である．

(3) アルコール脱水素酵素（アルコールデヒドロゲナーゼ）（alcohol dehydrogenase：ADH）

Zn 含有の 2 量体 ADH は，単量体に触媒 Zn^{2+} 部位と構造 Zn^{2+} 部位をもっている．触媒反応は酸化還元反応で，Zn 自体は酸化数を変えないため，補酵素 NAD^+ を用いて反応を行っている．

$$RCH_2OH + NAD^+ \rightarrow RCHO + NADH + H^+$$

ヒトでは 7 つの ADH 遺伝子が見つけられ，6 つの ADH（α, β, γ, π, χ, σ）がコードされていることがわかっているが，1 つは不明である．ADH には多型で，アミノ酸配列相同性と基質特異性から，クラス I に分類されている α, β, γ においても，例えば β の場合，さらに β1，β2，β3 のアイソザイム（isozyme）がある．ウマの ADH（40.5 kDa）の 2 つの Zn 部位を図 2.95 に示した．(a) は 4 つの Cys が配位した四面体型の構造 Zn 部位，(b) は 2 つの Cys，1 つの His，阻害剤のジメチルスルホキシド（DMSO）が結合している四面体型の触媒 Zn 部位で，近傍（約 4Å）に NADH が結合している（Al-Karadaghi et al., 1994）．また，2 個の Zn 部位は 20Å 離れている．ADH の触媒反応では，2 つのソフト配位子 Cys の役割は重要である．(c) に示したように，Zn に結合した OH 基はアルコールを脱プロトン化し，Zn^{2+} は結合したアルコキシドを安定化する．しかしながら，アルコキシドよりソフトな Cys 配位子の存在は，

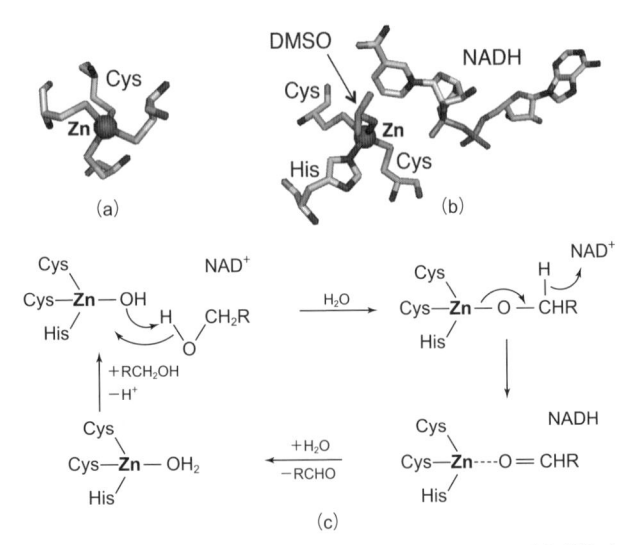

図 2.95　(a, b) ウマ ADH の Zn 部位（PDB code 2OHX）と (c) アルコール酸化機構（Cowan, 2007）(a) タンパク質構造維持 Zn 部位，(b) では触媒 Zn 部位に阻害剤の DMSO が O 原子で配位している．

ハードなアルコキシド配位子には都合が悪いことになる．そこで，これよりソフトなカルボニル配位子を生成すべく，NAD^+ へ H^- 転移が生じる結果，アルデヒドが生じると考えられている．エタノールは肝臓においてこの酵素でアセトアルデヒドに酸化され，さらに Mo 酵素であるアルデヒドオキシドレダクターゼ（2.6.5c の (2) 項 p.272 参照）により，酢酸まで酸化される．つまり，われわれは，飲酒により体内に入れたエタノールを酢酸にまで解毒するために，Zn と Mo を含んだ2種類の金属酵素のお世話になっているのである．

(4) カルボキシペプチダーゼ（carboxypeptidase：CP）

生体内で C–N 結合や C–O 結合を切断する酵素が加水分解酵素であり，数多く知られている．そのうち，ペプチド結合を切断するものがペプチダーゼであり，タンパク質分子内部の結合を切断する酵素がエンドペプチダーゼ（endopeptidase）（1.8.2 項 p.87 参照），N あるいは C 末端側のアミノ酸の結合を切断するのがエキソペプチダーゼ（exopeptidase）である．後者は，N 末端側から加水分解していくアミノペプチダーゼ（1.8.2 項参照）と，C 末端側から加水分解していくカルボキシペプチダーゼに分類される．さらにカルボキシペプチダーゼは，芳香族・疎水性アミノ酸を順次遊離させる Zn 含有カルボキシペプチダーゼ A（CPA）と，塩基性アミノ酸を遊離させる Zn 含有カルボキシペプチダーゼ B（CPB）に分けられている．このように，Zn^{2+} のもつ性質（強いルイス酸性，配位によるカルボニル基の分極能，速い配位子交換（置換活性；1.7.1 項 p.57 参照））のために，生体系の多くのペプチダーゼは Zn を用いていると考えられる．一方，Mg も加水分解酵素に含まれることがあるが，一般的に，こちらは核酸を切断するヌクレアーゼに取り込まれている．これは Mg^{2+} がハード性の強い酸であるために，ハードな塩基であるリン酸エステルの負電荷と強く相互作用するためと考えられる．

CPA は最初に発見された Zn 酵素のうちの1つで，多くの分光学的，速度論的，構造的研究が行われている．タンパク質の分子構造に関しては古くから結晶構造解析がなされており（Quiocho and Lipscomb, 1971），現在では，ウシ CPA（34.5 kDa）の 1.25 Å 分解能（Kilshtain-Vardi et al., 2003; PDB code 1M4L），ブタ CPB（34.6 kDa）の 1.40 Å 分解能（Adler et al., 2005; PDB code 1Z5R）の解析結果が得られている．いずれも四面体型 Zn^{2+} 中心には図 2.96 (a) に示したように，2つの His，1つの Glu（2個の O 原子でキレート結合），H_2O 分子あるいは OH^- が結合している．(b) には，吸血ダニがもつ CP のタンパク質阻害物質（tick carboxypeptidase inhibitor：TCI）が，H_2O と置換して結合した CPB の Zn 部位を示した．TCI は6つのジスルフィド結合により安定化された75アミノ酸残基からなるタンパク質で，C 末端は Leu75 である．図では

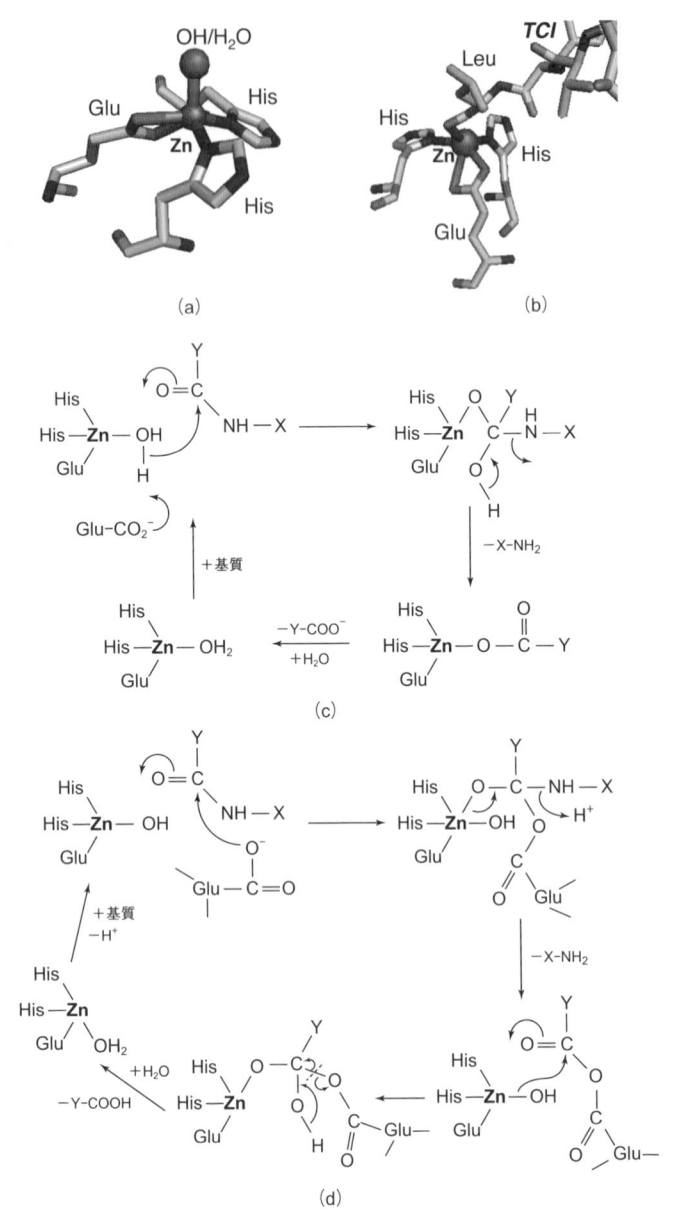

図 2.96 (a)(b) CP の Zn 部位の構造と (c)(d) 触媒反応推定機構 (Cowan, 2007) (a) ウシ CPA の Zn 部位 (PDB code 1M4L), (b) ダニ CP 阻害剤 (TCI) が結合したヒト CPB の Zn 部位 (PDB code 1ZLI) (ただし, 図では TCI の C 末端部分のみを示している), (c) CP の OH^- 求核試薬による加水分解機構, (d) CP の無水物生成による加水分解機構.

そのLeu残基のカルボキシル基がZnに配位している．これによって，われわれの体内の多くのCPA/CPBサブファミリーがナノモル量のTCIで阻害されるのである．すなわち，ダニが吸血時に分泌するTCIは，吸う血液の液体状態を維持するために，固化の原因となるCPA/CPBサブファミリーを阻害するのである（Arolas et al., 2005; PDB code 1ZLI, 1ZLH）．図の(c)と(d)には，CPの2つの加水分解推定機構をあげた．(c)ではZnに配位したH_2O($pK_a \sim 7$)が解離してカルボニルCを求核攻撃し，C-N結合が解裂する機構で，求核攻撃の前にはカルボニルはZnに配位していない．Znの役割は，加水分解過程で生成する負電荷の中間体の安定化にあると考えられる（Cowan, 2007）．一方，(d)では，ペプチド結合がZnに配位し，近傍のGlu270残基の求核攻撃を受けて無水物を生成した後，それが分解される機構である（Cowan, 2007）．

(5) β-ラクタマーゼ（β-lactamase：βLM）

β-ラクタマーゼ（βLM）は，図2.97のようにペニシリンなどのβ-ラクタム薬剤のβ-ラクタム環を開裂させることにより，抗菌性を失わせる加水分解酵素で，1940年に大腸菌から発見されている．アミノ酸配列相同性からA～Dのクラスに分類されているが，そのうちの1つのクラスBがZnを有する金属β-ラクタマーゼで，クラスA, C, Dはβ-ラクタム薬剤と活性中心のSer残基とでアシル中間体を形成する，金属を含まないセリンβ-ラクタマーゼである（Anzellotti and Farrell, 2008; Tamilselvi and Mugesh, 2008）．活性中心に1個あるいは2個のZnを含むβLMは，アミノ酸配列によってさらに3つのグループに分類される．サブクラスB1はよく研究が行われているもので，*Bacteroides fragilis* 由来βLM（Zn複核，表1.19 p.88参照）や *Bacillus cereus* のβLM（Zn単核：PDB code 1BMC，Zn複核：1BC2）などが属している．サブクラスB2にはプロトタイプ酵素，*Aeromonas hydrophila* のβLM（Zn単核：PDB code 1X8I）が，サブクラスB3には *Stenotrophomonas maltophilia* の4量体βLM（Zn複核，表1.19参照）（Ullah et al., 1998; PDB code 1SML）が属している．

図2.98に *Bacteroides fragilis* 由来βLM（25.5 kDa）のタンパク質構造と複核Zn活性中心を示した（Concha et al., 1996; PDB code 1ZNB）．この酵素のタンパク質構

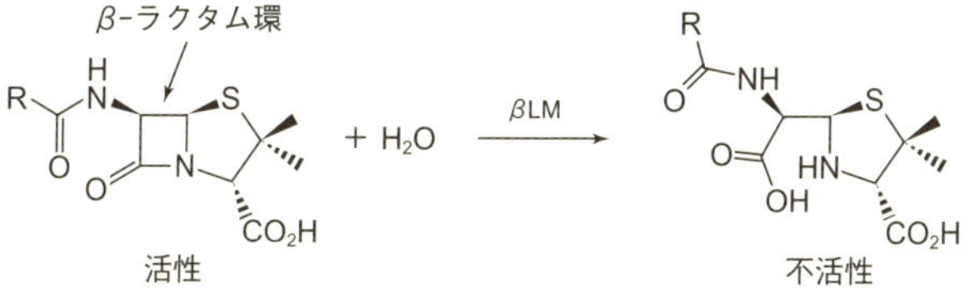

図2.97 βLMの触媒反応

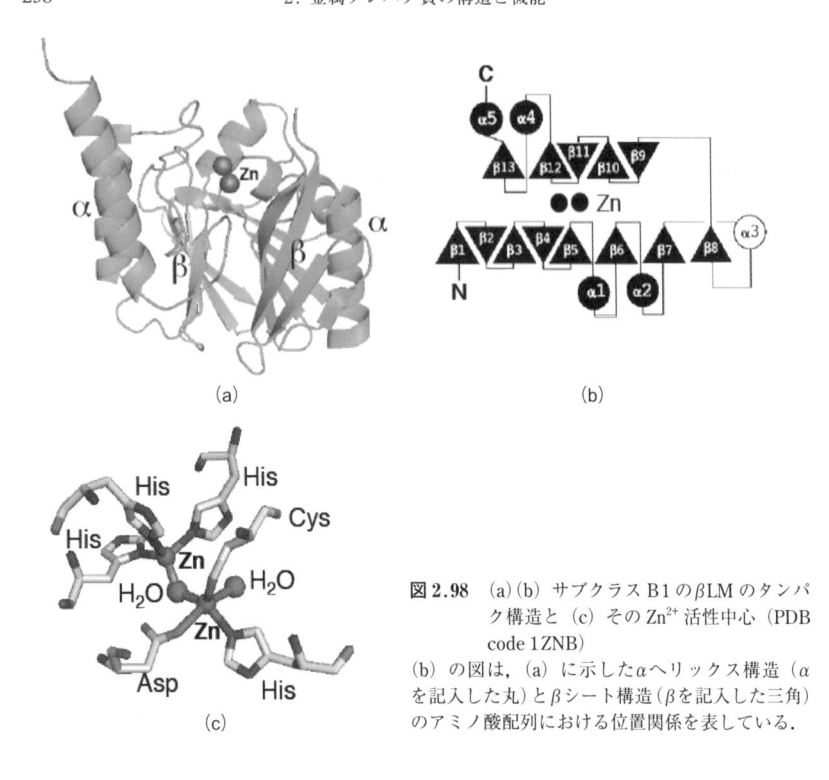

図2.98 (a)(b) サブクラスB1のβLMのタンパク構造と (c) そのZn^{2+}活性中心（PDB code 1ZNB）
(b)の図は，(a)に示したαヘリックス構造（αを記入した丸）とβシート構造（βを記入した三角）のアミノ酸配列における位置関係を表している．

造の特徴は，(a)と(b)に示したα,β/β,αサンドイッチ構造で，αヘリックス構造/βシート構造から形成された2つのドメインの界面に触媒Zn部位がある．(c)のZnに部位では，2つのZn^{2+}イオンが3.5Å隔てて複核構造をとり，1つの4配位四面体型のZnには3つのHisと架橋H$_2$O分子が，もう1つの5配位四角錐型のZnにはHis, Asp, Cys, H$_2$Oと架橋H$_2$O分子が結合している．基質であるペニシリンやセファロスポリンなどのβ-ラクタム薬剤のラクタム環C=OがZnに結合し，β-ラクタム環のカルボニルC原子が架橋H$_2$O（あるいはOH$^-$）の求核攻撃を受ける機構が推定されている（図2.99を参考にされたい）．

(6) アルカリホスファターゼ（alkaline phosphatase：AP）

基質に対して非特異的なホスホモノエステラーゼの1つで，活性の最適pHがアルカリ側にあるため，このように呼ばれる酵素である．高等動物から細菌に広く分布しており，真核生物のAPは糖が付いて，細胞質膜に結合している．大腸菌由来の2量体AP（単量体47 kDa）の結晶構造解析では，表1.19（p.88）に示したように，活性中心に2個のZn^{2+}とMg^{2+}（配位子のAspカルボキシル基から2Å）が結合している（Kim

2.8 ZnおよびNi含有酵素

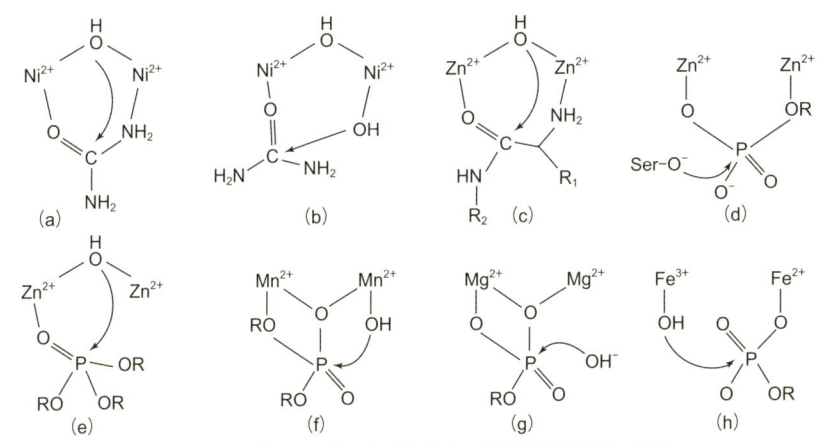

図2.99 複核金属含有加水分解酵素の触媒反応推定機構の比較
(a)(b) ウレアーゼ（2.8.2項参照），(c) アミノペプチダーゼ（1.8.2項 p.87参照），(d) アルカリホスファターゼ，(e) ホスホトリエステラーゼ（1.8.2項 p.87参照），(f) 3′-5′エキソヌクレアーゼ（1.8.5a項 p.99参照），(g) イノシトールモノホスファターゼ（PDB code 1IMC, 2BJI），(h) パープル酸性ホスファターゼ（1.8.1b項 p.74参照）

and Wyckoff, 1991; PDB code 1ALK）．約4Å離れたZn間にはリン酸が架橋し，1つのZnに結合しているSer残基が，加水分解過程でホスホリルセリン残基となって重要な役割を演じると考えられている（図2.99(d)）．また，木村らによるAPのZnモデル錯体の研究においても，Zn近傍にあるOH基が加水分解反応において重要であることが示されている（Kimura et al., 1995）．一方，Mgの触媒反応における役割については明らかではないが，活性中心の構造維持や静電的な効果に関係していると考えられる．

図2.99で明らかなように，一般に複核金属部位を有する加水分解酵素では，1個あるいは2個の金属に基質を結合して活性化し，同時にH_2Oを活性化して生成したOH^-を求核試薬として反応を行っている．

2.8.2 Ni含有加水分解酵素

1926年にタンパク質の結晶として初めてSumnerにより結晶化された酵素が，タチナタマメ（jack bean）のウレアーゼ（urease：URE）であったが，その50年後になって，チオアルコール化合物がNiに結合することによって生じる電荷移動吸収帯により，タンパク質中のNi^{2+}の存在がZernerらにより明らかになった．そして，1995年に腸内細菌の *Klebsiella aerogenes* 由来のウレアーゼ（*Ka*-URE）のX線結晶構造が報告された（Jabri et al., 1995; PDB code 2KAU, 1FWJ）．UREは植物，藻類，菌類，ある種の微生物において，尿素を加水分解する反応(i)を触媒する．生成したカルバマー

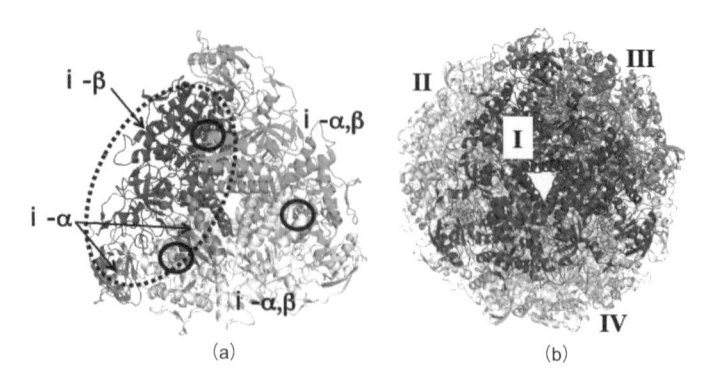

図2.100 ピロリ菌ウレアーゼのタンパク質構造（PDB code 1E9Z）（口絵参照）
(a) Hp-URE の $\alpha_3\beta_3$ 量体の部分構造；破線で囲った領域に α（深緑色）と β（青色）サブユニットがあり，ヘテロ2量体 (i-α,β) を形成している．これが緑色と灰色で示した2つのヘテロ2量体と3量体（I，青色）を形成する．3つの実線の円は，α サブユニットに結合した Ni 部位を示している．(b) Hp-URE の $(\alpha_3\beta_3)_4$ 量体の全体構造，4つの3量体 I〜IV が集まって，球を形成している．

トは，さらに(ii)のように非酵素的に分解されるので，基質である尿素は最終的にアンモニアと炭酸に加水分解されることになる．

$$O=C(NH_2)_2 + H_2O \longrightarrow H_2N\text{-}COO^- + NH_4^+ \qquad (i)$$

$$H_2N\text{-}COO^- + H_2O \longrightarrow HCO_3^- + NH_3 \qquad (ii)$$

URE のタンパク質構造については，次の3つのタイプが知られている．

① タチナタマメ URE は 880 アミノ酸残基の1本鎖のサブユニット．

② Ka-URE は3つのサブユニット，α（101残基），β（127残基），γ（570残基）からなるヘテロ3量体がさらに3量体を形成して，全体で三角形分子構造（$\alpha_3\beta_3\gamma_3$型；3.3.11項 p.338参照）．

③ ピロリ菌 *Helicobacter pylori* 由来の URE（Hp-URE）は，2つのサブユニット，α（238残基），β（569残基）からなるヘテロ2量体が3分子集合して湾曲した三角形3量体を形成し（$\alpha_3\beta_3$型），さらにその4分子が集合して全体で球形分子構造（$(\alpha_3\beta_3)_4$型）（図2.100）（Ha et al., 2001）．

近年，ピロリ菌が胃潰瘍の原因菌であることが明らかになった．ピロリ菌は強酸性の胃の中で生息するために，菌体内外に多量の Hp-URE を発現してアンモニアを生成し，胃酸を中和しようとする．胃潰瘍発生機構はいまだ明確になっていないが，この中和が原因になっている可能性は十分にある．URE1分子としては，Ka-URE は 250 kDa，Hp-URE は 1100 kDa であり，触媒部位数は前者が3個に対して，後者は12個と圧倒的に多い．2個の Ni イオンは，いずれも分子量が一番大きいサブユニッ

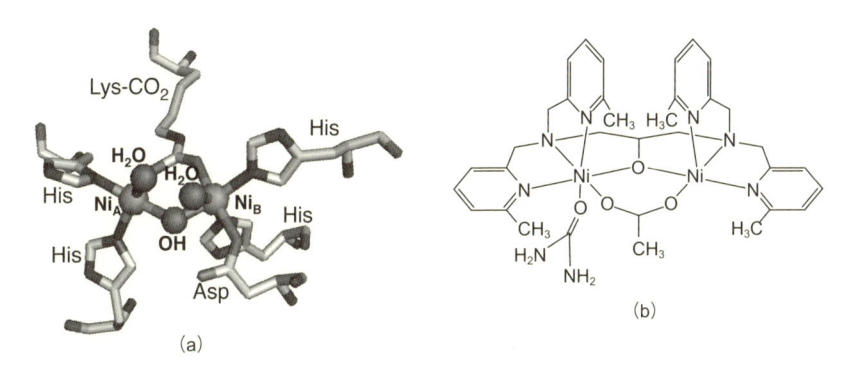

図 2.101 (a) ウレアーゼの複核 Ni^{2+} 部位の構造 (PDB code 1FWJ) と (b) 尿素を結合したモデル Ni^{2+} 錯体 (Yamaguchi et al., 1997)

トに結合している．図2.101(a) は，Ka-URE の Ni 部位であるが，Hp-URE も類似した活性中心を含んでいる．この活性部位で特徴的なのは，3.6Å 離れている2個の Ni^{2+} を架橋している配位子が，カルバマート化された Lys 残基（Lys-CO_2^-，$C_\alpha CH_2CH_2CH_2CH_2NHCO_2^-$）という点である．活性中心金属に Lys-$CO_2^-$ が配位子となった例は，構造が極めてよく似た複核 Zn(II) 部位を有する土壌菌 *Pseudomonas diminuta* のホスホトリエステラーゼ (phosphotriesterase；殺虫剤パラオキソンなどの三級リン酸エステルを加水分解する酵素) にも見られるが (Benning et al., 1995, 2001; PDB code 1HZY)，いずれも Lys-CO_2^- 配位子は触媒反応には関係しないと考えられている．もう1つの例として，トランスカルボキシラーゼ5S の単核 Co(II) 部位に結合している Lys-CO_2^- 配位子があるが，こちらは反応に関与している可能性が議論されている（1.8.5c 項 p.104 参照）．では，複核 Ni 部位において，どのようにして基質が加水分解されるのであろうか．すでに，図2.99 に URE とその他の2核金属部位を有する酵素の推定反応機構を比較しているので参照されたい．URE については，図2.99(a) と (b) の2つの可能性を示している．いずれも基質が1個あるいは2個の Ni^{2+} に結合して活性化され，同じく Ni に配位している OH^- の求核攻撃を受ける機構である．また，図2.101(b) に，山口らによる URE の活性中心モデル錯体をあげた (Yamaguchi et al., 1997)．この複核錯体の配位子は N,N,N',N'-tetrakis {(6-methyl-2-pyridyl)methyl}-1,3-diaminopropan-2-ol であり，2個の Ni にはアルコール O 原子と酢酸イオンが架橋し，1つの Ni には尿素が O 原子のみで結合している．このモデル錯体は尿素の加水分解活性を示し，反応機構としては図2.99(b) を推測させるものである．さらに，中尾らによるベンズイミダゾール誘導体を配位子とするウレアーゼモデル Ni 錯体も報告されている (Hosokawa et al., 1998)．

文　献

Adler, M. et al. (2005) *Biochemistry* **44**, 9339.
Al-Karadaghi, S. et al. (1994) *Acta Crystallogr.* **D50**, 793.
Anzellotti, A. I. and Farrell, N. P. (2008) *Chem. Soc. Rev.* **37**, 1629.
Arolas, J. L. et al. (2005) *J. Mol. Biol.* **350**, 489.
Avvaru, B. S. et al. (2010) *Biochemistry* **49**, 249.
Benning, M. M. et al. (1995) *Biochemistry* **34**, 7973.
Benning, M. M. et al. (2001) *Biochemistry* **40**, 2712.
Bertini, I. et al. (1985) *J. Chem. Educ.* **62**, 924.
Concha, N. O. et al. (1996) *Structure* **4**, 823.
Cowan, J.A. (2007) in "*Biological Inorganic Chemistry*," Bertini, I. et al. Eds., University Science Books, pp. 175-184.
Eriksson, A. E. et al. (1988) *Proteins* **4**, 274.
Fisher, S. Z. et al. (2010) *Biochemistry* **49**, 415.
Ha, N. -C. et al. (2001) *Nat. Struct. Biol.* **8**, 505.
Hosokawa, Y. et al. (1998) *Inorg. Chim. Acta* **283**, 118.
Jabri, E. et al. (1995) *Science* **268**, 998.
Kilshtain-Vardi, A. et al. (2003) *Acta Crystallogr.* **D59**, 323.
Kim, E. E. and Wyckoff, H. W. (1991) *J. Mol. Biol.* **218**, 449.
Kimber, M. S. and Pai, E. F. (2000) *EMBO J.* **19**, 1407.
Kimura, E. et al. (1995) *J. Am. Chem. Soc.* **117**, 8304.
Ploom, T. et al. (1999) *J. Mol. Biol.* **286**, 851.
Quiocho, F. A. and Lipscomb, W. N. (1971) *Adv. Protein Chem.* **25**, 1.
Stams, T. et al. (1996) *Proc. Natl. Acad. Sci. USA* **93**, 13589.
Tamilselvi, A. and Mugesh, G. (2008) *J. Biol. Inorg. Chem.* **13**, 1039.
Ullah, J. H. et al. (1998) *J. Mol. Biol.* **284**, 125.
Xu, Y. et al. (2008) *Nature* **452**, 56.
Yamaguchi, K. et al. (1997) *J. Am. Chem. Soc.* **119**, 5752.

3
ライフサイエンスとしての生物無機化学

3.1 金属イオンのホメオスタシス（取り込み，輸送，貯蔵，排出）

1.1節（p.1）で示したように必須微量元素はヒト成人では g～mg オーダーの最適量存在している．これを恒常性（ホメオスタシス，homeostasis）という．ヒトなど脊椎動物の場合，経口的に取り込まれた必須微量元素は消化管で吸収された後，血液によって運搬され，細胞内に取り込まれる．植物の場合は根から，微生物の場合は環境から直接必須微量元素が取り込まれる．しかしながら，細胞内の必要とされる部位に金属イオンが到達するまでには，多くのプロセスを経ることになる．溶媒である水環境での輸送（さらに，細胞外の輸送と細胞内の輸送に分けられる）と電荷をもつイオンの透過障壁である膜を横切る輸送の仕組みは全く異なっているため，金属イオンの取り込み過程は大変複雑となっている．

一方，金属イオンの解毒という側面もある金属イオンの排出も類似した仕組みで行われるが，取り込み過程を逆行する訳ではなく，取り込みと排出は異なる経路をたどる．過剰の必須微量元素は細胞内で貯蔵されることもあるが，厳密な意味で貯蔵されるのは鉄だけのようである．必須微量元素の取り込み，輸送，貯蔵と最適量の保持は，関連するタンパク質の発現を制御するレギュレーター（regulator）タンパク質（転写因子）が金属イオンをセンシング（sensing：選択的に捕捉）することから始まり，その金属イオンに関連したタンパク質の発現（より正確には mRNA の転写過程）の活性化または抑制によって実現する（例えば，図3.17（p.320）の CueR や CusR の働きがこれにあたる）．この節では，まず，膜輸送を中心とした金属イオンの輸送に関して概説し，ついで，いくつかの代表的な元素の取り込み，輸送，貯蔵，恒常性について眺めることにする．

3.1.1 金属イオンの輸送

金属イオンが存在する水の相としては，細胞外と細胞内があるが，金属イオンが細胞内に到達するには膜を通過しなければならない．物質の膜輸送は，一般に受動輸送

```
         単輸送      共輸送      対向輸送
          ↑          ↑          ↑
```

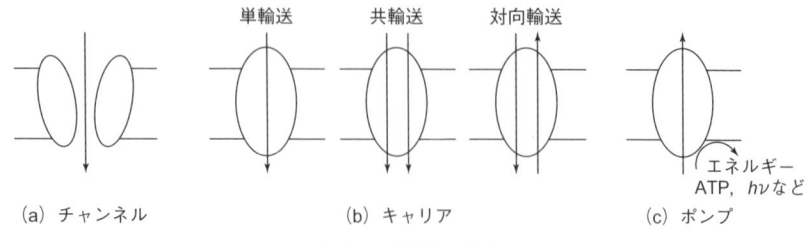

```
                                      エネルギー
                                      ATP, hνなど
 (a) チャンネル    (b) キャリア    (c) ポンプ
```

図 3.1 膜輸送の様式

(passive transport) と能動輸送（active transport）に分けられる．前者は膜の両側での濃度勾配を推進力とする膜輸送であり，濃度の高い側から低い側に物質が輸送される．これに対して後者ではエネルギーを使うことによって，濃度勾配に逆らった輸送が行われる（吸エルゴン過程）．一方，物質の膜輸送には，膜に存在する輸送体であるトランスポーター（transporter）が関与する場合と何らかのキャリア（carrier）に結合して膜を通過する場合がある．ポンプやチャンネルともいわれる膜輸送体はいずれもトランスポーターであるが，ポンプはATPの加水分解や光などを利用して能動輸送を行うのに対し，チャンネルの輸送は受動輸送である．これに対して，キャリアによる仲介輸送は，物質が単独で移動する単輸送，他の物質を輸送するエネルギーを借りる共輸送と対向輸送（前者は同じ方向への輸送，後者は反対方向への輸送）に分けられる．共輸送や対向輸送は他の物質の輸送に伴うエネルギーの余剰を借りるのである．以上のような様々の膜輸送の様式を図3.1に示した．

現在，膜輸送の原理および構造から次の5つのタイプの膜トランスポーターが知られている：P型ATPアーゼ（ATPase），ABCトランスポーター，CDF，Nramp，RND（表3.1）．Nramp以外はX線結晶構造解析が1例以上行われており，膜を横切る金属輸送の仕組みの理解も進みつつある．ATPの加水分解と共役する前2者は典型的な能動輸送トランスポーター（ポンプ）である．P型ATPアーゼはコンホメーション変化によってチャンネルの開閉を行うためのATPおよびリン酸の結合部位，加水分解部位，さらには金属結合部位や膜チャンネルを有する．一方，ABCトランスポーター（ABC

表 3.1 代表的な金属トランスポーター

ファミリー	Mn	Fe	Co	Ni	Cu	Zn
P型ATPアーゼ	MntA		CoaT		CopA/B	AztA, ZntA
ABCトランスポーター	MntC	FbpA	BtuF	NikA		AdcA, ZnuA
CDF	MntE	YiiP				C2cD, YiiP
Nramp	MntH					
RND				NccCBA	CusCFBA	CzcCBA

はATPの結合部位である特異的な結合カセット（モチーフ）（ATP-binding cassette）を意味する）は可溶部に金属イオンを捕捉するタンパク質（solute binding protein：SBP）を有しており，P型ATPアーゼと同様にATPの加水分解によって金属イオンの輸送を駆動する．CDFはcation diffusion facilitatorの略であり，その名のとおり，受動輸送のトランスポーターである．Nrampはnatural resistance-associated macrophage proteinの略で金属イオンを輸送して細菌殺傷を行う．RND（resistance nodulation cell division）は内膜と外膜を貫く巨大な構造体であり，3つの部分から構成される排出トランスポーターである（Ma et al., 2009）．これらのトランスポーター内部には金属イオンが一時的に結合する部位が存在している．ABCトランスポーターに結合してこれに金属イオンを受容するSBPのFe, Zn, Mnに対する典型的な配位原子の組合せは，それぞれ2N3O, 3N1O, 2N2Oである．利用されているアミノ酸は，通常それぞれの金属イオンを要求するタンパク質で見られるものとほぼ同じ，または，いくぶん置換活性の高い組合せとなっている．

3.1.2　アルカリ金属，アルカリ土類金属

NaとKは対となって機能していることが多い．細胞外液のNa^+, K^+の濃度はそれぞれ，140, 4 mMであるのに対して，細胞内ではそれぞれ，10, 140 mM程度であり，細胞内外で存在量は逆転している（外部環境での代表的な陰イオンはCl^-であり，内部環境ではリン酸イオンである）．両イオンの大部分は細胞膜に存在するポンプ，チャンネル，トランスポーターなどによって両イオン同時または他のイオンや物質と共に膜を通過する．腎尿細管の上皮細胞ではこれらのイオンの膜輸送によって水分量が調節されている．消化管壁細胞群における消化液の分泌や栄養素，水の吸収でも膜輸送系が働いている．2族元素のCaとMgは細胞外液ではいずれも1〜2 mM程度存在しているが，細胞内ではCa^{2+}は0.1〜1 μMで極めて低く，Mg^{2+}濃度は極めて高い（1 mM）．これらの金属の挙動については他の解説（小夫家，2005）を参照されたい．

イオノホア（ionophore；イオン担持体ともいう．-phoreはギリシャ語で担持体・運搬体を意味する）は通常，環状エーテル，環状または非環状ペプチド，カルボン酸のようなキャリアイオノホアであり（チャンネルをチャンネル形成イオノホアともいう）（図3.2），アルカリ金属やアルカリ土類金属が結合すると疎水性部分が外側を向くため，膜に親和性をもつようになる（図3.3）．イオノホアの多くはマクロ環であるが，非環状の多座配位子も多数知られている．配位基のほとんどはカルボニル，エーテル，カルボキシル基のO原子であるので，ハードな1族元素や2族元素との親和性が高い．金属イオンに対する選択性の順序は，イオノホアが作る配位空間の大きさ

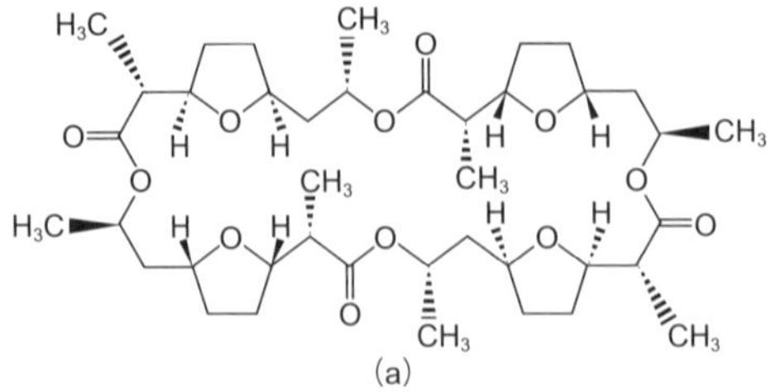

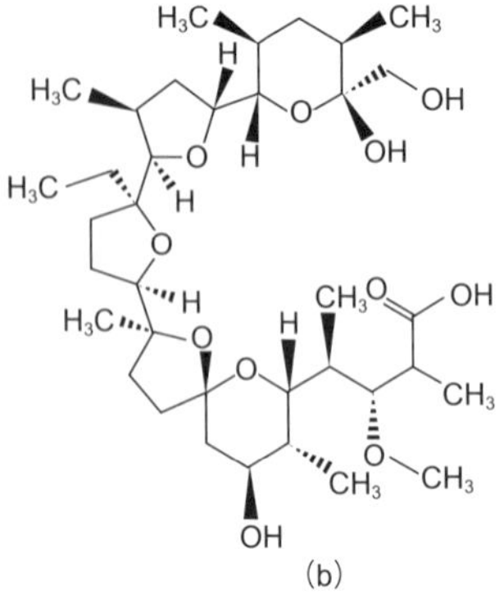

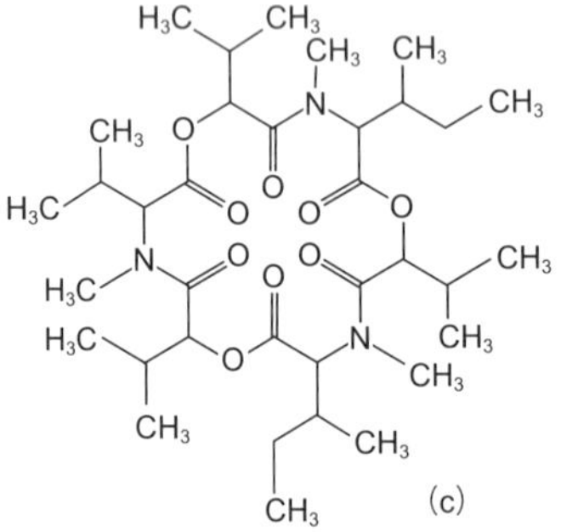

図 3.2 代表的イオノホア
(a) ノナクチン (環状エーテル系), (b) モネンシン (カルボン酸系), (c) エニアチン B1 (ペプチド系).

と電荷密度によって決まる.図 3.3 で示したバリノマイシン (valinomycin) の場合, Na^+ よりも K^+ に対する親和性が高いのは,サイズの効果に加えて,錯形成に際して必要な脱水和エネルギーが Na^+ の場合の方が高いことも関係しており (Na^+ と K^+ に対する水和エネルギーはそれぞれ,-302,$-231\,kJ\,mol^{-1}$ である),溶媒和エネルギーもまたイオン選択性の重要な要因である.イオノホアは受動的にイオンの膜透過を行うことによって,正常細胞のイオン濃度勾配を解消してしまうことから,抗生物質として機能する.例えば,バリノマイシンはミトコンドリアにおける酸化的リン酸化を脱共役する.

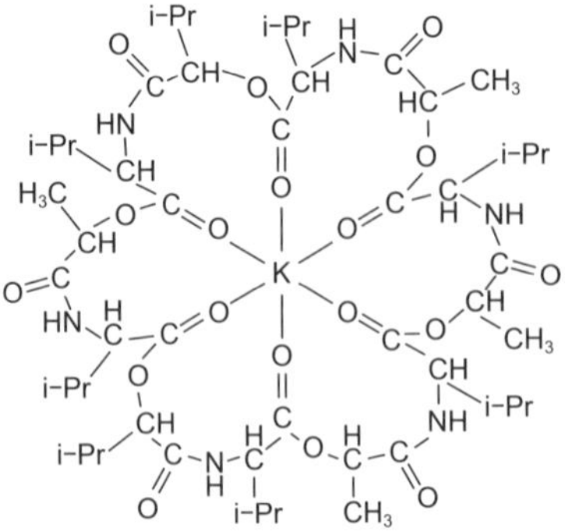

図 3.3 バリノマイシン (L-Val-D-ヒドロキシイソ吉草酸-D-Val-L-乳酸が 3 回繰り返した環状構造) の K^+ 錯体
K^+ を結合すると疎水性側鎖が外側に配向する.

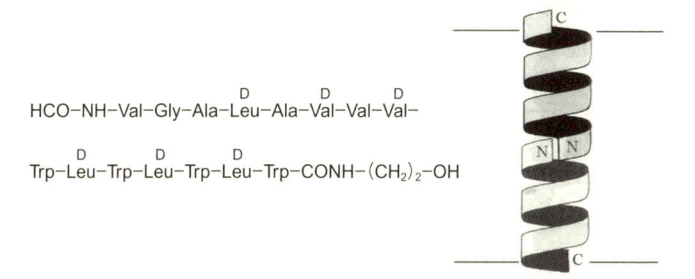

3.1 金属イオンのホメオスタシス（取り込み，輸送，貯蔵，排出）

```
                    D        D        D
HCO-NH-Val-Gly-Ala-Leu-Ala-Val-Val-Val-
    D        D        D
Trp-Leu-Trp-Leu-Trp-Leu-Trp-CONH-(CH₂)₂-OH
```

図 3.4 グラミシジン A の構造

アルカリ金属イオンなどに対するチャンネルとしては，抗生物質であるグラミシジン A (gramicidin A；図 3.4) がある．グラミシジン A は L-アミノ酸と D-アミノ酸が 15 残基交互につながった鎖状ポリペプチドであり，N 末端同士が会合した 2 量体として膜貫通チャンネルを形成する．チャンネルの直径は 0.4 nm で，無極性残基は外側を，極性残基はチャンネル内を向いている．70～100 mV の膜ポテンシャルにおいて，1 秒あたり 10^7 個の K^+ を運搬する．Na^+ に対する選択性の方が低いのは水和のために実質的にサイズが大きいからである．フグ毒のテトロドトキシンなどはチャンネルブロッカーとして毒性を発現する．膜貫通ヘリックスの束がチャンネルを形成するコリシン A (colicin A) のような場合には，膜電位によって開閉するチャンネル (voltage-gated channel) によってイオンの流れが調整される．

アルカリ金属イオンやアルカリ土類金属イオンを膜輸送するポンプ酵素として (Na^+, K^+)-ATP アーゼ，(H^+, K^+)-ATP アーゼ，Ca^{2+}-ATP アーゼが知られている．(Na^+, K^+)-ATP アーゼは高等真核生物の形質膜にある対向輸送イオンポンプであり，細胞からの Na^+ の汲出しと細胞内への K^+ の輸送を ATP の加水分解と共役させて行う．全反応は次のようになる．

$$3Na^+(in) + 2K^+(out) + ATP + H_2O \rightleftharpoons 3Na^+(out) + 2K^+(in) + ADP + Pi (無機リン酸)$$

この反応によって動物細胞は浸透圧を調整し，含水量を制御している．(Na^+, K^+)-ATP アーゼが作る電気化学的ポテンシャルは神経細胞の電気的興奮にも関わっている．図 3.5 に (Na^+, K^+)-ATP アーゼの機能を示した．Na^+ が存在すると Asp がリン酸化され，K^+ が存在するとこのリン酸エステルは加水分解され，(Na^+, K^+)-ATP アーゼは膜の内外でそれぞれ開閉するコンホメーションをとる．強心配糖体であるジギトキシン，ジギタリン，ウアバインは，(Na^+, K^+)-ATP アーゼの細胞外部分に結合してリン酸エステル残基の加水分解を阻害することにより細胞内の Na^+ 濃度を増加させる．これは最終的に心筋の収縮へと至る．

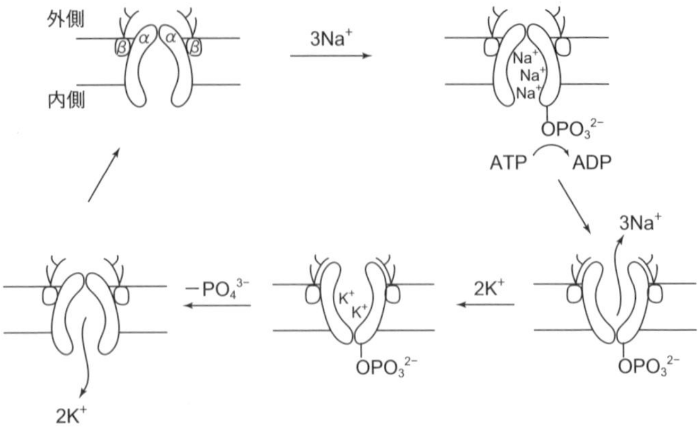

図 3.5 (Na^+, K^+)-ATP アーゼによる Na^+ の排出と K^+ 取り込み機構

(H^+, K^+)-ATP アーゼは K^+ の取り込みと共役して胃の旁細胞（胃腺の壁細胞）から胃酸の分泌を行う対向輸送イオンポンプである．炭酸デヒドラターゼ（2.8.1 項 p.290 参照）による CO_2 の水和で生成する H^+ は細胞外へ汲み出され，これと共役して K^+ が汲み入れられる．しかし，K^+ は Cl^- との共輸送で再び細胞外へ汲み出されるので，全体としては HCl が分泌されたことになる．

Ca^{2+}-ATP アーゼは細胞の小胞体や形質膜にあって，ATP に依存して細胞質から Ca^{2+} を排出して Ca^{2+} 濃度を低く保つ．これに関連して，$2Ca^{2+}$ が膜貫通ヘリックス間に結合した Ca^{2+}-ATP アーゼ（SERCA）が X 線結晶構造解析され，Ca^{2+} の膜輸送機構が提唱されている（Kubala, 2006）．細胞内で Ca^{2+} 濃度が低く保たれているのは，シグナル（ホルモンなどのように細胞外で働く 1 次メッセンジャーと区別して，2 次メッセンジャーともいわれる）として機能させるためであり，筋収縮，神経伝達物質の放出，グリコーゲンの分解など細胞内応答の引き金となる．細胞内で Ca^{2+} を結合するタンパク質としては，他のタンパク質の機能制御を行うカルモジュリン（calmodulin：CaM）が知られている（3.3.1 項 p.331 参照）．カルモジュリンの標的タンパク質は，Ca^{2+} が結合したカルモジュリンによってコンホメーション変化が誘導され，酵素機能が調整されることになる．カルモジュリンは互いにほぼ直交したヘリックスからなる EF ハンドと呼ばれる特有の Ca^{2+} 結合モチーフを有している．EF ハンド以外の Ca^{2+} 制御モチーフとしては，Ca^{2+} クラスターを形成する C_2 ドメインがあり，神経伝達やホルモン分泌の制御に関わる Ca センサーシナプトタグミン（synaptotagmin）などに見られる．C_2 ドメインは静電的なスイッチとして機能する．

3.1.3 鉄の輸送と貯蔵

海水中の酸素濃度が低かった太古代には鉄は Fe^{2+} として多量に溶存しており，進化の初期において生物は Fe を簡単に利用できた．しかし，光合成による酸素濃度の増加によって Fe は Fe^{3+} に酸化され，ほとんどすべてが水酸化物として沈殿してしまったために，Fe を効率的に獲得することは生物にとって深刻な問題となった．微量元素の中で Fe は主要元素の1つであるとはいえ，海水中の Fe の濃度は nM レベルという超微量であり，例えば，植物プランクトンの成育は Fe の取り込みと深く関係している．植物や細菌はシデロホア（siderophore；シデロは Fe を意味する）と呼ばれるイオノホアを分泌し，受容体を介して鉄結合シデロホアを回収する機構を利用している．ヒトはトランスフェリン，ラクトフェリンなどの Fe 含有タンパク質に対するレセプター（receptor）タンパク質を発現し，これらを結合する．

図3.6に代表的なシデロホアを示した．シデロホアは硬い酸である Fe^{3+} をターゲットとする．そのため，カテコールもしくはヒドロキサム酸などの，硬い塩基である酸素性の配位基をベースとするものが多い．また，クエン酸やアミノ酸もシデロホアの

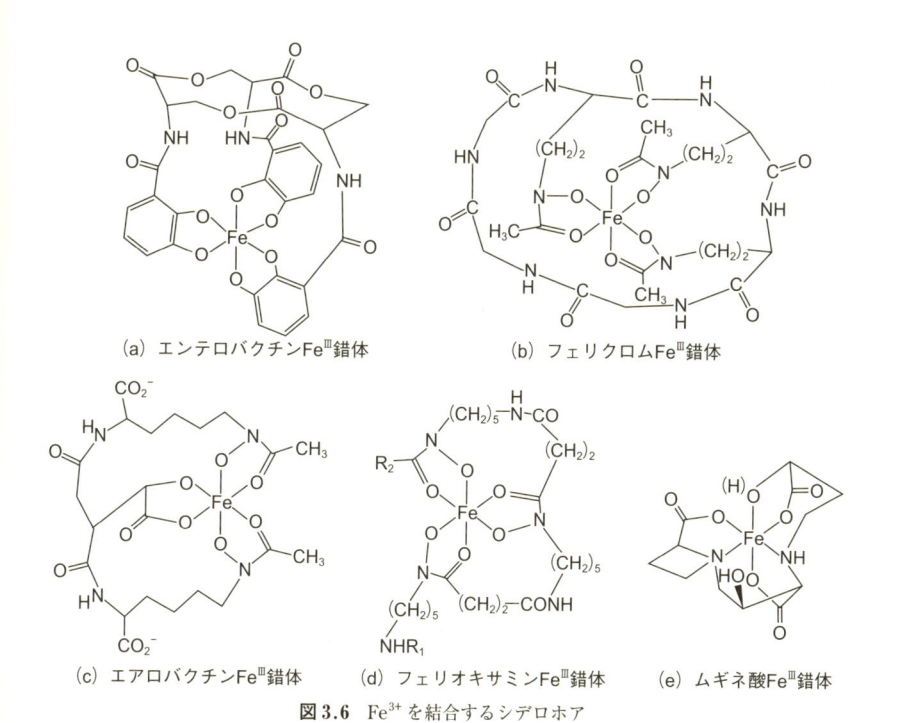

(a) エンテロバクチンFe^{III}錯体

(b) フェリクロムFe^{III}錯体

(c) エアロバクチンFe^{III}錯体

(d) フェリオキサミンFe^{III}錯体

(e) ムギネ酸Fe^{III}錯体

図3.6 Fe^{3+} を結合するシデロホア

構造ユニットとなっている．フェリクロム（ferrichrome）は *Aspergillus, Ustilago, Penicillium* のようなカビが生産する Gly と Orn からなる環状ヘキサペプチドにヒドロキサム酸基［－C(＝O)－NH－OH］が結合したシデロホアである．ヒドロキサム酸系のシデロホアとしては，他にフェリオキサミン（ferrioxamine），*Pseudomonas* が生産するシュードバクチン（pseudobactin），過剰の血清鉄および貯蔵鉄の除去に有効なメシル酸デフェロキサミン（DFO）などがある．カテコール系のシデロホアであるエンテロバクチン（enterobactin）は *Salmonella typhimurium* や大腸菌から単離されている(Raymond et al., 2003)．エンテロバクチンの生合成は Fe 結合リプレッサータンパク質（Fur（ferric uptake regulator）や DtxR（diphtheria toxin regulator））により，転写レベルで制御されている．エアロバクチン（aerobactin）は *Shigella* や *Vibrio parahaemolyticus* によって Fur の制御下で生産されるクエン酸とヒドロキサム酸の混合型シデロホアである．これらのシデロホアはいずれも抗生物質である．これに対して，ムギネ酸（mugineic acid）はイネ科植物から単離された植物シデロホアであり，根から Fe を吸収するために分泌されている．ニコチンアミドを前駆体とし，3-hydroxymugineic acid, 2′-deoxymugineic acid, avenic acid, distichonic acid などの誘導体がある．ムギネ酸の Fe(III)，Co(III) 錯体については，杉浦，三野らの研究がある（Sugiura et al., 1981; Mino, et al., 1983）．

シデロホアは Fe^{2+} に対する親和力は高くないが，Fe^{3+} とは強く結合する（トリスヒドロキサム酸タイプとカテコールタイプのシデロホアの安定度定数はそれぞれ，10^{30}，$10^{45}\sim10^{52}$ 程度）．いずれの場合も 6 配位八面体型錯体となる．ヒトの血清において遊離の Fe^{3+} の濃度は 10^{-24} M 程度であるが，感染性のバクテリアはシデロホアを利用して低濃度の Fe^{3+} を宿主から獲得している．シデロホアが Fe を放出するときには，Fe^{2+}（安定度定数～10^8）への還元とシデロホアのプロトン化が起こるものと考えられている．酸化還元電位は膜レセプターや輸送タンパク質への結合によっても変化するが，$-300\sim-750$ mV であり，生体に存在する還元物質で還元しうる領域である．シデロホアの骨格が加水分解によって部分的に切断されるという説もある．

次に哺乳類の Fe 輸送を眺めてみよう．体内に入った Fe が腸管上皮細胞の管腔側から細胞内へ取り込まれる際には，Fe^{3+} は鉄還元酵素 Dcytb（McKie et al., 2001）によって Fe^{2+} に還元され，トランスポーターである DMT1[*1] によって膜を通過する（図 3.7）．DMT1 は 12 回膜貫通型のタンパク質で，H^+ との共輸送で Fe を細胞内に取り込む．Ca^{2+} チャンネルもまた Fe の取り込みを行うことが可能であるとの報告がある

[*1]　DCT1, Nramp2 とも呼ばれ，Mn^{2+}，Cu^{2+}，Zn^{2+} の輸送も行う（Hubert and Hentze, 2002; Jeong and David, 2003）．

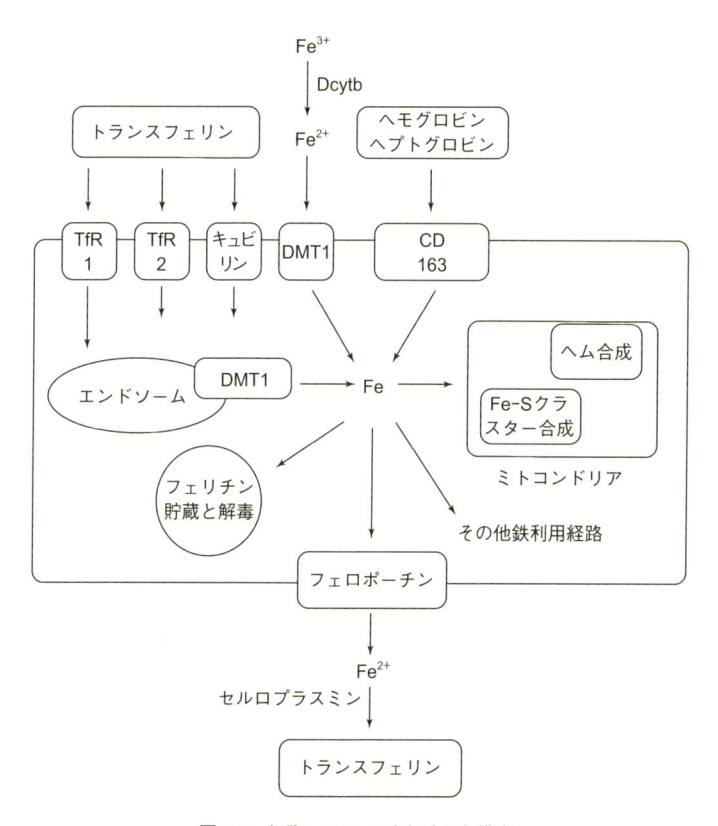

図 3.7 細胞への Fe の取り込みと排出

トランスフェリンレセプター-2（TfR2）の存在は肝細胞（hepatocyte），十二指腸陰窩細胞などに限られている．キュビリン（cubilin）は腎臓の近位尿細管上皮細胞において，メガリン（megalin）と共同でエンドサイトーシスを行う．

(Mwanjewe and Grover, 2004)．ヘモグロビンなどに含まれている Fe はヘムのまま取り込まれる．ついで，Fe^{2+} はフェリチンや DMT1 の関与のもとに細胞内における基底膜側へ輸送される．基底膜側から血液側への輸送では，トランスポーターであるフェロポーチン（ferroportin：MTP；Ireg1）によって膜を通過し，その後ヘフェスチン（hephaestin）やセルロプラスミン（ceruloplasmin：Cp）によって Fe^{2+} が Fe^{3+} に酸化され，Fe 輸送タンパク質であるトランスフェリン（transferrin：Tf）に取り込まれる（Hentze et al., 2004）．

Tf は N 末端側と C 末端側の 2 つの部分からなり，Fe^{3+} の結合に際して，それぞれ 2 つのドメインではさみ込む（Cp による Fe^{2+} の酸化機構については 2.6.2 項（p.259）

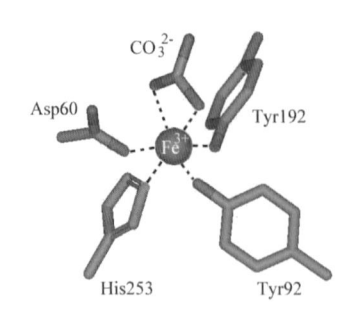

図3.8 トランスフェリンによる Fe^{3+} の結合 (MacGillivray et al., 1998; PDB code 1A8E) 外来性の配位子である CO_3^{2-} の結合は，Arg 側鎖などとの水素結合により安定化している．

に述べた)．Fe^{3+} に配位するアミノ酸残基は 1Asp, 1His, 2Tyr であるが，このとき外来性の配位子である CO_3^{2-} が6つの配位座のうち2つを占める (図3.8)．Tf に類似したタンパク質には卵白に含まれるオボトランスフェリンや乳中など外分泌液に含まれるラクトフェリンなどがあり，これらも Tf と同様の様式で Fe^{3+} を結合する (Karthikeyan et al., 1999; PDB code 1B7Z)．

以上，小腸で吸収された Fe が血液中に入り肝臓などに至るまでの過程について述べたが，図3.7にはそれ以外の過程も示されている．すなわち，Fe を結合した Tf が細胞膜に存在するトランスフェリン受容体 TfR1 と複合体を形成し，エンドサイトーシス (endocytosis；外部からの物質を細胞膜の小胞化と融合により内部に取り込む方式で，この反対はエキソサイトーシス (exocytosis)) によって細胞内に取り込まれる経路も存在する (Cheng et al., 2004)．Tf を取り込んだ小胞はエンドソームと呼ばれる小胞と融合する．エンドソーム内はプロトンポンプ H^+-ATP アーゼの働きによって酸性 (およそ pH 5.0) となっているため，Tf は Fe^{3+} を放出する．Fe^{3+} はレダクターゼによって Fe^{2+} に還元された後，トランスポーター DMT1 によってエンドソームから細胞質へと輸送される (Fleming et al., 1998)．ミトコンドリアなど細胞内の小器官 (オルガネラ) で Fe を利用する場合，再度，Fe は膜輸送されることになる．Fe や Cu のように酸化状態が変化する金属元素の膜輸送では，通常，Fe は置換活性な低酸化状態となるが，酵母の膜トランスポーターである Frt1p を Fe が通過するときには，これと会合しているフェロオキシダーゼ Fet3p によって Fe^{2+} が Fe^{3+} に酸化され，Fe^{3+} として膜を通過する．Frt1p の Fe^{3+} チャンネルには Asp や Glu のような酸性アミノ酸が配置されていることがわかっている．

ここで，過剰の Fe の貯蔵について述べる．細胞内ですぐに使用しない Fe は，普遍的に存在して (ユビキタス) 保存性の高いフェリチン (ferritin) に貯蔵される．脊椎動物のフェリチンは24の軽鎖 (L) と重鎖 (H) のサブユニットからなるアポタン

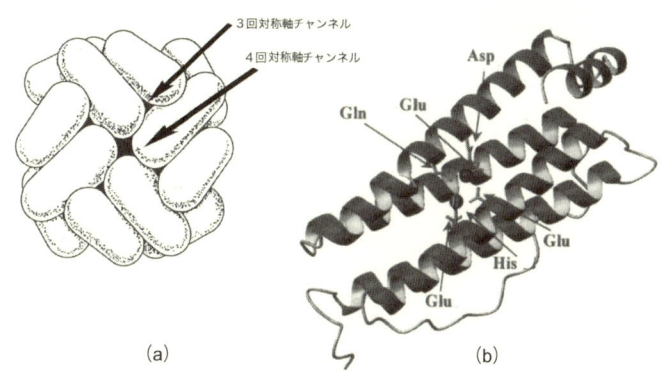

3.1 金属イオンのホメオスタシス（取り込み，輸送，貯蔵，排出）　　　313

図 3.9 フェリチンの全体構造（a）とサブユニットの構造（b）

パク質で形成された殻を構成しており，内部の空洞に 4000〜4500 個の鉄原子を収容している．H 鎖と L 鎖の割合は一定ではない．図 3.9 にウマ脾臓のフェリチンとサブユニットの構造を示した．空洞の直径は 6〜8 nm であり，3 回対称軸と 4 回対称軸のチャンネルが存在している．前者は Asp, Glu, Ser などの親水性残基が配置された漏斗状のチャンネルであり，Fe の通過経路（Fe は置換活性な Fe^{2+} として出入りする）と考えられている．一方，後者は 12 の Leu が並んだチャンネルで，貯蔵した Fe を利用する場合に還元剤として働く還元型 FMN を通過させると考えられている（哺乳動物では NADH によって還元された FMN を用いるが，バクテリアではヘム b が Fe コアに電子を供給する）．チャンネルを通過した Fe^{2+} はフェロオキシダーゼ活性を有する H 鎖の 2 核鉄部位（4 Glu, 1 Tyr, 1 His, 1 Gln からなり，植物やバクテリアのフェリチンでも保存されている）に結合する（Ha et al., 1999）（図 3.10）．この部位は，Fe 型のメタンモノオキシゲナーゼ MMO やリボヌクレオチドレダクターゼ RNR などの 2 核鉄部位に類似した構造（2.4.3 項 p.237 参照）を有し，O_2 と結合すると 2 核ペルオキソ種 $[Fe^{III}\text{-}O\text{-}O\text{-}Fe^{III}]$ となる．この構造が加水分解を受けると，H_2O_2 を生成し，μ-オキソ構造の $[Fe^{III}\text{-}O\text{-}Fe^{III}]$ となる．さらに加水分解が進むと，$[Fe^{III}O(OH)]$ となり，ferrihydrite $[(Fe(O)(OH))_8(FeOPO_3H_2)]\cdot xH_2PO_4$ の単位からなる微結晶のフェリチンコアが L 鎖で形成される．以上が，フェリチンによるバイオミネラリゼーション（biomineralization）である（Liu and Theil, 2005）．これに関連して，上野，渡辺らは人工金属酵素構築の観点から，アポフェリチンの大きな内部空間を利用して金属錯体を取り込ませ，あるいは His, Cys を主たる配位基として Pd(II) を蓄積させ，それらの構造や触媒反応の研究を行っている（Ueno et al., 2007, 2009）．

　バクテリアにおける Fe 輸送について，大腸菌の Fe 輸送を紹介する．大腸菌は様々

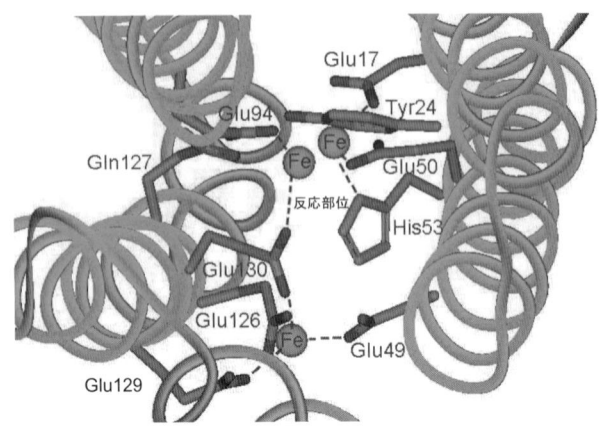

図 3.10 *Pyrococcus furiosus* のフェリチンの反応部位構造（Tatur et al., 2007; PDB code 2JD7）

の鉄キレートをそのまま外膜通過させるので，それぞれの鉄キレートに対応したトランスポーターを有している．図3.11におけるFhuA，FhuE，IutAはFe^{3+}のヒドロキサム酸シデロホア錯体を，FepA，Flu，CirはFe^{3+}のカテコールシデロホア錯体を，FecAはFe^{3+}のカルボン酸シデロホア錯体を，それぞれ外膜と内膜の膜間部であるペリプラズムへ通過させるトランスポーターである（Ferguson and Deisenhofer, 2004）.

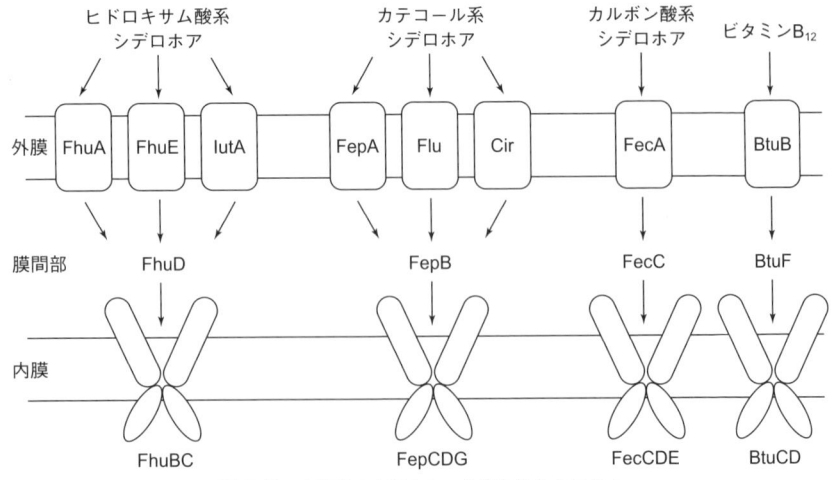

図 3.11 大腸菌の金属キレート取り込みシステム
外膜と内膜に存在するトランスポーターのタイプは異なっている．

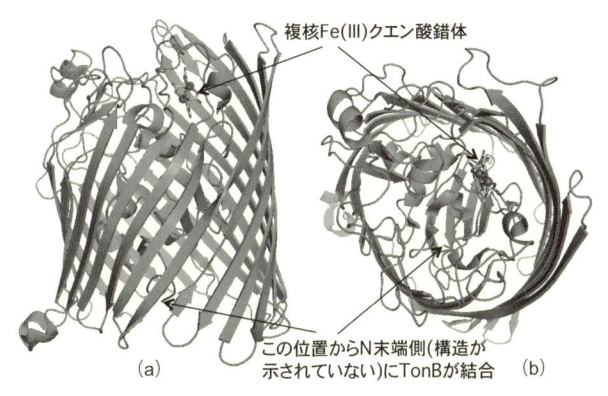

図3.12 2核鉄クエン酸錯体を結合したFecAの構造（PDB code 1KMP）
(b)はFecAの側面図(a)を上部から見たもので，Feクエン酸錯体は手前に，TonBの結合部は奥に位置している．また，歪んだ円柱の高さは約55Å，直径は40〜45Åである．

これら外膜に存在するトランスポーターの構造は代表的な膜チャンネルであるポリン（porin）に似ており，膜内部はβバレル（逆平行β鎖でできた樽を意味する）からなる膜貫通タンパク質である．図3.12にはFecA内部に複核のFe-クエン酸錯体を結合している様子が可視化されている（Ferguson et al., 2002; PDB code 1KMO, 1KMP）．この構造では，βバレル内部の大きな空洞の下部には栓（TonBと呼ばれるプラグ；Yue et al., 2003）がされているが，Fe-クエン酸錯体が通過する際には，この栓が外される．ペリプラズム内に輸送された金属キレートはFhuD，FepB，FecB，BtuFのようなシャトルによって内膜のトランスポーターまで運ばれる．内膜に存在するトランスポーターはABCトランスポーターである．

3.1.4 銅の輸送

FeとともにCuの輸送も多様であり，膜を通過するために酸化状態が変換されるなど輸送原理にも共通性が見られるが，恒常性維持において両者が決定的に異なるのは，Cuにはフェリチンのような貯蔵体が存在しないことである．Cuの多くは分泌タンパク質に結合して，細胞外や膜間部で機能しており，細胞質内での寄与は限定的である．しかしながら，Cuタンパク質のホロ化（タンパク質が補因子であるCuと結合して活性となること）は基本的に細胞質小器官であるゴルジ体で行われると考えられることから，細胞質に到達するには2度膜通過をしなければならない．また，Feの輸送やFeタンパク質の形成には多くのCuタンパク質が関わっており，この点でもFeとCuは深く関連している．

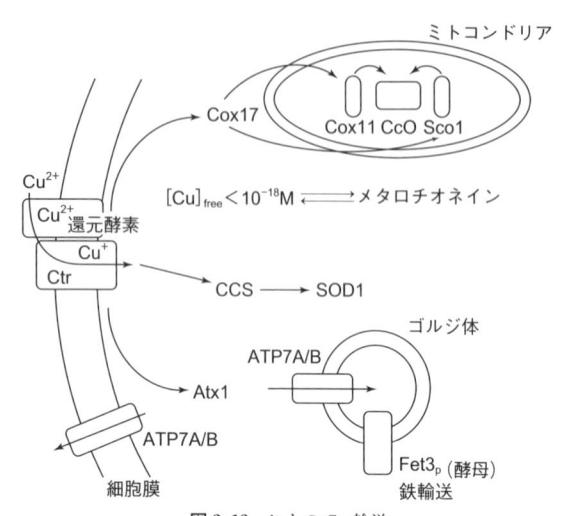

図 3.13　ヒトの Cu 輸送

ミトコンドリア内への Cu の取り込みに関与するリガンドは未同定．ミトコンドリア内で Cox17 から Sco1 と Cox11 が Cu を受け取り，それぞれ，シトクロム c オキシダーゼ CcO のサブユニット Cox2 と Cox1 に Cu が供給され，CuA と CuB 部位が形成される．Sco1 と Cox11 は CcO と同様にミトコンドリアの内膜に存在する．Fet3p は酵母のオルガネラに存在するマルチ銅オキシダーゼで鉄の輸送に関与する（表 2.11 p.260 参照）．Cox17, Cox11, Sco1, CCS, Atx1 は Cu の輸送にあずかる Cu シャペロン（Cu chaperone）タンパク質である．

　Cu イオンを取り込むためのキレーター（Fe 結合を意味するシデロホアに対して，Cu 結合を意味するカルコホア（chalcophore）ともいわれる）としては，メタン酸化菌 *Methylosinus trichosporium* OB3b のメタノバクチン（methanobactin）が知られている．メタノバクチンはテトラペプチド，トリペプチド，Cu^+ に配位する 2 つの 4-チオニル-5-ヒドロキシイミダゾール，ピロリジン，アミノ末端のイソプロピルエステル部位からなる（Kim et al., 2004）．地球規模での C の循環にかかわるメタン酸化菌の代謝は，可溶性で Fe 型のメタンモノオキシゲナーゼ（sMMO）（2.4.3 項 p.237 参照）や膜結合性の Cu 型メタンモノオキシゲナーゼ（pMMO）（2.4.4 項 p.241 参照）に依存しているが，Cu は pMMO の活性中心に存在しているばかりでなく，両 MMO の発現に関わっていることから，Cu の取り込みのためにメタノバクチンが利用されているのである．

　ヒトの細胞における Cu 輸送を模式的に図 3.13 に示す．まず，細胞膜に存在する還元酵素によって Cu^{2+} は Cu^+ へと還元され，トランスポーター hCtr1（酵母では Ctr1）によって細胞内へ輸送される（Turski and Thiele, 2009）．Ctr1 の可溶部には His と Met 残基が存在しており，Cu^+ の取り込みを促進する役割を担っている．Met

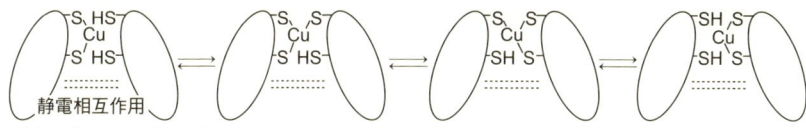

図 3.14 Cu シャペロンタンパク質 Atx1 と標的タンパク質の可溶部（ここでは Ccc2 と記述）間の Cu$^+$ 輸送

微生物ではそれぞれ CopZ と CopA に対応する．Cu イオンを輸送するタンパク質である Cu シャペロンタンパク質（3.3.2項 p.332 参照）と標的タンパク質の名前は遺伝子の名前に由来するため，その起源によって統一されていない．

は Cu の輸送系で頻繁に利用されるアミノ酸の 1 つであり，Ctr1 のチャンネル内にも配置されている．細胞内で Cu を輸送するのは Atx1（酵母の酸化的ダメージを防御する因子（anti-oxidant）として発見された．Hah ともいう）である．Atx1 は Met-Thr/His-Cys-X-X-Cys というアミノ酸配列を有しており，2 つの Cys で 1 個の Cu$^+$ を結合する．Atx1 は Cu 輸送のターゲットである P 型 ATP アーゼの可溶部（図 3.13 では ATP7A/B としているが，酵母では Ccc2）と結合する．この Cu の受け手側にも類似したアミノ酸配列 Met-Thr/His-Cys-X-X-Cys が存在しており，Cu$^+$ が Cys 間を移動する（図 3.14）（Boal and Rosenzweig, 2009）．このタンパク質間での Cu 運搬の仕組みは他のタンパク間でも見られる一般性の高いものである．ただし，この Cys 間の Cu$^+$ の輸送に際しては，Cys 以外のアミノ酸やタンパク質のコンホメーション変化が関与すると考えられている．タンパク質間での Cu$^+$ の受け渡しの熱力学的側面については表 1.7（p.22）を参照されたい．

次に，Atx1 から Cu を受け取る ATP7A/B について述べる．肝臓での ATP7B の欠乏症はウィルソン病（Wilson's disease）である．これは ATP7B の欠乏によりゴルジ体で Cu 不足となり，Cu タンパク質であるセルロプラスミンをホロ化できないため，肝細胞の細胞質（サイトソル）に Cu が蓄積する Cu 過剰症である．一方，肝臓以外で ATP7A が欠乏すると，腸管からの Cu 吸収障害などによって，Cu 欠乏症であるメンケス病（Menkes' disease）になる．いずれも，先天性 Cu 代謝障害である．図 3.15 に ATP7A/B の構造の模式図を示した．ATP アーゼ 7A/B は，ATP が結合する部位，ATP の加水分解を触媒する部位とこれを補助する部位，切断されたリン酸が結合する部位からなっている．その他，N 末端には Cu 結合モチーフ Gly-Met-Thr-Cys-X-X-Cys が 6 つ存在している．この興味深い金属結合ドメイン（MBD）の役割は確立していない（van den Berghe and Klomp, 2010）．

Cu の輸送に関する話題の 1 つとして，Cu シャペロンである CCS から Cu,Zn 含有スーパーオキシドジスムターゼ（Cu,Zn-SOD; SOD1 ともいう）への Cu$^+$ 輸送につい

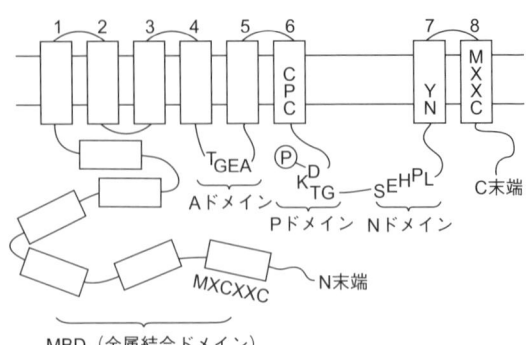

図3.15 ATP7A/Bの構造

N末端にはCu⁺結合部位（MBD）が6つ存在している．ヘリックス4と5の間の領域はA（actuator）ドメインと呼ばれ，ATPの加水分解に関与する．リン酸化されるAsp残基（D）にはリン酸Ⓟを結合させてある．膜貫通ヘリックス6と7の間にはATPが結合するNドメイン（ヌクレオチド結合ドメイン）とリン酸化部位であるPドメインが存在している．ヘリックス6, 7, 8にはCu⁺輸送のためのアミノ酸が存在している．

て述べる．これは金属シャペロンからホロタンパク質が形成される過程でもある．CCSはCuシャペロンでは最も大きく，Atx1やCox17がドメインを1つしかもたないのに対して，3つのドメインからなる．N末端のドメイン1はAtx1と類似性が高く，Cu結合配列Met-Thr-X-Cys-X-X-Cysを有している．ドメイン2の立体構造はターゲットであるSOD1の立体構造との類似性が高く，直接SOD1と相互作用する．SOD1はホモダイマーであるが，Cuの輸送に際して，CCSとSOD1がヘテロダイマーを形成するという説と，ヘテロテトラマーを形成するという説がある（Banci and Rosato, 2003; O'Halloran and Culotta, 2000）．ドメイン3は30程度のアミノ酸からなる小さいドメインであるが，SOD1を形成する上で重要な役割を担っている．ドメイン1のCu部位と空間的に近接し，SOD1へのCu⁺の挿入に関与するアミノ酸配列Cys-X-Cysを有している．アポSOD1には還元状態の2つのCysがあり，Atx1とATP7A/B間のCu⁺輸送と同様に，Cys間でCu⁺が輸送される．ただし，役割を終えたSOD1のCysはO_2によって酸化され，ジスルフィド結合—S—S—を形成する（Lamb et al., 2001; Furukawa et al., 2004）．SOD1の活性中心形成やCuシャペロンCox17, Cox11, Sco1などが関与するシトクロム c オキシダーゼCcOの成熟過程ついては3.3.10項（p.338）で解説する．

　脊椎動物の血液中でのCu輸送は生物無機化学の黎明期から関心をもたれてきた．小腸で吸収されたCuイオンは血液に入るが，血液中に存在する約95%の銅はマルチCuオキシダーゼであるセルロプラスミン（Cp）に結合している．Cpは触媒活性に関

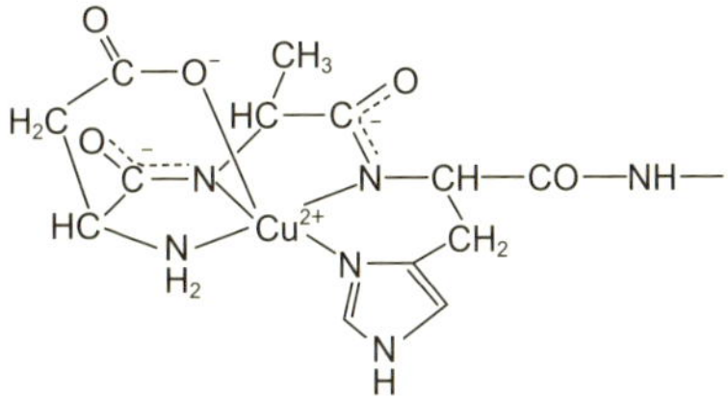

図 3.16 ヒトアルブミンの N 末端アミノ酸配列 Asp-Ala-His-による Cu^{2+} の結合

係する 4 個の Cu 以外に，2 個の Cu を結合していることから，Cu の貯蔵に寄与していると考えられていたが，Cp の結晶構造解析（Bento et al., 2007; PDB code 2J5W）によると，置換活性な Cu は結合していない．したがって，血液中における輸送形態であるということができる置換活性な Cu は，血液中で存在量が最も多いタンパク質である血清アルブミンやアミノ酸などに結合している．血清アルブミンはその N 末端に Asp/Glu-X-His という配列を有しており，図 3.16 のような比較的安定な Cu^{2+} 錯体を形成する（中原，山内，1979）．しかし，イヌの血清アルブミンでは His が Tyr に変異しており，Cu^{2+} の結合能は低いと考えられている．アミノ酸と Cu^{2+} イオンなどの金属イオンとの溶液平衡は古くから研究が行われている（1.5 節 p.23 参照）．

Cu の輸送の最後にあたり，過剰の Cu の排出について，大腸菌を例として示す（図 3.17）（Rensing and Grass, 2003）．大腸菌はその生息環境から Cu 耐性が重要であり，複数の Cu 排出系を有している．細胞質に過剰の Cu が存在すると，CueR（R は転写を制御する regulator を意味する）がこれをセンシングし，内膜に存在するトランスポーターである CopA（最近，結晶構造解析が報告された．Gourdon et al., 2011; PDB code 3RFU）を発現させる．Cu が CopA を通過するときは Cu^+ であるが，Cu^+ と酸素の組合せで活性酸素種が生成するのを避けるため（フェントン反応（Fe^{2+} + H_2O_2 → Fe^{3+} + HO^- + $HO^·$）と類似した反応で OH ラジカルが生じる），CueR は Cu^+ を相対的に毒性の低い Cu^{2+} へと特異的に酸化する CueO も発現させる（CueO については 2.6.2 項（p.259），4.2 節（p.371）も参照，CueR については 3.2.2 項（p.324）で解説）．大腸菌は，CueR で制御されるシステムよりもさらに強力な Cu 排出系として，CusR で制御する排出系を有している．Cu シャペロンである CusF は Cu^+ を 1His, 2Met で結合するが，Trp 側鎖のインドール環が Cu^+ に接近し，カチオン-π 相互作用をしている（Ag^+ も同様に結合，Xue et al., 2008）（図 1.51 p.150 参照）．

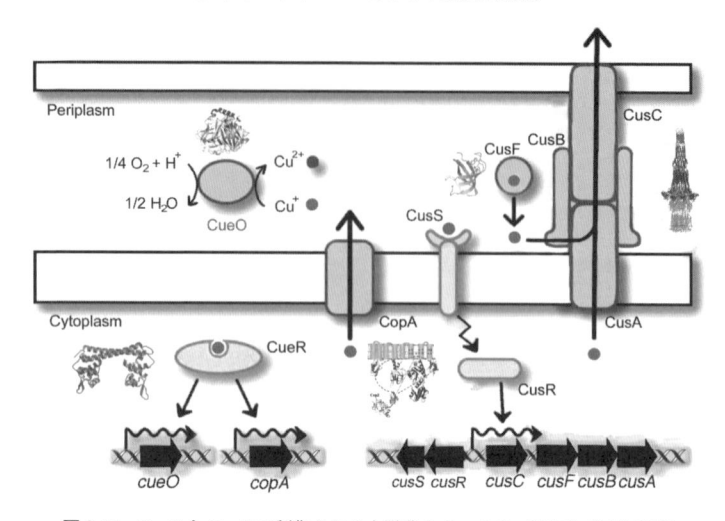

図 3.17 CueR と CusR で制御される大腸菌の 2 つの Cu 排出系（口絵参照）
斜体はタンパク質をコードしている遺伝子を表す．

3.1.5 その他の金属イオンの輸送

Zn の輸送は Fe や Cu ほど詳しくは解明されておらず，Zn トランスポーターの結晶構造情報は原核生物に限られている（Maret and Li, 2009）. P 型の ATP アーゼである ZntA は N 末端に Atx 様の部位を有し，Gly-Met-Asp-Cys-X-X-Cys なる Zn 結合モチーフを含んでいる．Cu の場合とは異なり，Zn^{2+} は 2Cys，1Asp 残基と N または O 性の配位基によって結合されている．2Cys,1Asp の配位によって全電荷は-1 となるので，多くの亜鉛酵素とは異なり，配位水が脱プロトン化した OH^- による触媒作用を示すことはない．また，膜貫通ドメインにも 2Cys が存在しており，Zn^{2+} 輸送に関与している．一方，H^+ を対向輸送して Zn^{2+} の輸送を駆動する CDF ファミリーの Zn トランスポーター YiiP（表 3.1）には，4 つの Zn^{2+} 結合部位が見出されているが，いずれの部位にも His と Asp が存在している（Lu and Fu, 2007; PDB code 2QFI）. Zn^{2+} の ABC トランスポーターとしては ZnuABC が知られている．ZnuABC のペリプラズム部分に存在する ZnuA（金属結合部位であるので SBP（solute binding protein といわれる）の Zn^{2+} 結合部位は $3His,1H_2O$ で構成されている．この配位子の組合せは炭酸脱水酵素の触媒部位と同じであるが，炭酸脱水酵素の場合ほど Zn^{2+} は強く結合していないとされている．ZnuA ファミリーの AdcAⅡ，MntC，MncA などは H_2O にかわって Glu または Asp を配位子としており，Mn^{2+} のトランスポーターでもある．これらのトランスポーターの金属結合能は，大まかには Irving-Williams 系列に従うよ

3.1 金属イオンのホメオスタシス（取り込み，輸送，貯蔵，排出）

うであるが，in vivo（生体内）での検討はなされていない．いずれにしても，Znは例えば大腸菌内でRNAポリメラーゼやリボソームなど100以上のタンパク質に結合し，10^{-4} M濃度で存在することから，ホメオスタシスは極めて重要である．

真核生物のZn輸送では，ZIPやCDFファミリーのトランスポーターの研究が知られている．Zn要求レベルの高いミトコンドリアにおいて関与するトランスポーターは明らかになっていない．また，ヒトの場合，Znは脳，肝臓，すい臓，腎臓，前立腺，網膜などに存在量が多いが，存在形はわかっていない（zincosomeという架空または未知のZn蓄積細胞器官があり，Zn応答性の蛍光物質RhodoZin-3で調べられている）．血液中において，ZnはアルブミンのCu結合部位と同じ部位に結合するとされており，さらに，アミノ酸とも平衡状態にある．グルタミン酸がシナプス間の神経伝達物質（neurotransmitter）として利用される神経系では，刺激によってシナプス小胞からグルタミン酸に加えてZn^{2+}が放出される．このときZn^{2+}は制御因子として作用し，グルタミン酸受容体チャンネルを活性化もしくは阻害する．Zn^{2+}はまた，ヒーリング効果が注目されている神経伝達物質γ-アミノ酪酸（GABA）やグリシンのチャンネル受容体の一部を阻害することが知られている．

Niの取り込みに関与するトランスポーターはNikABCDEとNiCoTである（LiandZambl, 2009）．NikABCDEはABCトランスポーターであり，NikAは可溶性のNi結合タンパク質，NikBCがチャンネルを形成している．NikAによるNi捕捉では，Niとアミノ酸側鎖には直接結合はなく，NiはTrpやTyr残基によって取り囲まれた空間に保持されているだけであることがX線結晶構造解析から明らかにされている（Heddle et al., 2003; PDB code 1UIV）．しかしながら，これはNikAによるNi^{2+}の真の捕捉様式でなく，Ni^{2+}はイオノホア様の働きをする物質に結合すると考えられており，EDTAやブタン-1,2,4-トリカルボン酸の錯体となった状態でも構造解析が行われている（Cherrier et al., 2008; PDB code 3E3K, 1ZLQ）．一方，NiCoTは高親和性のNi輸送タンパク質であり，NiだけでなくCoも輸送することができる．細胞内のNiが不足するとFNR（fumarate and nitrate regulation protein）によって*nikABCDE*オペロン（NiKABCDEをコードする遺伝子群）の転写が活性化される．FNRは酸素をセンシングする転写因子であり，NikRリプレッサー（C末端側にNi結合モチーフHis-X_{13}-His-X_{10}-His-X-His-X_5-Cysを有する）の制御を受けることから，Niの取り込みは嫌気的条件で行われることがわかる．膜貫通セグメントはHis-X-X-X-X-Asp-Hisなる結合モチーフを有している．一方，Niは毒性が高い元素であるので，排出系も重要である．C末端側にHisに富むNreBやNi超集積性植物 *Thalaspi goesingense* のTgMTPが知られている．

Fe, Cu, Zn, Ni 以外に, Mn^{2+}, Mo^{2+}, Cd^{2+}, Pb^{2+}, As^{3+}, Sb^{3+}, Ag^{+} など様々な金属イオンを輸送するトランスポーターやシャペロン (chaperone；金属輸送タンパク質, 広義には金属部位の構築に関与するタンパク質を含む) が知られているが，詳細は省略した．

文 献

小夫家芳明 (2005)「生物無機化学」錯体化学会選書1, 増田秀樹, 福住俊一編著, 三共出版, p.344.
中原昭次, 山内 脩 (1979)「入門生物無機化学」, 化学同人.
Banci, L. and Rosato, A. (2003) *Acc. Chem. Res.* **36**, 215.
Bento, I. et al. (2007) *Acta Crystallogr.* **D63**, 240.
Boal, A. K. and Rosenzweig, A. C. (2009) *Chem. Rev.* **109**, 4760.
Cheng, Y. et al. (2004) *Cell* **116**, 565.
Cherrier, M. V. et al. (2008) *Biochemistry* **47**, 9937.
Ferguson, A. D. et al. (2002) *Science* **295**, 1715.
Ferguson, A. D. and Deisenhofer, J. (2004) *Cell* **116**, 15.
Fleming, M. D. et al. (1998) *Proc. Natl. Acad. Sci. USA* **95**, 1148.
Furukawa, Y. et al. (2004) *EMBO J.* **23**, 2872.
Gourdon, P. et al. (2011) *Nature* **475**, 59.
Ha, Y. et al. (1999) *J. Biol. Inorg. Chem.* **4**, 243.
Heddle, J. et al. (2003) *J. Biol. Chem.* **278**, 50322.
Hentze, M. W. et al. (2004) *Cell* **117**, 285.
Hubert, N. and Hentze, M. W. (2002) *Proc. Natl. Acad. Sci. USA* **99**, 12345.
Jeong, S. and David, S. (2003) *J. Biol. Chem.* **278**, 27144.
Karthikeyan, S. et al. (1999) *Acta Crystallogr.* **D55**, 1805.
Kim, H. J. et al. (2004) *Science* **305**, 1612.
Kubala, M. (2006) *Proteins* **64**, 1.
Lamb, A. L. et al. (2001) *Nat. Struct. Biol.* **8**, 751.
Liu, Y. and Zambl, D. B. (2009) *Chem. Rev.* **109**, 4617.
Liu, X. and Theil, E. C. (2005) *Acc. Chem. Res.* **38**, 167
Lu, M. and Fu, D. (2007) *Science* **317**, 1746.
Ma, Z. et al. (2009) *Chem. Rev.* **109**, 4644.
MacGillivray, R. T. A. et al. (1998) *Biochemistry* **37**, 7919.
Maret, W. and Li, Y. (2009) *Chem. Rev.* **109**, 4682.
McKie, A. T. et al. (2001) *Science* **291**, 1755.
Mino, Y. et al. (1983) *J. Am. Chem. Soc.* **105**, 4671.
Mwanjewe, J. and Grover, A. (2004) *Biochem. J.* **378**, 975.
O'Halloran, T. and Culotta, V. C. (2000) *J. Biol. Chem.* **275**, 25057.
Raymond, K. E. et al. (2003) *Proc. Natl. Acad. Sci. USA* **100**, 3584.
Rensing, C. and Grass, G. (2003) *FEMS Microbiol. Rev.* **27**, 197.
Sugiura, Y. et al. (1981) *J. Am. Chem. Soc.* **103**, 6979.

Tatur, J. et al. (2007) *J. Biol. Inorg. Chem.* **12**, 615
Turski, M. L. and Thiele, D. J. (2009) *J. Biol. Chem.* **284**, 717.
Ueno, T. et al. (2007) *Coord. Chem. Rev.* **251**, 2717.
Ueno, T. et al. (2009) *J. Am. Chem. Soc.* **131**, 5094.
van den Berghe, P. and Klomp, L. W. J. (2010) *J. Biol. Inorg. Chem.* **15**, 37.
Xue, Y. et al. (2008) *Nat. Chem. Biol.* **4**, 107.
Yue, W. W. et al. (2003) *J. Mol. Biol.* **332**, 353.

3.2 センサータンパク質と転写制御

　金属イオンは，構造因子，酸化還元中心，配位子の活性化などへの寄与に加えて，情報伝達因子としての側面をもっている．3.1節では金属イオンの貯蔵，解毒，運搬などホメオスタシスとの関わりについて述べたが，これらの過程の機能化は，金属イオンのセンシング（sensing；シグナルとしての金属イオンを捕捉・感知すること），関連するタンパク質の発現制御という2段階構成となっている．本節では，転写因子による金属イオンのセンシングならびに金属イオンによる気体分子のセンシングと，それに続く転写過程での金属イオンの働きについて解説する．なお，本書は化学的視点に立脚していることから，真核生物や原核生物など個々の生物における微量元素の全体的な流れについては記述していない（例えば，図3.17に大腸菌の銅イオンの排出系を示したが，大腸菌におけるCuイオンの取り込み・排出については別の解説（Crichton, 2008）を参照されたい）．

3.2.1　金属イオンのセンシング

　シグナルとしての金属イオンを感知するタンパク質は，金属イオンを結合することによってタンパク質の発現を制御するタンパク質（metalloregulatory protein）である．これら金属制御タンパク質はDNAに結合して，その下流にコードされたタンパク質の発現を制御するのであるが，DNAからmRNAへの転写を促進する場合は転写因子（transcription factor），抑制する場合はリプレッサー（repressor）と呼ばれる．真核生物では，金属イオンのセンシングと転写調整は転写因子によって同時に行われる．よく知られている亜鉛（ジンク）フィンガー（zinc finger；2Cys,2Hisまたは若干異なる配位子の組み合わせでZn^{2+}を結合する）とはDNAに結合するモチーフ（超2次構造）のことであり，転写因子にZnフィンガーが形成されるとαヘリックスがDNAの主溝に挿入され，標的タンパクの転写調整が開始される（図3.18）．これに対し，原核生物では，オペレーターといわれるDNA領域にリプレッサーが結合して

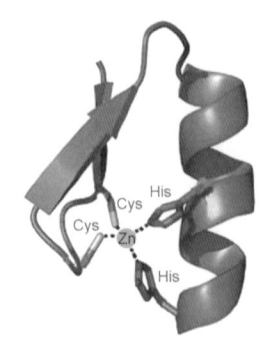

図3.18 転写因子の Zn フィンガードメイン（Jantz et al., 2004）
第2の Cys と第1の His の間には，よく保存された Phe, Leu を含む12残基が存在しており，この領域が DNA と結合する（保存配列は Cys-X_{2-4}-Cys-X_3-Phe-X_5-Leu-X_2-His-X_3-His）．この領域はヒトの指のように見えることから Zn フィンガーモチーフと呼ばれる．

転写を抑制しており，リプレッサーと DNA との相互作用が弱められると mRNA の転写が開始される．すなわち，金属イオンは誘導物質（inducer）として機能することにより，リプレッサーとそれに結合している DNA の構造変化の引き金となる（Ma et al., 2009）．

　原核生物の金属センサータンパク質（metal sensor protein）は，構造と機能から金属イオンの排出・貯蔵に関連するもの（ArsR, MerR, CsoR, CopY, TetR；上方制御（up-regulation）または発現上昇）と金属イオンの取り込みに関係するもの（Fur, DtxR, NikR, MarR, LysR；下方制御（down-regulation）または発現低下）に分類することができる（ArsR, MerR, CsoR, Fur, MarR, LysR は酸化やニトロソ化ストレスに対する耐性との関連で発見された．なお，各センサータンパク質の名前の末字のRは，転写過程の regulator であることを意味する）．これら10種の金属センサータンパク質は，構造から分類したファミリータンパク質であり，それぞれ，少なくとも1種の金属イオンに対応したタンパク質が知られている．これらは，金属に特有の結合部位を有しているという点で金属イオンに特化しているが，全体的な構造はその他の物質をセンシングする転写制御タンパク質でも見られる．金属センサータンパク質のうち ArsR と MerR は10以上の金属イオンに対して存在している一般性の高い金属センサータンパク質である．また金属イオンの選択性は，クラスターの形成や，特異的な輸送システムによっても生み出される．Fe-S クラスターは後述するように O_2 や NO のセンシングにも寄与する．

3.2.2　金属センサータンパク質による転写過程の制御：ArsR, MerR, NikR を例として

　ArsR の名は大腸菌の As(III)/Sb(III) のセンサーに由来しており（例の多い SmtB ファミリーも ArsR ファミリーに属する），ArsR およびファミリータンパク質は, Ni, Cu,

Zn などの必須元素や As, Cd, Pb のような毒性の高い元素の排出や解毒系酵素の発現を制御している．金属を捕捉していないアポ ArsR や金属を捕捉したホロ ArsR の立体構造がいくつか明らかにされている（Campbell et al., 2007）．配位基は基本的に Cys であり，そのうち 1 つが His に置換されている場合もある．一般に，金属センサータンパク質の構造上の特徴は，金属結合部位と DNA 結合部位（ヘリックス-ターン-ヘリックス構造：HTH）からなることであり，これは ArsR でも同様である．金属が結合すると，ArsR の構造変化が誘導され，DNA から遊離する．現時点では ArsR と DNA の複合体の構造は報告例がないので，この過程の詳細はまだ明らかになっていない．

MerR は金属センサータンパク質のプロトタイプというべき転写調整（活性化）因子であり，Hg 耐性制御にその語源をもつ（O'Halloran et al, 1989）．Hg, Cu, Zn, Au, Cd に対する MerR ファミリータンパク質は，それぞれ，MerR, CueR, ZntR, GolS, CadR と固有の名称を有している．三木，小林らにより明らかにされた，MerR ファミリーの SoxR が DNA と複合体を形成し，DNA を折り曲げている様子を図 3.19 に掲げた（他の MerR では DNA との会合体の立体構造は示されていない）（Watanabe et al., 2008）．両端に [2Fe-2S]$^{2+/+}$ クラスターを有しており，酸化還元によるスイッチ情報が，下部に位置する DNA 結合部に伝えられる．

NirK は Ni の取り込みや Ni 要求タンパク質の発現を制御するタンパク質である（De

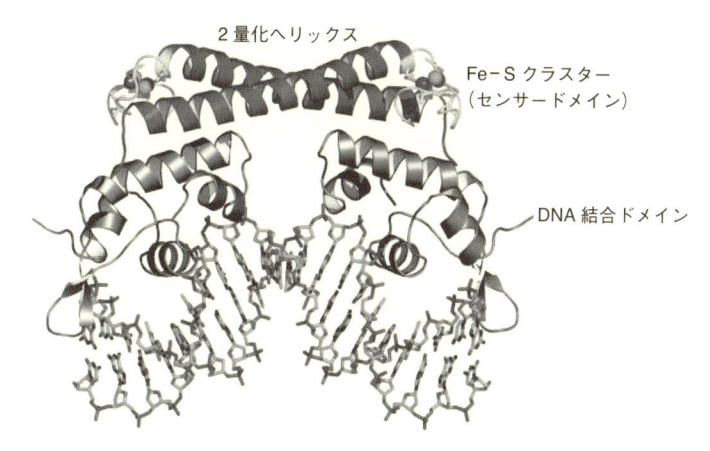

図 3.19 酸化状態の（活性化した）SoxR-DNA 複合体の結晶構造（口絵参照）
センサータンパク質は 2 量体であり，DNA 結合ドメインのヘリックスを DNA の主溝に挿入して，これを約 65°折り曲げている．SoxR の [2Fe-2S]（Fe と S はそれぞれ緑と赤で表示）の酸化還元が，DNA と SoxR の会合・解離の引き金となる．他の MerR では SoxR の [2Fe-2S] 部位に金属結合部位が位置している（Watanabe et al, 2008；PDB code 2ZHH(SoxR), 2ZHG(SoxR-DNA)）（Copyright (2008) National Academy of Sciences, U.S.A.）．

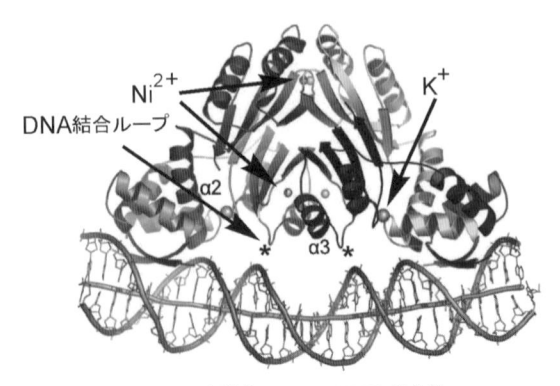

図 3.20 大腸菌の NiNirK-DNA 複合体

小さい球は高親和性 Ni^{2+}, 大きい球は低親和性部位に結合した K^+（これらはいずれも対称的に配列している），α3 と * はそれぞれ DNA に結合するヘリックスとループを示す（Schreiter et al., 2006; PDB code 2HZA, 2HZV）（Copyright (2006) National Academy of Sciences, U.S.A.）.

Pina et al., 1999）．アポ NirK，Ni(II)NirK，および DNA-Ni(II)NirK 複合体（図 3.20）の構造が報告されており，金属センサータンパク質では最も情報量が多い．NirK は 4 量体で，各サブユニットに存在する高親和性の結合部位（3His, 1Cys）に Ni^{2+} が結合すると，DNA 結合部位の構造変化と（主溝に挿入されるループとヘリックスが形成される），低親和性結合部位（1Asp, 1Glu と 3 主鎖アミド CO）への Ni^{2+} 結合が起こり，それまで DNA と緩く相互作用していた NirK がオペレーター（リプレッサーが認識し結合する DNA 部位）に強く結合するようになる．ただし，高親和性の Ni 結合部位には，*in vitro* では Irving-Williams 系列通りに遷移金属イオンが結合するので，Ni に特異性が高い理由は不明である．

3.2.3 転写後過程の制御

転写後に行われる制御として，脊椎動物における Fe のホメオスタシスがある．これは，鉄調整タンパク質 IRP1 と IRP2 によって，Fe の貯蔵に関与するフェリチンと Fe の取り込みを促進するトランスフェリン受容体の mRNA の翻訳過程で制御される機構である．IRP1 と IRP2 はフェリチンやトランスフェリン受容体をコードする mRNA のヘアピン構造に結合することができる．ヘアピン構造は mRNA の 5′ 側（5′IRE; IRE：iron-responsive element）もしくは 3′ 側（3′IRE）の非翻訳領域に位置しており，前者は翻訳過程の抑制に，後者は mRNA の安定性に関わる．フェリチンの mRNA は 5′IRE を有しており，一方，トランスフェリン受容体や DMT1（divalent metal transporter）の mRNA は 3′IRE を有していることから，Fe レベルの調整が可能

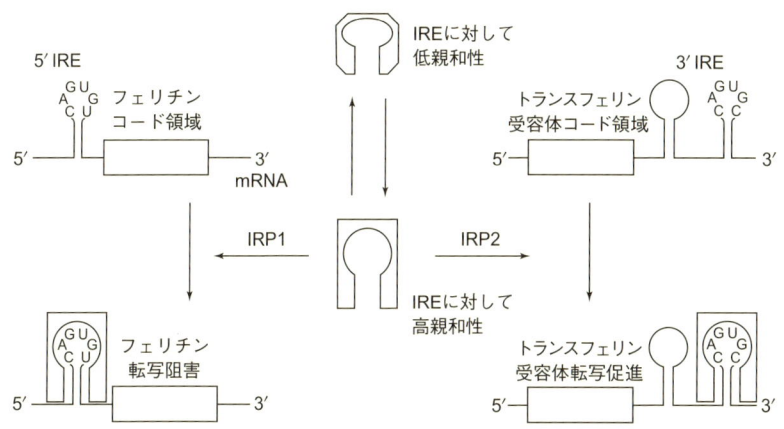

図 3.21 IRE 結合タンパク質によるフェリチンとトランスフェリン受容体の発現調整
ヌクレオチド配列 CAGUGU/C（/ は U または C を意味する）によって形成されたループ部分の根元に位置するステム部分（ヘリックスを形成している）には対を形成していないヌクレオチドがあり，膨らんでいる（bulge；上図では省略）．この bulge 部分が IRP との結合に重要であることがわかっている．このような転写調整によって，Fe の取り込み，濃縮，貯蔵，代謝にわたる広範な発現調整が行われている．

となる（図 3.21）．IRE に結合する IRP1 と IRP2 は［4Fe-4S］クラスターを有しており，Fe が不足の場合このクラスター構造が崩れる．これにより，タンパク質構造のコンホメーション変化が起こり，IRE との結合が可能となり，それぞれ，フェリチンとトランスフェリン受容体の転写を阻害，促進する．このように，Fe のセンシングによって Fe の取り込みと貯蔵に関与するタンパク質の発現を拮抗的に制御することができるのである（Gray et al., 1993）．

3.2.4 金属による気体小分子のシグナリングと転写

エフェクターが O_2, NO, CO, C_2H_4（エチレン）のような気体分子の場合，これらをセンシングすることができるのは金属中心であることはいうまでもない（Aono, 2003）．O_2 をセンシングする部位はヘムまたは Fe-S クラスターであり，FixL, HemAT, DOS, AxPEDA1, FNR（formate and nitrate regulation protein）などに見られる．FixL は O_2 をセンシングすることによって，窒素固定系のスイッチとして機能している[*2]．HemAT は酸素刺激によって生物が移動運動する（走気性，aerotaxis）

[*2] FixL によってリン酸化した FixJ（窒素固定反応のレギュレーター）が *nifK*（窒素固定（nitrogen fixation）に関わる遺伝子の1つ）と結合すると，窒素固定遺伝子の発現が開始するが，O_2 存在下では FixL のキナーゼ活性が抑制される．

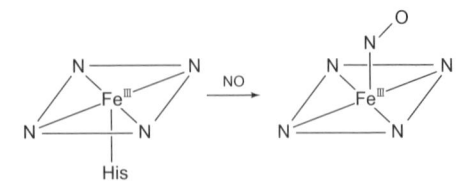

図 3.22 GC による NO のセンシング

ためのシグナル伝達の役割を担っている (2.2.1c 項 p.175 参照). FNR は微生物の O_2 センサーとして最もよく研究が進んでいる. O_2 のセンシング過程において, $[4Fe-4S]^{2+}$ は $2Fe^{2+}$ と $2S^{2-}$ を失い $[2Fe-2S]^{2+}$ となる. この変化過程で, 2量体であった FNR は単量体となり, もはや遺伝子を制御することができなくなる (Crack et al., 2007). 通性嫌気性細菌 (好気性条件下では好気的呼吸によって, 嫌気性条件下では発酵によってエネルギーを獲得する細菌) である大腸菌が好気性条件下で生育する場合には, $[2Fe-2S]^{2+}$ 構造も失われアポ状態となる.

グアニル酸シクラーゼ (guanylate cyclase:GC) はほぼすべての細部の膜と可溶部に存在し, 細胞内の2次メッセンジャーとして利用するため GTP を環状 GMP(cGMP) へと変換する過程を触媒する (Zhao et al., 1999). 可溶性の GC(sGC) は N 末端側の制御ドメインと C 末端側の触媒ドメインとからなる. N 末端側の制御ドメインにはヘムが存在しており, NO をセンシングすることが sGC のスイッチとなっている. すなわち, NO が結合するとヘムの軸配位子 His が解離し, sGC のコンホメーション変化が引き起こされる (図 3.22). 一方, 原核生物の NO センサータンパク質の多くは NO ストレスからの防御のため存在しており, NO を感知するため Fe-S 中心(Crus-Ramos

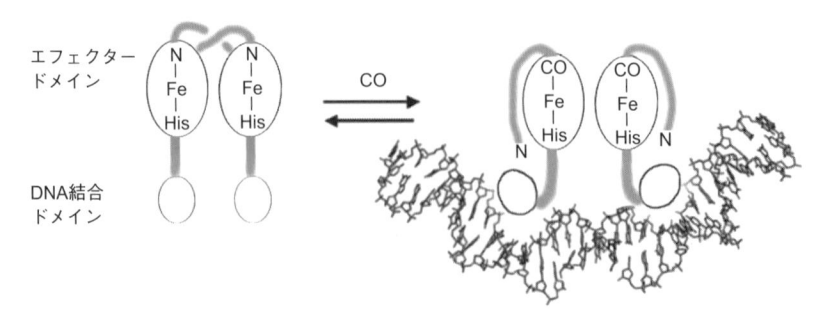

図 3.23 CooA による CO の結合と DNA の転写調整
ヘムの軸位に結合している N 末端 Pro 残基の N 原子は異なるサブユニット由来である. センシングされる CO は CooA のコンホメーション変化を引き起こすエフェクター (インデューサー) であり, CooA のヘム結合ドメインはエフェクタードメインと呼ばれる (Borjigin et al., 2007; John Wiley and Sons, Inc. より転載許可).

et al., 2002）または非ヘム鉄（D'Autreaux et al., 2005）を利用している．大腸菌は両タイプのNOセンサータンパク質（NsrRとNorR）を有している（Tucker et al., 2008）．これらのNOセンサータンパク質はNOを解毒するフラボヘモグロビンやNorVWタンパク質をコードする遺伝子の転写を制御している．

COのセンサータンパク質としてはCooAとNPAS2が知られているが，これらも転写活性化因子である．CooAはCOをエネルギー源とする紅色非硫黄光合成細菌 *Rhodospirillum rubrum* や好熱性一酸化炭素酸化細菌 *Carboxydothermus hydrogenoformans* の *coo* オペロンに存在しており，COデヒドロゲナーゼやヒドロゲナーゼの転写調整に関与する．CooAの構造を図3.23に示した．CooAは転写調整因子であるので2量体構造をとっており，各サブユニットはヘムを結合したドメインとDNA結合ドメインから構成されている．このような構成の分子構造は3.2.2項で紹介した金属センサータンパク質と同様である．Fe(III)状態ではCysとN末端ProのN原子が配位しているが，Fe(II)状態ではCysはHisに置き換わる．COは反対側の軸位に配位しているN末端Proと置換し，Fe(II)に結合する．このようなCOの結合がCooAのコンホメーション変化のトリガーとなり，DNA結合部位のHTHモチーフで標的DNAと結合する．CooAの詳細については青野による総説を参照されたい（Aono, 2003）．

C_2H_4 は植物ホルモンであり，成熟や分化など様々な生理現象が C_2H_4 によって制御されている．C_2H_4 はレセプタータンパク質であるETR1（ethylene receptor 1）の膜内部に配置されているCu(I)中心に捕捉される（図3.24）．Cu中心には少なくともCysが配位しており（Schaller and Bleecker, 1995; Rodriguez et al., 1999），C_2H_4 は π

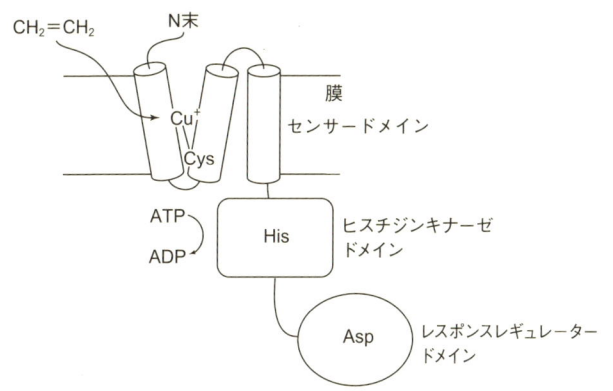

図3.24 エチレンセンサー ETR1

ETR1は，エチレンを結合する膜貫通領域であるセンサードメイン，下流に情報を伝えるためのヒスチジンキナーゼドメイン，およびレスポンスレギュレータードメイン（シグナルレシーバードメイン）から成り立つ（Müller-Dieckmann et al., 1999）．

電子によってサイドオン様式で結合すると考えられている．なお，宗像，前川らは，エチレンの Cu 含有レセプターを見据えたエチレンおよびエチレン誘導体が配位した Cu(I) 錯体の研究を報告している（Munakata et al., 1992; Maekawa et al., 2009）．

文献

Aono, S. (2003) *Acc. Chem. Res.* **36**, 825.
Borjigin, M. et al. (2007) *Acta Crystallogr.* **D63**, 282.
Champbell, D. R. et al. (2007) *J. Biol. Chem.* **282**, 32298.
Crack. J. et al. (2007) *Proc. Natl. Acad. Sci. USA* **104**, 2092.
Crichton, R. R. (2008) *"Biological Inorganic Chemistry. An Introduction,"* Elsevier, Amsterdam.
Cruz-Ramos, H. et al. (2002) *EMBO J.* **21**, 3235.
D'Autreaux, B. et al. (2005) *Nature* **437**, 769.
De Pina, K. et al. (1999) *J. Bacteriol.* **181**, 670.
Gray, N. K. et al. (1993) *Eur. J. Biochem.* **218**, 657.
Jantz, D. et al. (2004) *Chem. Rev.* **104**, 789.
Ma, Z. et al. (2009) *Chem. Rev.* **109**, 4644.
Maekawa, M. (2009) *Eur. J. Inorg. Chem.*, 4225.
Munakata, M. et al. (1992) *J. Chem. Soc., Dalton Trans.*, 2225.
Müller-Dieckmann, H, J. et al. (1999) *Structure* **7**, 1547.
O'Halloran, T. V. et al. (1989) *Cell* **56**, 119.
Rodriguez, F. et al. (1999) *Science* **283**, 996.
Schaller, G. E. and Bleecker, A. B. (1995) *Science* **270**, 1809.
Schreiter, E. R. et al. (2006) *Proc. Natl. Acad. Sci. USA* **103**, 13676.
Tucker, N. P. et al. (2008) *J. Biol. Chem.* **283**, 908.
Watanabe, S. et al. (2008) *Proc. Natl. Acad. Sci. USA* **105**, 4121.
Zhao, Y. et al. (1999) *Proc. Natl. Acad. Sci. USA* **96**, 14753.

3.3　金属タンパク質の活性部位形成

　生物無機化学の研究対象は，天然型のタンパク質やモデル化合物に比べて組換え体や変異体の比重が増加しつつある．これは，ゲノムプロジェクトや分子生物学的研究手段の進歩によるところが大きく，このような潮流とともに，各タンパク質がどのような仕組みで発現されるか，また，活性部位がどのようにして構築されるかという問題がクローズアップされるようになってきた．ここでは，金属タンパク質の活性部位形成に焦点をしぼって解説するが，本節は 3.1 節や 3.2 節とも密接に関連している（Kuchar and Hausinger, 2004）．

3.3 金属タンパク質の活性部位形成

3.3.1 金属イオンの除去と導入

　生体分子と金属イオンの結合は，金属イオンの電荷とサイズ，金属-配位子結合のハード-ソフト性，配位子の立体配置などによる熱力学的な平衡論に支配されている．一方，タンパク質のフォールディング，立体構造の剛直性もまた金属イオンの出入りには重要であり，タンパク質からの金属イオンの引き抜きや再構成が不可能な場合もしばしばある．

　可逆的な金属イオンの結合の代表例の1つとして，カルモジュリン（calmodulin, calcium modulated protein：CaM）のような Ca 制御タンパク質がある．ハードな Ca^{2+} が O 配位基によって CaM に結合すると，E ヘリックス-ループ-F ヘリックスからなる 4 つの EF ハンドと呼ばれるモチーフ（2 次構造の組合せで形成された構造）が両端に形成され，CaM が標的とするタンパク質に結合することによってこれを活性化する（図 3.25）．グリコーゲン代謝に関与するグリコーゲンホスホリラーゼ b の酵素活性をリン酸化によって制御するホスホリラーゼキナーゼの d サブユニットは CaM であり，わずか 10^{-7} M の Ca^{2+} で活性化される（Winge, 2007）．

　金属イオンの置換は生物無機化学の古典的な研究手段の1つであり，本来の金属イオンでは得られない情報を得ることが可能となる（Auld, 1988）．たとえば，Zn タンパク質はしばしば Co^{2+} 置換することが可能であり，無色かつ反磁性の Zn タンパク質に分光学的・磁気的研究手段が適用できるようになる[*3]．金属置換後も酵素活性が

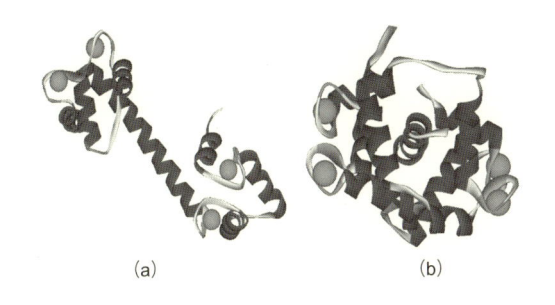

図 3.25　カルモジュリンの構造（口絵参照）
(a) 2 つのドメインにそれぞれ Ca^{2+}（緑色の球）を 2 つ結合した状態，(b) 標的タンパク質に結合した状態（2 つのドメインをつなぐ部分が折れ曲がり，標的タンパク質のヘリックスを両手でつかむように結合することによって，標的タンパク質の自己阻害配列を活性部位から引き離して活性化する）（Babu et al., 1988, PDB code 3CLN; Ikura et al., 1992, PDB code 2BBM）．

[*3] 例えば，広瀬，喜谷は，Co(II)置換したウシ炭酸デヒドラターゼと外部からの多座配位子との三元錯体について，金属部位の配位構造，三元錯体の生成定数や Co イオンの解離定数，さらに錯体生成の熱力学的パラメーターなどを測定している（Hirose and Kidani, 1980, 1981）．

示される場合もある．これと関連し，天然型の金属タンパク質に別の金属イオンが混入している場合もある．金属イオンの除去や導入には置換活性度が関係しており，酸化状態が変化する金属イオンの場合，置換されやすい低い原子価が利用される．

3.3.2 金属シャペロン

シャペロンという言葉をすでに3.1節で使ったが，シャペロンはヒートショック（タンパク質が高温や低温にさらされること）によりタンパク質のコンホメーションが変化したとき，正常なコンホメーションに巻き戻すタンパク質として発見された．現在では，はるかにありふれたタンパク質であり，発現したタンパク質が成熟するのを助けるタンパク質を意味するようになっている．すなわち，翻訳されたばかりのタンパク質が正常な立体構造をとり，成熟タンパク質となるよう必要なプロセスを行うタンパク質がシャペロンであり，通常，分子シャペロン（molecular chaperone），あるいは単にシャペロンと呼ばれる（3.3.7項で実例を紹介する）．これに対し，金属シャペロン（metallochaperone）と呼ばれるタンパク質があり，これらは金属イオンまたは金属を配位した補因子を標的アポタンパク質に運搬・挿入する役割を担っている．3.1.4項ではCu^+をATPアーゼに運搬する酵母のAtx1，ヒトのHah1，バクテリアのCopZおよびSOD1の活性中心を形成させるCCSについて紹介したが，本節ではさらにいくつかの例について紹介する．シャペロンをコードする遺伝子は標的となるタンパク質と同じ遺伝子クラスター（オペロン）に属していることが多い．すなわち，シャペロンとその標的タンパク質は同じ転写調整因子の支配下にあることが多い．

3.3.3 金属結合部位の翻訳後修飾

DNAの遺伝情報に基づいてコードされているタンパク質が翻訳されたのち，アポタンパク質に補因子である金属イオンが導入されるとき，または金属イオンの導入後，さらに，タンパク質部分が修飾を受けることがある．あるいは，逆に，タンパク質部分が修飾を受けた後，金属イオンが挿入される場合もある．いずれにしても，タンパク質部分が修飾を受け，本来のアミノ酸から変化することを翻訳後修飾（post-translational modification）といい，タンパク質の機能の多様化に寄与している（1.9節 p.105も参照）．

金属の挿入よりも翻訳後修飾が先行する例は，Ca^{2+}結合タンパク質である血液凝固因子や血漿タンパク質（Furie et al., 1999），骨タンパク質（Drakenberg et al., 1996）などに見られる．Glu側鎖のγ-炭素がカルボキシル化されて（側鎖のカルボキシル基が2つになる），タンパク質間相互作用やタンパク質-膜相互作用の保持に寄与する．

β-炭素がヒドロキシ化された Asp（側鎖にカルボキシル基とヒドロキシ基をもつようになる）やヒドロキシ基がリン酸化された Ser なども見出されている（Bulter, 1998）．

金属イオンが結合したことにより自己触媒的に翻訳後修飾が進行する例は，X 線結晶構造解析されたタンパク質数の増加とともに増えつつある．多くの場合，アミノ酸配列情報からタンパク質が翻訳後修飾されているか否かはわからないが，分解能の高い構造解析が行われると，翻訳後修飾が見つかることがある．自己触媒的に翻訳後修飾によって補酵素が形成される例（ビルトイン補酵素）は，1.9 節（p.108）や文献を参照されたい（後藤，谷澤，2001）．ラジカルセンターとなる Tyr を有するガラクトースオキシダーゼ（1.9.4 項 p.125 参照）や同化型亜硫酸レダクターゼ（図 2.85 p.279 参照）では，この Tyr に Cys の硫黄原子がチオエーテルとして結合している．また，シトクロム c オキシダーゼの配位 His には Tyr が共有結合している（2.3.1 項 p.195 参照）．さらに，異なったタイプの Cys-Tyr クロスリンクが，赤パンカビ由来のカタラーゼ-1（82 kDa 単量体が 4 量体を形成）に見られる（Diaz et al., 2004; PDB code 1SY7）．すなわち，クロスリンクは軸配位子 Tyr379 の側鎖（$-C_\beta H_2-$）に，Cys 356 の SH 基が共有結合したものである．このカタラーゼ-1 の結晶構造は，ヘム b のヘム d（構造については図 1.14 の説明文を参照）に至る過程の部分的酸化を示していた．つまり，一重項 O_2 により，ヘム b C 環の C(5)=C(6) の両 C 原子がヒドロキシ化され，ヘム d に変換されていくことに関係していると考えられる（この酵素では，ヘム d の C(6) は cis-γ-スピロラクトンを形成している；PDB code 1SY7）．アミン酸化酵素においては Tyr のキノン（TOPA キノン）への変換が起こっている（1.9.1 項 p.109 参照）．ニトリルヒドラターゼ（4.2.1 項 p.371 参照）やチオシアナートヒドロラーゼ（p.373 *1 参照）の Cys には 1 つおよび 2 つの O が結合し，スルフェン酸，スルフィン酸となっている．これらの翻訳後修飾はいずれも銅タンパク質や鉄タンパク質のような酸化還元を伴う酵素において見出されている．

プロテオリシス（proteolysis；広くタンパク質の分解を意味するが，ここでは消化によるペプチドの切断除去）を含む翻訳後修飾については，後にヒドロゲナーゼの活性化（3.3.12 項）で述べる．この場合，Ni を結合したサブユニットの前駆体がプロテアーゼの作用を受けて，Ni 結合部位にコンホメーション変化を引き起こす．光合成における酸素発生中心（2.3.4 項 p.214）への Mn の導入にも同様のプロテオリシスが関係している．一方，非ヘム鉄オキシゲナーゼ活性部位付近に存在する芳香族アミノ酸残基では自己水酸化によって酵素の失活が起こることも知られている．

3.3.4 アミノ酸以外の無機物質と金属イオンとの協奏的活性部位形成

光合成による炭酸同化（カルビンサイクルにおいて，CO_2 を利用してリブロース 1,5-ビスリン酸を 2 分子の 3-ホスホグリセリン酸に変換する; 2.3.4 項 p.214 参照）や光呼吸（CO_2 レベルが低く O_2 レベルが高いとき，O_2 を消費し CO_2 を発生する）に寄与するリブロース 1,5-ビスリン酸カルボキシラーゼ/オキシゲナーゼ（RuBisCO）(2.3.4 項 p.214 参照) の活性部位は Lys 側鎖と CO_2 が反応してカルバマート-NH-CO_2^- となり，Mg^{2+} と結合する（Mizohata et al., 2002; Zhang et al., 1994）. 同様の CO_2 依存性の金属結合部位形成は，ウレアーゼ（2.8.2 項 p.299）やジホスホトリエステラーゼのような複核部位を有する酵素において見られる. トランスフェリンでは Fe^{3+} に CO_3^{2-} が結合する（3.1.3 項 p.309）. ヒドロゲナーゼでは，Fe には CN^- や CO が結合している（3.3.12 項 p.339）. また，N_2O レダクターゼの活性部位や Fe-S, Cu-S クラスターなどでは無機硫黄が架橋成分として寄与している（2.3.2 d 項 p.210）.

3.3.5 補欠分子族と金属イオンの結合

ポルフィリンの生合成と Fe^{2+} の挿入によるヘムの合成はよく研究されている（C 型ヘムの合成は後ほど述べる）. スクシニル CoA から δ-アミノレブリン酸を経てプロトポルフィリン IX が形成され，最後にフェロケラターゼ（ferrochelatase）によって Fe^{2+} が挿入される（図 3.26）（Dailey et al., 2000; Thony-Meyer, 1997）. Fe はシデロホアなどによって細胞質に取り込まれ，[Fe-S] レダクターゼにより還元されることによって利用可能となる. コバラミン, クロロフィル[*4], F_{430}[*5] などにおいてもそれぞれ，Co, Mg, Ni が挿入されるまでの経路が存在する.

一方, ニトロゲナーゼの FeMoco 中心は土台となるタンパク質上で金属中心が形成される（3.3.13 項 p.341 参照）. この複雑な活性部位はまず NifEN 上で組み立てられ, NifDK に輸送される（3.3.12 項 p.339 参照）. これら 2 つの土台タンパク質の構造はニトロゲナーゼのサブユニット構造と類似性がある. [NiFe] ヒドロゲナーゼの

[*4] 光合成の明反応で光エネルギーを吸収する. クロロフィル類の構造に含まれるテトラピロール環には, 不飽和状態が異なるポルフィリン, クロリン（D 環の C(17)-C(18) 結合が飽和）, バクテリオクロリン（B 環の C(7)-C(8) 結合と D 環の C(17)-C(18) 結合が飽和）の 3 種類が存在し, 酸素発生型の光合成を行う植物およびシアノバクテリアはクロロフィル（図 1.2 p.9 参照），酸素非発生型の光合成細菌はバクテリオクロロフィルを有する. いずれも, フィトールと呼ばれる長鎖アルコールがエステル結合している.

[*5] メタン生成細菌の有するメチルコエンザイム M レダクターゼの補因子であり, コルフィン（corphin）とも呼ばれる. 最も還元度（飽和度）の高いテトラピロールであり, そのため黄色を呈する. Ni^{2+} のイオン半径は小さいので, マクロ環は ruffled（波立った）構造をとる.

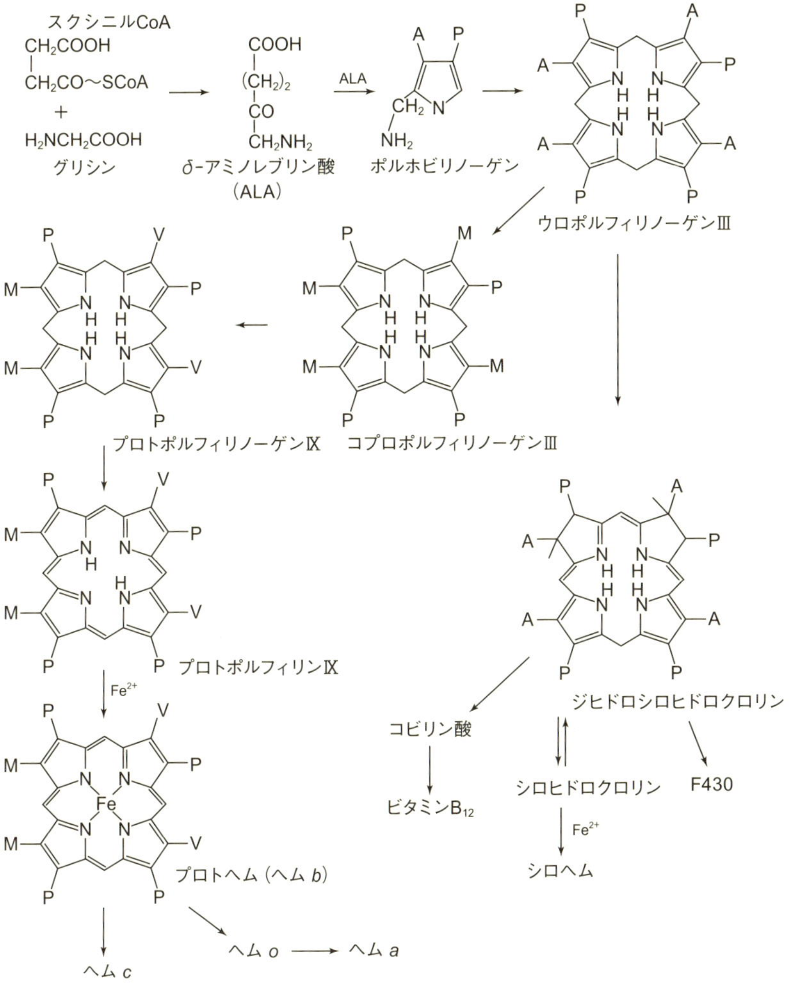

図3.26 ヘムの生合成経路

側鎖の M, V, P, A はそれぞれ，$-CH_3$，$-CH=CH_2$，$-CH_2CH_2COOH$，$-CH_2COOH$ を表す．

活性部位形成に寄与する HupK も同様の状況にあるということができる．

3.3.6 電子伝達に共役した金属イオンの挿入

　Fe 貯蔵タンパク質であるフェリチンの中空部におけるフェリヒドリドコアの生合成（3.1.3項 p.309）や，光合成系IIにおける酸素発生中心OECのMnクラスター（2.3.4項 p.214）形成時には，金属イオンの酸化が起こる．前者の過程は，フェロオキシダー

ゼ部位への2つのFe^{2+}の結合で始まり、O_2がペルオキソとなり、最終的にμ-ヒドロキソ（オキソ）$2Fe^{3+}$種に至るところからミネラル化が開始される（Hwang et al., 2000）。後者のOECの活性中心は4つのMn^{2+}が順次酸化されて形成される（Miller and Brudvig, 1990）。電子は光合成系の他の成分に輸送される。Feタンパク質やCuタンパク質では金属イオンは酸化数の低いFe^{2+}, Cu^+として結合し、その後、酸化されると考えられる。SOD1の形成においてもCuはCu^+としてSOD1のアポタンパク質に運搬され、最終的にCu^{2+}に酸化されてホロSOD1に至るのである（3.1.4項 p.315）。

ついで、アクセサリー成分が還元されるケースを示す。COデヒドロゲナーゼにおいてはNiの挿入に先立ってFe-Sクラスターが還元される（Ensign et al., 1990）。このような還元的活性化の例としては他に［NiFe］ヒドロゲナーゼがある（Paschos et al., 2002）。Ni-Fe部位の形成にはHypDのFe-Sクラスターの寄与が必要である（3.3.12項参照）。また、メチル-S-コエンザイムMレダクターゼにおけるF_{430}の形成に際して、Ni^{2+}はNi^+に還元される（2.6.3項 p.265参照）。このときさらに、C=N結合の1つも還元される（Tang et al., 2002）。

3.3.7 分子シャペロン

分子シャペロンは他のタンパク質が正しく折りたたまれて機能を獲得するのを助けるタンパク質である。多くの場合、ヌクレオチド三リン酸の加水分解によって標的タンパク質に作用し、役割を終了すると解離する。構造遺伝子 *merC1* がコードする分子シャペロンは、*merC2* がコードするチロシナーゼのアポタンパク質へのCuの挿入を行い、活性化したホロタンパク質を分泌させる（Slominski et al., 2004）。その他、分子シャペロンの作用の具体例としては、SOD1（3.1.4項 p.315）、Fe-Sクラスター、（3.3.8項）、ウレアーゼ（3.3.11項 p.338）、ヒドロゲナーゼ（3.3.12項 p.339）、Moco含有タンパク質（3.3.13項 p.341）などがあり、関連する部分を参照されたい。これらの例のように、分子生物学的な研究手段が進歩し、金属タンパク質に関連したオペロン構造が明らかになるにつれ、シャペロン様の機能を果たしていると考えられる構造遺伝子が数多く発見されつつある。発現系の構築に際して、分子シャペロンや金属シャペロンを共発現させる発現系を構築しないと、活性のある組換え体が得られない場合が多い。

3.3.8 Fe-Sクラスターの生成

大腸菌や *Azotobacter vinelandii* のようなバクテリアのFe-Sタンパク質活性中心の

3.3 金属タンパク質の活性部位形成

```
iscR → iscS → iscU → iscA → hscB → hscA → fdx
```

図3.27 Fe-Sクラスター合成に関与する大腸菌の *isc* オペロン
ゲノム上に存在する機能的な単位である *isc* オペロンは、上流に位置する *iscR* の翻訳物である iscR（レギュレーター）によって自動制御される.

生成は比較的研究が進んでいる（Kucher and Hausinger, 2004）．図3.27において *iscS* はシステイン脱硫黄酵素（cysteine desulfurase）をコードしており、土台タンパク質である *iscA* と *iscU* にS原子を供給する．土台タンパク質にはFeが供給され[2Fe-2S]クラスターが生成されるが、このとき *fdx* でコードされるフェレドキシンによる還元を受ける．*hscA* および *hscB* は[2Fe-2S]クラスターを標的タンパク質に結合させる分子シャペロンをコードしており、この作用はATP依存性である．iscR は[2Fe-2S]クラスターを結合することによって *isc* オペロンのリプレッサーとして働くと考えられている．

真核生物のFe-Sクラスター生成では、原核生物で必要なタンパク質群に加えて、ミトコンドリアのFeシャペロンタンパク質（frataxin）がアポ型の土台タンパク質やフェロケラターゼ（ferrochelatase）へFeを供給する．

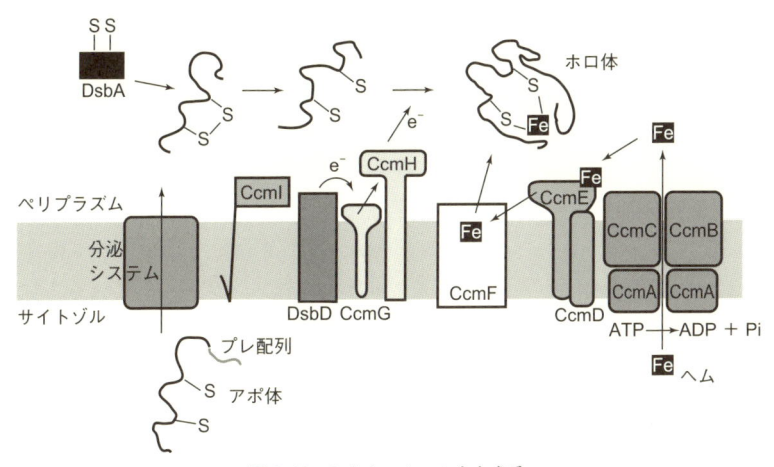

図3.28 シトクロム c の生合成系

大腸菌の場合、*ccm* オペロンは *ccmA*～*H* の8つの遺伝子で構成されている．CcmAはABCトランスポーターのATP結合サブユニット、CcmBはABCトランスポーターのトランスポーターサブユニット、CcmCはCcmEへのヘムの輸送、CcmDはCcmCとCcmEの連結、CcmEはペリプラズムでのヘムシャペロン、CcmFはCcmEからヘムを外すリアーゼ、CcmGはCcmHの還元、CcmHはアポシトクロムの還元によるフェロケラターゼ．詳細は、Cianciotto et al.（2006）、Rurek（2008）などを参照されたい．

3.3.9 シトクロム c

呼吸鎖や光合成などエネルギー生成系で電子伝達に関与するシトクロム c のヘムは，ビニル基がアポタンパク質の Cys-X-X-Cys-His モチーフの Cys と共有結合している．しかしながら，プロトヘムとタンパク質を混合しても，自動的にヘムのビニル基に Cys の SH が付加し，チオエーテル結合が非酵素的に形成されることはなく，シトクロム c を得るためには ccm（cytochrome c mutation）オペロンによってコードされる遺伝子産物群 CCM が必要である（Thony-Meyer, 2002）．図 3.28 は CCM のみならず，ヘム挿入に先立ってアポシトクロム c を膜輸送するシステムとチオレドキシン（2Cys $\rightleftarrows$ CysS－SCys 平衡を用いて酸化還元する）のシステムを示している．2つのチオエーテル結合は 1 つずつ段階的に形成される．多様な触媒作用を示す他の型のヘムに比べて，機能そのものは電子伝達に限られるヘム c の組換え体を得ることは，ヘム b などに比べて一般に難度が高い．

3.3.10 シトクロム c オキシダーゼ

シトクロム c から電子を受け取り，酸素を水に 4 電子還元するシトクロム c オキシダーゼは，2 ヘム 3Cu を有するマルチサブユニット酵素である（図 2.19 p.199 参照）．30 以上の成分が複合体の形成に関与すると考えられている（Rurek, 2008）．ヘム a はヘム b から farnesyl transferase である Cox 10 の作用を受けて生成し，次いで，Cox 15，フェレドキシン，フェレドキシンレダクターゼによって C(8) メチル基がアルコールを経てアルデヒド基に変換される．2 つのヘム a のうち一方には 2His が軸配位子として結合し（ヘム a），他方には 1His が軸配位子として結合するが，反対側には Cu_B が接近する（ヘム a_3）．細胞質からミトコンドリアへの Cu の膜輸送には細胞質に存在する Cu シャペロン Cox 17，膜トランスポーター Ctr 1，ミトコンドリア膜に存在する Cu シャペロン Cox 19 が関与する（図 3.13 p.316 参照）．Cox 17 と Cox 19 はともに Cys によって Cu クラスターを形成する．その後，同じくミトコンドリア膜に存在する Cox 11, Sco 1 を経由してそれぞれシトクロム c オキシダーゼの Cu_B 部位と Cu_A 部位に Cu が挿入される．Cox 11 は 3His で Cu を結合しており，これから Cu_B が形成される．Cu_B 部位の 3His のうち 1 つには Tyr が共有結合しているが，翻訳後修飾がいつ行われるかはわかっていない．複核の Cu_A 部位形成には Cox 17, Cox 19 が関与し，さらに 1His と CysXXXCys モチーフで 1 つの Cu を結合する Sco 1 もしくは Sco 2 が関与する．Cu_A 部位近くに存在し，生成物である水分子の排出に関与する Mg 部位の形成は不明である．

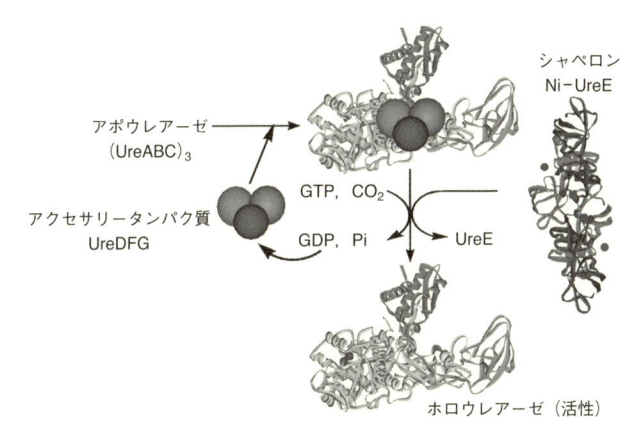

図 3.29 ウレアーゼの活性化モデル（口絵参照）
(Kucher and Hausinger, 2004).

3.3.11 ウレアーゼ

Klebsiella aerogenes のウレアーゼ遺伝子 *ureDABCEFG* クラスターから発現するタンパク質によってウレアーゼが形成される様子を図 3.29 に示した．アポタンパク質である UreABC の 3 量体は，まず，アクセサリータンパク質である UreDFG と複合体を形成する．UreG にはヌクレチドの結合部位があり，ここに GTP が結合することによって UreABC のコンホメーションが変化し，Ni シャペロン UreE から Ni を受け入れる．ウレアーゼに特有の Lys のカルバミン酸化（$-NH-CO_2H$）は Ni 挿入に先立って終了している．UreE の Ni 結合ドメインは Cu シャペロンである Atx1 と相同性が高い．また，UreE は分子シャペロンである Hsp-40 に類似したモジュールを有しており，UreE から UreABC への Ni の移動中 UreE のドッキングに寄与すると考えられている．アクセサリータンパク質が離れると活性な成熟ウレアーゼとなる．

3.3.12 ［NiFe］ヒドロゲナーゼ

ヒドロゲナーゼには［NiFe］型，［NiFeFe］型，［FeFe］型，［Fe］型の 4 系統がある (Fontecilla-Camps et al., 2007; Tard and Pickett, 2009)（2.7.2 参照，p.282）．ヒドロゲナーゼの活性中心が形成され成熟するメカニズムについては，大腸菌での研究が進んでいる［NiFe］型の生成について述べる（［NiFe］は 2Cys で架橋された複核構造を形成しており，Ni にはさらに 1CO, 2CN$^-$ または 1SO, 1CO, 1CN$^-$ が結合している）（図 3.30）(Casalot and Roussetm, 2001)．Fe 中心はまず HycD と複合体を形成した HypC シャペロン上に形成される．ただし，Fe がどのようにして供給されるかはわかって

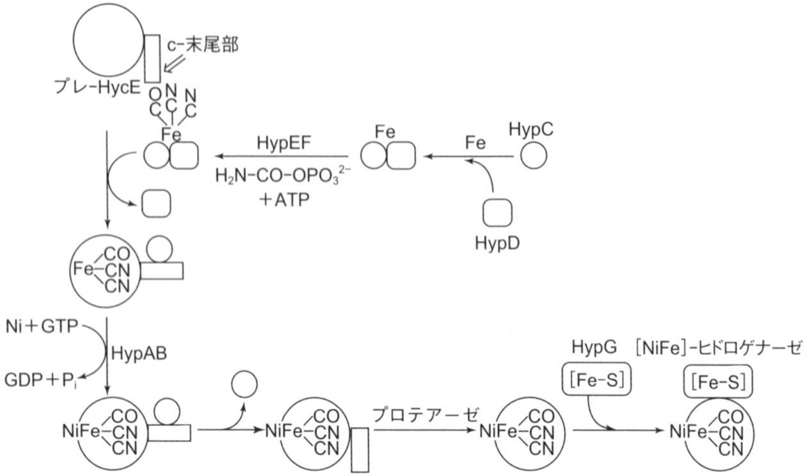

図 3.30 ［NiFe］ヒドロゲナーゼの活性化スキーム（Kucher and Hausinger, 2004）

C末端の 15 アミノ酸残基の尾部（図中の細長い長方形）を有する前駆体（プレ-HycE）に Fe(CO)(CN)$_2$ がシャペロン HypC によって導入される．CN$^-$ と CO は HypE と HypF によって作られ，ATP と還元当量を必要とする反応において，カルバモイルリン酸を用いて HypC 中の Fe に結合される．Ni は HypA と HypB によってプレ-HycE と HypC の会合体に GTP 依存過程で導入される．HypC がプレ-HycE から離れるとプロテアーゼ HycI が作用し，プレ-HycE から C 末端尾部が除去される．その後，プレ-HycE と HypG が会合し，［Fe-S］クラスターが導入される．

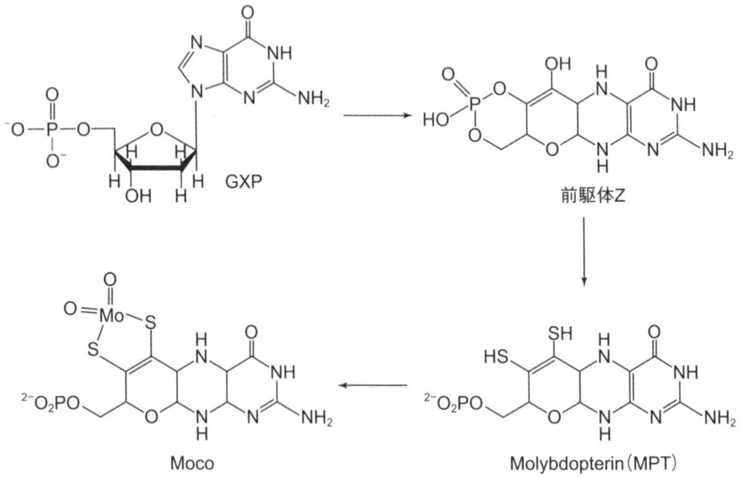

図 3.31 Moco の生合成過程

GXP のリボースの C(2′)-C(3′) 間にグアニンの C(8) が挿入され，前駆体 Z となる．これにチオールが付加され，MPT となったのち，Mo が結合して Moco が生成する（Kucher and Hausinger, 2004）．

いない．ついで，HypC：HypD に HypE と HypF が作用し，ATP とカルバモイルリン酸($H_2N-CO-OPO_3^{2-}$)および Fe-S 中心を有する HycD の還元作用を利用して，Fe(CO)$(CN)_2$ が形成される．HypF はカルバモイルリン酸を加水分解して HypE の C 末端にカルバモイル基を輸送する．一方，ヒドロゲナーゼの活性部位は最終的に大サブユニットの前駆体であるプレ-HycE 上に形成されるが，この C 末端には 15 アミノ酸残基の延長があり，Fe 中心が形成された HypC と複合体を作る．これに HypA と HypB が作用して Ni-Fe(CO)$(CN)_2$ を形成する．この過程には GTP が要求されるが，GTP 結合モチーフは HypB 上にある．ついで，HypC が脱離すると，プロテアーゼ HypI によってプレ-HycE から C 末端の 15 アミノ酸からなるペプチドが脱離する．最後に，HycE に Fe-S クラスターを有する小サブユニット HycG が結合し，ヒドロゲナーゼが完成する．

3.3.13 モリブデンコファクター

モリブデンコファクター(molybdenum cofactor：Moco)合成のプロセスを図 3.31 に掲げた．Moco はヌクレチド GXP(GTP または関連化合物)から出発し，前駆体 Z，モリブドプテリン MPT(1.9.2 項 p.119 参照)を経て合成される．多くの原核生物では Moco はさらにモリブドプテリングアニンジヌクレオチド(MGD)のようなジヌクレオチドへと変換される(Johnson et al., 1991)．Moco や MGD は多くのモリブデン酵素の活性中心として機能するが，これらの酵素中への取り込みにはさらに別の成分が必要である．例えば，硝酸レダクターゼ NAR への Moco の取り込みでは分子シャペロン NarJ が利用される(Palmer et al., 1996)．

文　献

後藤祐児，谷澤克行編 (2001)「タンパク質の分子設計」，共立出版．
Auld, D. S. (1988) *Methods Enzymol.* **158**, 71.
Babu, Y. S. et al. (1988) *J. Mol. Biol.* **204**, 191.
Bulter, W. T. (1998) *Eur. J. Org. Sci.* **106**, 204.
Casalot, L. and Roussetm, M. (2001) *Trends Microbiol.* **9**, 228.
Cianciotto, N. P. et al. (2006) *Mol. Microbiol.* **56**, 1408.
Dailey, H. A. et al. (2000) *Cell. Mol. Life Sci.* **57**, 1909.
Diaz, A. et al. (2004) *J. Mol. Biol.* **342**, 971.
Drakenberg, T. et al. (1996) *"Mechanism of Metallocenter Assembly,"* Hausinger, R. P. et al., Eds. VCH Publishers, New York.
Ensign, S. A. et al. (1990) *Biochemistry* **29**, 2162.
Fontecilla-Camps, J. et al. (2007) *Chem. Rev.* **107**, 4273.

Furie, B. et al. (1999) *Blood* **93**, 1798.
Hwang, J. et al. (2000) *Science* **287**, 122.
Hirose, J. and Kidani, Y. (1980) *Biochim. Biophys. Acta* **622**, 71.
Hirose, J. and Kidani, Y. (1981) *J. Inorg. Biochem.* **14**, 313.
Ikura, M. et al. (1992) *Science* **256**, 632.
Johnson, J. L. et al. (1991) *J. Biol. Chem.* **266**, 12140.
Kuchar, J. and Hausinger, R. P. (2004) *Chem. Rev.* **104**, 509.
Miller, A. -F. and Brudvig, B. W. (1990) *Biochemistry* **29**, 385.
Mizohata, E. et al. (2002) *J. Mol. Biol.* **316**, 679.
Palmer, T. et al. (1996) *Mol. Microbiol.* **20**, 875.
Paschos, A. et al. (2002) *J. Biol. Chem.* **277**, 49945.
Rurek, M. (2008) *Acta Biochim. Pol.* **55**, 417.
Slominski, A. et al. (2004) *Physiol. Rev.* **84**, 1155.
Tang, Q. et al. (2002) *J. Am. Chem. Soc.* **124**, 13242.
Tard, C. and Pickett, C. J. (2009) *Chem. Rev.* **109**, 2245.
Thony-Meyer, L. (1997) *Microbiol. Mol. Biol. Rev.*, **61**, 337.
Thony-Meyer, L. (2002) *Biochem. Soc. Trans.* **30**, 633.
Winge. D. R. (2007) In "*Biological Inorganic Chemistry. Structure and Reactivity*," Bertini, I. et al., Eds., University Science Books, Sausalito, p. 613.
Zhang, K. Y. et al. (1994) *Protein Sci.* **3**, 64.

3.4 金属タンパク質の構造と機能の分子進化

　生物は数千から数万のタンパク質を利用している．あるタンパク質を他のタンパク質との関連において構造と機能を評価するにあたり，異なる生物起源のタンパク質を比較してその類似点と相違点を眺める視点と，異なるタンパク質の分子レベルでの関連を分子進化から眺める視点がある．前者の例として，異なる生物種のヘモグロビンα鎖のアミノ酸変換数に基づいて系統樹が作成され，また，進化速度が調べられた．存在の普遍性，分子量，入手しやすさなどから16～18SリボソームRNAなどの塩基配列や，フェレドキシンやシトクロム c のアミノ酸配列なども，分子進化の観点からよく検討されてきた．さらに，多くが結晶化されているシトクロム c では，生物種による立体構造の相違も比較の対象となってきた．現在では，バイオインフォマティックス（bioinformatics；生命情報科学）の発展と相まって，特定のタンパク質のDNA塩基配列やアミノ酸配列から，関連するタンパク質の相同性や進化的関連性が検討され，タンパク質の機能が変化してきた道筋までもが推測されるようになっている．

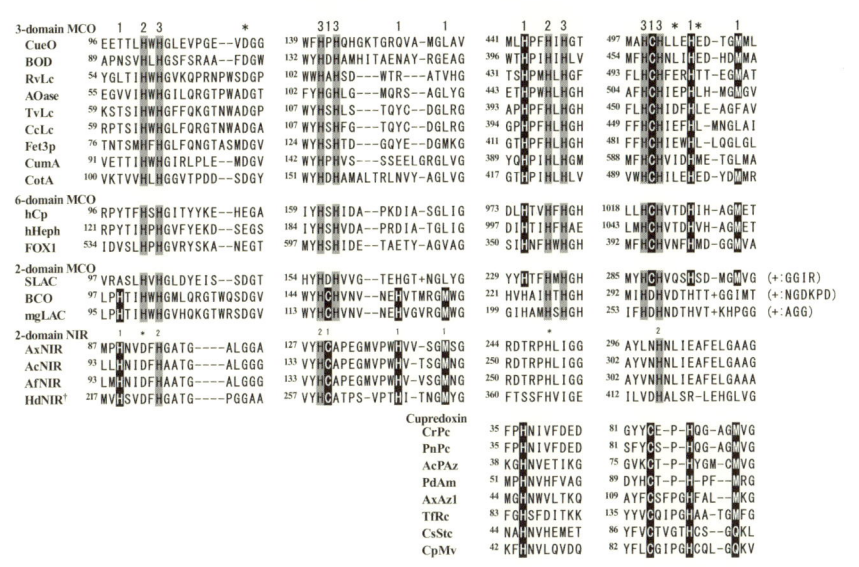

```
3-domain MCO    1 2 3          *            313                      1 2 3                  313 * 1*   1
CueO      96 EETTLIHWHGLEVPGE--VDGG    139 WFHPHQHGKTGRQVA-MGLAV   441 MLHPIHLHGT       497 MAHCHLLEHED-TGMML
BOD       89 APNSVHLHGSFSRAA--FDGW    132 WYHDHAMHITAENAY-RGEAG   396 WTHPIHIHLV       454 MFHCHNLIHED-HDMMA
RvLc      54 YGLTIHWHGVKQPRNPWSDGP    102 WWHAHSD---WTR---ATVHG   443 TSHPNHLHGT       493 FLHCHFERHTT-EGMAT
AOase     55 EGVVIHWHGILQRGTPWADGT    102 FYHGHLG--MQRS--AGLYG    443 ETHPWHLHGH       504 AFHCHIEPHLH-MGMGV
TvLc      59 KSTSIHWHGFFQKGTNWADGP    107 WYHSHLS---TQYC--DGLRG   393 APHPFHLHGH       450 FLHCHIDFHLE-AGFAV
CcLc      59 RPTSIHWHGLFQRGTNWADGA    107 WYHTHGT---TQYC--DGLRG    394 GPHPFHLHGH       449 FFHCHIEFHLI-MNGLAV
Fet3p     76 TNTSMHFHGLFQNGTASMDGV   124 WYHSHTD---GQYE--DGMKG    411 GTHPFHLHGH       487 FFHCHIEWHLL-LQGLGL
CumA      91 VETTIHWHGIRLPLE--MDGV    133 WYHPHVS---SSEELGRGLVG    389 YQHPIHLHGM       588 MEHCHVIDHME-TGLMA
CotA     100 VKTVVHLHGGVTPDD--SDGY    151 WYHDHAMALTRLNVY-AGLVG    480 GTHPIHLHLV       494 VWHCHILEHED-YDMMR

6-domain MCO
hCp       96 RPYTFHSHGITYYKE--HEGA   159 IYHSHIDA--PKDIA-SGLIG    973 DLHTVHFHGH      1018 LLHCHVTDHIH-AGMET
hHeph    121 RPYIHHPHGVFYEKD--SEGS   184 IYHSHVDA--PRDIA-TGLIG    997 DIHTIHFHAE      1043 LMHCHVTDHVH-AGMET
FOX1     534 IDVSLHPHGVRYSKA--NEGT   597 IHSHIDE--TAETY-AGVAG    350 SIHNFHWHGH       392 MFHCHVNFHMD-GGMVA

2-domain MCO
SLAC      97 VRASLHVHGLDYEIS--SDGT   154 HYHDHVVG---TEHGT+NGLYG   229 YYHTFHMHGH       285 MYHCHVQSHSD-MGMVG (+:GGIR)
BCO      107 LPHTIHWHGLFQRGTNWADGV   113 WYHCHVNV--NEHVTMRGMW    292 HVHAIHTMGH      272 MFHCHVTEHTTT+GGIMT (+:NGDKPD)
mgLAC     95 LPHTIHWHGVHQKGTWRSDGV   113 WYHCHVNV--NEHVGVRGMWG    199 GIHAMHSHGH      262 IFHDHNDTHVT+KHPGG (+:AGG)

2-domain NIR    1 * 2              1            2 1                 1                  1
AxNIR     87 MPHNVDFHGATG----ALGGA   127 VYHCAPEGMVPMVV-SGMSG    244 RDTRPHLIGG       296 AYLNHNLIEAFELGAAG
AcNIR     93 LLHNIDFHAATG----ALGGG   133 VYHCAPEGMVPMVP-TSGMG    250 RDTRPHLIGG       302 AYVNHNLIEAFELGAAG
AfNIR     93 LMHNIDFHAATG----ALGGG   133 VYHCAPEGMVPMVV-VSGMG    250 RDTRPHLIGG       302 AYVNHNLIEAFELGAAG
HdNIR†   217 HHSVDFHGATG----PGGAA    257 VYHCATPS-VPTHI-TNGMYG   360 FTSSFHVIGE       410 ILVDHALSR-LEHGLVG

Cupredoxin
CrPc      35 FPHNIVFDED       81 GYYCE-P-HQG-AGMVG
PnPc      35 FPHNIVFDED       81 SFYCS-P-HQG-AGMVG
AcPAz     38 KGHNVETIKG       75 GVKCT-P-HYGM-CIVG
PdAm      51 MPHNVHFVAG       89 DYHCT-P-H-PF--MRG
AxAzl     44 MGHNWVLTKQ      109 AYFCSFPGHFAL--MKG
TfRc      78 FGHSFDITKK      135 YYVCQIPGHAA-CPVGA
CsStc     44 NAHNHVEMET       86 YFVCGTVGTHCS--GCKL
CpMv      42 KFHNVLQVDQ       82 YFLCGIPGHCQL-GQKV
```

図 3.32 マルチ銅オキシダーゼ（MCO），銅型亜硝酸レダクターゼ（NIR），ブルー銅タンパク質（クプレドキシン）のアミノ酸配列相同性

タイプ 1, 2, 3 Cu 結合部位はそれぞれ上部にアラビア数字で明示してある．MCO の分子構造は 3, および 6 ドメイン型の 3 種類に分離される（2.6.2(1)項 p.259 参照）．各タンパク質の説明は省略した．ただし，hCp はヒトのセルロプラスミン Cp（表 1.20 p.92 参照）である．＊は MCO による酸素の結合と還元または NIR 触媒活性に関与するアミノ酸（2.6.3 項参照）．

3.4.1 クプレドキシンスーパーファミリーの分子進化

1.8.3, 2.1.1, 2.1.2 の各項で紹介したブルー銅タンパク質（クプレドキシン），2.3.2 項で紹介した亜硝酸レダクターゼ（NIR），および 2.6.2 項と 4.2 節で紹介しているマルチ銅オキシダーゼ（MCO）は，アミノ酸配列（図 3.32）や立体構造からクプレドキシンスーパーファミリー（優位なアミノ酸の相同性があり同じドメインをもつタンパク質のグループ）に分類され，分子進化や機能の分化について検討されている（Nakamura and Go, 2005; Sakurai and Kataoka, 2007a,b）．3 つのタンパク質ファミリーに共通して存在している T1 Cu（ブルー銅タンパク質の銅中心は厳密には銅中心であるが，MCO や NIR の T1 Cu と同様に，T1 Cu とも呼ばれる（1.8.3 項 p.91 参照））への配位子 Cys と 2His は完全に保存されている．しかし，軸配位子については 3 種類のバリエーション（Met が基本であるが，その他に，Gln, Phe, Ile または Leu（酸化還元電位が大きな正の値を有する MCO の一部では，非配位性アミノ酸を利用））がある（2.1.3 項 p.165 参照）．一方，NIR と MCO の T1 Cu への配位子である Cys の隣にはそれぞれ，1, 2 個の His が存在しており，これらは T2, 3 Cu の配位

子となっている．このようなタンパク質の1次構造の比較より，ブルー銅タンパク質からNIRが，そしてNIRからMCOが分子進化してきたことが容易に想像できる．さらに，図3.32によると，Cysの隣に位置しているHisが構成しているCu中心は，NIRではT2 Cuであるのに対し，MCOではT3 Cuとなっている．このような事実や，立体構造（図3.34）から，Cysの両隣にHisが配置されるようになったことで，NIRのT2 CuがMCOでは1対のT3 Cuとなったことがわかる．

次いで，各タンパク質の分子構造をドメインから眺めてみよう（図3.33）．多くのMCOは3ドメインからなり，各ドメインはクプレドキシンフォールド，すなわちブルー銅タンパク質を構成するβバレル（数本のβシートが逆平行に集まって樽状の立体構造を形成）構造をもっている（MCOは1本鎖ペプチドからなるが，3つのブルー銅タンパク質ユニットが連結されたアミノ酸配列を有しており，また，3つのブルー銅タンパク質から構成されたような立体構造となっている．図3.33ではアスコルビ

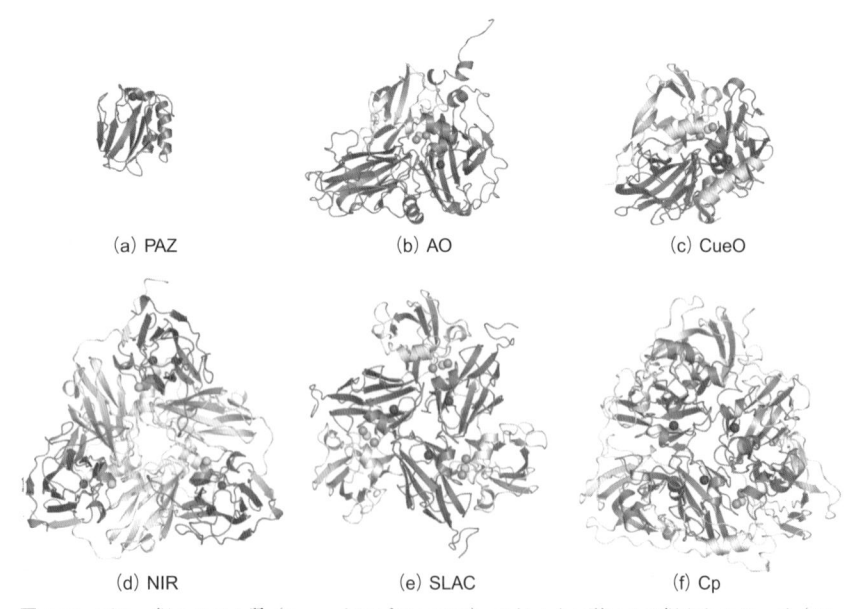

(a) PAZ　　　　(b) AO　　　　(c) CueO

(d) NIR　　　　(e) SLAC　　　　(f) Cp

図3.33 ブルー銅タンパク質（シュードアズリンPAZ），3ドメイン型マルチ銅オキシダーゼ（AO, CueO），NIR, 2ドメイン型マルチ銅オキシダーゼ（SLAC），6ドメイン型マルチ銅オキシダーゼ（Cp）の立体構造（口絵参照）
NIRとSLACは3量体で，他はすべて単量体を示す．3ドメイン型MCOの各ドメインは赤（ドメイン1），灰（ドメイン2），青色（ドメイン3）で示した．NIRの単量体，SLACの単量体，Cp（ヒト由来）はそれぞれ2, 2, 6ドメインからなり，立体構造の相同性を示すため，ドメインは青と灰色のみで色分けしている．青，緑，橙色の球はそれぞれ，T1, 2, 3 Cuを表す．PDB code PAZ（1BQK），AO（1AOZ），CueO（1KV7），NIR（1BQ5），SLAC（3CG8），Cp（2J5W）．

3.4 金属タンパク質の構造と機能の分子進化

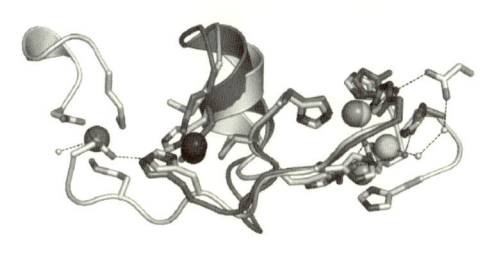

図3.34 マルチ銅オキシダーゼ CueO（黄色）と NIR（青色）の活性部位の重ね合わせ（口絵参照）青，緑，橙色の球は，それぞれタイプ1, 2, 3 Cu.

ン酸オキシダーゼ（ascorbate oxidase：AO）と CueO のドメインを色分けして表示している）．T1 Cu はドメイン3に存在し，T2, 3 Cu から形成される3核銅部位はドメイン1と3の境界面に位置している．ドメイン2は構造維持のために存在しているように見える．ところが，MCO にも例外があり，脊椎動物のセルロプラスミン Cp は，2ドメイン構造が3回繰り返され，計6個のドメインが三角形を形成している（図3.33参照）(Zaitseva et al., 1996; Bento et al., 2007)．ただし，活性を示すことができる Cu セットが完成しているのは1組だけで，他の Cu 部位は酵素活性には関係していない．一方，MCO には2ドメイン型のラッカーゼがあり，ホモ3量体となることにより，Cp と同様に6ドメイン様の4次構造を有している．このジャンルに属するラッカーゼとしては SLAC（small laccase；図3.33），mgLac（PDB code 2ZWN），NeLac（PDB code 3G5W）などの新発見が続いているが，Cu 結合部位の分布によってさらにサブグループに分類されている（Komori et al., 2009; Skalova et al., 2009; Lawton et al., 2009）．

3核 Cu 部位はいずれの場合もドメイン1と2の界面に位置している．ここで，歴史的には最も早く構造解析が行われた NIR の構造を見ると，2ドメインからなるホモ3量体であり，4次構造は Cp や SLAC と類似している（図3.33）(Ellis et al., 2007)．しかしながら，T2 Cu には異なるサブユニットからの His 残基が配位しており，サブユニット界面に位置している．構造と機能から NIR が MCO と異なるのは，4次構造をとらなければ活性部位が構築されないことである．以上のように，MCO と NIR が共通の先祖タンパク質から分子進化してきたことは Cu 結合部位を拡大してみると確信できる（図3.34）．また，NIR については，さらに電子伝達部位が融合したものが見つかっており，NIR にも多様なバリエーションがあることが見出されつつある（2.3.2項 p.200参照）(Nojiri et al., 2007, 2009)．

次いで，ブルー銅タンパク質，NIR，および MCO の機能を，分子構造を念頭に置

いて考察してみよう．T1 Cu の機能は電子伝達であり，ブルー銅タンパク質の場合はシトクロム c と同様に，タンパク質間で電子をシャトルする．NIR の T1 Cu はブルー銅タンパク質やシトクロム c のような電子伝達タンパク質から電子を受容し，亜硝酸を還元する T2 Cu に長距離輸送する．これに対して MCO の機能は基質を酸化することが主たる役割で，T1 Cu は基質から電子を受け取り，T2, 3 Cu からなる 3 核銅部位に長距離輸送する．この点では NIR と MCO は類似しているが，NIR の場合，亜硝酸を還元するのが目的であるのに対し，MCO では，後半の分子内長距離電子伝達は，不要な電子を最終的な電子受容体である酸素に輸送することである．このような観点から，NIR はレダクターゼであり，MCO はオキシダーゼということになるが，酵素の機能を入口から出口まで総合的にとらえると（図 3.35），酵素名を慣用名でなく，電子供与体と電子受容体の酸化還元酵素とする系統的な酵素命名法（EC）が理にかなっていることがよくわかる（例えば，アスコルビン酸オキシダーゼ（AO）は L-ascorbate:oxygen oxidoreductase である）．

分子進化による機能の多様化の観点から 3 ドメイン型 MCO の AO と Cu(I) オキシダーゼ CueO について考えてみよう．金属イオンに特異的な後者では，T1 Cu 部位付近への有機基質の接近を妨げるためかさ高い領域（青色のヘリックス領域）が存在している（図 3.33(c) および図 4.6 p.374 参照）．この領域は Met に富んでおり Cu(I) を基質結合部位に誘導にする．この領域の底部には 2 Met, 2 Asp からなる Cu(I) 結合部位が配置されている（Kataoka et al., 2007）．通常の MCO では逆平行 β 鎖をつなぐループは基質結合ポケットの壁を形成するが，CueO では Cu(I) 結合部位を形成することによって金属イオンに対する特異性が創製されている．現時点ではまだほとんど知られていない金属イオンオキシダーゼの基質特異性は，有機基質の接近を妨げると

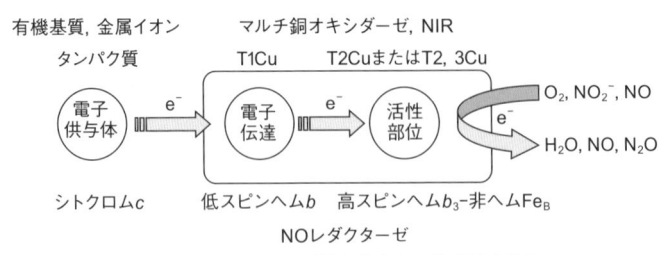

図 3.35 マルチ金属活性部位をもつ酸化還元酵素
電子伝達部位と電子受け取り触媒作用を示す部位からなる．電子供与体からの電子引き抜きもしくは電子受容体の還元に対して，それぞれ，オキシダーゼ，レダクターゼと呼ばれる．MCO, NIR, NOR の電子供与体は，それぞれ，基質（有機物または Cu(I), Fe(II), Mn(II)），タンパク質（シトクロム c またはブルー銅タンパク質），タンパク質（シトクロム）であり，電子受容体はそれぞれ，O_2, NO_2^-, NO である．

ともに，適度に置換活性な配位子を組み合わせて基質結合部位を構築することによって実現されているのである．Fe^{2+}，Cu^+，Mn^{2+} などの金属イオンオキシダーゼの存在が知られつつあり，比較的少ない数のプロトタイプ的タンパク質から多様な機能分化が行われていることを示している（Sakurai and Kataoka, 2007a,b）．

3.4.2 嫌気呼吸から好気呼吸への分子進化

最後に，2.3.2項（p.200）でも紹介したNOレダクターゼ（NOR）（含有するヘムは cbb_3）のシトクロム c オキシダーゼCcOへの分子進化について紹介する（図3.36）．NORは，嫌気呼吸である脱窒過程において，NOを N_2O に素早く変換することによってNO毒性から脱窒システムを保護していると考えられている．一方，CcOは好気呼吸における末端酸化酵素として，O_2 を H_2O に変換する．ところが，NORとCcOはアミノ酸のみならず，膜貫通ヘリックスの数や配置にいたるまで類似性が高く，さらに，両者の金属中心の配置や配位子もよく対応している（ヘム c ⇔ Cu_A，低スピン

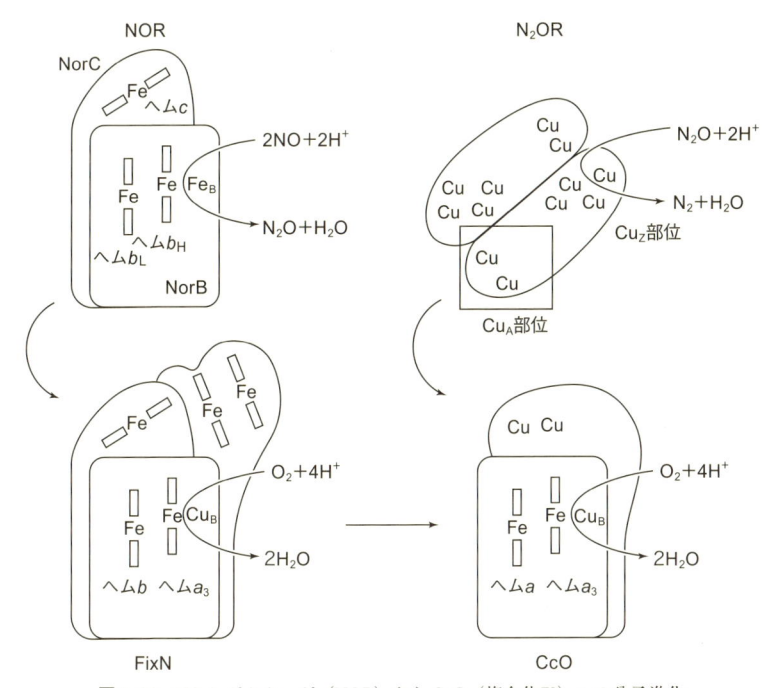

図3.36 NOレダクターゼ（NOR）からCcO（複合体Ⅳ）への分子進化
非ヘム Fe_B が Cu_B に変化し，基質がNOから O_2 に変化した．電子供与体であるシトクロム c（非表示）からの電子受容部位であるヘム c は，N_2OR の電子受容部位 Cu_A に置き換えられた（吉田，茂木，2000）．NorC, NorB はそれぞれNORのサブユニットである．

ヘム b (b_L) ⇔ ヘム a, 高スピンヘム b_3 (b_H) ⇔ ヘム a_3, 非ヘム鉄 Fe_B ⇔ Cu_B). CcOは脱窒系酵素であるNORを土台として，Fe_BをCu_Bに変換するとともに，N_2Oレダクターゼ（N_2OR）の電子受容部位Cu_Aを融合することによって基質をNOからO_2へと変換させたのである（Fe_BとCu_Bの共通する配位子は3Hisであるが，Fe_B ではさらにGluが配位している）（Zumft, 1997; Hino et al., 2010; PDB code 3O0R）．また，この酵素はプロトンポンプ機能も獲得した．ただし，この説明は単純化しすぎており，両者をつなぐ，低酸素状態で機能するFixNなどが分子進化の途上に存在している．また，図3.36ではCcOを簡略化して描いているが，SoxB型（ヘムはba_3）とSoxM型（ヘムはaa_3）[*6]のCcOがあり，NORが酸素を還元する機能を獲得した後も分子進化を継続していることがわかる．いずれにしても，嫌気性生物しか存在しなかった地球環境でのエネルギー獲得系が，好気性条件下で作用するよう機能変換が行われたという事実は興味深い．すなわち，環境変化に対応して，全く新規に酵素が作られた訳ではなく，タンパク質の比較的軽微な変化と使用する金属種や構造の切り替えによって新規な機能が創製されたということができる．なお，複核Cu部位を有するチロシナーゼ類の酵素から酸素運搬体であるヘモシアニンへの分子進化については2.4.4(4)項（p.241）で触れた．

文　献

吉田賢右，茂木立志編（2000）「生体膜のエネルギー装置」，共立出版.
Bento, I. et al. (2007) *Acta Crystallogr.* **D63**, 240.
Ellis, M. et al. (2007) *J. Biol. Inorg. Chem.*, **12**, 1119.
Hino, T. et al. (2010) *Science* **330**, 1666.
Kataoka, K. et al. (2007) *J. Mol. Biol.* **373**, 141.
Komori, H. et al. (2009) *FEBS Lett.* **583**, 1189.
Lawton, T. et al. (2009) *J. Biol. Chem.* **284**, 10174.
Nakamura, K. and Go, N. (2005) *Cell. Mol. Life Sci.* **62**, 2050.
Nojiri, M. et al. (2007) *Proc. Natl. Acad. Sci. USA* **104**, 4315.
Nojiri, M. et al. (2009) *Nature* **462**, 117.
Sakurai, T. and Kataoka, K. (2007a) *Chem. Rec.* **7**, 220.
Sakurai, T. and Kataoka, K. (2007b) *Cell. Mol. Life Sci.* **64**, 2642.
Skalova, T. et al. (2009) *J. Mol. Biol.* **385**, 1165.
Zaitseva, I. et al. (1996) *J. Biol. Inorg. Chem.* **1**, 15.
Zumft, W. G. (1997) *Microbiol. Mol. Biol. Rev.* **61**, 533.

[*6] ヒトのCcOの電子供与体はシトクロムcであるが，酵母のCcOの電子供与体はキノールであり，電子受容部位としてのCu_A部位を失っているので，厳密には後者はCcOではなくキノールオキシダーゼである．そういう意味ではCcOではなく，末端酸化酵素(terminal oxidase)という総称が適切である．

3.5 疾病と金属

これまで生体系で金属イオンが果たすポジティブな役割について詳しく見てきた.金属イオンを機能の活用という面から見ると,治療薬として使われている金属錯体や金属塩も多い.半金属ではあるが As の化合物サルバルサンが古くから梅毒の治療に,Mg 塩,Fe 塩,酸化亜鉛などもそれぞれ治療の目的に用いられてきた.Au(I) のチオラート錯体はリウマチ性関節炎の治療に,Li 塩はうつ病の治療に用いられいるほか,種々の錯体が医療に供されている (Guo and Sadler, 1999; Farrell et al., 2002; Sadler et al., 2007). 1960 年代後半の Rosenberg による cis-$[PtCl_2(NH_3)_2]$ 錯体の抗腫瘍性の発見に端を発して,数多くの Pt 錯体が研究された結果,いくつかの Pt 錯体が実用化され,今日有効な抗がん剤として広範囲のがんの治療に用いられている (Lippert, 1999; Orvig and Abrams, 1999). 現代病の1つである糖尿病にも重大な関心が払われている.古くより V 塩にインスリン様作用があることは認められていたが,V 錯体を用いる研究は比較的新しい (Thompson et al., 1999). 桜井らは早くから V イオン,特に VO^{2+} に着目して種々の錯体を合成し,インスリン様作用を明らかにしており (Sakurai et al., 2002),今日では世界的に広く研究がなされている.また,放射性化合物を投与して画像診断を行う核医学では ^{99m}Tc 錯体が用いられ,NMR を利用する磁気共鳴イメージング (magnetic resonance imaging : MRI) においては Gd(III) 錯体が造影剤として重要である (Orvig and Abrams, 1999; Sadler et al., 2007; 佐治ほか, 2011).

FAD 含有酵素グルコースオキシダーゼを利用した血糖値測定も広く行われており,電気化学的方法による測定のための電子移動メディエーターとして Ru(II) 錯体や Os(II) 錯体を開発する研究が Zakeeruddin ら,中林ら,他によってなされている (Zakeeruddin et al., 1992; Nakabayashi et al., 2003, 2006; Warren et al., 2005).

このように金属イオンの生体系での機能や医薬品などとしての有効性は明らかであるが,一方において金属イオンの利用は諸刃の剣であり,その過不足や存在様式の違い,あるいは存在自体が様々な疾病の原因となりうることが次第に明らかになってきた.金属イオンの恒常性保持が生命の維持に不可欠であること自体がこのような両面性を物語っている.イタイイタイ病や水俣病が Cd や Hg を原因とするというような顕著な例は広く知られるところであるが,最近,金属イオンと種々の神経変性疾患 (neurodegenerative disease) との関連が注目を集めている.現在,次のような疾患−金属(原因となるタンパク質)の関連性が議論されている(藤井,杉本,2002; Bush, 2003; Strozyk and Bush, 2006).

アルツハイマー病： Fe, Cu, Zn（アミロイドβ）
パーキンソン病： Fe, Cu（α-シヌクレイン）
筋萎縮性側索硬化症(ALS)： Cu, Zn（SOD1）
プリオン病： Cu, Zn, Mn（プリオンタンパク質）

いずれもタンパク質の変性が疾患の原因と考えられており，その根幹には金属イオンとの結合による凝集と多くの場合にCu，Feなどの存在下での酸化ストレス（表2.10 p.252参照）があるとされる．これらの関連性の化学的側面は多くの研究にもかかわらず大部分未解明であり，今後の研究の進展が期待されるところである．脳内の置換活性なFe，Cu，Znの挙動について，近年，蛍光イメージングによる組織あるいは細胞レベルでの研究が報告され（Que et al., 2008），特にZnについて多くの研究がなされている（Kimura and Koike, 1998; Kikuchi et al., 2004; Nolan and Lippard, 2009）が，分子レベルでは明らかにされていない．

この節では，金属イオンがネガティブに働いている可能性がある疾病（プリオン病，アルツハイマー病），金属酵素が関与する疾病（フェニルケトン尿症，筋萎縮性側索硬化症，パーキンソン病），さらに，金属を含んだ抗がん剤（Pt錯体，ブレオマイシン）の機能についても触れることとする．

3.5.1 プリオン病

ヒツジのスクレイピー病，ウシの狂牛病，ヒトのクロイツフェルト-ヤコブ病は，宿主の違いはあるがすべて同じ病気であり，同じ病原体によって引き起こされる．この病原体は経口的に感染し，脳に到達する．そこで病原体が急速に増殖すると，運動失調，行動異常，起立不能などを経て，意識がなくなり衰弱して死に至る致死率100%の病気である．今のところ有効な治療法や特効薬はない．今日，プリオン病（prion disease）と総称される病気の正式名称は伝達性海綿状脳症（transmissible spongiform encephalopathy：TSE）であり，スポンジ状になった脳には，星状グリア細胞の異常増殖が観測される．このとき，免疫検査によって不溶性の凝集タンパク質，異常型プリオンタンパク質が検出される．プリオンという名称は，「伝達性海綿状脳症の病原体が感染性タンパク粒子（proteinaceous infectious particle）であり，名付けてプリオン（Prion）」とする説を，プルシナー（Stanley B. Prusiner）が提唱したことに由来しており，1997年に彼はその業績でノーベル賞を受賞している．

プリオンタンパク質（prion protein：PrP）は，動物やヒトのプリオン遺伝子から翻訳される糖タンパク質（ヒトの場合，253アミノ酸残基）であり，糖とリン脂質からなるGIPリンカーで細胞膜に結合していると理解されているが，その機能につい

ては定説が確定されていない．プリオン病は，プリオン遺伝子が何らかの原因で変異したことによって生じた異常型プリオンタンパク質や，外部から侵入した異常型プリオンタンパク質が正常型プリオンタンパク質に働いて，これを異常型に変換してしまうことによると考えられている．脳では，正常型プリオンタンパク質（細胞性プリオンタンパク質，cellular prion protein：PrP^C）は神経細胞の表面に多く存在した後に代謝されるが，異常型は代謝されずに蓄積され，その蓄積によって脳組織がスポンジ状に変化し，脳神経的異常を示していわゆるプリオン病を発症すると説明されている．さらに，プリオン自体は核酸を持たないにもかかわらず，プリオン病を発症した動物由来の異常型プリオンタンパク質（病原性プリオンタンパク質，scrapie prion protein：PrP^{Sc}）を，実験的に他の動物に接種してプリオン病を発症させることができるため，細菌やウイルスと異なり自らの遺伝子では自己増殖をしない，これまでと全く異なった病原体であるといえる．

ヒトとハムスターのプリオンタンパク質は，それぞれ253と254アミノ酸残基からなるが，その1次構造は正常型と異常型で同じである．図3.37にその概略を示す．60～91残基にはPHGGGWGQという8個のアミノ酸残基の繰り返し部分があり，オクタリピートシーケンス（octarepeat sequence）と呼ばれている．この8残基くり返し部分は，ヒト，ハムスター，ブタで全く同じであるが，マウスでは2番目と3番目のくり返しが，－PHGGSWGQ－のように1残基のGly(G)がSer(S)に置換している（Burns et al., 2001）．また，病原性が問題になる部分は，120残基以降の2次構造の変化と考えられている．この部分の結晶構造解析がいくつか報告されており，図3.38に示すヒトのタンパク質では，2つの短いβシート構造に対して，3本の長いαヘリックス構造が見られ，全体の約70％がヘリックス構造である（Antonyuk et al., 2009）．これに対して異常型プリオンタンパク質では，αヘリックス構造がβシート構造に変化するために凝集性の不溶体になり，毒性を有するというのがプルシナーのモ

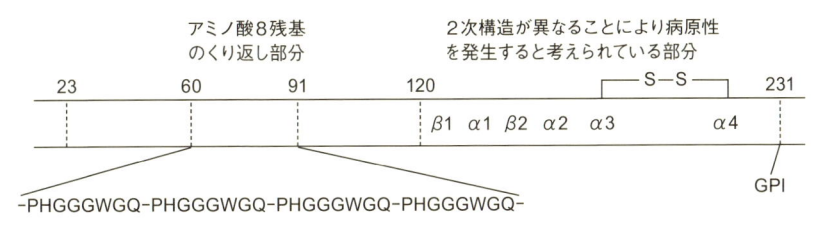

図3.37 プリオンタンパク質の23番から231番残基までの略図
αはαヘリックス構造，βはβシート構造，－S－S－はCysどうしのジスルフィド結合を示す．GPIはグリコシルホスファチジルイノシトールで，プリオンタンパク質はこの糖脂質を末端にもち，この部分を細胞膜に突き刺して細胞表面に係留されている．

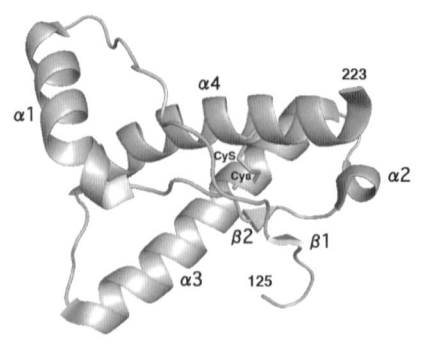

図 3.38 ヒトプリオンタンパク質の 125 番から 223 番残基までの X 線結晶構造（PDB code 2W9E）

デルである．さらに，このβシート構造に富む異常型プリオンタンパク質は，そのもの自体が正常型を異常型に変換する種となるため（異常型が鋳型となって正常型を変性する，異常型が種となって核生成過程により凝集する，など），あるいは異常型が混入するとシャペロンタンパク質などが正常型を異常型に変換させるために病原性を有すると考えられているが（Gaggelli et al., 2006），いまだ不明の点が多い．さらに，βシート構造については，不溶体を可溶化して結晶化や NMR 測定などをすることができないために，これまでにそれ自体の構造が明らかではないのが現状である．

近年，プリオンタンパク質と Cu(II) との相互作用（Brown et al., 1997）が注目を浴び，多くの研究が発表されている（Gaggelli et al., 2006; Chattopadhyay et al., 2005; Millhauser, 2004, 2007; Kozłowski et al., 2008; Cobb and Surewicz, 2009; Kozłowski et al., 2010）．それらによると，Cu^{2+} が結合するのは主としてプリオンタンパク質中のオクタリピートドメインと考えられている．また，十分な長さをもったシリアハムスターの組換え体プリオンタンパク質 PrP（29-231）では，4つのオクタリピートシーケンスのほかに，第 5 番目の Cu^{2+} が図 3.37 の 91～120 番残基ドメインに結合する（配位子としては His96, Gln98, Met109, His111 が考えられている）と推測されている（Hasnain et al., 2001; Davies and Brown, 2008）．図 3.39 に示した Cu(II) 配位構造は，

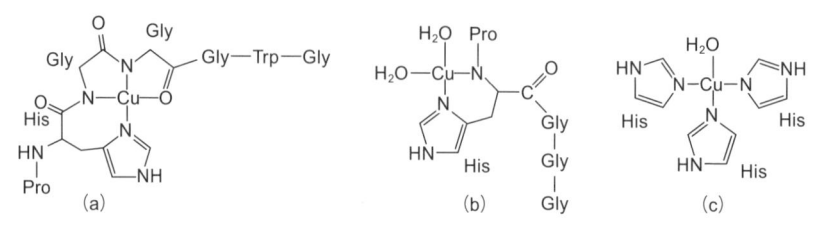

図 3.39 オクタリピートシーケンス（PHGGGWGQ）の Cu(II) 配位様式（Chattopadhyay et al., 2005）

オクタリピートドメインのモデルオリゴペプチドと Cu^{2+} との相互作用（pH 7 ～ 7.5）を，ESR, ENDOR, EXAFS, ESEEM（electron spin echo envelope modulation）などを用いて推定したものである（Antonyuk et al., 2009; Millhauser, 2007; Davies and Brown, 2008）．X線結晶構造解析については，ペンタペプチドの Cu(Ⅱ) 錯体（Cu（N-acetyl-HGGGW-NH$_2$））について行われている（Burns et al., 2001）（図 1.4 p.26 参照）．それによると，Cu(Ⅱ) 錯体は 5 配位四角錐構造をとり，Cu^{2+} の平面は図 3.39 の (a) タイプの 4 配位で，軸方向から第 5 配位子の水分子が結合している．さらに，Trp (W) 残基のインドール環の N 原子と配位水の O 原子との距離が 3.0Å であることから，両者間には水素結合があると推定されている．また，acetyl-PHGGGWGQ-NH$_2$ と Cu^{2+} との相互作用（pH 7.0）では，Cu(Ⅱ) 平面構造は結晶構造解析と同じであるが，第 5 配位子の水分子の反対側（第 6 配位子側）に Trp のインドール環が近づいている構造も提案されている（Mentler et al., 2005）．一方，十分な長さをもったヒト組換え体 PrP(23-231) と 2.7 当量の Cu^{2+} との相互作用（pH 7）では，1 つの Cu^{2+} は図 3.39 の (a) タイプ（3N1O 構造）で結合し，もう 1 つの Cu^{2+} は，(a) タイプの 2 番目の Gly カルボニル O 原子の代わりに，他のオクタリピートからの His イミダゾールが配位した 4N 配位構造（イミダゾール N 原子とペプチド N 原子が 2 つずつ配位）で，両者は約 8Å 離れていると推定されている（Weiss et al., 2007）．オクタリピートドメインや PrP と Cu との相互作用に関しては，これまでのほとんどの研究において，Cu^{2+} イオンはオクタリピートドメイン（OD）に結合している．一般に，このドメインに対して Cu の量が少ないとき（Cu/OD < 1）には，Cu(Ⅱ) 平面は 3 ～ 4 つの各シーケンスからの His イミダゾールが結合し，多いとき（Cu/OD ≧ 1）には，1 つのシーケンスの 1 つの His イミダゾールとそれに続く 2 つの Gly 残基の脱プロトン化ペプチド結合が配位しているといえる．後者は，Cu^+ よりも Cu^{2+} を安定化するので，Cu の酸化還元活性を抑えることになる．また，実験条件によって両者の相互作用は異なるようなので，詳細な知見が得られていないのが現状である．

PrP のオクタリピートドメインが，Cu^{2+} を Cu^+ へ還元するという報告もある（Miura et al., 2005）．すなわち，室温，pH 6.4 において，オクタペプチド PHGGGWGQ（OP）を 1 つ（OP1）から 2 つ（OP2），3 つ（OP3）もつペプチドとなるにつれて Cu^{2+} 還元活性が徐々に増加するが，OP4 で急激に増加する．さらに，Trp を Ala に変えると（OP4（W → A）），ほとんど活性をもたないことから，OP4 の 4 つの繰り返し領域からの His イミダゾールが 4 つ配位した Cu(Ⅱ) 錯体が生成し，近傍の Trp のインドール環によって還元されると考えられている．この Trp はカチオンラジカルとなるが，溶媒に曝されているもう 1 つの Trp 残基から電子を引き抜き，その酸化された Trp

残基は外部の何らかの還元剤によって還元されると推定されている．この現象は，PrP が細胞外で Cu^{2+} イオンを捉え，還元して Cu^+ として細胞内に放出する働きをもつことを想像させるものであるとされている．

しかしながら，1997 年に初めて PrP と Cu イオンの関わりが報告されてから 10 年以上経過しているが，PrP が Cu 結合性タンパク質ということはできてもその機能は未知である．これまでに，PrP の機能として SOD 機能，Cu の運搬，Cu の還元，Cu の回収などがあげられているが，それらを否定するような生物学的データも報告されており，いまだ確定されていない．化学や生化学の研究は，プリオン病の因子としての Cu の役割を除外できないとしている（Nadal et al., 2009）が，Irving-Williams の系列（$Mn^{2+} < Fe^{2+} < Co^{2+} < Ni^{2+} < Cu^{2+} > Zn^{2+}$）からもわかるように，一般に Cu イオンは生体に存在する第 1 遷移金属の中で，タンパク質と最も安定な錯体形成をする事実が，後述のアルツハイマー病の場合と同様，その生理的な意義の解明を困難にしている．PrP に対する Cu の生理的役割については，さらに研究が必要であろう．

3.5.2 アルツハイマー病

日本のアルツハイマー病（Alzheimer's disease）患者は，2005 年に 190 万人に達したと推定された．日本では認知症全体の 4 割が脳血管性認知症で，アルツハイマー病は 3 割弱とされていたが，今日ではこの割合が逆転している．この病気では，記憶，言語，認知を司る前頭葉，頭頂葉，側頭葉，海馬領域に萎縮を生じるために病状が現れるが，プリオン病と異なり，感染性は全くない．近年，病気の原因に対する理解がずいぶん進んできており，現在のところ根治する薬はないが，症状の改善や進行を抑制する薬はある．この病気では，βアミロイド斑（老人斑，senile plaque）が最初の指標の 1 つであり，患者の重症度とは必ずしも比例しないが，βアミロイド斑が神経細胞に損傷を与えるため，アルツハイマー病を発症すると考えられている．そもそも，アミロイド前駆体タンパク質（amyloid precursor protein：APP）は身体のあらゆる細胞の表面にヒゲのように存在しており，脳の場合，神経細胞で作られ，神経の成長と修復に関与すると考えられている 1 回膜貫通型タンパク質である．APP は生理的な条件下でセレクターゼにより段階的にタンパク質切断を受け，次に述べるようにアミロイド β タンパク質（Aβ）のドメイン内で切断されずその両端で切断を受けると Aβ が生成し，恒常的に細胞外に放出される．その後，ネプリライシン（neprilysin; Zn を含む中性エンドペプチダーゼ）によってさらに加水分解されていくと考えられる．しかし，不溶性の Aβ が沈着すると，分解されずにβアミロイド斑の原因となる．ヒトの APP は，図 3.40 に示すアミノ酸配列をとっている．

3.5 疾病と金属

```
        1   6   10 1314    20           30              40
---MDAEFRHDSGYEVHHQKLVFFAEDVGSNKGAIIGLMVGGVVIATV---
        ↑           ↑                              ↑ ↑
        β           α                              γ
```

図 3.40 ヒト APP の 1 次構造
30 番残基より右側の大きい番号のアミノ酸残基は膜中に埋まっている。また，α〜γ は，それぞれのセレクターゼ酵素の切断箇所を示す．APP は約 700 個のアミノ酸からなる．

α-セレクターゼは Lys(K)16 と Leu(L)17 の間，β-セレクターゼは Met(M) と Asp(D)1 の間，γ-セレクターゼは Val(V)40 と ILeu(I)41 の間，あるいは Ala(A)42 と Thr(T)43 の間を加水分解する．したがって，β- と γ-セレクターゼが働くと，Aβ40 や Aβ42 が生成することになる．このうち，Aβ42 が凝集性，すなわち毒性が強いといわれている．一般に，Cu は脳に多く存在して（表 1.4 p.11），加齢と共に Zn, Fe と同様，大脳皮質に高レベルで分布する．事実，β アミロイド斑にもこれらの金属イオンが共存する．Aβ16, Aβ40, Aβ42 などは，Asp(D)1, His 6, Tyr 10, His 13, His 14 などの配位可能な残基をもっているので，金属イオンと結合して凝集をする可能性がある．また，これらの Aβ への Cu や Fe イオンの結合は，酸素を活性化して活性酸素などを生じさせることが考えられ，Aβ 細胞毒性の原因となるかもしれない（西田，2007a）．ヒト Aβ16 (Drew et al., 2009) や Aβ28 (Curtain et al., 2001) と Cu イオンとの相互作用が ESR を用いて調べられ，それらの結果からは Asp, His, Tyr 残基の側鎖が Cu に配位すると推定されている．別の分光学的研究では Cu は Aβ ペプチド内で 3 つの His およびおそらく 1 つの Tyr と 1 つの水分子と結合し，Zn は隣り合ったペプチド間で 4 つの His を配位していると推定された (Minicozzi et al., 2008)．さらに，Cu イオンと結合した Aβ が His のイミダゾールを介して会合すること (Atwood et al., 2004)，あるいは，Cu イオンが Aβ の Try 残基を酸化してジチロシン架橋した Aβ 会合体が生成することなどが報告されており (Smith et al., 2006)，これらも Aβ の会合凝集に関係している．Zn(II) は酸化還元反応には関与しないが，上記のように Aβ の His と結合して分子間で架橋し，生理的条件下でも凝集体を沈殿させる．Cu と Aβ については，総説を参照されたい (Gaggelli et al., 2006; Hung et al., 2010)．結論として，遷移金属である Cu, Zn, Fe イオンなどがアルツハイマー病に関与する可能性は十分あるが，以前に世の中を賑わせた Al イオンとアルツハイマー病との因果関係については，現在は否定的である．

以上のように，アルツハイマー病の病理学的特徴は，40〜42 個のアミノ酸からなる Aβ ペプチドで構成される不溶性プラーク（plaque）の蓄積である．さらに，繊維化前の可溶性 Aβ オリゴマーも，アルツハイマー病に関連するシナプス機能障害の初期

に現れる注目すべき中間体である．ナノモル濃度レベルであっても，この可溶性 $A\beta$ オリゴマーが，げっ歯類においては空間記憶を損なうということが知られている．また，ニューロン上には，可溶性 $A\beta$ オリゴマーに高い親和性をもつ細胞表面受容体が存在していて，これがアルツハイマー病の病態生理過程の中心であると示唆されている．Laurén らは，最近，細胞性プリオンタンパク質（PrP^C）が，その $A\beta$ オリゴマー受容体であることを同定した（Laurén et al., 2009）．$A\beta$ オリゴマーは，PrP^C にナノモルオーダーで親和性をもつが，感染性 PrP^{Sc} とは相互作用をもたない．そして，PrP^C が $A\beta$ オリゴマーにより誘発されるシナプス機能障害におけるメディエーターとして働くという結果は，PrP^C に特異的な薬物がアルツハイマー病の治療薬となるという可能性を示している．錯体と $A\beta$ との反応について，抗がん剤として知られるシスプラチン（3.5.6 項参照）と同様の配位構造を有する Pt(II) 錯体を用いて $A\beta$ の神経毒性を抑える研究が報告されているので，紹介しておきたい．前述のように $A\beta$ は His 6, His 13, His 14（図 3.40）などにより金属イオンに高い親和性を示すが，シスプラチンそのものは主として Met 35 と結合する．Barnham ら（Barnham et al., 2008）はバトクプロイン（bathocuproine；2,9-ジメチル-4,7-ジフェニル-1,10-フェナントロリン）が Phe 4, Tyr 10, Phe 19 と π-π 相互作用（スタッキング）（1.10.1 項 p.136 参照）をすることに着目して，類似の phen 誘導体(L)を配位子とする錯体［Pt(L)Cl$_2$］と $A\beta$ との反応を調べ，錯体がこれらのアミノ酸残基近傍にある His 6, His 13, His 14 と結合することを見出した．また，錯体との結合により $A\beta$ の凝集および Cu イオンの存在による酸化還元反応が抑えられ，神経毒性も抑えられることを明らかにした．一方，シスプラチンではこのような効果は認められなかった．これらの結果は His 部位への錯体の結合により $A\beta$ の構造と性質が変化したことに基づくと考えられ，$A\beta$ 治療への1つの可能性を示唆している．

3.5.3 フェニルケトン尿症

フェニルケトン尿症（phenylketonuria：PKU）は，必須アミノ酸であるフェニルアラニン（L-Phe）をチロシン（L-Tyr）に転換する酵素，フェニルアラニンヒドロキシラーゼ（PAH），またはその補酵素ビオプテリンの先天的欠損により，血中および組織中にフェニルアラニンが過剰に蓄積し，尿中に多量のフェニルピルビン酸を排泄する疾患で，日本では新生児約 8 万人に 1 人の割合で起こるといわれている．早期に適切な治療を行わないと，精神遅滞を引き起こす．また，Phe から Tyr の生成が阻害されることにより，チロシナーゼによる Tyr の酸素添加反応ができなくなるために，メラニン色素が減少して頭髪や皮膚の色が薄くなる．

PAHはプテリン依存性非ヘム鉄酵素である．脊椎動物のPAHは，肝臓，腎臓，メラニン細胞に含まれ，ヒトの酵素は分子量約5万のモノマー4つからなる4量体である．この酵素がL-Pheの水酸化を触媒するとき，酸素分子と生理的電子供与体としてテトラヒドロビオプテリンを必要とするが，詳細については1.9.2項（p.119）を参照されたい．

また，人工甘味料として使われているアスパルテームは，フェニルアラニンメチルエステルとアスパラギン酸がペプチド結合したジペプチドであるため，フェニルケトン尿症患者が摂取した場合，リスクがあるかもしれないという見解が米国食品医薬品局（FDA）から出されている．

3.5.4 筋萎縮性側索硬化症（ALS）

ルーゲーリック病[*7]（Lou Gehrig's disease）という名で知られる筋萎縮性側索硬化症（amyotrophic lateral sclerosis：ALS）は進行性の神経変性疾患である．この疾患では運動ニューロンが侵され，筋肉の萎縮と筋力低下が急速に進行し，発症後3年から5年で呼吸筋が麻痺して死亡する．年齢別では40代から60代に発症する率が高く，有効な治療法がない指定難病である．多くは孤発性（sporadic）であるが，約10％は家族性ALS（familial ALS：FALS）と呼ばれる遺伝性のものであり，その20％がCu,Zn-SOD（SOD1）（2.5.1項p.252参照）の遺伝子の変異を伴うことが報告された（Rosen et al., 1993; Deng et al., 1993）．これまでに100を超える変異体が明らかにされている．SOD1の変異体とFALSとの関係については，Gly93をAlaに変異させた変異体G93A Cu,Zn-SODを発現する遺伝子組換えハツカネズミが，このSODが高いSOD活性を有するにもかかわらず進行性の運動ニューロン変性を発症したことにより示された（Gurney et al., 1994）．これらの事実によりSOD1に対する注目が集まり，FALSとSOD1変異体との関連性の研究がなされてきた（Lyons et al., 1999; Gaggelli et al., 2006; Whitson and Hart, 2006）．Gly93Ala変異体を用いたNMRの研究から，変異体は正常なSOD1に比べて分子構造の可動性が高まることが明らかにされ（Shipp et al., 2003），この変異により離れた位置にある金属結合部位が不安定化することが同じくNMRにより示された（Museth et al., 2009）．SOD1の変異とFALSとの関連は，①機能の喪失，②機能の獲得，③SOD1の凝集，の諸点から考えられている．変異SOD1が運動ニューロン内に封入されることが観測され，アルツハイマー病で見られるような変性タンパク質の凝集も可能性の1つであるが，孤発性ALS

[*7] Henry Lou Gehrigはニューヨークヤンキースの強打の一塁手であったが，ALSを患って引退し，その2年後に37歳で死亡した．

の病原となりうるという確たる証拠はまだない（Gaggelli et al., 2006）．変異体の構造不安定化からは，$O_2^{\cdot-}$ の不均化により生じる H_2O_2 が離れにくくなり，正常 SOD1 構造の 2 量体から単量体への解離や Cu(II)-OOH の生成の可能性も考えられ，孤発性 ALS では存在する過剰の Fe による酸化ストレス（表 2.10 p.252）もその一因となりうる（西田，2007b）．このように，現象を理解するにはいまだ情報が不足している状態であり，孤発性 ALS が多いこと，加齢との関連もあることなどから，原因は単純ではなく，いくつかの原因が考慮されるべきであろう．

3.5.5 パーキンソン病

パーキンソン病（Parkinson's disease：PD）は，中脳黒質のドーパミン分泌細胞の変性が主な原因であり，脳内のドーパミン不足と相対的なアセチルコリンの増加を病態とする神経変性疾患である．神経細胞に脱落が生じるが，残存する神経細胞やその突起にレビー小体（Lewy body）といわれる封入体を生じ，その中にはリン酸化 α-シヌクレインが蓄積している．α-シヌクレインをコードする SNCA 遺伝子はパーキンソン病の原因となる特定遺伝子（PARK1）である（Dawson and Dawson, 2003）．特定遺伝子としてはパーキンタンパク質（PARK2）など 10 種以上が知られている（Gaggelli et al., 2006）．

α-シヌクレイン（α-synuclein）は 140 アミノ酸残基からなる比較的小さなタンパク質で，N 末端側の両親媒性領域（残基番号 1～60），中間の NAC（non-Aβ component）と呼ばれる疎水性の高い凝集しやすい領域（残基番号 61～95），および C 末端側の酸性領域（残基番号 96～140）からなる（Clayton and George, 1998; Ulmer et al., 2005; PDB code 1XQ8）．この疾患では，ミトコンドリアの複合体 I の異常などにより活性酸素種が生成し，α-シヌクレインの蓄積が起こり，細胞死に至ることがわかっている．活性酸素種に起因するという点において，PD に金属イオン種が関与する可能性としては，SOD1（2.5.1 項 p.252 参照）が酸化的ダメージを受ける場合，あるいはセルロプラスミン（3.1.4 項 p.315；3.4.1 項 p.342 参照）に過酸化水素が作用してヒドロキシルラジカルが生成する場合などが考えられる．α-シヌクレインと Cu(II) との結合と凝集体形成に関するスペクトル的研究は，モノマーあたり 2 個の Cu(II) イオンと結合し，Cu(II) は μM の濃度領域で凝集体形成を引き起こすこと，および pH 6.5 にて ESR シグナルを $g_{\parallel}=2.223$（$|A_{\parallel}|=186\times10^{-4}\mathrm{cm}^{-1}$），$g_{\perp}=2.05$ に与えることを示した（Rasia et al., 2005）．最近の研究から，His50 のイミダゾール N 原子，N 末端の Met1 のアミノ基 N 原子，Met1 と Asp2 の間のペプチド結合 N 原子，Asp2 側鎖カルボキシル基 O 原子が，平面正方型（3N1O）で Cu(II) に配位していると推

定されている (Dudzik et al., 2011).

Cu(II)以外にも Fe(III), Ni(II), Co(II)などもまた原因となる可能性が示唆されている.金属イオンはコンホメーション変化の原因ともなるので,Al(III), Co(III), Mn(II)などはタンパク質繊維化を引き起こす可能性があり,Fe, Zn, Al などが黒質に蓄積していたというデータもある.また,レビー小体ではα-シヌクレインは N 末端領域で膜脂質のリン脂質と会合し,コンホメーション変化をすることから,このような立体構造変化がα-シヌクレインの自己オリゴマー化を誘導する可能性も示唆されている.

3.5.6 発がんと制がん

化学物質の発がん性に関する評価は IARC (International Agency for Research on Cancer) によって行われており,そのうちグループ 1 に属する物質は発がん性が確認されている物質であり,グループ 2A, 2B に属する物質はその可能性がある物質である.この中には単体もあるが多くの場合は化合物である.言わば環境因子である生物無機化学関連物質が,がんのイニシエーション (DNA の複製ミスが起きること) やプロモーション (がん細胞の成長増殖過程) にかかわるメカニズムは,あまりにも多様,複雑であるので,ここでは省略して制がんに焦点を絞ることにする.

Pt(II)錯体シスプラチン (cisplatin；*cis*-[ジアンミンジクロロ白金(II)]；図 3.41) に抗がん性があることは,Rosenberg らにより発見され (Rosenberg et al., 1969), その後の多くの研究を経て,1978 年にアメリカにおいて初めて医療への使用が始まった (Lippert, 1999; Sadler et al., 2007).シスプラチンの Cl$^-$配位子は水中では H$_2$O に置換されアクア錯体となり,H$_2$O はさらに脱プロトン化により OH$^-$に変化し,より DNA に結合しやすくなる.トランスプラチンではトランス効果のため 2 つ目の H$_2$O 置換

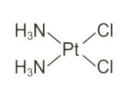

(a) シスプラチン
(1984)
胃,肺,睾丸,卵巣,子宮頸部などに効能
[生理食塩水]

(b) カルボプラチン
(1990)
睾丸,卵巣,子宮頸部,悪性リンパ腫などに効能
[5%ブドウ糖液]

(c) ネダプラチン
(1995)
肺小細胞,食道,膀胱,卵巣などに効能
[5%キシリトール注射液]

(d) オキサリプラチン
(2004)
結腸,直腸,大腸などに効能
[5%ブドウ糖液]

図 3.41 わが国で抗がん剤として用いられている Pt(II)錯体
( ) 内は日本で使用を認可された年,[ ] 内は投与時の輸液の例.

が不利となる[*8]．シスプラチンは，現在のところ治療に多く用いられている抗がん剤の1つではあるが，副作用が大きいので，カルボプラチン（carboplatin），ネダプラチン（nedaplatin），喜谷らによるオキサリプラチン（oxaliplatin）のような第2世代のPt(II)錯体が開発され，さらに次世代の白金抗がん剤の開発研究がなされている（千熊ら，2008; 小谷，2011）．シスプラチンの成功を契機として，八面体型Ru(III)錯体などの他の金属錯体の抗がん剤も研究されているが，実用には至っていない（Sadler et al., 2007）．また，DNAへのインターカレーションが可能な芳香環を導入したシスプラチン類似の錯体やRu(II)，Rh(III)などの錯体の制がん性も研究されている（Liu and Sadler, 2011）．

では，なぜPt(II)錯体は制がん性を示すのであろうか．シスプラチンがB型DNA（ワトソン-クリックタイプの二重らせん構造）に結合する様子を図3.42に示した．最も多い結合様式は，主溝（major groove）でのグアニンN7へのストランド内クロスリンク（intrastrand cross-link）である．これによってB型DNAは$35\sim40°$折れ曲がる．この折れ曲がりはHMG（high mobility group）タンパク質によって認識され，その結果としてDNAの修復が妨げられる．そして，アポトーシス（apoptosis；多細胞生物の細胞の管理・調整された自殺，反対はネクローシス（necrosis）または壊死）の一連の段階が開始され，エンドヌクレアーゼによるDNAの消化へと至る．シスプラチンなどとDNAとの反応に関しては，これまでに，多くの研究が行われている（Sigel and Sigel, 2004; Jung and Lippard, 2007; 千熊ら，2008; Reedijk, 2009）．

細胞内でのシスプラチンの輸送に関して，シスプラチン耐性とCuシャペロンAtox1およびATPアーゼATP7A/B（3.1.4項p.315参照）との関係が注目されている．Atox1は酵母のAtx1と相同のヒトのシャペロンであり，ATP7A/BにCuを運搬する．正常細胞ではATP7A/Bはゴルジ体（トランスゴルジ網，trans-Golgi network）に局在しているが，シスプラチン耐性細胞では細胞周辺部のベシクルにとどまっている．このためシスプラチンは周辺部にとどまり，DNAとの結合が阻害される（Kalayda et al., 2008）．一方，Atox1が失われると細胞内にCuが蓄積するが，同時に膜のCtr1によるシスプラチンの流入を減少させ，DNAでの蓄積を減らすと報告されている（Safaei et al., 2009）．図3.14（p.317）に示したように，Atx1（したがってAtox1），ATP7A/Bの金属結合ドメイン（MBD）のいずれもCXXCというアミノ酸配列を有するので，

[*8] 金属錯体において，ある配位子が中心金属に対して反対側の配位子の置換速度に影響を及ぼす効果で，平面型のPt(II)錯体の場合，効果の大きさは次の順序である：CN^-, C_2H_4, CO, $NO > R_3P$, $H^- > SC(NH_2)_2 > CH_3^- > C_6H_5^- > SCN^- > NO_2^- > I^- > Br^- > Cl^- > NH_3$，ピリジン$> OH^- > OH_2$

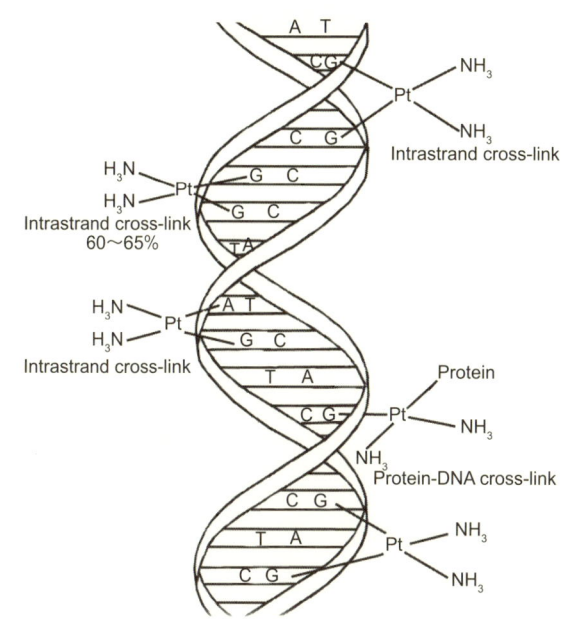

図 3.42 シスプラチンと DNA の結合様式

シスプラチンの Pt(II) に対して高い親和性をもつと考えられる．最近，シスプラチンと Atox 1 および Atox 1 2 量体との錯体，Pt(Atox 1)，Pt(Atox 1)$_2$，の構造が報告された (Boal and Rosenzweig, 2009)．前者では Atox 1 の Cys 12，Cys 15 の S$^-$ および Cys 12 からのペプチド N が配位し，後者では 2 つのアンモニア N と，2 つの Cys 12 と 2 つの Cys 15 からの計 4 つの S$^-$ が 2N4S 配位をしている（図 3.43）．Atox 1 は核内でも見出され，転写因子 (3.2.1 項 p.323 参照) としての可能性も指摘されていることから，Atox 1，ATP 7A/B，Ctr 1 の間の量的関係や局在化がシスプラチンの細胞内および DNA での存在量に影響を与え，シスプラチン耐性の一因となる可能性がある．

　梅沢らによる放線菌由来の抗生物質ブレオマイシン (bleomycin：BLM) の扁平上皮がんや悪性リンパ腫に対する抗がん機能は，人体に金属フリーの BLM を投与したときに Fe(II) 錯体が生成し，さらにこの錯体に O$_2$ が結合して生じる活性酸素錯体 (Sugiura, 1980) によって，DNA が切断されるところにある（図 3.44）．この酸化活性種はヒドロペルオキソ種 (Fe(III)-OOH) であり，O-O 結合がホモリシスやヘテロリシスを受け，さらなる活性種へと至るのではなく，ヒドロペルオキソ種がデオキシリボースの C(4′) 位の酸化を行うことにより DNA の切断が開始されると考えられているが，議論も多い (Pitié and Pratviel, 2010)．BLM の金属錯体については，古くは

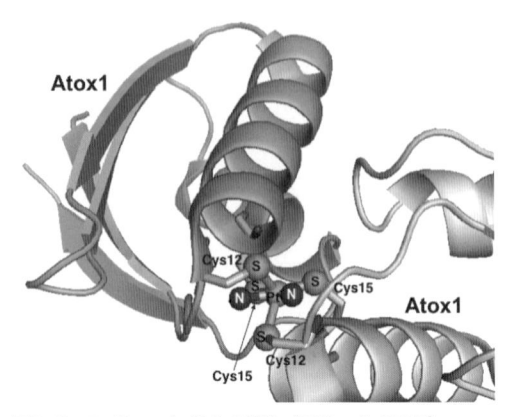

図 3.43 Pt (Atox 1)$_2$ 錯体の構造 (PDB code 3 IWX)

図中の N は NH$_3$ 配位子, S は Cys からのチオラート配位子を示す. Pt-SCys 15 の距離は 2.10, 2.31Å であるのに対して, Pt-SCys 12 の距離は 2.46, 2.48Å であり, Pt は歪んだ 6 配位構造.

杉浦による BLM-Fe(II), Fe(III) 錯体の ESR による詳細な研究 (Sugiura, 1980), BLM を生産する *Streptomyces verticillus* 由来のタンパク質と BLM-Cu(II) 錯体との複合体結晶の構造解析 (Sugiyama et al., 2002; PDB code 1JIF), デオキシヌクレオチドのオリゴマーと BLM-Co(III)-O$_2$H 錯体との複合体の NMR による構造解析 (Zhao et al., 2002; PDB code 1MXK) などの報告があるが, それらの BLM-Cu(II) あるいは Co(III)

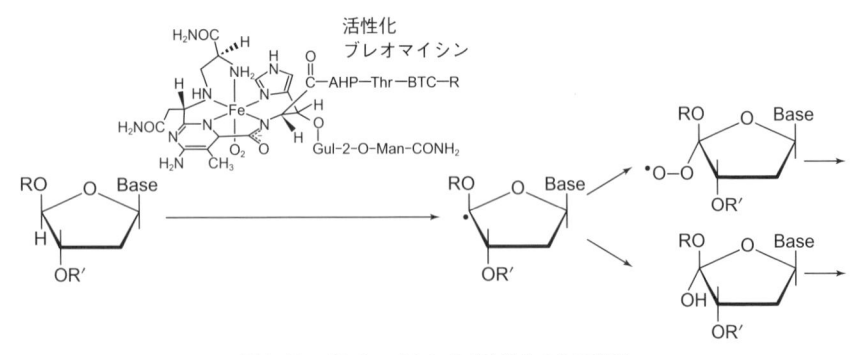

図 3.44 ブレオマイシン Fe(II) 錯体の作用機構

BLM-Fe(II) 錯体の軸位に O$_2$ が結合して Fe(III)-OOH が生成し, この活性種が DNA の 2′-デオキシリボースの C(4′) から水素を引き抜いてラジカルを生成させる. これにより, このデオキシリボースが開環して最終的に DNA の切断が進行する. BLM の AHP (4-アミノ-3-ヒドロキシ-2-メチルペントノイル), Thr (トレオニル), BTC (2′-(2-アミノエチル)-2,4′-ビチアゾール-4-カルボキシ, R(末端アミン), Man-Gul (2-O-(α-D-マンノピラノシル)-α-L-グロピラノシル).

部位の構造は，図 3.44 に示した Fe 錯体の構造と同じである．

BLM の研究経験は DNA 切断分子を設計・合成する上で大きな指標となり，DNA に効率よく結合する部位と活性酸素種を生成する部位を同一分子内に組み合わせる手法がとられている．現時点では BLM の作用原理を移植した合成抗がん剤は実用化されていないけれども，開発は続けられている（Stubbe et al., 1987; Sadler et al., 2007）．

また，ポリ酸と呼ばれる金属酸化物クラスターによる抗がん作用の研究も行われている．山瀬らは，$[NH_3Pr^i]_6[Mo_7O_{24}] \cdot 3H_2O$ などの Mo 酸化物クラスターが抗がん活性を示し，その機構にはがん細胞における次の酸化還元反応サイクルが関与していると報告している．

$$[Mo_7O_{24}]^{6-} + e^- + H^+ \longleftrightarrow [Mo_7O_{23}(OH)]^{6-}$$

詳しくは総説を参照されたい（Yanagie et al., 2006）．

一方，がん細胞への攻撃手段として，全く異なる金属錯体の利用方法が開発されている．すなわち，X 線や γ 線（^{60}Co）の照射に際して拡張ポルフィリンである texaphyrin の Gd(III)錯体が，また，光照射に際してヘマトポルフィリン（Fe を除去したポルフィリン）である photofrin が，それぞれ増感剤として利用できるかどうかの模索がなされている（Cao and Dolg, 2003; Moreira et al., 2008; Garland et al., 2009）．

文 献

小谷 明（2011）*Biomed. Res. Trace Elements* **22**, 22.
佐治英郎ほか編（2011）「新放射化学・放射線医薬品学」改訂第3版, 南江堂.
千熊正彦ほか（2008）薬学雑誌 **128**, 307.
西田雄三（2007a）*FFL Journal Japan* **212**, 480.
西田雄三（2007b）「TCIメール」（東京化成工業（株）） No.135, p. 2.
藤井敏司，杉本直己（2002）化学 **57**, No.3, p.30; No.4, p.43.
Antonyuk, S. V. et al. (2009) *Proc. Natl. Acad. Sci. USA* **106**, 2554.
Atwood, C. S. et al. (2004) *Biochemistry* **43**, 560.
Barnham, K. J. et al. (2008) *Proc. Natl. Acad. Sci. USA* **105**, 6813.
Boal, A. K. and Rosenzweig, A. C. (2009) *J. Am. Chem. Soc.* **131**, 14196.
Brown, D. R. et al. (1997) *Nature* **390**, 684.
Burns, C. S. et al. (2001) *Biochemistry* **41**, 3991.
Bush, A. I. (2003) *Trends Neurosci.* **26**, 207.
Cao, X. and Dolg, M. (2003) *Mol. Phys.* **101**, 2427.
Chattopadhyay, M. et al. (2005) *J. Am. Chem. Soc.* **127**, 12647.
Clayton, D. F. and George, D. M. (1998) *Trends Neurosci.* **21**, 249.
Cobb, N. J. and Surewicz, W. K. (2009) *Biochemistry* **48**, 2574.
Curtain, C. C. et al. (2001) *J. Biol. Chem.* **276**, 20466.
Davies, P. and Brown, D. R. (2008) *Biochem. J.* **410**, 237.

Dawson, T. M. and Dawson, V. L. (2003) *Science* **302**, 819.
Deng, H. X. et al. (1993) *Science* **261**, 1047.
Drew, S. C. et al. (2009) *J. Am. Chem. Soc.* **131**, 1195.
Dudzik, C. G. et al. (2011) *Biochemistry* **50**, 1771.
Farrell, N. P. et al. (2002) *Coord. Chem. Rev.* **232**, 1.
Gaggelli, E. et al. (2006) *Chem. Rev.* **106**, 1995.
Garland, M. J. et al. (2009) *Future Med. Chem.* **1**, 667.
Guo, Z., and Sadler, P. J. (1999) *Angew. Chem. Int. Ed.* **38**, 1512.
Gurney, M. E. et al. (1994) *Science* **264**, 1772.
Hasnain, S. S. et al. (2001) *J. Mol. Biol.* **311**, 467.
Hung, Y. H. et al. (2010) *J. Biol. Inorg. Chem.* **15**, 61.
Jung, Y. and Lippard, S. J. (2007) *Chem. Rev.* **107**, 1387.
Kalayda, G. V. et al. (2008) *BMC Cancer* **8**, 175.
Kikuchi, K. et al. (2004) *Curr. Opin. Chem. Biol.* **8**, 182.
Kimura, E. and Koike, T. (1998) *Chem. Soc. Rev.* **27**, 179.
Kozłowski, H. et al. (2008) *Coord. Chem. Rev.* **252**, 1069.
Kozłowski, H. et al. (2010) *Dalton Trans.* **39**, 6371.
Laurén, J. et al. (2009) *Nature* **457**, 1128.
Lippert, B., Ed. (1999) *"Cisplatin-Chemistry and Biochemistry of a Leading Anticancer Drug,"* Wiley-VCH, Weinheim.
Liu, H.-K. and Sadler, P. J. (2011) *Acc. Chem. Res.* **44**, 349.
Lyons, T. J. et al. (1999) *Met. Ions Biol. Syst.* **36**, 125.
Mentler M. et al. (2005) *Eur. Biophys. J.* **34**, 97.
Millhauser, G. L. (2004) *Acc. Chem. Res.* **37**, 79
Millhauser, G. L. (2007) *Annu. Rev. Phys. Chem.* **58**, 299.
Minicozzi, V. et al. (2008) *J. Biol. Chem.* **283**, 10784.
Miura, T. et al. (2005) *Biochemistry* **44**, 8712.
Moreira, L. M. et al. (2008) *Aust. J. Chem.* **61**, 741.
Museth, A. K. et al. (2009) *Biochemistry* **48**, 8817.
Nadal, R. C. et al. (2009) *Biochemistry* **48**, 8929.
Nakabayashi, Y. et al. (2003) *J. Biol. Inorg. Chem.* **8**, 45.
Nakabayashi, Y. et al. (2006) *Bioelectrochemistry* **69**, 216.
Nolan, E. M. and Lippard, S. J. (2009) *Acc. Chem. Res.* **42**, 193.
Orvig, C. and Abrams, M. J., Guest Eds. (1999) *Chem. Rev.* **99**, No. 9 ("Medicinal Inorganic Chemistry").
Pitié, M. and Pratviel, G. (2010) *Chem. Rev.* **110**, 1018.
Que, E. L. et al. (2008) *Chem. Rev.* **108**, 1517.
Rasia, R. M., et al. (2005) *Proc. Natl. Acad. Sci. USA* **102**, 4294.
Reedijk, J. (2009) *Eur. J. Inorg. Chem.*, 1303
Rosen, D. R. et al. (1993) *Nature* **362**, 59.
Rosenberg, B. et al. (1969) *Nature* **222**, 385.
Sadler, P. J. et al. (2007) In *"Biological Inorganic Chemistry. Structure and Reactivity,"* Bertini, I. et al., Eds., University Science Books, Sausalito, p. 95.

Safaei, R. et al. (2009) *J. Inorg. Biochem.* **103**, 333.
Sakurai, H. et al. (2002) *Coord. Chem. Rev.* **226**, 187.
Shipp, E. L. et al. (2003) *Biochemistry* **42**, 1890.
Sigel, A. and Sigel, H., Eds. (2004) *Met. Ions Biol. Syst.* **42**, "Metal Complexes in Tumor Diagnosis and Anticancer Agents."
Smith, D. P. et al. (2006) *J. Biol. Chem.* **281**, 15145.
Strozyk, D. and Bush, A. I. (2006) *Met. Ions Life Sci.* **1**, 1.
Stubbe, J. et al., (1987) *Chem. Rev.* **87**, 1107.
Sugiyama, M. et al. (2002) *J. Biol. Chem.* **277**, 2311.
Sugiura, Y. (1980) *J. Am. Chem. Soc.* **102**, 5208.
Thompson, K. H. et al. (1999) *Chem. Rev.* **99**, 2561.
Ulmer, T. S. et al. (2005) *J. Biol. Chem.* **280**, 9595.
Warren, S. et al. (2005) *Bioelectrochemistry* **67**, 23.
Weiss, A. et al. (2007) *Vet. Microbiol.* **123**, 358.
Whitson, L. J. and Hart, P. J. (2006) *Met. Ions Life Sci.* **1**, 179.
Yanagie, H. et al. (2006) *Biomed. Pharmacother.* **60**, 349.
Zakeeruddin, S. M. et al. (1992) *J. Electroanal. Chem.* **337**, 253.
Zhao, C. et al. (2002) *J. Inorg. Biochem.* **91**, 259.

4
生物無機化学の展開と応用

4.1 窒素サイクルにおける脱窒の意義と窒素の環境問題

　自然界における物質の循環に，窒素サイクル，炭素サイクル，硫黄サイクルなどが知られている．いずれも地球上の生命の維持のために，重要な意味をもっているが，ここでは本書に多数取り上げられている金属タンパク質や金属酵素が関与している窒素サイクルについて述べる．

　窒素は地球上のあらゆる生命に必須な元素であるが，その大半は化学的に安定な N_2 の状態で大気中にある．したがって，この元素を生命体が利用するには N_2 を窒素化合物に固定しなければならない．この窒素固定は次の3つに大別される．

1) 微生物が行うもの（根粒バクテリアや窒素固定菌などによるアンモニア生成）
2) 人類が行うもの（ハーバー・ボッシュ法により N_2 と H_2 から NH_3 を合成）
3) 空中放電のような自然現象（雷により空気中の N_2 と O_2 が反応して窒素酸化物が生成）

　1), 2), 3) の割合はおよそ 7：2：1 と見積もられている（図4.1）．その後は，図のように，地球上に固定された NH_4^+ や窒素酸化物を体内に取り込んだり，変換したりして，われわれを含めたすべての生物が生命維持をしていることになる（微生物による無機窒素化合物のサイクルについては後述）．一方，固定され，利用された窒素化合物は，何らかの形で元の N_2 に戻されなければ循環にならないのであるが，その過程を担っているのが脱窒菌 (denitrifying bacteria) である．脱窒菌は，土壌や水系のあらゆるところに生息して，NO_3^- や NO_2^- を N_2 に還元することによって ATP を獲得していることは，すでに述べたとおりである (2.3.2項 p.200 参照)．したがって，脱窒菌がいなければ，地球上に窒素化合物の蓄積による窒素汚染が起こり，環境に重大な問題が生じることになり，生命の存続が危機に瀕するといっても過言ではない．ところが近年，地球人口増加に対する食料生産のため窒素化学肥料の使用が増加し，窒素サイクルにインパクトを与えている．この問題は，10年前の Nature の論文にも見ることができる（Naqvi et al., 2000）．

4.1 窒素サイクルにおける脱窒の意義と窒素の環境問題

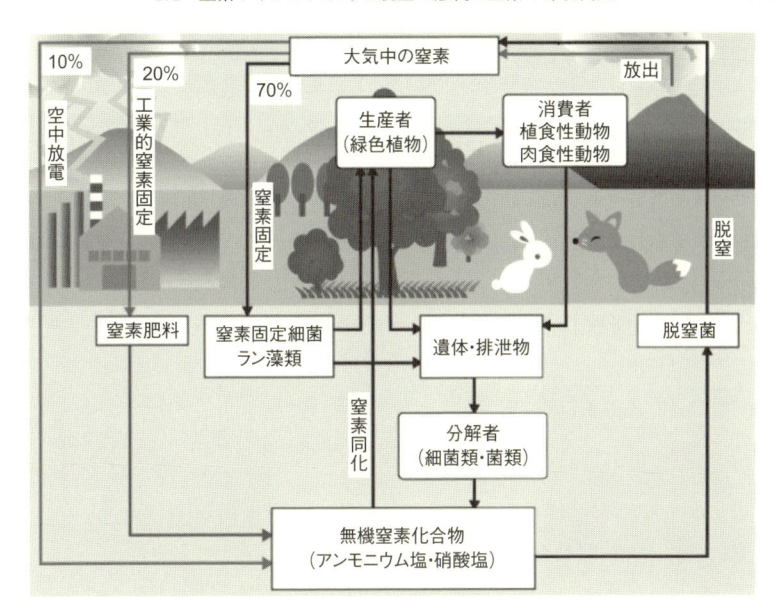

図 4.1 地球上の窒素サイクルの概略（口絵参照）

インドの西海岸の町，ゴア（パナジ）の研究者がアラビア海に面するインド大陸西海岸一帯において半年間に 6 ～ 39 万トンの亜酸化窒素 N_2O が発生すると報告した．この原因は，インド大陸に投入される食料生産のための窒素肥料が雨によって海に流れ出し，大陸近海で脱窒が起こることによると考えられている．脱窒菌は気体の N_2 を発生するだけでなく，脱窒過程で途中に生成する NO，N_2O も気体として菌体から大気中に放出することになる．N_2O はその 0.1 ～ 5％程度と推定されているが，脱窒菌の活動が活発になると放出される量も大量になる．また，ある種のカビ（真菌）も脱窒を行うが，亜酸化窒素レダクターゼ（N_2OR）をもたないため，この場合にも，N_2O が大気中に放出されるのである．インドに限らず，全世界の農地で年間に 1 億 7500 万トンの窒素が肥料として散布されていて，そのうちの約半分が農作物に吸収されているといわれているが，人口の増加と共に化学肥料の使用量も増加している．

では，なぜ N_2O の放出が問題になるのであろうか．N_2O は麻酔性気体であり，吸い込むと顔が痙攣して笑ったようになるため笑気と呼ばれる極めて安定な気体である．しかし，安定性が逆に災いするような，対流圏の温室効果（CO_2 の 300 倍といわれている）と成層圏のオゾン層破壊効果の両方をもっている気体である（Wuebbles, 2009）．したがって，われわれにとって N_2O は，CO_2 とフロンの次に控える 21 世紀

の環境汚染物質ということができ，警鐘が鳴らされている（Ravishankara et al., 2009）．2000年の時点で，地球大気中のN_2O濃度は約300 ppbと見積もられている（Battle et al., 1996）が，人口増加による農作物の生産増加と，脱窒が起こりうる生活排水の増加などにより，現在ではさらに濃度が高まっているであろう．また，N_2Oに限らず，大気を含めた地球上で変換され得る窒素（reactive nitrogen：Nr；アンモニア，窒素酸化物，有機窒素化合物などの中のN元素）の量が，1860年に1500万トン，1995年に1億5600万トン，2005年に1億8700万トンと急激に増大しているという報告がある（Galloway et al., 2008）．窒素のマイナス面（上述のN_2Oによる効果，酸性雨，呼吸器系疾患，メキシコ湾のような肥料流出により酸素が欠乏し生命が生息できない領域（デッドゾーン）の出現（Alexander et al., 2000）など）が増える一方であるが，燃費の向上，下水処理能力の向上，作物や家畜の窒素元素吸収能力の向上によって，増大しつつあるNr量を約30％削減することが可能であると述べられている．窒素サイクルや脱窒に関する最近の論文を2, 3あげておく（Galloway et al., 2004; Brandes et al., 2007; Nicolas and Galloway, 2008）．

次に，図4.1に含まれている過程の中で，微生物や植物による生物的窒素サイクルについて触れる．関係する部分を図4.2に抽出した．まず，N_2に関しては，空気中窒素の固定（nitrogen fixation）は上述の1）であり，この過程に関与する酵素，ニト

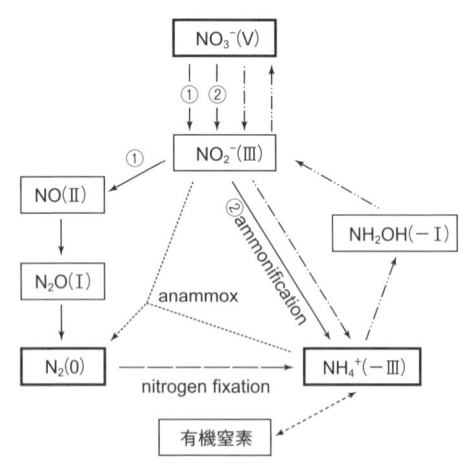

図4.2 生物的窒素サイクル

図中のローマ数字はN原子の酸化数を示す．NO_3^-からN_2あるいはNH_4^+への実線の矢印は異化型硝酸還元，一点鎖線の矢印は同化型硝酸還元を示しており，異化型の①は脱窒型，②はアンモニア化型である．また，NH_4^+からNO_3^-への二点鎖線は硝化である．アナモックス（anammox：anaerobic ammonium oxidation）は嫌気性アンモニア酸化．

ロゲナーゼについては2.7.3項（p.286）を参照されたい．この窒素固定と，次のNH_4^+からNO_3^-への硝化（nitrification），さらにNO_3^-からN_2への脱窒（denitrification；2.3.2項p.200参照）の3過程はサイクルを形成している．そして，硝化は好気呼吸と連携しており，脱窒は嫌気呼吸として機能している．

硝化とは，NH_4^+やNO_2^-を酸化してNO_3^-を生成することをいうが，硝化の3つの過程（図中の二点鎖線）をすべて行う単独の細菌は見出されていなく，硝化細菌（硝化菌）と呼ばれる化学合成独立栄養細菌の *Nitrosomonas* や *Nitrosospira* は，NH_4^+をNO_2^-に酸化，*Nitrobacter* や *Nitrospira* などは，NO_2^-をNO_3^-に酸化することによりATPを獲得している．この微生物による硝化を利用して，人類が動物の内臓などの有機窒素を原料にして火薬の原料の1つである硝石（硝酸カリウム）を作った歴史がある．

第1過程の反応は，アンモニアモノオキシゲナーゼ（ammonia monooxygenase：AMO）により触媒される（この場合，基質はNH_3でありNH_4^+ではない）．

$$NH_3 + O_2 + 2H^+ + 2e^- \longrightarrow NH_2OH + H_2O$$

第2過程の反応は，ヒドロキシルアミンオキシドレダクターゼ（hydroxylamine oxidoreductase：HAO）により触媒される（生成物中のO原子はH_2Oに由来する）．

$$NH_2OH + H_2O \longrightarrow NO_2^- + 5H^+ + 4e^-$$

HAOにより生じた4電子のうち2電子はAMOのために戻され，残りの2電子はCyt c_{554}（Iverson et al., 1998; PDB code 1BVB）（表1.14 p.68参照）などを経て，最終的に膜に結合しているCcOに渡される．HAOの結晶構造はホモ3量体で，単量体（67 kDa）の各々に8個のヘムcが含まれているが，そのうちの1つのP460と呼ばれるヘムcは，基質が結合するために5配位である（Igarashi et al., 1997; PDB code 1FGJ）（表1.15 p.70参照）．さらに，この酵素のユニークな点は，P460と呼ばれるヘムcの *meso* α位C原子（図1.14 p.66）と，隣のサブユニットのTyr467の芳香環C原子（OH基の隣）が共有結合した発色団であり，それによって3つのサブユニットが繋がっている．

第3過程は，NO_2^-酸化細菌（nitrite-oxidizing bacteria；*Nitro*-で始まる名前の細菌）がもつ亜硝酸オキシドレダクターゼによって，反応が触媒される．

$$NO_2^- + H_2O \longrightarrow NO_3^- + 2H^+ + 2e^-$$

また，NO_3^-還元については，同化型と異化型がある．

① 同化型（assimilatory）硝酸還元：植物，藻類，真核・原核微生物において，NO_3^-をNO_2^-を経由してNH_4^+へと変換し（図4.2中の一点鎖線），そのアンモニア性窒素をグルタミン合成酵素などにより有機窒素に変換して細胞成分とする（図中の

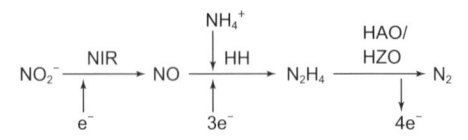

$$NO_2^- \xrightarrow[e^-]{NIR} NO \xrightarrow[3e^-]{NH_4^+ \downarrow HH} N_2H_4 \xrightarrow[4e^-]{HAO/HZO} N_2$$

図 4.3 アナモックス反応機構の仮説

NIR（亜硝酸レダクターゼ），HH（ヒドラジンヒドロラーゼ），HAO（ヒドロキシルアミンオキシドレダクターゼ），HZO（ヒドラジンオキシダーゼ）．

破線．初発酵素は，同化型硝酸レダクターゼ（NAS；2.6.5 b 項 p.270 参照）である．

② 異化型（dissimilatory）硝酸還元：原核微生物と一部の真核生物において，嫌気呼吸の最終電子受容体として NO_3^- を用いる．

　a）膜結合型硝酸レダクターゼ（NAR，脱窒），ペリプラズム型硝酸レダクターゼ（NAP，脱窒，プロトン駆動力を生じない）．脱窒については，2.3.2項（p.200）に詳しく紹介されている．

　b）アンモニア化（ammonification）：カビのアンモニア発酵は，NO_3^- から NH_4^+ を生成する（$NO_3^- \rightarrow NO_2^- \rightarrow NH_4^+$）．

　嫌気的アンモニア酸化細菌（アナモックス細菌）は，図4.2のように NO_2^- と NH_4^+ から N_2 を発生し，その反応機構として図4.3のような仮説が提案されている（Strous et al., 2006; 藤井，古川，2010）．アナモックスを排水処理に利用する研究（4.2.4項）は非常に多いが，その反面，菌の培養や分離が困難であることなどにより，生化学的基礎研究があまり進んでいないのが現状であり，今後の研究成果が期待される重要な課題である．最後に，アナモックスに関する総説をあげる（Kuenen, 2008; Jetten et al., 2009）．

文　献

藤井隆夫, 古川憲治（2010）嫌気性アンモニア酸化,「化学と生物」, 48巻, p.163.
Alexander, R. B. et al. (2000) *Nature* **403**, 758.
Battle, M. et al. (1996) *Nature* **383**, 231.
Brandes, J. A. et al. (2007) *Chem. Rev.* **107**, 577.
Galloway, J. N. et al. (2004) *Biogeochem.* **70**, 153.
Galloway, J. N. et al. (2008) *Science* **320**, 889.
Igarashi, N. et al. (1997) *Nat. Struct. Biol.* **4**, 276.
Iverson, T. M. et al. (1998) *Nat. Struct. Biol.* **5**, 1005.
Jetten, M. S. et al. (2009) *Crit. Rev. Biochem. Mol. Biol.* **44**, 65.
Kuenen, J. G. (2008) *Nat. Rev. Microbiol.* **6**, 320.
Naqvi, S. W. A. et al. (2000) *Nature* **408**, 346.
Nicolas, G. and Galloway, J. N. (2008) *Nature* **451**, 293.

Ravishankara, A. R. et al. (2009) *Science* **326**, 123.
Strous, M. et al. (2006) *Nature* **440**, 790.
Wuebbles, D. J. (2009) *Science* **326**, 56.

4.2 金属タンパク質の産業利用

4.2.1 ニトリルヒドラターゼによるアクリルアミド製造

　実用化されている金属タンパク質は極めて限られている．水溶性ポリマーであるポリアクリルアミドの原料モノマーとしてのアクリルアミドは，ニトリルヒドラターゼ（nitrile hydratase：NHase；非ヘム鉄型とコバルト型があり，後者はビタミンB_{12}を要求しない非コリン性コバルト酵素である）を水和触媒として利用し，年間3万トンのスケールで生産されている．ニトリルヒドラターゼはポリアクリルアミドに固定化されており，バイオリアクターによる生産が実現されている．これは工業原料を大規模に酵素法で生産する珍しい事例で，日本発である（図4.4）．また，飼料用ニコチンアミドや5-シアノ吉草酸の製造にも利用されている．

　ここで，NHaseの活性中心構造と反応機構について見てみよう．非ヘム鉄型Fe-NHaseと非コリン性Co-NHaseのタンパク1次構造は互いによく似ており，$\alpha_2\beta_2$（α，βともに約23 kDa）の4量体を形成している．そして，αサブユニットとβサブユニットの界面に活性中心があるが，金属への配位子は全てαサブユニットからのアミノ酸残基である．図4.5には，*Rhodococcus erythropolis* N771由来のFe(III)-NHaseの金属活性部位と，そこで起こる加水反応の推定機構を示した（Yamanaka et al., 2010）．低スピンFe(III)イオンの4つの平面配位座には，連続する3つのアミノ酸残基（Cys112-Ser113-Cys114）が取り囲んで結合しているが，2つのCys残基については，Cys112はシステインスルフィン酸（cysteine sulfinic acid；Cys112-SO_2H）に，Cys114はシステインスルフェン酸（cysteine sulfenic acid；Cys114-SOH）に翻訳後

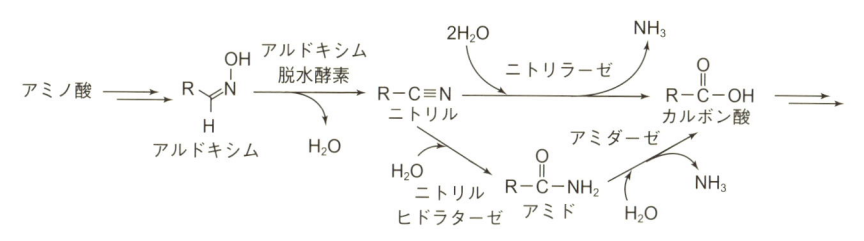

図 4.4　ニトリルヒドラターゼの工業利用（Kobayashi et al., 1992）

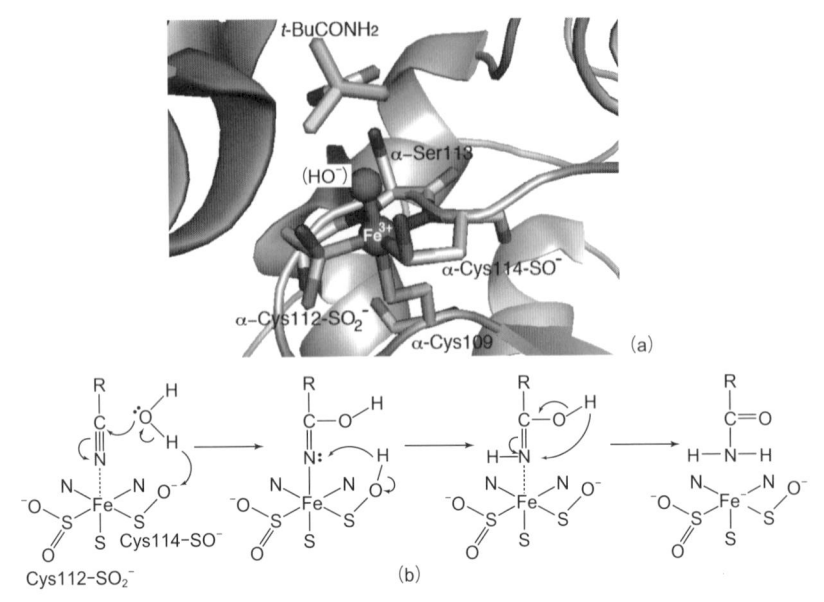

図 4.5 (a) Fe(III)-NHase の活性部位の構造（PDB code 3A8O）と (b) 推定されるニトリル加水反応機構（口絵参照）
(a) Fe(III) に配位している OH^- の上には，*tert*-ブチロニトリルからの生成物トリメチルアセトアミド (*t*-BuCONH$_2$) が位置しており，Cys112 はスルフィナート，Cys114 はスルフェナートとなっている（PDB code 3A8O）．(b) 加水反応は，途中にイミダート中間体（R−C(OH)=NH）を経て起こり，Fe は酸化数を変化せずにルイス酸として働いている．

修飾されている．この酸化された Cys 配位子は，中心金属の電子状態に影響を及ぼすと考えられる．例えば，2 つの Cys がいずれもスルフィナート（Cys-SO_2^-）になると，活性を持たない．また，Ser113 の側鎖 OH 基が反応中に H^+ の授受に関与するかを，Ser113Ala 変異体を作製して反応を調べたところ，変異体の酵素活性が天然型酵素の 1/3 程度にしか減少しなかったため，Ser の OH 基は反応には積極的に関与していないと考えられている（Yamanaka et al., 2010）．加水反応（ヒドラターゼ反応）ではいくつかの機構が考えられているが，その 1 つを図 4.5(b) に示す．すなわち，図 4.5(a) の *t*-BuCONH$_2$ の位置に基質のニトリルが取り込まれ，Fe に結合している OH^- 配位子と置換した後，ニトリルの C 原子が H_2O の求核攻撃を受け，イミダート中間体を経由してアミドを生成するものである．Fe-NHase の第 6 配位座に NO が結合すると酵素は不活性であるが，この NO が光によって脱離すると酵素は活性化される．NO を結合した Fe(III)-NHase の X 線結晶構造解析は，すでに報告されている（Nagashima et al, 1998；BDB code 2AHJ）．

一方，*Pseudonocardia thermophila* 由来の Co-NHase が有する Co(III)活性中心は，配位残基，構造ともに Fe-NHase のものと全く同じ構造である（Miyanaga et al., 2001, 2004; PDB code 1IRE）．Co に配位しているアミノ酸残基は，番号が 1 番ずれているものの（Cys 111-SO$_2$H-Ser 112-Cys 113-SOH），配列は保存されている．さらに，*Comamonas testosteroni* の Fe-NHase の Fe を Co に置換しても pH 7 付近の活性にはほとんど変化がないことは，両者の活性部位構造の類似性を意味するものであるが，金属が違うために阻害剤や NO および CO に対する活性の効果は異なっている（Sari et al., 2007）[*1]．錯体化学的に見ると，Co(III)錯体は置換不活性であるために，基質が金属に配位して活性化され，生成物として脱離していく機構は不利であるように思われる．しかし，ポルフィリンやコリン配位子のような金属周りのアミノ酸残基の強い平面 4 配位と Cys 軸配位子，スルフィナートやスルフェナート配位子による金属イオンの電子状態への影響が加水反応を可能にしているのかもしれない．

4.2.2 マルチ銅オキシダーゼの多様な用途

マルチ銅オキシダーゼ（MCO）はその広い基質特異性などから利用価値が高い（櫻井，2008）．現時点で実用化されているのは，口臭予防剤としてのチューインガムへの添加，脱色効果を利用した洗剤への添加，デニム生地の脱色などである．アスコルビン酸オキシダーゼやビリルビンオキシダーゼ（1.8.3, 2.6.2 項参照）はそのまま臨床検査に利用されている．前者は試料の前処理に，後者は肝機能の検査薬として用いられている．ウルシが硬化するのはラッカーゼがウルシオール，ラッコール，チチオールなどのフェノール脂質を酸化重合するからに他ならないが，最近では，人工漆の触媒としても利用されている．なお，人類によるウルシの利用は，9000 年前までさかのぼるとされている．また，現在市販されているヘアカラーは変異原性のある色素が用いられていることから，染色性の高いアルカリ性で機能するマルチ銅オキシダーゼの利用が開発中である（チロシナーゼを用いるヘアカラーが最近商品化され，ヒット商品となっている）．一方，活性酸素種を生成することなく酸素を水にまで 4 電子還元

---

*1 NHase ファミリーとして，チオシアナートヒドロラーゼ（thiocyanate hydrolase; SCNase；$SCN^- + 2H_2O \rightarrow COS + NH_3 + OH^-$）の低スピン 5 配位四角錐型 Co(III)活性中心も，Co-NHase のものと類似していることが，尾高らによる研究から明らかになっている（Arakawa et al., 2007; PDB code 2DD5）．しかし，タンパク質の構造は Co-NHase と異なり，ヘテロ 12 量体［α(15 kDa)β(18 kDa)γ(28 kDa)］$_4$ であり，γ サブユニットからの残基（Cys 131-SO$_2$H-Ser 132-Cys 133-SOH および Cys 128）が結合した活性中心は，β，γ サブユニット間に挟まれている．また，NHase の低分子量モデル錯体としての Fe(III)あるいは Co(III)錯体については，増田らの総説を参照されたい（Yano et al., 2008）．

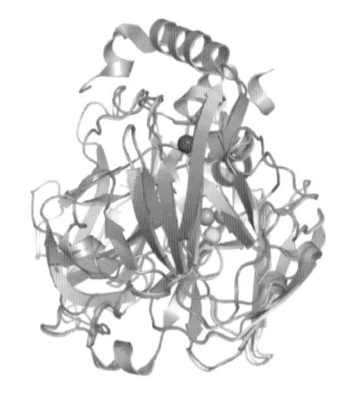

図 4.6 マルチ銅オキシダーゼ CueO のドメイン削除による機能改変（口絵参照）
CueO（黄色）から基質結合部位のアミノ酸を50残基削除しても，骨格構造は変化しない（青色）が，基質特異性は大きく変化する．青色の球はタイプ1Cu，2つの茶色の球はタイプ3Cu，緑色の球はタイプ2Cuを示す（Kataoka et al., 2007）．

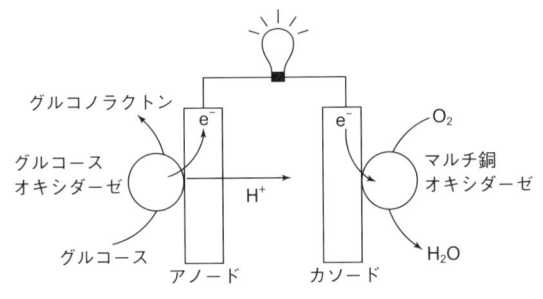

図 4.7 マルチ銅オキシダーゼをカソード触媒として利用する生物燃料電池

するMCOはバイオ電池の電極触媒として最適である．酸素の4電子還元を安定的に行うことができる酵素はMCOに限定されることから，小規模燃料電池への利用を目指したMCOの開発が進んでいる．改変CueO（$\Delta\alpha$5-7CueO；基質結合部位を覆う領域をCueOから50残基除去したもの）(図4.6)やCueOそのものをカソード触媒とし，グルコースオキシダーゼ（FADを補酵素とするフラビン酵素）をアノード触媒として利用したバイオ電池（Miura et al., 2009）は，実用化されている白金触媒を利用した燃料電池と同等の電流密度を実現しており，生物燃料電池は夢物語ではなく，実現可能な段階まで来ている（図4.7）(池田，2007)．これと関連して，ビリルビンオキシダーゼをアノード触媒として利用した生物燃料電池の実用化も模索されており，携帯音楽プレーヤーやおもちゃの車を生物燃料電池で動かすデモンストレーションも行われている．

4.2.3 マルチ銅オキシダーゼの改変による機能向上

ここで酵素のミューテーションが実用化にもつながりうる例として，MCOの

4.2 金属タンパク質の産業利用

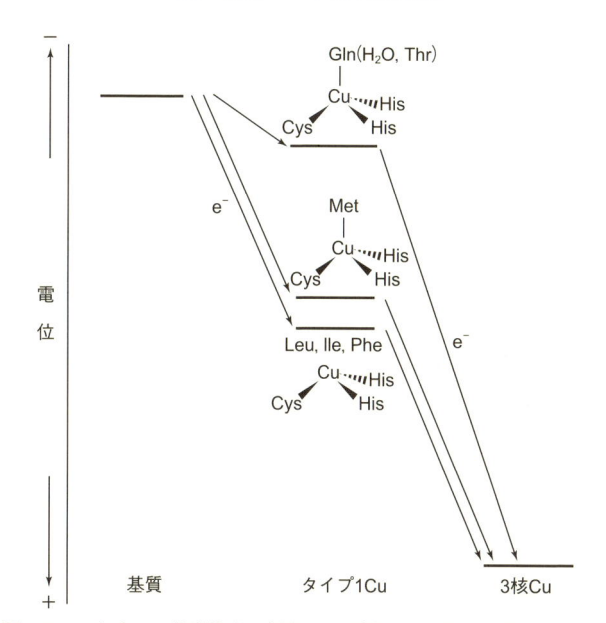

図 4.8 タイプ 1 Cu 軸配位子の変異による酸化還元電位と酵素活性の変化
軸配位子への変異によってタイプ 1 Cu の酸化還元電位が変化し，基質とタイプ 1 Cu 間およびタイプ 1 Cu と酸素還元部位である 3 核 Cu 間の電子移動速度が変わり，酵素活性が変化する（Kurose et al., 2009）．

T1 Cu 部位の改変について簡単に述べよう．MCO は T1 Cu によって基質から電子を引き抜く．そのため基質から T1 Cu への電子移動速度は T1 Cu の酸化還元電位に支配されているのである．したがって，酵素機能の改変を目指す場合，基質特異性の改変と T1 Cu の電位変化は主要ターゲットとなる．後者の例としてまず T1 Cu の軸配位子の改変について述べる．図 1.19（p.94）で示したように，T1 Cu には軸配位子を異にする 3 つのタイプがある．軸配位子としては Met が標準であるが，大きな正の値の酸化還元電位を有する菌類のラッカーゼでは非配位性の Leu，Ile，Phe などに置換されている．一方，T1 Cu の軸配位子をフィトシアニン型のブルー銅タンパク質（2.1 節 p.158 参照）のように Gln に置換すると，酸化還元電位は正側から負側へ none（Leu, Ile, Phe）＞ S（Met）＞ O（アルコール性 OH, H_2O, Gln）と変化することが確認され，しかも酵素活性の高さはこの順序となっていた（図 4.8）．これは基質から T1 Cu への電子移動過程が酵素の活性を決定する重要な因子の 1 つであることを示している．

次に，配位基そのものへの変異でなく，配位基への水素結合の影響を調べるため，配位基の S^-（Cys）やイミダゾール基へ水素結合を新たに導入，または削除したところ，

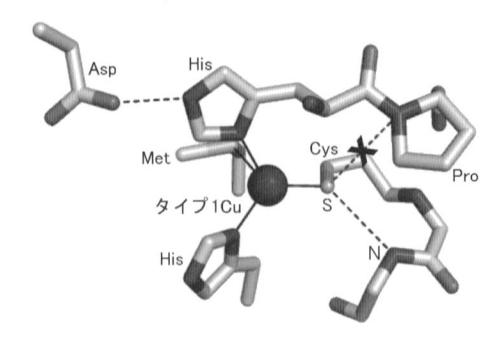

図 4.9 マルチ銅オキシダーゼ CueO のタイプ 1 Cu 近傍構造

Cys のチオラートにはペプチド主鎖のアミド NH が水素結合しているが,もう 1 箇所水素結合可能な位置には,Pro が配置されているため水素結合は存在していない(図中の×印).この位置に他のアミノ酸を置換すると水素結合が形成され,酸化還元電位が正電位にシフトし,酵素活性が上昇する.タイプ 1 Cu に配位した His には近傍に位置する Asp との間で水素結合が存在するが,これを切断するように変異を導入すると,酸化還元電位が正電位へシフトし,酵素活性が上昇する(Kataoka et al. 2011).NH⋯S 水素結合や His イミダゾールと酸性アミノ酸残基間の水素結合はタンパク中でしばしば見られる.

相対的に中心金属の低酸化状態を安定化させるような水素結合の調整によって,酸化還元電位が正電位にシフトし,酵素活性も上昇することがわかった(図 4.9).この知見は,外圏部分での穏やかな変異も,配位原子の変更と同様に有効であることを示している.また,定量的に評価することは容易ではないが,金属イオンに与えるタンパク質の場(誘電率)の効果も大きい.このような一般性のある概念に基づく改変は他の酵素でも適用可能であり,例えば,鉄-硫黄タンパク質におけるモデルとタンパク質の電位の相違は,NH⋯S 水素結合のなせる技であり,情報のみならず知識の共有化が新しい知恵へとつながることを示している(1.10.1 項 p.136 参照).

MCO の改変の最後に,基質特異性の改変について解説する.例えば,ビリルビンオキシダーゼは肝機能の検査試薬として利用されているが,生体中ではビリルビンは必ずしもすべてがフリー(間接ビリルビン)として存在しているわけではなく,溶解度を上げるためにグルクロン酸などに包合(直接ビリルビン)されており,これらの存在比率は病気の診断指針となる.そこで,基質特異性の高いビリルビンオキシダーゼの探索や基質結合部位の改変が模索されている.後者の場合,基質結合ポケットの大きさの変更や基質と非共有性の相互作用をする特異的なアミノ酸の配置が改変の対象となる.また,基質特異性の変更という点では,Cu(I) オキシダーゼである CueO から基質結合部位付近を大幅に削除する(図 4.6)と,Cu(I) に対する特異性が大きく低下し,有機基質に対する活性が新たに発現する.また,耐熱性等優れた特性を有

するMCOの探索は有効であり，最近，胞子のコートタンパク質CotAがビリルビンオキシダーゼ活性を示すことから，臨床検査薬として実用化された（Sakasegawa et al., 2006）．

4.2.4 その他の金属酵素の産業利用

酵素の利用は，わが国で市場規模年間430億円であり，その目的から分類すると，食品用酵素（糖質加工，醸造，タンパク質加工，乳加工，油脂加工），工業用酵素（繊維，物質生産，洗剤，飼料，製紙），医療用酵素（診断，医薬品），研究用酵素に分けることができる．

食品および工業用酵素のうち代表的なものはCa^{2+}を要求するアミラーゼのような加水分解酵素（消化酵素）である．繊維の糊抜きに利用されるアミラーゼは耐熱性の高い細菌由来のものが年間5000トン利用されている．また，デンプンからブドウ糖を作る際には糖化型アミラーゼ（グルコアミラーゼ）が利用されている．繊維の漂白過程で利用される過酸化水素を微生物由来のカタラーゼで処理することは繊維行程の主流となっている（ラッカーゼによるデニム生地の脱色については先に触れた）．カタラーゼの利用は半導体工場の排水処理においても始まっており，亜硫酸水素ナトリウム法にとって代わりつつある．さらに，カタラーゼは数の子の漂白において残留した過酸化水素の処理にも利用されている．一方，ペルオキシダーゼやアルカリホスファターゼはエンザイムイムノアッセイ（enzyme immunoassay；酵素免疫測定法）には欠かせない．ホスファターゼは経皮吸収されやすいリン酸ビタミンCの合成にも利用されている．発酵食品や酒類の製造において生じるカルバミン酸エチル（CAE）の前駆体である尿素の生成を抑制するため，Ni酵素であるウレアーゼが酒質保全剤として使用許可されている．

酵素もしくは菌体そのものは汚水処理や汚染された土壌の処理に利用されている．硝化と脱窒を行う2種の微生物を組み合わせてアンモニアの処理が行われてきたが，大掛かりであり，脱窒を進めるためメタノールを要する（汚水中のメタノール資化性脱窒菌の活性化）などのプロセスもある．ところが，脱窒を行う微生物の一種で，亜硝酸をアンモニアで窒素にまで還元するアナモックス（$NH_4^+ + NO_2^- \rightarrow N_2 + 2H_2O$；図4.2，図4.3参照）の利用が実現するとプロセスが大幅に簡略化できることから，アナモックスを利用した排水処理の開発と普及が待ち望まれている．

産業の発展と多様化とともに酵素市場は伸びていくと思われる．酵素産業は環境，エネルギー，食料など全ての分野で中心的な役割を果たすことが期待されることから，金属要求酵素の応用例も増加していくであろう．ヒドロゲナーゼ，あるいはこれ

を有する微生物自体の燃料電池への利用も模索されている．

文献

池田篤治編（2007）「バイオ電気化学の実際―バイオセンサ・バイオ電池の実用展開―」，シーエムシー出版．
櫻井　武（2008）化学と教育 **56**, 74.
Arakawa, T. et al. (2007) *J. Mol. Biol.* **366**, 1497.
Kataoka, K. et al. (2007) *J. Mol. Biol.* **373**, 141.
Kataoka, K. et al. (2011) *Biochemistry* **50**, 558.
Kobayashi, M. et al. (1992) *Trends Biotechnol.* **10**, 402.
Kurose, S. et al. (2009) *Bull. Chem. Soc. Jpn.* **82**, 504.
Miyanaga, A. et al. (2001) *Biochem. Biophys. Res. Commun.* **288**, 1169.
Miyanaga, A. et al. (2004) *Eur. J. Biochem.* **271**, 429.
Miura, Y. et al. (2009) *Fuel Cells* **9**, 70.
Nagashima, S. et al. (1998) *Nat. Struct. Biol.* **5**, 347.
Sakasegawa, S. et al. (2006) *Appl. Environ. Microbiol.* **72**, 972.
Sari, M.-A. et al. (2007) *J. Inorg. Biochem.* **101**, 614.
Yamanaka, Y. et al. (2010) *J. Biol. Inorg. Chem.* **15**, 655.
Yano, T. et al. (2008) *Chem. Lett.* **37**, 672

4.3　生物無機化学の歩みと展望

　21世紀に入り，これからの生物無機化学がどのように展開されていくかは大きな関心事である．学問はあらゆる可能性を秘めており，偶然にも左右されるため，その可能性を論じることは難しい．しかし，少なくともこれまでの研究の流れを辿ることは可能であり，そこから近い将来への展望が開けてくるかもしれない．そこで生物無機化学の足取りを概観し，これからの課題と望ましき姿について考えてみたい．なお，文中で引用した事柄の多くは各章に記述されているので，参照されたい．

4.3.1　生物無機化学研究の歩み

　古来，生物に関連する物質と無生物の物質とは区別して考えられてはいなかった．1800年代半ば頃より生物を骨や殻という硬い構造（ミネラル成分）と柔らかい構造（有機成分）に分け，有機成分を調べるという方法がとられた結果，1950年頃まで生物学の理解には有機化学のみが必要であるという考えが主流であった（Williams, 1990）．生体のタンパク質，多糖類，脂肪など骨以外の構成成分はもとより，食物や生物が産生する物質のほとんど全てが有機化合物であるのに対して，必須遷移金属元素は微量

にしか存在せず，役割も存在様式も明確ではなかったため，そのように認識されたのも自然の成り行きだったといえよう．しかし，1960年代に入ると欧米では metals in biology などの研究集会が開かれるようになり，1970年代に向けて活発化していった．1976年にはバンクーバーのブリティッシュコロンビア大学にて無機化学と生物学の接点における研究に関する大きな会議が開かれた．これらの活動を背景に生物無機化学会議開催への機運が高まり，1983年にフローレンス大学 Ivano Bertini 教授により第1回生物無機化学国際会議（ICBIC 1）がフローレンスで開催されるに至ったのである．この会議は大成功を収め，生物無機化学の存在を広く世に示すものとなった．以後今日まで隔年ごとに開かれ，1000人を超える参加者で活気あふれる国際会議となっている．ICBIC のはしりとなったバンクーバーでの会議は ICBIC 0 とも呼ばれ（Gray, 2003），35年後の2011年には第15回会議（ICBIC 15）がこの地で開催されている．一方，学術雑誌に関しては，1971年に生物無機化学に特化した *Bioinorganic Chemistry*（後に *J. Inorg. Biochem.* と改称）が an interdisciplinary journal として Elsevier（New York）から発刊され，以後，「生物無機化学」という学問分野の名称が国内外で使われるようになった．研究の発展と共に，*J. Am. Chem. Soc.* や *Inorg. Chem.*, *J. Chem. Soc.*, *Dalton Trans.*, *Inorg. Chim. Acta* などの無機化学系雑誌に生物無機化学の発表が飛躍的に増え，1995年には The Society of Biological Inorganic Chemistry が誕生して，翌年には *J. Biol. Inorg. Chem.* が創刊されている（Bertini and Rosato, 2003）．

わが国においても1960年代になるとシトクロム，カルシウムの生物機能，モデル錯体などを中心に生命現象における金属イオンの役割への関心が高まり，初の総説集「錯体化学と生化学の境域」（中原，1967）[*2] が出版され，はじめて錯体化学から見た生命現象が取り上げられた．1970年代以降には文部省科学研究費補助金によるいくつかの研究班が結成され[*3]，世界の潮流をも受けて研究が活発化し，研究者人口も増大して今日に至っている．1997年には ICBIC 8 が横浜で，また，2009年には ICBIC 14 が名古屋でそれぞれ開催された．

---

*2 この総説では，生体関連物質の錯体化学のほか，グリシン銅錯体とアセトアルデヒドとの反応によるトレオニンの合成，アミノ基転移反応，オリゴペプチドやリン酸エステルの加水分解反応，O_2 分子の活性化などの生体反応を類推させるような配位子反応が紹介された．さらに，金属タンパク質ではカルボキシペプチダーゼ，プラストシアニン，フェレドキシン，ヘモシアニンなど多数紹介されていたが，それらの分子構造は当時全く不明であった．この本が出版された1967年には，生物無機化学という名称はまだ生まれていなかった．

*3 重点領域研究「生物無機化学」(1991〜1993年，研究代表者 山内 脩），特定領域研究「生体金属分子科学」(1996〜1999年，研究代表者 北川禎三）などの研究班が結成された．

さて，1950年代までの有機化学が重視された状況にあって，生体系の錯体に無機錯体化学者の関心が寄せられるようになった重要な契機は，PerutzとKendrewにより長い歳月を費やして成し遂げられたヘモグロビンとミオグロビンのX線結晶構造解析である (Perutz et al., 1960; Kendrew et al., 1960)．すでにこれまでの章で見てきたように，生物無機化学はその発展途上で多くの意外性ある生体系錯体に遭遇し，このことが生物無機化学研究の推進力として働いてきた．ヘモグロビンの構造解析は初期の原動力となったのである．錯体化学ではCo(II)-salen錯体などがO_2と可逆的に結合することはよく知られているが，Fe(II)錯体であるヘムを水中でO_2と反応させると，ただちに不可逆的にFe(III)錯体（ヘマチン）に酸化されてしまう．エール大学のWang教授は，ヘムがO_2と可逆的に結合するためには結合したO_2が疎水場に守られ，FeとFeが接近しないことが必要であると考えて，ヘムと軸配位したイミダゾールをポリスチレンで覆い，有名なヘモグロビンモデルを構築した (Wang et al., 1958; Wang, 1970)．そして，この考えはヘモグロビンの解析結果とよく一致したのである．ヘモグロビンモデルの研究は，この後さらに盛んになり，Collmanのピケットフェンスポルフィリン錯体など，様々なヘモグロビンモデルが開発された (Collman and Fu, 1999)．一方，1960年代にはSarkarらにより血液中でのCuの運搬に関する研究がなされ，Cu運搬体への関心を集めた．この研究により溶液平衡の解析などによる血清中の低分子量錯体種の同定と定量 (speciation) の研究が活発化し，キレート剤やCu(II)-ヒスチジン錯体を用いてそれぞれCu過剰症ウイルソン病やCu不足症メンケス病の治療研究が行われ，1990年代後半からのCuシャペロンによる細胞内でのCuイオンの運搬とウイルソン病との関係などに関する分子レベルでの研究へと発展していく．

1960年代末から1970年にかけて，LipscombらによりカルボキシペプチダーゼA (CPA) およびCPAとモデル基質との複合体のX線結晶構造解析がなされた (Lipscomb, 1970)．これは金属酵素および金属酵素基質複合体構造の最初の解析例であり，活性中心金属イオンの配位構造，基質の結合様式とそれらを取り巻く分子環境について多くの情報を与えた，インパクトの強い研究成果であった．これらの構造に基づいて酵素の反応機構のより深い考察が可能になったのである．一方では，フェレドキシンなどの鉄-硫黄タンパク質のクラスター構造や，600 nm付近に異常に強い吸収スペクトルを示す銅タンパク質（ブルー銅タンパク質）への関心が急激に高まり，モデル研究を活性化した．その熱気は1978年のFreemanらによるプラストシアニンの構造解析によって1つの頂点に達したといってもよい (Colman et al., 1978)．このような背景もあって，1980年代に入るとわが国の錯体化学分野において生物無機化学が注目を集

め，生物無機化学を志向する研究が次第に増加していった．そしてプラストシアニンから約10年後に，世界を揺るがす素晴らしい研究成果が日本から発信された．それは北島，藤澤らのモデル錯体によるオキシヘモシアニンの O_2 結合様式の解明である（Kitajima et al., 1989）．この研究成果はその後 O_2 活性化の研究へと発展して研究の裾野を広げ，多くの研究者を生物無機化学に引き寄せる力となり，今日にまで至っている．また一方では，1960年代末にRosenbergにより cis-$[PtCl_2(NH_3)_2]$（シスプラチン）の抗がん性が発見されて Pt(II)錯体が大きな注目を集め，1970年代以降は白金抗がん剤の開発が活発になされた時代であった．現在もRu錯体など種々の金属錯体へと研究対象が広がっている．

1990年代には究極のクラスターともいうべきニトロゲナーゼの結晶構造解析がなされ，N_2 結合様式と還元メカニズムの研究，そしてモデルの開発への関心が一段と高まった．この酵素は O_2 に対して不安定であり，構造には未確定部分もあるが，触媒として大きな省エネルギー効果を発揮する可能性を秘めていることから，機能を有する有効な化学モデル錯体の開発とその応用が待ち望まれるところである．この年代の新しいインパクトは，Prusinerにより発見された病原性プリオンタンパク質（Prusiner, 1982），アルツハイマー病の原因としてのアミロイドβタンパク質など，異常タンパク質の生成および Cu^{2+} などとの結合能と神経疾患との因果関係が認識されたことである．いずれの疾患についてもタンパク質の変性や凝集が見られ，しかもFe，Cu，Znとの結合がその要因となることが明らかにされつつある．また，家族性筋萎縮性側索硬化症（FALS）についてはCu,Zn-SOD遺伝子の異常が原因と考えられている．しかし，いずれも原因究明と治療の研究は途上にあり，21世紀の生物無機化学研究の重要な課題として残されている．

1990年代以降の生物無機化学研究では，金属タンパク質が構造の明確な分子として中心的な研究対象に取り上げられるようになり，遺伝子操作によりタンパク質を改変して反応機構を解明したり，新しい機能を生み出したりする研究も盛んに行われるようになった．これらは遺伝子情報の蓄積とタンパク質構造解析の進展によるところが大きい．その中にあって，1995年に月原・吉川ら（Tsukihara et al., 1995）および岩田・Michelら（Iwata et al., 1995）により同時に発表された末端酸化酵素シトクロム c オキシダーゼの結晶構造解析は，ミトコンドリアの呼吸鎖におけるエネルギー獲得過程の解明に大きく貢献した．世紀の変わり目における最も重要な成果は，ヒトゲノムの解析が完了したことである．この成果は構造解析法の進歩と相まってタンパク質構造に関する詳細な情報を広くもたらすこととなり，個々の金属タンパク質における金属イオンの働きや構造の解明からさらに飛躍して，タンパク質間およびタンパク

質-核酸間の相互作用,機能発現や疾病との関連,ホメオスタシスなどの生命過程を,分子レベルで明らかにする今後の研究の展開に不可欠の重要性をもっている(Bertini and Rosato, 2003).

　過去1世紀を振り返るとき,科学の長足の進歩に改めて驚かされる.20世紀初頭にRutherfordが原子核を発見し,21世紀への変わり目には生物の成り立ちを示す遺伝情報が明らかにされたのである.この間,長い歴史と多くの知識の積み重ねをもつ有機化学や錯体化学は膨大な数の物質を生み出し,物質文明を支えてきた.一方,生物無機化学の歴史は浅く,必須遷移元素の生体機能が分子レベルで認識されはじめてからの研究を生物無機化学とすると,それは1960年代以降のことであり,ようやく3世代にわたろうとするところである.しかしながら,それぞれの年代に常識を打ち破る新しい刺激とチャレンジを受けて日進月歩の進歩を示し,無機化学と有機化学・生物化学を融合させて今日に至った.かつて生物化学においては酵素中の遷移金属は単なる概念としての金属Mとしてすまされ,必ずしもその機能が分子レベルで論じられることはなかった.しかるに現在の生物化学ではMは特定され,補因子としての個々の金属元素固有の役割が認識されるに至っており,このことは生物無機化学による生命科学への確かな貢献の証であろう.生物無機化学の発展は無機化学のルネッサンスと呼ばれる流れと時代を共にしている.

4.3.2　将来への展望と期待

　科学は本来人類の自然な好奇心と探究心の現れであり,何かを利するために行われてきたものではない.しかし,現代にあっては人類の福祉と地球環境の保全が喫緊の課題であり,社会の高度化も時代の趨勢であるため,科学に対して大きな期待がかけられている.生物無機化学はその名のとおり生物体における金属錯体の挙動と役割を解明する学問である.視点を変えれば,生命現象を金属イオンの挙動から明らかにする学問であるともいえる.

　前項で述べたように,これまで生物無機化学は金属タンパク質の構造と機能の化学的本質を追究し,生理的役割に対して多くの情報を提供してきた.また,反応に伴う構造変化や反応メカニズム,電子の流れなどの解明も行ってきた.生体が多数の構成成分からなる複雑系である以上,生物無機化学からの分子レベルのアプローチは単純な成分の系についてその構造・機能を解明するという形をとることが普通であり,化学モデルを積極的に用いた解析的アプローチがとられてきた.これからの生物無機化学を考えるとき,現象の解析に止まらず,未知の生体内反応の予言や提言をすることができれば,生物無機化学をさらに進めることとなり,生命科学への新しい貢献に繋

がると期待される．最近話題となった As を利用する生物の存在（1.1.2 項 p.4 参照 Wolfe-Simon, 2011）に示されるように，新たな必須元素の発見や異なった元素による機能の代行の可能性を示し，その意味付けをすることも，今後，生物無機化学が果たしうる貢献の1つである．

一方，生体系は個体として秩序をもって統一され，個々の反応系を取り囲む分子環境は反応の特異性や高効率を生み出している．このような生体らしさこそは化学反応系では容易には達成しがたい特徴であり，MauG-NADH 前駆体タンパク質複合体（図 1.30 p.117）やマルチ銅酵素（2.6.2 項 p.259）のような複数の金属中心からなる生体反応系を例にあげることができる．さらに複雑な光化学系（2.3.4 項 p.214 参照）あるいはミトコンドリアの電子伝達系（呼吸鎖）（2.3.1 項 p.195 参照）というエネルギー獲得系では，いくつかの金属酵素，電子伝達体などが膜内に配置され，それらを通して電子が流れ，反応物質が出入りする．あたかも流れ作業のごとき様相を呈している．いずれも反応系の配置，疎水場，膜内外での電位差などを可能にする膜が効果的に使われていることが特徴である．窒素酸化物を基質とする脱窒過程に見られる酵素とその反応に代表されるように，比較的単純な物質の変換系が複雑であることは興味深い．個々の酵素の反応性を見るだけでなく，いくつかの反応からなる系を解明することにより，生体系での反応の方向性と特異性や全体の秩序維持に関する理解を深め，新たな化学反応系を拓くことができるかもしれない．生体内での物質の移動に関連する例として金属イオンのホメオスタシスがあり，長い研究の歴史をもつが，最近は Cu シャペロンを中心に活発に研究がなされている（3.1 節 p.303 参照）．外界から血液中へ，血液中から細胞内へ，そして細胞内の特定のタンパク質へという金属イオンの運搬は，錯体の安定度に依存する金属イオンの結合とタンパク質間あるいは細胞間の受け渡しを含み，遺伝学から構造生物学，分析化学から生物物理学に至る諸点からの追究が必要である（Bertini and Rosato, 2003）．まさに複眼的にとらえられるべき現象であり，その解明には生物無機化学こそ最も相応しい学問であるといえよう．

生物無機化学には分子レベルでの生体系の解明のみでなく，金属酵素またはその変異体を用いて様々な機能を発揮させ，物質合成への応用（ニトリルヒドラターゼなど），燃料電池の組み立てへの利用など，様々な有効利用の可能性がある（4.2 節 p.371 参照）．また，芳香族化合物分解を触媒するジオキシゲナーゼ（1.8.1b 項 p.74, 2.4.2（6）項 p.236 参照）のように，ダイオキシンなどによる汚染土壌の改良に役立つ金属酵素を見出し，その応用を考えることもできる．さらに，NO_x や SO_x の変換系や比較的簡単な有機物質をエネルギー源とするシステムをエネルギー変換系として有する微生物群は，すでに一部が環境浄化（レメディエーション）などに利用されて

いる．ニトロゲナーゼによる常温常圧下でのアンモニア合成や，エネルギーを産生するヒドロゲナーゼの活用も将来の可能性として考えられる．いずれも地球規模の環境保全への貢献が期待される．これらに加えて強い期待がかかるのは医学への貢献である．すでに述べたように，アルツハイマー病のように社会的関心の高い病気の原因がCu，Znなどによるとすれば，治療法の確立に向けた生物無機化学の果たす役割は大きく，研究の進展が望まれる．シスプラチンのようなPt(II)錯体やその他の金属錯体を用いる抗がん剤の開発は今後も続けられよう．同時に，DNA，RNAと金属イオンとの相互作用・錯形成反応とそれに伴う構造変化などに関しても，さらなる情報が求められるところである．金属イオン関与の諸反応と疾病との関連についての分子レベルでの情報は，医療や創薬に貢献することが期待される．また，金属イオンと結合して蛍光を発する蛍光指示薬を開発して，細胞内での金属イオンの存在と動的挙動を直接光学的に追跡する研究も活発になされている．最近，金属タンパク質などを用いて金属イオンの多様な機能を発揮させる試みがなされており，機能発現に必要な，金属タンパク質構造の隠された側面をも明らかにし，実用に適した新しい金属タンパク質を生み出す可能性がある(Lu et al., 2001; 2009a, b; Ying et al., 2011)．わが国においても，アポフェリチンの内部空間を金属イオンの集積に利用する研究（Ueno et al., 2007），ミオグロビンのヘムを修飾して新たな機能を生み出す研究（Hayashi and Hisaeda, 2002)，DNAの構造を利用して金属イオンを配列させ，機能性分子集合体を構築する研究（Clever and Shionoya, 2010）などの例に見られるように，様々な研究が行われている．生物無機化学を基盤として次世代の新しい触媒やナノ材料開発への挑戦がなされつつある．金属タンパク質の構造と機能，あるいは骨や貝殻に見られるバイオミネラリゼーション(biomineralization)は，これらの研究にとって規範となるものである．このように，生物無機化学は基礎科学としての側面と医療・環境や産業にも貢献しうる応用科学としての側面を併せもっているのである．

　生命現象には未解明の問題が多く残されており，未知の世界も広がっている．生物無機化学は生体関連科学への貢献，環境保全への貢献，実用化への期待など，多くの可能性を秘めた学問であり，種々の生物のゲノム解析が進み，生物無機化学研究の進展に追い風となっている背景もある．次代を担う研究者が，そのような独自の貢献をすることができ，発展しつつある学問として，生物無機化学に魅力を感じ，21世紀へのさらなる飛躍を目指して活躍されることを心から期待する次第である．

文　献

中原昭次編著（1967）「錯体化学と生化学の境域」，化学の領域増刊79，南江堂．

Bertini, I. and Rosato, A. (2003) *Proc. Natl. Acad. Sci. USA* **100**, 3601.
Clever, G. H. and Shionoya, M. (2010) *Coord. Chem. Rev.* **254**, 2391.
Collman, J. P. and Fu, L. (1999) *Acc. Chem. Res.* **32**, 455.
Colman, P. M. et al. (1978) *Nature* **272**, 319.
Gray, H. B. (2003) *Proc. Natl. Acad. Sci. USA* **100**, 3563.
Hayashi, T. and Hisaeda, Y. (2002) *Acc. Chem. Res.* **35**, 35.
Iwata, S. et al. (1995) *Nature* **376**, 660.
Kendrew, J. C. et al. (1960) *Nature* **185**, 422.
Kitajima, N. et al. (1989) *J. Am. Chem. Soc.* **111**, 8975.
Lipscomb, W. N. (1970) *Acc. Chem. Res.* **3**, 81.
Lu, Y. et al. (2001) *Chem. Rev.* **101**, 3047.
Lu, Y. et al. (2009a) *Nature* **460**, 855.
Lu, Y. et al. (2009b) *Nature* **462**, 1079.
Perutz, M. F. et al. (1960) *Nature* **185**, 416.
Prusiner, S. B. (1982) *Science* **216**, 136.
Tsukihara, T. et al. (1995) *Science* **272**, 1136.
Ueno, T. et al. (2007) *Coord. Chem. Rev.* **251**, 2717.
Wang, J. H. (1970) *Acc. Chem. Res.* **3**, 90.
Wang, J. H. et al. (1958) *J. Am. Chem. Soc.* **80**, 1109.
Williams, R. J. P. et al. (1990) *Coord. Chem. Rev.* **100**, 573.
Wolfe-Simon, F. et al. (2011) *Science* **332**, 1163.
Ying, T. et al. (2011) *ChemBioChem* **12**, 707.

索 引

和文索引

あ

アウレウシジン合成酵素 241
亜鉛タンパク質 89
亜鉛フィンガー 17, 323
アクリルアミド 371
アコニターゼ 86
亜酸化窒素 367
亜酸化窒素還元酵素 210
亜酸化窒素レダクターゼ 97, 201, 210, 367
亜硝酸オキシドレダクターゼ 369
亜硝酸還元酵素 204
亜硝酸レダクターゼ 158, 201, 204
アスコルビン酸オキシダーゼ 96, 344, 346, 373
アスコルビン酸ペルオキシダーゼ 132, 229, 258
アズリン 116, 162, 164
アセチル-CoA シンターゼ 263
アセチレンヒドラターゼ 274
アセトン菌 282
アデニリル硫酸レダクターゼ 213
アデニン 36
アデノシルコバラミン 123
S-アデノシルメチオニン 129
アドレノドキシン 84
アナモックス 368, 377
アニオン-π 相互作用 140
亜ヒ酸オキシダーゼ 269
アポ酵素 108
アポトーシス 360

アミシアニン 116
アミノ末端 26
アミノ酸 6
1-アミノシクロプロパン-1-カルボン酸 235
アミノペプチダーゼ 90, 101, 295
γ-アミノ酪酸 321
δ-アミノレブリン酸 334
アミラーゼ 377
アミロイドβタンパク質 31, 354
アミロイド前駆体タンパク質 354
β-アミロイド斑 354
アミンオキシダーゼ 43, 110
アミン酸化酵素 110
亜硫酸オキシダーゼ 45, 99, 270, 279
亜硫酸オキシダーゼファミリー 270
亜硫酸デヒドロゲナーゼ 279
亜硫酸レダクターゼ 277
アルカリホスファターゼ 298, 377
アルカンの不飽和化酵素 79
アルギナーゼ 17, 46, 101
アルコール脱水素酵素 294
アルコールデヒドロゲナーゼ 91, 294
アルコール発酵 194
アルツハイマー病 3, 31, 354
アルデヒドオキシドレダクターゼ 272
アルデヒド:フェレドキシンオキシドレダクターゼ 18,

274
アロプリノール 272
安定度定数 18
アンテナクロロフィル 215
暗反応 214
アンモニア化 370
アンモニア酸化細菌 370
アンモニア発酵 370
アンモニアモノオキシゲナーゼ 249, 369

い

硫黄還元古細菌 277
イオノホア 9, 305, 309
イオン-双極子相互作用 139
イオン担持体 305
イオン半径 13
異化型亜硫酸レダクターゼ 213, 277
異化型硝酸還元 368, 370
異化型硝酸還元酵素 202, 267
異化型硝酸レダクターゼ 202
異化的硝酸還元 200, 213
異常型プリオンタンパク質 351
異性化酵素 103
イソアロキサジン環 109
イソセリン 32
イソペニシリン N 234
イソペニシリン N シンターゼ 234
イソメラーゼ 103
一原子酸素添加酵素 221, 234
一重項酸素 220, 252
一酸化炭素デヒドロゲナーゼ 263

あ

一酸化窒素還元酵素　209
一酸化窒素合成酵素　122, 227
一酸化窒素レダクターゼ　201, 209
イノシトール　10
インターカレーション　148
インテグラーゼ　100
イントラジオールジオキシゲナーゼ　76
インドリルラジカル　131
1H-インドール　35
3H-インドール　35
インドールアミン 2,3-ジオキシゲナーゼ　231

う

ウアバイン　307
ウィルソン病　317
ウシ海綿状脳症　26
ウスニン酸　10
ウラシル　36
ウレアーゼ　17, 45, 299, 339

え

エアロバクチン　310
エキストラジオールジオキシゲナーゼ　76
エキソサイトーシス　312
エキソペプチダーゼ　295
エチレン生成酵素　77, 235
エニアチン　306
エフェクター　327
エフェクタータンパク質　241
エリトロクルオリン　182
塩橋　138
エンケファリン　26
エンザイムイムノアッセイ　377
エンテロバクチン　310
エンドサイトーシス　312
エンドソーム　312
エンドヌクレアーゼ　100, 360
エンドペプチダーゼ　295
円二色性スペクトル法　53

お

オキサリプラチン　360
オキシHb　172
オキシ型Hc　190

オキシゲナーゼ　220
オキシダーゼ　110
オキシフェリルヘム　132
オクタリピートシーケンス　351
オクタリピートドメイン　26, 352, 353
オピオイドペプチド　26
オペレーター　323, 326
オペロン　332, 338
オボトランスフェリン　312
オルガネラ　312
オルニチンサイクル　31, 101

か

外圏型電子移動　64
外圏錯体　59
会合機構　59
回転異性体　152
解糖系　195
解離機構　59
化学合成独立栄養細菌　369
化学走性　181
核酸　35
核酸塩基　36
核磁気共鳴分光法　56
加水分解酵素　101
家族性ALS　357
カタラーゼ　10, 45, 256, 377
カチオン-π相互作用　139, 149
活性酸素　221, 252
カテコラーゼ活性　244
カテコール　309
カテコールオキシダーゼ　96, 192, 244
カテコールジオキシゲナーゼ　232
カテコール 1,2-ジオキシゲナーゼ　76, 233
カテコール 2,3-ジオキシゲナーゼ　76
カテコールシデロホア　314
過渡的電子移動複合体　205
カナバニン　31
下方制御　324
可溶性メタンモノオキシゲナーゼ　78, 238
ガラクトースオキシダーゼ

33, 43, 52, 63, 126
カルコホア　316
カルバゾール 1,9a-ジオキシゲナーゼ　77
カルビンサイクル　334
カルボキシペプチダーゼ　91, 295
カルボキシペプチダーゼA　144, 295
カルボキシペプチダーゼB　295
カルボキシル末端　28
カルボニックアンヒドラーゼ　290
カルボプラチン　360
カルボン酸シデロホア　314
カルモジュリン　16, 308, 331
β-カロテン　215
環状GMP　328

き

キサンチンオキシダーゼ　17, 45, 84, 99, 270
キサンチンデヒドロゲナーゼ　270
キサントプテリン　119
ギ酸レダクターゼ　267, 268
キシロースイソメラーゼ　46, 103
キチン　10, 40
キトサン　10
キノタンパク質　110
キノヘモプロテインアミンデヒドロゲナーゼ　118
キノリン 2-オキシドレダクターゼ　273
強磁性　50
強心配糖体　307
共生ヘモグロビン　177
共同基質　108
共鳴ラマンスペクトル　54
共輸送　304
筋萎縮性側索硬化症　357
近接効果　53
金属イオン-芳香環相互作用　149
金属シャペロン　9, 332
金属センサータンパク質　324

索引

金属タンパク質　6

く

グアニリルピリジノールコファクター　286
グアニル酸シクラーゼ　328
グアニン　36
クエルセチナーゼ　241
クエルセチン 2,3-ジオキシゲナーゼ　241
クエン酸サイクル　87, 195
クプレドキシン　158, 343
クラス I RNR　78, 128
クラス I リボヌクレオチドレダクターゼ　128
クラス II RNR　78, 129
クラス III RNR　78, 129
クラスター　42
クラバミン酸シンターゼ　235
グラミシジン A　307
グリオキサールオキシダーゼ　126
グリシルラジカル　129
グリシン様配位　23
グルコアミラーゼ　377
グルコサミン　10, 40
グルコース　10
グルコースオキシダーゼ　108, 374
グルコースデヒドロゲナーゼ　110
グルタチオン　4, 7, 22, 34
グルタチオンペルオキシダーゼ　4, 258
グルタミン酸ムターゼ　124
クレゾラーゼ活性　244
グロビンファミリー　175
クロリン　10
クロロフィル　10, 215, 334
クロロペルオキシダーゼ　229, 275

け

形式電位　61
珪藻　292
結晶場分裂　46
血清アルブミン　319
血清アルブミン Cu(II)結合部位　31

α-ケト酸要求性酵素　235
原子価間電荷移動　52, 212

こ

広域 X 線吸収微細構造　56
交換反応速度定数　58
好気性窒素固定菌　287
光合成　194, 214
光合成細菌　214
抗酸化物質　258
抗腫瘍性　349
恒常性　303
高スピン型錯体　46
酵素免疫測定法　377
交替機構　59
高ポテンシャル鉄-硫黄タンパク質　61, 86
呼　吸　194
古細菌　4
古典的疎水効果　143
コートタンパク質　377
コハク酸デヒドロゲナーゼ　196
コバラミン　17, 45, 104, 123
コバルトタンパク質　104
コファクター　108
コラゲナーゼ-3　91
コリシン A　307
コリン　10, 123
ゴルジ体　360

さ

サイトグロビン　182
再配向エネルギー　166
細胞性プリオンタンパク質　351, 356
細胞内銅運搬体　22, 42
酢酸発酵　194
サーモリシン　16, 90
酸解離定数　6
酸化還元酵素　258
酸化還元電位　60
3 核鉄-硫黄クラスター　85
酸化ストレス　252, 350
酸化的リン酸化　195
三元錯体安定化　153
酸性ホスファターゼ　52
酸素結合タンパク質　170
酸素走性　181

酸素添加反応　220
酸素発生型光合成　194, 214
酸素発生中心　17, 217
酸素非発生型光合成　194, 214
酸素分子種　173
酸素平衡曲線　172

し

シアノコバラミン　17, 123
シアノバクテリア　214
ジアミンオキシダーゼ　110
神経伝達物質　26
ジエチルジチオカルバマート　22
ジオキシゲナーゼ　231
ジオールデヒドラターゼ　124
紫外可視分光法　50
磁化率　49
ジカンバ　77
ジカンバモノオキシゲナーゼ　77
磁気円二色性スペクトル　53
ジギタリン　307
ジギトキシン　307
磁気モーメント　49
式量電位　60
軸対称　160
システイン脱硫黄酵素　336
システイントリプトフィルキノン　110
シスプラチン　39, 359
ジチオトレイトール　22
シデロホア　6, 309
シトクロム　67
シトクロム b_6f 複合体　84, 166, 216
シトクロム bc_1 複合体　84, 196, 216
シトクロム c　10, 45, 72, 338
シトクロム c オキシダーゼ　10, 43, 90, 97, 198, 338, 347
シトクロム c_3 酸化還元ヒドロゲナーゼ　282
シトクロム c スーパーファミリー　72
シトクロム c ペルオキシダーゼ　63, 64, 131
シトクロム P450　45, 224

索引

シトシン 36
シナプトタグミン 308
α-シヌクレイン 358
2,3-ジヒドロキシビフェニル
　1,2-ジオキシゲナーゼ
　76
ジヒドロプテリジンレダクター
　ゼ 120
ジヘムシトクロム c ペルオキシ
　ダーゼ 118, 132
脂肪酸水酸化酵素 229
脂肪酸Δ^9不飽和化酵素 239
ジメチルスルホキシドレダク
　ターゼファミリー 267
シャペロン 322
斜方形対称 160
集光複合体 215
シュードアズリン 148, 167,
　201
受動輸送 303
シュードバクチン 310
主要元素 1
硝　化 369
硝化細菌 369
笑　気 367
条件安定度定数 20
硝酸塩呼吸 194, 200
硝酸レダクターゼ 123, 202
常磁性 49
上方制御 324
シロヘム 277
ジンクフィンガー 17, 323
神経伝達物質 26, 321
神経変性疾患 349

す

水素結合 137
スカラープロトン 199
スクシニル CoA 334
スタッキング 140
ステアロイル-アシル輸送タン
　パク質不飽和化酵素 240
ステラシアニン 32, 63, 95
ストークス線 54
ストランド内クロスリンク
　360
スーパーオキシドジスムターゼ
　17, 252
スーパーオキシドレダクターゼ

138, 253, 256
スピン禁制 58
スピン対形成エネルギー 46
スピン多重度 50
スプライシング 243

せ

生元素 1
正常型プリオンタンパク質
　351
成長促進因子 31
静電的相互作用 141
生物燃料電池 374
生命情報科学 342
赤外線吸収分光法 53
切断型ヘモグロビン 176,
　184
セピアプテリンレダクターゼ
　292
セファロスポリン 234
セルロプラスミン 42, 150,
　262, 311, 319, 345
セレノシステイン 4, 6, 269,
　283
セロトニン 35, 236
全スピン量子数 47
センシング 303, 323

そ

総安定度定数 19
走化性 181
走化性タンパク質 188
走気性 181
走気性ヘムセンサー 181
双極子-双極子相互作用 139
疎水効果 143
疎溶媒効果 143
ソーレー帯 53, 67

た

対向輸送 304
第二級アミンモノオキシゲナー
　ゼ 224, 229
タイプ 0 Cu 162
タイプ 1 Cu 16, 56, 95
タイプ 1 Cu 部位 158
タイプ 2 Cu 16, 56, 96
タイプ 3 Cu 16, 56, 96
多核錯体 42

多核 Cu 部位 96
脱共役 306
脱水素酵素 113
脱　窒 194, 200, 368
脱窒菌 72, 366
脱プロトン化定数 24
脱離酵素 102
単核鉄-硫黄クラスター 81
単核非ヘム鉄含有オキシゲナー
　ゼ 231
タングステンタンパク質 97
炭酸塩呼吸 194
炭酸脱水酵素 290, 320
炭酸デヒドラターゼ 290
炭酸同化 334
タンパク質阻害物質 295
単輸送 304

ち

チアミン二リン酸 259
チイルラジカル 129, 266
チオシアナートヒドロラーゼ
　333, 373
置換活性錯体 60
置換不活性錯体 60
逐次(段階的)安定度定数 19
窒素固定 366
窒素サイクル 366
チミン 36
チャンネル 304
チャンネルブロッカー 307
仲介輸送 304
長距離電子移動 166
超交換相互作用 50
超微細結合定数 55, 161
超微細構造 55, 161
超微細分裂 55
超微量元素 4
チロシナーゼ 96, 191, 244
チロシルチオエーテル 126
チロシルラジカル 125, 126,
　128
チロシンキナーゼトランス
　フォーミングタンパク質
　138
チロシンヒドロキシラーゼ
　76, 120, 236

つ

通性嫌気性細菌　328

て

デアセトキシセファロスポリン
　　C シンターゼ　235
低スピン型錯体　47
デオキシ型 Hc　191
デオキシヘモグロビン　45
デオキシリボ核酸　37
デオキシリボヌクレオシド
　　36
デオキシリボヌクレオチド
　　36
デオキシン HB　172
鉄-硫黄クラスター　81
鉄-硫黄タンパク質　16, 43,
　　61, 81
鉄結合リプレッサータンパク質
　　310
鉄タンパク質　65
鉄調節タンパク質　87
テトラヒドロビオプテリン
　　120
テトロドトキシン　307
デヒドロゲナーゼ　110, 113
転移酵素　100
電荷移動吸収帯　48
電荷移動遷移　160
電子移動　165
電子-核二重共鳴分光法　56
電子押出し-吸引効果　224
電子スピンエコーエンベロープ
　　変調　287
電子スピン共鳴　55
電子常磁性共鳴　55
電子スピン共鳴分光法　55
電子伝達系　195
転写因子　39, 303, 323
伝達性海綿状脳症　350

と

同化型亜硫酸レダクターゼ
　　278
同化型硝酸還元　368, 369
同化型硝酸レダクターゼ　270,
　　370
銅型 NIR　204

銅含有アミンオキシダーゼ
　　113
銅含有オキシゲナーゼ　241
銅含有 O_2 結合タンパク質
　　188
銅シャペロン　22, 42, 150
銅タンパク質　63, 91
特別ペア　216
トパキノン　110
ドーパミン　10
ドーパミン β-モノオキシゲ
　　ナーゼ　242
トランスカルボキシラーゼ
　　104
トランス効果　359
トランスゴルジ網　360
トランスフェリン　4, 33, 45,
　　80, 311
トランスプラチン　359
トランスポーター　304
トリカルボン酸サイクル　86
トリプトファン 2,3-ジオキシ
　　ゲナーゼ　231
トリプトファントリプトフィル
　　キノン　110
トリプトファンヒドロキシラー
　　ゼ　76, 120, 236
トリメチルアミンオキシドレダ
　　クターゼ　267, 268
トルエン 2,3-ジオキシゲナー
　　ゼ　76
トルエンモノオキシゲナーゼ
　　240
トルエン 4-モノオキシゲナー
　　ゼ　79
トロポニン　16

な

内圏型電子移動　64
ナフタレン 1,2-ジオキシゲナー
　　ゼ　77

に

2 核鉄-硫黄クラスター　81
二原子酸素添加酵素　221, 231
ニコチンアミドアデニンジヌク
　　レオチド　108, 120
ニコチンアミドアデニンジヌク
　　レオチドリン酸　109

ニコチン酸デヒドロゲナーゼ
　　273
ニッケルタンパク質　104
ニトリルヒドラターゼ　17, 34,
　　79, 333, 371
ニトログリセリン　228
ニトロゲナーゼ　17, 287
ニトロシルヘム　73
ニトロソシアニン　96, 163
ニトロフォリン　174
ニューログロビン　182
尿素サイクル　31, 101
認知症　354

ぬ

ヌクレアーゼ　100

ね

ネクローシス　360
ネダプラチン　360
熱力学的平衡定数　19
ネプリライシン　354
ネルンスト式　60

の

脳血管性認知症　354
能動輸送　304
濃度平衡定数　19
ノナクチン　306
ノルロイシン　121

は

配位子間相互作用　144
配位子間電荷移動　52
配位子場分裂　46
配位子場安定化エネルギー
　　47
配位子場吸収帯　47
バイオインフォマティクス
　　342
バイオ電位　373
バイオミネラリゼーション
　　313, 384
バイオレメディエーション
　　232, 249
パーキンソン病　358
バクテリオクロロフィル　216
バクテリオフェオフィチン
　　216

バクテリオフェリチン 79
発酵 194
バトクプロイン 356
パープル酸性ホスファターゼ 52, 79
バリノマイシン 9, 306
ハロペルオキシダーゼ 275
反強磁性 50
反強磁性相互作用 50
反磁性 50
反ストークス線 54
反応速度 58

ひ

ビオチン合成酵素 130
ビオチンシンターゼ 31, 130
ビオプテリン 119, 120
非共生ヘモグロビン 180
非共有結合性相互作用 136
非古典的疎水効果 143
ビタミン B_{12} 45, 123
必須元素 1
ヒトメタロチオネイン 22
ヒドロキシサム酸 309
4-ヒドロキシフェニルピルビン酸ジオキシゲナーゼ 235
ヒドロキシラーゼ 231
ヒドロキシルアミンオキシドレダクターゼ 369
ヒドロキシルラジカル 252
ヒドロゲナーゼ 17, 282, 329
ヒドロゲナーゼ-I 282
ヒドロペルオキシ化 76
ヒドロペルオキシダーゼ 256
ヒドロラーゼ 101
ビフェニル 2,3-ジオキシゲナーゼ 77
非ブルー銅 56, 96
非ヘム鉄 74
非ヘム鉄タンパク質 74
病原性プリオンタンパク質 26, 351
標準電極電位 60
ピリミジン塩基 36
微量元素 4
ビリルビンオキシダーゼ 95, 373, 377
ビルトイン補酵素 113, 333

ピルビン酸ギ酸リアーゼ 129
ピルビン酸キナーゼ 100
ピルビン酸:フェレドキシンオキシドレダクターゼ 259
ピルビン酸:フェレドキシン酸化還元酵素 259
6-ピルボイルテトラヒドロプテリン 292
6-ピルボイルテトラヒドロプテリン合成酵素 292
ピロリ菌 300
ピロロキノリンキノン 109

ふ

ファミリー 270
ファン・デル・ワールス力 139
フィコエリトリン 215
フィコシアニン 215
フィチン 10
フィチン酸 10
フィトケラチン 7
フィトシアニン 158
フェニルアラニンヒドロキシラーゼ 19, 45, 76, 236, 356
フェニルエチルアミンオキシダーゼ 114
フェニルケトン尿症 356
フェニルピルビン酸 356
フェノキシルラジカル 33, 126, 128, 239
フェリオキサミン 310
フェリクロム 310
フェリチン 12, 312
フェレドキシン 84
フェレドキシン II 85
フェレドキシン:チオレドキシンオキシドレダクターゼ 259
フェロオキシダーゼ 312
フェロケラターゼ 334, 337
フェロポーチン 311
複核型非ヘム鉄含有オキシゲナーゼ 237
複合体 I 195
複合体 II 196
複合体 III 196
複合体 IV 198

副配位子 21
副反応係数 20
プチダモノキシン 236
プチダレドキシン 84
プテリン 119
プテリン補酵素 119
プテリン要求性芳香族アミノ酸ヒドロキシラーゼ 76, 236
プテロイルグルタミン酸 119
フマル酸呼吸 194
プラーク 355
プラストシアニン 15, 33, 52, 95, 146, 148, 164
フラビンアデニンジヌクレオチド 109
フラビン補酵素 109
フラビンモノヌクレオチド 109
フラボドキシン 109, 143
フラボヘモグロビン 176
フラボルブレドキシン 210
プリオンタンパク質 26, 31
プリオン病 350
フリーラジカル 125
プリン塩基 36
ブルー銅 91
ブルー銅タンパク質 33, 91, 158, 164, 165, 342
ブルー銅部位 158
ブレオマイシン 361
プロスタグランジン H シンダーゼ 229
プロスタグランジンエンドペルオキシドシンターゼ 128
プロテインホスファターゼ 101
プロテオリシス 333
プロトカテク酸 3,4-ジオキシゲナーゼ 76, 234
プロトカテク酸 4,5-ジオキシゲナーゼ 76
プロトグロビン 181
プロトクロロフィリド還元酵素 86
プロトヘム 171
プロトヘム IX 223
プロトポルフィリン IX 66, 171, 334

索　引

ブロモペルオキシダーゼ　275
分光化学系列　47
分子シャペロン　332, 336
分子進化　247, 342
分子内基転移酵素　124

へ

ヘアピン構造　326
ベクトルプロトン　199
紅色光合成細菌　215
紅色非硫黄光合成細菌　267
紅色非硫黄光合成細菌　329
D-ペニシラミン　34
ヘフェスチン　311
ペプチジルグリシン α-アミド化モノオキシゲナーゼ　243
ペプチジルグリシン α-ヒドロキシ化モノオキシゲナーゼ　243
ペプチダーゼ　295
ヘ　ム　10, 63, 66
ヘム b　171, 223
ヘムエリトリン　32, 45, 78, 187
ヘムオキシゲナーゼ　230
ヘム型 NIR　208
ヘム含有オキシゲナーゼ　223
ヘムタンパク質　10, 65
ヘム鉄　66
ヘモグロビン　171, 176
ヘモシアニン　16, 42, 50, 96, 188
ヘリックス-ターン-ヘリックス　325
ペリプラズム　123, 197, 280
ペリプラズム型硝酸レダクターゼ　201, 370
ペルオキシゲナーゼ　226, 229
ペルオキシソーム　280
ペルオキシダーゼ　45, 225, 228, 377
ペルオキソ亜硝酸イオン　252
ペルオキソ型　191

ほ

ボーア磁子　49
補因子　6, 108
芳香環-芳香環相互作用　140

芳香族アミンデヒドロゲナーゼ　116
芳香族側鎖基による安定度序列　154
補欠分子族　10, 108, 334
補酵素　108
補酵素 A　129
補酵素 B　265
補酵素 M　265
補酵素 Q　195
ホスホエノールピルビン酸カルボキシキナーゼ　102
ホスホエノールピルビン酸カルボキシラーゼ　100
ホスホチロシン　138
ホスホトリエステラーゼ　301
ホスホモノエステラーゼ　298
ホメオスタシス　303
ホモ乳酸発酵　194
ポリフェノールオキシダーゼ　191, 244
ポリン　315
ポルフィリン　10, 66
ポルフィリンカチオンラジカル　117
ポルフィリン生合成　334
ポルフィリン Fe 錯体　173
ポルフィン　10
ホロ酵素　108
ポンプ　304
翻訳後修飾　332

ま

マーカス理論　64
膜間部　123
膜結合型硝酸レダクターゼ　201, 370
膜トランスポーター　304
末端酸化酵素　348
マトリックス　197, 200
マトリックス分解酵素　90
マトリライシン　90
マビシアニン　95
マルチ銅オキシダーゼ　63, 91, 96, 209, 259, 343, 373
マルチ銅タンパク質　63
マンガンタンパク質　99

み

ミエロペルオキシダーゼ　229
ミオグロビン　171

む

ムギネ酸　310
ムターゼ　124

め

明反応　214
メスバウアー効果　57
メスバウアー分光法　57
メタノバクチン　316
メタノール脱水素酵素　109
メタノールデヒドロゲナーゼ　109, 112, 201
メタロチオネイン　12, 33
メタン酸化菌　316
メタン酸化細菌　238
メタン生成古細菌　285
メタン生成細菌　238
メタン発酵　194
メチオニンアミノペプチダーゼ　104
メチオニンシンターゼ　123
メチル-CoM レダクターゼ　265
メチルアミンデヒドロゲナーゼ　116
メチルコバラミン　123
メチルマロニル-CoA カルボキシルトランスフェラーゼ　104
メチルマロニル-CoA ムターゼ　124
メチレン-H4MPT　286
メテニル-H4MPT$^+$　285
メテニルテトラヒドロメタノプテリン　285
メト型　191
メナキノール　203, 269
メナキノン　203, 269
メンケス病　28, 317

も

モネンシン　306
モノオキシゲナーゼ　231
モノ湖　5

索引

モノフェノールオキシダーゼ 244
モリブデン酵素 122
モリブデンコファクター 84, 341
モリブデンタンパク質 97
モリブドプテリン 45, 122, 280
モル磁化率 49

や

ヤーン-テラー効果 47

ゆ

融解温度 39
有効磁気モーメント 49
ユビキノン 63, 195
ユビキノン酸化還元酵素 195

よ

溶液平衡 18
ヨードペルオキシダーゼ 275
弱い水素結合 138
弱い相互作用 137
弱い相互作用の検出 151
4核鉄-硫黄クラスター 85

ら

β-ラクタマーゼ 91, 234, 297
β-ラクタム環 297
ラクトフェリン 80, 312
ラクトペルオキシダーゼ 229
ラスチシアニン 63, 95, 169
ラッカーゼ 63, 91, 150, 260, 345, 373, 375
ラポルテ禁制 52
ラポルテの選択律 50
ラマン効果 54
ラマン散乱 54
ラマン分光法 53
ラレアトリシンヒドロキシラーゼ 241

り

リアーゼ 102, 243
リグニンペルオキシダーゼ 132, 229
リシルオキシダーゼ 110, 115
リシン 2,3-アミノムターゼ 129
リシンチロシルキノン 110
リスケ Fe-S クラスター 76, 197
リスケクラスター含有ジオキシゲナーゼ 76
リスケジオキシゲナーゼ 236
リスケタンパク質 61, 84
リスケ鉄-硫黄タンパク質 197
リスケ Fe-S 中心 197
リプレッサー 323
リブロース 1,5-ビスリン酸カルボキシラーゼ 218
リブロース 1,5-ビスリン酸カルボキシラーゼ/オキシゲナーゼ 334
リボ核酸 37
リポキシゲナーゼ 74, 234

リボザイム 100
リボース 10
リボヌクレオシド 36
リボヌクレオチド 36
リボヌクレオチドレダクターゼ 45, 78, 239
リボフラビン 109
硫酸塩還元細菌 213
硫酸塩呼吸 194
硫酸塩還元菌 188, 272, 282
硫酸塩呼吸 213
粒状メタンモノオキシゲナーゼ 248

る

ルイス酸・塩基 14
ルーゲーリック病 357
ルブレドキシン 81, 253
ルブレドキシンスーパーファミリー 81
ルブレリトリン 78

れ

レイリー散乱 54
レギュレータータンパク質 303
レグヘモグロビン 177

ろ

ロイコプテリン 119
ロイシンアミノペプチダーゼ 31, 90, 101
老人斑 354

欧 文 索 引

A

acetogenic bacteria　*282*
acetyl-CoA synthase　*263*
acetylene hydratase　*274*
aconitase　*85*
activated oxygen　*220*
active oxygen　*221*
active transport　*304*
adenine　*36*
S-adenosylmethionine　*129*
adenylyl sulfate reductase　*213*
adrenodoxin　*84*
aerobactin　*310*
aerotaxis　*181*
alcohol dehydrogenase　*91, 294*
aldehyde : ferredoxin oxidoreductase　*17, 274*
aldehyde oxidoreductase　*272*
alkaline phosphatase　*298*
Alzheimer's disease　*31, 354*
amine oxidase　*110*
1-aminocyclopropane-1-carboxylic acid oxidase　*77*
aminopeptidase　*90, 101*
ammonia monooxygenase　*249, 369*
ammonification　*370*
amyloid precursor protein　*354*
amyotrophic lateral sclerosis　*357*
anaerobic ammonium oxidation　*368*
anammox　*368*
antiferromagnetic interaction　*50*
antiferromagnetism　*50*
anti-Stokes line　*54*
apoenzyme　*108*
apoptosis　*360*
archaebacteria　*4*
arginase　*46, 101*
aromatic amine dehydrogenase　*116*
arsenite oxidase　*269*
ascorbate oxidase　*345*
ascorbate : oxygen oxidoreductase　*346*
ascorbate peroxidase　*132*
assimilatory　*369*
assimilatory NAD(P)H : nitrate reductase　*270*
assimilatory sulfite reductase　*278*
aureusidin synthase　*241*
auxiliary ligand　*21*
axial symmetry　*160*
azurin　*162*

B

bathocuproine　*356*
bifunctional enzyme　*208*
bilirubin oxidase　*95*
bioelement　*1*
bioinformatics　*342*
biomineralization　*313, 384*
biopterin　*119*
bioremediation　*232*
biotin synthase　*31, 130*
biphenyl 2,3-dioxygenase　*77*
bleomycin　*361*
blue copper protein　*158*
Bohr magneton　*49*
bovine spongiform encephalopathy　*26*
built-in coenzyme　*113*

C

calmodulin　*16, 308, 331*
canavanine　*31*
carbazole 1,9a-dioxygenase　*77*
carbon monoxide dehydrogenase　*263, 272*
carbonic anhydrase　*290*
carboplatin　*360*
carboxypeptidase　*295*
carboxypeptidase A　*144*
catalase　*256*
catechol 1,2-dioxygenase　*76, 233*
catechol 2,3-dioxygenase　*76*
catechol dioxygenase　*232*
catechol oxidase　*244*
cation diffusion facilitator　*305*
cellular prion protein　*351*
cephalosporin　*234*
ceruloplasmin　*311*

chalcophore *316*
chaperone *322*
charge transfer band *48*
chemotaxis *181*
chlorin *10*
chloroperoxidase *229*
chlorophyll *10*
circular dichroism spectroscopy *53*
cisplatin *359*
citrate cycle *87*
classical hydrophobic effect *143*
cluster *42*
cobalamin *17, 104, 123*
coenzyme *108*
coenzyme A *129*
coenzyme Q *195*
cofactor *108*
colicin A *307*
collagenase-3 *91*
compound I *117, 131, 224, 229, 256*
compound II *132, 230*
concentration equilibrium constant *19*
conditional stability constant *20*
copper chaperone *22, 42, 316*
copper-containing amine oxidase *114*
corphin *265*
corrin *10, 123*
cosubstrate *108*
crystal field splitting *46*
cupredoxin *158*
cupredoxin fold *164*
cyanocobalamin *123*
cysteine desulfurase *337*
cysteine tryptophylquinone *110*
cytochrome *67*
cytochrome c *72*
cytochrome c oxidase *43, 97, 198*
cytochrome cd_1 nitrite reductase *208*
cytoglobin *182*
cytosine *36*

D

dehydrogenase *110*
denitrification *200, 368*
denitrifying bacteria *366*
density functional theory *122*
deoxyribonucleic acid *37*
deoxyribonucleoside *36*
deoxyribonucleotide *36*

diamagnetism *50*
diamine oxidase *110*
dicamba *77, 236*
dicamba monooxygenase *77*
diethydithiocarbamate *22*
di-heme cytochrome c peroxidase *132*
dihydropteridine reductase *120*
2,3-dihydroxybiphenyl 1,2-dioxygenase *76*
dimethylsulfoxide reductase *32, 267*
diol dehydratase *124*
dioxygenase *221*
diphtheria toxin regulator *310*
dissimilatory *370*
dissimilatory sulfite reductase *213, 277*
dithiothreitol *22*
dopa quinone *114*
dopamine β-monooxygenase *242*
down-regulation *324*

E

Eigen 機構 *58*
electron paramagnetic resonance *55*
electron spin echo envelope modulation *287, 353*
electron spin resonance *55*
electron spin resonance spectroscopy *55*
electron transferring heme *133*
electron-nuclear double resonance spectroscopy *56*
endocytosis *312*
endopeptidase *90, 295*
enkephalin *26*
enterobactin *310*
enzyme immunoassay *377*
erythrocruorin *182*
essential element *1*
ethylene forming enzyme *235*
ethylene receptor 1 *329*
exocytosis *312*
exopeptidase *90, 296*
extended X-ray absorption fine structure *56*
extradiol dioxygenase *76, 232*

F

familial ALS *357*
farnesyl transferase *338*
fatty acid Δ^9 desaturase *239*
ferredoxin *61, 84*
ferredoxin:thioredoxin oxidoreductase *259*
ferric uptake regulator *310*

ferrichrome 310
ferrihydrite 313
ferrioxamine 310
ferritin 312
ferrochelatase 334, 337
ferromagnetism 50
ferroportin 311
flavin adenine dinucleotide 109
flavin mononucleotide 109
flavodoxin 109, 143
flavohemoglobin 176
flavorubredoxin 210
formal potential 61
formate dehydrogenase 268
formate reductase 267
frataxin 337
free radical 125
fumarate and nitrate regulation protein 321, 327

G

galactose oxidase 33, 126
glucosamine 40
glucose dehydrogenase 110
glucose oxidase 109
glutamate mutase 124
glutathione 34
glutathione peroxidase 4
glyoxal oxidase 126
gramicidin A 307
guanine 36
guanosine 5′-triphosphate 292
guanylate cyclase 328

H

haemoglobin 171
hard and soft acids and bases 14
heme 10, 66
heme-based aerotaxis transducer 181
heme oxygenase 230
hemerythrin 45, 78, 187
hemocyanin 16, 96, 188
hemoprotein 10, 66
hephaestin 311
high-potential iron-sulfur protein 61, 85
high-spin complex 46
holoenzyme 108
homeostasis 303
hydrogen bond 137
hydrogenase 282

hydrolase 101
hydroperoxidation 76
hydrophobic effect 143
hydroxylamine oxidoreductase 369
hyperfine coupling constant 55, 161
hyperfine splitting 55
hyperfine structure 55, 161

I

$1H$-indole 35
$3H$-indole 35
indoleamine 2,3-dioxygenase 231
inert 60
infrared absorption spectroscopy 53
inner-sphere electron transfer 64
inositol 10
intercalation 148
intervalence charge transfer 52
intradiol dioxygenase 76, 232
intrastrand cross-link 360
ionophore 305
iron regulatory protein 87
iron-responsive element 326
iron-sulfur protein 81, 197
Irving-Williamsの安定度序列 48
isoalloxazine ring 109
isomerase 103
isopenicillin N synthase 234
isoserine 32

J

Jahn-Teller effect 47

K

α-keto acid-dependent enzyme 235

L

labile 60
laccase 260
β-lactamase 297
lactoferrin 80
lactoperoxidase 229
(+)-larreatricin hydorxylase 241
leghemoglobin 177
leucine aminopeptidase 31, 90
ligand field splitting 46
ligand field stabilization energy 47
ligand-ligand interaction 144
ligand-to-ligand charge transfer 52

ligand-to-metal charge transfer 48
light-harvesting complex 215
lignin peroxidase 132
lipoxygenase 74, 234
London dispersion force 139
long range electron transfer 166
Lou Gehrig's disease 357
low-spin complex 47
lyase 102
lysine 2,3-aminomutase 129
lysine tyrosylquinone 110
lysyl oxidase 110, 115

M

magnetic circular dichroism spectrum 53
Marcus 理論 64
matrilysin 90
melting temperature 39
menaquinone 203
Menkes' disease 29, 317
metal sensor protein 324
metallochaperone 332
metallointercalator 149
metalloprotein 6
metalloregulatory protein 323
metallothionein 33
metal-to-ligand charge transfer 48
methane monooxygenase 78
methanobactin 316
methanogenic bacteria 238
methanol dehydrogenase 109, 112
methanotrophic bacteria 238
methionine aminopeptidase 104
methionine synthase 123
methylamine dehydrogenase 116
methyl-CoM reductase 265
methylmalonyl-CoA carboxyltransferase 104
methylmalonyl-CoA mutase 124
molecular chaperone 332
molybdenum cofactor 341
molybdopterin 122
molybdopterin cytosine dinucleotide 272
molybdopterin guanine dinucleotide 123, 267
monooxygenase 221
monophenol oxidase 244
Mössbauer effect 57
Mössbauer spectroscopy 57
mugineic acid 310
multicopper oxidase 96, 259

mutase 124
myeloperoxidase 229
myoglobin 171

N

napthalene 1,2-dioxygenase 77
natural resistance-associated macrophage protein 305
necrosis 360
nedaplatin 360
neprilysin 354
Nernst 式 60
neurodegenerative disease 349
neuroglobin 182
neurotransmitter 26, 321
nicotinamide adenine dinucleotide 108
nicotinate dehydrogenase 273
nitrate reductase 202, 267
nitric oxide synthase 227
nitrification 369
nitrile hydratase 17, 79, 371
nitrite reductase 158, 204
nitrite-oxidizing bacteria 369
nitrogen fixation 368
nitrogen oxide reductase 209
nitrogenase 17, 287
nitrophorin 174
nitrosocyanin 96, 163
nitrous oxide reductase 97, 210
non-Aβ component 358
nonclassical hydrophobic effect 144
noncovalent interaction 136
nonheme iron protein 74
nonheme-1 グループ 74
nonheme-2 グループ 76
nonheme-3 グループ 77
nonheme-4 グループ 79
non-symbiotic hemoglobin 180
nuclear magnetic resonance spectroscopy 56
nuclease 100
nucleic acid 35
nucleobase 36

O

octarepeat domain 26
octarepeat sequence 351
opioid peptide 26
outer-sphere electron transfer 64
overall stability constant 19

索　引

oxaliplatin　360
oxidase　110
oxidative phosphorylation　195
oxidoreductase　258
oxygen evolving center　17, 217
oxygenase　110, 220
oxygenation reaction　220

P

Pachler の式　152
paramagnetism　49
Parkinson's disease　358
particulate methane monooxygenase　248
passive transport　304
D-penicillamine　34
peptidylamidoglycolate lyase　243
peptidylglycine α-amidating monooxygenase　243
peptidylglycine α-hydroxylating monooxygenase　243
peroxidase　228
peroxidatic heme　133
peroxonitrite　177, 252
peroxynitrite　177
phenoxyl radical　125
phenylalanine hydroxylase　45, 119
phenylketonuria　356
phosphoenolpyruvate carboxylase　100
phosphotriesterase　301
phosphotyrosine　138
photofrin　363
phytic acid　10
phytin　10
phytochelatin　7
phytocyanin　158
plaque　355
plastocyanin　15, 56
polyphenol oxidase　244
porin　315
porphin　10
porphyrin　10, 66
post-translational modification　332
prion disease　350
prion protein　350
prostaglandin H synthase　229
prosthetic group　10, 108
protein phosphatase　101
proteinaceous infectious particle　350
proteolysis　333

protocatechuate 3,4-dioxygenase　76
protocatechuate 4,5-dioxygenase　76
protoglobin　181
protoporphyrin IX　66
pseudobactin　310
pterin　119
purple acid phosphatase　52, 79
push-pull 機構　224, 229
putidaredoxin　84
pyrroloquinoline quinone　109
pyruvate:ferredoxin oxidoreductase　259
pyruvate formate lyase　129
pyruvate kinase　100
6-pyruvoyl tetrahydropterin synthase　292

Q

quercetin 2,3-dioxygenase　241
quinohemoprotein amine dehydrogenase　118
quinoline 2-oxidoreductase　273
quinoprotein　110

R

Raman effect　54
Raman scattering　54
Raman spectroscopy　53
Rayleigh scattering　54
regulation　324
regulator　303
reorganization energy　166
repressor　323
resonance Raman spectrum　54
rhombic symmetry　160
riboflavin　109
ribonucleic acid　37
ribonucleoside　36
ribonucleotide　36
ribonucleotide reductase　45, 78, 239
Rieske dioxygenase　236
Rieske protein　84
Rieske ジオキシゲナーゼ　236
rotamer　152
rotational isomer　152
rubredoxin　61, 81
rubrerythrin　78
rusticyanin　63, 95, 169

S

salt bridge　138
scrapie prion protein　351

secondary amine monooxygenase 229
selenocysteine 4
senile plaque 354
sepiapterin reductase 292
serotonin 35
side reaction coefficient 20
siderophore 6, 309
sinaptotagmine 308
siroheme 277
small laccase 345
soluble methane monooxygenase 78, 238
solute binding protein 305, 320
solvophobic effect 143
Soret band 53
Soret 帯 67
spectrochemical series 47
stacking 140
stearoyl-acyl carrier protein Δ^9 desaturase 240
stellacyanin 63
Stokes line 54
successive (stepwise) stability constant 19
sulfite dehydrogenase 279
sulfite oxidase 45, 270, 279
sulfite oxidizing enzyme 279
sulfite reductase 277
superexchange interaction 50
superoxide dismutase 252
superoxide reductase 138, 256
symbiotic hemoglobin 177
synaptotagmin 308
α-synuclein 358

T

terminal oxidase 348
texaphyrin 363
thermodynamic equilibrium constant 19
thermolysin 16, 90
thiocyanate hydrolase 373
thiyl radical 129
thymine 36
tick carboxypeptidase inhibitor 295
toluene 2,3-dioxygenase 77
toluene monooxygenase 240
toluene 4-monooxygenase 79
topaquinone 110
transcarboxylase 104
transcription factor 323
transferase 100

transferrin 4, 33, 45, 80, 311
trans-Golgi network 360
transmissible spongiform encephalopathy 350
transporter 304
tricarboxylic acid cycle 87
trimethylamine oxide reductase 267, 268
trinuclear copper center 96
troponin 16
truncated hemoglobin 176, 184
tryptophan 2,3-dioxygenase 231
tryptophan hydroxylase 120
tryptophan tryptophylquinone 110
tyrosinase 96, 244
tyrosine hydroxylase 120
tyrosine kinase transforming protein 138
tyrosyl radical 126

U

ubiquinone 63, 196
ultraviolet-visible spectroscopy 50
up-regulation 324
uracil 36
urea cycle 31
urease 17, 299

V

valinomycin 306
vanadium haloperoxidase 275
van't Hoff 式 20
vicinal effect 53
Vitreoscilla Hb 様ヘモグロビン 183
voltage-gated channel 307

W

weak hydrogen bond 138
weak interaction 137
Wilson's disease 317

X

xanthine dehydrogenase 270
xanthine oxidase 17, 45, 84, 270
xenobiotics 225
xylose isomerase 46, 103

Z

Zeeman 効果 53
zinc finger 17, 39, 323

略号索引

数字

1CPO　*229*
1MHL　*229*
1PRH　*229*
1QPA　*229*
23QD　*241*
2R5L　*229*
2XJ6　*229*

A

A機構　*59*
A$^{//}$　*55*
A$^{\perp}$　*55*
AADH　*116*
ABCトランスポーター　*304, 320*
ACC　*235*
ACCオキシダーゼ　*235*
ACCO　*77, 235*
Acn　*86*
AcnA　*86*
AcnB　*86*
AcNIR　*159, 167, 205*
AcN2OR　*211*
AcPAZ　*167*
ACS　*263*
AdcAII　*320*
AdCH$_2$-Cb　*123*
ADH　*91, 294*
Af-dSIR　*277*
AGAO　*114*
AH　*98, 274*
ALS　*357*
AMO　*249, 269*
AO　*345, 346*
AOR　*98, 274*
AP　*298*
APP　*354*
APSR　*213*
ArsR　*324*
ArsRファミリー　*324*
aSIR　*278*

ASO　*98, 269*
Atox1　*360*
ATPアーゼ　*200, 304*
ATP合成酵素　*201*
ATP7A　*317*
ATP7A/B　*317, 360*
ATP7B　*317*
ATPase　*304*
ATP-binding cassette　*305*
Atx1　*42, 43, 317*
AxNIR　*159, 167, 205*
Aβ　*354*

B

bc_1複合体　*215*
BChl　*216*
BFerri　*79*
BLM　*361*
BPH$_4$　*120*
BPheo　*216*
BPO　*275*
BSE　*26*
BtuF　*315*

C

C末端　*28*
C1資化性脱窒菌　*200*
CA　*290*
α-CA　*290*
β-CA　*290*
Ca^{2+}-ATPアーゼ　*308*
CaM　*308, 331*
CAS　*235*
Cbl　*104, 123*
Ccc2　*317*
CCM　*338*
CcO　*97, 198, 347*
CcP　*131*
CCS　*22, 317, 332*
CD　*53*
CDF　*305*
CDFファミリー　*320*
Cd含有CA　*292*

cGMP　*328*
CH$_3$-S-CoM　*265*
C—H…π相互作用　*139*
Cir　*314*
CN-Cbl　*123*
COデヒドロゲナーゼ　*17, 263, 272, 329*
CoA　*104, 129*
CoA-SH　*129*
CODH　*98, 263, 272*
Co-NHase　*371, 373*
CooA　*328, 329*
CopA　*317, 320*
CopY　*324*
CopZ　*317*
CoQ　*63, 195*
CoQ 10　*196*
CotA　*377*
Cox10　*338*
Cox11　*318, 338*
Cox15　*338*
Cox17　*318, 338*
Cox19　*338*
CP　*295*
Cp　*262, 311, 318, 345*
Cp-I　*282*
CPA　*144, 295*
CPB　*296*
CPO　*229, 275*
CsoR　*324*
CTO　*244*
CTQ　*110, 118*
Ctr1　*316, 338, 360*
Cu過剰症　*317*
Cu含有酸化還元酵素　*259*
Cu欠乏症　*317*
Cuシャペロン　*35, 317, 360*
Cu$_A$　*56, 91, 198, 211, 213*
Cu$_A$クラスター部位　*97*
CuAO　*114*
Cu$_B$　*91, 198, 210*
Cu chaperone　*35, 316*
CueO　*262, 320, 344, 346, 373*

CueR *303, 320*
CusF *35, 150, 320*
CusR *303, 320*
Cu_Z *91, 210, 213*
Cu_Z クラスター部位 *97*
Cu_Z^* *212*
Cu,Zn 含有スーパーオキシドジスムターゼ *317*
Cu,Zn-スーパーオキシドジスムターゼ *144, 252, 253*
Cu,Zn-SOD *30, 43, 144, 253, 257, 317*
Cu,Zn-superoxide dismutase *253*
CyG *182*
Cyt c *72*
Cyt f *166*
Cyt f-PC 複合体 *166*

D

D 機構 *59*
DAOCS *235*
DcrH *188*
Dcytb *310*
Dd *282*
d-d 吸収帯 *47*
DETC *22*
Df *282*
DFT *122*
Dg *282*
DMS *267*
DMSO *194*
DMSO レダクターゼ *99, 202, 267*
DMSOR *99, 202, 267*
DMT1 *310, 312*
DNA *37*
DNA ポリメラーゼ *100*
DNA polymerase *100*
DOPA *33, 236*
DPOR *86*
DPQ *114*
dSIR *213, 277*
DTT *22*
DtxR *310, 324*
DvH *284*
DvM *282*
DβH *242*
d-π 相互作用 *149*

E

Ed-$NADP^+$レダクターゼ *217*
EFハンド *331*
E heme *133*
ENDOR *56*
EPR *55*
Erc *182*
ESEEM *287, 353*
ESR *55*
ESR 非検出銅 *56*
ETR1 *329*
EXAFS *56*

F

F_{430} *265, 334*
FAD *109*
FALS *357*
Fd *217*
Fd-$NADP^+$レダクターゼ *217*
FDH *98, 268*
Fe 含有酸化還元酵素 *259*
Fe-スーパーオキシドジスムターゼ *63, 254*
FeB *209*
FecA *314*
FecB *315*
[FeFe]ヒドロゲナーゼ *63, 285*
[FeFe]-hydrogenase *63*
FeMo コファクター *288*
FeMo 補因子 *3, 17, 108*
FeMoco *287, 334*
FeMoco クラスター *288*
FeMo cofactor *288*
Fe-NHase *371*
FepA *314*
FepB *315*
Fe-S クラスター *81, 196, 336*
Fe-S クラスター非存在型ヒドロゲナーゼ *282*
Fe-SOD *45, 63, 254*
Fe-superoxide dismutase *63*
Fet3p *262, 312*
FhuA *314*
FhuD *315*
FhuE *314*
Fiu *314*
FixL *327*
FlavoHb *176*
FMN *109*
FNR *217, 321, 327*
Frt1p *312*
FTR *259*
FU *189*
Fur *310, 324*

G

g 値 *55*
GABA *321*
GC *328*
GDH *110*
GFAJ-1 株 *5*
GlyHisLys *31*
GO *52, 96, 126*
GP コファクター *286*
GSH *22, 34*
GTP *292*
GXP *341*

H

H クラスター *63, 285*
H_2NTP *292*
Hah *317*
Hah 1 *43*
HAO *369*
H^+-ATPase *201*
Hb *171, 176*
Hc *96, 188*
hCtr1 *316*
HdMDH *113*
HdNIR *206*
HemAT *181, 327*
HiPIP *61, 86*
Hmd *282, 285*
HMG タンパク質 *360*
HO *230*
Hp-URE *300*
Hr *78, 187*
HRP *228*
HSAB 則 *14*
HS-CoB *265*
HTH *325, 329*
HupK *334*
HycD *341*
HycE *341*
HycG *341*
HypB *341*

索　引

HypC　*339*
HypE　*341*
HypF　*341*

I

I 機構　*59*
I_a 機構　*59*
I_d 機構　*59*
IDO　*231*
iNOS　*227*
IPNS　*234*
IPO　*275*
IR　*53*
IRE　*326*
IRP1　*87, 326*
IRP2　*326*
ISP　*197*
IutA　*314*
IVCT　*53, 212*

K

K_c 値　*25*
K_d　*22*

L

LAM　*129*
LegHb　*177*
Lf　*80*
LFSE　*47*
LHC　*215*
LLCT　*52*
βLM　*297*
LMCT　*48, 212*
LO　*234*
LTQ　*110, 115*
LYO　*115*
LysR　*324*

M

MADH　*116*
MarI　*203*
MarR　*324*
MauG　*116, 133*
Mb　*171*
MBD　*317*
MCD　*122, 272, 259, 343, 373*
MCR　*265*
MDH　*111, 200, 201*
Me-Cbl　*123*

MerR　*324, 325*
MerR ファミリー　*325*
Mg-クロロフィリド　*86*
MGD　*122, 123, 267, 341*
mgLac　*345*
Mj　*285*
MLCT　*48*
MMO　*78, 238*
MMOB　*238*
MMOH　*78, 238*
MMOR　*78, 238*
MMP　*90*
Mn 含有酸化還元酵素　*266*
Mn-スーパーオキシドジスムターゼ　*254*
Mn-デヒドロゲナーゼ　*266*
MncA　*320*
Mn-dehydrogenase　*266*
Mn-SOD　*45, 254*
MntC　*320*
Mo 含有酸化還元酵素　*266*
Mo-ヒドロキシラーゼ　*270*
Mo-bisMGD　*203*
Moco　*84, 341*
MoCODH　*263*
MPO　*229*
MPT　*122, 271, 280, 341*
MQ　*203*
MQH_2　*203*
mRNA　*326*
MT　*33, 34*
MT-2　*22*
Mt-trHb 1　*185*
Mt-trHb 2　*185*

N

N 末端　*26*
NAC　*358*
NAD　*108*
NAD^+　*108, 109*
NADH　*195*
NADH オキシドレダクターゼ　*79*
NADH デヒドロゲナーゼ　*201*
$NADP^+$　*109*
(Na^+, K^+)-ATPアーゼ　*307, 308*
NAP(Nap)　*98, 123, 200~203, 267, 371*

NapA　*203*
NapAB　*203*
NapB　*203*
NapGHR　*203*
NAR(Nar)　*98, 123, 200~202, 267, 370*
NarG　*203*
NarH　*203*
NarJ　*341*
NAS　*98, 270, 370*
NC　*163*
NDH　*98, 201, 273*
NeG　*182*
NeLac　*345*
NHase　*79, 371*
NH…S 水素結合　*145*
N—H…π 相互作用　*139*
Ni 含有加水分解酵素　*299*
Ni 含有酸化還元酵素　*263*
Ni シャペロン　*339*
Ni-スーパーオキシドジスムターゼ　*255*
Ni 超集積性植物　*321*
Ni(II)NirK　*326*
Ni-CODH　*263*
NiCoT　*321*
Ni-F430　*265*
NifDK　*334*
[NiFe]ヒドロゲナーゼ　*43, 282, 339*
[NiFe]-hydrogenase　*43, 282*
NifEN　*334*
[NiFeSe]ヒドロゲナーゼ　*283*
NIH シフト　*122*
NikA　*321*
NikABCDE　*321*
NikBC　*321*
NikR　*324*
NIR　*158, 168, 200, 201, 204, 343, 346*
NirK　*325*
Ni-SOD　*255*
nLeu　*121*
NMR　*56*
nNOS　*227*
NO_2 酸化細菌　*369*
NO シンターゼ　*122, 227*
NO センサータンパク質　*329*
NO レダクターゼ　*226, 347*

N,O-配位　*24*
N,O-chelation　*23*
N_2O　*367*
N_2O レダクターゼ　*348*
NOR　*200, 201, 209, 347*
N_2OR　*97, 200, 201, 210, 348, 367*
NorB　*209*
NorC　*209*
NorR　*329*
NOS　*227*
NO synthase　*122*
NP　*174*
NPAS2　*329*
Nramp　*305*
nsHb　*180*
NsrR　*329*

O

O_2 結合機能単位　*189*
O_2 親和性定数　*172*
O_2 ffinity constant　*172*
OD　*353*
OEC　*217*
O-O 伸縮運動　*173*

P

P　*47*
P 型 ATP アーゼ　*304, 317*
P クラスター　*287*
P450　*224*
P450BM-3　*143*
P450-CAM　*225*
P680　*216*
P700　*217*
P870　*216*
P960　*216*
PaAZ　*162*
PAH　*119, 236, 258, 356*
PAL　*243*
PAM　*243*
PaNIR　*208*
PAP　*79*
PARK1　*358*
PARK2　*358*
PAZ　*168, 201, 344*
PC　*15, 56, 63, 146, 164*
PD　*358*
PDB code　*iv*

PFL　*129*
PFL 活性化酵素　*129*
PFL-AE　*129*
PfMAP　*104*
PFOR　*259*
PGHS　*128*
PGH synthase　*229*
P heme　*133*
PHM　*243*
PhNIR　*207*
PKU　*356*
pMMO　*238, 248*
PMO　*236*
PO　*244*
Pox　*229*
PP　*101*
PpNIR　*208*
PPO　*244*
PQQ　*109, 110*
ProtG　*181*
PrP　*350*
PrP^C　*26, 351, 356*
PrP^{Sc}　*26, 351, 356*
PS I　*166, 216*
PS II　*129, 216*
Pt 錯体　*349*
PTP　*292*
PTPS　*292*
PTyr　*138*

Q

Q サイクル　*215*
Q バンド　*53*
qCu_ANOR　*210*
23QD　*241*
QH_2　*201*
QH-ADH　*118*
qNOR　*210*
QOR　*98, 273*

R

RC　*169, 215*
RNA　*37*
RNA ポリメラーゼ　*100*
RNA polymerase　*100*
RND　*305*
RNR　*78, 125, 239*
Rr　*78*
rR　*54*

RuBisCO　*218, 334*

S

S　*47*
SAM　*129*
SAMO　*229*
SBP　*305, 320*
SCNase　*373*
Sco1　*318, 338*
Sco2　*338*
SDH　*279*
SeCys　*4, 269, 283*
sGC　*328*
sHb　*177*
SIR　*277*
SLAC　*345*
sMMO　*78, 238*
SO　*98, 270, 279*
SOD　*252*
SOD1　*22, 253, 318, 357*
SOR　*138, 145, 256*
SoxR　*325*

T

$T1_C$　*207*
$T1_N$　*207*
T2　*207*
T0Cu　*162*
T1Cu　*95*
T2Cu　*96*
T2D　*159*
T2MO　*240*
T3Cu　*96*
T3MO　*240*
T4MO　*79, 240*
T4moC　*79*
T4moD　*79*
T4moF　*79, 241*
T4moH　*79, 240*
TC　*104*
TCA cycle　*87*
TCI　*295*
TdHr　*187*
TDO　*231*
TetR　*324*
Tf　*311*
TFIIIA　*39*
TfR1　*312*
TMAO　*194*

TMAOR *98, 268*
TMO *240*
TNC *96*
TPH *236*
TPP *259*
TPQ *110, 114*
Tr *80*
TRH *120*
trHb *176, 184*
trHb-Ⅰ *184*
trHb-Ⅱ *184*
trHb-Ⅲ *184*
trHbN *186*
trHbO *186*
TSE *350*
TTE *126, 127*
TTQ *110, 116*
TYH *120, 236*
TYN *96, 244*

U

URE *299*
UreABC *339*
UreE *339*

V

V含有酸化還元酵素 *275*
V含有ハロペルオキシダーゼ *275*
VB_{12} *123*

VHb *183*
VHPO *275*

W

W含有ギ酸デヒドロゲナーゼ *274*
W含有酸化還元酵素 *266, 274*
W-containing formate dehydrogenase *274*
W-FDH *98, 274*

X

X線吸収スペクトル *56*
X線吸収分光法 *56*
X線光電子分光法 *56*
XAS *56*
xCuBNOR *210*
XDH *270*
XO *270*
XO/XDH *98*
XPS *56*
X-ray absorption spectroscopy *56*
X-ray photoelectron spectroscopy *56*
XYIM *103*

Y

YiiP *320*

Z

Zif268 *39*
Zn含有酵素 *290*
Znフィンガー *39, 137*
ZntA *320*
ZnuA *320*
ZnuABC *320*
ZnuAファミリー *320*

ギリシャ文字

$\Delta^9 D$ *239*
Δ^9desaturase *79*
$\Delta\varepsilon$ *152*
μ_B *49*
μ_{eff} *49*
$\mu\text{-}\eta^2:\eta^2\text{-}$ペルオキソ複核銅(Ⅱ)錯体 *190*
π-カチオンラジカル *131*
π逆供与 *48, 144*
π供与体 *48, 144*
π受容体 *48, 144*
πラジカル *130*
π-back donation *48*
π-π相互作用 *139*
χ *49*
χ_M *49*

執筆者略歴

山内 脩（やまうち おさむ）
- 1936年　愛知県に生まれる
- 1967年　京都大学大学院薬学研究科
　　　　博士課程修了
- 現　在　名古屋大学名誉教授
　　　　薬学博士

鈴木 晋一郎（すずき しんいちろう）
- 1946年　新潟県に生まれる
- 1974年　大阪大学大学院基礎工学研究科
　　　　博士課程修了
- 現　在　大阪大学名誉教授
　　　　工学博士

櫻井 武（さくらい たけし）
- 1950年　兵庫県に生まれる
- 1978年　大阪大学大学院基礎工学研究科
　　　　博士課程修了
- 現　在　金沢大学理工学域教授
　　　　工学博士

朝倉化学大系 12
生物無機化学

定価はカバーに表示

2012年6月10日　初版第1刷

執筆者	山　内　　　脩
	鈴　木　晋一郎
	櫻　井　　　武
発行者	朝　倉　邦　造
発行所	株式会社　朝倉書店

東京都新宿区新小川町 6-29
郵便番号　162-8707
電　話　03(3260)0141
ＦＡＸ　03(3260)0180
http://www.asakura.co.jp

〈検印省略〉

Ⓒ 2012 〈無断複写・転載を禁ず〉

悠朋舎・渡辺製本

ISBN 978-4-254-14642-4　C 3343

Printed in Japan

JCOPY 〈(社)出版者著作権管理機構 委託出版物〉

本書の無断複写は著作権法上での例外を除き禁じられています．複写される場合は，そのつど事前に，(社) 出版者著作権管理機構 (電話 03-3513-6969, FAX 03-3513-6979, e-mail: info@jcopy.or.jp) の許諾を得てください．

前日赤看護大 山崎　昶監訳
お茶の水大 森　幸恵・立教大 宮本惠子訳

ペンギン化学辞典

14081-1　C3543　　　　Ａ５判　664頁　本体6700円

定評あるペンギンの辞典シリーズの一冊"Chemistry(Third Edition)"(2003年)の完訳版。サイエンス系のすべての学生だけでなく、日常業務で化学用語に出会う社会人(翻訳家、特許関連者など)に理想的な情報源を供する。近年の生化学や固体化学、物理学の進展も反映。包括的かつコンパクトに8600項目を収録。特色は①全分野(原子吸光分析から両性イオンまで)を網羅、②元素、化合物その他の物質の簡潔な記載、③重要なプロセスも収録、④巻末に農薬一覧など付録を収録。

東大 渡辺　正監訳

元素大百科事典

14078-1　C3543　　　　Ｂ５判　712頁　本体26000円

すべての元素について、元素ごとにその性質、発見史、現代の採取・生産法、抽出・製造法、用途と主な化合物・合金、生化学と環境問題等の面から平易に解説。読みやすさと教育に強く配慮するとともに、各元素の冒頭には化学的・物理的・熱力学的・磁気的性質の定量的データを掲載し、専門家の需要に耐えるデータブックの役割も担う。"科学教師のみならず社会学・歴史学の教師にとって金鉱に等しい本"と絶賛されたP. Enghag著の翻訳。日本が直面する資源問題の理解にも役立つ。

前静岡大 八木達彦・前阪大 福井俊郎・前創価大 一島英治・前阪医大 鏡山博行・岡山大 虎谷哲夫編

酵素ハンドブック (第3版)
〔CD-ROM付〕

17113-6　C3045　　　　Ｂ５判　1012頁　本体48000円

国際生化学分子生物学連合の命名委員会が出版したEnzyme Nomenclature Recommendation 1992とSupplement 5(1999)に記載されている酵素約3300を網羅。それぞれの酵素について反応、測定法、所在、構造と性質、などについて最新の知見を要点的に記載。また、立体構造については付属のCD-ROMに記載。〔内容〕酸化還元酵素、トランスフェラーゼ(転移酵素、移転酵素)、加水分解酵素、リアーゼ(脱離酵素)、イソメラーゼ(異性化酵素)、リガーゼ(シンテターゼ、合成酵素)

猪飼　篤・伏見　譲・卜部　格・上野川修一・中村春木・浜窪隆雄編

タンパク質の事典

17128-0　C3545　　　　Ｂ５判　876頁　本体28000円

タンパク質は、学部・専門を問わず広く研究の対象とされ、最近の研究の著しい発展には大きな興味が寄せられている。本書は、理学・工学・農学・薬学・医学など多岐の分野にわたる、タンパク質に関連する約200の事項をとりあげ解説した中項目形式50音順の事典である。生命現象にきわめて深い結び付きをもつタンパク質についての知見を網羅した集大成とする。〔内容〕アミノ酸醗酵／遺伝子工学／NMR／酵素／細胞増殖因子／受容体タンパク質／膜タンパク質／リゾチーム／他

産業環境管理協会 指宿堯嗣・農環研 上路雅子・前製品評価技術基盤機構 御園生誠編

環境化学の事典

18024-4　C3540　　　　Ａ５判　468頁　本体9800円

化学の立場を通して環境問題をとらえ、これを理解し、解決する、との観点から発想し、約280のキーワードについて環境全般を概観しつつ理解できるよう解説。研究者・技術者・学生さらには一般読者にとって役立つ必携書。〔内容〕地球のシステムと環境問題／資源・エネルギーと環境／大気環境と化学／水・土壌環境と化学／生物環境と化学／生活環境と化学／化学物質の安全性・リスクと化学／環境保全への取組みと化学／グリーンケミストリー／廃棄物とリサイクル

前早大 竜田邦明著

天然物の全合成
―華麗な戦略と方法―

14074-3 C3043　　B5判 272頁 本体5600円

本書は，著者らがこれまでに完成した約85種の天然物の全合成を中心に解説。そのうち80種については世界最初の全合成であるので，同一あるいは同様の天然物を他の研究者が追随して報告した全合成研究もあわせて紹介し，相違も明確にした。

出来成人・辰巳砂昌弘・水畑 穣編著　山中昭司・
幸塚広光・横尾俊信・中西和樹・高田十志和他著
役にたつ化学シリーズ3

無 機 化 学

25593-5 C3358　　B5判 224頁 本体3600円

工業的な応用も含めて無機化学の全体像を知るとともに，実際の生活への応用を理解できるよう，ポイントを絞り，ていねいに，わかりやすく解説した。〔内容〕構造と周期表／結合と構造／元素と化合物／無機反応／配位化学／無機材料化学

神奈川大 山村　博・工学院大 門間英毅・
神奈川大 高山俊夫著

基礎からの無機化学

14075-0 C3043　　B5判 160頁 本体3200円

化学結合や構造をベースとして，無機化学を普遍的に理解することを方針に，大学1, 2年生を対象とした教科書。身の回りの材料を取り上げ，親近感をもたせると共に，理解を深めるため，図面，例題，計算例，章末に演習問題を多く取り上げた。

熊丸尚宏・河嶌拓治・田端正明・中野惠文編著
板橋英之・澤田　清・藤原照文・山田眞吉他著

基礎からの分析化学

14077-4 C3043　　B5判 160頁 本体3400円

豊富な例題をあげながら，基本的事項を実際的に学べるよう，わかりやすく解説した。〔内容〕化学反応と化学平衡／酸塩基平衡／錯形成平衡／酸化還元平衡／沈殿生成平衡／容量分析／重量分析／溶媒抽出法／イオン交換法／吸光光度法／他

理科大 中井　泉・物質・材料研機構 泉富士夫編著

粉末X線解析の実際（第2版）

14082-8 C3043　　B5判 296頁 本体5800円

〔内容〕原理の理解／データの測定／データの読み方／データ解析の基礎知識／特殊な測定法と試料／結晶学の基礎／リートベルト法／RIETAN-FPの使い方／回折データの測定／MEMによる解析／粉末結晶構造解析／解析の実際／他

慶大 太田博道・東北大 古山種俊編著
東北大 佐上　博・広島大 平田敏文著
21世紀の化学シリーズ4

生 命 化 学

14654-7 C3343　　B5判 160頁 本体3000円

生命化学の基礎から応用まで，身近な話題を取り上げながら，ていねいにわかりやすく解説した教科書。〔内容〕生体反応の巧みなからくり／遺伝子と酵素／生体分子の化学／代謝反応と生化学／天然の生理活性物質／合成化合物の酵素による変換

阪大 福住俊一編

生命環境化学入門
―地球を救う科学技術―

14089-7 C3043　　A5判 192頁 本体2800円

環境・資源問題の解決を目指し，グローバルな視点から物質と生命との関わりを化学的に解説。〔内容〕地球温暖化対策の現状と展望／残されたエネルギー資源／太陽電池／燃料電池／人工光合成／グリーンケミストリー／バイオ燃料・材料開発

早稲田大学先進理工学部生命医科学科編

生 命 科 学 概 論
―環境・エネルギーから医療まで―

17151-8 C3045　　B5判 168頁 本体2700円

理工系全体向けの入門書。〔内容〕生命／遺伝／細胞／生命活動とエネルギー／発生と分化／進化／遺伝子工学／食物（食品）／環境／資源・エネルギー／先端バイオ計測／医療／バイオテクノロジー／レギュラトリーサイエンス

日本化学会監修　前北大 松永義夫編著

化学英語のスタイルガイド

14073-6 C3043　　A5判 176頁 本体3000円

化学の基本英単語の用法や用例をアルファベット順に記載。英語論文作成に必要な文法知識や注意点，具体的な実例を付して，わかりやすくまとめた。また，日本人が間違えやすい点を解説。学生から院生・研究者の必携書。

東工大 佐伯とも子・特許庁 吉住和之著

化学特許の理論と実際

55001-6 C3032　　A5判 180頁 本体3200円

化学領域における特許制度の特殊性，特許成立要件と明細書の書き方の特徴について基礎から詳説。化学系の研究者必読。〔内容〕特許法概説／化学物質発明の特許成立要件／用途発明の特許成立要件／化学物質発明の明細書／用途発明の明細書

上記価格（税別）は2012年5月現在

朝倉化学大系

編集顧問
佐野博敏

編集幹事
富永　健

編集委員
徂徠道夫・山本　学・松本和子・中村栄一・山内　薫

[A5判 全18巻]

1	物性量子化学	山口　兆	
2	光子場分子科学	山内　薫	
3	構造無機化学		
4	構造有機化学	戸部義人	
5	化学反応動力学	中村宏樹	324頁
6	宇宙・地球化学	野津憲治	308頁
7	有機反応論	奥山　格・山高　博	312頁
8	大気反応化学	秋元　肇	
9	磁性の化学	大川尚士	212頁
10	相転移の分子熱力学	徂徠道夫	264頁
11	超分子・分子集合体		
12	生物無機化学	山内　脩・鈴木晋一郎・櫻井　武	424頁
13	天然物化学・生物有機化学Ⅰ	北川　勲・磯部　稔	384頁
14	天然物化学・生物有機化学Ⅱ	北川　勲・磯部　稔	292頁
15	伝導性金属錯体の化学	山下正廣・榎　敏明	208頁
16	有機遷移金属化学	小澤文幸・西山久雄	
17	ガラス状態と緩和	松尾隆祐	
18	希土類元素の化学	松本和子	336頁